水利绿色发展技术丛书

# 绿色多孔混凝土制备及性能研究

陈建国 黄凯 李林 吴美琼 等 著

·北京·

## 内 容 提 要

本书总结了绿色多孔混凝土的制备技术、性能优化及工程应用成果，为相关领域的技术进步提供了理论依据和实践指导。本书围绕材料研发、性能提升和工程应用展开综合阐述。内容涵盖了硅灰植生混凝土、超硫酸盐水泥透水混凝土、偏高岭土改性植生混凝土、碱激发粉煤灰植生混凝土、聚合物改性水泥基植生混凝土、陡边坡防护用植生水泥土等多种绿色多孔混凝土的相关研究，同时还针对绿色多孔混凝土的孔隙特征、水质净化能力和植生性能进行了系统性研究。全书结合理论分析、性能试验、数值模拟与工程实践，为绿色多孔混凝土材料的研发与推广提供了科学依据和技术支撑。

本书可供混凝土结构设计单位、混凝土原材料供应企业、混凝土搅拌站施工单位、监理单位、检测与建筑质量管理机构、政府建设管理部门的科研、技术与管理人员参考使用，也可供高等院校相关专业的师生参考。

## 图书在版编目（CIP）数据

绿色多孔混凝土制备及性能研究 / 陈建国等著.
北京 : 中国水利水电出版社, 2025. 3. -- （水利绿色发展技术丛书）. -- ISBN 978-7-5226-3281-0

Ⅰ. TU528.59

中国国家版本馆CIP数据核字第2025M1G613号

| | |
|---|---|
| | 水利绿色发展技术丛书 |
| 书 名 | **绿色多孔混凝土制备及性能研究** |
| | LÜSE DUOKONG HUNNINGTU ZHIBEI JI XINGNENG YANJIU |
| 作 者 | 陈建国 黄凯 李林 吴美琼 等 著 |
| 出版发行 | 中国水利水电出版社 |
| | （北京市海淀区玉渊潭南路1号D座 100038） |
| | 网址：www.waterpub.com.cn |
| | E-mail: sales@mwr.gov.cn |
| | 电话：（010）68545888（营销中心） |
| 经 售 | 北京科水图书销售有限公司 |
| | 电话：（010）68545874、63202643 |
| | 全国各地新华书店和相关出版物销售网点 |
| 排 版 | 中国水利水电出版社微机排版中心 |
| 印 刷 | 北京印匠彩色印刷有限公司 |
| 规 格 | 184mm×260mm 16开本 23印张 560千字 |
| 版 次 | 2025年3月第1版 2025年3月第1次印刷 |
| 定 价 | **158.00元** |

凡购买我社图书，如有缺页、倒页、脱页的，本社营销中心负责调换

**版权所有·侵权必究**

# 本 书 编 委 会

主　编：陈建国　黄　凯　李　林　吴美琼
副主编：甘　福　吴卫熊　陈树亮　曾　宏　满志强　梁钧威
　　　　陈美琴　刘　伟　朱芳坛　梁　丹　魏保兴　覃天林
参　编：黄卓杰　梁巍耀　叶兆青　陈程琦　叶　慧　梁　华
　　　　黄荣华　林学佳　宋占栋　龙起华　孟凡雷　闫志勇
　　　　胡本勇　唐玲玲　邓锦南　黄小兵　杜　念　孙冰冰
　　　　卢伟民　黄肖丽　李蕴慧　陈佳志　何贞昊　刘永盛
　　　　陈彦廷　梁值欢　农安邦　莫炆隆　苏　俊　韦皓煜
　　　　杜威莲　梁锦程　朱玉灵　程嘉敏　李梦翔　刘　畅
　　　　李若愚　佘晓彬　周靖靖　王　钰　杨晨卉　俞　婷
　　　　陈紫悦　王海峰　杨木松　张炯明　朱赢坤　唐爱学
　　　　朱晓兵　蒋正飞　张明迪　卢运可　区倩如　黄海东
　　　　张志玲

主编单位：广西壮族自治区水利科学研究院
　　　　　广西水工程材料与结构重点实验室
　　　　　广西水利电力职业技术学院
　　　　　广西科源工程咨询有限责任公司
　　　　　广西壮族自治区水利电力勘测设计研究院有限责任公司
　　　　　广西南宁水利电力设计院有限公司
　　　　　广西玉林水利电力勘测设计研究院
　　　　　广西壮族自治区柳州水利电力勘测设计研究院
　　　　　广西建工集团海河水利建设有限责任公司

# 前言

近年来，随着我国中小河流治理工程的不断推进，河流护坡建设得到了越来越多的重视，其在保障河流安全、稳定河岸方面发挥了重要作用。然而，早期建设的河流护坡多采用刚性混凝土结构，这种护坡虽然在一定程度上满足了防洪、排涝等基本功能需求，但却存在着隔绝水体与土壤之间的物质交换，破坏水体-土壤-生物之间的物质和能量循环等问题，对河流生态系统的稳定性和生物多样性造成了严重威胁。这种"工程安全"与"生态健康"的矛盾，已成为新时代河流治理工程亟待破解的核心命题。

在此背景下，研发兼具结构安全与生态性能绿色多孔混凝土材料，破解河流护坡工程不生态的难题，已成为推动可持续发展的重要课题。通过优化配合比设计、掺入绿色胶凝材料、改性植生混凝土、开展植物相容性研究，不仅能显著提升绿色多孔混凝土的工程性能和生态性能，还能为水利工程、生态修复等领域提供创新解决方案，具有重要的社会、经济和生态意义。

在过去的十余年中，我们团队始终聚焦绿色多孔混凝土制备和性能研究关键技术难题，依托国家自然科学基金"基于绿色多元胶凝材料调控的多孔混凝土植生机理研究"（52169024）、广西科技基地和人才专项项目"绿色多孔混凝土生态护岸实用技术研究与工程应用"（桂科 AD23026004）和广西水利科技推广项目"水利工程生态护岸（坡）技术应用效果评价及改进措施研究"（SK2021-3-13）的支持，围绕绿色多孔混凝土的制备、性能提升及工程应用开展了系统研究。在材料研发方面，引入硅灰、粉煤灰、偏高岭土等绿色胶凝材料制备多孔混凝土新材料；在性能提升方面，通过改善骨料与浆体界面过渡区结构，实现了绿色多孔混凝土的强度提升，通过优化植生混凝土水泥体系，减少水化产物 $Ca(OH)_2$ 的生成，降低了孔隙溶液 pH 值；在植物相容性研究方面，系统探索了碱茅草、马尼拉、百喜草等先锋植物在绿色多孔混凝土上的长势情况，并探究了植物生长对绿色多孔混凝土力学性能的影响；最后，研究成果在水利枢纽工程、水库除险加固、流域生态治理等重大项目中实现了规模化应用，取得了显著成效。

在此基础上，本书总结了绿色多孔混凝土的制备技术、性能优化及工程应用成果，为相关领域的技术进步提供了理论依据和实践指导。为全面呈现团队在绿色多孔混凝土领域的研究成果，本书设置8个章节，围绕材料研发、性能提升和工程应用展开综合阐述。内容涵盖了硅灰植生混凝土、超硫酸盐水泥透水混凝土、偏高岭土改性植生混凝土、碱激发粉煤灰植生混凝土、聚合物改性水泥基植生混凝土、陡边坡防护用植生水泥土等多种绿色多孔混凝土的相关研究，同时还针对绿色多孔混凝土的孔隙特征、水质净化能力和植生性能进行了系统性研究。全书结合理论分析、性能试验、数值模拟与工程实践，为绿色多孔混凝土材料的研发与推广提供了科学依据和技术支撑。

本书的完成离不开团队成员的协作与奉献，感谢所有参与课题研究与工程实践的同行者！同时，衷心感谢相关单位为科研成果的转化提供了宝贵的实践平台。书中部分成果的取得亦得益于国内外同行的启发与交流，在此一并致谢。

由于绿色多孔混凝土材料领域的研究日新月异，加之作者水平有限，书中难免存在疏漏与不足之处，恳请广大读者和专家不吝指正，共同促进绿色多孔混凝土技术的进步与创新。

编者

2025年3月于南宁

# 目录

前言

## 第1章 植生混凝土孔隙特征及植生性能研究 ... 1
### 1.1 原材料及试验方法 ... 1
### 1.2 植生混凝土物理力学性能研究 ... 3
### 1.3 植生混凝土孔隙结构分析 ... 6
### 1.4 植生混凝土力学性能数值模拟 ... 22
### 1.5 植生混凝土降碱与植生性能研究 ... 32
### 1.6 结论与展望 ... 42
参考文献 ... 43

## 第2章 水质净化与植生护岸混凝土制备及性能研究 ... 45
### 2.1 沸石植生混凝土配合比设计及性能研究 ... 45
### 2.2 改性沸石植生混凝土物理力学性能研究 ... 59
### 2.3 改性沸石植生混凝土水质净化性能研究 ... 71
### 2.4 改性沸石植生混凝土植生性能研究 ... 81
### 2.5 结论与展望 ... 92
参考文献 ... 93

## 第3章 硅灰植生混凝土制备及其性能研究 ... 95
### 3.1 原材料及试验方法 ... 95
### 3.2 普通植生混凝土配合比设计与性能研究 ... 102
### 3.3 硅灰植生混凝土的性能研究 ... 110
### 3.4 植生试验与碳排量计算分析 ... 125
### 3.5 结论与展望 ... 140
参考文献 ... 142

## 第4章 超硫酸盐水泥透水混凝土制备及其植生性能研究 ... 144
### 4.1 原材料及试验方法 ... 144
### 4.2 超硫酸盐水泥性能提升研究 ... 149
### 4.3 超硫酸盐水泥透水混凝土制备及性能研究 ... 168
### 4.4 超硫酸盐水泥透水混凝土植生性能研究 ... 179
### 4.5 结论与展望 ... 189
参考文献 ... 190

# 第5章 偏高岭土改性植生混凝土制备与性能研究 ········ 192
## 5.1 原材料及试验方法 ········ 192
## 5.2 普通植生混凝土配合比设计及性能研究 ········ 200
## 5.3 偏高岭土改性植生混凝土性能研究 ········ 208
## 5.4 偏高岭土改性植生混凝土植生性能研究 ········ 221
## 5.5 结论与展望 ········ 227
## 参考文献 ········ 229

# 第6章 碱激发粉煤灰植生混凝土的制备及性能研究 ········ 230
## 6.1 试验原材料及试验方法 ········ 230
## 6.2 碱激发粉煤灰植生混凝土配合比优选 ········ 238
## 6.3 碱激发粉煤灰植生混凝土的性能研究 ········ 251
## 6.4 碱激发粉煤灰植生混凝土的植生性能 ········ 261
## 6.5 结论与展望 ········ 273
## 参考文献 ········ 274

# 第7章 聚合物改性水泥基植生混凝土力学性能研究 ········ 276
## 7.1 原材料及试验方法 ········ 276
## 7.2 聚合物改性水泥浆体性能研究 ········ 281
## 7.3 聚合物改性水泥基植生混凝土性能研究 ········ 287
## 7.4 植生混凝土细观力学研究 ········ 294
## 7.5 聚合物改性水泥基植生混凝土植物种植试验 ········ 307
## 7.6 结论与展望 ········ 317
## 参考文献 ········ 319

# 第8章 陡边坡防护用植生水泥土应用技术研究 ········ 321
## 8.1 试验原材料及试验方法 ········ 321
## 8.2 L-SAC掺入比例对土壤物理力学性能的影响 ········ 329
## 8.3 L-SAC水泥土植生性能研究 ········ 335
## 8.4 L-SAC植生水泥土改性研究 ········ 345
## 8.5 应用技术方案研究与编制 ········ 355
## 8.6 结论与展望 ········ 358
## 参考文献 ········ 359

# 第1章 植生混凝土孔隙特征及植生性能研究

植生混凝土内部存在连通孔隙,可为植物生长、养分与水分传输提供空间。与传统护坡材料相比,植生混凝土不仅具有一定的强度,还具有较好的景观效果和良好的生物相容性,是一种生态友好型混凝土。植生混凝土的多孔结构是决定其性能的关键因素,孔隙空间结构的复杂性和无序性是孔隙研究的重点和难点。

本章制备了12组不同配合比的植生混凝土,研究了影响植生混凝土物理力学性能的因素;从中优选出抗压强度最优的两组植生混凝土,采用图像分析技术与三维模型重建对其二维平面孔隙、三维体孔隙特征进行量化研究;结合植生混凝土配合比、孔隙特征,分别建立具有连通孔隙的植生混凝土有限元模型;结合植生混凝土物理力学性能、孔隙特征,选取合适的植生混凝土配合比进行植物适生性试验。

## 1.1 原材料及试验方法

### 1.1.1 试验原材料

(1)水泥。广西华润 P·O 42.5 普通硅酸盐水泥,其化学组成、物理力学性能指标分别见表1.1和表1.2。

表1.1　　　　　　　　　水泥的化学组成　　　　　　　　　%(质量百分比)

| CaO | $Al_2O_3$ | $SO_3$ | $SiO_2$ | $Fe_2O_3$ | MgO | $K_2O$ | $Na_2O$ | 其他 |
|---|---|---|---|---|---|---|---|---|
| 62.54 | 23.10 | 1.88 | 20.58 | 1.56 | 2.46 | — | — | — |

表1.2　　　　　　　　　水泥的物理力学性能

| 比表面积 /($m^2$/kg) | 标准稠度需水量 /% | 凝结时间/min | | 抗压强度/MPa | | 抗折强度/MPa | |
|---|---|---|---|---|---|---|---|
| | | 初凝 | 终凝 | 3d | 28d | 3d | 28d |
| 330 | 26.8 | 205 | 265 | 25.6 | 53.9 | 5.6 | 8.5 |

(2)骨料。广西产的天然石灰石碎石,经人工筛选成10~20mm、10~30mm两种粒径范围,其物理力学性能指标见表1.3。

表1.3　　　　　　　　　碎石物理力学性能

| 粒径范围/mm | 表观密度/(kg/$m^3$) | 堆积密度/(kg/$m^3$) | 空隙率/% | 吸水率/% |
|---|---|---|---|---|
| 10~20 | 1780 | 1368 | 40 | 8.3 |
| 10~30 | 1800 | 1435 | 39 | 8.3 |

## 1.1.2 植生混凝土配合比与试件制备

选取10~20mm、10~30mm两种骨料粒径，0.28、0.30、0.32三种水灰比，A5、A6两种骨灰比制备植生混凝土，配合比见表1.4。采用预裹浆法制备植生混凝土，具体操作如下：首先，精确称量水泥、拌和水及粗骨料，将粗骨料与1/2拌和水投入搅拌机内，进行30s的搅拌，确保粗骨料表面得到充分润湿。随后，再将水泥与剩余的拌和水加入，继续搅拌150s，确保各种材料混合均匀。采用传统的振捣方法，会造成水泥浆体积聚在混凝土底部，造成沉浆现象。本试验试件成型采用人工插捣成型和静力压制相结合。1d后拆模，标准养护至28d龄期。

表1.4　　植生混凝土配合比

| 编号 | A1 | A2 | A3 | A4 | A5 | A6 | A7 | A8 | A9 | A10 | A11 | A12 |
|---|---|---|---|---|---|---|---|---|---|---|---|---|
| 骨料级配 | 10~20mm | | | | | | 10~30mm | | | | | |
| 水灰比 | 0.28 | 0.30 | 0.32 | 0.28 | 0.30 | 0.32 | 0.28 | 0.30 | 0.32 | 0.28 | 0.30 | 0.32 |
| 骨灰比 | 5 | 5 | 5 | 6 | 6 | 6 | 5 | 5 | 5 | 6 | 6 | 6 |

## 1.1.3 测试方法

（1）抗压强度、劈裂抗拉强度。植生混凝土抗压强度、劈裂抗拉强度按照《水工混凝土试验规程》（SL/T 352—2020）的要求，使用万能试验机对尺寸为150mm×150mm×150mm立方体试件进行试验，数据处理见式（1.1）和式（1.2）：

$$f_{cc} = \frac{P}{A} \times 1000 \tag{1.1}$$

$$f_{ts} = \frac{2P}{\pi A} \times 1000 \tag{1.2}$$

式中：$f_{cc}$为抗压强度，MPa；$f_{ts}$为劈裂抗拉强度，MPa；$P$为破坏荷载，kN；$A$为试件承压面积，mm²。

（2）孔隙率。植生混凝土试块为150mm×150mm×150mm立方体，养护至28d龄期后，称量试块的质量，记录为$W_1$之后，将试块放入烘箱中烘干24h，再次称量其质量，记录为$W_2$，最后将试块在水中浸泡24h至吸水饱和状态，称量其在水中的质量，记作$W_3$[1]。植生混凝土的孔隙率和连通孔隙率分别按式（1.3）和式（1.4），以三个试件的平均值进行计算：

$$P_1 = \left(1 - \frac{W_2 - W_3}{\rho_w V}\right) \times 100\% \tag{1.3}$$

$$P_2 = \left(1 - \frac{W_1 - W_3}{\rho_w V}\right) \times 100\% \tag{1.4}$$

式中：$P_1$、$P_2$分别为孔隙率和连通孔隙率；$W_1$为试块养护24h后在空气中的质量，g；$W_2$为试块烘干24h后在空气中的质量，g；$W_3$为试块浸泡24h后在水中的质量，g；$\rho_w$为水的密度，g/cm³；$V$为试块的外观体积，cm³。

（3）透水系数。采用常水头法测试植生混凝土透水系数，保持水压恒定，测量通过植生混凝土的水量和时间，代入达西公式计算其透水系数，计算公式见式（1.5）：

$$K_T = \frac{QL}{HA\Delta t} \tag{1.5}$$

式中：$K_T$ 为 $T$℃下的植生混凝土透水系数，cm/s；$Q$ 为 $\Delta t$ 时间内通过植生混凝土的水量，cm³；$L$ 为植生混凝土试样的厚度，cm；$A$ 为植生混凝土试样的截面面积，cm²；$\Delta t$ 为测量间隔时间，s；$H$ 为水头，cm。

## 1.2 植生混凝土物理力学性能研究

对于植生混凝土而言，因其多孔特性，其物理力学性能需考虑众多因素的影响。本节将详细介绍植生混凝土原材料、配合比设计、制备过程和测试方法，试验共制备了 12 组植生混凝土，以抗压强度、孔隙率、透水性能指标为依据，筛选出适合后续植生混凝土孔隙分析、降碱与植生试验的植生混凝土配合比。

### 1.2.1 抗压强度

骨料级配对植生混凝土 28d 抗压强度的影响情况见图 1.1。由图 1.1 可知，10～30mm 的植生混凝土抗压强度均大于 10～20mm 的骨料级配。骨料级配在 10～30mm 的植生混凝土抗压强度最大可达 9.2MPa，而同配合比下 10～20mm 骨料级配的植生混凝土抗压强度约降低 21%，为 7.2MPa。一般来说，骨料的粒径越大，植生混凝土抗压强度越低。与 10～20mm 骨料相比，10～30mm 的骨料属于双粒级石子。植生混凝土进行人工振捣时，10～20mm 的细小骨料能够填充 20～30mm 骨料之间的空隙，使混凝土变得更加密实，提高其抗压强度。

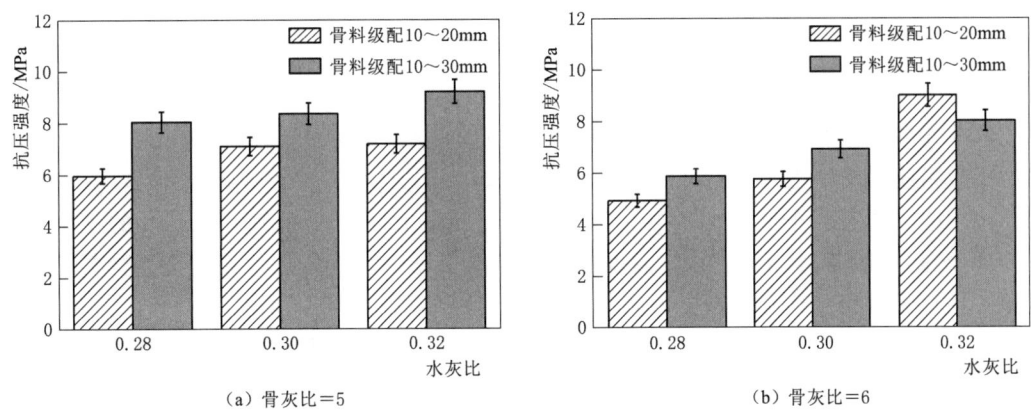

图 1.1 植生混凝土抗压强度

在 0.28～0.30～0.32 水灰比区间，植生混凝土抗压强度随水灰比的增大而增大；这是因为当水灰比较小时，水泥浆体包裹骨料不充分，无法完全水化，弱化了骨料之间的黏结力，使植生混凝土的抗压强度下降。当植生混凝土骨灰比增大时，植生混凝土抗压强度随之降低。骨灰比增大，水泥用量减少，水泥浆体无法充分包裹骨料表面，致使抗压强度降低。

### 1.2.2 劈裂抗拉强度

骨料级配对植生混凝土 28d 劈裂抗拉强度的影响见图 1.2。由图 1.2 可知，劈裂抗拉强度与抗压强度具有较高的正相关性，抗压强度越高的试件其劈裂抗拉强度越高。10～30mm 骨料级配的植生混凝劈裂抗拉强度优于 10～20mm 的植生混凝土。骨料级配在 10～30mm 的植生混凝土劈裂抗拉强度最大可达 2.3MPa，同配合比的 10～20mm 骨料级配的植生混凝土劈裂抗拉强度为 1.5MPa，约降低 35%。在 0.28～0.30～0.32 水灰比区间，植生混凝土劈裂抗拉强度呈现先降低再增长的趋势，水灰比为 0.32 时，植生混凝土劈裂抗拉强度最高。骨灰比为 5 的植生混凝土试件劈裂抗拉强度高于骨灰比为 6 的，较低的骨灰比具有比较好的抗劈裂性能。

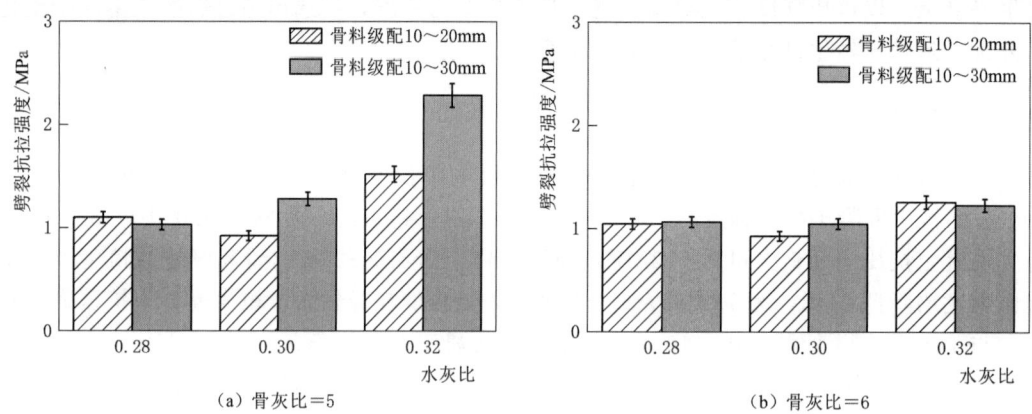

图 1.2 植生混凝土劈裂抗拉强度

### 1.2.3 孔隙率

植生混凝土总孔隙率见图 1.3。骨料级配 10～20mm 的植生混凝土总孔隙率大于 10～20mm 骨料制成的植生混凝土。当水灰比为 0.30，骨灰比为 6 时，骨料级配为 10～20mm 的植生混凝土总孔隙率最大为 34%，与相同配合比下骨料级配为 10～30mm 的植生混凝土相比，总孔隙率增长了 3%。这是因为双粒级石子可以有更多小骨料填充大骨料架构的孔隙，使植生混凝土内部结构更为密实，总孔隙率降低。

骨料级配对植生混凝土连通孔隙率的影响见图 1.4。骨料级配对植生混凝土连通孔隙率影响趋势同总孔隙率相似。其中连通孔隙率最大为 10～20mm 骨料的植生混凝土，可达到 27%。连通孔隙率直接关系到后期植生试验中植物根系的生长情况，良好的连通孔隙率能保持植生混凝土内部空气、水分的流通，防止水分蓄积造成植物根系的腐败。

本研究中植生混凝土连通孔隙率的范围均大于 22%。随着水灰比的增大，植生混凝土连通孔隙率减小。这是因为低水灰比导致浆体流动性减弱，搅拌不均，易出现干硬结块，影响骨料间通过水泥浆的均匀接触，进而使孔隙率提升。而高水灰比则因单位用水量

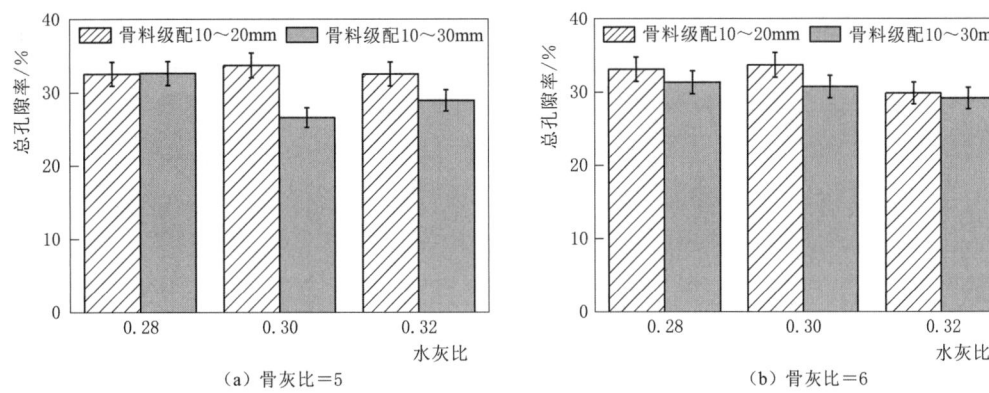

图 1.3　植生混凝土总孔隙率

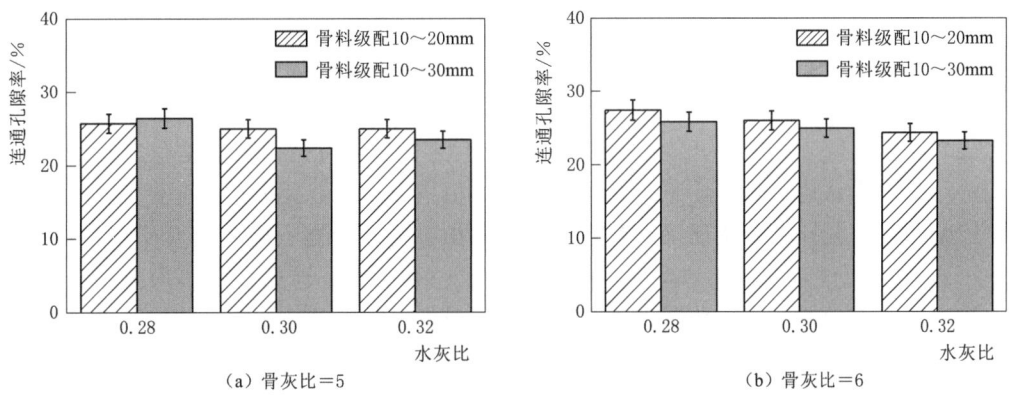

图 1.4　植生混凝土连通孔隙率

增加，提高了混凝土拌和物的和易性，使浆体更均匀地包裹骨料，优化了骨料间的接触面。但水灰比过大时，会发生沉浆现象，致使植生混凝土下部孔隙率降低。同一水灰比下，骨灰比为 5 时，植生混凝土连通孔隙率小于骨灰比为 6 的植生混凝土。

### 1.2.4　透水系数

植生混凝土透水系数见图 1.5。骨料级配 10～20mm 的植生混凝土透水系数最高为 38.90mm/s、最低为 23.12mm/s，骨料级配 10～30mm 的植生混凝土透水系数最高为 37.66mm/s、最低为 15.04mm/s。同一水灰比、骨灰比情况下，骨料级配 10～20mm 的植生混凝土透水系数比 10～30mm 最多可增加 57.14%。随着水灰比的增加，骨灰比越小，植生混凝土拌和物的和易性得到提升，可以均匀地包裹骨料，混凝土结构更为密实，孔隙率降低，透水系数降低，透水性能减弱。

### 1.2.5　本节小结

以石灰石碎石为骨料，普通硅酸盐水泥作为胶凝材料，研究了骨料级配、水灰比及骨灰比对植生混凝土物理力学性能的影响，具体结论如下：

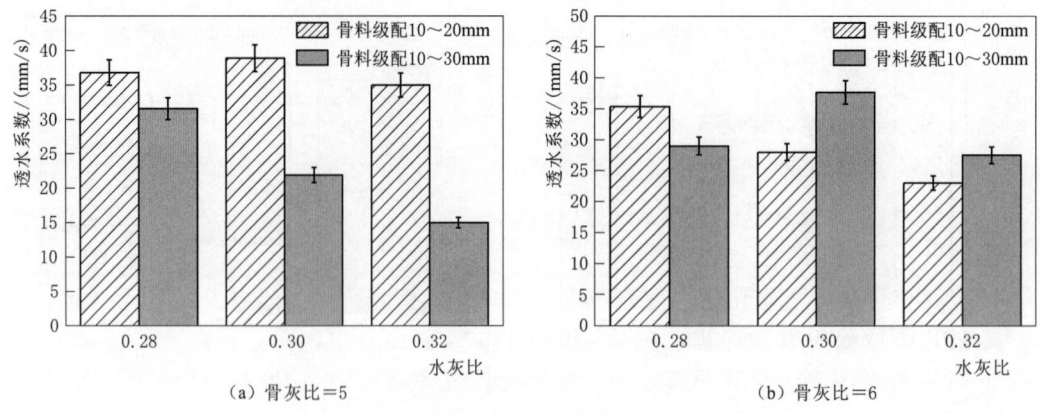

图1.5 植生混凝土透水系数

(1) 10～30mm双粒级石子的植生混凝土抗压强度高于10～20mm单粒级配的植生混凝土，在0.28～0.30～0.32水灰比区间中，抗压强度随水灰比的增长而增长，随骨灰比的增大而减小。

(2) 在0.28～0.30～0.32水灰比区间，植生混凝土劈裂抗拉强度呈现先降低再增长的趋势。相同水灰比、骨灰比下，双粒级石子的植生混凝土劈裂抗拉强度更优。

(3) 相同水灰比、骨灰比下，单粒级石子的植生混凝土总孔隙率均高于双粒级石子，最高可达34%；随着水灰比的增大，植生混凝土总孔隙率、连通孔隙率均减小；骨灰比对植生混凝土孔隙率的影响相反，骨灰比越大，植生混凝土总孔隙率、连通孔隙率越大。

(4) 同一骨料级配下植生混凝土透水系数随水灰比的增加而逐渐减小，随骨灰比增加而增大。双粒级石子的植生混凝土更为密实，孔隙率降低，透水系数降低，透水性能减弱。

## 1.3 植生混凝土孔隙结构分析

植生混凝土内部的多孔结构不仅有利于植物根茎的生长，还能够促进土壤通气和排水，提高土壤肥力。这种特殊的设计可以有效改善城市中硬化地面所带来的雨水径流问题，减少洪涝灾害发生的可能性。此外，通过对植生混凝土内部孔隙进行相关研究，进一步对其内部孔隙结构进行科学合理设计和优化，对植生混凝土的应用具有重要意义。

本节为了探究植生混凝土的孔隙特征，优选了上节孔隙率良好、抗压强度最优的植生混凝土配合比，分别采用图像分析法与三维模型重建法提取植生混凝土面、体的孔隙特征参数。

### 1.3.1 植生混凝土平面孔隙特征分析

#### 1.3.1.1 平面孔隙切片图像获取

本节将优选的植生混凝土试件按30mm厚度切割为5块，以上下底面及切割面共6个截面为例，借助数码相机拍摄截面图像，利用MATLAB进行图像处理，使用Image-

Pro-Plus 软件（以下简称 IPP）提取二维平面孔隙特征，并进行孔隙特征分析，分析截面如图 1.6 所示。

#### 1.3.1.2 平面孔隙分布特征

本节以抗压强度最优的 A6、A9 组为例，分析其内部二维等效直径、孔隙面积、圆度、平面孔隙率、平均面孔率。

（1）植生混凝土平面孔隙等效直径分布特征。经 IPP 图像分析方法计算，在 A6 组植生混凝土切片上观测到 662 个孔隙，A9 观测到 626 个孔隙。植生混凝土平面孔隙等效直径分

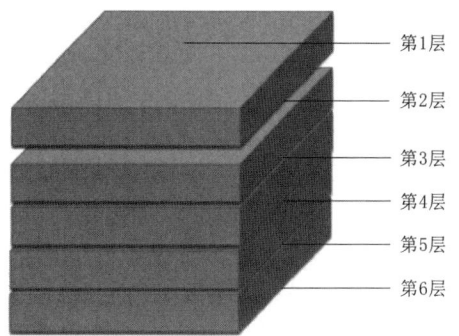

图 1.6 植生混凝土平面孔隙提取切面示意图

布图见图 1.7。A6 组植生混凝孔隙平均等效直径占比最大的区间为 1.5~3mm，有 213 个孔隙，占比为 34%，大孔孔径占比为 7.8%。A9 组植生混凝孔隙平均等效直径占比最大的区间为 3~4.5mm，有 196 个孔隙，占比为 27%，大于 9mm 的大孔孔径占比为 5.3%。水灰比相同时，采用单一骨料级配的 A6 组植生混凝土相比于双粒级石子的 A9 组大孔径孔隙占比更大。这可能是骨灰比的影响，骨灰比越大，植生混凝土孔隙越大，植生混凝土内部更易出现大孔径孔隙。

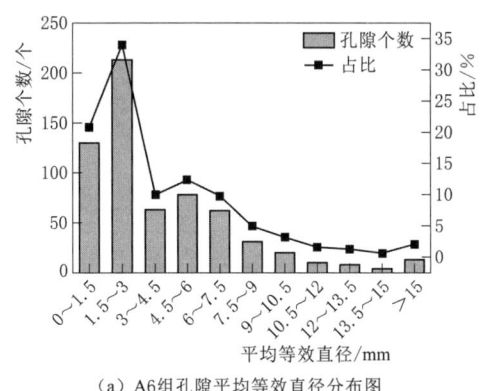
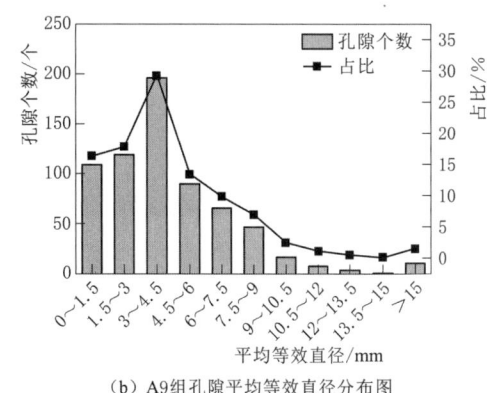

（a）A6 组孔隙平均等效直径分布图　　　　（b）A9 组孔隙平均等效直径分布图

图 1.7 植生混凝土平面孔隙等效直径分布

（2）植生混凝土平面孔隙面积分布特征。在 IPP 统计图像中面积分别为 $0\sim1mm^2$、$1\sim10mm^2$、$10\sim100mm^2$、$100\sim500mm^2$、大于 $500mm^2$ 的孔隙数量，植生混凝土孔隙面积分布情况如图 1.8 所示。A6 组植生混凝土平面孔隙面积主要分布在 $1\sim100mm^2$，占总孔隙计数的 91.5%，大于 $100mm^2$ 的孔隙仅占总孔隙计数的 2.4%；A9 组植生混凝土平面孔隙面积分布情况与 A6 组不同，主要分布在 $0\sim100mm^2$ 之间，$0\sim1mm^2$ 的孔隙占总孔隙计数的 27.3%，$1\sim10mm^2$ 的孔隙占总孔隙计数的 31.8%，$10\sim100mm^2$ 的占总孔隙计数的 37.4%，三个区间分布较为均匀，大于 $100mm^2$ 的孔隙占总孔隙计数的 3.5%。与 A9 组相比，A6 组植生混凝土平面孔隙面积在 $0\sim1mm^2$ 的孔隙仅占总孔隙计数的 6%，降低了 21.3%。这是因为 A9 组骨料级配属于双粒级石子，有更多的小粒径骨

料填充大骨料之间的孔隙，促使植生混凝土内部密实，降低孔隙率。两组植生混凝土中平面孔隙面积大于 $100mm^2$ 的孔隙数量分布情况与平面孔隙的平均等效直径相似，存在大粒径骨料的 A9 组植生混凝土大孔隙相对更多。

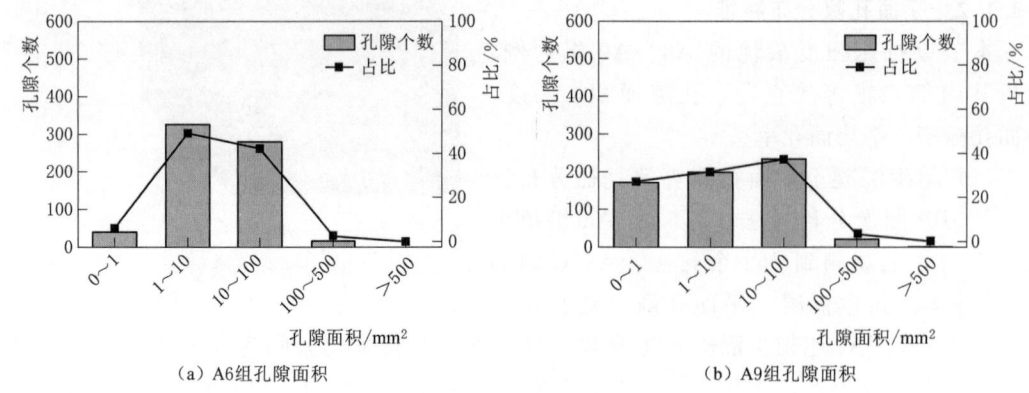

图 1.8　植生混凝土孔隙面积分布

（3）植生混凝土孔隙圆度分布特征。研究表明，孔隙形态是指混凝土中孔隙的形状和结构。不同形态的孔隙对植生混凝土的性能影响也不同。例如，圆形孔隙比较容易产生应力集中，而长条状孔隙则容易导致混凝土的断裂和破坏。因此，为深入探究植生混凝土内部孔隙的形态特征，必须采用合适的参数进行定量评估。本节采用圆度来衡量植生混凝土的内部孔隙形态，具有标准圆形形态的孔隙，其圆度值为 1。圆度增大，反映了孔隙形态逐渐趋向于狭长，即其形态与标准圆形的偏离程度增加，异化程度也随之提高[3]。根据孔隙的圆度 $R$，将孔隙分为类圆孔（$1<R<2$）及异形孔（$R \geqslant 2$）。图 1.9 为 A6 组、A9 组植生混凝土平面孔隙圆度分布图。从图中可以看出，植生混凝土孔隙形态以类圆孔为主，A6 组 68% 的孔隙为类圆孔，孔隙圆度在 1~2 之间；32% 的孔隙为异形孔，孔隙圆度大于 2；A9 组 75% 的孔隙为类圆孔，25% 的孔隙为异形孔。

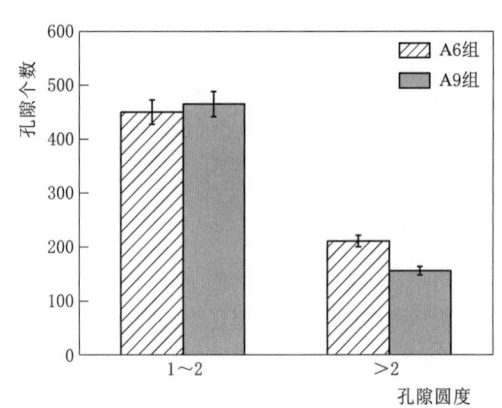

图 1.9　植生混凝土孔隙圆度分布

（4）植生混凝土平面孔隙率分布特征。图 1.10 为高度方向平面孔隙率分布特征，横坐标为由上而下沿试件竖向横截面位置，从图 1.10 中可以看出，在试件的顶部和底部，平面孔隙率的变化幅度略大，整体上呈现出一种"中部较高，两端较低"的变化趋势。同时，平面孔隙率随着试件高度的增加，先呈现出减小的趋势，随后增大，最终再次减小。初步推测，这一现象可能源于试件的成型方式。在人工插捣过程中，产生的震动和表面调平操作使试件表面的骨料填充更为紧密，进而降低了植生混凝土的平面孔隙率。此外，试件越深，内部骨料无法完全振捣密实，骨料间接触松散，孔隙平均等效直径越大。振捣导致部分水泥浆体沉积，致使底部孔隙堵塞，平面孔隙率下降。

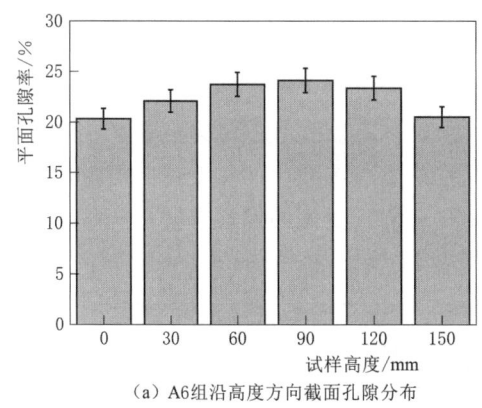
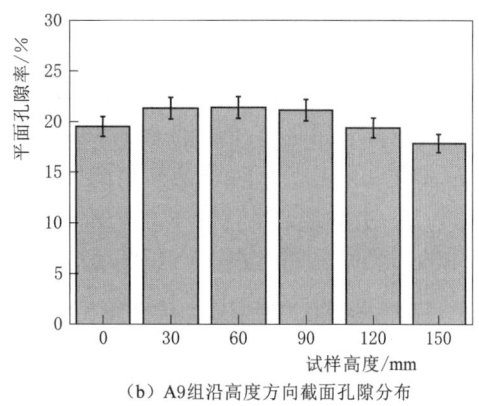

(a) A6组沿高度方向截面孔隙分布　　　　　(b) A9组沿高度方向截面孔隙分布

图1.10　高度方向平面孔隙率分布特征

（5）植生混凝土平均面孔率。经图像分析法测得A6组植生混凝土平均面孔率为22%，A9组为20%。这与上一节中植生混凝土的孔隙率结论相似。A9组植生混凝土骨料级配为10～30mm，骨灰比为6，相对于单粒级石子，低骨灰比的A6组，平均面孔率降低了9%。图1.11为植生混凝土平均面孔率与体积法测得的孔隙率对比图。由图1.11可知，图像法测得的植生混凝土平均面孔率低于体积法测得的总孔隙率与连通孔隙率。相较体积法测得的总孔隙率、连通孔隙率，图像分析法测得的A6组植生混凝土平均面孔率比总孔隙率低27%，比连通孔隙率低8%；A9组植生混凝土平均面孔率比总孔隙率低31%，比连通孔隙率低13%。

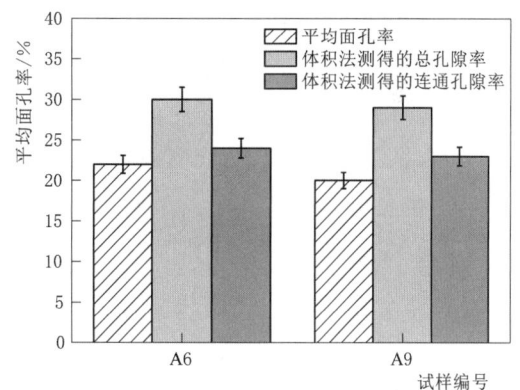

图1.11　植生混凝土平均面孔率与体积法测得的孔隙率对比

## 1.3.2　平面孔隙切片图像处理

在获取植生混凝土的二维剖面图像后，需要对图像进行预处理才能进行参数提取。

### 1.3.2.1　图像修正

在进行植生混凝土试件的截面图像获取时，由于现场拍摄条件有限，无法精细地捕捉到每个细节。为了满足后续图像分析的要求，使用Photoshop软件对图像进行多项处理。首先是镜头矫正，通过调整透视和畸变来修正原始图像中可能存在的失真问题；接着进行裁剪工作，将不必要或干扰性的部分去除，并且根据需要对图片进行放大或缩小；最后是去除背景图像，在保持试件主体清晰可见的前提下消除周围环境带来的影响。处理后图像如图1.12所示。

### 1.3.2.2　图像预处理

针对特定的研究目的与要求，本研究需要通过直方图均衡化、滤波、二值化等一系列的操作对图像内部信息进行取舍,弱化次要信息,减少提取有效结构时的其他信息的干扰。

(1) 灰度处理。灰度是指每个像素的色彩数值,它反映了黑白图像中每一像素点色彩的深浅层次。灰度的取值范围介于 0~255 之间,其中,数值 255 代表最亮的白色,而 0 则代表最深的黑色。灰度值是衡量图像中颜色深浅的重要参数。而灰度直方图则是一种统计工具,针对数字图像中的每个灰度值,计算出具有该灰度值的像素数量,从而直观展示图像灰度分布[2]。植生混凝土灰度处理图像如图 1.13 所示。

图 1.12　经 Photoshop 软件处理后的植生混凝土截面图像

图 1.13　植生混凝土灰度处理图像

(2) 直方图均衡化。直方图均衡化可以通过重新分配像素值来增强图像的对比度,凸显图像中的细节,避免图像中出现过亮或过暗的区域,提高图像的质量和可读性,进而提高图像处理算法的准确性。直方图均衡化流程如下:

1) 统计灰度图像所有灰度级 $S_k$,$k=0,1,\cdots,L-1$。
2) 统计灰度图像各灰度级的像素数 $n_k$。
3) 计算灰度图像的直方图:

$$P(S_k)=\frac{n_k}{n},k=0,1,\cdots,L-1 \tag{1.6}$$

式中:$S_k$ 为 $k$ 级灰度值;$n_k$ 为 $S_k$ 灰度值的像素数;$n$ 为总像素数;$L$ 为灰度级总数。

4) 计算灰度图像的累积直方图。
5) 取整计算:

$$U_K=\frac{\text{int}[(L-1)U_k+0.5]}{L-1} \tag{1.7}$$

6) 确定映射关系:

$$S_k \rightarrow U_k \tag{1.8}$$

7) 获得直方图均衡化图像。

利用 MATLAB 中 histeq 函数进行直方图均衡化,均衡化后的图像如图 1.14 (a) 所示，前后的直方图对比如图1.14（b）所示。原始图像直方图呈双峰分布，低峰为植生混凝土孔隙部分，高峰为植生混凝土骨料与浆体部分，中间低谷为二者灰度差值。经均衡化后，直方图显示灰度分布均匀。

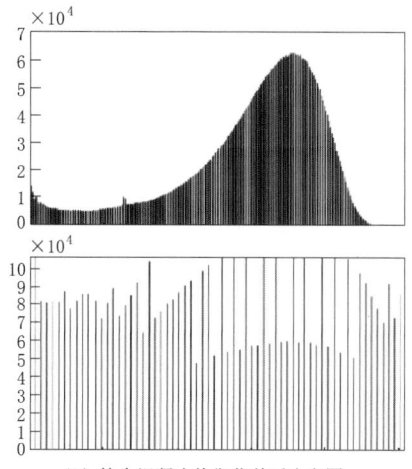

(a) 植生混凝土经均衡化图像　　　　(b) 植生混凝土均衡化前后直方图

图1.14　植生混凝土切面图像经均衡化后

（3）图像滤波。滤波可以有效剔除图像中的噪声并识别出其特征模式。目前广泛应用的方法包括中值滤波、高斯滤波以及局部滤波等。在本研究选择了中值滤波来降低噪声。中值滤波在处理图像时并不涉及图像特征的统计分析，从而保证了其处理速度的迅捷性。中值滤波操作简便，且能依据图像内容及应用需求灵活选取模板。本研究通过对比不同窗口大小的平滑效果，利用MATLAB环境中的medfilt2函数，选择了7×7大小的滤波器进行了三次滤波处理，如图1.15所示。

(a) 一次滤波　　　　　　　　　(b) 三次滤波

图1.15　截面图像一次与三次中值滤波

（4）图像阈值分割。图像分割是指根据需求将图像划分为具有特定意义的区域，有效分离目标与背景，削弱背景干扰，提升图像重建质量。图像分割作为图像分析与处理间的关键桥梁，其准确性对图像信息的采集与后续分析至关重要。在 MATLAB 的 DIP 工具箱中通过 im2bw 函数，用户可根据设定的阈值将灰度图像中的像素值转换为对应的黑白级别，从而实现图像的二值化处理。图像分割后的二值化图像如图 1.16 所示。

#### 1.3.2.3 平面孔隙参数

（1）直接参数。通过 Image-Pro-Plus 图像处理软件直接提取的孔隙参数，见表 1.5。

（2）间接参数。

1）平面孔隙率：植生混凝土截面孔隙面积之和占试块切面面积的比值，见式（1.9）：

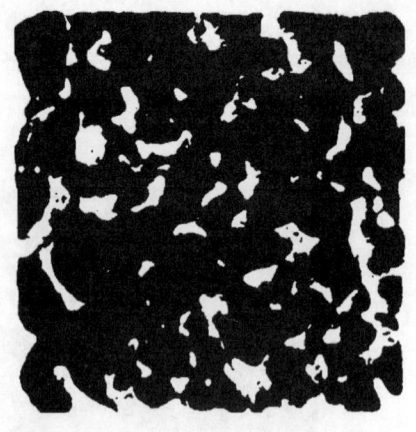

图 1.16　植生混凝土切面图像二值化

$$P_i = \frac{\sum_{i=1}^{N} A_i}{A} \times 100\% \tag{1.9}$$

式中：$P_i$ 为平面孔隙率；$A_i$ 为切面第 $i$ 个孔隙的面积；$A$ 为切面面积。

表 1.5　　　　　　　　图像处理软件直接提取的孔隙参数

| 直接参数名称 | 孔隙面积 | 孔隙平均等效直径 | 孔隙圆度 |
|---|---|---|---|
| 图示 | 面积 | | |
| 描述 | 单个平面孔隙面积 | 以 2 度为间隔测量穿过物体质心的直径的平均长度 | 孔隙的费雷特直径短轴与长轴尺寸之比 |

2）平均面孔率：植生混凝土切面图像中平面孔隙率的平均值，它计算的是植生混凝土试件的总孔隙率，见式（1.10）：

$$\overline{P} = \frac{\sum_{i=1}^{n} P_i}{n} \times 100\% \tag{1.10}$$

式中：$\overline{P}$ 为平均面孔率；$P_i$ 为平面孔隙率；$n$ 为切面层数。

### 1.3.3　体孔隙特征分析

#### 1.3.3.1　X-CT 断层扫描试验

本研究中 X-CT 扫描试验于河海大学地学分析测试中心进行，如图 1.17 所示。通过 X 射线穿透试样，借助设备数据采集接口，重建软件，实现了大尺寸样品内部结构的三维无损微米级扫描成像。这一系列步骤使得系统能够精确构建样品内部微结构的三维模型，并进行定性和定量分析。

本试验分别选取两种不同骨料级配中物理力学试验中抗压强度最优的 A6、A9 配比，制成尺寸为 100mm×100mm×100mm 的立方体试件进行 CT 扫描。

在进行 X-CT 扫描的过程中，操作电压维持在 220.30kV，操作电流设定为 165.34μA。样品台为每旋转1°就进行一次扫描，且每次扫描的曝光时间定为 0.32s。扫描后，试样沿高度方向成功采集了 1800 张 1800×1800 像素的切片图像，分辨率为 69.7657μm。图 1.18 呈现了 XCT 扫描获得的植生混凝土高度方向投影数据。

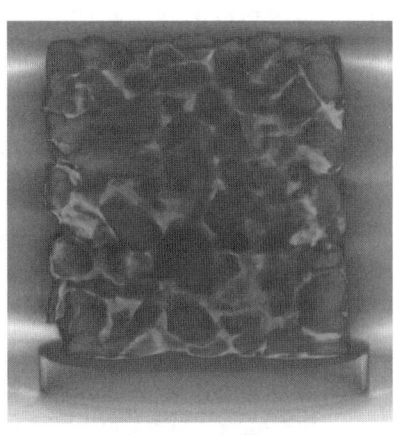

图 1.17　植生混凝土 X-CT 扫描试验　　　图 1.18　植生混凝土 XCT 扫描投影数据

#### 1.3.3.2　图像处理及可视化模型建立

对处理与分析植生混凝土 X-CT 扫描图像进行时，使用 Avizo 软件中针对材料科学领域的 Avizo Fire For Materials Science 版本，其操作界面如图 1.19 所示。

图 1.19　Avizo 软件操作界面

（1）图像裁剪。本研究利用 X 射线三维数字岩心成像分析系统，对两种不同骨料级配的植生混凝土进行扫描，最终获得 1800 张二维灰度图像。然而，存在部分图像不符合图像处理与孔隙特征提取的要求。这是因为在对样品两端进行 X-CT 扫描时，会使用塑料底托加高样品并使用塑料保护罩固定样品，使得扫描图像成像出现底托与保护罩的物像。由于扫描初始阶段，X 射线分布不均匀，试样上表面信号采集受限。而 X 射线穿透整个试样难度较大，也导致了试样下表面信号采集的不足。这导致上表面附近的图像灰度值偏低，显得暗淡，下表面附近的图像呈现出不完整的成像。图 1.20 为试样两端扫描质量不佳的切片灰度图像。为确保后续图像处理的便利性和孔隙特征量化分析的准确性，本研究对圆柱试样两端扫描质量不佳的切片图像进行了裁剪处理。仅对剩余的、扫描质量良好的切片图像进行进一步的图像处理与分析。经过裁剪后，共保留 1434 张高质量的切片图像。图 1.21 分别为植生混凝土 CT 扫描中的第 368 张扫描图像与下层结构中的第 1365 张扫描图像。

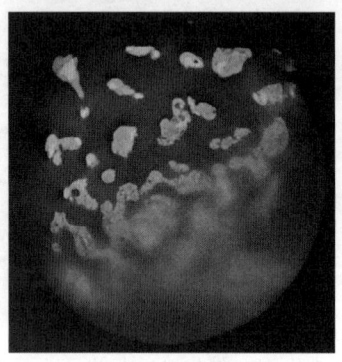 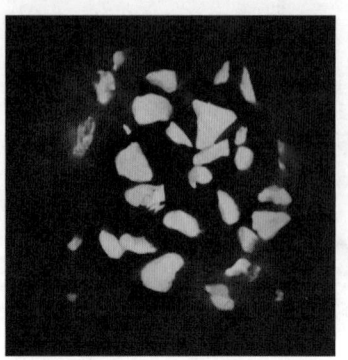

（a）第89张质量较差的切片灰度图像　　（b）第1656张质量较差的切片灰度图像

图 1.20　试样两端扫描质量不佳的切片灰度图像

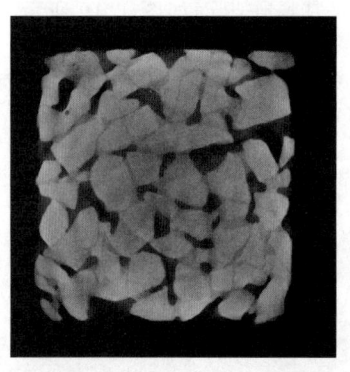 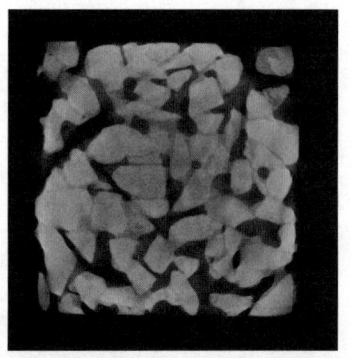

（a）第368张质量较差的切片灰度图像　　（b）第1365张质量较差的切片灰度图像

图 1.21　植生混凝土 CT 扫描数据良好的切片灰度图像

（2）图像降噪。试样在扫描过程中，会产生众多噪点。可调用 Avizo 降噪命令，消除噪点。鉴于在运算过程中中值滤波算法无需统计图像特性，本研究决定采用中值滤波来削减植生混凝土扫描图像中的噪声。图 1.22 分别为 10~20mm、10~30mm 骨料级配植生混凝土扫描图像滤波降噪处理前后对比图。

（3）阈值分割。阈值分割在图像处理操作中占据重要地位。其作用主要体现在，通过分析图像中不同区域的独特属性，例如像素的颜色或灰度值，来精准地提取各个物相。本研究使用 Avizo 中交互式阈值和顶帽法进行阈值分割。交互式阈值可以识别分割大孔隙，顶帽法可以分割微小孔隙。完成初步分割任务后，调用 Or Image 模块，去除植生混凝土

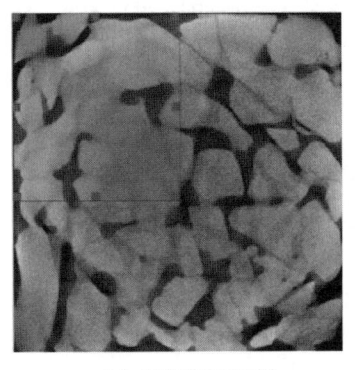 

（a）A6组降噪对比图　　　　　　（b）A9组降噪对比图

图 1.22　植生混凝土扫描图像滤波降噪对比图

孔隙部分，获得固体相分割结果。以 10～20mm 骨料级配的植生混凝土为例，阈值分割结果如图 1.23 所示。

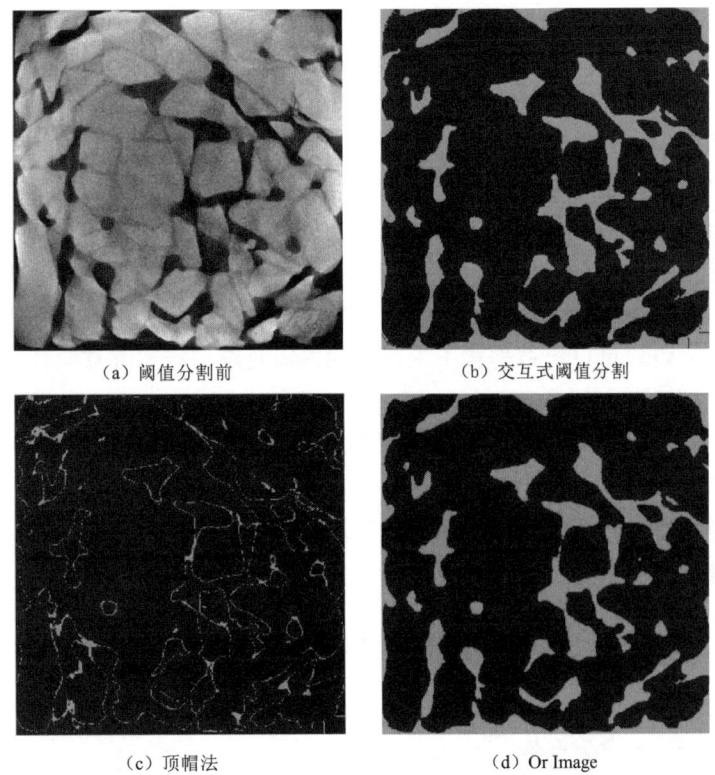

（a）阈值分割前　　　　　　（b）交互式阈值分割

（c）顶帽法　　　　　　（d）Or Image

图 1.23　植生混凝土 XCT 扫描孔隙数据提取过程

#### 1.3.3.3　体孔隙特征提取

（1）植生混凝土三维总孔隙率。直接调用 Avizo 自带的孔隙率计算模块统计植生混凝土孔隙率，这会导致孔隙周围模型立方化，缩小孔隙体积，且会减少植生混凝土内部的孔隙个数[4]，对后期的研究造成影响。因此，本研究通过从固体相体积推算孔隙相体积，图

图1.24 植生混凝土固体相体积计算模型

1.24为植生混凝土固体相体积计算模型,计算体孔隙率计算公式如下：

$$P=\frac{V-V_c}{V} \quad (1.11)$$

式中：$P$ 为植生混凝土体孔隙率,%；$V$ 为植生混凝土试块尺寸立方体体积,$mm^3$；$V_c$ 为植生混凝土固体相体积,$mm^3$。

(2) 植生混凝土孔隙形状特征获取。对1.3.2节中阈值分割出的孔隙部分调用"Label analysis"计算模块,新建计算模块"Porosity parameters",选取"Length3D、Breadth3D、Thickness3D"三个参数（这三个参数分别代表孔隙长度、孔隙宽度、孔隙厚度）,采用平整度指数和伸长指数对植生混凝土三维孔隙进行评价,计算公式如下：

$$P=\frac{T}{B} \quad (1.12)$$

$$S=\frac{B}{L} \quad (1.13)$$

式中：$P$ 为平整度；$S$ 为伸长度；$T$ 为孔隙厚度；$B$ 为孔隙宽度；$L$ 为孔隙长度。

(3) 植生混凝土等效孔隙网络模型。植生混凝土内部可分为连通孔隙与孤立孔隙,连通孔隙是植物生长的关键。因此,对植生混凝土连通孔隙特征进行归纳整理至关重要。本研究通过Avizo软件中的"Axis Connectivity"计算模块提取植生混凝土连通孔隙模型。Axis Connectivity模块可以提取连接上下表面的连通孔隙路径,并移除掉未连接单元体上下表面的孔隙。同时,利用AVIZO中"Separate Object"对连通大孔进行分割。最后调用"Generate Proe Network Model"模块生成定量描述植生混凝土孔隙拓扑学参数的孔隙网络模型,如图1.25所示。模型中,球体代表孔隙,圆柱体代表孔喉,均可设置参数进行大小颜色的调整。该模型可提取连通孔隙孔径、孔喉特征（孔喉面积、长度）、孔隙配位数用以描述植生混凝土的连通孔隙特征[5]。

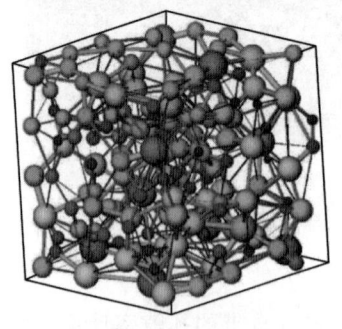
(a) 孔隙网络模型

(b) 孔隙网络与实体模型

图1.25 孔隙网络模型

（4）植生混凝土迂曲度获取。迂曲度 $\tau$ 是描述植生混凝土内部孔道弯折的特征参数，其计算公式如下：

$$\tau = \frac{l}{L} \tag{1.14}$$

式中：$\tau$ 为迂曲度；$l$ 为水体穿透植生混凝土孔隙实际路径长度；$L$ 为植生混凝土高度。孔隙迂曲度示意图如图 1.26 所示。

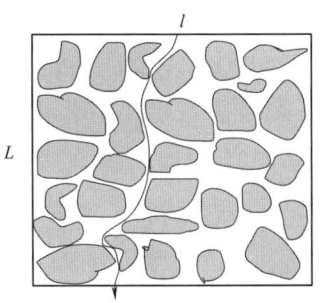

图 1.26　植生混凝土孔隙迂曲度示意图

对"Axis Connectivity"模块生成的植生混凝土连通孔隙模型，选取 Auto Skeleton 模块，根据骨架模型，输出中轴线长度，即为水体穿透植生混凝土孔隙实际路径长度 $l$。10～20mm 植生混凝土孔隙骨架模型如图 1.27 所示，灰色球体为孔隙节点，灰色线轴为连通孔隙中轴线。

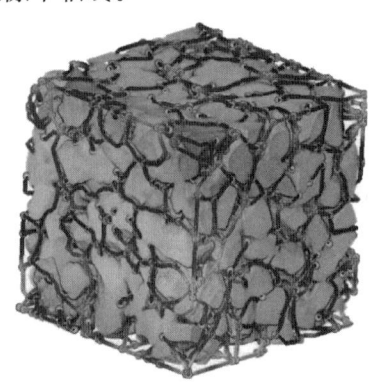

（a）骨架模型　　　　　　（b）骨架与实体模型

图 1.27　10～20mm 植生混凝土孔隙骨架模型

#### 1.3.3.4　体孔隙特征分析

（1）植生混凝土体孔隙率。图 1.28 为植生混凝土室内试验总孔隙率、图像分析法测得的平面孔隙率和 Avizo 固体相体积推算的体孔隙率对比图。图 1.28 中可以看出通过 Avizo 计算的植生混凝土体孔隙率小于传统水中称重法测得的孔隙率，A6 组植生混凝土体孔隙率为 28.14%，A9 组植生混凝土体孔隙率为 26.87%，两种测量方法的误差在 6%～7% 范围内。与图像分析法计算的平面孔隙率相比，Avizo 计算的植生混凝土体孔隙率更接近总孔隙率，这是因为图像分析法在切片图像获取与预处理时均会产生误差。

（2）植生混凝土孔隙形状。根据平整度指数与伸长指数将植生混凝土孔隙分为 4 种类型[6]：①片状（$S/I<0.67$，$I/L<0.67$）；②杆状（$S/I>0.67$，$I/L<0.67$）；③饼状（$S/I<0.67$，$I/L>0.67$）；④球状（$S/I>0.67$，$I/L>$

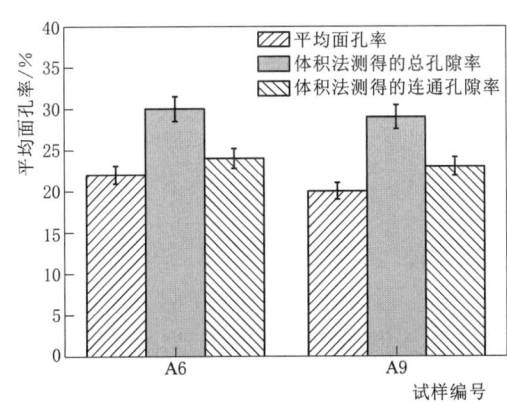

图 1.28　植生混凝土体孔隙率与室内试验总孔隙率对比

0.67)[6-7]。图1.29为两组植生混凝土孔隙形状分布情况。A6、A9两种配比的植生混凝土试件中占比最多的孔隙类型为球状孔隙,分别占所有孔隙的72%、68%,占比第二的为杆状孔隙,分别占18.6%、20.5%,占比最少的为饼状孔隙,分别占3%、4.4%。

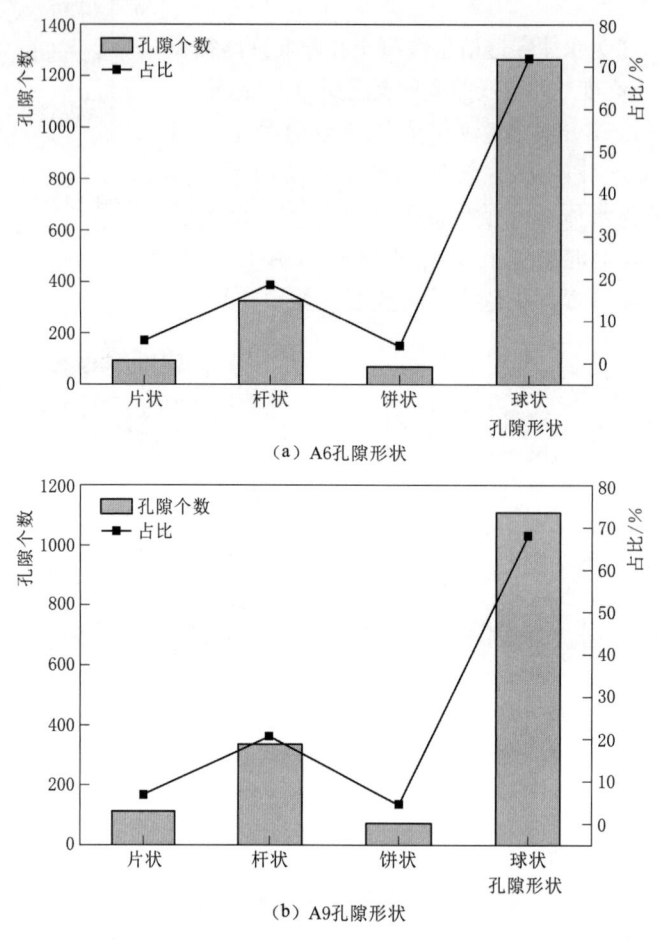

图1.29 植生混凝土孔隙形状

(3) 植生混凝土孔径分布。等效孔隙网络模型可提取能够定量表征孔隙的空间结构的孔隙数据,如植生混凝土连通孔隙直径,图1.30为植生混凝土三维连通孔隙直径分布图。A6植生混凝土最大和最小孔径分别为13mm和1.6mm,平均孔径为2.4mm。A9植生混凝土最大、最小和平均孔径分别为16mm、1.8mm、2.3mm。由图1.30可知,植生混凝土连通孔隙孔径呈现中间多两头少的趋势。A6植生混凝土连通孔隙孔径主要分布在1.5~6mm之间,约占所有孔隙的60%,占比最多的区间为1.5~3mm,约占21%;A9植生混凝土连通孔隙孔径主要分布在3~7.5mm之间,约占所有孔隙的69%,占比最多的区间为4.5~6mm,约占30%。这与两组植生混凝土测出的体孔隙率结论相似,A9组植生混凝土缺少超大孔隙,中间尺寸的孔隙占绝大多数,但远不及A6组的大孔的集合,致使其测出的体孔隙率小。这也与植生混凝土总孔隙率相似,连续粒径的骨料级配能够充分填充大孔隙,密实混凝土内部,使得植生混凝土内部孔隙的减小[8]。

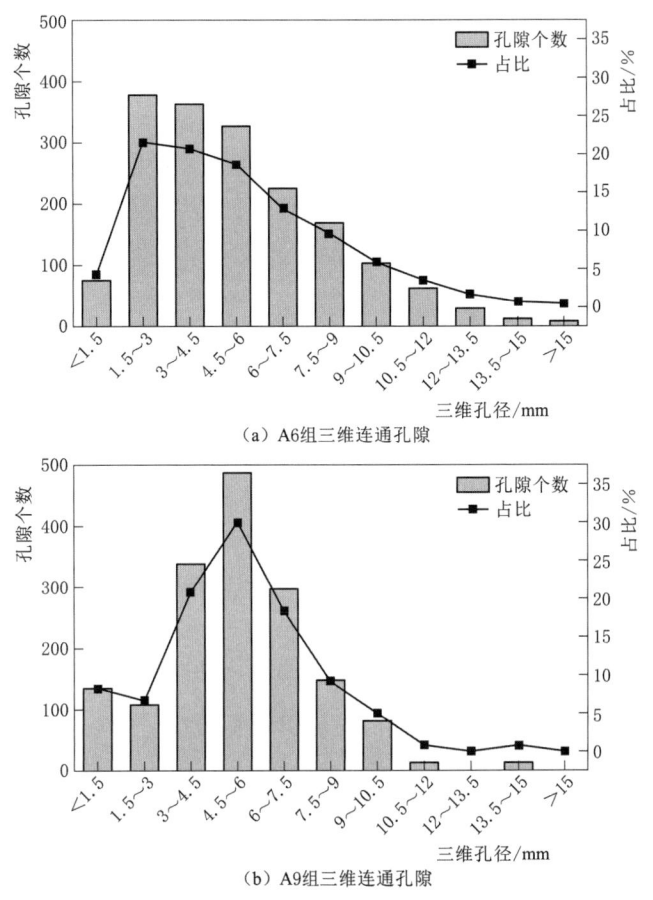

图 1.30 植生混凝土三维连通孔隙直径分布图

（4）植生混凝土孔喉特征。在地质学科领域中，孔隙结构是指描述岩石孔隙、孔喉的几何形状、分布等，将其引入植生混凝土孔隙结构的描述同样适用。孔喉是指沟通孔隙形成的通道，对植生混凝土透水性能、植物根系生长起关键作用。孔喉面积是表征孔喉大小的参数[9]。

图 1.31 为植生混凝土孔喉面积分布图，从图 1.31 中可以看出，孔喉面积分布接近指数分布。孔喉尺寸相对较小，A6 组植生混凝土最大孔喉面积为 129mm$^2$，最小值为 0.017mm$^2$，平均值为 10mm$^2$；A9 组最大孔喉面积为 137mm$^2$，最小值为 0.22mm$^2$，平均值为 19mm$^2$。

孔喉长度任意两个相邻孔中心之间的距离。图 1.32 为植生混凝土孔喉长度，由图 3.27 可知，孔喉长度近似高斯分布。A6 组植生混凝土孔喉长度主要分布在 5～10mm 之间，占所有喉咙的 46％。A9 组孔喉长度主要分布在 15～25mm，占所有孔喉 55％。A6 组植生混凝土最大孔喉长度为 36mm，最小值为 0.54mm，平均值为 8.22mm。A9 组植生混凝土最大孔喉长度为 48mm，最小值为 7mm，平均值为 22mm。孔喉面积和孔喉长度分布的统计结果表明，孔喉具有良好的均匀性。

（5）植生混凝土配位数。配位数是指与一个孔隙相连的孔喉数量。它是表征植生混凝土孔隙连通性的重要参数。配位数越多连通性越好，渗流通道就越多。为了定量描述透水混凝土中孔隙的连通性特征，绘制了孔隙配位数的分布图，如图 1.33 所示。由图 1.33 可

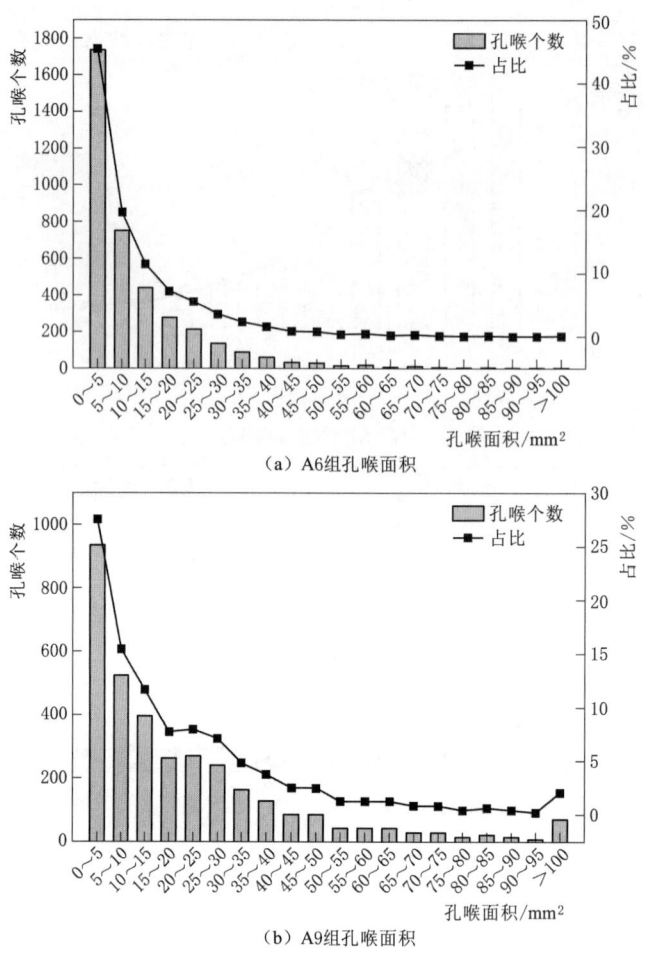

(a) A6组孔喉面积

(b) A9组孔喉面积

图1.31 植生混凝土孔喉面积分布图

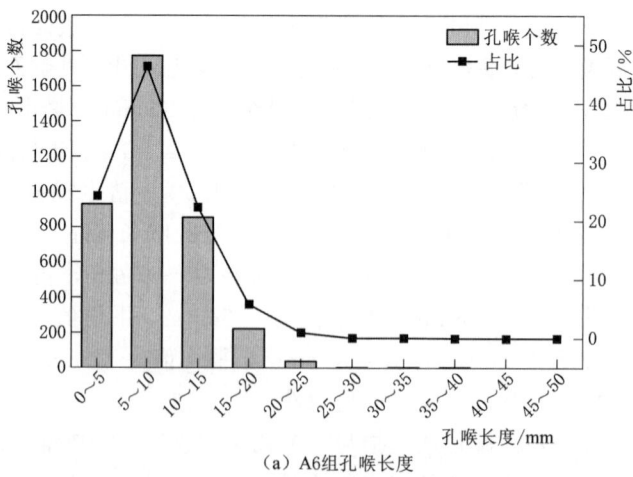

(a) A6组孔喉长度

图1.32（一） 植生混凝土孔喉长度

1.3 植生混凝土孔隙结构分析

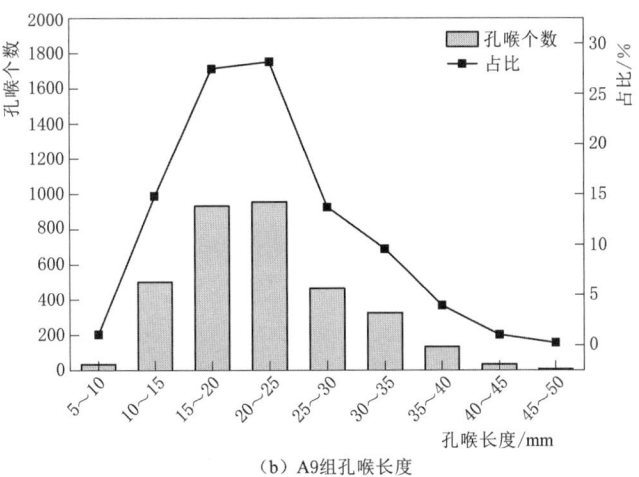

(b) A9组孔喉长度

图1.32(二) 植生混凝土孔喉长度

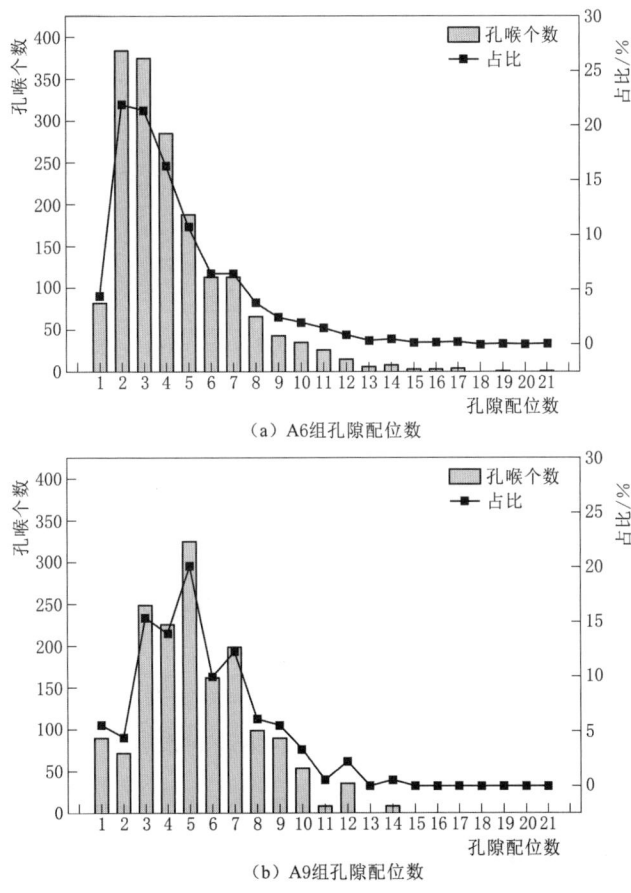

(a) A6组孔隙配位数

(b) A9组孔隙配位数

图1.33 植生混凝土孔隙配位数

以看出，A6组植生混凝土配位数主要分布在2～5之间，A9组主要分布在3～7。结果表明，孔隙之间存在许多相连的喉咙，植生混凝土内部孔隙的空间拓扑结构具有良好的连通性。植生混凝土试件孔隙率越大，孔隙的配位数越多且分布均匀，配位数为1的死端孔隙数量减少，表明孔隙的连通性较好。

### 1.3.4 本节小结

本节基于图像分析法与三维模型重建法，对A6组、A9组植生混凝土试件面、体孔隙进行分析得出以下结论：

（1）面孔隙特征。使用植生混凝土切片图像结合MATLAB、Image-Pro-Plus软件提取植生混凝土的平面孔隙参数。植生混凝土面孔隙率与实际实验测得的总孔隙率、连通孔隙率趋势相似，单粒级石子的A6组平面孔隙率大于双粒级石子的A9组。A6组平面孔隙等效直径在3～4.5mm之间，占27％；平面孔隙面积主要分布在1～100$mm^2$，占总孔隙计数的91.5％；68％的孔隙为类圆孔。A9组等效直径在1.5～3mm之间，占34％；主要分布在0～100$mm^2$之间，在0～1$mm^2$、1～10$mm^2$、10～100$mm^2$这三个区间中分布较为均匀；75％的孔隙为类圆孔。两组植生混凝土的平面孔隙率均沿高度方向呈现"中间大，两头小"变化趋势。

（2）体孔隙特征。利用Avizo软件进行植生混凝土X-CT序列图像重建，借助软件中的交互式阈值分割等计算模块计算出植生混凝土体孔隙率、连通孔隙特征，孔喉特征，孔隙形状等。通过Avizo计算的植生混凝土体孔隙率小于传统的水中称重法，A6组植生混凝土体孔隙为28.14％；72％的孔隙为球状孔隙；连通孔隙孔径主要分布在区间为1.5～3mm之间。A9组植生混凝土体孔隙率为26.87％；68％的孔隙为球状孔隙；连通孔隙孔径主要分布在区间为4.5～6mm之间。孔喉是指在孔隙之间通道，经Avizo计算，孔喉具有良好的均匀性，孔喉面积分布接近指数分布，孔喉长度接近高斯分布。A6组植生混凝土最大孔喉面积为129$mm^2$，最小值为0.017$mm^2$；孔喉长度主要分布在5～10mm之间；配位数主要分布在2～5之间。A9组最大孔喉面积为137$mm^2$，最小值为0.22$mm^2$；最大孔喉长度为36mm；配位数主要分布在3～7之间。两组植生混凝土配位数分布说明死端孔隙少，孔隙连通性较好。

## 1.4 植生混凝土力学性能数值模拟

国内外对建立植生混凝土三维模型研究相对较少，本节在室内试验的基础上，借助有限元分析软件ABAQUS，编写了三维随机孔隙的生成和投放算法，建立了孔隙随机分布的植生混凝土有限元模型。

### 1.4.1 植生混凝土有限元模型

#### 1.4.1.1 有限元模型建立

借助Python语言，结合蒙特卡罗方法，构建植生混凝土的有限元模型。以下是该算法的详细步骤。

(1) 生成球形骨料充当孔隙。根据需要确定孔隙模型的长、宽、高。定义骨料输入孔隙的特征信息，确定孔隙的上下级配区间 s1，s2。随机球形孔隙的生成包括：半径和球心坐标随机确定。半径通过第 1.3 节中植生混凝土孔隙特征确定。球心坐标通过"random"命令生成：

x1＝np. random. uniform(t＋SphereRadius, ConcLength－t－SphereRadius)
y1＝np. random. uniform(t＋SphereRadius, ConcWidth－t－SphereRadius)
z1＝np. random. uniform(t＋SphereRadius, ConcHeight－t－SphereRadius)
point＝(x1, y1, z1, SphereRadius)

避免孔隙超出投放区域，对骨料进行墙效应判断，其中 $t$ 为保护层厚度，即

x1－t－SphereRadius＞0 and x1＋SphereRadius＋t＜ConcLength
y1－t－SphereRadius＞0 and y1＋t＋SphereRadius＜ConcWidth
z1－t－SphereRadius＞0 and z1＋t＋SphereRadius＜ConcHeight

为实现随机生成植生混凝土的连通孔隙，允许球体孔隙间出现干涉、重叠。孔隙接触判别即：

distance＝sqrt((x1－x2)＊＊2＋(y1－y2)＊＊2＋(z1－z2)＊＊2)
distance＜(r1＋r2)
distance＜((r1＋r2)＊0.7)：

(2) 生成多面体骨料。借助 Python 软件，构建随机多面体骨料模型。其基本构建思路为：生成圆形辅助形状，判断骨料是否侵入和干涉。满足要求后，随机在圆周上选定角度，生成 $n$ 个顶点，构建出凸多边形骨料。进而，沿凸多边形的顶点进行延长或缩进，生成模型中的其他各相。以下是随机多面体骨料模型的主要生成步骤：

通过"random(1)"命令随机圆的圆心；
angle1＝np. random. uniform(0, pi＊2)
angle2＝np. random. uniform(0, pi＊2)

随机生成顶点坐标 x，y，z，并进行方向向量计算与平面判断，循环生成骨料信息：

z＝cos(angle1)
x＝sin(angle1) ＊ cos(angle2)
y＝sin(angle1) ＊ sin(angle2)

(3) 骨料合并：

qzhuangpei. append(a1. instances['guliao-'＋str(cc)])

(4) 孔隙合并：

pzhuangpei. append(a1. instances['pore-'＋str(cc)])

(5) 生成混凝土轮廓。
(6) 生成孔洞砂浆。

建成的植生混凝土有限元模型如图 1.34 所示。

#### 1.4.1.2　植生混凝土有限元模型参数设置

(1) 植生混凝土模型基本信息。本次计算和试验保持一致，有限元分析模型尺寸为

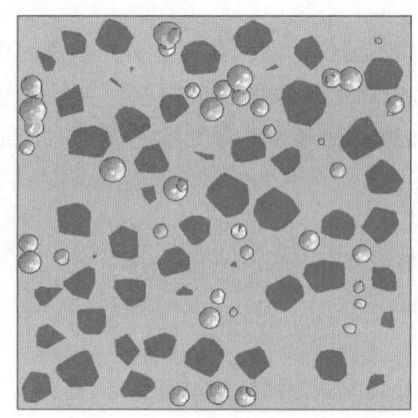

图 1.34 植生混凝土有限元模型

150mm×150mm×150mm。选取 A6 组和 A9 组的配合比，球形孔隙直径参考 1.3 节中二维、三维孔隙特征，建立植生混凝土模型。两组植生混凝土模型基本信息见表 1.6。

（2）植生混凝土材料参数设置。本研究中，植生混凝土试件中骨料、胶凝材料的力学性能参数见表 1.7，其中骨料的参数根据《构造地质学》中给定的经验值确定[10]。浆体为水泥净浆，其部分力学性能参数可从原材料水泥的基本物理力学性能中获取，其抗拉强度和抗压强度[11-12]见表 1.7。

（3）ABAQUS 混凝土损伤塑性模型参数设置。

1）塑性参数：植生混凝土塑性损伤模型的塑性参数参考 ABAQUS 说明书[13-14]，见表 1.8。

2）混凝土材料本构模型。将材料参数进行简化处理，在 ABAQUS 中输入立方体混凝土在单轴抗压下的应力-应变曲线数据[15]。在数值模拟过程中，采用混凝土塑性损伤本构模型对植生混凝土进行参数赋值。混凝土进入损伤阶段时，塑性损伤模型的弹性模量 $E$ 与初始弹性模量 $E_0$ 的关系如下：

$$E=(1-d)E_0 \qquad (1.15)$$

式中：$d$ 为拉伸或压缩时的塑性损伤因子，损伤因子 $d$ 的范围为 0～1，0 表示材料未出现损伤，1 表示材料完全破坏。

表 1.6  植生混凝土模型基本信息

| 试样编号 | 骨料粒径 | 骨料占比 | 胶凝材料占比 | 孔隙直径 | 孔隙占比 |
|---|---|---|---|---|---|
| S1 | 10～20mm | 58% | 12% | 1.5～9mm | 30% |
| S2 | 10～30mm | 63% | 10% | 1.5～9mm | 27% |

表 1.7  具体材料力学参数

| 材料 | 弹性模量/$10^3$MPa | 泊松比 | 抗压强度/MPa | 抗拉强度/MPa |
|---|---|---|---|---|
| 骨料 | 59 | 0.24 | 42.5 | 6.5 |
| 浆体 | 17 | 0.19 | 53.9 | 5.4 |

表 1.8  植生混凝土塑性损伤模型的塑性参数

| 膨胀角/(°) | 偏心率 | $f_{b0}/f_{c0}$ | $k$ | 黏滞参数 |
|---|---|---|---|---|
| 30 | 0.1 | 1.16 | 0.667 | 0.0005 |

图 1.35 为植生混凝土单轴受压塑性损伤模型，图中：$\sigma_{c0}$ 为屈服应力，$\sigma_{cu}$ 为受压极限应力，$\tilde{\varepsilon}_c^{in}$ 为受压非弹性应变，$\varepsilon_{0c}^{el}$ 为未受损伤的受压非弹性应变，$\varepsilon_c^{pl}$ 为压缩塑性应变，$\varepsilon_c^{el}$ 为考虑损伤的受压弹性应变，计算公式如下：

$$\tilde{\varepsilon}_c^{in}=\varepsilon_c-\varepsilon_{0c}^{el} \qquad (1.16)$$

$$\varepsilon_{0c}^{el}=\frac{\sigma_c}{E_0} \qquad (1.17)$$

$$\tilde{\varepsilon}_c^{pl} = \tilde{\varepsilon}_c^{in} - (\varepsilon_c^{el} - \varepsilon_{0c}^{el}) = \tilde{\varepsilon}_c^{in} - \frac{d_c}{1-d_c}\frac{\varepsilon_c}{E_0} \tag{1.18}$$

图 1.36 为混凝土单轴受拉塑性损伤模型，图中：$\sigma_{t0}$ 为屈服应力，$\varepsilon_{0t}^{el}$ 为未受损伤的受拉弹性应变，$\varepsilon_t^{el}$ 为受损伤的受拉弹性应变，$\tilde{\varepsilon}_t^{pl}$ 为受拉塑性应变，$\tilde{\varepsilon}_t^{ck}$ 为手拉非弹性应变，计算公式如下：

$$\tilde{\varepsilon}_t^{ck} = \varepsilon_t - \varepsilon_{0t}^{el} \tag{1.19}$$

$$\varepsilon_{0t}^{el} = \frac{\sigma_t}{E_0} \tag{1.20}$$

$$\tilde{\varepsilon}_t^{pl} = \tilde{\varepsilon}_t^{ck} - \frac{d_t}{1-d_t}\frac{\sigma_t}{E_0} \tag{1.21}$$

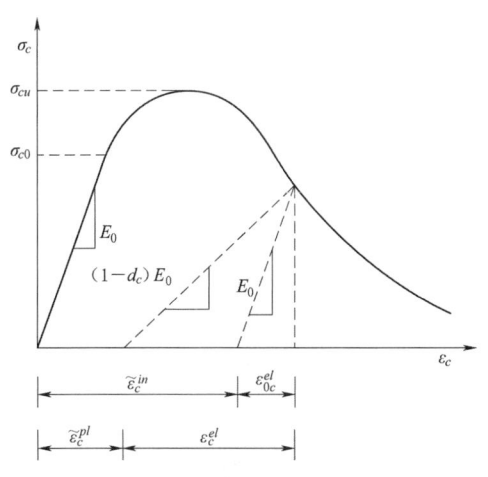

图 1.35　混凝土单轴受压塑性损伤模型　　图 1.36　混凝土单轴受拉塑性损伤模型

直接将规范提供的损伤演化参数应用到 CDP 模型中会导致计算不易收敛。一般采用 Sidoroff 基于能量等价原理提出的损伤因子计算方法。受压损伤因子 $d_c$ 的计算公式如下：

$$d_c = 1 - \sqrt{\frac{\sigma_c}{E_0 \varepsilon_c}} \tag{1.22}$$

受拉损伤因子 $d_t$ 的计算公式如下：

$$d_t = 1 - \sqrt{\frac{\sigma_t}{E_0 \varepsilon_t}} \tag{1.23}$$

经过以上计算，得到便于 ABAQUS 材料塑性损伤模型数据，见表 1.9。

表 1.9　　ABAQUS 材料塑性损伤模型数据

| 受压行为 | | | 受拉行为 | | |
|---|---|---|---|---|---|
| 屈服应力 /MPa | 非弹性应变 ($\times 10^{-3}$) | 损伤因子 $d_c$ | 屈服应力 /MPa | 非弹性应变 ($\times 10^{-3}$) | 损伤因子 $d_t$ |
| 18.0 | 0 | 0 | 1.5 | 0 | 0 |
| 18.6 | 0.50 | 0.243 | 1.6 | 0.01 | 0.099 |

续表

| 受压行为 | | | 受拉行为 | | |
|---|---|---|---|---|---|
| 屈服应力/MPa | 非弹性应变(×10⁻³) | 损伤因子 $d_c$ | 屈服应力/MPa | 非弹性应变(×10⁻³) | 损伤因子 $d_t$ |
| 18.9 | 0.63 | 0.281 | 1.7 | 0.02 | 0.120 |
| 19.0 | 0.77 | 0.316 | 1.8 | 0.03 | 0.154 |
| 18.6 | 1.08 | 0.382 | 1.7 | 0.05 | 0.247 |
| 17.6 | 1.40 | 0.443 | 1.5 | 0.07 | 0.333 |
| 16.5 | 1.73 | 0.496 | 1.4 | 0.09 | 0.404 |
| 15.3 | 2.06 | 0.542 | 1.3 | 0.11 | 0.462 |
| 14.2 | 2.39 | 0.582 | 1.2 | 0.13 | 0.510 |
| 13.2 | 2.72 | 0.616 | 1.1 | 0.16 | 0.551 |
| 12.2 | 3.04 | 0.646 | 1.0 | 0.18 | 0.585 |
| 11.4 | 3.36 | 0.672 | 1.0 | 0.20 | 0.614 |
| 10.6 | 3.68 | 0.694 | 0.9 | 0.22 | 0.639 |
| 10.0 | 3.99 | 0.714 | 0.9 | 0.24 | 0.660 |

（4）单元选择与网格划分。本研究选用适应性更强、收敛性更优的三角形网格。网格密度直接影响单元数量与计算精度。网格细化可提升精度但增加计算负荷；网格稀疏则降低精度与计算量。然而，网格过度稀疏可能导致计算不收敛或单元变形过大而引发错误。经比对，本研究选定 2mm 网格尺寸。

图 1.37 植生混凝土劈裂抗拉模拟模型

（5）荷载和边界条件。

1）抗压试验。本研究采用位移荷载的形式对立方体抗压试验进行模拟[16]。首先以试件表面中心点为基准施加竖直向下的位移荷载，然后通过耦合机制连接该点与试件上表面，实现全平面位移一致。底面边界实施竖向位移及旋转约束，水平位移自由，侧面无约束。

2）劈裂抗拉强度。本研究采用 150mm×20mm×3mm 的钢垫块传递荷载。从表面中点竖直向下施加位移荷载。在上表面和下表面设置参考点，耦合垫块左右各 10mm 来模拟局部荷载。对底面中部 20mm 区域边界竖向位移和旋转进行约束，水平位移自由，其他边界无约束，见图 1.37。

### 1.4.2 植生混凝土受压破坏数值模拟结果分析

#### 1.4.2.1 受压应力云图

分别对 S1、S2 植生混凝土进行受压计算分析，各组模型的 Y 方向整体应力云图如图 1.38 所示。S1 抗压强度为 21.3MPa，S2 抗压强度为 24.4MPa。这与室内试验趋势相同，骨料级配连续的 S2 抗压强度优于单粒级石子的 S1。植生混凝土压缩模拟出的抗压强度是传统测得的抗压强度的 1.3 倍左右，这是因为有限元分析时为简化网格划分、计算时间，未设置骨料、孔隙、浆体三者界面过渡区，致使模拟结果与实际试验结果有一定的差距。

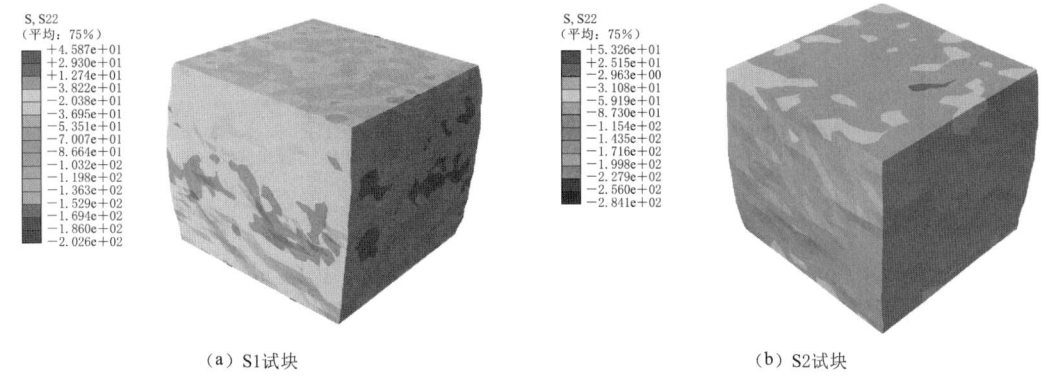

(a) S1 试块　　　　　　　　　(b) S2 试块

图 1.38　植生混凝土受压情况下 $Y$ 方向上的应力云图

图 1.39 为植生混凝土受压破坏情况下 $Y$ 方向上截面的应力云图。由图 1.39 可知：孔隙周边颜色更为明显，说明孔隙周围出现应力集中现象。其他区域颜色分布均匀，其应力分布相对均匀。植生混凝土受压破坏后，S1 试样孔隙周边局部应力峰值为 15.5MPa，S2 试样孔隙周边局部应力峰值为 14.9MPa。在相同荷载作用下孔隙率越高的模型孔隙附近应力集中现象更为明显。

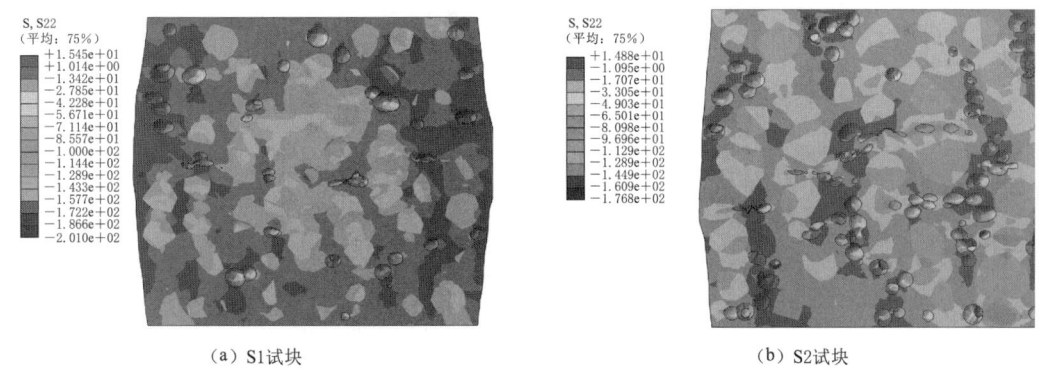

(a) S1 试块　　　　　　　　　(b) S2 试块

图 1.39　植生混凝土受压破坏情况下 $Y$ 方向上截面的应力云图

#### 1.4.2.2　受压损伤分布云图

图 1.40 为植生混凝土受压情况下截面损伤云图。根据混凝土损伤塑性模型，当损伤因子为 0.8 时可认为植生混凝土已受到破坏。本研究通过投放随机相交圆形孔隙，来实现植生混凝土模型中内部孔隙连通。由图 1.40 可知，S1 植生混凝土损伤呈现"X"形，S2 试样损伤近似"X"形，符合混凝土受压实际破坏形态，损伤裂缝区域与混凝土试件边界夹角约为 45°。

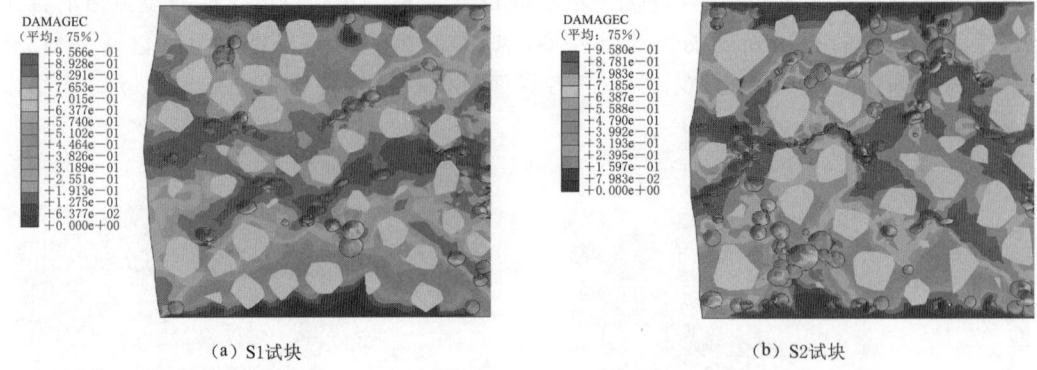

图 1.40　植生混凝土受压情况下截面损伤云图

图 1.41 为植生混凝土受压情况下压缩损伤演变过程。由图 1.41 可知，最先开始出现损伤的部位为植生混凝土中间段孔隙周围。随着荷载的持续作用，损伤区域扩大，损伤区域主要聚焦在孔隙周围，沿相交的圆形孔隙也就是连通孔隙发展，连通孔隙区域越大，损伤越为明显。同时，多面体骨料存在棱角，损伤会集中于骨料棱角，并沿着棱角所在边发展，特别是粒径较大的骨料周边，损伤更为明显。

### 1.4.3　植生混凝土劈裂抗拉数值模拟结果分析

#### 1.4.3.1　受拉应力云图

分别对 2 组植生混凝土进行劈裂抗拉计算分析，各组模型的 Y 方向整体应力云图如图 1.42 所示。S1 劈裂抗拉强度为 1.86MPa，室内试验测得的劈裂抗拉强度为 1.26MPa，S2 劈裂抗拉强度为 3.78MPa，室内试验测得的劈裂抗拉强度为 2.29MPa。数值模拟结果与实际试验结果相差 47%～65%。与抗压强度数值模拟结果相比，更接近于室内试验值。

植生混凝土受拉破坏后，S1 试样应力峰值为 2.87MPa，S2 试样应力峰值为 1.32MPa。根据竖直方向截面的应力云图（图 1.43）发现，垫块下侧区域由于中间集中荷载的作用出现压应力区，混凝土两侧拉应力较大，导致垫块下侧呈现开裂趋势。

#### 1.4.3.2　受拉损伤分布云图

图 1.44 为植生混凝土受拉破坏后截面损伤云图，与在轴压情况的破坏模式类似，损伤总是出现在薄弱区域中，即内部孔隙周围，少部分在骨料棱角处，损伤沿着连通孔隙、骨料边缘处发展。

图 1.45 为植生混凝土受拉情况下压缩损伤演变过程。由图 1.45 可知，在试块刚开始加载时，其表面并没有出现明显的变化。随着加载逐渐进行，试块沿着垫块方向在孔隙周围出现了受损。随着荷载增加，试块所受的应力逐渐累积上升，最终会达到一个应力峰值。在此过程中，损伤沿连通孔隙、多面体骨料棱角处不断扩展，最终贯穿垫块的位置，试件劈裂破坏。这与实际试验中劈坏过程高度一致。

### 1.4.4　小结

结合植生混凝土配合比、孔隙平面、体孔隙特征，设计随机相交的球形孔隙，建立具

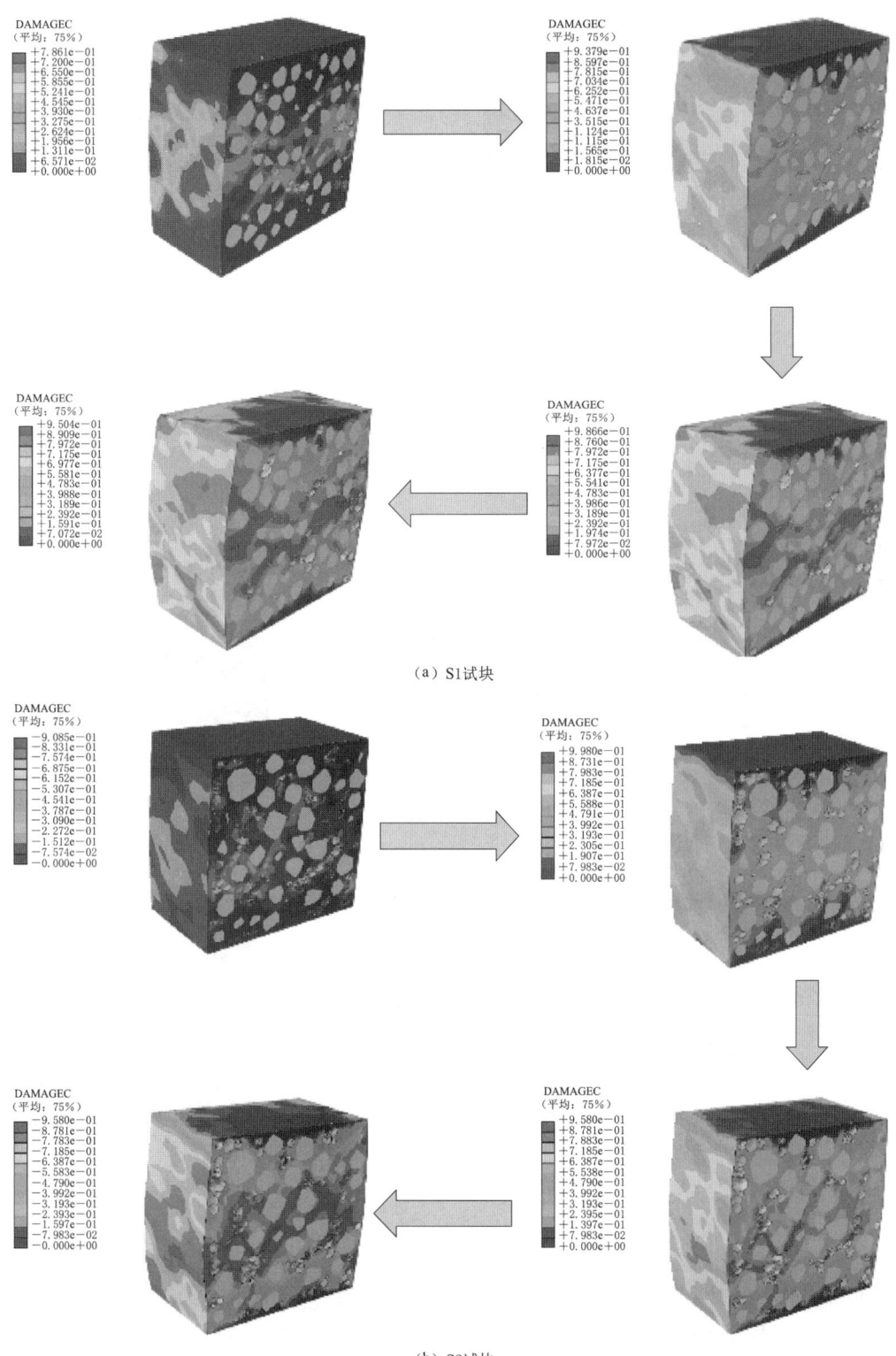

(a) S1试块

(b) S2试块

图 1.41 植生混凝土受压情况下压缩损伤演变过程

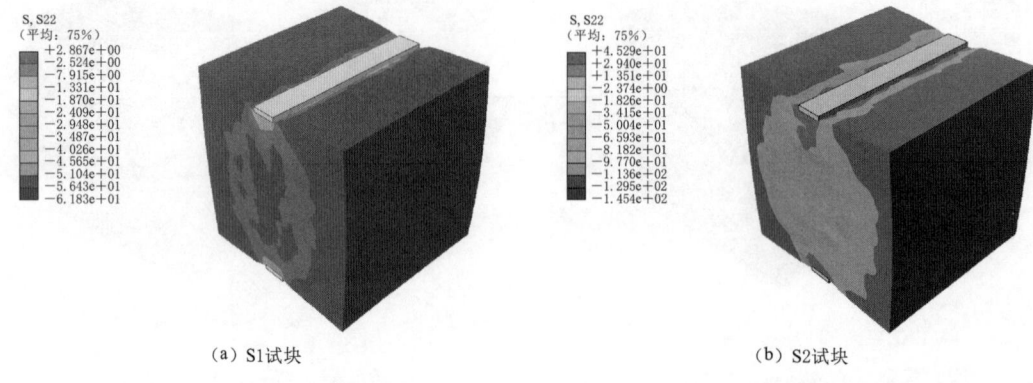

(a) S1试块　　　　　　　　　　　　　(b) S2试块

图 1.42　两组植生混凝土受拉情况下 $Y$ 方向上的应力云图

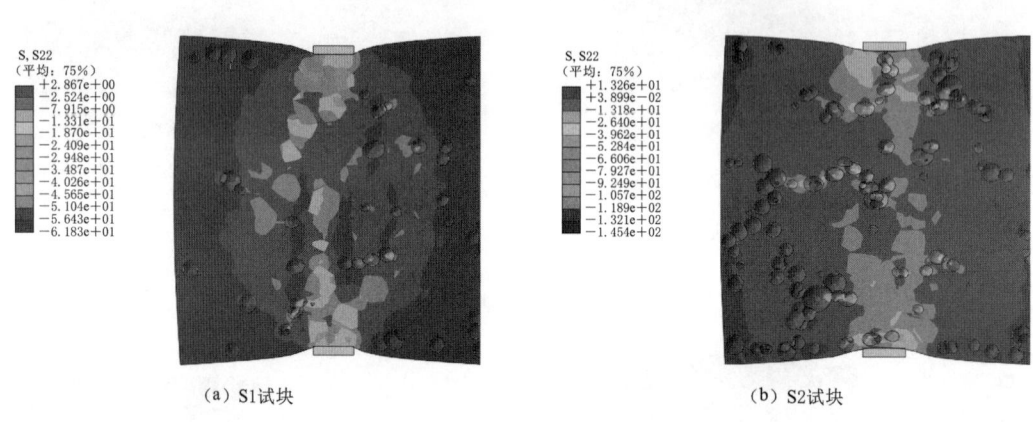

(a) S1试块　　　　　　　　　　　　　(b) S2试块

图 1.43　植生混凝土受拉情况下 $Y$ 方向上截面的应力云图

(a) S1试块　　　　　　　　　　　　　(b) S2试块

图 1.44　两组植生混凝土受拉破坏后截面损伤云图

有连通孔隙的随机多面体骨料球形孔隙植生混凝土有限元模型，并利用 ABAQUS 进行压缩、拉伸模拟，提取应力、损伤云图并进行分析，得出以下结论：

（1）由于本次模型建立时，未设立植生混凝土骨料、孔隙、浆体三者界面过渡区，植生混凝土有限元模型压缩、拉伸所得的抗压强度、劈裂抗拉强度比实际实验结果高 30%，但趋势一致。结合 $Y$ 轴应力、损伤云图，该模型建立贴近植生混凝土。

1.4 植生混凝土力学性能数值模拟

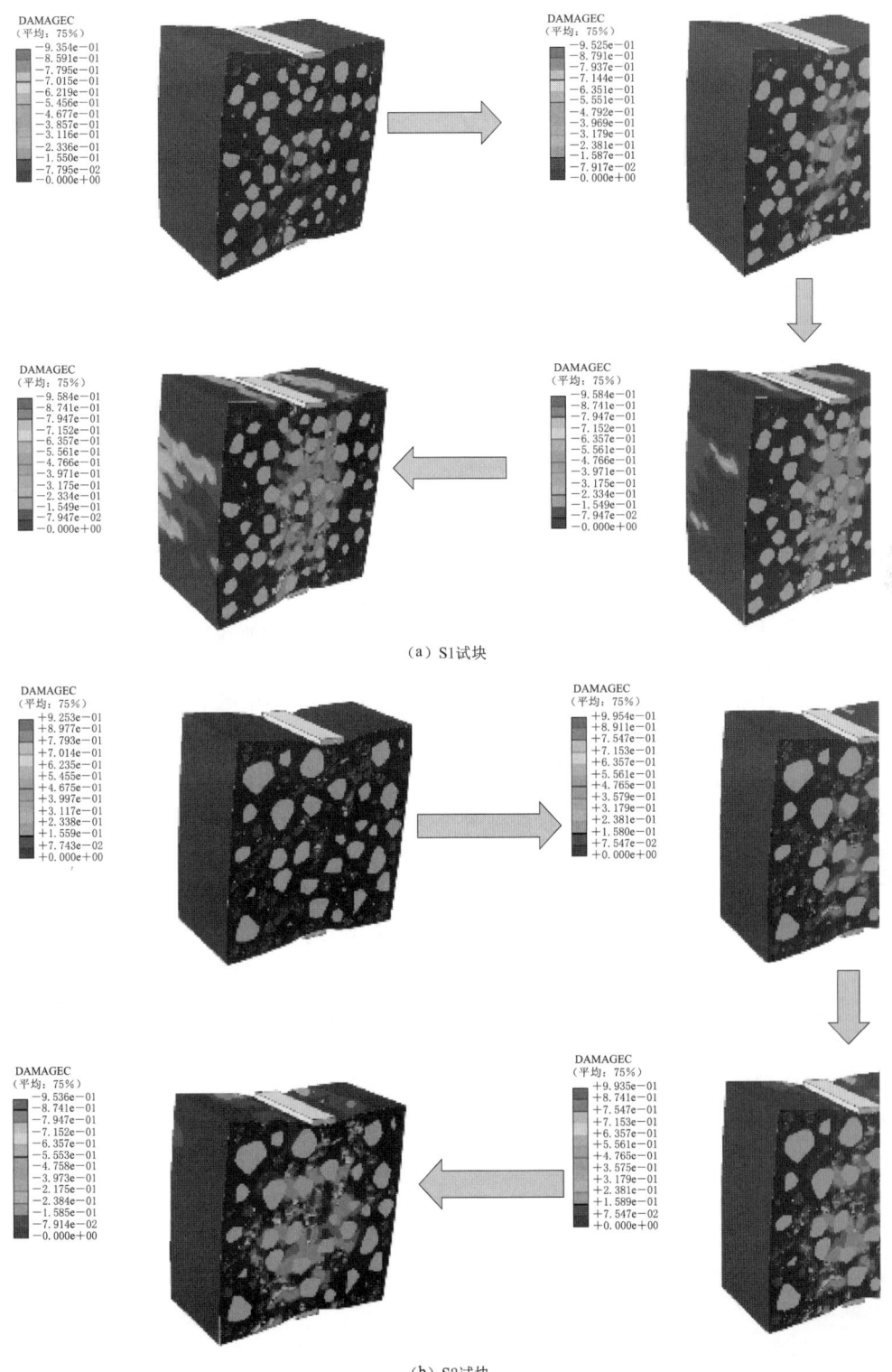

(a) S1试块

(b) S2试块

图 1.45 两组植生混凝土受拉情况下压缩损伤演变过程

（2）结合应力、损伤云图，植生混凝土压缩、拉伸试验时最开始受到损伤的地方为孔隙周边，沿着连通孔隙拓展，连通孔隙越大，损伤越为明显；其次，损伤最多的地方为多面体骨料，特别是粒径较大的骨料周边，损伤更为明显。

## 1.5 植生混凝土降碱与植生性能研究

植生混凝土实际应用效果在于内部孔隙能否为植物提供足够的营养物质，容纳根系生长。本研究采用普通硅酸盐水泥制备植生混凝土，测得pH值最高可达11.6。高碱环境会抑制植物生长，产生胁迫效应。因此，调控植生混凝土孔隙的碱环境是技术应用中的核心问题和难点。

### 1.5.1 降碱研究

#### 1.5.1.1 降碱思路

通过使用低碱水泥、优化水灰比、内掺不同种类与配比的矿物掺合料，或者采用高分子树脂材料等手段，可以有效地降低植生混凝土孔隙内溶液的酸碱度。但难以满足大多数植物生长需求，需要对植生混凝土进行综合碱调控。

植生混凝土进行降碱时，应保证植生混凝土强度能起到护坡作用；能兼顾植物生长的适宜性，避免有害离子；能具有长效性，以支持植物的长期生长。

本研究采用化学消碱、物理封碱两种方式对植生混凝土内部孔隙溶液pH值进行调控。参考农业土壤调酸方法[17-18]，可用硫酸亚铁、过磷酸钙等酸性肥料降低土壤pH值。同时结合前人研究，选取过磷酸钙、磷酸二氢钾两种磷酸盐肥料对植生混凝土孔隙溶液进行改善。物理封碱选取永凝液、水玻璃两种能形成致密薄膜的材料进行喷涂，隔绝种植基质与植生混凝土可溶性碱性物质接触。

#### 1.5.1.2 降碱技术

（1）化学消碱法。选取两种不同骨料级配，抗压强度最优的植生混凝土配合比，制备成尺寸为100mm×100mm×100mm的植生混凝土。分别将过磷酸钙、磷酸二氢钾按1%、2%、3%浓度配制溶液。试块标准养护至28d后分别取出3组试块，放置在对应溶液中，并用保鲜膜密封处理，每5d测定浸泡溶液pH值，试验过程如图1.46所示。本试验使用的过磷酸钙、磷酸二氢钾由河北先正农业科技公司生产。

（2）物理封碱法。选取两种不同骨料级配，抗压强度最优的植生混凝土配合比，制备成尺寸为150mm×150mm×150mm的植生混凝土。待植生混凝土试块标准养护至28d后，分别采用永凝液、水玻璃对植生混凝土试块进行喷涂处理，喷涂装置由树脂专用喷枪配合空气压缩机组成。喷涂装置喷涂后放置24h，即间隔1d进行第2、3、4次喷涂，测试喷涂后浸泡5d的植生混凝土孔隙溶液pH值。本试验使用的永凝液为蒙泰伟业建材有限公司，水玻璃为山东临沂绿森有限公司生产。

#### 1.5.1.3 化学消碱法对植生混凝土性能的影响

1. 过磷酸钙对植生混凝土性能的影响

图1.47为植生混凝土在不同浓度过磷酸钙溶液浸泡后pH值变化情况。由图1.47可

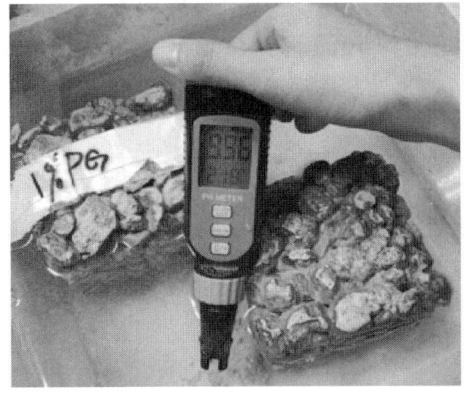

(a) 浸泡处理　　　　　　　　　　　(b) pH值测试

图1.46　化学消碱法试验图

知，植生混凝土试块在经过不同浓度的过磷酸钙溶液浸泡处理后，pH值均降低。经1%过磷酸钙溶液浸泡55d后，A6组和A9组试块的pH值降幅约33%和30%。而使用2%和3%浓度的溶液浸泡28d后，A6组和A9组试块的pH值降幅均为35%~36.5%。

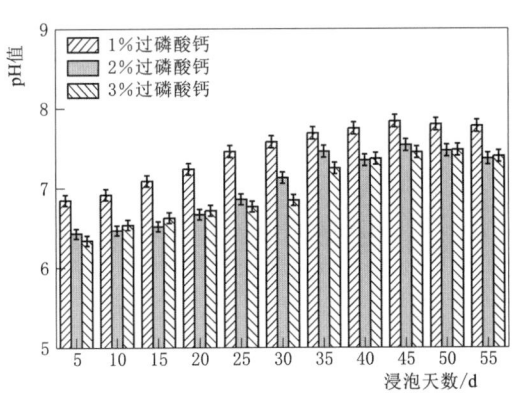
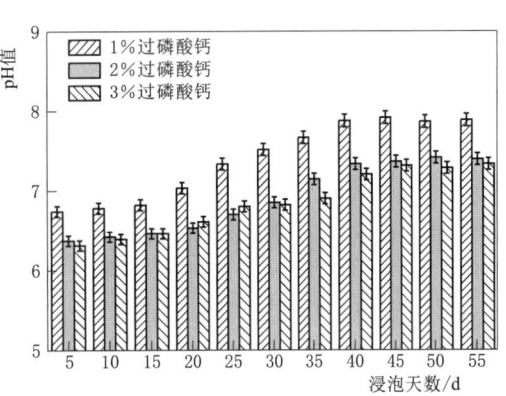

图1.47　植生混凝土在过磷酸钙溶液浸泡后pH值变化情况

相较于未处理的植生混凝土试块，过磷酸钙处理的植生混凝土pH值显著降低，这是因为过磷酸钙中的磷酸二氢钙和磷酸根离子与混凝土中水泥水化产物$Ca(OH)_2$发生反应，生成$Ca_3(PO_4)_2$沉淀[19]，主要反应见式（1.24）和式（1.25）：

$$Ca(H_2PO_4)_2 + 2Ca(OH)_2 \longrightarrow Ca_3(PO_4)_2 \downarrow + 4H_2O \tag{1.24}$$

$$H_3PO_4 + Ca(OH)_2 \longrightarrow Ca_3(PO_4)_2 \downarrow + H_2O \tag{1.25}$$

随着过磷酸钙溶液浓度在1%~2%范围内增加，降碱效果逐渐增强，因为更高浓度的溶液含有更多的磷酸二氢钙和磷酸，可与更多$Ca(OH)_2$反应[20]。然而，当过磷酸钙溶液浓度超过2%时，降碱效果不再明显改善，因为此时溶液已达饱和，继续添加过磷酸钙不会增加实际溶解的物质量。

经过磷酸钙处理后，植生混凝土孔隙环境pH值随时间逐渐上升，在40d之后逐渐稳定。这是因为植生混凝土为维持碱性平衡会不断释放碱性物质，导致pH值回升；而过磷酸钙与水泥水化产物反应形成的 $Ca_3(PO_4)_2$ 沉淀附着在混凝土表面能阻止碱性物质释放的膜，使 pH 值趋于稳定。1%过磷酸钙处理的 A6 组、A9 组 pH 值分别稳定在 7.78 和 7.89；2%处理的 A6 组、A9 组 pH 值分别稳定在 7.78 和 7.4；3%处理的 A6 组、A9 组 pH 值分别稳定在 7.78 和 7.34。

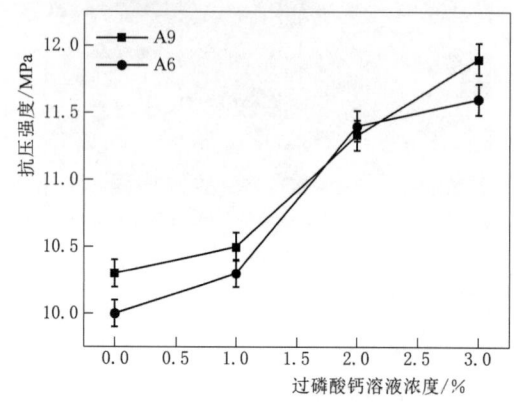

图 1.48 植生混凝土在过磷酸钙溶液中浸泡 55d 后的抗压强度

图 1.48 为植生混凝土在不同浓度的过磷酸钙溶液中浸泡 55d 后的抗压强度。由图 1.48 可知，经降碱处理的植生混凝土试块 28d 抗压强度均高于未处理的。1%浓度过磷酸钙溶液处理后的 A6 组和 A9 组抗压强度分别提升 3%和 1.9%；2%浓度过磷酸钙溶液处理后分别提升 14%和 10%；3%浓度过磷酸钙溶液处理后分别提升 16%和 15.5%。这种增强效应是因为磷酸钙与可溶性碱反应生成的磷酸钙难溶物，它填充了混凝土的微孔隙，增加了密实度，提高了抗压强度。随着过磷酸钙浓度的增加，生成的磷酸钙量增多，增强效应愈发显著。

**2. 磷酸二氢钾对植生混凝土性能的影响**

图 1.49 为植生混凝土在不同浓度磷酸二氢钾溶液浸泡后 pH 值变化情况。由图 1.49 可知，A6 组约降低了 14%，A9 组约降低了 14.8%，而经浓度为 2%、3%的过磷酸钙溶液处理后的植生混凝土，28d 后二者降幅相当，A6 组分别降低了 23%、28%，A9 组分别降低了 26%、26.1%。这是因为磷酸二氢钾能与植生混凝土中水泥水化产物 $Ca(OH)_2$ 发生反应。主要反应见化学方程式（1.26）：

$$3KH_2PO_4 + 3Ca(OH)_2 == Ca_3(PO_4)_2 \downarrow + 6H_2O \tag{1.26}$$

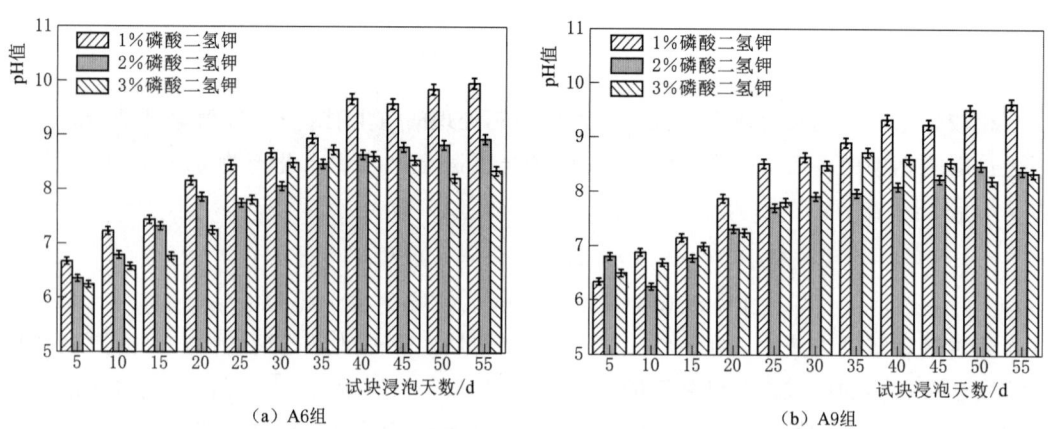

图 1.49 植生混凝土在磷酸二氢钾溶液浸泡后 pH 值变化情况

通过对比图 1.49 中数据发现，刚开始，将两组植生混凝土试块浸入磷酸二氢钾溶液后，浓度为 1%的磷酸二氢钾浸泡液的 pH 值上升速度最快，第 40 天左右达到稳定，A6

组 pH 值约为 9.67，A9 组约为 9.34，第 55 天测得 A6 组植生混凝土 pH 值为 9.96，A9 组为 9.34；浓度为 3% 的磷酸二氢钾浸泡液的 pH 值上升速度最慢，浸泡 45d 后 pH 值出现少许降低，随后趋于稳定，55d 时 A6 组 pH 值约为 8.35；A9 组 pH 值为 8.32。这一趋势与过磷酸钙溶液浸泡后的植生混凝土 pH 值相似，可分为两阶段，第一阶段为植生混凝土孔隙溶液中碱性物质不断析出，造成 pH 值回升，第二阶段是因为随着浸泡时间加长磷酸二氢钾与氢氧化钙发生反应，生成沉淀物磷酸钙，包裹在混凝土表面，致使孔隙溶液中碱性物质不易析出。与过磷酸钙相比，磷酸二氢钾中和 $Ca(OH)_2$ 的成分单一，降碱效果未达预期。

图 1.50 为植生混凝土在不同浓度的磷酸二氢钾溶液中浸泡 55d 后的抗压强度。由图 1.50 可知，经过磷酸二氢钾浸泡处理的植生混凝土，在 28d 后的抗压强度相比未处理的试样有所提高。具体而言，1% 浓度的磷酸二氢钾溶液处理后，A6 组和 A9 组的抗压强度分别提升了约 1% 和 0.9%；2% 浓度的磷酸二氢钾溶液处理后，A6 组提升了约 8%，A9 组提升了 7.7%；而在 3% 的磷酸二氢钾溶液浓度处理后，A6 组抗压强度提高了约 10%，A9 组则显著提升了 13.5%。

#### 1.5.1.4 物理封碱法对植生混凝土性能的影响

1. 永凝液对植生混凝土性能的影响

图 1.51 为植生混凝土 pH 随永凝液喷涂次数变化情况。从图 1.51 可以看出，未采用永凝液喷涂处理的植生混凝土其 28d 孔隙环境 pH 值稳定在 11.6 左右，经永凝液喷涂处理后，植生混凝土 pH 值显著降低。喷涂 1～4 次的植生混凝土孔隙环境 pH 值相比于未喷涂的，A6 组植生混凝土降低幅度分别为 25.2%、28.1%、35% 和 33.8%，A9 组降低幅度分别为 27.9%、29.7%、32.1%、35%。

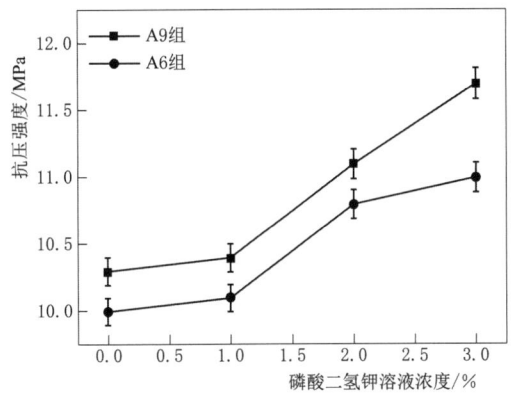

图 1.50 植生混凝土在磷酸二氢钾溶液中浸泡 55d 后的抗压强度

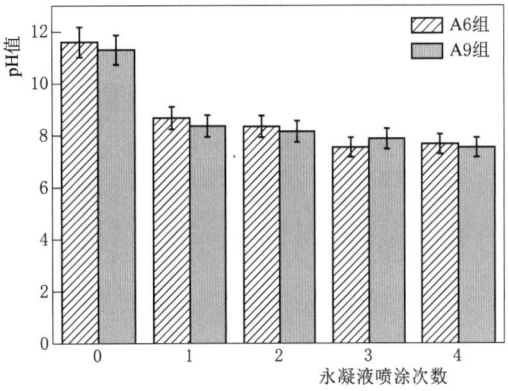

图 1.51 植生混凝土 pH 值随永凝液喷涂次数变化情况

当使用永凝液进行 3 次喷涂后，便能达到较合适封碱效果。此后，若继续进行喷涂，对植生混凝土孔隙环境的 pH 值影响将变得微乎其微。这是因为永凝液已在植生混凝土表面形成了一层高分子聚合物薄膜，这层薄膜已有效地阻止植生混凝土中可溶性碱的析出。

图 1.52 为植生混凝土抗压强度、总孔隙率随永凝液喷涂次数变化情况。由图 1.52 可知，随着永凝液喷涂次数的增多，植生混凝土试块的总孔隙率逐渐减小，而抗压强度逐渐增强。这是因为永凝液中硅烷小分子能与水和游离碱发生反应，生成网状硅烷小分子与晶体，填充植生混凝土孔隙，密实植生混凝土结构[21]。因此，永凝液喷涂次数的增加会促使孔隙率降低和抗压强度提高[22]。

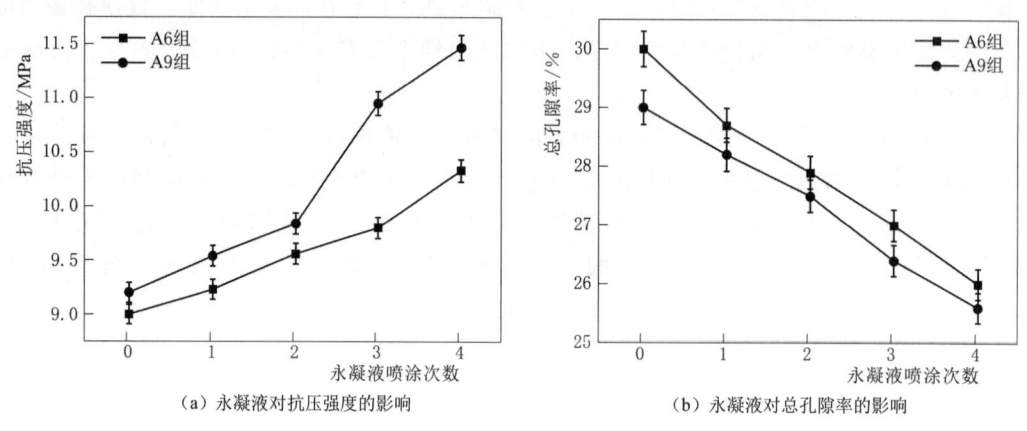

图 1.52　植生混凝土抗压强度、总孔隙率随永凝液喷涂次数变化情况

**2. 水玻璃对植生混凝土性能的影响**

图 1.53 为植生混凝土 pH 值随水玻璃喷涂次数变化情况。从图 1.53 可以看出，采用水玻璃进行植生混凝土表面喷涂处理后，植生混凝土孔隙环境的 pH 值降低。从喷涂次数来看，喷涂 1～4 次的植生混凝土孔隙环境 pH 值相比于未喷涂的植生混凝土，A6 组植生混凝土降低幅度分别为 24.9%、27.6%、30.9% 和 32.2%，A9 组降低幅度分别为 26.6%、27.6%、29.3% 和 31.3%。即使用水玻璃喷涂 4 次时封碱效果最佳。

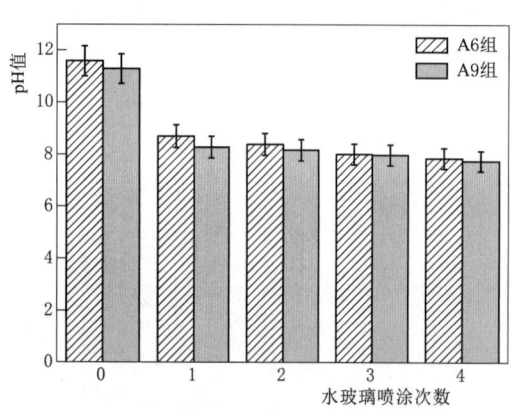

图 1.53　植生混凝土 pH 值随水玻璃喷涂次数变化情况

图 1.54 为植生混凝土抗压强度、总孔隙率随水玻璃喷涂次数变化情况。由图 1.54 可知，随着水玻璃喷涂次数的增加，植生混凝土试块的总孔隙率呈现降低的趋势，随着喷涂次数的增加，A6 组总孔隙率分别降低了 8.3%、8.6%、10.7% 和 11.3%，A9 组总孔隙率分别降低了 3.4%、4.5%、6.7% 和 7.2%。抗压强度逐步增大，A6 组抗压强度分别增长了 2.6%、4.1%、8.9% 和 12.7%，A9 组总孔隙率分别降低了 2.5%、5.1%、9% 和 16%。植生混凝土表面采用水玻璃喷涂处理后，其孔隙率和抗压强度变化趋势没有喷涂永凝液明显。

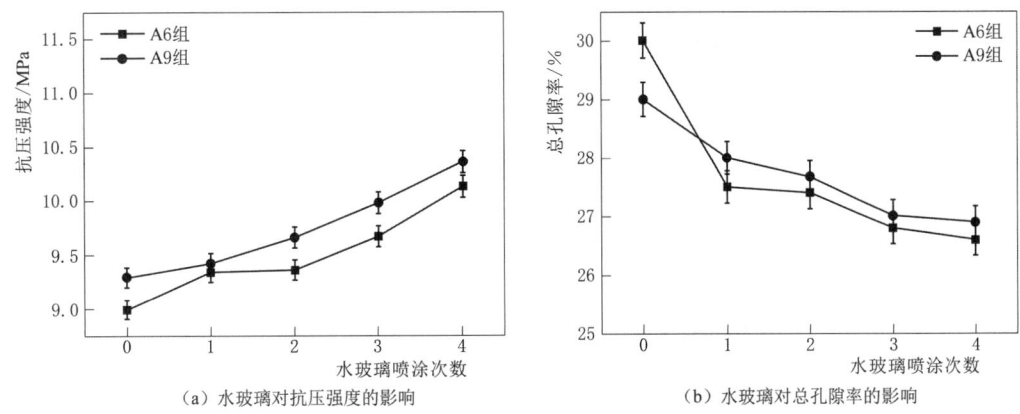

(a) 水玻璃对抗压强度的影响    (b) 水玻璃对总孔隙率的影响

图 1.54　植生混凝土抗压强度、总孔隙率随水玻璃喷涂次数变化情况

这是因为水玻璃可与水泥中的 $Ca^{2+}$ 反应生成 $CaO_3Si$ 与 $Ca_2SiO_4$ 填充在植生混凝土孔隙中[23]。同时，水玻璃的分子量大，可以在水泥基体中形成网状结构，使得植生混凝土更为致密，致使强度提高[24-25]。

### 1.5.2　植物植生性能研究

#### 1.5.2.1　基质配制与种植方式

（1）植物的生长依赖于适宜的土壤环境，需从中汲取必要的营养物质。这些营养物质主要来源于植生混凝土表面铺设和孔隙中填充的种植基质中。因此，在植物适生性实验中要着重选择种植基质及填充方法。既要确保所选的种植基质能为草种提供充足的养分和水分以支持其发芽和生长，又要考虑到植生混凝土孔隙的复杂和随机结构，确保基质能正确填充到这些孔隙中。原则上，种植基质应具有良好的分散性，可均匀填充进植生混凝土孔隙；营养物质充足，保水性好，能持续为植物生长提供养分；适应当地生态环境，避免对周围环境造成负担。

试验所用土壤按 1∶1 比例混合南京市当地天然土壤与营养土，营养土为史丹利农业集团股份有限公司生产，加水稀释灌注入植生混凝土孔隙内。使用方形花盆进行植生试验，填充植生混凝土孔隙，放置在植生盆中，并在混凝土表层覆盖混合土。

（2）植生试验种植流程。经过降碱处理后的 A6 组和 A9 组植生混凝土，其 pH 值均降低至 10 以下，满足植物生长的基本需求。鉴于这一点，本次植生试验选取了 A6 组植生混凝土，该组不仅展现了最优的抗压强度，而且其总孔隙率和连通孔隙率均达到了适宜植物生长的标准。结合先前的植生混凝土降碱试验，本节研究采用了浓度为 2% 的过磷酸钙溶液进行降碱处理。为观察植物根系生长情况，将 150mm×150mm×150mm 的植生混凝土均匀切割成 2 块，排列好进行植生试验。植生试验如图 1.55 所示，植生试验流程如下：

1）配制好种植基材，将其填充至植生混凝土内。

2）在种植盆底部铺设约 30mm 后的石子，石子上覆盖营养土，这样可以防止盆中植物根系腐烂。

3）布设植生混凝土，在植生混凝土上铺设种植土，厚约5mm。

4）向种植盆内浇水，检查其排水功能。

5）播种植物种子，覆盖薄土。

6）定期补充水分并记录草本植物生长情况。

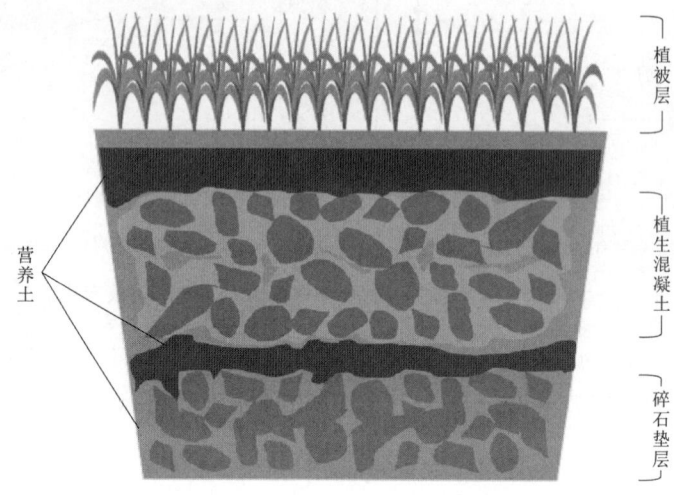

图1.55　植生混凝土种植示意图

#### 1.5.2.2　选种

考虑到植生混凝土的固有特性以及追求生态景观效益的目标，应选用那些耐碱性强、抗逆性良好、生长速度快、能多年生长且适于粗放式管理的植物。鉴于南京地区特有的亚热带季风气候条件，综合气候、环境及土壤等多重因素，最终选定了高羊茅、马尼拉和紫花苜蓿这三种植物进行植被生长试验。这三种植物具体特性见表1.10。

表1.10　　　　　　　　　　　植　物　特　性

| 草种名称 | 生命周期 | 冷暖型 | 适宜pH值 | 植株高度 | 特点 |
| --- | --- | --- | --- | --- | --- |
| 高羊茅 | 多年生 | 冷季型 | 4.7～8.5 | 90～120cm | 抗逆性强、耐酸 |
| 马尼拉 | 多年生 | 暖季型 | 6～7 | 12～20cm | 须根细弱、秆直立 |
| 紫花苜蓿 | 多年生 | 冷季型 | 6.0～7.5 | 10～15cm | 根发达，主根长 |

#### 1.5.2.3　植生性能评价

当植物出芽时和达到指定的种植时间后，用精确度为1mm的尺子测量植物植株的长度，自土壤表面测量至最上部展开叶子的基部叶枕处，以了解植物在混凝土表面的生长速度及受外界环境影响情况。

（1）高羊茅。高羊茅生长高度如图1.56所示。由图1.56可知，高羊茅40d内的生长高度呈现稳定增长的趋势，前20d生长速度略高于20～40d。高羊茅种子播种3d后，开始出芽。播种5d后，高羊茅植株生长高度平均在40mm；播种10d后，降碱处理的植生混凝土上高羊茅生长高度开始高于在未进行降碱处理的。播种25d后，这种趋势更为明显，降碱后的植生混凝土更适宜高羊茅生长，植株高度约175mm，未降碱的植生混凝土上高羊茅植株高度约为180mm。播种40d后，降碱后的植生混凝土上的高羊茅约高

230mm，未降碱的植生混凝土上的高羊茅约高 230mm。这可能是随着种植时间的延长，植生混凝土孔隙溶液中氢氧根离子持续释放，种植基质 pH 值升高，降低了高羊茅对土壤中养分的吸收效率，致使植物生长速度减缓。高羊茅生长情况如图 1.57 所示。

（2）马尼拉。马尼拉生长高度如图 1.58 所示。由图 1.58 可知，马尼拉在植生混凝土上的生长高度变化趋势与高羊茅相似，植株生长速度呈现先快后慢的趋势，降碱处理后播种的马尼拉植株高度比未降碱高 20mm 左右。播种后 3d，马尼拉开始

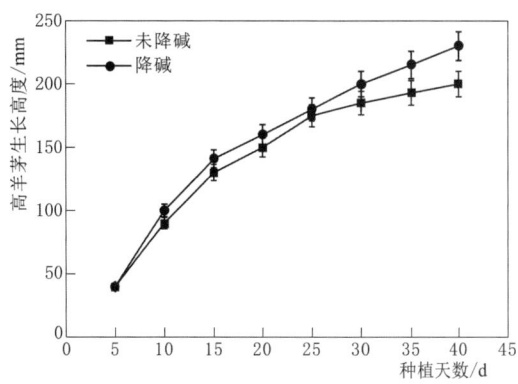

图 1.56　不同时段高羊茅生长高度

（a）高羊茅在未降碱植生混凝土上10d生长情况

（b）高羊茅在降碱植生混凝土上10d生长情况

（c）高羊茅在未降碱植生混凝土上20d生长情况

（d）高羊茅在降碱植生混凝土上20d生长情况

（e）高羊茅在未降碱植生混凝土上40d生长情况

（f）高羊茅在降碱植生混凝土上40d生长情况

图 1.57　高羊茅在植生混凝土上生长情况

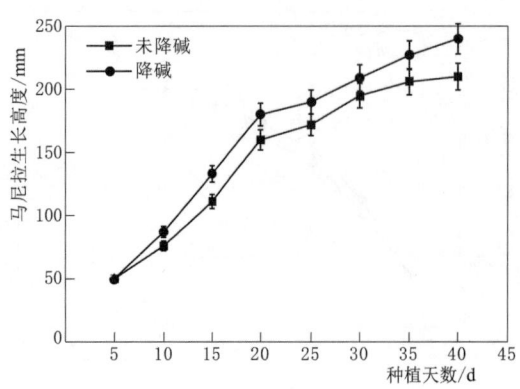

图1.58　不同时段马尼拉生长高度

发芽；5d植株高度已达50mm左右；播种20d后，植株高度普遍在160mm左右；后期植物生长渐缓，播种30d时植株高度为190～210mm，40d时为210～240mm。马尼拉生长情况如图1.59所示。

（3）紫花苜蓿。紫花苜蓿生长高度如图1.60所示，紫花苜蓿的发芽最为迅速。播种后1天后，可以观察到种子表层覆土变得松散。这是因为种子开始发芽，顶起了表面覆土；播种5d左右，植物幼苗长出嫩叶；播种10d左右，紫花苜蓿在降碱的植生混凝土上植株高度与生长速度都优于未降

(a) 马尼拉在未降碱植生混凝土上10d生长情况

(b) 马尼拉在降碱植生混凝土上10d生长情况

(c) 马尼拉在未降碱植生混凝土上20d生长情况

(d) 马尼拉在降碱植生混凝土上20d生长情况

(e) 马尼拉在未降碱植生混凝土上40d生长情况

(f) 马尼拉在降碱植生混凝土上40d生长情况

图1.59　马尼拉在植生混凝土上生长情况

碱的植生混凝土；播种 20d 时，紫花苜蓿生长速度变缓，约为 70mm。播种 40d 后，两组紫花苜蓿植株高度都在 80mm 左右。紫花苜蓿在播种 35d 左右，出现部分植株萎缩现象，未降碱试块中该现象更为明显。综合考虑，这可能是未进行降碱处理的植生混凝土进行植生试验会造成植物根系损伤，生成碱盐化合沉积物堵塞内部孔隙，影响植株吸收水分。此外，不同于高羊茅，狗牙根叶片细窄，紫花苜蓿叶片呈现圆形且横向生长，造成根系水分难以挥发，致使根系呼吸作用减弱，造成植物生长缓慢甚至烂根。紫花苜蓿生长高度如图 1.61 所示。

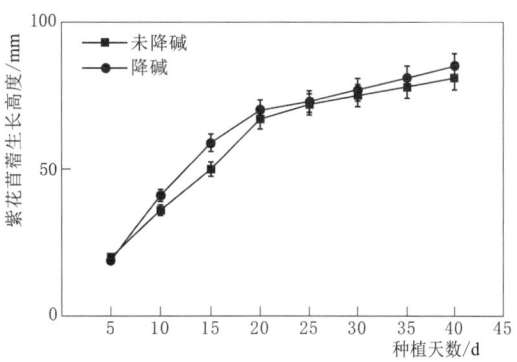

图 1.60　不同时段紫花苜蓿生长高度

（a）紫花苜蓿在未降碱植生混凝土上10d生长情况

（b）紫花苜蓿在降碱植生混凝土上10d生长情况

（c）紫花苜蓿在未降碱植生混凝土上20d生长情况

（d）紫花苜蓿在降碱植生混凝土上20d生长情况

（e）紫花苜蓿在未降碱植生混凝土上40d生长情况

（f）紫花苜蓿在降碱植生混凝土上40d生长情况

图 1.61　紫花苜蓿在植生混凝土上生长情况

### 1.5.3 本节小结

本节采用过磷酸钙农用肥、磷酸二氢钾农用肥作为植生混凝土的化学消碱材料,永凝液、水玻璃作为植生混凝土物理封碱材料。通过测试选取适合植生试验的降碱方法,使用高羊茅、马尼拉、紫花苜蓿三种植物进行植生试验。试验结论如下:

(1) 两种化学消碱法均有效降低了 pH 值。与过磷酸钙相比,磷酸二氢钾与 $OH^-$ 反应的化学成分单一,降碱效果受限。经 2% 的过磷酸钙溶液浸泡处理 28d 后,pH 值趋于稳定,A6 组约降低了 36.5%,A9 组约降低了 35%。二者都可与 $Ca(OH)_2$ 反应,生成磷酸钙沉淀,密实孔隙,提高植生混凝土强度。

(2) 两种物理封碱法均有效降低了 pH 值,永凝液的降碱效果更为突出。这是因为永凝液在植生混凝土表面形成了聚合物薄膜,有效阻隔了植生混凝土可溶性碱析出。永凝液喷涂 1~4 次的植生混凝土孔隙环境 pH 值相比于未喷涂的植生混凝土,A6 组植生混凝土降低幅度分别为 25.2%、28.1%、35% 和 33.8%,A9 组降低幅度分别为 27.9%、29.7%、32.1%、35%。

(3) 本研究选取 2% 过磷酸钙农肥溶液浸泡作为降碱方法,A6 组植生混凝土试块、高羊茅、马尼拉、紫花苜蓿三种植物进行植生试验,通过植株高度来对植物适生性进行评估。未降碱时,高羊茅播种 40d 植株高度为 195mm,马尼拉播种 40d 植株高度为 240mm,紫花苜蓿播种 40d 植株高度为 80mm;降碱时,高羊茅播种 40d 植株高度为 230mm,马尼拉播种 40d 植株高度为 240mm,紫花苜蓿播种 40d 植株高度为 80mm。种植结束,观察到三种植物根系均穿透植生混凝土孔隙中。降碱后的植生混凝土对植物生长有益,植生混凝土连通孔隙可以容纳植物根系的生长。

## 1.6 结论与展望

### 1.6.1 结论

本章利用多种软件从平面、三维两个方面对植生混凝土孔隙结构特征进行量化分析,结合植生混凝土配合比建立了植生混凝土有限元模型,进行压缩、拉伸模拟。此外,采用两种磷酸农肥、永凝液、水玻璃进行混凝土降碱试验,优选后,进行植生试验,主要结论如下:

(1) 双粒级石子、高水灰比、低骨灰比的植生混凝土抗压强度、劈裂抗拉强度更高。根据植生混凝土抗压强度、孔隙率数值,优选出骨料级配 10~20mm、水灰比 0.32、骨灰比 6 与骨料级配 10~30mm、水灰比 0.32、骨灰比 5 两组植生混凝土进行孔隙特征分析、降碱等试验。两组植生混凝土抗压强度分别为 9.0MPa、9.2MPa,总孔隙率分别为 30%、29%,连通孔隙率分别为 24%、23%。

(2) 骨料级配为 10~20mm、水灰比为 0.32、骨灰比为 6 的植生混凝土面孔隙率均大于骨料级配为 10~30mm、水灰比为 0.32、骨灰比为 5 的植生混凝土,前者平面孔隙等效直径为 3~4.5mm,后者等效直径为 1.5~3mm。两组植生混凝土平面孔隙面积在 0~

$1mm^2$、$1\sim10mm^2$、$10\sim100mm^2$ 这三个区间中分布较为均匀；75％的孔隙为类圆孔。平面孔隙率均沿高度方向呈现"中间大，两头小"变化趋势。

（3）骨料级配为 $10\sim20mm$、水灰比为0.32、骨灰比为6的植生混凝土体孔隙为28.14％；72％的孔隙为球状孔隙；连通孔隙孔径主要分布在区间 $1.5\sim3mm$。骨料级配为 $10\sim30mm$、水灰比为0.32、骨灰比为5的植生混凝土体孔隙率为26.87％；68％的孔隙为球状孔隙；连通孔隙孔径主要分布在区间 $4.5\sim6mm$。孔隙之间的孔喉面积分布接近指数分布，孔喉长度接近高斯分布，配位数大于3的孔隙数更多，说明孔隙连通性较好。

（4）结合植生混凝土压缩、拉伸模拟应力、损伤云图，植生混凝土压缩、拉伸试验时最开始受到损伤的地方为孔隙周边，沿着连通孔隙拓展，连通孔隙越大，损伤越明显；其次损伤最多的地方为多面体骨料，特别是粒径较大的骨料周边，损伤更为明显。

（5）采用过磷酸钙、磷酸二氢钾两种磷酸盐农肥进行化学消碱，选取永凝液、水玻璃两种能形成薄膜的材料进行物理封碱。四种降碱材料中最有效的为过磷酸钙农肥溶液浸泡，2％浓度的过磷酸钙农肥溶液即可实现有效降碱，降低幅度为36％。同时，植生混凝土抗压强度提升14％。

（6）高羊茅、马尼拉、紫花苜蓿三种植物均能在 $10\sim20mm$ 骨料级配的植生混凝土上生长。与未降碱的植生混凝土上植株高度相比，降碱后的植生混凝土对植物生长有益，能提高4％～23％。

## 1.6.2 展望

本章对植生混凝土进行了大量研究，取得了一定的成果，但仍然有不少值得进一步研究和有待改进的地方：

（1）本章研究了两种骨料级配对植生混凝土物理力学性能的影响，还可以扩展更多骨料级配，丰富植生混凝土孔隙分布特征。

（2）目前对植生混凝土有限元模型建立研究有限，多采用层析图像重建，成本高，技术难度大。植生混凝土有限元模型还有待进一步研究，尤其是其界面过渡区，可以利用微观手段研究植生混凝土骨料、孔隙、浆体三者截面过渡区，进一步丰富植生混凝土有限元模型构成。

（3）目前的植生混凝土降碱技术还局限在传统的降碱材料，pH值稳定性受限，可与农学降碱方法相结合。进一步扩大植物优选范围，扩大植生混凝土应用推广前景。

# 参 考 文 献

［1］陈建国，李若愚，佘晓彬，等. 聚合物对再生骨料植生混凝土抗压强度及pH值的影响研究［J］. 混凝土，2022（2）：46-50，59.

［2］张万枝，张弘毅，刘树峰，等. 基于改进YOLOv7模型的马铃薯种薯芽眼检测［J］. Transactions of the Chinese Society of Agricultural Engineering，2023，39（20）.

［3］苗壮. 基于CT扫描的超高性能混凝土劣化机理研究［D］. 郑州：河南工业大学，2024.

［4］YU F，SUN D，HU M，et al. Study on the pores characteristics and permeability simulation of pervious concrete based on 2D/3D CT images［J］. Construction and Building Materials，2019，

200: 687-702.

[5] NAN X, ZHANG M, LIU Y, et al. Flow field analysis of micro particles passing through pervious concrete [J]. IOP Conference Series: Materials Science and Engineering, 2019, 493: 012006.

[6] Schmitt M, Halisch M, Müller C, et al. Classification and quantification of pore shapes in sandstone reservoir rocks with 3-D X-ray micro-computed tomography [J]. Solid Earth, 2016, 7 (1): 285-300.

[7] 袁志颖, 陈波, 陈家林, 等. 泡沫混凝土孔结构表征及其对力学性能的影响 [J]. 复合材料学报, 2023 (7): 4117-4127.

[8] WU S, WU Q, SHAN J, et al. Effect of morphological characteristics of aggregate on the performance of pervious concrete [J]. Construction and Building Materials, 2023, 367: 130219.

[9] JING H, DAN H, SHAN H, et al. Investigation on Three-Dimensional Void Mesostructures and Geometries in Porous Asphalt Mixture Based on Computed Tomography (CT) Images and Avizo [J]. Materials, 2023, 16 (23): 7426.

[10] 谢仁海, 渠天祥, 钱光谟. 构造地质学 [M]. 北京: 中国矿业大学出版社, 2007.

[11] 党发宁, 田威, 韩文涛, 等. 混凝土破裂过程三维数值模拟及CT验证 [J]. 水利学报, 2006 (6): 674-680.

[12] 徐阳, 刘荣桂, 温惠清, 等. 多孔混凝土裂缝扩展三维数值模拟 [J]. 建筑技术, 2017 (1): 20-23.

[13] Manual A S U. Abaqus 6.11 [Z]. 2012.

[14] 刘路路. 玄武岩纤维束混凝土力学性能试验研究与数值模拟 [D]. 郑州: 郑州大学, 2021.

[15] 朱金忠. 玄武岩纤维透水混凝土力学性能试验研究与数值模拟 [D]. 长春: 长春工程学院, 2022.

[16] 王国彤. 钢渣透水水泥混凝土力学性能的多尺度评价研究 [D]. 南京: 东南大学, 2022.

[17] 陈峻锐, 韦翔华, 胡钧铭, 等. 炭基肥对老茶园土壤有机碳矿化温度敏感性的影响 [J]. 中国农业气象, 2024 (3): 245-256.

[18] 张秀颖, 蔡江平, 王聪, 等. 不同培肥模式对辽西北沙化草地土壤改良与植被恢复的影响 [J]. 应用生态学报, 2024, 1 (35): 55-61.

[19] LUO K, WU C, LI Z, et al. The effects of calcium and potassium dihydrogen phosphate on the properties of magnesium oxysulfate cements [J]. Ceramics-Silikáty, 2020, 64 (1): 7-17.

[20] Ltifi M, Guefrech A, Mounanga P. Effects of sodium tripolyphosphate on the rheology and hydration rate of Portland cement pastes [J]. Advances in Cement Research, 2012, 24 (6): 325-335.

[21] Xiong B bo, Gao L, Chen J guo, et al. Action mechanism for improving water impermeability of concrete surface based on deep penetrating sealer [J]. Construction and Building Materials, 2022, 322: 126424.

[22] 张鑫, 屈大功, 赵新益, 等. DPS提升混凝土流道抗冲磨性能作用机制研究 [J]. 水利水电技术（中英文）, 2023 (S2): 410-418.

[23] Park J S, Hong S G, Moon J. Controlling hydration and setting of UHPC incorporating waterglass at different times of addition [J]. Journal of Building Engineering, 2022, 50: 104198.

[24] PAN X, SHI C, ZHANG J, et al. Effect of inorganic surface treatment on surface hardness and carbonation of cement-based materials [J]. Cement and Concrete Composites, 2018, 90: 218-224.

[25] SHI C, YANG J, YANG N, et al. Effect of waterglass on water stability of potassium magnesium phosphate cement paste [J]. Cement and Concrete Composites, 2014, 53: 83-87.

# 第 2 章 水质净化与植生护岸混凝土制备及性能研究

植生混凝土疏松多孔的结构能够容纳植物的生长，使其根系在混凝土内部延伸，还能形成良好的过滤、吸附作用，具有一定的水质净化功能。普通的植生混凝土进行植生后仅能满足景观绿化功能，对总磷、总氮和重金属离子的去除率低，难以构建稳定的生态系统，限制了植生混凝土的广泛应用。

本章研发的水质净化与植生护岸混凝土具有良好的水质净化能力和植物适生性，为多功能生态护岸材料的开发和应用提供技术途径，在稳坡护岸、实施生态修复方面具有广阔的应用前景。

## 2.1 沸石植生混凝土配合比设计及性能研究

### 2.1.1 引言

沸石植生混凝土要有一定的力学强度，还需要保证一定的孔隙率，来满足植物的适生条件和净化水质的良好功能。因此，在进行植生混凝土配合比设计时，上述两个因素都要兼顾。

天然沸石是沸石植生混凝土的架构型材料。研究表明，沸石骨料的粒径对混凝土孔隙率影响较大，对吸附量的影响却相对较小[1-2]。所以，制备沸石植生混凝土宜采用粒径较大的单粒径骨料。粒径较小的沸石虽然使沸石植生混凝土的抗压强度提高了，但混凝土孔隙率显著降低，可能不利于表面植物生长，对水质净化的能力也有一定影响。水灰比宜控制在 0.21~0.37[3-4]，水灰比过小则水泥水化不完全，降低胶结强度；过大时造成流浆不能有效包裹骨料，严重时容易产生沉浆现象。

本试验采用体积法配制沸石植生混凝土，探究水灰比、浆骨比、骨料粒径对沸石植生混凝土物理力学性能的影响，探究沸石植生混凝土的配合比参数范围及相应的搅拌、成型工艺。以抗压强度、透水性能及 pH 值等指标综合评价各组分制品的优劣性，得出沸石植生混凝土的最优配合比及相应的成型工艺。

### 2.1.2 试验方案

#### 2.1.2.1 原材料

（1）水泥。本试验使用的水泥为广西云燕特种水泥有限公司生产的低碱度硫铝酸盐水泥（L·SAC42.5）。水泥的化学成分、物理力学性能指标分别见表 2.1 和表 2.2。

表 2.1　　　　　　　　　　　　水泥的化学组成　　　　　　　　　%（质量百分比）

| CaO | Al$_2$O$_3$ | SO$_3$ | SiO$_2$ | MgO | K$_2$O | Na$_2$O | 其他 |
|---|---|---|---|---|---|---|---|
| 47.90 | 23.10 | 17.30 | 5.78 | 1.74 | — | — | — |

表 2.2　　　　　　　　　　　　水泥的物理力学性能

| 比表面积/(m$^2$/kg) | 密度/(g/cm$^3$) | 标准稠度需水量/% | 凝结时间/min | | 抗压强度/MPa | | 抗折强度/MPa | |
|---|---|---|---|---|---|---|---|---|
| | | | 初凝 | 终凝 | 3d | 28d | 3d | 28d |
| 413 | 2.79 | 32 | 100 | 156 | 18.7 | 47.0 | 6.7 | 7.5 |

（2）粗骨料。本试验所用的粗骨料是由河南承洁净水材料有限公司生产的天然沸石，见图 2.1[5]。天然沸石的化学组成见表 2.3，相关物理力学性能指标见表 2.4。

 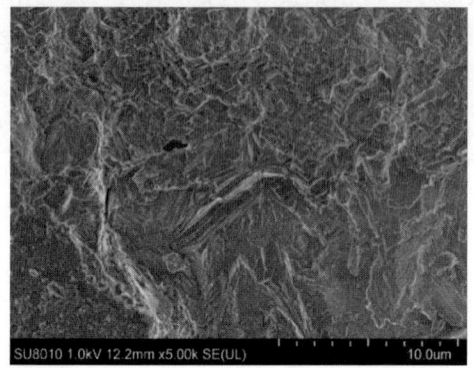

图 2.1　沸石形貌

表 2.3　　　　　　　　　　　　天然沸石的化学组成　　　　　　　　　%（质量百分比）

| CaO | SiO$_2$ | Al$_2$O$_3$ | Fe$_2$O$_3$ | MgO | K$_2$O | Na$_2$O | 其他 |
|---|---|---|---|---|---|---|---|
| 1.75 | 92.17 | 3.78 | 0.28 | 0.04 | 0.36 | 0.81 | 0.81 |

表 2.4　　　　　　　　　　　　沸石物理力学性能

| 粒径范围/mm | 表观密度/(kg/m$^3$) | 堆积密度/(kg/m$^3$) | 空隙率/% | 吸水率/% |
|---|---|---|---|---|
| 10～30 | 1800 | 1435 | 39 | 8.3 |

（3）植生混凝土专用增强剂。本试验采用由南京佳境生态景观工程技术有限公司生产的植生混凝土专用增强剂，能增强混凝土的黏性，保持浆体均匀稳定地包裹在骨料表面，提高混凝土耐久性，增强剂的组成见表 2.5。

表 2.5　　　　　　　　　　　　增强剂的组成　　　　　　　　　%（质量百分比）

| 碳酸钙 | 硅石粉 | 膨润土 | 亚硝酸钠早强剂 | 聚羧酸高效减水剂 | 木质素磺酸盐 | 硫酸亚铁 | 磷酸二氢钾 | 三帖皂苷 |
|---|---|---|---|---|---|---|---|---|
| 4～5 | 40～53.8 | 20～23 | 2.04～3.8 | 5～8 | 7～10 | 0.08～0.1 | 8～10 | 0.08～0.1 |

#### 2.1.2.2　配合比设计

由于沸石植生混凝土为随机多孔的结构，采用体积法[6-7]。所用的公式如下：

$$V_a + V_c + V_g = V \tag{2.1}$$

式中：$V_a$ 为孔隙体积；$V_c$ 为胶凝材料体积；$V_g$ 为粗骨料体积。

具体计算步骤如下：

(1) 单位体积粗集料用量按式（2.2）计算：

$$W_g = \alpha \rho_g \tag{2.2}$$

式中：$W_g$ 为粗集料的用量，kg；$\rho_g$ 为粗集料的紧密堆积密度，kg/m³；$\alpha$ 为粗集料修正系数，取 0.98。

(2) 胶凝材料用量计算。胶凝材料体积按式（2.3）计算：

$$V_J = 1 - \alpha(1 - P_g) - 1 \times R_{void} \tag{2.3}$$

式中：$V_J$ 为胶结浆体体积，L；$P_g$ 为粗集料紧密堆积空隙率，%；$R_{void}$ 为设计目标孔隙率，%。

则水泥用量可按式（2.4）计算：

$$W_c = \frac{V_J}{R_{w/c} + 1} \times \rho_c \tag{2.4}$$

式中：$W_c$ 为水泥用量，kg；$V_J$ 为胶结浆体体积，L；$R_{w/c}$ 为水灰比；$\rho_c$ 为水泥的密度，kg/m³。

(3) 单位体积用水量按照式（2.5）计算：

$$W_w = W_c R_{w/c} \tag{2.5}$$

式中：$W_w$ 为单位体积混凝土用水量，kg。

水灰比、浆骨比是沸石植生混凝土重要的配置参数，对沸石植生混凝土的抗压强度、透水性能等物理力学性能均有一定的影响。本试验选用粒径 10～20mm 和 20～30mm 的单一级配沸石和低碱度硫铝酸盐水泥制备沸石植生混凝土，水灰比范围设为 0.17～0.57，浆骨比范围设为 0.27～0.38，拟采用人工振捣和静力压制结合的成型工艺制备试块，探索水灰比及浆骨比、骨料粒径对沸石植生混凝土 7d 抗压强度、28d 抗压强度、孔隙率、透水系数、孔隙溶液 pH 值以及净浆流动度等物理力学性能的影响。本次试验的具体沸石植生混凝土配合比设计方案见表 2.6。

表 2.6　　沸石植生混凝土配合比设计

| 编号 | 沸石用量（10～20mm）/(kg/m³) | 沸石用量（20～30mm）/(kg/m³) | 水泥用量/(kg/m³) | 水用量/(kg/m³) | 水灰比 | 浆骨比 |
|---|---|---|---|---|---|---|
| A-1 | 1116 | 0 | 300 | 50 | 0.17 | 0.27 |
| B-1 | 1008 | 0 | 300 | 90 | 0.30 | 0.30 |
| C-1 | 900 | 0 | 300 | 130 | 0.43 | 0.33 |
| D-1 | 792 | 0 | 300 | 170 | 0.57 | 0.38 |
| A-2 | 0 | 1116 | 300 | 50 | 0.17 | 0.27 |
| B-2 | 0 | 1008 | 300 | 90 | 0.30 | 0.30 |
| C-2 | 0 | 900 | 300 | 130 | 0.43 | 0.33 |
| D-2 | 0 | 792 | 300 | 170 | 0.57 | 0.38 |

注　A、B、C、D 分别代表沸石植生混凝土四种不同水灰比及浆骨比组合，1、2 分别代表制备沸石植生混凝土的粗骨料采用粒径 10～20mm 和 20～30mm 沸石。

### 2.1.2.3 沸石植生混凝土成型工艺

沸石植生混凝土的制备方法与普通骨料植生混凝土搅拌方法相同，均采用预裹浆法，见图 2.2。先加入部分胶凝材料和水以及全部沸石进行搅拌，然后再加入剩余的水和胶凝材料。此方法可以使水泥浆体更好地包裹在沸石表面，优化沸石与沸石间的接触，有助于沸石植生混凝土各项性能提升。

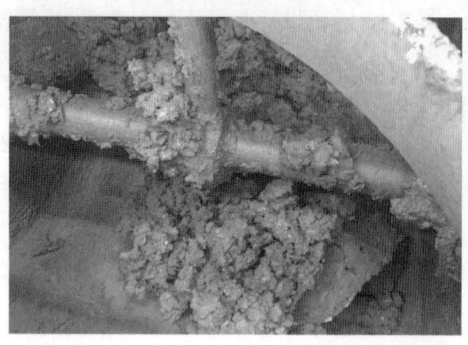 

图 2.2 沸石植生混凝土拌和效果

沸石植生混凝土如果采用机械振捣的方式成型，沸石表面的浆体容易脱落，沉积在试模的底部，往往会造成沉浆现象的产生，如图 2.3 所示。普通骨料植生混凝土宜采用插捣成型法来成型试块，沸石骨料的强度不高，在成型过程中选用插捣成型会对沸石造成破坏，破碎的过程中从沸石骨料上剥落下的细石粉粒等杂质起到了填充作用，降低混凝土的孔隙率，以上这两种情况均会对沸石植生混凝土的透水性能、植生性能及水质净化效果产生严重影响。

图 2.3 沸石植生混凝土的沉浆现象

本次试验的成型工艺选择将人工振捣和静力压制相结合，把沸石植生混凝土拌和物分两层装入试模进行人工振捣。人工振捣后，采用人工静力加压的方式将混凝土上表面调平，通过搅拌成型好的沸石植生混凝土试块的不同部位如图 2.4 所示。

### 2.1.2.4 测试方法

（1）净浆流动度。水泥净浆流动度的测试参照《水泥胶砂流动度测定方法》（GB/T 2419—2016）进行。

(a) 顶部　　　　　　　　　　　　(b) 底部

图 2.4　搅拌成型的沸石植生混凝土试块

（2）抗压强度。河道护岸要求有一定的强度，以保证河道堤坡的稳定性，所以抗压强度是植生混凝土主要的力学性能指标之一。沸石植生混凝土的抗压强度越高，其抗冻性、抗渗性、耐久性等性能也就越好，可以更好地抵御水流冲刷、气候变化的危害。沸石植生混凝土抗压强度的测试参照《水工混凝土试验规程》（SL 352—2006）中"混凝土立方体抗压强度试验"方法进行。

（3）孔隙率。孔隙率是评价植生混凝土物理力学性能的一项关键指标。孔隙率的大小除了会直接影响植生混凝土的强度之外，还会影响混凝土的植生性能和水质净化效果。较好的孔隙率及孔隙结构既能为植物提供生长空间并使根系彼此交叉，又能提高植生混凝土的过滤和吸附作用。然而混凝土的孔隙率增大，骨料与骨料间的水泥浆体胶结点减少，导致植生混凝土的抗压强度降低。所以在提高植生、净水效果的同时还要兼顾护岸效果。沸石植生混凝土孔隙率及连通孔隙率的测试可参照以下方法：

1）成型尺寸为 150mm×150mm×150mm 的沸石植生混凝土试块，养护至龄期 28d，称取试块质量 $W_1$；放入烘箱烘 24h 后称取试块质量 $W_2$；将试块置于水中浸泡 24h 等其吸水饱和后，称取其在水中的质量 $W_3$。

2）沸石植生混凝土的孔隙率和连通孔隙率分别按式（2.6）和式（2.7），以 3 个试件的平均值进行计算：

$$P_1 = \left(1 - \frac{W_2 - W_3}{\rho_w V}\right) \times 100\% \tag{2.6}$$

$$P_2 = \left(1 - \frac{W_1 - W_3}{\rho_w V}\right) \times 100\% \tag{2.7}$$

式中：$P_1$、$P_2$ 分别为孔隙率和连通孔隙率；$W_1$ 为试块养护 24h 后在空气中的质量，g；$W_2$ 为试块烘干 24h 在空气中的质量，g；$W_3$ 为浸泡 24h 后试块在水中的质量，g；$\rho_w$ 为水的密度，g/cm³；$V$ 为试块的外观体积，cm³。

（4）透水系数。较好的透水性能既能使植物便于和周围环境进行养分交换并实现堤岸的滞洪补枯，又能使得混凝土与污水进行良好的接触，明显改善水质。渗透系数是沸石植生混凝土透水性能的表征参数之一，与沸石骨料粒径、孔径尺寸以及混凝土孔隙率等成正比。沸石植生混凝土透水系数的测试参照《透水水泥混凝土路面技术规程》（CJJ/T 135—2009）中"透水系数的测试方法"进行。

(5) 孔隙溶液pH值。植生混凝土的孔隙溶液pH值可根据文献[8]的方法进行测量，见图2.5。首先将沸石植生混凝土试块养护相应龄期；再将沸石植生混凝土浸入水中，浸泡24h后，使用pHS-3C型精密pH计，测量桶内浸泡水的pH值。重复多次，直至前后2次测量值不变，即混凝土的孔隙溶液pH值。

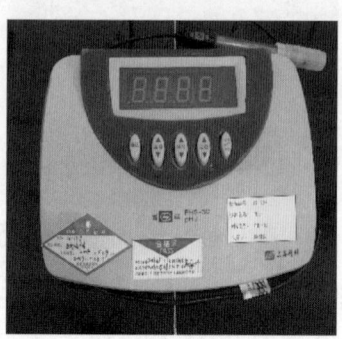

(a) 浸泡在水中　　　　(b) pHS-3C型精密pH计

图2.5　沸石植生混凝土pH值测定

## 2.1.3　结果与讨论

### 2.1.3.1　水灰比及浆骨比对沸石植生混凝土性能的影响

（1）抗压强度。水灰比及浆骨比对沸石植生混凝土抗压强度的影响如图2.6所示。由图2.6可知：随着水灰比及浆骨比的增大，骨料粒径为10~20mm的沸石植生混凝土7d、28d抗压强度呈现出先增大后减小的趋势；粒径为20~30mm的混凝土7d、28d抗压强度总体随着水灰比及浆骨比的增大而不断增加。骨料粒径为10~20mm的沸石植生混凝土在水灰比为0.43，浆骨比为0.33时，28d抗压强度达到最大值，为8.0MPa；而骨料粒径为20~30mm的沸石植生混凝土在水灰比为0.57，浆骨比为0.38时，28d抗压强度最大为5.5MPa。分析其原因，当水灰比及浆骨比较小时，导致部分水泥没有与水充分接

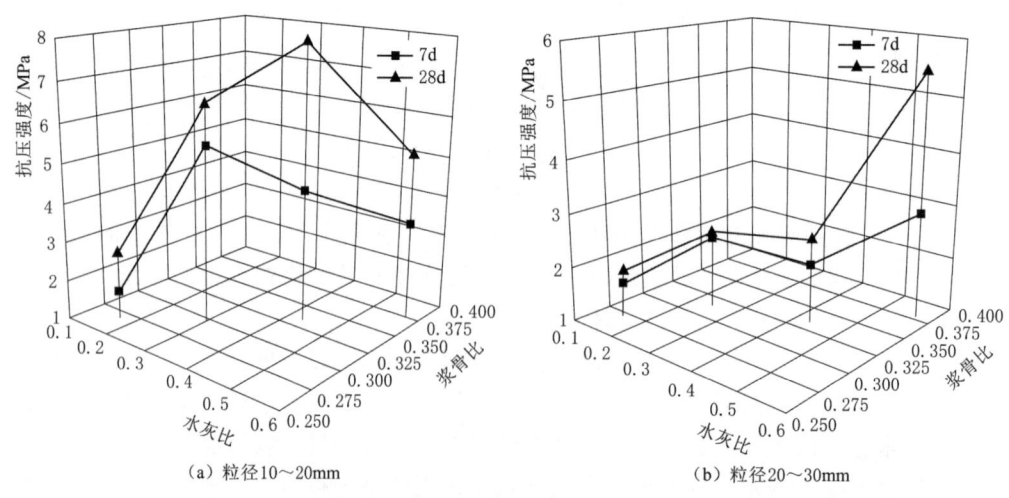

图2.6　水灰比及浆骨比对沸石植生混凝土抗压强度的影响

触,水化不完全。再加上水泥浆较少,稠度大,以至于沸石骨料表面不能被水泥浆体很好地包裹住,降低了沸石与沸石间的黏结力,使得沸石植生混凝土的抗压强度下降。而当水灰比及浆骨比过大时,此时的水泥浆较多,沸石周围所包裹的水泥浆量增加,沸石骨料之间从点接触而变为面接触,沸石与沸石之间的黏结力增强。还有可能导致水泥浆体很多都沉积于混凝土内部及底部的孔隙中,所以水灰比及浆骨比较高时,沸石植生混凝土的抗压强度能够得到提高。

(2)透水性能。水灰比及浆骨比对沸石植生混凝土透水性能的影响如图2.7所示。沸石植生混凝土的孔隙率、透水系数是表征混凝土透水性能的主要指标参数。由图2.7(a)和图2.7(b)可知:随着水灰比及浆骨比的增大,沸石植生混凝土的孔隙率呈现不断降低的趋势。当水灰比为0.17,浆骨比为0.27时,粒径为10~20mm的沸石植生混凝土孔隙率和连通孔隙率最高,分别为19.5%和12.1%;而当水灰比为0.43,浆骨比为0.33时,粒径为20~30mm的混凝土孔隙率和连通孔隙率最高,分别为32.0%和26.4%。分

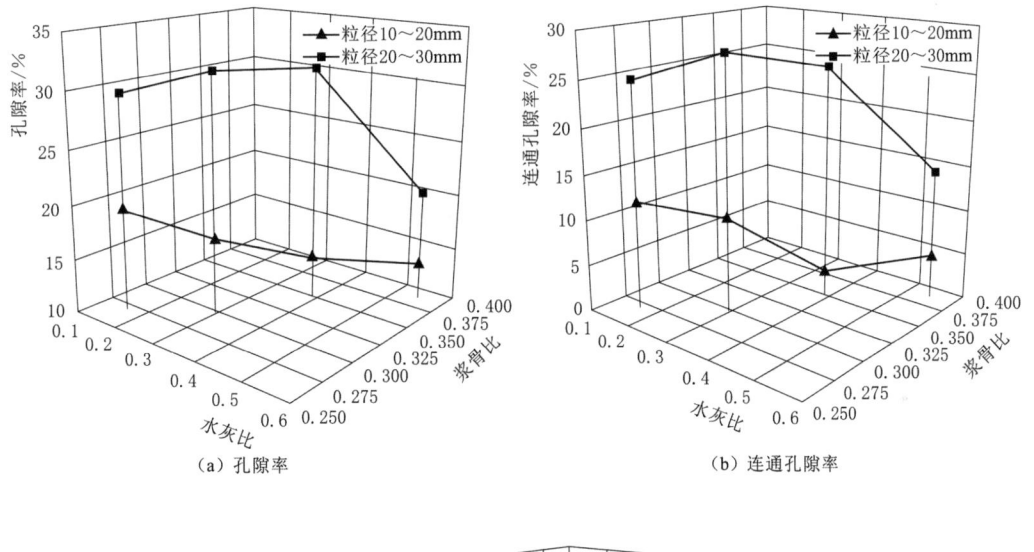

(a)孔隙率  (b)连通孔隙率

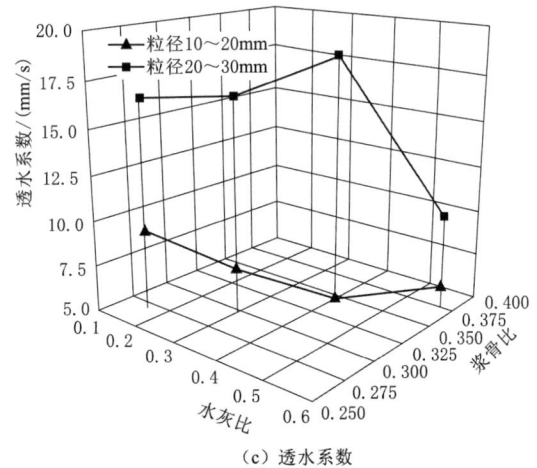

(c)透水系数

图2.7 水灰比及浆骨比对沸石植生混凝土透水性能的影响

析其原因，当水灰比及浆骨比较低时，水泥浆体的流动性差，浆体不能均匀地包裹在沸石骨料表面。而且水泥浆体总量少，以致沸石与沸石之间不能均匀接触，缝隙较大，导致沸石植生混凝土结构不够紧密，此时混凝土的孔隙率较大。当水灰比及浆骨比较大时，由于水灰比的增大，混凝土拌合物的和易性也随之优化，水泥浆体总量增加，使得有足够的浆体能够更加均匀地包裹在骨料上，甚至水泥浆体会沉积在混凝土内部孔隙及底部，从而沸石植生混凝土的孔隙率降低。从图2.7（c）中可以看出，透水系数总体随着水灰比及浆骨比的增加而逐渐减小。沸石粒径在20~30mm下，当水灰比为0.43，浆骨比为0.33时，透水系数最高，为18.7mm/s；而当水灰比为0.57，浆骨比为0.38时，透水系数仅有10.1mm/s。水灰比及浆骨比对沸石植生混凝土透水系数的影响与其对孔隙率的影响相类似。水灰比及浆骨比越大，会使沸石植生混凝土变得更加密实，甚至水泥浆体沉积在混凝土空隙内部和混凝土底部，沸石植生混凝土的透水系数降低。

（3）净浆流动度。水灰比对水泥净浆流动度的影响如图2.8所示。从图2.8中可以看出，随着水灰比的不断增大，水泥净浆流动性呈现出不断增大的趋势。当水灰比从0.17增长到0.57时，水泥净浆流动度从81mm增加到144mm，增长了74.1%，较高的水泥净浆流动性便于沸石植生混凝土的成型。

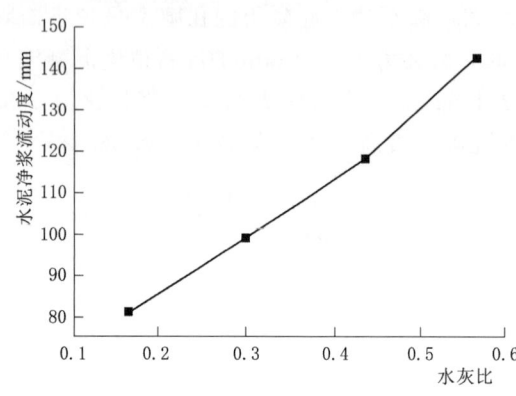

图2.8 水灰比对水泥净浆流动度的影响

#### 2.1.3.2 骨料粒径对沸石植生混凝土性能的影响

沸石粒径大小对沸石植生混凝土的抗压强度、透水性能、孔隙溶液pH值等物理力学性能均有一定的影响。本试验分别选用粒径为10~20mm和20~30mm的沸石作为骨料制备沸石植生混凝土，探索骨料粒径对沸石植生混凝土7d和28d的抗压强度、孔隙率、透水系数以及孔隙溶液pH值的影响。

1. 抗压强度

骨料粒径对沸石植生混凝土抗压强度的影响如图2.9所示，图中A、B、C、D分别代表沸石植生混凝土的四种不同水灰比及浆骨比组合，具体见表2.6。从图2.9中可以看出，由粒径10~20mm制备的沸石植生混凝土7d、28d抗压强度均高于粒径20~30mm的混凝土。粒径10~20mm的植生混凝土28d抗压强度的最大值为8.0MPa，而相同配比下的混凝土28d抗压强度值仅为2.6MPa。

一般来说，普通骨料的粒径越大，植生混凝土抗压强度越高。而沸石植生混凝土出现了相反的情况，分析其原因，主要是沸石与普通骨料不同，即使表面被水泥浆体很好地包裹后，强度依然很低。当沸石骨料粒径较小时，部分小粒径的沸石能够填充在混凝土的孔隙中，提高了混凝土的孔隙率，混凝土变得更加密实，沸石植生混凝土抗压强度得到提高；而沸石骨料粒径较大时，混凝土孔隙率较高，此时混凝土的强度主要依靠沸石与沸石间的黏结强度，因此沸石植生混凝土的抗压强度较低。

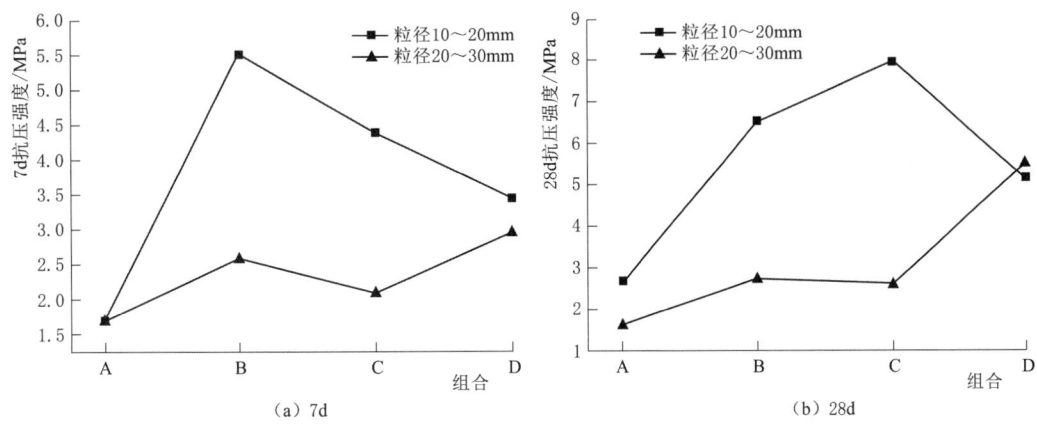

图 2.9 骨料粒径对沸石植生混凝土抗压强度的影响

### 2. 孔隙溶液 pH 值

骨料粒径对沸石植生混凝土孔隙溶液 pH 值的影响见图 2.10，图中 A、B、C、D 分别代表沸石植生混凝土的四种不同水灰比及浆骨比组合，具体见表 2.6。从图 2.10 中可以看出，随着养护龄期的增加，孔隙溶液 pH 值总体呈下降趋势。在相同配比下，粒径 10~20mm 的沸石植生混凝土孔隙溶液 pH 值高于粒径 20~30mm 的混凝土。在 56d 龄期后，沸石植生混凝土孔隙溶液 pH 值最终处于 9.72~10.37 之间。

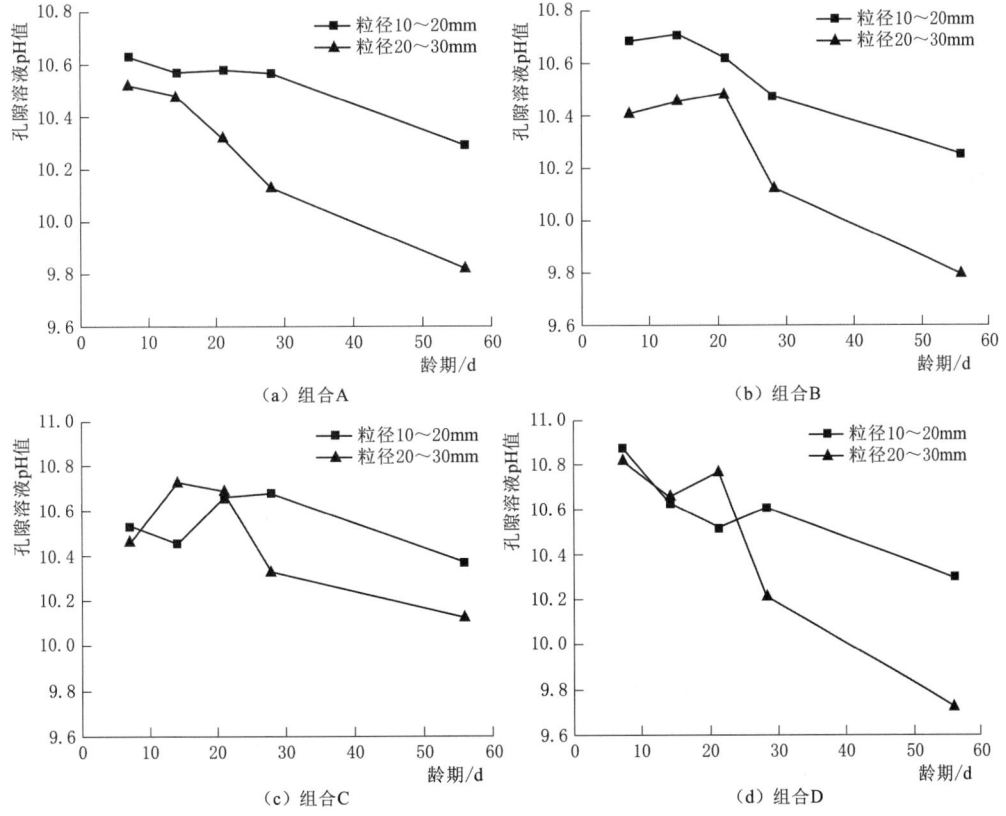

图 2.10 骨料粒径对沸石植生混凝土孔隙溶液 pH 值的影响

低碱度硫铝酸盐水泥的水化过程如下：

熟料中的无水硫铝酸钙与石膏作用生成钙矾石和水化氧化铝凝胶：

$$C_4A_3\bar{S}+2(CaSO_4 \cdot 2H_2O)+34H_2O \longrightarrow$$
$$C_3A \cdot 3CaSO_4 \cdot 32H_2O+2(Al_2O_3 \cdot 3H_2O) \tag{2.8}$$

硅酸二钙水化生成水化硅酸钙凝胶和氢氧化钙：

$$\beta\text{-}C_2S+H_2O \longrightarrow C\text{-}S\text{-}H+Ca(OH)_2 \tag{2.9}$$

而氢氧化钙又与该系统中的水化氧化铝凝胶及石膏起作用生成钙矾石：

$$3Ca(OH)_2+3(CaSO_4 \cdot 2H_2O)+Al_2O_3 \cdot 3H_2O+20H_2O \longrightarrow$$
$$C_3A \cdot 3CaSO_4 \cdot 32H_2O \tag{2.10}$$

$$2Ca(OH)_2+CaCO_3+Al_2O_3 \cdot 3H_2O+8H_2O \longrightarrow$$
$$C_3A \cdot CaCO_3 \cdot 12H_2O \tag{2.11}$$

低碱度硫铝酸盐水泥的矿物组成主要是 $C_4A_3\bar{S}$、$\beta\text{-}C_2S$、$C_4AF$ 和 $CaSO_4$，其最终水化产物主要是钙矾石、水化氧化铝凝胶和水化硅酸钙凝胶等。同时，水化氧化铝凝胶属于微溶性胶体，溶解度约为 $2.8\times10^{-8}$g/mL，所以沸石植生混凝土孔隙溶液 pH 值总体上呈现下降的趋势。另外，在制备水泥过程中，硬石膏的加入也可以降低了水泥自身的碱度，同时还可以增加混凝土的耐久性。

在早期水化过程中，水化产物不断生成，对混凝土孔隙溶液 pH 值的影响因素较多，到龄期 28d 前，骨料粒径对混凝土孔隙溶液 pH 值的影响不明显。由于沸石植生混凝土在养护过程中的碱性物质一直处于动态析出和不断溶解的过程中，再加上沸石植生混凝土是多孔结构，而且粒径 20～30mm 的混凝土孔隙率远大于粒径 10～20mm 的混凝土，充分水化后，包裹着骨料的水泥硬化浆体更容易接触外部环境，碱性物质容易迁移释放到水溶液中，因此，混凝土孔隙溶液 pH 值会随着养护龄期的增加而不断降低。

3. 透水性能

骨料粒径对沸石植生混凝土透水性能的影响如图 2.11 所示，图中 A、B、C、D 分别代表沸石植生混凝土的四种不同水灰比及浆骨比组合，具体见表 2.6。

由图 2.11（a）和图 2.11（b）可知：骨料粒径 20～30mm 的沸石植生混凝土孔隙率和连通孔隙率均高于粒径 10～20mm 的混凝土。当水灰比为 0.43，浆骨比为 0.33 时，骨料粒径 20～30mm 的沸石植生混凝土孔隙率和连通孔隙分别为 32.0% 和 26.4%。与相同配比下骨料粒径 10～20mm 的混凝土相比，孔隙率和连通孔隙率分别降低了 16.8% 和 21.9%。

分析其原因，沸石粒径越小，越容易起到填充作用去填满混凝土孔隙。虽然本试验中，沸石都采用单一级配，但沸石在搅拌过程中可能会碎裂成粒径较小的沸石，所以沸石粒径 10～20mm 的混凝土孔隙率较低。但粒径为 20～30mm 的沸石在搅拌过程中不易碎裂，再加上粒径较大，所以孔隙率远高于沸石粒径 10～20mm 的混凝土。

图 2.11（c）表示骨料粒径对沸石植生混凝土透水性能的影响，从图中可以看出，与孔隙率相似，透水系数也随着沸石粒径的增加而增加。沸石粒径 20～30mm 的沸石植生混凝土，透水系数最高为 27.94mm/s；粒径 20～30mm 的沸石植生混凝土，透水系数仅有 5.7mm/s。骨料粒径对沸石植生混凝土透水系数的影响类似于对其孔隙率的影响。

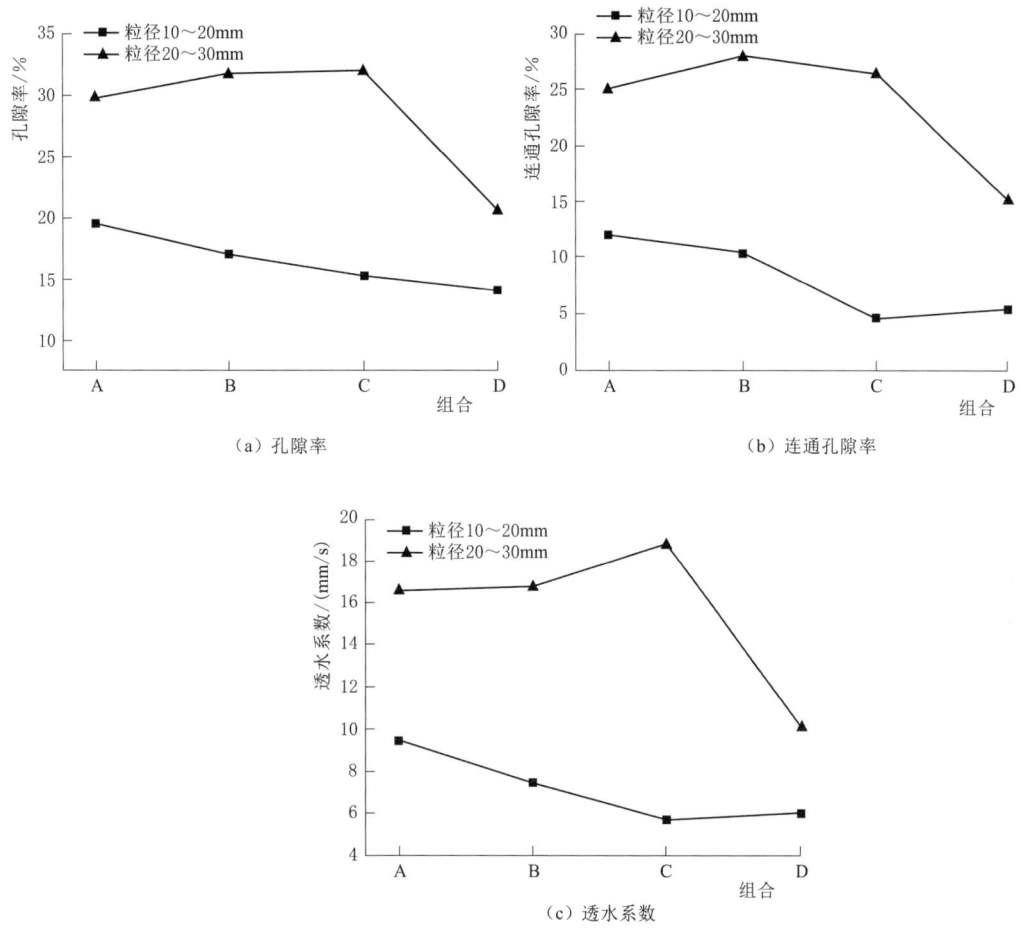

图 2.11 骨料粒径对沸石植生混凝土透水性能的影响

### 2.1.3.3 增强剂对沸石植生混凝土性能的影响

为提高沸石植生混凝土力学性能,降低孔隙溶液 pH 值,本次试验采用植生混凝土专用增强剂等体积替代部分低碱度硫铝酸盐水泥的方法制备沸石植生混凝土。本次试验采用骨料粒径为 20~30mm 的沸石,水灰比为 0.43,浆骨比为 0.33,将增强剂的掺入量设为 5%、10%、15%,混凝土试验配合比见表 2.7,成型方法参照 2.1.2.3 节。进一步研究植生混凝土专用增强剂对沸石植生混凝土物理力学性能的影响。

表 2.7　　　　　　　　增强剂改性沸石植生混凝土配合比

| 增强剂掺量 /% | 目标孔隙率 /% | 沸石 /(kg/m³) | 水泥 /(kg/m³) | 增强剂 /(kg/m³) | 水 /(kg/m³) |
|---|---|---|---|---|---|
| 5 | 27 | 900 | 285 | 4 | 125 |
| 10 | 27 | 900 | 276 | 9 | 123 |
| 15 | 27 | 900 | 266 | 13 | 121 |

1. 抗压强度

增强剂掺量对沸石植生混凝土抗压强度的影响如图2.12所示。由图2.12可知,随着增强剂掺量的增加,沸石植生混凝土7d、28d抗压强度呈现不断增加上升的总体趋势。不掺增强剂时,沸石植生混凝土28d抗压强度仅有2.6MPa,而当增强剂掺量为15%时,植生混凝土28d抗压强度能达到4.3MPa,相比之下抗压强度增长65.4%。可以说增强剂掺量对沸石植生混凝土抗压强度的影响是比较大的。

植生混凝土专用增强剂中主要由碳酸钙、硅石粉、膨润土、亚硝酸钠早强剂、聚羧酸高效减水剂、木质素磺酸盐、硫酸亚铁、磷酸二氢钾、三帖皂苷等多种材料组成。

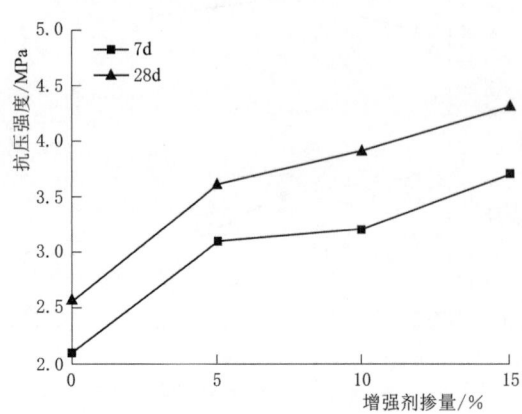

图2.12 增强剂掺量对沸石植生混凝土抗压强度的影响

当较多木质素磺酸盐与部分聚羧酸减水剂复配时,可以提高聚羧酸减水剂的分散性能,主要是因为磺酸根吸附速率大于羧酸根,能够优先吸附在$C_3A$上,使更多的聚羧酸减水剂分子被$C_2S$、$C_3S$吸附,从而能更好地发挥其分散稳定作用。另外,木质素磺酸盐可以插入聚羧酸分子吸附层的线间空隙,提高吸附层的致密程度,同时带上更多负电荷,再加上聚羧酸减水剂的空间位阻效果,能够大大提高混凝土的流动性,使混凝土和易性良好。

亚硝酸钠早强剂促进了$C_3A$向AFt、$C_3S$和$C_2S$向$Ca(OH)_2$的转化,从而促进混凝土早期强度的提高。引气剂三帖皂苷让水化浆体内部形成众多微孔,三者协同作用增强了沸石植生混凝土的早期强度、稳定性和耐久性。另外,硅石粉和膨润土具有较高的火山灰活性,硅石粉能够增加水化硅酸钙(C—S—H)凝胶的数量,从而提高沸石植生混凝土的力学性能。但从图中可以看出,增强剂有助于提高混凝土的早期强度。沸石植生混凝土的后期强度提升受增强剂掺量的影响较小。

2. 孔隙溶液pH值

增强剂掺量对沸石植生混凝土孔隙溶液pH值的影响见图2.13。由图2.13可知,随着养护龄期的增加,沸石植生混凝土的孔隙溶液pH值总体呈下降趋势。在反应初期,混凝土孔隙溶液pH值随着增强剂掺量的增加而不断降低,但当龄期为56d时,掺量为5%的增强剂对降低混凝土孔隙溶液pH值效果最明显,此时pH值约为9.91。

增强剂中的$FeSO_4$、$KH_2PO_4$等材料

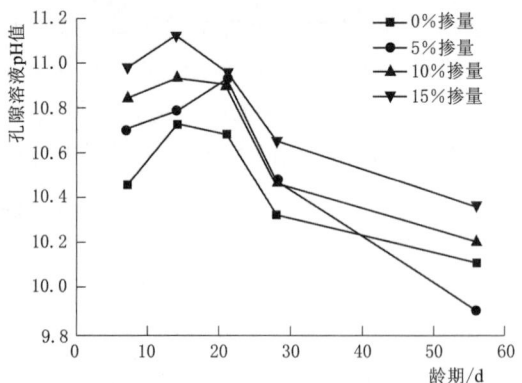

图2.13 增强剂掺量对沸石植生混凝土孔隙溶液pH值的影响

呈弱酸性。$FeSO_4$ 中的 $Fe^{2+}$ 能够消耗水泥水化生成物中的 $Ca(OH)_2$，生成不溶于水的 $Fe(OH)_2$ 来实现降低混凝土 pH 值的目的，生成物中的 $Fe(OH)_3$ 在空气中由于不稳定最终分解为红褐色的 $Fe_2O_3$。其降碱原理可用式（2.12）、式（2.13）、式（2.14）来表达：

$$FeSO_4 + Ca(OH)_2 \longrightarrow Fe(OH)_2 \downarrow + CaSO_4 \qquad (2.12)$$

$$4Fe(OH)_2 + O_2 + 2H_2O \longrightarrow 4Fe(OH)_3 \qquad (2.13)$$

$$2Fe(OH)_3 \longrightarrow Fe_2O_3 + 3H_2O \qquad (2.14)$$

另外，$KH_2PO_4$ 也能够与氢氧根发生反应，生成 $CaHPO_4$ 或 $Ca_3(PO_4)_2$，降低沸石植生混凝土孔隙溶液 pH 值。具体反应情况见式（2.15）和式（2.16）。

$Ca(OH)_2$ 生成量较少时：

$$Ca^{2+} + H_2PO_4^- + OH^- \longrightarrow CaHPO_4 \downarrow + H_2O \qquad (2.15)$$

$Ca(OH)_2$ 生成量较多时：

$$3Ca^{2+} + 6H_2PO_4^- + 12OH^- \longrightarrow Ca_3(PO_4)_2 \downarrow + 12H_2O + 4PO_4^{3-} \qquad (2.16)$$

**3. 透水性能**

增强剂掺量对沸石植生混凝土透水性能的影响如图 2.14 所示。由图 2.14 可知，随着植生混凝土专用增强剂掺量的增加，沸石植生混凝土的孔隙率及透水系数均呈现不断下降的趋势。当增强剂掺量为 15%，沸石植生混凝土孔隙率为 22.1%，透水系数仅为 10.9mm/s。与未掺增强剂的沸石植生混凝土相比，孔隙率下降 31%，透水系数下降 42%。这可能是因为石灰石粉、硅灰和膨润土颗粒粒度小，容易在拌和过程中填充在沸石植生混凝土的孔隙中，导致沸石植生混凝土的孔隙率有效降低，混凝土结构更加致密，最终透水性能逐步变差。

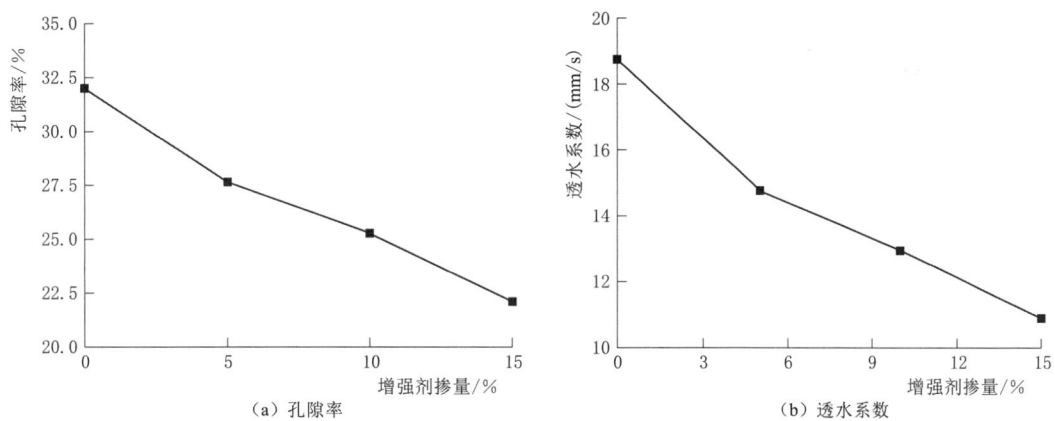

图 2.14 增强剂掺量对沸石植生混凝土透水性能的影响

### 2.1.3.4 沸石植生混凝土孔隙率与抗压强度的关系

混凝土抗压强度与混凝土耐久性息息相关，而植生混凝土的抗压强度与孔隙率之间存在一定关系。因此，Abrams[9] 提出了水胶比定律，即 $f_c = K_1/K_2^{W/C}$，但提出的公式尚未考虑不同骨料种类、骨料质量等诸多影响因素[10]。国内外相关研究人员总结出一些混凝土抗压强度与孔隙率的经验公式，部分如下所示：

(1) Balshin[11] 提出公式：
$$f_c = f_{co}(1-p)^k \tag{2.17}$$

(2) Ryshkevitch[12] 提出公式：
$$f_c = f_{co}e^{-kp} \tag{2.18}$$

(3) Hasselmann[13] 提出公式：
$$f_c = f_{co}(1-kp) \tag{2.19}$$

式中：$f_{co}$ 为孔隙率为零时的抗压强度；$p$ 为孔隙率；$f_c$ 为孔隙率为 $p$ 时的强度；$k$ 为系数。

为了探究沸石植生混凝土和天然骨料植生混凝土的孔隙率与抗压强度之间的关系，本次试验使用粒径 20~30mm 沸石和低碱度硫铝酸盐水泥配制沸石植生混凝土，选择粒径 20~30mm 碎石和低碱度硫铝酸盐水泥配制天然骨料植生混凝土。本次试验都将水灰比设定为 0.43，浆骨比为 0.33，两种混凝土的孔隙率分别设为 10%、15%、20%、25%、30%、35%，取 3 个试块的平均值作为该孔隙率所对应的混凝土抗压强度，两种植生混凝土孔隙率与抗压强度的关系如图 2.15 所示。

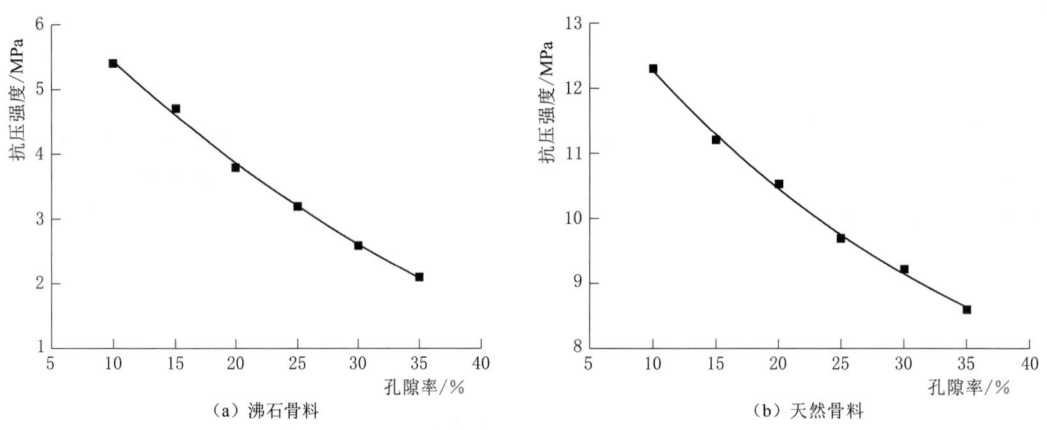

图 2.15 植生混凝土孔隙率与抗压强度的关系

从图 2.15 中可以看出，植生混凝土的抗压强度随着孔隙率的减小而不断减小，两者之间呈现一种指数函数的关系。进行拟合后可以得出，沸石植生混凝土抗压强度和孔隙率的关系式为：$y = 9.6495e^{-\frac{x}{43.497}} - 2.2306$，而且 $R^2$ 高达 0.99689；天然骨料植生混凝土抗压强度和孔隙率的关系式为：$y = 9.0276e^{-\frac{x}{30.576}} + 5.761$，$R^2$ 高达 0.99662，这与 Ryshkevitch[12] 的研究结论相类似。

### 2.1.4 小结

本节以沸石为骨料，低碱度硫铝酸盐水泥作为胶凝材料，优化了沸石植生混凝土配合比设计，研究水灰比及浆骨比、骨料种类、增强剂掺量对沸石植生混凝土物理力学性能的影响，具体结论如下：

(1) 当沸石粒径为 20~30mm，水灰比为 0.43，浆骨比为 0.33，沸石植生混凝土孔隙率为 32.01%，透水系数为 18.7mm/s，56d 孔隙溶液 pH 值为 10.12。

（2）使用沸石粒径 10～20mm 制备的植生混凝土的抗压强度和孔隙溶液 pH 值要高于沸石粒径 20～30mm 的混凝土，而其透水性能却远不如骨料粒径 20～30mm 的沸石植生混凝土。

（3）植生混凝土专用增强剂可以提高沸石植生混凝土力学性能，降低孔隙溶液 pH 值。研究可知，当增强剂掺量为 5% 时，混凝土孔隙溶液 pH 值降至约 9.91；当增强剂掺量为 15%，混凝土 28d 抗压强度达 4.3MPa，孔隙率为 22.1%。

（4）植生混凝土孔隙率和抗压强度的关系是复杂的指数函数关系，其中沸石植生混凝土抗压强度和孔隙率的关系式为：$y=9.6495e^{-\frac{x}{43.497}}-2.2306$；天然骨料植生混凝土抗压强度和孔隙率的关系式为：$y=9.0276e^{-\frac{x}{30.576}}+5.761$。

## 2.2 改性沸石植生混凝土物理力学性能研究

### 2.2.1 引言

通过对沸石植生混凝土的物理力学性能研究可知，用粒径 20～30mm 沸石和低碱度硫铝酸盐水泥制备的沸石植生混凝土的水灰比在 0.43 左右，浆骨比在 0.33 左右时，其抗压强度和透水性能等物理力学性能指标都处于最佳状态，此时，混凝土孔隙溶液 pH 值在 10～10.5。

为了提高沸石植生混凝土的水质净化能力，本节通过选用硅藻土、膨润土、乙二胺四乙酸二钠等吸附材料等体积替代部分低碱度硫铝酸盐水泥的方法，研究硅藻土、膨润土、乙二胺四乙酸二钠等吸附材料对沸石植生混凝土物理力学性能的影响，首先保证改性沸石植生混凝土具有一定的力学性能和孔隙率，能够满足稳坡护岸、透水透气的要求。

### 2.2.2 试验方案

#### 2.2.2.1 原材料

（1）硅藻土。本试验采用广东省森大硅藻土材料有限公司生产的硅藻土，其具有独特的多孔结构，见图 2.16。硅藻土的化学组成、物理力学性能见表 2.8 和表 2.9。

表 2.8　　　　　　　　　　硅藻土的化学组成　　　　　　　　　% （质量百分比）

| $SiO_2$ | $Al_2O_3$ | $Fe_2O_3$ | MgO | CaO | 其他 |
| --- | --- | --- | --- | --- | --- |
| 58.15 | 16.65 | 12.65 | 1.11 | 1.02 | 10.42 |

表 2.9　　　　　　　　　　硅藻土物理化学性能指标

| 粒径 | 松散密度/(kg/m³) | 比表面积/(m²/kg) | 空隙率/% | 吸水率/% |
| --- | --- | --- | --- | --- |
| 150 目 | 360 | 52700 | 61.7 | 6.1 |

（2）膨润土。本试验采用四川省寿兴大工贸有限公司生产的钠基膨润土，以蒙脱石为主要矿物，见图 2.17。膨润土的物理力学性能见表 2.10。

图 2.16　硅藻土形貌[13]

图 2.17　膨润土形貌[15]

表 2.10　　　　　　　　　　　膨润土物理化学性能指标

| 粒径 | 热湿拉强度/MPa | 胶体率/% | 膨胀倍数 | 造浆率/(m³/t) | 含水率/% |
|---|---|---|---|---|---|
| 400 目 | 25 | 100 | 25～30 | >216 | <10 |

（3）乙二胺四乙酸二钠。本试验采用由西陇科学股份有限公司生产的乙二胺四乙酸二钠分析纯试剂，它是一种重要的螯合剂，用于络合金属离子和分离金属，其 $C_{10}H_{14}N_2O_8Na_2 \cdot 2H_2O$ 含量达到 99% 以上，pH 值为 4.0～5.0。

#### 2.2.2.2　试验方法

参照 2.1.2.2 节配合比计算方法，采用体积法，进行改性沸石植生混凝土配合比设计。本次试验设定目标孔隙率为 27%，水灰比为 0.43，浆骨比为 0.33，沸石骨料粒径为 20～30mm，水泥使用低碱度硫铝酸盐水泥，选择硅藻土、膨润土、乙二胺四乙酸二钠等吸附材料等体积替换部分水泥。本次试验硅藻土、膨润土的掺入量设为 10%、15%、20%，乙二胺四乙酸二钠的掺入量设为 5%、10%、15%，试验配合比见表 2.11。改性沸石植生混凝土成型方法参照 2.1.2.3 节。

表 2.11　　改性沸石植生混凝土配合比

| 吸附材料种类 | 吸附材料掺量/% | 目标孔隙率/% | 水灰比 | 沸石/(kg/m³) | 水泥/(kg/m³) | 吸附材料/(kg/m³) | 水/(kg/m³) |
|---|---|---|---|---|---|---|---|
| 硅藻土 | 10 | 27 | 0.43 | 900 | 268 | 22 | 126 |
| 硅藻土 | 15 | 27 | 0.43 | 900 | 255 | 33 | 125 |
| 硅藻土 | 20 | 27 | 0.43 | 900 | 242 | 45 | 124 |
| 膨润土 | 10 | 27 | 0.43 | 900 | 268 | 23 | 126 |
| 膨润土 | 15 | 27 | 0.43 | 900 | 255 | 35 | 126 |
| 膨润土 | 20 | 27 | 0.43 | 900 | 241 | 47 | 125 |
| 乙二胺四乙酸二钠 | 5 | 27 | 0.43 | 900 | 285 | 5 | 126 |
| 乙二胺四乙酸二钠 | 10 | 27 | 0.43 | 900 | 275 | 11 | 124 |
| 乙二胺四乙酸二钠 | 15 | 27 | 0.43 | 900 | 265 | 17 | 122 |

#### 2.2.2.3　测试方法

对改性沸石植生混凝土的 7d、28d 抗压强度、孔隙率、透水系数、孔隙溶液 pH 值等物理力学性能进行测试，具体测试方法参照 2.1.2.4 节。

### 2.2.3　结果与讨论

以粒径 20~30mm 沸石为骨料，以低碱度硫铝酸盐水泥及硅藻土、膨润土、乙二胺四乙酸二钠等吸附材料作为胶凝材料配制改性沸石植生混凝土，研究硅藻土、膨润土、乙二胺四乙酸二钠等吸附材料对混凝土物理力学性能的影响规律，分析改性沸石植生混凝土的失效形式，建立混凝土应力-应变本构模型。

#### 2.2.3.1　吸附材料对改性沸石植生混凝土抗压强度及 pH 值的影响

**1. 硅藻土对改性沸石植生混凝土抗压强度及 pH 值的影响**

（1）硅藻土掺量对改性沸石植生混凝土抗压强度的影响。如图 2.18 所示，随着硅藻土掺量的增加，改性沸石植生混凝土的抗压强度呈现出先增加后减小的趋势。硅藻土掺量为 10% 时，改性沸石植生混凝土的 7d、28d 抗压强度最高，而且混凝土在不断地水化过程中，28d 强度增加约 38.29%。当硅藻土掺量为 15% 时，相较于 7d 强度，混凝土 28d 强度增加约 54.2%。硅藻土掺量为 20% 时，其 7d、28d 抗压强度低于未掺硅藻土的沸石植生混凝土。究其原因，当硅藻土的掺量较小时，硅藻土具有大量整齐排列的微孔结构，在拌和过程中有吸水作用。在沸石植生混凝土硬化过程中起到提供水泥水化用水的作用。随着混凝土养护的不断进行，水泥浆体内部湿度因混凝土浆料中水泥水化消耗水分，而逐渐降低。当水泥浆中的相对湿度小于硅藻土的相对湿度时，硅藻土内部纳米孔中的拌和水就会慢慢释放出来，有助于硅藻土颗粒周围胶凝材料的后期水化反应，使混凝土浆料

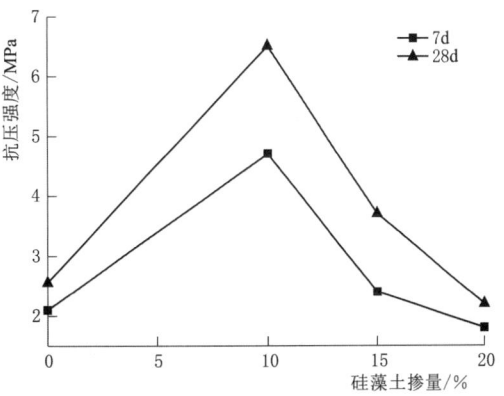

图 2.18　硅藻土掺量对改性沸石植生混凝土抗压强度的影响

的水泥水化更充分，有助于提升改性沸石植生混凝土密实性，提高后期强度。

由于硅藻土的强吸附性和吸水性，在与饱和面干的沸石干混拌和时更容易吸附在沸石表面，尤其是沸石表面孔隙处。硅藻土中的 $SiO_2$ 含量超过 50%，属于一种碱激发的掺合料。其能够参与二次水化，产生的水化硅酸钙（C-S-H）凝胶也沉积在此表面。而且硅藻土可以填充在混凝土的内部空隙中，使沸石植生混凝土的内部结构变得较为致密，其对内部孔隙的填充和对沸石骨料表面的包裹有助于提高混凝土早期的强度和耐久性。因此，从图 2.18 中可以看出，当硅藻土掺量较少时，改性沸石植生混凝土的早期、后期强度较高。但随着硅藻土掺量的不断增加，水泥掺量降低，硅藻土胶结性能比不上水泥，导致混凝土强度大幅降低。由此可知，硅藻土掺量不宜过高，掺量在 10%～15% 较为适合。

(2) 硅藻土掺量对改性沸石植生混凝土 pH 值的影响。硅藻土掺量对混凝土孔隙溶液 pH 值的影响如图 2.19 所示。从图 2.19 中可以看出，一方面，随着硅藻土掺量的增加，改性沸石植生混凝土的孔隙溶液 pH 值总体呈下降趋势；另一方面，掺入硅藻土的沸石植生混凝土其孔隙溶液 pH 值也随着龄期的增长而逐渐降低，当硅藻土掺量为 0% 时，其 56d 的孔隙溶液 pH 值为 11.1；而当掺量为 20% 时，其 56d 孔隙溶液 pH 值已低至 9.37，降低了约 15.6%。硅藻土中 $SiO_2$ 含量为 58.15%，并含有少量的 $Al_2O_3$，约 16.65%，使其具有一定的酸性，即兼备 B 酸和 L 酸的双重性质。因此，硅藻土整体呈酸性，发生酸碱反应后，能够有效降低混凝土的孔隙溶液 pH 值。而且，硅藻土具有碱激发的特性，在拌和过程中，会与水泥水化过程中析出的 $Ca(OH)_2$ 发生反应。硅藻土迅速吸附 $Ca(OH)_2$ 之后，表面 ξ 电位迅速提高，并由负电位转变为正电位，生成强度更高、碱度更低的水泥水化物水化硅酸钙（C-S-H）凝胶。因此，从图 2.19 中可以看出，混凝土的后期强度得以小幅提升，而改性沸石植生混凝土的孔隙溶液 pH 值随着硅藻土的掺量而不断降低。

2. 膨润土对改性沸石植生混凝土抗压强度及 pH 值的影响

(1) 膨润土掺量对改性沸石植生混凝土抗压强度的影响。从图 2.20 可以看出，与硅藻土相类似，随着膨润土掺量的增加，改性沸石植生混凝土的抗压强度呈现出先增大后减小的趋势。当掺入量为 15% 时，28d 抗压强度达到峰值 3.8MPa，混凝土 28d 强度增长明显，高达 72.7%。当膨润土掺入量为 20% 时，改性沸石植生混凝土 28d 抗压强度达到最小值，为 2.0MPa，与未掺膨润土的植生混凝土相比降低了 22.5%。

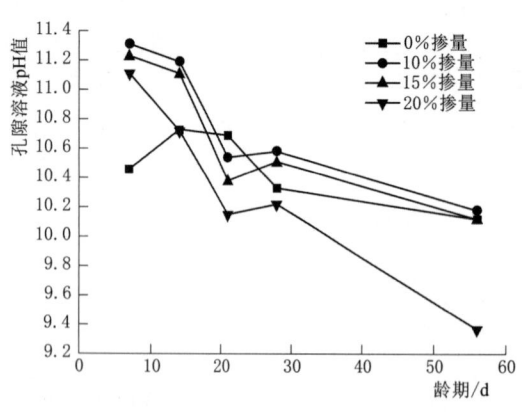

图 2.19 硅藻土掺量对混凝土孔隙溶液 pH 值的影响

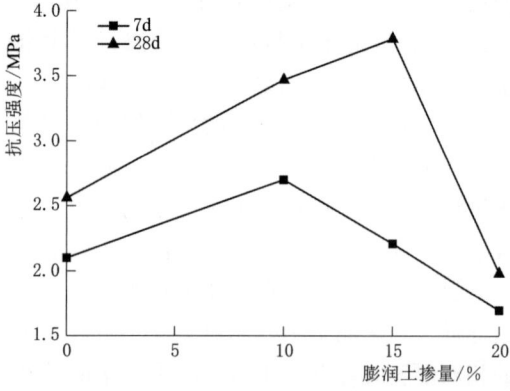

图 2.20 膨润土掺量对改性沸石植生混凝土抗压强度的影响

在水泥水化过程中，水化产物针状钙矾石能与膨润土中的活性 $SiO_2$ 和活性 $Al_2O_3$ 紧密结合生成新的水化产物，如水化硅酸钙（C-S-H）凝胶等，可以提高水泥-土体系的"固化"能力。另外，在水泥水化过程中，蒙脱石层状结构的剥离能快速有效地填充产生的孔隙，从而有助于改善沸石植生混凝土的力学性能。

掺加膨润土的沸石植生混凝土 SEM 形貌见图 2.21。从图 2.21 中可以看出，水化过程中出现细针状的钙矾石，且钙矾石结晶度较好，水化产物的分布较为均匀，但是部分的孔隙没被凝胶很好地填充。

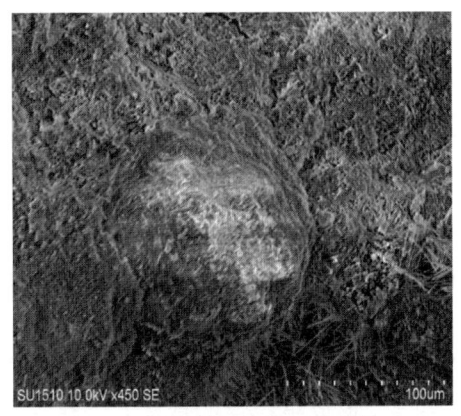
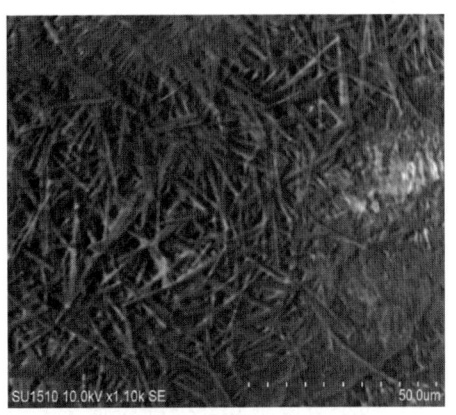

（a）450倍沸石植生混凝土SEM谱图　　　　（b）1100倍沸石植生混凝土SEM谱图

图 2.21　掺加膨润土的沸石植生混凝土 SEM 形貌

当膨润土以高掺入量发生反应时，部分拌和用水分会被具有层状结构的膨润土吸附，变成其结构单元的束缚水，膨润土会产生塑化反应；细小的膨润土颗粒也会堆积在水泥颗粒的周围，随着时间的推移也阻碍了水和水泥的水化反应，因而使改性沸石植生混凝土的早期力学强度发生下降。从试验结果看，膨润土改性沸石植生混凝土抗压强度略低于相同掺量下硅藻土改性沸石植生混凝土，当膨润土掺量为20%时，混凝土 7d、28d 抗压强度不如未掺吸附材料的空白样。因此，从图 2.21 中可以看出，膨润土掺量以 10%~15% 为宜。

（2）膨润土对改性沸石植生混凝土 pH 值的影响。膨润土掺量对混凝土孔隙溶液 pH 值的影响如图 2.22 所示。从图 2.22 中可以看出，随着膨润土掺量的增加，沸石植生混凝土的孔隙溶液 pH 值随着龄期的增加而逐渐减小。当膨润土掺入量为10%时，测得其56d龄期的混凝土孔隙溶液 pH 值为 9.81；当膨润土掺入量为20%时，56d 龄期的混凝土孔隙溶液 pH 值为 10.22，高于未掺膨润土的沸石植生混凝土。

3. 乙二胺四乙酸二钠对改性沸石植生混凝土抗压强度及 pH 值的影响

（1）乙二胺四乙酸二钠掺量对改性沸石植生混凝土抗压强度的影响。如图 2.23 所示，改性沸石植生混凝土的抗压强度受乙二胺四乙酸二钠的影响较大。随着乙二胺四乙酸二钠掺量的增加，抗压强度整体呈现下降趋势。当乙二胺四乙酸二钠掺量为10%时，28d 抗压强度为 2.1MPa；掺量为15%时，28d 抗压强度下降至 1.2MPa，与未掺乙二胺四乙酸二钠的沸石植生混凝土相比下降了 51.2%。

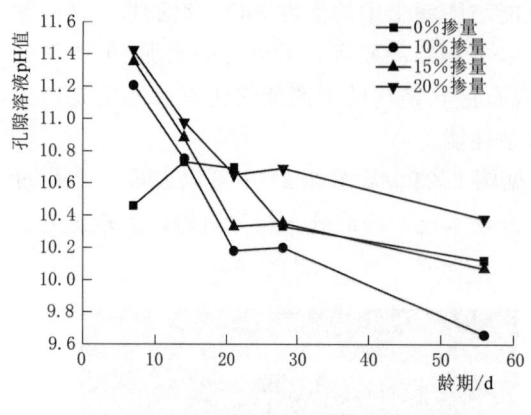

图 2.22 膨润土掺量对混凝土孔隙溶液 pH 值的影响

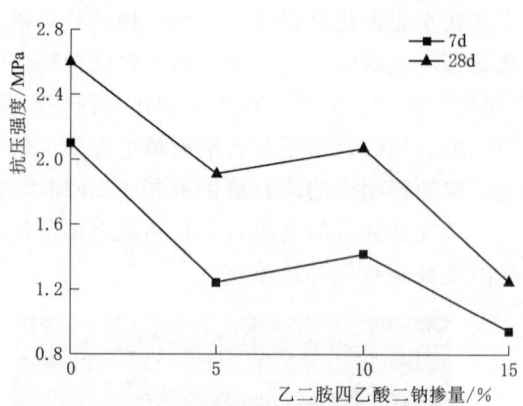

图 2.23 乙二胺四乙酸二钠掺量对改性沸石植生混凝土抗压强度的影响

乙二胺四乙酸二钠与硅藻土、膨润土不同,并没有胶结能力,而改性沸石植生混凝土的强度来源于骨料间的嵌挤作用和骨料接触面胶结浆体的黏结效果。所以随着乙二胺四乙酸二钠掺量的不断增加,水泥的掺量减少,导致沸石与沸石接触面的黏结减弱,宏观表现为改性沸石植生混凝土的抗压强度降低。乙二胺四乙酸二钠的配位能力很强,能够通过两个氮原子、四个氧原子共六个配位原子与 $Ca^{2+}$ 结合,形成很稳定的具有五个五原子环的螯合物。其反应式如下:

$$Ca^{2+} + H_2Y^{2-} \longrightarrow CaY^{2-} + 2H^+ \quad (2.20)$$

乙二胺四乙酸二钠会与 $Ca^{2+}$ 络合,降低了 $Ca(OH)_2$ 含量,峰值浓度延后,诱导期延长。再加上乙二胺四乙酸二钠的水溶液呈酸性,而水泥水化是在碱性环境下发生的,所以乙二胺四乙酸二钠的加入对水化反应的形成造成了一定的影响,继而影响了改性沸石植生混凝土的抗压强度。

(2) 乙二胺四乙酸二钠对改性沸石植生混凝土 pH 值的影响。乙二胺四乙酸二钠对沸石植生混凝土孔隙溶液 pH 值的影响如图 2.24 所示。从图 2.24 中可以看出,与前面两种吸附材料相比不同的是,随着乙二胺四乙酸二钠掺入量的增加,改性沸石植生混凝土孔隙

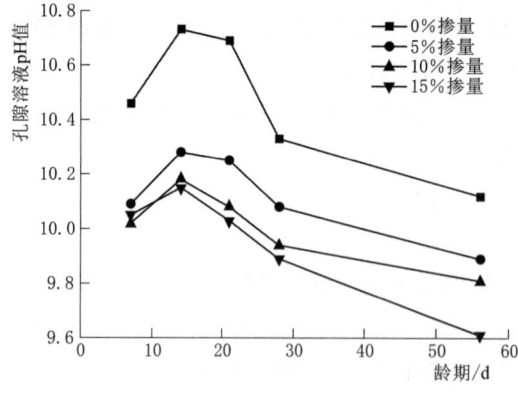

图 2.24 乙二胺四乙酸二钠掺量对混凝土孔隙溶液 pH 值的影响

的孔隙溶液 pH 值总体呈现出先增大后减小的趋势,并且在初期阶段,这种趋势表现得愈发明显。当龄期为 56d,乙二胺四乙酸二钠掺量为 15% 时,沸石植生混凝土的孔隙溶液 pH 值最低达 9.61,与未掺乙二胺四乙酸二钠的沸石植生混凝土 pH 值相比下降了 0.51。

乙二胺四乙酸二钠的水溶液呈酸性,pH 值为 4.0~5.0,便能够在水泥水化过程中发生酸碱作用,减少溶液中 $Ca^{2+}$、$K^+$、$OH^-$ 等含量,这可能会对水泥的酸

碱度产生影响。与此同时，乙二胺四乙酸二钠掺入混凝土中，还会限制水泥水化反应中水化硅酸钙（C-S-H）凝胶和 $Ca(OH)_2$ 的生成，因此乙二胺四乙酸二钠掺入混凝土中能够降低混凝土的孔隙溶液 pH 值。与此同时，还容易对混凝土的抗压强度产生一定的降低。与其他两种吸附材料相比，硅藻土和膨润土掺入混凝土会起到反作用。

#### 2.2.3.2 吸附材料对改性沸石植生混凝土透水性能的影响

1. 孔隙率

本试验探究了吸附材料的种类和掺量对改性沸石植生混凝土孔隙率的影响规律，试验结果如图 2.25 所示。由图 2.25 可知，使用吸附材料改性的沸石植生混凝土与未掺吸附材料的对照组相比，随着吸附材料掺量的增加，总体呈现先减少后增加的趋势。当硅藻土、膨润土掺量为 10%，改性的沸石植生混凝土孔隙率最小，分别为 17.07% 和 24.98%，低于未掺吸附材料的对照组；而当乙二胺四乙酸二钠掺量为 15%，沸石植生混凝土孔隙率高达 38.76%。

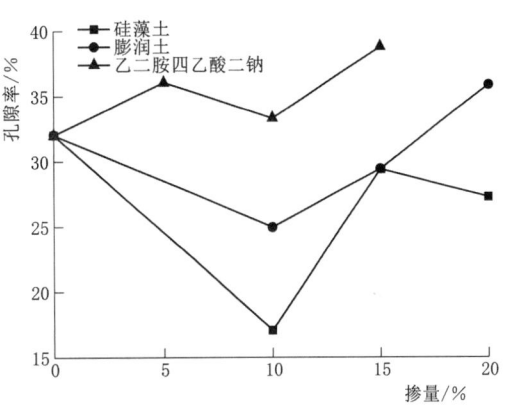

图 2.25　吸附材料掺量对改性沸石植生混凝土孔隙率的影响

由硅藻土和膨润土改性的沸石植生混凝土的孔隙率都呈现出先降后升的趋势。这是因为硅藻土、膨润土这两种吸附材料掺入混凝土后，能够与水泥水化产物较充分地发生化合作用，充分填充混凝土内的细小孔隙，从而使混凝土内的大孔得到细化，进一步改善内部孔结构，降低混凝土的孔隙率。而且，相对于水泥浆体而言，硅藻土和膨润土的流动性要高很多，当水泥浆体与上述两种吸附材料混合以后所形成的混合浆体能够更好地进入孔隙中，使混凝土变得密实；而当硅藻土和膨润土掺量较高时，因为吸附材料的比表面积大，吸水性很强，又导致掺入吸附材料的水泥浆体流动性降低，改性沸石植生混凝土的孔隙率得以提高。

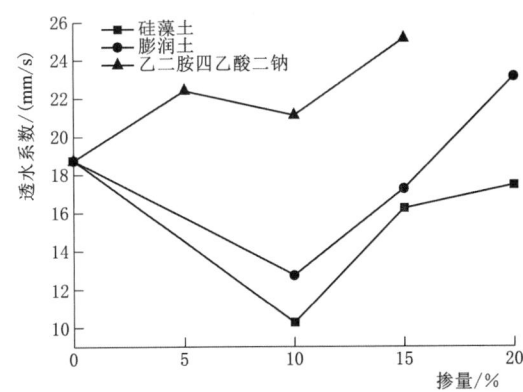

图 2.26　吸附材料掺量对改性沸石植生混凝土透水系数的影响

由图 2.25 可知，用乙二胺四乙酸二钠改性的沸石植生混凝土孔隙率总体随着掺量的提高而不断提高，这可能是因为与硅藻土、膨润土相比，乙二胺四乙酸二钠分散性、黏结性差，当其与水泥浆混合时，浆体总量与空白样相比减少，因而对孔隙率总体呈上升趋势。

2. 透水系数

本试验探究了吸附材料的种类和掺量对改性沸石植生混凝土透水系数的影响规律，试验结果如图 2.26 所示。由图 2.26 可知，吸附材料掺量对沸石植生混凝土透水系数的影响较大。与空白对照组相比，随着吸附材料掺量的增加，用硅藻土和膨润土液改性的沸石植生混凝土透水系数呈现先降后升的趋势，维持在 10～23mm/s；用乙二胺四乙酸二钠改性的沸石植生混凝土透水系数总体呈现上升趋势，最高可达约 25mm/s。吸附材料的种类及掺量对沸石植生混凝土透水系数的影响类似于对其孔隙率的影响。

#### 2.2.3.3 改性沸石植生混凝土强度变化规律

由 2.2.3.1 节、2.2.3.2 节可知，吸附材料对沸石植生混凝土的孔隙率、抗压强度等物理力学性能具有一定的影响，其性能会随着吸附材料的种类和掺量而发生变化。由 2.2.3.1 节可知，随着硅藻土和膨润土掺入量的增加，改性沸石植生混凝土的孔隙率呈现先降后增的趋势，掺入乙二胺四乙酸二钠的混凝土孔隙率总体呈现上升趋势。孔隙率的提高有利于混凝土表面植物的生长，也有利于混凝土对水质的净化，但同时也会使得混凝土抗压强度大幅降低。因此研究吸附材料掺量、混凝土抗压强度与孔隙率之间的关系，找出最佳的配合比显得尤为重要。吸附材料掺量与混凝土孔隙率、抗压强度的关系如图 2.27～图 2.29 所示。

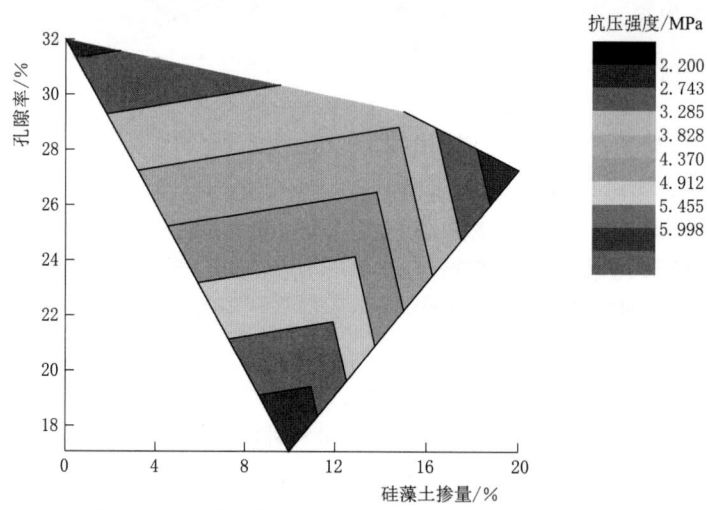

图 2.27 硅藻土掺量与混凝土孔隙率、抗压强度关系

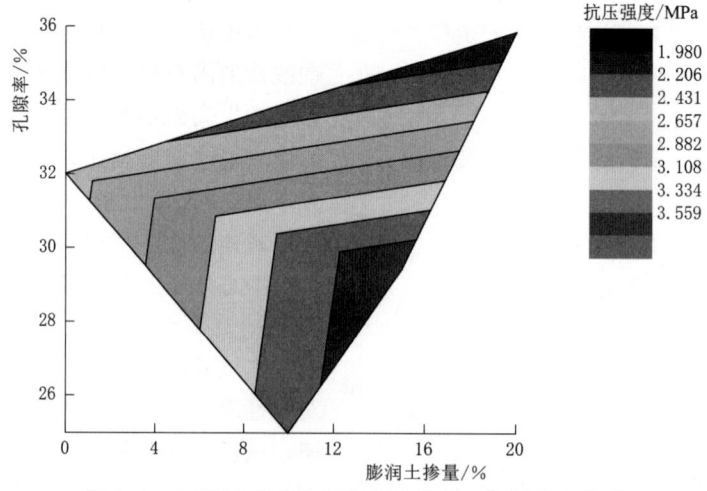

图 2.28 膨润土掺量与混凝土孔隙率、抗压强度关系

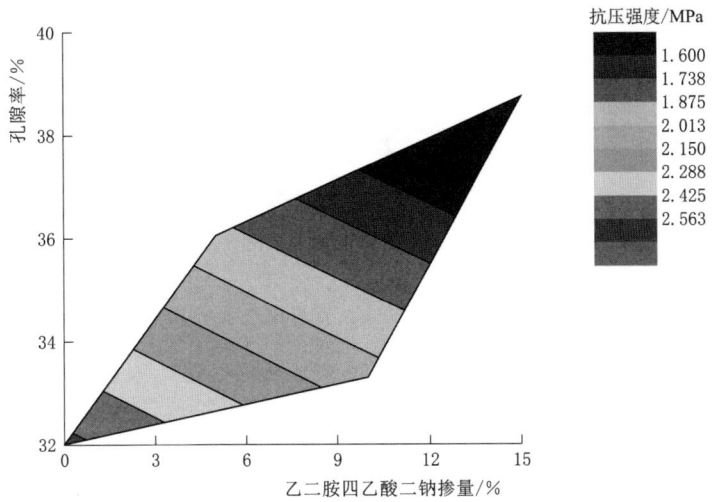

图 2.29 乙二胺四乙酸二钠掺量与混凝土孔隙率、抗压强度关系

从图 2.27～图 2.29 可知，硅藻土的掺量在 15% 左右时，改性沸石植生混凝土的孔隙率能维持在较好的状态，且混凝土抗压强度与空白样相比只是略有降低；而膨润土的最佳掺量在 9%～14% 之间，此时混凝土孔隙率在 29% 左右，基本满足植生要求，而且混凝土的抗压强度高于未掺膨润土的空白样；乙二胺四乙酸二钠的掺量不能超过 10%，随着乙二胺四乙酸二钠掺量的增加，所带来的是混凝土抗压强度的不断降低，远低于不掺乙二胺四乙酸二钠的沸石植生混凝土。

#### 2.2.3.4 改性沸石植生混凝土本构关系研究

1. 混凝土失效研究

对改性沸石植生混凝土进行混凝土失效研究可知，在混凝土受压的初始阶段，试块上部逐渐出现较短的裂纹。随着荷载的不断增加，可以看出裂纹开始增多并直接穿过沸石骨料向下延伸，如图 2.30（a）所示。而后，在试块的下部也开始出现较短的裂纹，底部裂纹的分布区域不断扩大并向上扩展融合。当载荷达到极值时，植生混凝土试块完全破坏。图 2.30（b）显示了损坏的植生混凝土试样。试验后，测量试块表面裂缝，长度达到 114mm。

由此可见，改性沸石植生混凝土的失效形式与普通植生混凝土存在不同。沸石植生混凝土除了骨料之间的黏结层发生破坏外，还有沸石骨料自身的破坏，而且在荷载增加阶段，骨料自身的破坏有可能较早地发生。

改性沸石植生混凝土因为沸石骨料自身强度较低，在受压后具有特殊的失效模式。分析其主要原因：一方面，沸石骨料只能通过水泥浆体黏结，黏结层与普通混凝土相比弱得多；另一方面，与普通骨料相比，沸石自身强度较低，这两者都会导致改性沸石植生混凝土容易受到破坏。当改性沸石植生混凝土在受荷载作用时，在混凝土之间的接触处形成了应力集中。由于沸石植生混凝土与普通混凝土相比，孔隙率较高，裂缝会通过部分孔并在混凝土受到破坏的过程中将它们连接起来。沸石自身强度较低，在压力作用下，很容易与黏结层一起破坏，还可能会率先于黏结层发生破坏，导致了裂缝分布区域快速扩大并与其他裂缝融合，最终导致混凝土的失效。比较国内外文献发现，Rifai 等[16] 经过研究也得

(a) 荷载增加阶段

(b) 破坏阶段

图 2.30　改性沸石植生混凝土试块的失效形式

出了相似的结论。

2. 无量纲应力-应变曲线

对掺吸附材料的沸石植生混凝土的力学性能及应力-应变曲线进行研究，由 2.2.3.1 节、2.2.3.2 节可知，当硅藻土以及膨润土的掺量在 15％、乙二胺四乙酸二钠的掺量在 5％时，制备的改性沸石植生混凝土的抗压强度、孔隙率、透水系数等物理力学性能总体较好。对其力学性能进行测试，测试结果见表 2.12。

表 2.12　　　　　　　　改性沸石植生混凝土的力学性能

| 试　　件 | 极限抗压强度/MPa | 弹性模量/GPa | 残余抗压强度/MPa | 残余强度/极限强度/％ |
| --- | --- | --- | --- | --- |
| 15％硅藻土 | 3.9 | 0.44 | 1.6 | 41.03 |
| 15％膨润土 | 3.7 | 0.34 | 1.5 | 40.54 |
| 5％乙二胺四乙酸二钠 | 2.0 | 0.31 | 0.8 | 40.00 |

从表中可以看出，掺入 15％硅藻土、15％膨润土、5％乙二胺四乙酸二钠的沸石植生混凝土的极限抗压强度分别为 3.9MPa、3.7MPa、2.0MPa，弹性模量分别为 0.44GPa、0.34GPa、0.31GPa，残余抗压强度分别为 1.6MPa、1.5MPa、0.8MPa。

本试验将改性沸石植生混凝土的相关数据经过相应处理后，绘制各试验组无量纲应力-应变关系曲线，具体见图 2.31。

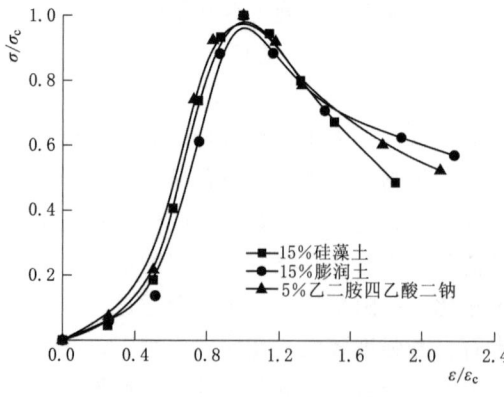

图 2.31　无量纲应力-应变关系曲线

从图 2.31 可以看出，改性沸石植生混凝土的应力-应变曲线与吸附材料的掺量与种类并无太大的关系，无论吸附材料掺入的种类如何，其应力-应变曲线都分为三个阶段。在上升的第一阶段，即初始阶段，沸石植生混凝土的强度增长缓慢，且有较大幅度的波动；随着荷载的持续增加，植生混凝土的破坏进入了第二阶段，即裂缝发展阶段，此时应力与应变都有较大幅度的增长，两者之间呈接近线性增长的关系；达到极限应力状态之后，曲线达到第三阶段，即破坏阶段，应力-应变曲线开始缓慢匀速下降，与之对应的应力-应变曲线开始下降。

在此之前，Xie 等[17]研究了采用骨料粒径为 10～20mm 的天然骨料配制的植生混凝土的破坏方式及其应力-应变曲线，其应力-应变曲线如图 2.32 所示。从图 2.32 中可以看出在达到峰值应力之前，植生混凝土的应力-应变曲线近似线性增加，塑性变形较小；达到峰值应力后，曲线迅速下滑。相比可以看出，谢超等的研究结

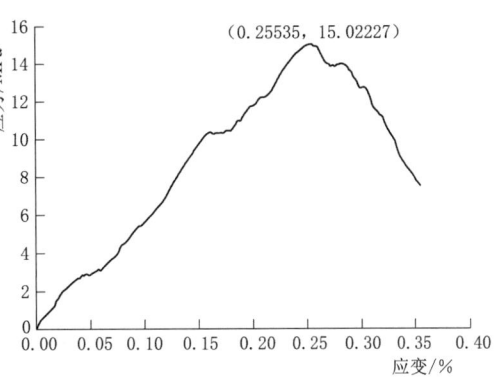

图 2.32 文献中的应力-应变曲线[16]

果与本节所研究的应力-应变图有所不同，推测其原因：一方面，本试验所采用的骨料是沸石，与天然骨料相比，沸石强度较低，而且沸石植生混凝土的结构相对疏松，从而导致当试件被施加荷载的初始阶段，改性沸石植生混凝土的内部会被压缩一部分间隙，从而导致第一阶段应力增长慢，应变增长较快的现象；另一方面，由于本试验所选用的沸石的粒径为 20～30mm，且设定的目标孔隙率在 30% 左右，而所选用的骨料粒径越小，设定的目标孔隙率越小，应力-应变曲线就越接近普通混凝土。

3. 本构方程

现阶段，国内外大量研究人员对混凝土应力-应变的曲线进行了探究[17]，提出并总结了多种混凝土受压的应力-应变曲线方程，部分经典的应力-应变曲线方程见表 2.13。

表 2.13    经典的应力-应变曲线方程

| 提出者 | 表达式 | 线型 |
|---|---|---|
| Saenz | $y = \dfrac{Nx}{1-(N-2)x+x^2}$ | 有理分式 |
| Sargin | $y = \dfrac{Nx-x^2}{1+(N-2)x}$ | 有理分式 |
| Rusch | $y = \begin{cases} 2x-x^2, & 0 \leqslant x \leqslant 1 \\ 1, & x > 1 \end{cases}$ | 二次抛物线直线 |
| Hognestad | $y = \begin{cases} 2x-x^2, & 0 \leqslant x < 1 \\ \dfrac{0.85-0.15x}{x-1}, & x \geqslant 1 \end{cases}$ | 二次抛物线斜直线 |
| 过镇海 | $y = \begin{cases} ax+a_1x^2+a_2x^3, & 0 \leqslant x < 1 \\ \dfrac{x}{ax^2+\beta x+\lambda}, & x \geqslant 1 \end{cases}$ | 三次抛物线有理分式 |

从改性沸石植生混凝土的无量纲应力-应变曲线可以看出,第一上升段上升趋势较为缓慢,随后曲线出现明显的拐点,进入第二上升段,将此时拐点的横坐标设为 $x_p$,第二上升段曲线上升趋势较为陡峭,在整体形状上与普通混凝土相似,在经历一段时间的塑性增长后,最后下降至定值。结合过镇海所提出的混凝土本构方程,提出改性沸石植生混凝土应力-应变曲线方程,具体表达式如下:

$$y=\begin{cases}ax^2 & ,0\leqslant x\leqslant x_p\\ bx+(3-2b)x^2+(b-2)x^3 & ,0\leqslant x<1\\ \dfrac{x}{c(x-1)^2+x} & ,x\geqslant 1\end{cases} \quad (2.21)$$

根据式(2.21)拟合改性沸石植生混凝土应力-应变曲线方程,得出参数 $a$、$b$、$c$ 的具体数值,具体参数见表 2.14,能够清楚地体现改性沸石植生混凝土本构关系。

表 2.14　　　　　　　　具 体 参 数 选 用

| 混凝土种类 | $a$ | $b$ | $c$ |
|---|---|---|---|
| 15%硅藻土 | 0.73928 | −2.56361 | 2.84611 |
| 15%膨润土 | 0.54532 | −5.23088 | 1.53416 |
| 5%乙二胺四乙酸二钠 | 0.88318 | −1.13273 | 1.90932 |

## 2.2.4　本节小结

本节通过采用硅藻土、膨润土、乙二胺四乙酸二钠等吸附材料等体积替代部分低碱度硫铝酸盐水泥的方法,研究硅藻土、膨润土、乙二胺四乙酸二钠等吸附材料对沸石植生混凝土物理力学性能的影响,主要结论如下:

(1) 吸附材料的加入会对改性沸石植生混凝土物理力学性能产生一定的影响。随着硅藻土的增加,沸石植生混凝土的抗压强度呈现不断减小的趋势,当掺量为10%时,28d抗压强度为6.5MPa,当掺量为20%时,28d抗压强度仅为2.2MPa,最接近空白样;与硅藻土类似,随着膨润土和乙二胺四乙酸二钠掺入量的增加,沸石植生混凝土的抗压强度呈现不断减小的趋势。

(2) 当硅藻土和膨润土掺量为15%左右,乙二胺四乙酸二钠掺量为5%左右时,沸石植生混凝土的性能最佳。

(3) 乙二胺四乙酸二钠能有效降低混凝土孔隙溶液的pH值,且掺入量越大,降碱效果越明显,当掺入量为15%,养护龄期为56d的沸石植生混凝土的孔隙溶液pH值降至9.61;而硅藻土和膨润土非但不能降低混凝土孔隙溶液pH值,反而会起反作用。

(4) 掺入15%硅藻土、15%膨润土、5%乙二胺四乙酸二钠的沸石植生混凝土的极限抗压强度分别为3.9MPa、3.7MPa、2.0MPa,弹性模量分别为0.44GPa、0.34GPa、0.31GPa,残余抗压强度分别为1.6MPa、1.5MPa、0.8MPa。改性沸石植生混凝土的失效形式主要是骨料破坏。

## 2.3 改性沸石植生混凝土水质净化性能研究

### 2.3.1 引言

沸石植生混凝土能够很好地吸附水体中的污染物,并给微生物提供较好的生活环境使其能协助分解水中的污染物,但净水能力始终有限。硅藻土、膨润土、乙二胺四乙酸二钠等材料由于其理化性质的差异对氮、磷和镍、镉、铜、锌、铅等重金属离子的吸附性能也不同,对水质具有不同的净化效果。本节研究分析了膨润土、硅藻土、乙二胺四乙酸二钠等吸附材料对沸石植生混凝土水质净化效果的影响规律。

### 2.3.2 试验方案

#### 2.3.2.1 原材料

本试验为模拟由吸附材料改性后的沸石植生混凝土对地表径流的净化效果,用水量较大,地面径流比较难收集,而且远不能满足试验用量。在实验室中用相应药品来配置所需水样,试验所需原材料见表 2.15。

表 2.15　　试验所需原材料

| 水质指标 | 所需药品 | 药品性质 | 生产厂家 |
|---|---|---|---|
| TP | 磷酸二氢钾 | 分析纯 | 西陇科学股份有限公司 |
| TN | 氯化铵 | 分析纯 | 西陇科学股份有限公司 |
| COD | 无水乙酸钠 | 分析纯 | 西陇科学股份有限公司 |
| 浊度 | 土壤 | — | — |
| 镍 | 镍标准溶液 | 1mg/mL | 国家有色金属及电子材料分析测试中心 |
| 镉 | 镉标准溶液 | 1mg/mL | 国家有色金属及电子材料分析测试中心 |
| 锌 | 锌标准溶液 | 1mg/mL | 国家有色金属及电子材料分析测试中心 |
| 铜 | 铜标准溶液 | 1mg/mL | 国家有色金属及电子材料分析测试中心 |
| 铅 | 铅标准溶液 | 1mg/mL | 国家有色金属及电子材料分析测试中心 |

#### 2.3.2.2 试验方法

(1) 试验用水。在了解广西地区地表径流中的污染物种类及浓度分布的前提下,将各种污染物数值作为参照,见表 2.16。在实验室中,按照配制方案称取相应药品来配制所需水样,并对配制的试验用水进行检测,具体的配制方案及试验用水各项污染物浓度见表 2.17。

表 2.16　　广西地区地表径流污染物种类及浓度分布

| 污染物 | 采样点 | 污染物浓度/(mg/L) | | | |
|---|---|---|---|---|---|
| | | 最大值 | 最小值 | 中间值 | 平均值 |
| TN | 广西大学 | 5.74 | 0.52 | 2.28 | 3.13 |
| | 朝阳广场 | 11.72 | 0.55 | 2.31 | 6.135 |

续表

| 污染物 | 采样点 | 污染物浓度/(mg/L) | | | |
|---|---|---|---|---|---|
| | | 最大值 | 最小值 | 中间值 | 平均值 |
| TN | 南湖公园 | 20.07 | 0.22 | 1.76 | 10.145 |
| | 会展中心 | 18.61 | 0.71 | 2.42 | 9.66 |
| TP | 广西大学 | 0.75 | 0.03 | 0.25 | 0.39 |
| | 朝阳广场 | 1.47 | 0.05 | 0.36 | 0.76 |
| | 南湖公园 | 1.33 | 0.06 | 0.14 | 0.695 |
| | 会展中心 | 3.72 | 0.07 | 0.18 | 1.895 |
| COD | 广西大学 | 137.3 | 8.22 | 39.52 | 72.76 |
| | 朝阳广场 | 340.37 | 3.91 | 87.00 | 172.14 |
| | 南湖公园 | 269.71 | 2.73 | 33.44 | 136.22 |
| | 会展中心 | 638.38 | 2.72 | 39.72 | 320.55 |

表 2.17　　　　　　　　　配制方案及试验用水污染物浓度

| 水质指标 | 所需药品 | 目标浓度/(mg/L) | 投加量 | 实际浓度/(mg/L) |
|---|---|---|---|---|
| TP | 磷酸二氢钾 | 1.5 | 0.66g/100L | 1.14 |
| TN | 氯化铵 | 15 | 5.89g/100L | 26.2 |
| COD | 无水乙酸钠 | 300 | 28.30g/100L | 322 |
| 浊度 | 土壤 | 30 | 4.8g/100L | 30 |
| 镍 | 镍标准溶液 | 0.2 | 20mL/100L | 0.18 |
| 镉 | 镉标准溶液 | 0.2 | 20mL/100L | 0.185 |
| 锌 | 锌标准溶液 | 0.8 | 80mL/100L | 0.837 |
| 铜 | 铜标准溶液 | 0.8 | 80mL/100L | 0.820 |
| 铅 | 铅标准溶液 | 0.2 | 20mL/100L | 0.17 |

（2）试验装置。本次试验装置模拟城市河道护岸进行设计，结构如图 2.33 所示。该试验装置长 1.5m，宽为 0.4m，槽体内有 3 个用于放置改性沸石植生混凝土的槽，槽体顶部和尾部装有出水管和进水管，出水管连接水桶，再由水泵抽水通过进水管进入槽体，水流大小可以调节，如图 2.34 所示。槽体底部设置有可调节槽体角度装置，装置构造简单、维护方便、成本很低，且设备的占地面积小，提高了设备移动的便捷性。

本次试验于室内进行，将经吸附材料改性的沸石植生混凝土放入槽体中，开启水泵，每天动态过水 30min，持续 7d。试验开始后 7d 取水样，测定水中总氮（TN）、总磷（TP）、浊度、化学需氧量（COD）、镉、锌、铜、铅、镍等重金属离子含量，分析膨润土、硅藻土、乙二胺四乙酸二钠等吸附材料对改性沸石植生混凝土水质净化效果的影响规律。

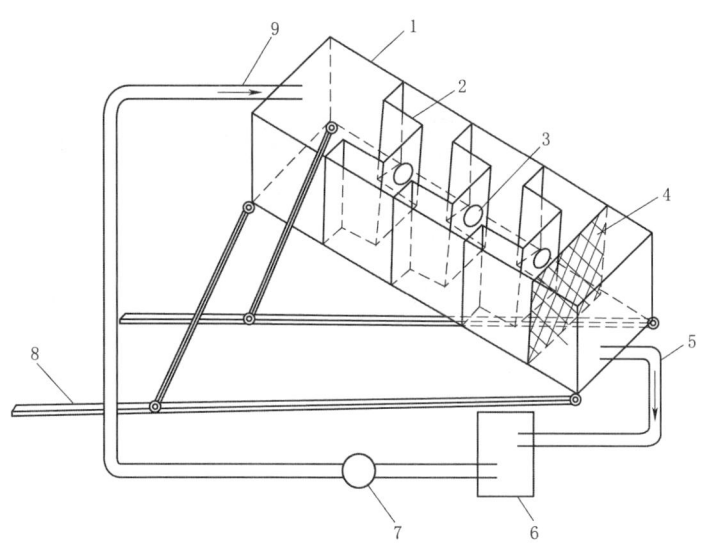

图 2.33 装置结构示意图
1—槽体；2—挡板；3—漏水孔；4—滤网；5—出水管；6—水箱；
7—可调流量水泵；8—槽体角度调节装置；9—进水管

#### 2.3.2.3 测试方法

（1）总氮（TN）。总氮（TN）含量测试参照《水质 总氮的测定 碱性过硫酸钾消解紫外分光光度法》（HJ 636—2012）进行。

（2）总磷（TP）。总磷（TP）含量测试参照《水质 总磷的测定 钼酸铵分光光度法》（GB/T 11893—1989）进行。

（3）浊度。浊度测试参照《水质 浊度的测定》（GB/T 13200—1991）进行。

（4）化学需氧量（COD）。化学需氧量（COD）测试参照《水质 化学需氧量的测定 重铬酸盐法》（HJ 828—2017）进行。

图 2.34 装置实物图

（5）镍、镉、铜、锌、铅离子含量。镍、镉、锌、铜、铅含量测试参照《水质 32 种元素的测定 电感耦合等离子体发射光谱法》（HJ 776—2015）进行。

（6）X 射线衍射。本试验通过 X 射线衍射仪分析改性沸石植生混凝土净水前后的物相组成。所用的仪器为荷兰帕纳科公司生产的型号为 X'Pert PRO 的 X 射线粉末衍射仪。

（7）SEM 微观试验。按照试验操作规程进行 SEM 微观试验，通过观察改性沸石植生混凝土净水后的微观组织结构，探讨微观结构与宏观性能之间的关系，分析改性沸石植生混凝土净水机理。所用的仪器为日立高新技术公司生产的 Hitachi Su1510 型扫描电子显微镜，如图 2.35 所示。

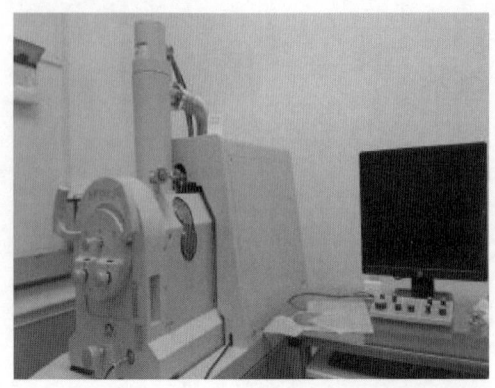
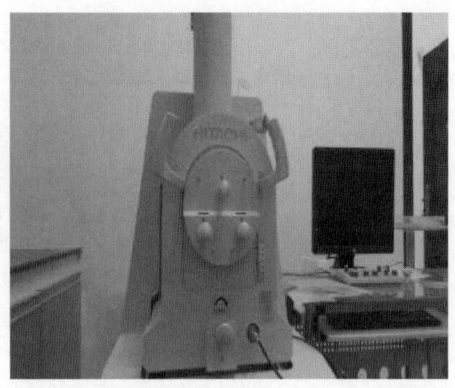

图 2.35 Hitachi Su1510 型扫描电子显微镜

## 2.3.3 结果与讨论

### 2.3.3.1 总氮、总磷去除效果分析

1. 总氮去除效果分析

改性沸石植生混凝土对污水中总氮的去除效果见图 2.36、图 2.37，从图中可以看出，与不掺吸附材料的沸石植生混凝土相比，三种材料的植生混凝土对总氮的去除具有很好的效果。三种吸附材料的植生混凝土对总氮的去除能力排序为：膨润土＞硅藻土＞乙二胺四乙酸二钠。第 7 天时，掺量为 20％膨润土、20％硅藻土、15％乙二胺四乙酸二钠的沸石植生混凝土试验组总氮浓度分别为 20.97mg/L、20.94mg/L、22.84mg/L，去除率分别为 19.96％、20.08％、12.82％。图 2.37 表明总氮去除率变化规律为：随着三种材料掺量的增加而不断增加。

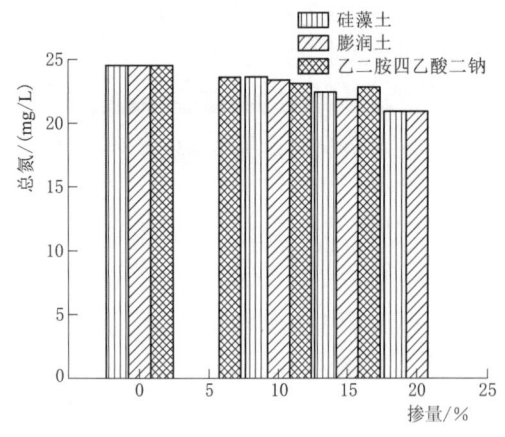

图 2.36 吸附材料掺量对总氮的影响

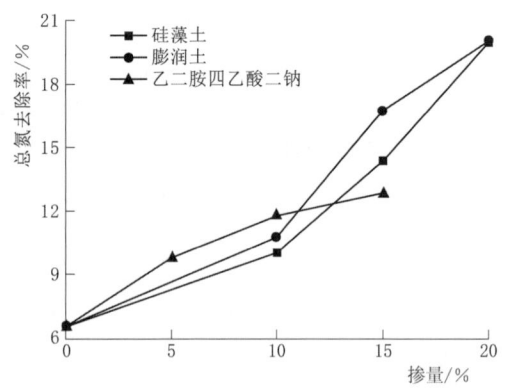

图 2.37 吸附材料掺量与总氮去除率的关系

改性沸石植生混凝土对总氮短期的去除效果较为显著，可能与沸石、硅藻土、膨润土等材料能够对 $NH_4^+$ 在短时间内进行大量的吸附作用密切相关。由于污水中的总氮主

要由 $NH_4Cl$ 配制而成，水体中的氮素大多以氨氮（$NH_4^+ - N$）的形式存在，一部分是多孔材料对氨氮具有良好的物理吸附作用；另一部分是离子交换作用，沸石晶体内的阳离子会与污水中的 $NH_4^+$ 发生交换作用。温东辉等[19]研究表明，在沸石与铵的反应过程中，沸石内部的 $Ca^{2+}$、$Na^+$ 容易与溶液中的 $NH_4^+$ 发生交换。沸石晶体内 $Ca^{2+}$、$Na^+$ 与溶液中 $NH_4^+$ 的交换量占总离子交换量的97%以上。因此，污水中的总氮浓度能够降低。

2. 总磷去除效果分析

改性沸石植生混凝土对污水中总磷的去除效果见图2.38、图2.39，从图中可以看出，膨润土改性沸石植生混凝土对污水中总磷的去除效果优于其他两种植生混凝土，这与对总氮去除效果分析的结果一致。试验进行7d后，掺量为20%膨润土、20%硅藻土、15%乙二胺四乙酸二钠的沸石植生混凝土试验组总氮浓度分别为0.89mg/L、0.85mg/L、0.987mg/L，去除率分别为21.93%、25.44%、13.42%。

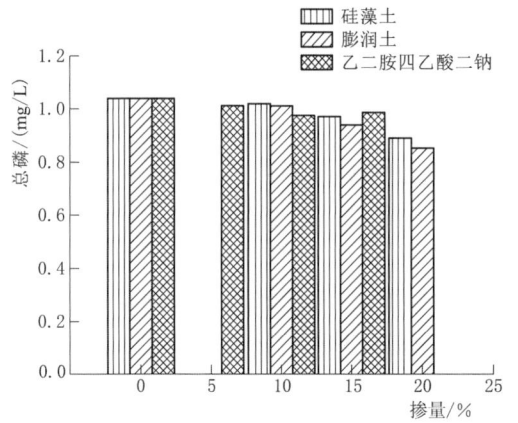

图2.38 吸附材料掺量对总磷的影响

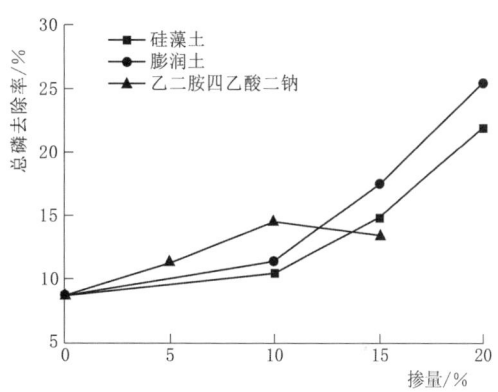

图2.39 吸附材料掺量与总磷去除率的关系

与总氮去除率变化规律相比，改性沸石植生混凝土对总磷的去除率较高。在水质净化初期，总氮的降低大部分还是依靠改性沸石植生混凝土基质的物理化学吸附，水体中大量的磷素被快速地吸附到基质上。而此时，改性沸石植生混凝土基质内部的生物膜在短期内能够形成，但还未成熟，对污水的净化作用效果尚不明显。混凝土在吸附总磷的过程中，改性沸石植生混凝土中的矿物成分（如Fe氧化物、Al氧化物、$CaCO_3$、硅酸盐等）及个别有机质成分可以与污水中的可溶性磷发生一系列吸附、沉淀反应，最终形成如羟基磷灰石、磷酸铁和磷酸铝等难溶磷化物，使磷固定在改性沸石植生混凝土中而从污水中去除。因此，污水中总磷的浓度得以下降。

#### 2.3.3.2 浊度、化学需氧量去除效果分析

1. 浊度去除效果分析

改性沸石植生混凝土对污水中浊度的去除效果见图2.40、图2.41，从图中可以看出，试验开始前，配制水样的浊度为30度，第7天时掺量为20%膨润土、20%硅藻土、15%乙二胺四乙酸二钠的沸石植生混凝土试验组浊度分别为19.9度、18.7度、21.9度，去除

率分别为 33.67%、37.67%、27.00%。从图 2.40 和图 2.41 中可以发现，沸石植生混凝土对水中悬浮物质的去除受材料组成的影响较小，三种材料都有一定的去除作用。

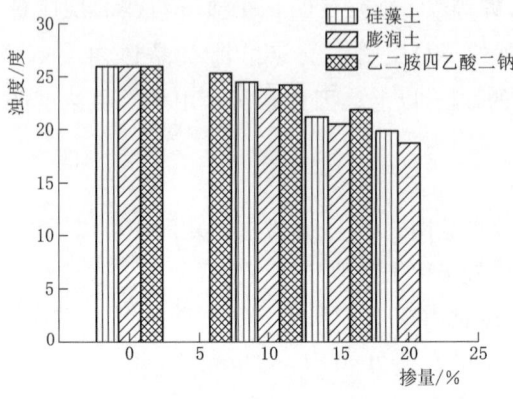

图 2.40　吸附材料掺量对浊度的影响

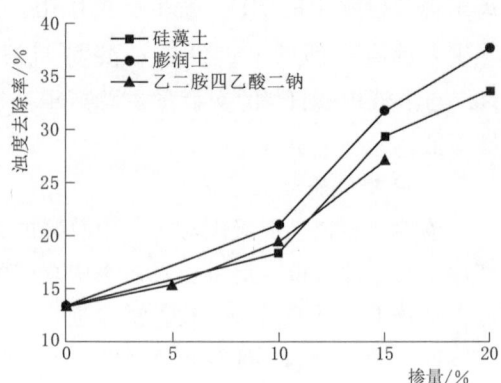

图 2.41　吸附材料掺量与浊度去除率的关系

沸石植生混凝土对浊度的去除效果可能与孔隙率有关，这可能是因为大的空隙率给微生物提供了更大的生存、繁衍空间，而且有更大的比表面积，提高了与污水的接触面积，更有利于吸附水中的悬浮物质、各种杂质等。而掺膨润土的改性沸石植生混凝土孔隙率在 25%～36%，掺乙二胺四乙酸二钠的混凝土孔隙率在 25%～36%，所以掺这两种材料的改性沸石植生混凝土对悬浮物质的吸收效果还是很明显的。

2. 化学需氧量去除效果分析

改性沸石植生混凝土对污水中化学需氧量 COD 的去除效果见图 2.42、图 2.43，从图中可以看出，不同种类的沸石植生混凝土对 COD 去除率的变化与氨氮相类似，但其变化幅度更为突出。掺入硅藻土、膨润土的沸石植生混凝土对 COD 去除率能达到 45%左右，而掺入乙二胺四乙酸二钠的沸石植生混凝土对 COD 去除率只能维持在约 26%，两者相差较大。

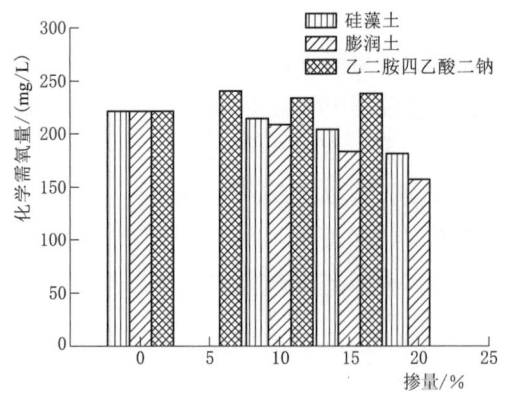

图 2.42　吸附材料掺量对化学需氧量的影响

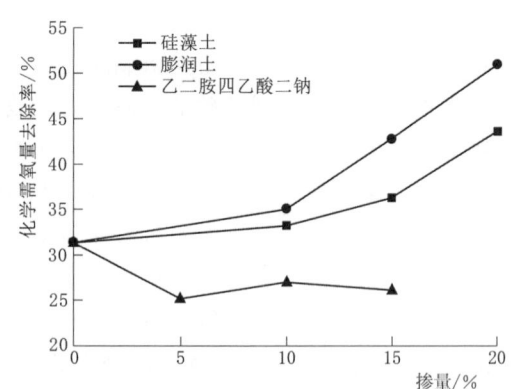

图 2.43　吸附材料掺量与化学需氧量去除率关系

改性沸石植生混凝土对污水中 COD 的去除主要依靠内部生物膜的截留和吸收降解作用。本试验设计的模拟护岸装置具有一定的斜坡斜度，因此配制的污水进入试验装置后具有推流式流态特征,在改性沸石植生混凝土内部孔隙则存在着溶解氧的扩散梯度。因此,试验装置为各种不同生态类型的微生物提供了丰富的生存、繁衍环境,各种微生物能够在试验装置的槽体中占据一定的空间位置,使整个系统内的微生物种群结构丰富多样,一定程度上在混凝土孔隙内不断形成完善的生物膜系统。

### 2.3.3.3 重金属离子去除效果分析

改性沸石植生混凝土对污水中镍、镉、铜、锌、铅等不同重金属离子的去除效果如图 2.44~图 2.48 所示,不同吸附材料的掺量对诸多离子的去除效果不同。由图 2.44~图 2.48 可以明显看出,添加了三种吸附材料的沸石植生混凝土对重金属离子去除效果普遍优于不添加吸附材料的沸石植生混凝土。添加吸附材料后,对镍、镉、铜、锌、铅的去除率显著增加。尤其是随着乙二胺四乙酸二钠掺量的增加,沸石植生混凝土对重金属离子的净化效果均有不同程度的提高,对镍、镉、铜、锌、铅等重金属离子的去除率在 11.35%~47.06%。

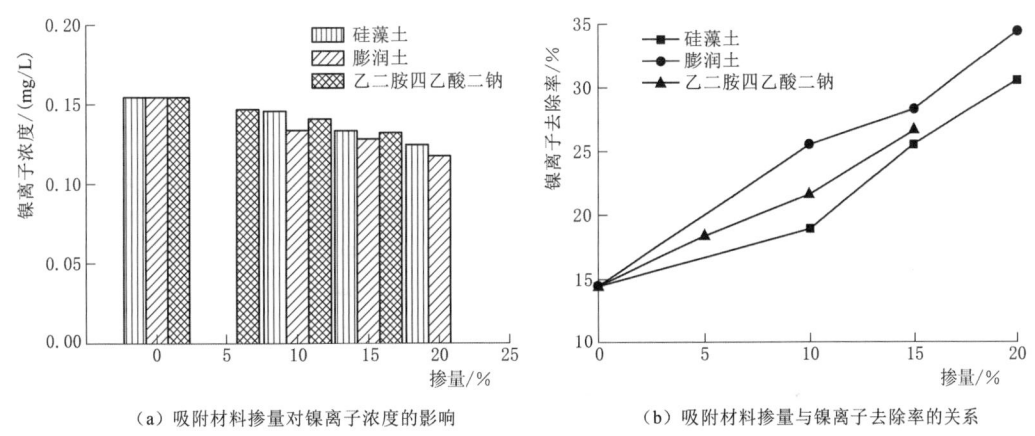

图 2.44 吸附材料对镍离子的影响

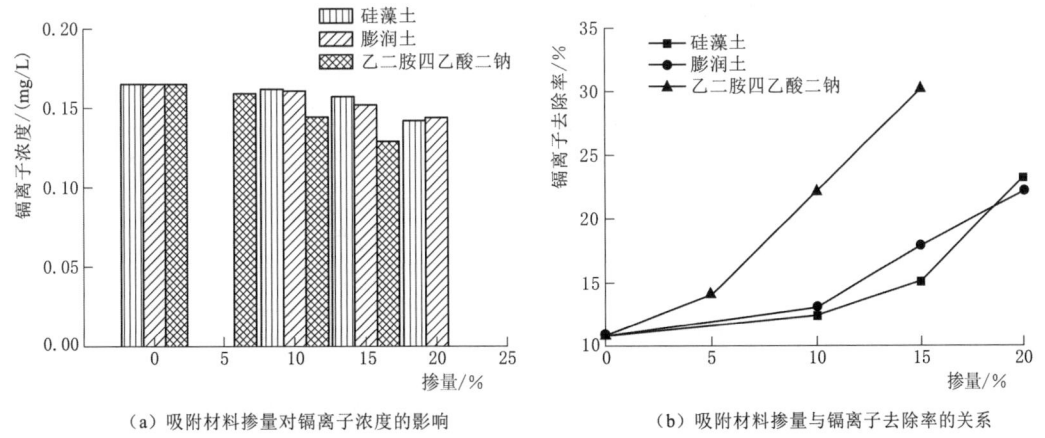

图 2.45 吸附材料对镉离子的影响

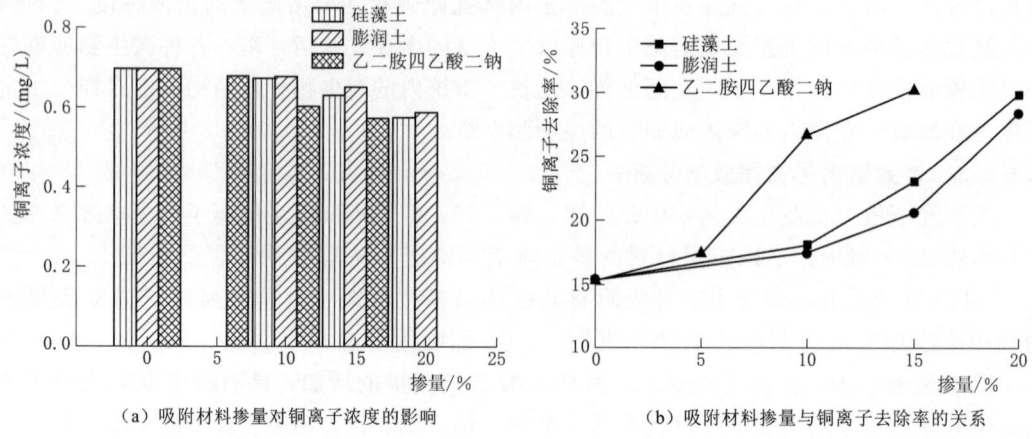

图 2.46 吸附材料对铜离子的影响

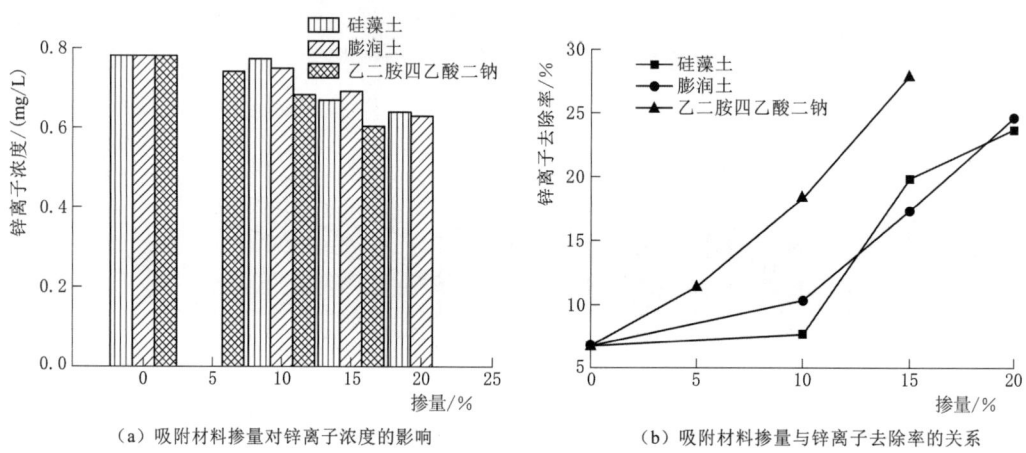

图 2.47 吸附材料对锌离子的影响

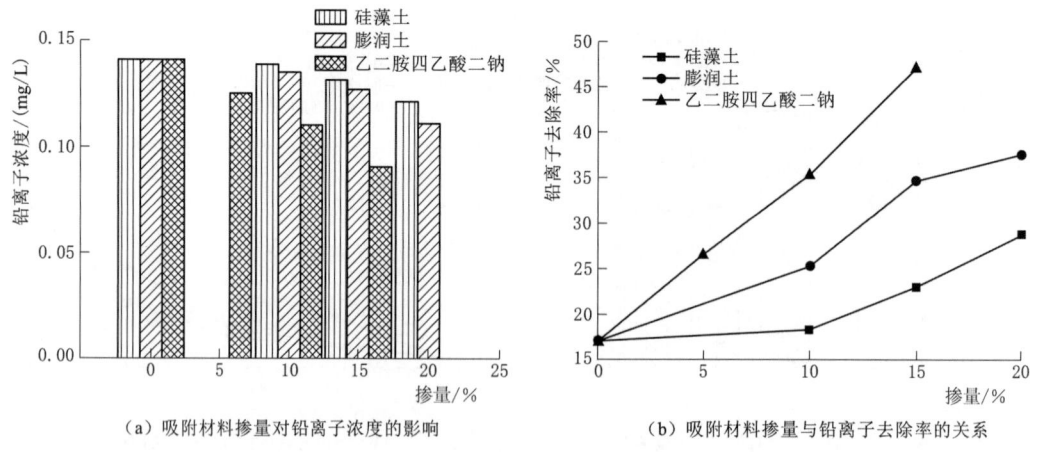

图 2.48 吸附材料对铅离子的影响

对重金属离子镍、镉、铜、锌、铅的吸收作用的提升主要是依靠沸石、硅藻土、膨润土、乙二胺四乙酸二钠等材料较强的吸附能力和离子交换能力。分析原因，主要是硅藻土、膨润土具有离子交换作用及重金属离子能与硅藻土等矿物表面的硅氧基和铝氧基形成络合物而对重金属有一定的去除作用。而乙二胺四乙酸二钠能与许多金属离子形成稳定的螯合物，如 $Cu^{2+}$ 与乙二胺四乙酸二钠形成 $CuY^{2-}$ 螯合物，$Cu^{2+}$ 能够以更加稳定的 $CuY^{2-}$ 螯合物形式存在。15％掺量的乙二胺四乙酸二钠改性植生混凝土对镍、镉、铜、锌、铅的去除率分别为 26.67％、30.27％、30.24％、27.84％、47.06％，与硅藻土、膨润土对重金属离子的去除率相比提升很多。另外，水泥的水化作用对污水中的重金属也有较好的固化作用。

为了对改性沸石植生混凝土的水质净化效果开展进一步的研究，采用 XRD、SEM 等现代分析技术，从微观上分析净水后混凝土的组成成分及其形貌，进一步验证改性沸石植生混凝土净化效果，探讨改性沸石植生混凝土净水机理，如图 2.49～图 2.52 所示。

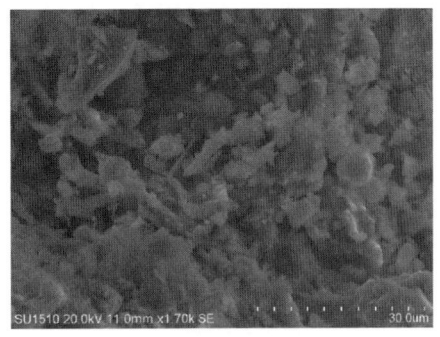

(a) 500倍沸石植生混凝土SEM谱图　　　(b) 1700倍沸石植生混凝土SEM谱图

图 2.49　掺加乙二胺四乙酸二钠的沸石植生混凝土 SEM 形貌

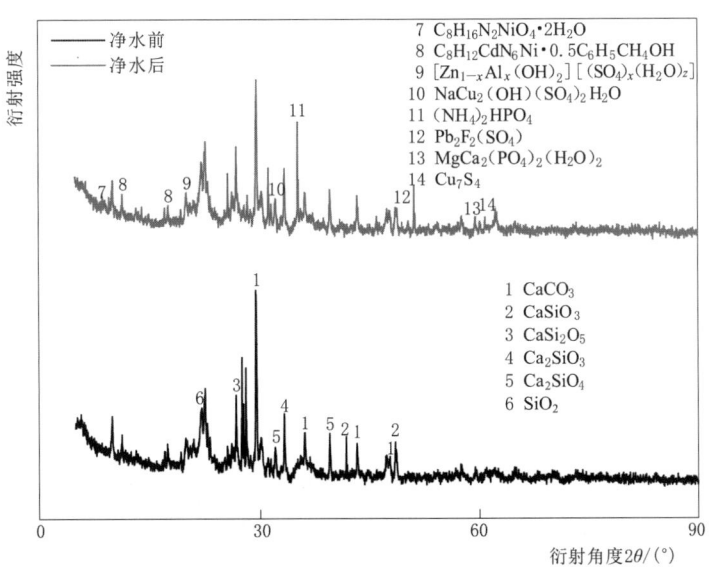

图 2.50　净水前后掺硅藻土的沸石植生混凝土 XRD 图谱

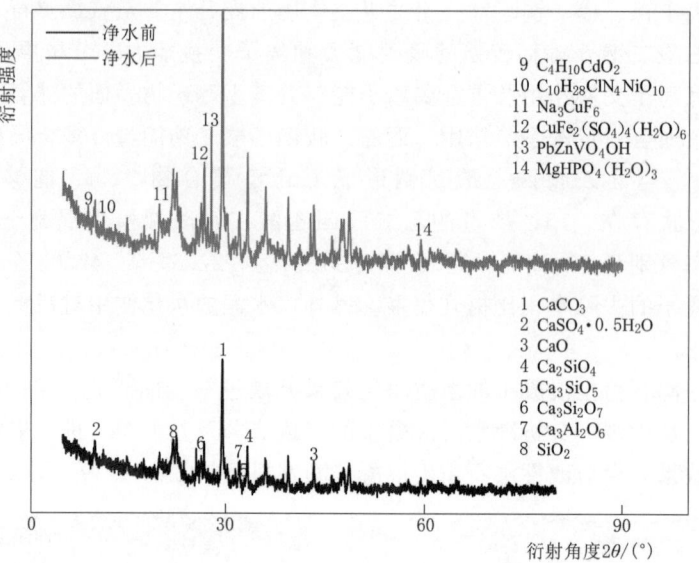

图 2.51　净水前后掺膨润土的沸石植生混凝土 XRD 图谱

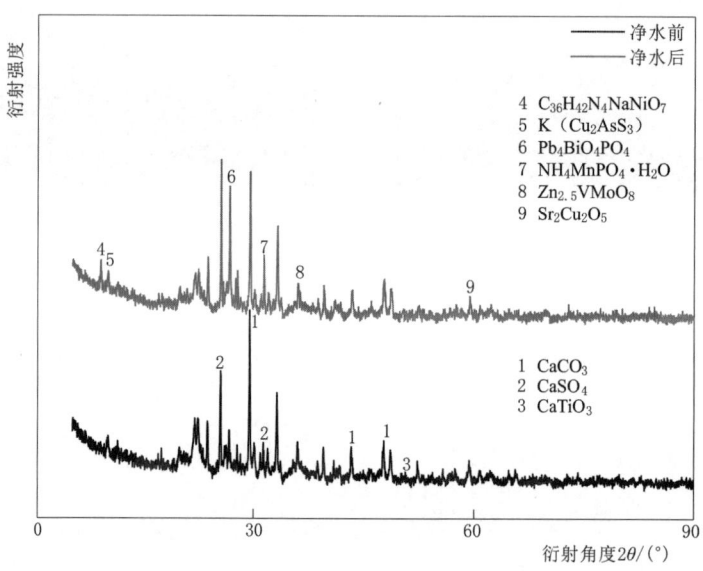

图 2.52　净水前后掺乙二胺四乙酸二钠的沸石植生混凝土 XRD 图谱

比较净水前后改性沸石植生混凝土的物质组成，可以得出，试验制备的改性沸石植生混凝土可以将铵根离子、磷酸根离子、镍、镉、铜、锌、铅等从污水中去除，以一定的形式固定在混凝土表面。

如图 2.53 可知，由于硅藻土具有大量微孔结构，所以硅藻土上的 $Ca^{2+}$ 能与重金属离子发生一定的交换作用，占据晶格点，但掺硅藻土的混凝土孔隙率低于掺膨润土和乙二胺四乙酸二钠的，因而表面积越小，发生交换的可能性越低，所以对水质的净化效果与另外两种吸附材料略微较差。

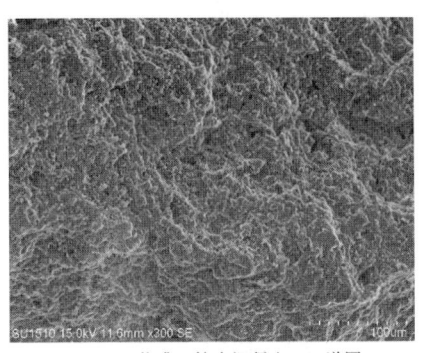
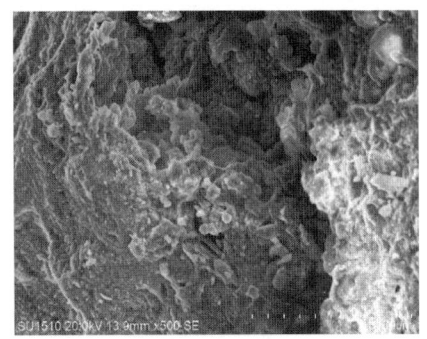

(a) 300倍沸石植生混凝土SEM谱图　　　　(b) 500倍沸石植生混凝土SEM谱图

图 2.53　掺加硅藻土的沸石植生混凝土 SEM 形貌

## 2.3.4　本节小结

本节研究了掺加硅藻土、膨润土、乙二胺四乙酸二钠等吸附材料的改性沸石植生混凝土对总氮、总磷、浊度、化学需氧量、镍、镉、铜、锌、铅等重金属离子的净化效果,主要结论如下:

(1) 研究了吸附材料对改性沸石植生混凝土水质净化性能的影响,对比分析分别掺硅藻土、膨润土、乙二胺四乙酸二钠制作的混凝土在河道护岸模拟装置中持续净污水效果,三种材料制作的改性沸石植生混凝土对污水均有良好的净化效果。

(2) 动态过水 7d 以后,掺加硅藻土、膨润土、乙二胺四乙酸二钠的沸石植生混凝土对 TN 的去除率分别为 10.04%～19.96%、10.76%～20.08%、9.77%～12.82%,对 TP 的去除率分别为 10.53%～21.93%、11.04%～25.44%、11.40%～13.42%。膨润土改性混凝土对 TN、TP 的去除效果优于另外两种掺吸附材料的改性沸石植生混凝土。

(3) 所有指标中,改性沸石植生混凝土对 COD 的去除效果最为明显,对 COD 的去除率达 25.16%～50.93%,对浊度的去除率达 13.33%～37.67%,对重金属离子的去除率达 6.69%～47.06%。

(4) 试验制备的改性沸石植生混凝土可以将镍、镉、铜、锌、铅等重金属离子去除,将加入的重金属离子结合成为化合物。通过 XRD 物相分析可以得出,掺乙二胺四乙酸二钠的混凝土能够很好地吸附水体中的重金属离子,但由于掺硅藻土的混凝土表面积较小,发生交换的可能性更低,所以对水样中重金属离子的去除效果较差。

## 2.4　改性沸石植生混凝土植生性能研究

### 2.4.1　引言

植生混凝土的碱度对混凝土表面植物的生长有重要作用。本节围绕改性沸石植生混凝土对植物生长的影响规律,开展了改性沸石植生混凝土植生性能研究。当以一定量的乙二胺四乙酸二钠掺入时,能降低其孔隙溶液 pH 值到 9.5 左右;而加入一定量的硅藻土和膨润土，又能提高沸石植生混凝土的抗压强度。综合考虑，选取掺量为15%硅藻土、15%膨润土、5%乙二胺四乙酸二钠的复合改性沸石植生混凝土作为植物生长基质，开展针对改性沸石植生混凝土植生性能的研究。

### 2.4.2 试验方案

#### 2.4.2.1 原材料

（1）种植土。本试验所用的种植土选用广西当地常见的红壤和南宁桂裕鑫农业科技有限公司生产的营养土，如图2.54所示。土壤中所含的营养成分及pH值见表2.18。

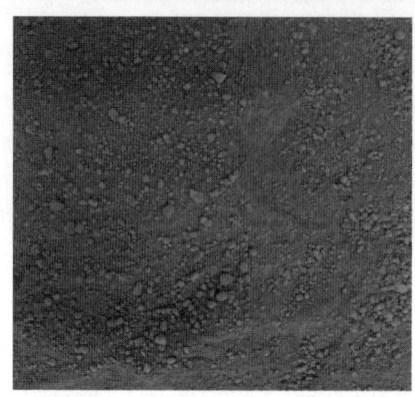

(a) 红壤　　　　　　　　　　　(b) 营养土

图2.54　试验所用的土壤

表2.18　试验所用种植土的营养成分及pH值

| 样品名称 | 检测项目 | | | | | | |
|---|---|---|---|---|---|---|---|
| | 全氮/(g/kg) | 全磷/(g/kg) | 全钾/(g/kg) | 水溶性氮/(mg/kg) | 有效磷/(mg/kg) | 速效钾/(mg/kg) | pH值 |
| 营养土 | 5.42 | 1.01 | 18.5 | 353.3 | 12.3 | 133.9 | 6.10 |
| 红壤 | 0.49 | 0.17 | 19.2 | 27.3 | 8.7 | 57.7 | 4.52 |

（2）植物种类筛选。植物种类的选择既要考虑生长在混凝土表面的现实情况，又要考虑播种时的气候情况、温湿度条件等。表2.19为我国不同地区适宜播种的植物品种。多种因素综合考虑后，本试验选取马尼拉、紫花苜蓿、百喜草、宽叶雀稗、狗牙根（去壳）、狗牙根、多花木兰、高羊茅、碱茅草等九种草种进行种植，具体选取的草种见图2.55。

表2.19　我国不同地区适宜播种的植物品种

| 地区 | 植物品种 | 适合播种的季节 |
|---|---|---|
| 华东地区（山东、安徽、江苏、浙江、福建、上海） | 黑麦草、高羊茅、早熟禾 | 冷季型（秋冬） |
| | 狗牙根、百喜草 | 暖季型（春夏） |
| 华南地区（广东、广西、海南） | 宽叶草、狗尾草、紫穗槐、狗牙根、结缕草、宽叶雀稗 | 暖季型（春夏） |

续表

| 地 区 | 植 物 品 种 | 适合播种的季节 |
|---|---|---|
| 华中地区（湖北、湖南、河南、江西） | 黑麦草、高羊茅、早熟禾、果岭草 | 冷季型（秋冬） |
| | 马尼拉、百慕大 | 暖季型（春夏） |
| 华北地区（北京、天津、河北、山西、内蒙古） | 早熟禾、黑麦草、高羊茅 | 冷季型（秋冬） |
| | 野牛草、狗牙根、白三叶 | 暖季型（春夏） |
| 西北地区（宁夏、新疆、青海、山西、甘肃） | 紫羊茅、早熟禾、剪股颖、结缕草、黑麦草、高羊茅、白三叶 | 冷季型 |
| 西南地区（四川、云南、贵州、西藏、重庆） | 果岭草、高羊茅、剪股颖 | 冷季型（秋冬） |
| | 狗牙根、马尼拉 | 暖季型（春夏） |
| 东北地区（辽宁、吉林、黑龙江） | 胡枝子、多花木兰、柠条、紫穗槐 | 冷季型 |

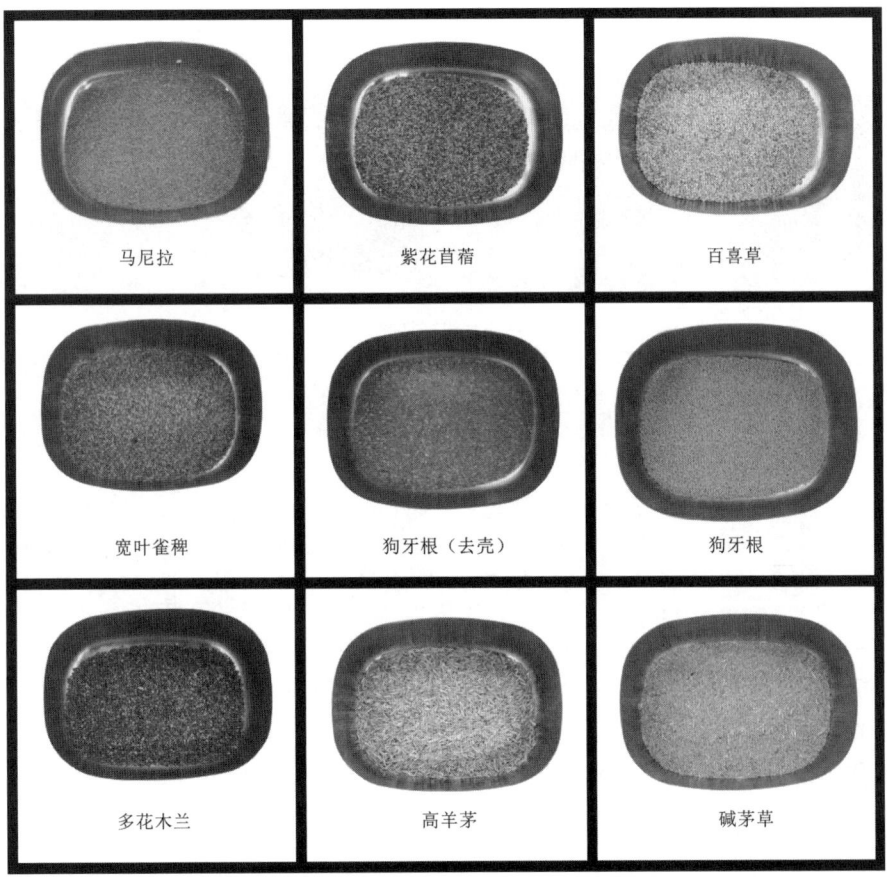

图 2.55 选取的草种

#### 2.4.2.2 试验方法

采取上置式的种植方式进行试验。分别选取粒径为 10～20mm 和 20～30mm 的沸石作为骨料，以低碱度硫铝酸盐水泥及 15%硅藻土、15%膨润土、5%乙二胺四乙酸二钠作为胶凝材料配制两种复合改性沸石植生混凝土，作为植物生长基质。复合改性沸石植生混

凝土试块的尺寸为150mm×150mm×60mm。将成型并养护28d后的试块铺设于下层3cm厚的营养土表面。为了更贴近实际工程情况，由50％营养土加50％红壤组成的混合土作为植物的土壤基质，见图2.56。

图2.56 混合土

首先将混合土和水调制成能够自由流淌的土浆，浇注在混凝土表面的孔隙中，然后在混凝土的表面覆盖2cm±0.5cm厚疏松的混合土层，播种后在草种表面覆盖1cm±0.5cm厚疏松的混合土，试验过程见图2.57。试验中将草种按30～40g/m²的量进行人工撒种，覆土后喷雾洒水，避免土壤流失。植生试验前始终将种子置于0～10℃的环境中保持冷藏，来确保种子的活性，提高出芽率。

(a) 粒径10～20mm

(b) 粒径20～30mm

图2.57 试验处理图

## 2.4.3 结果与讨论

### 2.4.3.1 植物生长阶段

（1）马尼拉。马尼拉生长情况如图2.58所示。播种5d后，马尼拉开始发芽，植株高度5～6mm；马尼拉出芽率较低，长势一般，15d后，植株高度普遍在16mm左右；后期植物生长也依旧缓慢，30d后的植株高度约15mm。

（2）紫花苜蓿。紫花苜蓿生长情况如图2.59所示。播种3d后，紫花苜蓿已经发芽，植株高度在6～7mm；播种5d后，发芽的种子基本上长完幼叶，幼苗高度达30mm；15d后，植株高度55mm左右；大约30d后，幼苗生长开始缓慢，但长势良好。

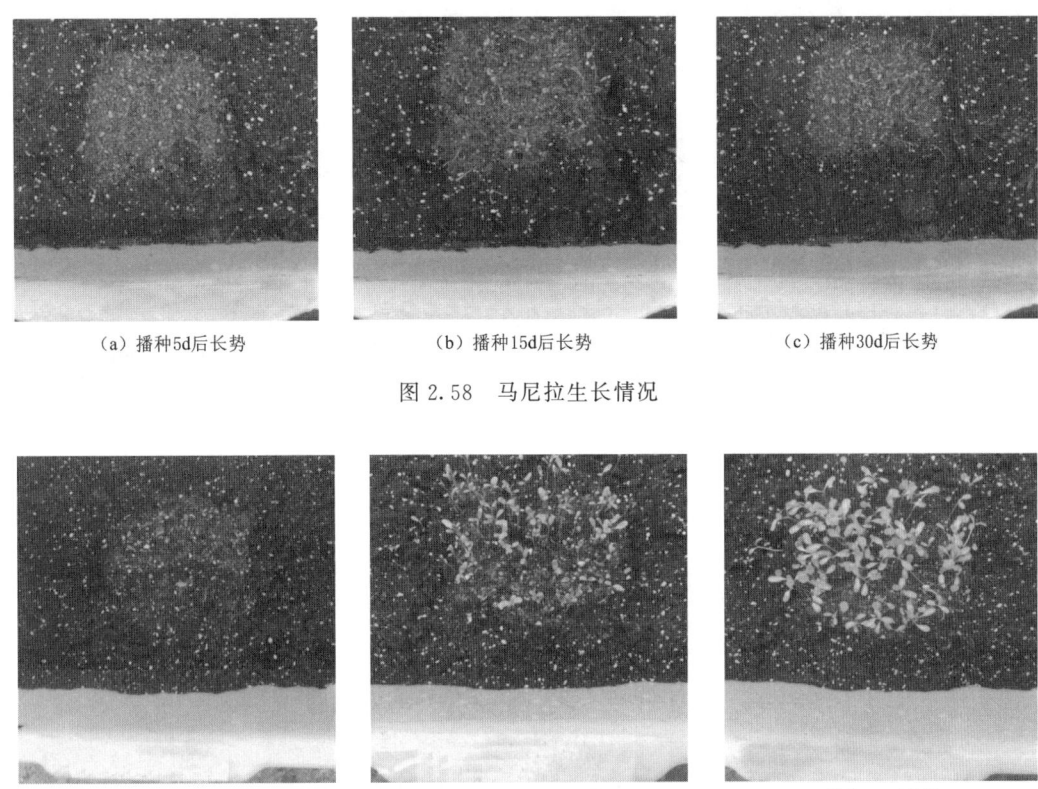

(a) 播种5d后长势　　　　　　(b) 播种15d后长势　　　　　　(c) 播种30d后长势

图2.58　马尼拉生长情况

(a) 播种3d后长势　　　　　　(b) 播种15d后长势　　　　　　(c) 播种30d后长势

图2.59　紫花苜蓿生长情况

（3）百喜草。百喜草生长情况如图2.60所示。百喜草适宜在广东、广西等亚热带地区种植，且能够在肥力较低、较干旱的土壤中良好生长。百喜草的秋播宜在9月中旬之前完成，播种后每日要多次少量地进行灌溉。本次植生试验在9月底开展，再加上灌水量不足，导致百喜草没有出芽。

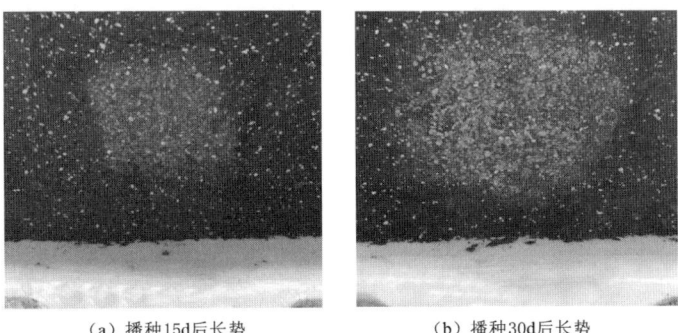

(a) 播种15d后长势　　　　　　(b) 播种30d后长势

图2.60　百喜草生长情况

（4）宽叶雀稗。宽叶雀稗生长情况如图2.61所示。宽叶雀稗在播种后前期生长较慢，第12天开始出芽，植株高度达11mm；出芽后生长迅速，出芽3d后，植株高度在34mm

左右；30d后，植株高度达43mm。但是，宽叶雀稗发芽率低，生长茂密程度差。

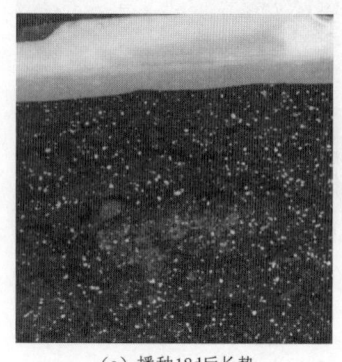
(a) 播种12d后长势

(b) 播种15d后长势

(c) 播种30d后长势

图2.61 宽叶雀稗生长情况

(5) 狗牙根（去壳）。狗牙根（去壳）生长情况如图2.62所示。播种5d后，狗牙根（去壳）慢慢发芽，发芽率较高；15d后，部分狗牙根生长出约20mm长的幼苗；30d后，狗牙根（去壳）生长依旧缓慢，成功发芽的幼苗平均高度仅有22mm，小部分幼苗叶尖发黄，开始倒下，但大部分仍能存活。

(a) 播种5d后长势
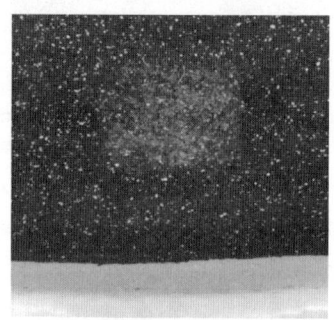
(b) 播种15d后长势

(c) 播种30d后长势

图2.62 狗牙根（去壳）生长情况

(6) 狗牙根。狗牙根生长情况如图2.63所示。在出芽率、植株生长、存活率等方面，未去壳的狗牙根远不及去壳的狗牙根。播种14d后才开始出芽，发芽率极低；30d后，仅有的几根幼苗已经全部萎蔫。

(7) 多花木兰。多花木兰生长情况如图2.64所示。多花木兰耐高温干旱，但怕渍水，在当地日平均温度超过18℃时适宜播种。本次植生试验时，温湿度满足多花木兰播种时的要求，但多花木兰硬实率较高，播种前未采用机械摩擦或溶液浸泡的方法进行种子处理，导致多花木兰未能出芽。

(8) 高羊茅。高羊茅生长情况如图2.65所示。高羊茅的长势迅猛。播种3d后，高羊茅种子开始出芽，植株高度能够达到5~6mm。播种5d后，高羊茅的高度均在110mm左右。前30d中高羊茅生长的速度非常快，然而高羊茅的幼苗较为脆嫩，30d后容易发生倒株现象，但生长情况良好。

（a）播种15d后长势　　　　　　　　（b）播种30d后长势

图2.63　狗牙根生长情况

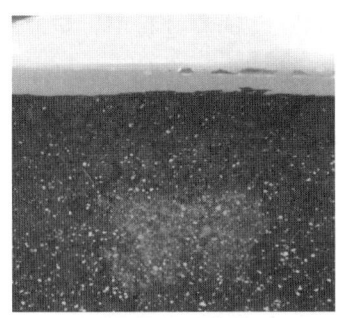 

（a）播种15d后长势　　　　　　　　（b）播种30d后长势

图2.64　多花木兰生长情况

（a）播种3d后长势　　　　（b）播种15d后长势　　　　（c）播种30d后长势

图2.65　高羊茅生长情况

（9）碱茅草。碱茅草生长情况如图2.66所示。碱茅草对于气温的要求比较严格，播种碱茅草的适宜温度约20℃，如果温差太高都会直接影响碱茅草的生长效果。本次植生试验后，南宁气温基本维持在28℃左右，可能影响了碱茅草的发芽。

#### 2.4.3.2　植生效果讨论

1. 植物生长情况比较

经过一段时间的种植、养护和观察，发现马尼拉、紫花苜蓿、宽叶雀稗、狗牙根（去壳）、狗牙根、高羊茅等6种植物可以出芽生长。观察6种植物在沸石粒径为10～20mm

(a) 播种15d后长势　　　　　　(b) 播种30d后长势

图 2.66　碱茅草生长情况

和 20～30mm 的两种混凝土试块上的生长发育情况。试验过程中，定时对植株高度进行观测，两种混凝土试块表面植物生长情况如图 2.67、图 2.68 所示。

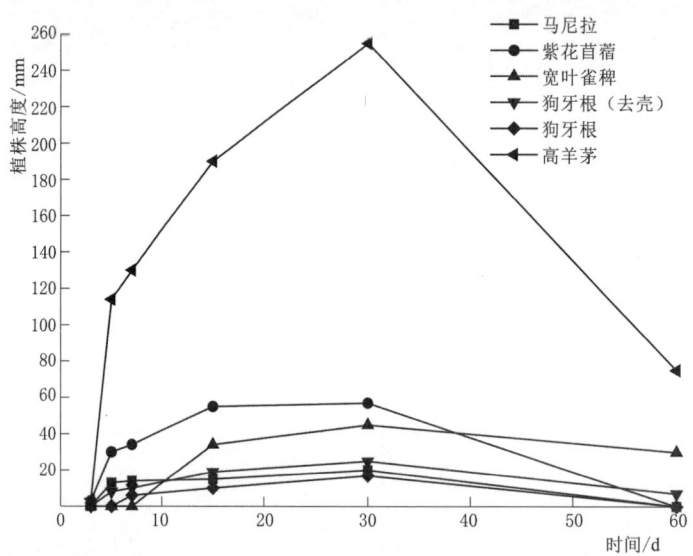

图 2.67　粒径 10～20mm 混凝土对植株高度的影响

由图 2.67 和图 2.68 可知，在上置式种植模式下，植物在 10d 左右能发芽生长，且初期植物均生长良好；30d 后，植物生长开始变缓，狗牙根开始萎蔫，其余植物生长较为旺盛；60d 后，植物生长停滞，狗牙根（去壳）、马尼拉出现枯萎发黄，萎蔫倒伏现象，紫花苜蓿、高羊茅、宽叶雀稗仍能存活。

通过上述种植试验可知，狗牙根、马尼拉等并不能在混凝土中维持长久的生存，而紫花苜蓿、高羊茅和宽叶雀稗可以在混凝土中良好生长，但考虑到宽叶雀稗出芽率过低，紫花苜蓿、高羊茅等能够适应广西当地的气候，较为适合在混凝土表面生长。

2. 改性沸石植生混凝土植生性能比较

（1）紫花苜蓿。不同骨料粒径混凝土对紫花苜蓿株高的影响如图 2.69 所示。由图 2.69 可知，在生长初期，改性沸石植生混凝土孔隙率对紫花苜蓿影响不大，是因为植物

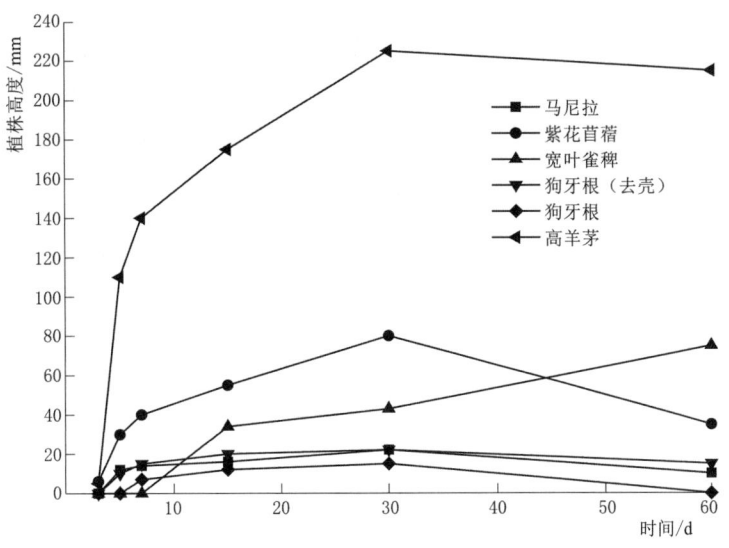

图 2.68 粒径 20~30mm 混凝土对植株高度的影响

前期生长所需的水分、养分都可以从混合土中获得。但土壤的养分有限，约 15d 后，植物根系开始进入混凝土表面孔隙的混合土中吸取养分，因为沸石粒径 10~20mm 的混凝土表面的孔隙较小，能够容纳的土壤较少，使其表面的紫花苜蓿生长受限。到 30d 后，根系开始接触到混凝土试块，此时混凝土的 pH 值在 10.4 左右，对植物生长发育会产生一定影响，导致后期紫花苜蓿均有不同程度的倒伏现象，其至全部匍倒在地，长时间后，紫花苜蓿开始干枯死亡。

从图 2.70 和图 2.71 中可以看出，pH 值对植物的生长发育影响较大。相关研究表明，较高的 pH 值会使混凝土周围

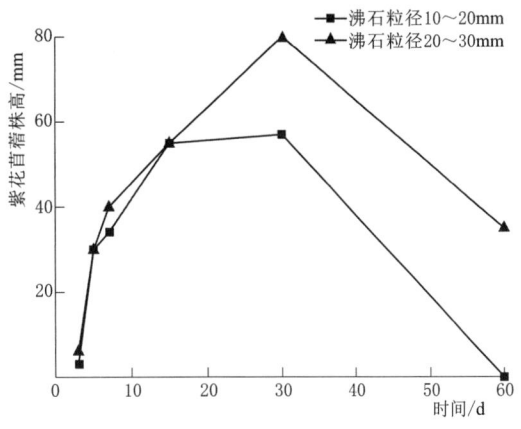

图 2.69 不同骨料粒径混凝土
对紫花苜蓿株高的影响

土壤中的许多微量元素形成难溶性化合物而被固定，植物生长所需的微量元素缺失，还会影响植物细胞内多种正常的代谢活动和抑制植物表皮细胞外根毛的形成生长，对紫花苜蓿造成一定损伤，影响其对土壤中养分和水分的吸收。本试验中，虽然使用了低碱度硫铝酸盐水泥代替普通硅酸盐水泥来降低混凝土的 pH 值，并且掺入了硅藻土、膨润土、乙二胺四乙酸二钠等多种吸附材料减少水泥的用量，但降碱效果仍是有限。

（2）高羊茅。不同骨料粒径混凝土对高羊茅株高的影响如图 2.72~图 2.74 所示。由图可知，1 个月左右，pH 值对高羊茅的影响就开始出现，pH 值能通过影响土壤中营养元素的有效性和植物细胞活性来影响植物的健康生长。再加上改性沸石植生混凝土孔隙率低，导致高羊茅能够吸收的养分和水分非常有限，开始出现倒伏萎蔫的现象，最终死亡。

(a) 播种30d后长势　　　　　　(b) 播种60d后长势

图 2.70　骨料粒径 10～20mm 混凝土的紫花苜蓿生长情况

(a) 播种30d后长势　　　　　　(b) 播种60d后长势

图 2.71　骨料粒径 20～30mm 混凝土的紫花苜蓿生长情况

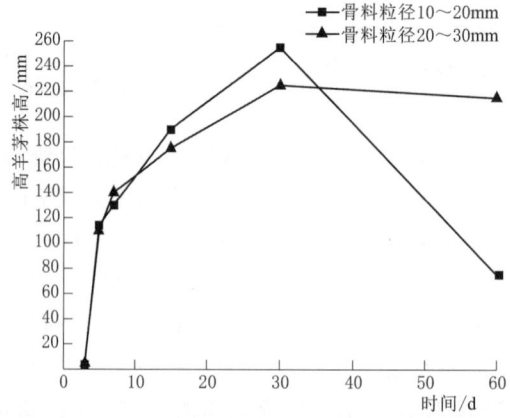

图 2.72　不同骨料粒径混凝土对高羊茅株高的影响

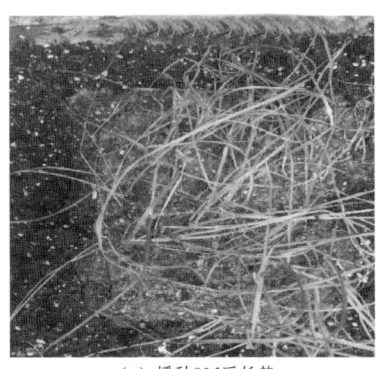 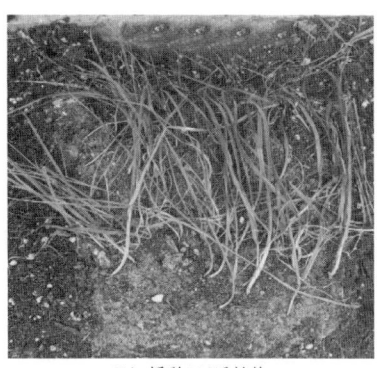

(a)播种30d后长势　　　　　　　　(b)播种60d后长势

图2.73　骨料粒径10～20mm混凝土的高羊茅生长情况

(a)播种30d后长势　　　　　　　　(b)播种60d后长势

图2.74　骨料粒径20～30mm混凝土的高羊茅生长情况

沸石粒径10～20mm的混凝土孔隙率约为22%，粒径20～30mm的混凝土孔隙率约为32%。其实，高羊茅具有良好的抗盐碱及抗逆生长性，而且根系发达，穿透能力强，入土较深。基于较高孔隙率的改性沸石植生混凝土上生长的高羊茅长势良好，较高的孔隙率可以满足植物根系的生长需要，播种30d后，有少量根系可以穿透60mm厚的植生基质直至试块下方的营养层，根系可以借助其养分继续生长，见图2.75。

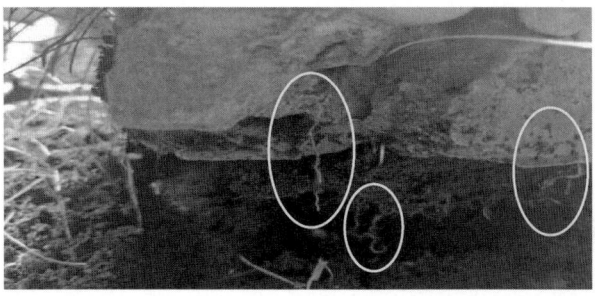

图2.75　高羊茅根系穿透情况

在研究中还发现，高羊茅在生长过程中容易出现倒株现象。植株与土壤接触处的根茎受到压迫后，导致水分难以吸收，小部分幼苗生长停止，最终枯黄。因此，当植株高度超过100mm时，应对茎叶进行一定修整，保证高羊茅挺拔生长。

### 2.4.4 本节小结

本节重点研究了硅藻土掺入量为15%、膨润土掺入量为15%，乙二胺四乙酸二钠掺入量为5%的改性沸石植生混凝土的植生性能，试验的主要结论如下：

(1) 采用上置式的种植模式，紫花苜蓿、高羊茅、马尼拉、狗牙根（去壳）出芽率高，其中，紫花苜蓿、高羊茅出芽时间较早。宽叶雀稗出芽率极低，但后期长势良好。碱茅草、百喜草、多花木兰不适合在此期间种植，发芽困难。

(2) 植生试验过程中，马尼拉、狗牙根、狗牙根（去壳）、宽叶雀稗生长缓慢，播种5d左右开始发芽，1个月幼苗生长20～30mm。而播种60d后，宽叶雀稗长势较好，但非常稀疏；马尼拉、狗牙根、狗牙根（去壳）长势较差，部分渐渐死亡。

(3) 紫花苜蓿生长相对较快，在播种3d后，植株高度基本稳定在6～7mm，15d后，植株高度55mm左右；大约30d后，生长开始变缓，但生长茂盛，状态良好。

(4) 高羊茅生长最为迅速，尤其是在沸石粒径10～20mm的混凝土基质表面生长良好。幼苗1周左右能达到约140mm，生长30d后，植株高度达到225mm左右，有少量根系能够透过60mm厚的混凝土试块。总体来说，高羊茅能够适应广西地方气候，并能够在改性沸石植生混凝土基质上健康生长。

## 2.5 结论与展望

### 2.5.1 结论

本节围绕地表径流造成水体轻度污染的问题，开展水质净化与植生护岸混凝土制备及性能研究。选取沸石、低碱度硫铝酸盐水泥、硅藻土、膨润土、乙二胺四乙酸二钠等吸附材料作为原材料，对沸石植生混凝土的应用研究，具体结论如下：

(1) 研究了沸石植生混凝土的配合比优化及其成型工艺。当沸石粒径为20～30mm，水灰比为0.43，浆骨比为0.33，沸石植生混凝土28d抗压强度为2.6MPa，孔隙率为32.01%，透水系数为18.7mm/s，56d孔隙溶液pH值为10.12；沸石植生混凝土抗压强度与孔隙率两者之间呈指数函数关系。

(2) 植生混凝土专用增强剂可以提高沸石植生混凝土力学性能，降低孔隙溶液pH值。当增强剂掺量为5%时，混凝土孔隙溶液pH值降至9.91；当增强剂掺量为15%，混凝土28d抗压强度达4.3MPa，孔隙率为22.1%。

(3) 将乙二胺四乙酸二钠按一定的掺入量掺入水泥浆体作为胶凝材料的一部分配制而成的改性沸石植生混凝土，与空白样相比，其孔隙溶液pH值显著降低，而硅藻土和膨润土会起反作用；硅藻土以及膨润土的掺量在15%，乙二胺四乙酸二钠的掺量在5%时，配制而成的改性沸石植生混凝土的物理力学性能较好。

(4) 掺入15%硅藻土、15%膨润土、5%乙二胺四乙酸二钠的沸石植生混凝土的极限抗压强度分别为 3.9MPa、3.7MPa、2.0MPa；弹性模量分别为 0.44GPa、0.34GPa、0.31GPa；残余抗压强度分别为 1.6MPa、1.5MPa、0.8MPa。改性沸石植生混凝土的失效形式主要是骨料破坏。

(5) 研究了吸附材料对改性沸石植生混凝土水质净化性能的影响，对比分析分别掺硅藻土、膨润土、乙二胺四乙酸二钠制作的混凝土持续净化模拟污水效果，三种材料制作的植生混凝土对污水均有良好的净化效果。所有指标中，植生混凝土对COD的去除效果最为明显，对COD的去除率最高可达到50.93%，其次是对浊度最高可达到37.67%，对TN、TP、重金属离子的去除效果较差。

(6) 采用上置式的播种方式，碱茅草、百喜草、多花木兰不适合在此期间种植，发芽困难；高羊茅生长最为迅速，能够适应广西地方气候，并能够在混凝土基质上健康生长。

### 2.5.2 展望

(1) 本节仅研究了三种吸附材料对植生混凝土性能的影响，相对来说种类较少，如钢渣、砾石、陶粒、活性炭等吸附材料的选取方面还具有更大的选择空间，更进一步优化配方，提高改性沸石植生混凝土的水质净化能力和植物适生性。

(2) 本节所配制的改性沸石植生混凝土在植物的选取以及降碱技术的开发上还有很大的进步空间，还需要进一步扩大植物优选范围，扩大沸石植生混凝土应用推广前景。

# 参 考 文 献

[1] 王俊岭，魏江涛，王雪明，等. 透水混凝土铺装基层3种骨料对典型径流污染物吸附效果比较[J]. 科学技术与工程，2017，17 (3)：303-309.

[2] 武俊梅，王荣，徐栋，等. 垂直流人工湿地不同填料长期运行效果研究[J]. 中国环境科学，2010 (5)：633-638.

[3] 黄剑鹏，胡勇有. 植生型多孔混凝土的制备与性能研究[J]. 混凝土，2011 (2)：101-104.

[4] 陶祥令，刘辉，程雷. 植被生态混凝土制备工艺研究进展[J]. 材料导报，2016，30 (13)：152-158.

[5] 盘贤豪. 天然及改性沸石吸附水中氨氮的实验研究[D]. 南昌：华东交通大学，2020.

[6] 吴磊. 生态植草混凝土工程应用研究[D]. 武汉：武汉理工大学，2011.

[7] 黄文杰，焦楚杰，彭兰，等. 植生混凝土的制备工艺与物种选择[J]. 新型建筑材料，2019，46 (11)：37-41.

[8] LI L, NAM J, HARTT W H. Ex situ leaching measurement of concrete alkalinity [J]. Cement & Concrete Research, 2005, 35 (2)：277-283.

[9] Abrams, Duff A. "Design of concrete mixtures" Bulletin 1 Structural Materials Research Laboratory Revised Edition (1925).

[10] 贾金青，胡玉龙，王东来，等. 混凝土抗压强度与孔隙率关系的研究[J]. 混凝土，2015 (10)：56-59，63.

[11] Balshin M Y. Dependence of mechanical properties of porous materials on porosity [J]. Doklady Akademii Nauk SSSR (Proceedings of the USSR Academy of Sciences), 1949.

[12] Ryshkevitch E. Compression strength of porous sintered alumina and zirconia [J]. Journal of the

American Ceramic Society, 1953, 36 (2): 65-68.

[13] Hasselmann D P H. Effect of porosity on the thermal and mechanical properties of sintered BeO [J]. Journal of the American Ceramic Society, 1963, 46 (11): 564-565.

[14] 刘婉婉, 马昆林, 张传芹, 等. 透水混凝土对城市雨水径流中污染物净化原理的研究进展 [J]. 材料导报, 2019, 33 (2): 293-299.

[15] 魏征. 高保水性聚合物改性砂浆的研制及性能研究 [D]. 沈阳: 沈阳建筑大学, 2015.

[16] Rifai H, Staude A, Meinel D, et al. In-situ pore size investigations of loaded porous concrete with non-destructive methods [J]. Cement and Concrete Research, 2018, 111: 72-80.

[17] XIE C, YUAN L, ZHAO M, et al. Study on failure mechanism of porous concrete based on acoustic emission and discrete element method [J]. Construction and Building Materials, 2020, 235 (3): 117409.

[18] 王玥. 掺硅灰多孔混凝土本构关系及微观结构研究 [D]. 沈阳: 沈阳农业大学, 2018.

[19] 温东辉, 唐孝炎. 天然斜发沸石对溶液中 $NH_4^+$ 的物化作用机理 [J]. 中国环境科学, 2003, 23 (5): 509-514.

# 第3章 硅灰植生混凝土制备及其性能研究

随着我国城市化进程的推进与乡村振兴战略的开展,对水泥等建筑材料的需求与日俱增,其生产过程产生的大量二氧化碳迫使建筑行业必须科学合理地减少工程中的水泥用量。本章首先研究了水胶比和骨胶比对植生混凝土抗压强度、劈裂抗拉强度、抗弯强度以及孔隙率的影响,分析了抗压强度与孔隙率、劈裂抗拉强度、抗弯强度之间的关系;其次,采用硅灰替代部分水泥制备低碱植生混凝土,研究了硅灰掺量对植生混凝土力学性能、透水性能、耐久性能的影响,同时采用灰色关联度分析法对硅灰掺量与各项性能指标之间的关联度做出定量分析;通过 XRD、SEM 等表征手段研究了植生混凝土的微观结构;最后,选取广西当地草种,对混凝土的植物适生性展开研究,并结合全生命周期评价方法计算每个阶段中多孔混凝土的碳排放量。

## 3.1 原材料及试验方法

### 3.1.1 原材料

(1)水泥。试验采用南宁华润水泥有限公司的"润丰牌"P·O 42.5 硅酸盐水泥,主要化学构成见表 3.1,主要物理力学指标见表 3.2。

表 3.1　　　　　　　　　　水泥主要化学组成　　　　　　　　　　　　%

| CaO | $SiO_2$ | $Al_2O_3$ | $Fe_2O_3$ | MgO | $SO_3$ |
|---|---|---|---|---|---|
| 65.52 | 22.45 | 4.49 | 4.13 | 1.47 | 0.94 |

表 3.2　　　　　　　　　　水泥的物理力学指标

| 比表面积/$(m^2/kg)$ | 密度/$(g/cm^3)$ | 标准稠度用水量/% | 安定性 | 凝结时间/min | | 抗压强度/MPa | | 抗折强度/MPa | |
|---|---|---|---|---|---|---|---|---|---|
| | | | | 初凝 | 终凝 | 3d | 28d | 3d | 28d |
| 370 | 3.10 | 28.2 | 合格 | 185 | 240 | 9.6 | 43.0 | 5.2 | 6.1 |

(2)硅灰。如图 3.1 所示,试验选用硅灰矿物掺合料作为胶凝材料的一部分等质量取代水泥。硅灰主要指标见表 3.3。

表 3.3　　　　　　　　　　硅灰的物理性能

| $SiO_2$/% | 总碱量/% | 烧失量/% | 需水量比/% | 比表面积/$(m^2/kg)$ | 活性指数/% |
|---|---|---|---|---|---|
| 87.32 | 0.58 | 3.06 | 116 | 22300 | 112 |

(3) 粗骨料。试验选用广西产碎石，单粒级范围在 16.0～31.5mm 之间，如图 3.2 所示。骨料性能测试结果见表 3.4。

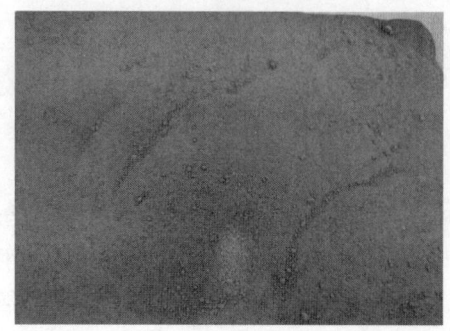

图 3.1 硅灰　　　　　　　　　图 3.2 石灰岩碎石

表 3.4　　　　　　　　　　　粗骨料物理性能指标

| 粒级/mm | 表观密度/(kg/m³) | 堆积密度/(kg/m³) | 空隙率/% | 含水率/% | 含泥量/% | 吸水率/% | 压碎指标 |
|---|---|---|---|---|---|---|---|
| 16.0～31.5 | 2690 | 1814 | 41.8 | 1.5 | 0.5 | 0.35 | 11.0 |

(4) 外加剂。选用江苏苏博特新材料股份有限公司生产的 PCA-Ⅰ聚羧酸高性能减水剂。外加剂品质检验结果见表 3.5。

表 3.5　　　　　　　　　　　外加剂品质检验结果

| 减水率/% | 泌水率比/% | 含固量/% | pH 值 | 抗压强度比/% | | 收缩率比/% |
| | | | | 7d | 28d | 28d |
|---|---|---|---|---|---|---|
| 26.5 | 40 | 18.94 | 6.2 | 155 | 145 | 105 |

(5) 种植土。试验中采用的种植土为美乐棵品牌的通用型营养土，主要成分为泥炭、椰糠椰壳碎屑、树皮碎片和保水剂等。按照固体土与水的质量比 1:10 的比例进行浸润处理，在浸泡 2h 后，所得悬浊液的 pH 值测量结果为 5.6。关于该营养土中各养分元素具体含量见表 3.6。

表 3.6　　　　　　　　　　　营养土元素含量

| 养　分 | 全氮（N） | 磷酐（$P_2O_5$） | 氧化钾（$K_2O$） |
|---|---|---|---|
| 含量/% | 0.68 | 0.27 | 0.36 |

### 3.1.2　试验方法

(1) 孔隙率。参照《再生骨料透水混凝土应用技术规程》（CJJ/T 253—2016）[1] 进行孔隙率试验。试块尺寸为 150mm×150mm×150mm，养护至 28d 时称量试块的质量为 $W_1$；再将试块放置于烘干箱中烘干 24h，称量烘干后的试块质量为 $W_2$；最后将试块置于水中浸泡 24h 采用上海浦春计量仪器有限公司生产的 JY5001 型净水天平称其在水中质量 $W_3$，如图 3.3 所示。植生混凝土的孔隙率按式（3.1）和式（3.2）以 3 个试件的平均值进行计算：

$$P_1 = \left(1 - \frac{W_2 - W_3}{\rho_w V}\right) \times 100\% \quad (3.1)$$

$$P_2 = \left(1 - \frac{W_1 - W_3}{\rho_w V}\right) \times 100\% \quad (3.2)$$

式中：$P_1$ 为总孔隙率，%；$P_2$ 为连通孔隙率，%；$W_1$ 为试块养护28d后在空气中的质量，g；$W_2$ 为试块烘干24h在空气中的质量，g；$W_3$ 为浸泡24h后试块在水中的质量，g；$\rho_w$ 为水的密度，g/cm³；$V$ 为试块的外观体积，cm³。

图3.3 孔隙率试验

（2）抗压强度。依据《水工混凝土试验规程》（SL/T 352—2020）[2] 的相关规定，开展了混凝土抗压强度测试试验。试块尺寸为150mm×150mm×150mm，采用无锡建仪仪器机械有限公司生产的TYE-2000B型压力试验机，将试块放置于下压板中心处以18～30MPa/min的速度连续匀速地加压直至试件破坏，试验过程见图3.4和图3.5。植生混凝土的抗压强度按式（3.3）以3个试件的平均值进行计算：

$$f_{cc} = \frac{P}{A} \times 1000 \quad (3.3)$$

式中：$f_{cc}$ 为抗压强度，MPa；$P$ 为破坏荷载，kN；$A$ 为承压面积，mm²。

图3.4 TYE-2000B型压力试验机　　图3.5 试块抗压过程

（3）劈裂抗拉强度。参照《水工混凝土试验规程》（SL/T 352—2020）[2] 进行劈裂抗拉强度试验。试块尺寸为150mm×150mm×150mm，采用江苏卓超测控技术有限公司生产的HG-Y5500G型电液式压力试验机，将劈裂夹具放在试验机下压板的中心，再居中放入试块，以1.8～3.6MPa/s的速度连续匀速地加压直至试件破坏，试验过程见图3.6和图3.7。植生混凝土劈裂抗拉强度按式（3.4）以3个试件的平均值进行计算：

$$f_{ts} = \frac{2P}{\pi A} \times 1000 \quad (3.4)$$

式中：$f_{ts}$ 为劈裂抗拉强度，MPa；$P$ 为破坏荷载，kN；$A$ 为承压面积，$mm^2$。

图 3.6　HG－Y5500G 型电液式压力试验机　　图 3.7　试块劈裂抗拉过程

（4）抗弯强度。参照《水工混凝土试验规程》（SL/T 352—2020）[2] 进行抗弯强度试验。试块尺寸为 150mm×150mm×150mm，采用无锡新路达仪器设备有限公司生产的 WA－600B 型电液式万能试验机，将三分点加荷装置安装到试验机上，将试件安放在三分点加荷装置中，并加装上压辊和压梁。承压面应选择试件成型的侧面，上压辊、下支辊应与定位线重合，以 0.7MPa/s 的速度连续匀速地加压直至试件破坏试验过程见图 3.8 和图 3.9。植生混凝土抗弯强度按式（3.5）以 3 个试件的平均值进行计算：

$$f_f = \frac{Pl}{bh^2} \times 1000 \qquad (3.5)$$

式中：$f_f$ 为抗弯强度，MPa；$P$ 为破坏荷载，kN；$l$ 为支座间距，即跨度，mm；$b$ 为试件截面宽度，mm。

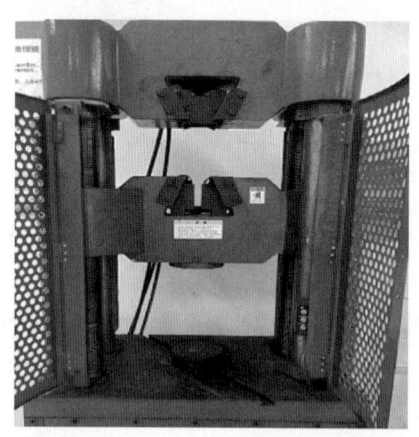 

图 3.8　WA－600B 型电液式万能试验机　　图 3.9　试块抗弯过程

（5）孔隙溶液 pH 值。参考《土壤 pH 的测定》（NY/T 1377—2007）[3] 进行植生混凝土内部孔隙溶液 pH 值试验。试块尺寸为 150mm×150mm×150mm，将植生混凝土浸入 10kg 水中，浸泡 24h 后，采用上海雷磁仪器电科学仪器股份有限公司生产的 PHS-25 型 pH 计测量桶内浸泡水的 pH 值；试验装置见图 3.10。

（6）透水系数。参照《透水水泥混凝土路面技术规程》（CJJ/T 135—2009）[4] 等规范的相关规定进行植生混凝土透水系数试验[5-7]。在试验中，选用尺寸规格为 150mm×150mm×150mm 的混凝土置于透水测试设备中，开启进水口后，记录液面自初始高度至混凝土顶部之间的垂直距离 $H$ 作为水头高度，并观测在特定时段 $\Delta t$ 内透过混凝土的水量 $Q$。试验过程见图 3.11。透水系数依照式（3.6）计算得出，取 3 个试件的算术平均值作为最终结果。

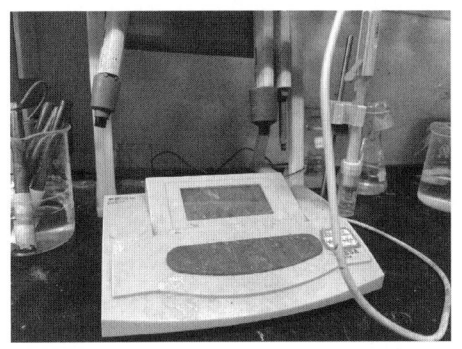

图 3.10　PHS-25 型 pH 计

图 3.11　透水系数试验

$$K = \frac{QL}{AH\Delta t} \tag{3.6}$$

式中：$K$ 为植生混凝土透水系数，cm/s；$Q$ 为 $\Delta t$ 时间内流经试块的水量，cm³；$L$ 为试块的高度，cm；$A$ 为水流流经方向混凝土试块的面积，cm²；$H$ 为水头高度，cm；$\Delta t$ 为测试时间，s。

（7）干燥收缩。参照《水工混凝土试验规程》（SL/T 352—2020）[2] 进行植生混凝土干燥收缩性能试验。试块尺寸为 100mm×100mm×400mm，成型后放置于干缩架上，并利用千分表测量初始基准高度，试验过程见图 3.12 和图 3.13。每个龄期下的干缩率按式（3.7）以 3 个试件的平均值进行计算：

图 3.12　试块干燥收缩图

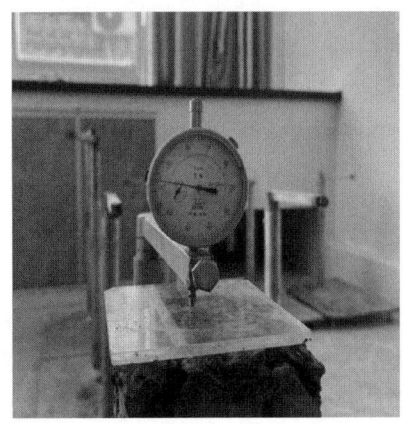

图 3.13　千分表

$$\varepsilon_t = \frac{L_t - L_0}{L_0} \quad (3.7)$$

式中：$\varepsilon_t$ 为 $t$ 天龄期的干缩率；$L_0$ 为试件基准高度，mm；$L_t$ 为 $t$ 天龄期时试件高度，mm。

(8) 抗冻性能。参照《水工混凝土试验规程》（SL/T 352—2020）[2] 进行植生混凝土抗冻性能试验。试块尺寸为 100mm×100mm×400mm，成型后放置水中，使试块吸水饱和，进行抗冻试验前取出试块测量饱和面干状态下的质量，并采用天津港源试验仪器厂生产的 DT-20 型动弹仪测量试块初始自振频率。使用天津英贝儿测控设备有限责任公司生产的 TDR-1 型冻融循环机进行冻融循环，试验过程见图 3.14～图 3.17。单个试件的相对动弹性模量按照式（3.8）计算：

$$P_n = \frac{f_n^2}{f_0^2} \times 100\% \quad (3.8)$$

式中：$P_n$ 为 $n$ 次冻融循环后试件相对动弹性模量；$f_0$ 为冻融循环前的试件自振频率，Hz；$f_n$ 为 $n$ 次冻融循环后的试件自振频率，Hz。

单个试件的质量损失率按照式（3.9）计算：

$$W_n = \frac{G_0 - G_n}{G_0} \times 100\% \quad (3.9)$$

式中：$W_n$ 为 $n$ 次冻融循环后试件质量损失率；$G_0$ 为冻融循环前的试件质量，g；$G_n$ 为 $n$ 次冻融循环后的试件质量，g。

图 3.14　TDR-1 型冻融试验机图　　　图 3.15　试块抗冻准备图

(9) 植株高度。采用精度为 1mm 的钢直尺，自土壤表面开始，测量至植物茎秆最上端为止，自植物发芽开始，每隔固定时间进行测量记录。

(10) 植物叶片含水量。剪下固定数量的植物叶片，及时称量叶片的鲜重 $W_f$。随后将叶片放置于水中浸泡 1h，浸泡结束以后将叶片用吸水纸吸干叶片表面的水分，将叶片置于最大程度吸水饱和状态，测量并记录此时叶片质量 $W_t$。最后将叶片放入烘箱烘烤 15min，称量此时叶片的干重 $W_d$。植物叶片含水量根据式（3.10）计算：

$$LRWC = \frac{W_f - W_d}{W_t - W_d} \times 100\% \quad (3.10)$$

式中：$W_f$ 为刚摘下的叶片鲜重，g；$W_t$ 为叶片吸水饱和质量，g；$W_d$ 为烘烤后的叶片干重，g。

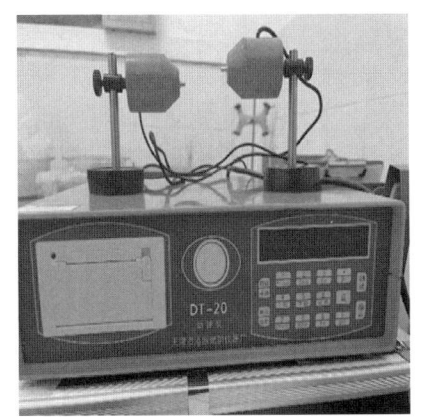
图 3.16　DT-20 型动弹仪图

图 3.17　试块动弹性模量测量过程

（11）植物的根系长度。首先，从土壤层下部取出植生混凝土试块，并利用刷子等工具彻底清理其表面附着的土壤残余。随后，以清水对混凝土进行冲洗，确保其洁净无杂质。接下来，在操作过程中需尽可能保持植物根系的完整性，利用镊子从混凝土孔隙中移除含有根系的植物样本。进一步地，对获取的植物根系进行清洗和取样时，务必注意维持根系结构的完整状态。最终，采用精度为 1mm 的钢直尺，自植物茎秆基部为起点，精确测量至根系末端，记录根系长度数据。

（12）多晶 X 射线衍射分析。将需要测试的硅灰植生混凝土试块进行磨细处理，过 200 目筛后使用真空干燥箱烘干。使用型号为 Rigaku SmartLab SE 的 X'Pert PRO MPD 衍射仪来进行 X 射线衍射微观测试，以 40kV 的加速电压，40mA 的电流、2°/min 的扫描速率以及 10°～80°的扫描范围对硅灰植生混凝土试块的物相组成进行分析。试验仪器见图 3.18。

（13）扫描电镜观察。将需要测试的硅灰植生混凝土试块提前放入无水乙醇中 1d 使得水化反应中止，再用砂纸打磨使其表面平整。为提高样品导电性，对样品干燥后还进行了喷金处理。使用放大倍数为 10～1000000 倍、加速电压为 0.02～30kV 的 Zeiss Sigma 300 扫描电子显微镜及其自带的能谱仪测试了各个试块的微观形貌和元素组成。试验仪器见图 3.19。

图 3.18　Rigaku SmartLab SE X 射线衍射仪

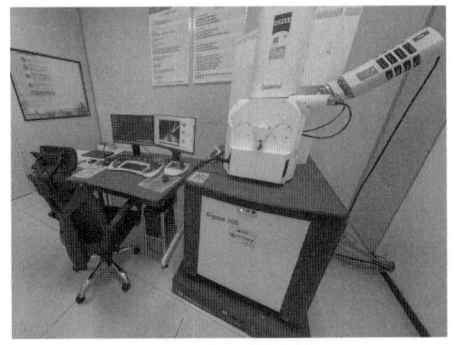
图 3.19　Zeiss Sigma 300 扫描电子显微镜

## 3.2 普通植生混凝土配合比设计与性能研究

### 3.2.1 目标性能

作为一种创新的环保型建材,植生混凝土不仅要兼顾工程所需的结构强度标准,同时必须具备支持植物生长发育的功能属性。故而在讨论植生混凝土的最佳配合比时,应周全考量如下几个关键影响因素:

(1) 水胶比。水胶比(W/C)作为配制植生混凝土过程中的一项重要参数对混凝土的抗压强度、劈裂抗拉强度、抗弯强度及孔隙率均会产生影响。水胶比过大,则会导致水泥浆的流动度过大,成型时水泥浆容易沿着孔隙流至试块底部造成沉浆现象,堵塞底部孔隙无法为植物根系提供生存空间;若水胶比过小,则会导致水泥浆体流动性不足,难以实现对粗骨料的充分包覆,进而阻碍植生混凝土强度的有效提升。经大量学者研究讨论发现,将植生混凝土的水胶比调控在 0.26~0.32 这一区间内可达到最优效果[8]。

(2) 骨胶比。目前植生混凝土的设计大多以水胶比作为指标来指导植生混凝土的设计[9-10],而对于高强植生混凝土来说,骨胶比(A/C)同样重要。与水胶比一样,过大的骨胶比会导致骨料之间的接触面积大幅减少,胶凝材料包裹骨料不均匀,黏结点减少,反之若骨胶比过小,则会使骨料表面的包裹层过厚,从而影响植生混凝土的强度发展。通过研究论证得出,当植生混凝土的骨胶比设定在 4~7 范围内,能够得到理想的性能表现[11]。

(3) 抗压强度。在实际工程中,对植生混凝土的抗压强度有一定要求。用于护岸的植生混凝土 28d 抗压强度一般不低于 10MPa。

(4) 孔隙率。相对于传统混凝土,孔隙是植生混凝土的特点,这些在混凝土内部相互连通的孔隙能够降低混凝土的一部分自重以及起到透水、透气的作用,并为植物生长提供了空间。但孔隙率过高则会破坏混凝土内部结构的稳定性进而影响植生混凝土的力学性能。所以经研究发现,植生混凝土的最优孔隙率宜在 25%~35% 之间[12]。

### 3.2.2 配合比计算

为确定植生混凝土的理想配合比,具体计算步骤如下。

根据式(3.11),可对单位体积粗骨料的用量进行精确计算:

$$W_g = \alpha \rho_g \tag{3.11}$$

式中:$W_g$ 为粗集料的用量,kg;$\rho_g$ 为粗集料的紧密堆积密度,kg/m³;$\alpha$ 为粗集料修正系数,取 0.98。

胶凝材料用量可按照式(3.12)计算:

$$W_C = \frac{W_g}{R_{A/C}} \tag{3.12}$$

式中:$W_C$ 为胶凝材料用量,kg;$W_g$ 为粗集料的用量,kg;$R_{A/C}$ 为骨胶比。

单位体积用水量按照式(3.13)计算:

$$W_w = W_C R_{w/c} \tag{3.13}$$

式中：$W_w$ 为单位体积混凝土用水量，kg；$W_C$ 为水泥用量，kg；$R_{w/c}$ 为水胶比。

### 3.2.3 植生混凝土制备工艺

#### 3.2.3.1 搅拌工艺

区别于传统混凝土，植生混凝土多孔的特点导致不能直接采用传统混凝土一次性给料的制备方法。一次性给料法虽然操作简单、快捷，但是运用在植生混凝土上若操作不妥，易出现"滚珠效应"，并且不当的投料方式可能致使浆体提前凝结成团，从而无法确保新拌混凝土均匀搅拌。因此植生混凝土的制备应选择适当的搅拌与成型工艺。

植生混凝土作为特殊的无砂用料，则要求将有限的胶凝材料均匀地包裹骨料，通过胶凝材料将粗骨料联结成整体结构。研究发现，植生混凝土在采用裹浆工艺制备时，其成型品质更为优良。首先，将胶凝材料及外加剂充分混匀，借助部分水量先制成浆状物质，以此对粗骨料进行初步浸润处理，后续搅拌过程中，逐步添加剩余水分，如此所得到的新拌植生混凝土能够确保浆体更均匀地覆盖在粗骨料表面上，新拌混凝土实例见图 3.20。

图 3.20 新拌植生混凝土

#### 3.2.3.2 成型工艺

同样对于成型工艺，若采用传统混凝土的振动成型法进行，由于振动台的高速振动冲击会使浆体从骨料表面脱落，沉积于试块底部，造成沉浆现象，如图 3.21 所示。因此针对植生混凝土的大孔结构，宜采用插捣成型与静压成型法相结合来成型试块，通过人工插捣等外界压力使得浆体包裹的骨料相互嵌固达到密实状态。

具体操作是将新拌混凝土以分层方式填装进试验模具，共分为 3 层等体积灌注，每层体积大致相当于试模总体积的 1/3，并进行人工捣实处理。每层从四周到中心进行插捣数次。待装模插捣完成后，对表面进行人工静压抹平，成功成型的植生混凝土试件见图 3.22。

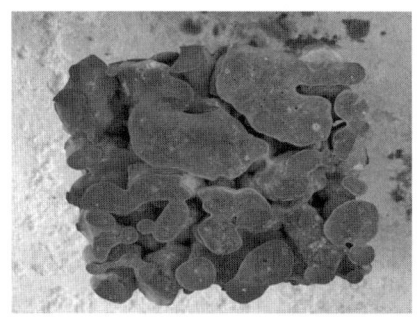 

图 3.21 浆体底部沉积成型效果图　　图 3.22 成功成型后的植生混凝土试块

### 3.2.3.3 方案设计

运用上述配合比计算方法配制植生混凝土。其中骨料堆积密度结合 3.1.1 节可知,水胶比(W/C)与骨胶比(A/C)暂未知。由于胶凝材料作为植生混凝土的主要组成材料,起到对粗骨料黏结从而构成混凝土的重要作用,W/C 过小或 A/C 过大,则会导致水泥浆体的流动度不足,在拌和过程中不能均匀包裹在粗骨料的表面,内部结构得不到很好的联结,最终使得植生混凝土整体结构不稳定,强度偏小;而 W/C 过大或 A/C 过小则会导致水泥浆体流动度过大,拌和过程中浆体沿孔隙在试块底部沉积,出现沉浆现象,并且此时水泥浆体中易产生气泡,导致毛细孔含量提升,同样引发植生混凝土强度的下降。

所以,通过试验了解 W/C 以及 A/C 对植生混凝土力学性能和孔隙率的影响规律。选用普通硅酸盐水泥作为胶凝材料,骨料粒级 16.0~31.5mm,其紧密堆积密度为 1814kg/m³。初选 W/C 为 0.26、0.28、0.30 和 0.32;A/C 为 4、5、6、7。

将 A/C 为 4 时的试验组别记为 A 组;A/C 为 5 时的试验组别记为 B 组;A/C 为 6 时的试验组别记为 C 组;A/C 为 7 时的试验组别记为 D 组。具体配合比见表 3.7。

表 3.7　　植生混凝土配合比设计表

| 编号 | 水胶比(W/C) | 骨胶比(A/C) | 骨料用量/(kg/m³) | 水泥用量/(kg/m³) | 水用量/(kg/m³) | 减水剂用量/(kg/m³) |
|---|---|---|---|---|---|---|
| A-1 | 0.26 | 4 | 1778 | 444 | 116 | 1.8 |
| A-2 | 0.28 | 4 | 1778 | 444 | 124 | 1.8 |
| A-3 | 0.30 | 4 | 1778 | 444 | 133 | 1.8 |
| A-4 | 0.32 | 4 | 1778 | 444 | 142 | 1.8 |
| B-1 | 0.26 | 5 | 1778 | 356 | 93 | 1.4 |
| B-2 | 0.28 | 5 | 1778 | 356 | 100 | 1.4 |
| B-3 | 0.30 | 5 | 1778 | 356 | 107 | 1.4 |
| B-4 | 0.32 | 5 | 1778 | 356 | 114 | 1.4 |
| C-1 | 0.26 | 6 | 1778 | 296 | 77 | 1.2 |
| C-2 | 0.28 | 6 | 1778 | 296 | 83 | 1.2 |
| C-3 | 0.30 | 6 | 1778 | 296 | 89 | 1.2 |
| C-4 | 0.32 | 6 | 1778 | 296 | 95 | 1.2 |
| D-1 | 0.26 | 7 | 1778 | 254 | 66 | 1.0 |
| D-2 | 0.28 | 7 | 1778 | 254 | 71 | 1.0 |
| D-3 | 0.30 | 7 | 1778 | 254 | 76 | 1.0 |
| D-4 | 0.32 | 7 | 1778 | 254 | 81 | 1.0 |

### 3.2.3.4 水胶比与骨胶比对抗压强度的影响

W/C 在植生混凝土配合比设计中起到关键作用,它对植生混凝土的抗压强度、劈裂抗拉强度、抗弯强度以及孔隙率等均有一定的影响。试验选用粒级 16.0~31.5mm 的天然骨料和普通硅酸盐水泥制备植生混凝土,W/C 设为 0.26~0.32,分析 W/C 对植生混凝土 7d 和 28d 抗压强度、劈裂抗拉强度、抗弯强度以及孔隙率的影响。

A/C 是植生混凝土配合比中又一项核心参数，它与 W/C 共同作用，对植生混凝土的力学性能及其孔隙结构特性具有显著影响。本试验采用粒级范围在 16.0～31.5mm 之间的天然骨料与普通硅酸盐水泥配制植生混凝土样品，并设定 A/C 在 4～7 之间，深入讨论 A/C 对植生混凝土 7d 和 28d 的抗压强度、劈裂抗拉强度、抗弯强度以及孔隙率的影响。

普通硅酸盐水泥作为胶凝材料的植生混凝土抗压强度测试结果见表 3.8。

表 3.8 普通组抗压强度

| 编号 | 7d 抗压强度 /MPa | 28d 抗压强度 /MPa | 编号 | 7d 抗压强度 /MPa | 28d 抗压强度 /MPa |
| --- | --- | --- | --- | --- | --- |
| A-1 | 6.4 | 6.5 | C-1 | 4.4 | 5.4 |
| A-2 | 6.3 | 6.5 | C-2 | 4.9 | 5.2 |
| A-3 | 2.6 | 5.4 | C-3 | 6.0 | 5.6 |
| A-4 | 2.1 | 3.6 | C-4 | 5.9 | 4.9 |
| B-1 | 3.4 | 5.9 | D-1 | 1.7 | 5.2 |
| B-2 | 5.3 | 6.4 | D-2 | 4.1 | 5.4 |
| B-3 | 6.7 | 6.9 | D-3 | 4.5 | 5.5 |
| B-4 | 2.1 | 3.8 | D-4 | 3.5 | 5.2 |

W/C 对抗压强度的影响规律如图 3.23 和图 3.24 所示，随着 W/C 的增大，由普通硅酸盐水泥配制而成的植生混凝土 7d 和 28d 抗压强度均表现出先增后减的发展趋势。在 W/C 为 0.30 条件下，无论是 7d 还是 28d 的抗压强度均达到峰值，其中 7d 抗压强度最高达 6.7MPa，28d 抗压强度的峰值为 6.9MPa。

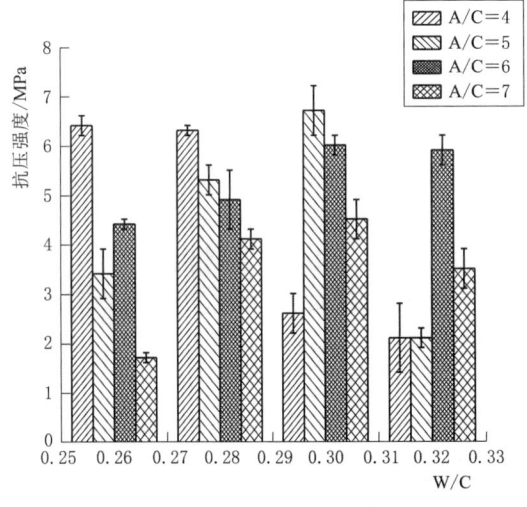

图 3.23 W/C 对 7d 抗压强度的影响

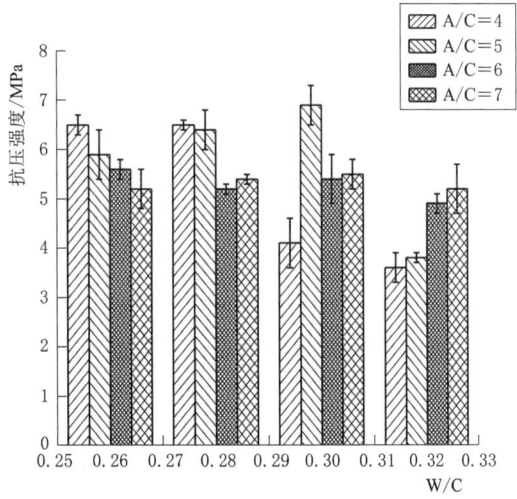

图 3.24 W/C 对 28d 抗压强度的影响

A/C 对抗压强度的影响如图 3.25 和图 3.26 所示，当 W/C 为 0.26 与 0.28 时，随着 A/C 的增大，由普通硅酸盐水泥配制而成的植生混凝土 7d 和 28d 的抗压强度呈现出不断下降的趋势；当 W/C 为 0.30 与 0.32 时，随着 A/C 的增大，由普通硅酸盐水泥配制而成的植生混凝土 7d 和 28d 的抗压强度表现出先增后减的趋势。在 A/C 为 5 条件下无论是 7d 还是 28d 的抗压强度同样均达到峰值。

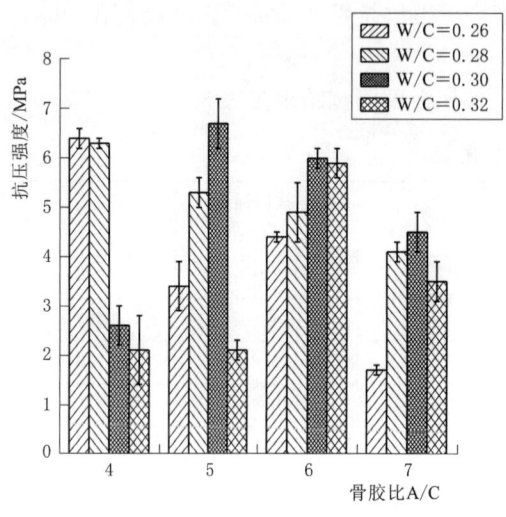

图 3.25　A/C 对 7d 抗压强度的影响　　　　图 3.26　A/C 对 28d 抗压强度的影响

究其原因，由于植生混凝土的胶结部位最为脆弱，在抗压破坏时胶结部位最先发生破坏。而经过实验研究表明，当植生混凝土的基体强度较低时，植生混凝土的胶结部位较为薄弱。而相对来说，骨料较为坚硬，当植生混凝土试块受压时，裂纹通过试块内部较多的宏观孔，由尖端扩张进入胶结部位处，由于基体强度较为薄弱，因此裂纹在胶结部位中较为容易形成贯通而骨料并没有被破坏，因此受压破坏时主要表现为胶结部位破坏。而当基体强度较高时，裂纹不会扩张进胶结部位，而是通过宏观孔的尖端进入骨料中，而由于基体强度较高，裂纹并不容易形成贯穿裂缝。当超过极限应力时，裂纹最终会拉裂骨料从而形成贯穿裂缝，因此植生混凝土基体强度较高时，其破坏形式主要表现为骨料的断裂。

当 W/C 较小时或 A/C 较大时，胶凝材料没有与水充分接触，以至于浆体不能在骨料间形成稳定的胶结部位，内部结构较为薄弱，裂纹容易在胶结部位扩张成裂缝，使得植生混凝土的抗压强度下降。而当 W/C 较大或 A/C 较小，浆体沉浆，造成骨料表面附着的浆体过于稀疏且含气泡空隙丰富，同样易于诱发裂纹的扩展与延伸，从而造成强度损失。

#### 3.2.3.5　水胶比与骨胶比对劈裂抗拉与抗弯强度的影响

普通硅酸盐水泥作为胶凝材料的植生混凝土劈裂抗拉强度测试结果见表 3.9。

W/C 对劈裂抗拉强度的影响如图 3.27 所示，随着 W/C 的增大，由普通硅酸盐水泥配制而成的植生混凝土 28d 劈裂抗拉强度呈现出先上升后下降的趋势，与抗压强度所呈现出的规律相似。同样在 W/C 为 0.30 左右时，植生混凝土劈裂抗拉强度达到峰值 1.42MPa。

A/C 对劈裂抗拉强度的影响如图 3.28 所示，随着 A/C 的增大，劈裂抗拉强度经历了先升后降的变化过程。植生混凝土在 A/C 为 5 时劈裂抗拉强度达到了最大值，劈裂抗拉强度的最大值为 1.42MPa。

表 3.9　　普通组劈裂抗拉强度测试结果

| 编号 | 28d 劈裂抗拉强度/MPa | 28d 抗弯强度/MPa | 编号 | 28d 劈裂抗拉强度/MPa | 28d 抗弯强度/MPa |
|---|---|---|---|---|---|
| A-1 | 1.35 | 1.38 | C-1 | 0.95 | 1.42 |
| A-2 | 1.38 | 1.54 | C-2 | 0.96 | 1.41 |
| A-3 | 1.03 | 1.44 | C-3 | 1.12 | 1.46 |
| A-4 | 0.71 | 1.13 | C-4 | 0.97 | 1.33 |
| B-1 | 1.18 | 1.48 | D-1 | 0.93 | 1.37 |
| B-2 | 1.32 | 1.56 | D-2 | 0.98 | 1.39 |
| B-3 | 1.41 | 1.61 | D-3 | 1.07 | 1.42 |
| B-4 | 0.74 | 1.17 | D-4 | 1.01 | 1.34 |

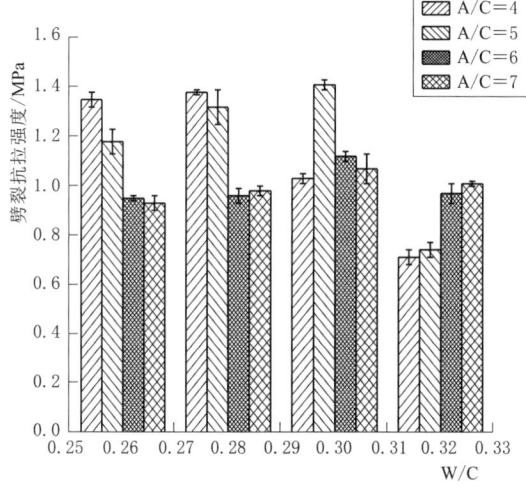

图 3.27　W/C 对劈裂抗拉强度的影响

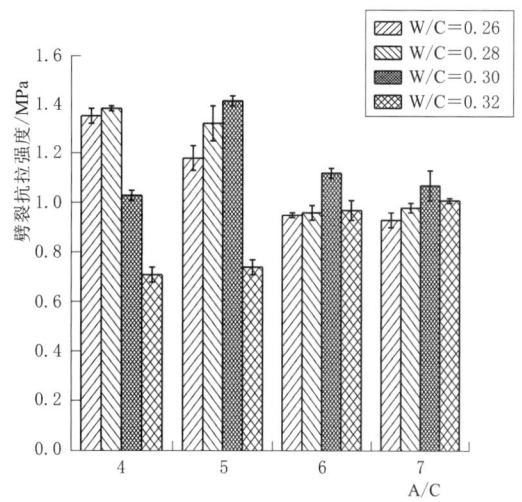

图 3.28　A/C 对劈裂抗拉强度的影响

W/C 对抗弯强度的影响如图 3.29 所示,随着 W/C 的增大,由普通硅酸盐水泥配制而成的植生混凝土 28d 抗弯强度呈现出先上升后下降的趋势,与抗压强度所呈现出的规律相似。同样在 W/C 为 0.30 左右时,植生混凝土抗弯强度达到峰值 1.61MPa。

A/C 对抗压强度的影响如图 3.30 所示,随着 A/C 的增大,抗弯强度均为先增后减的变化规律。在 W/C 为 0.30 时抗弯强度达到了最大值,抗弯强度的最大值为 1.61MPa。

究其原因,采用适当的 W/C 和 A/C 时,能够改善集料和水泥石之间的界面结构,从而提高相应界面的黏结力。当 W/C 较小或 A/C 较大时,水泥浆体没有充分包裹骨料,丧失了水泥浆对骨料的联结能力,使得混凝土内部结构稳定性差,同时植生混凝土密实度减小,水泥石之间的黏结力大幅降低,导致抗弯强度减小。而当 W/C 过大或 A/C 过小时,引发沉浆现象,造成原本包裹在骨料表面的水泥浆体过于稀薄,易产生气泡,使得界面黏结力强度下降,并且会遗留大量未水化的水泥核,导致结构不稳定或收缩较大易开裂。

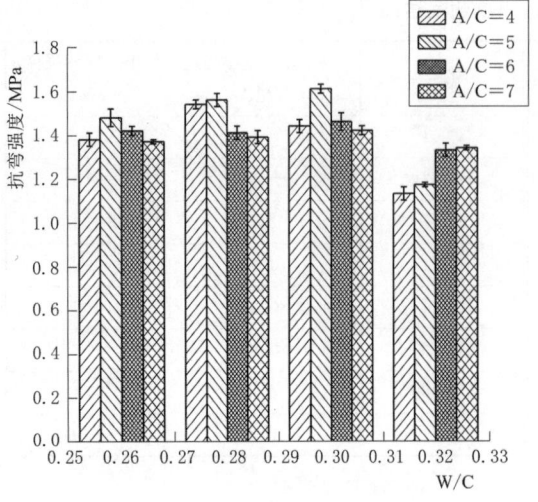

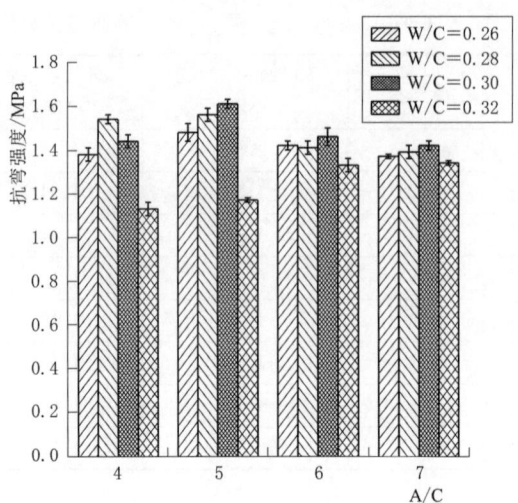

图 3.29　W/C 对抗弯强度的影响　　　　图 3.30　A/C 对抗弯强度的影响

### 3.2.3.6　水胶比与骨胶比对孔隙率的影响

普通硅酸盐水泥作为胶凝材料的植生混凝土孔隙率测试结果见表 3.10。W/C 与 A/C 对孔隙率的影响分别如图 3.31 和图 3.32 所示。

表 3.10　　　　　　　　　　　普通组孔隙率测试结果

| 编号 | 总孔隙率/% | 连通孔隙率/% | 编号 | 总孔隙率/% | 连通孔隙率/% |
| --- | --- | --- | --- | --- | --- |
| A-1 | 34.89 | 32.46 | C-1 | 39.96 | 38.93 |
| A-2 | 33.87 | 31.17 | C-2 | 40.56 | 38.34 |
| A-3 | 39.65 | 32.03 | C-3 | 37.99 | 36.04 |
| A-4 | 47.33 | 33.54 | C-4 | 42.1 | 38.53 |
| B-1 | 37.7 | 34.07 | D-1 | 40.87 | 39.84 |
| B-2 | 36.48 | 35.44 | D-2 | 40.73 | 39.55 |
| B-3 | 33.65 | 31.05 | D-3 | 39.59 | 38.70 |
| B-4 | 43.26 | 36.25 | D-4 | 40.11 | 38.19 |

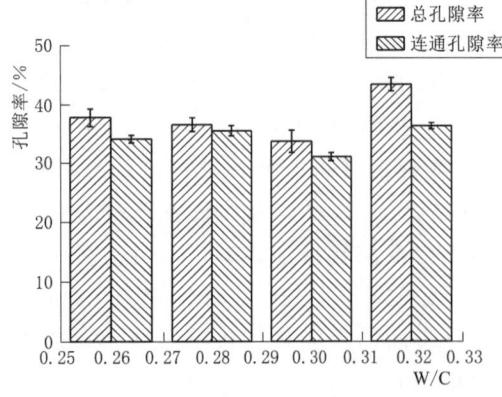

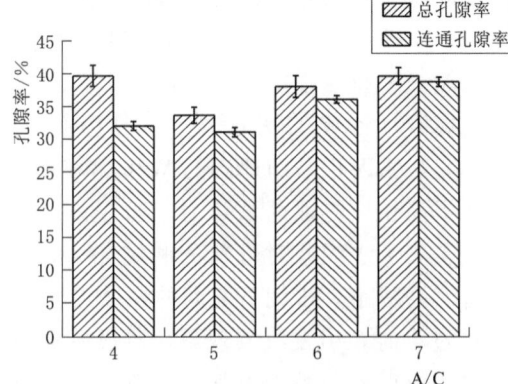

图 3.31　W/C 对孔隙率的影响　　　　图 3.32　A/C 对孔隙率的影响

由图 3.31 可知：当 A/C 为 5 的情况下，随着 W/C 的增大，总孔隙率与有效孔隙率呈现先减后增的趋势。当 W/C 为 0.30 时，其对应的总孔隙率和连通孔隙率数值分别为 33.65% 和 31.05%，与 W/C 为 0.28 时相比，分别降低了 18.3% 和 12.4%。

由图 3.32 可知：当 W/C 为 0.30 时，随着 A/C 的增大，总孔隙率与有效孔隙率均先减小后增大。当 A/C 为 5 时，总孔隙率和连通孔隙率分别为 33.87% 和 31.05%，与 A/C 为 4 时相比，分别降低了 5.0% 和 3.0%。

深入分析上述现象的原因，若 W/C 偏低或 A/C 偏高，会导致浆体的流动性下降，在这种情况下，浆体不易被充分搅拌均匀，凝结硬化后容易形成干硬且不均匀的团块，使得骨料间通过水泥浆的联结部分无法实现均匀接触，接触面积减少，并且其间隙尺寸增大，进而使骨料间的联结部分更加疏松，孔隙率增大。但从图 3.8 中看出影响程度并不明显，可能是由于在低 W/C 或高 A/C 的情况下混凝土孔隙率主要受到内部毛细孔影响，当 W/C 与 A/C 达到一定量时内部毛细孔细化为凝胶孔从而使孔隙率出现大幅变化。相反地，当 W/C 增大至 0.28 以上，或 A/C 较低时，因水泥浆体内部水分含量相对增加，新拌混凝土的工作性能得以改善，此时浆体能够更加均匀地分布并附着在骨料表面，使得接触界面被均匀且致密的浆体层所填充，从而有利于优化骨料间的结合并降低孔隙率。

#### 3.2.3.7 普通植生混凝土抗压强度与孔隙率的拟合关系

混凝土抗压强度作为衡量混凝土质量的核心指标，能够全面反映其性能特征。通过对抗压强度与其他性能指标进行数据拟合，即可通过抗压强度来对混凝土质量进行直观评价，为以后植生混凝土的质量提升做出数学基础。

Abrams[13] 提出的水胶比定律 $f_c = K_1 / K_2^{W/C}$。但是，这一理论并未将骨料质量、骨料体积占比、混凝土密实程度等因素纳入考量范畴，故在使用范围上存在一定的局限性[14]。对此，部分学者已着手探究这些变量的影响，并在此基础上提出针对抗压强度与孔隙率之间的关系，见式 (3.14)～式 (3.16)：

(1) Bal'shin[15] 经验公式：

$$f_c = f_{c0}(1-p)^k \quad (3.14)$$

(2) Mikhailov[16] 经验公式：

$$f_c = f_{c0} e^{-kp} \quad (3.15)$$

(3) Brebbia[17] 经验公式：

$$f_c = f_{c0}(1-kp)^n \quad (3.16)$$

式中：$f_{c0}$ 为孔隙率为零时的抗压强度，MPa，取决于混凝土骨料种类和粒径的大小；$p$ 为孔隙率，%；$f_c$ 为混凝土孔隙率为 $p$ 时的强度，MPa；$k$、$n$ 为系数。

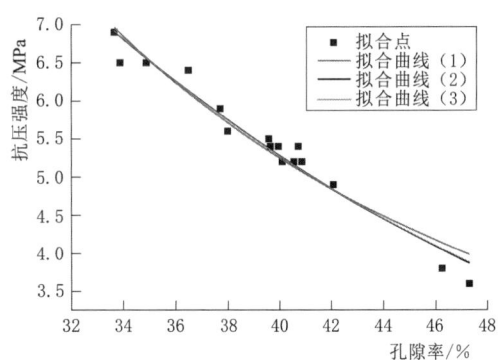

图 3.33　孔隙率与抗压强度拟合结果

孔隙率与抗压强度拟合结果如图 3.33 所示。

不同公式进行拟合时的表现形式及相关系数见表 3.11。

表 3.11 普通植生混凝土抗压强度
与孔隙率相关拟合

| 公式编号 | 拟合公式 | 相关系数 $R^2$ |
|---|---|---|
| (3.14) | $f_c = f_{c0}(1-p)^k$ | 0.937 |
| (3.15) | $f_c = f_{c0}e^{-kp}$ | 0.956 |
| (3.16) | $f_c = f_{c0}(1-kp)^n$ | 0.950 |

从图 3.34 中的拟合关系可以看出，植生混凝土的抗压强度与其孔隙率之间存在反比关系，即孔隙率的下降伴随着抗压强度的上升，但这两者之间并不是简单的线性关系。从表 3.5 可以看出，经由 origin 软件对实验数据进行拟合后，发现抗压强度与孔隙率两者间存在一种复杂的指数关联表达。而且拟合结果与 Ryshkevitch 所提出的经验公式相关系数最高，$R^2$ 为 0.95，并得出植生混凝土抗压强度和孔隙率的关系式为 $y = 28.79e^{-0.04p}$。

得到拟合的经验公式后，能够对普通植生混凝土的孔隙率进行直观评价，无须再进行实验室试验，只需抗压强度一项指标即可通过经验公式得出混凝土的孔隙率，应用在实际工程中更为快捷。

### 3.2.4 本节小结

本节主要围绕普通植生混凝土的配合比优化展开讨论，并基于合理的设计方案，深入研究水胶比（W/C）和骨胶比（A/C）对植生混凝土性能的影响，以下为本章的具体结论内容：

（1）普通植生混凝土的力学性能受其配合比设计的影响，当植生混凝土采用天然粗骨料制备时，W/C 在 0.30，A/C 在 5 时力学性能最佳。

（2）普通植生混凝土的内部孔隙结构也受到配合比设计的影响，随着 W/C 与 A/C 的增大，总孔隙率与连通孔隙率均呈现出先减后增的趋势，当 W/C 在 0.30，A/C 在 5 时满足了孔隙率大于 25% 的植生要求。

（3）普通植生混凝土的孔隙率与其抗压强度之间的联系并非直接的线性对应关系，而是一种较为复杂的指数函数表达形式，关于植生混凝土抗压强度与孔隙率具体的数学模型为 $y = 28.79e^{-0.04p}$。

## 3.3 硅灰植生混凝土的性能研究

普通硅酸盐水泥制备的植生混凝土在最佳配合比的状态下，植生混凝土的孔隙环境的 pH 值仍然超过了 11[18]，这样的高碱性环境并不适宜多数植物的生长。植物理想的生存 pH 值通常介于 6～9 之间，鉴于此，本节着重讨论以硅灰作为胶凝材料等体积替代部分水泥来调控植生混凝土内部环境的方法，并对其基本性能进行了系统性的研究。

### 3.3.1 硅灰掺量对植生混凝土力学性能的影响

通过采用硅灰作为胶凝材料等体积替代部分水泥配制植生混凝土，由此来分析硅灰的掺入量与植生混凝土各项力学性能参数，如抗压强度、劈裂抗拉强度及抗弯强度之间存在的相互作用关系。

试验设定水胶比为 0.30，骨胶比为 5，水泥使用普通硅酸盐水泥。本次试验硅灰掺入量设为 0%、2%、4%、6%、8%、10%、16%、26%，试验配合比见表 3.12。

#### 3.3.1.1 抗压强度

掺入硅灰的植生混凝土抗压强度试验结果见表 3.12。

表 3.12　　　　　　　　掺入硅灰后抗压强度测试结果

| 编号 | 7d 抗压强度/MPa | 28d 抗压强度/MPa | 56d 抗压强度/MPa |
| --- | --- | --- | --- |
| SF-1 | 6.7 | 7.2 | 8.3 |
| SF-2 | 6.7 | 8.1 | 9.4 |
| SF-3 | 6.9 | 9.6 | 10.9 |
| SF-4 | 7.1 | 11.8 | 13.2 |
| SF-5 | 6.9 | 10.3 | 11.3 |
| SF-6 | 6.9 | 9.8 | 11.2 |
| SF-7 | 6.0 | 8.2 | 9.5 |
| SF-8 | 5.0 | 7.9 | 9.2 |

硅灰掺量对植生混凝土抗压强度的影响见图 3.34。

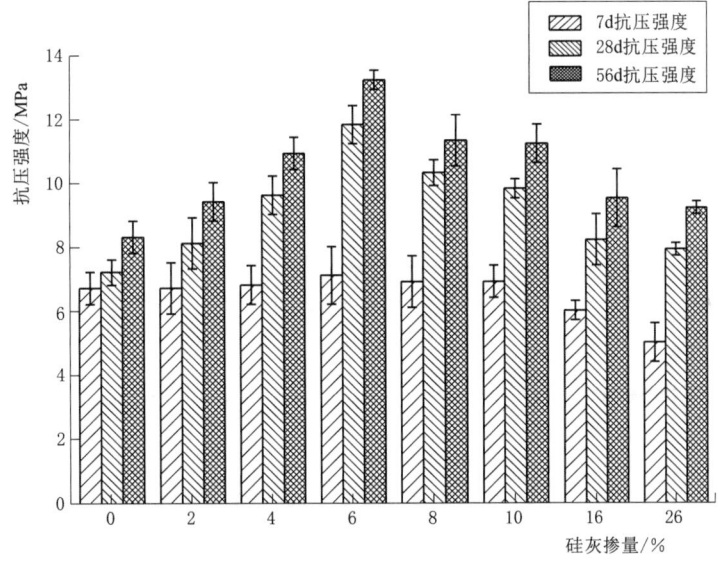

图 3.34　硅灰掺量对植生混凝土抗压强度的影响

从图 3.34 中可以看出，硅灰掺量为 6% 的植生混凝土 7d 抗压强度较未掺入硅灰的提高 6.0%，28d 抗压强度提高 49.4%，56d 抗压强度提高 59.0%；在硅灰掺入量逐渐增大的过程中，植生混凝土的抗压强度表现为先增后减的过程。

从图 3.34 中可以看出掺入硅灰后，抗压强度小幅提高。硅灰因其颗粒尺寸远小于水泥颗粒，故能有效发挥填充效应，有助于缩减混凝土内部孔隙体积。与此同时，硅灰富含高浓度活性 $SiO_2$，相较于水泥中原有的 $SiO_2$ 含量更为丰富。当硅灰掺入混凝土中时，其中的 $SiO_2$ 能进一步与初次水化产物 $Ca(OH)_2$ 发生二次水化反应，生成更多的凝胶物质 C-S-H，这一过程增强了混凝土的整体力学性能。当硅灰掺量进一步增加，抗压强度进一步得到提高。其中一个原因可能在于，充足的水分与硅灰共同作用促进了水泥的首次水化反应，使反应得以高效进行，进而确保了足量水化产物 Ca(OH)$_2$ 得以生成。在混凝土内部具备较高碱性环境的条件下，硅灰所拥有的火山灰效应得到了充分利用。这一过程中，原本结构相对疏松的水化产物经历转变，逐渐演变为更为紧密且高质量的 C-S-H 凝胶结构，优化了混凝土的微观构造。

当硅灰掺量超过 6% 后，抗压强度开始下降。这是由于当水泥在定量混凝土中的用量显著减少时，有限的水泥与水分参与初次水化反应，仅能产生一定数量的水化产物 Ca(OH)$_2$。然而在混凝土内部 pH 值较低的情况下，硅灰的火山灰效应未能得到有效发挥。这些游离硅灰粒子大多滞留于混凝土内部孔隙结构中，仅仅发挥了填充孔隙的物理作用，而未能有效激活其化学反应潜能以补偿因大幅削减水泥用量所造成的强度下降问题。

#### 3.3.1.2 劈裂抗拉强度

掺入硅灰的植生混凝土劈裂抗拉强度试验结果见表 3.13。

表 3.13  掺入硅灰后植生混凝土劈裂抗拉强度测试结果

| 编号 | 7d 劈裂抗拉强度/MPa | 28d 劈裂抗拉强度/MPa | 56d 劈裂抗拉强度/MPa |
| --- | --- | --- | --- |
| SF-1 | 1.38 | 1.41 | 1.45 |
| SF-2 | 1.39 | 1.44 | 1.49 |
| SF-3 | 1.42 | 1.47 | 1.52 |
| SF-4 | 1.48 | 1.51 | 1.67 |
| SF-5 | 1.40 | 1.42 | 1.55 |
| SF-6 | 1.26 | 1.30 | 1.46 |
| SF-7 | 1.02 | 1.17 | 1.24 |
| SF-8 | 0.91 | 0.97 | 1.09 |

硅灰掺量对植生混凝土劈裂抗拉强度的影响见图 3.35。从图 3.35 中可以看出，低掺量 6% 的硅灰劈裂抗拉强度较未掺入硅灰的植生混凝土提高 7.1%，硅灰掺量的逐步增加会致使植生混凝土的劈裂抗拉强度经历一个先增后减的变化趋势。

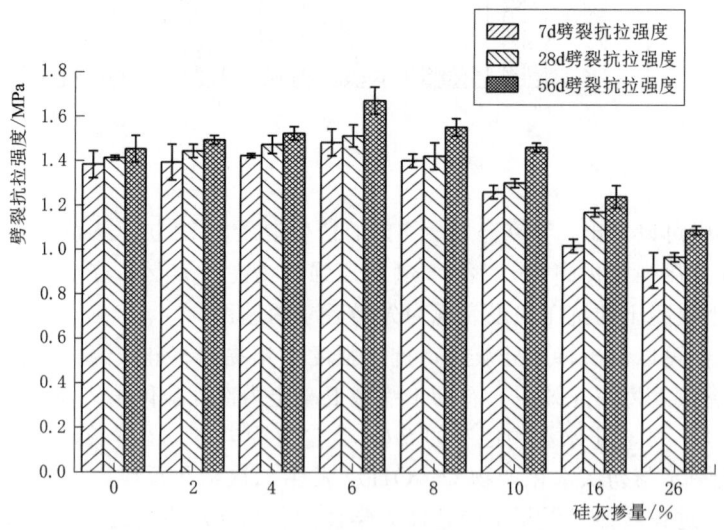

图 3.35  硅灰掺量对植生混凝土劈裂抗拉强度的影响

### 3.3.1.3 抗弯强度

掺入硅灰的植生混凝土抗弯强度试验结果见表3.14。

表3.14 掺入硅灰后抗弯强度测试结果

| 编号 | 7d抗弯强度/MPa | 28d抗弯强度/MPa | 56d抗弯强度/MPa |
| --- | --- | --- | --- |
| SF-1 | 1.57 | 1.61 | 3.19 |
| SF-2 | 1.91 | 2.06 | 3.47 |
| SF-3 | 2.29 | 2.41 | 4.01 |
| SF-4 | 2.75 | 2.84 | 4.33 |
| SF-5 | 2.17 | 2.33 | 3.93 |
| SF-6 | 1.77 | 1.91 | 3.80 |
| SF-7 | 1.61 | 1.72 | 3.21 |
| SF-8 | 1.47 | 1.62 | 3.07 |

硅灰掺量对植生混凝土抗弯强度的影响见图3.36。从图3.36中可以看出，低掺量6%的硅灰劈裂抗拉强度较未掺入硅灰的植生混凝土提高76.4%，硅灰掺量的逐步增加会致使植生混凝土的抗弯强度经历一个先增后减的变化趋势。

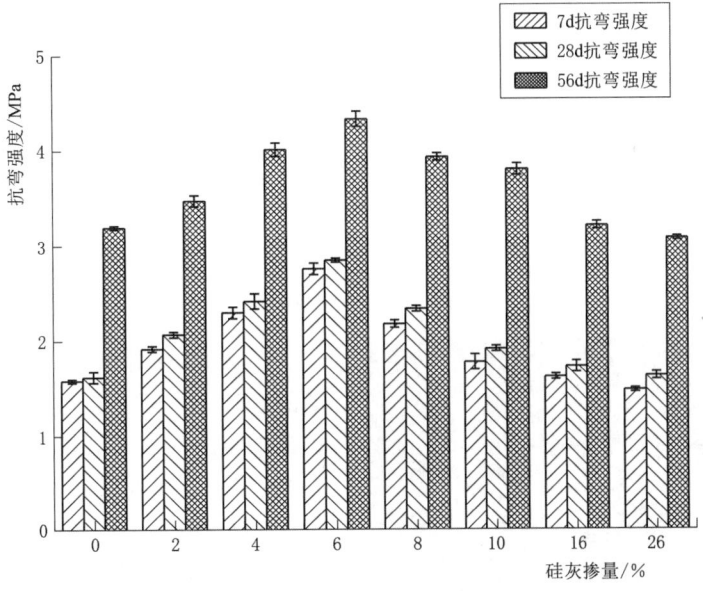

图3.36 硅灰掺量对抗弯强度的影响

通过XRD测试了养护龄期为28d的SF-1（0%SF+100%OPC）、SF-4（6%SF+94%OPC）、SF-8（26%SF+74%OPC）试块的物相组成，如图3.37所示。不同试块的XRD图谱形状大体上近似，这说明试块均有相似的矿物组成。SF-1、SF-4、SF-8的水化产物主要由$CaCO_3$、AFt、C-S-H和$C_3S$组成，此外还检测到少量的

$Ca(OH)_2$，$Ca(OH)_2$ 物相推测主要是由原材料 OPC 中天然携带，另一部分是 SF 与 OPC 水化形成。另外从图 3.37 中可以发现，主要差别体现在 $2\theta$ 为 29°附近时，SF-8 组的 $CaCO_3$ 与 C-S-H 的物相峰值明显高于其他两组，说明硅灰掺量为 36% 时，水泥水化充分，水化产物 $CaCO_3$ 与 C-S-H 含量增大。三条曲线中 $Ca(OH)_2$ 的衍射峰由下而上依次降低，同样说明硅灰促进了水化反应，消耗了 $Ca(OH)_2$。$2\theta$ 在 43°、49°附近时，SF-8 组的曲线上出现 $SiO_2$ 的衍射峰，说明 SF-1 与 SF-4 组中的 $SiO_2$ 晶体参与了反应并发生断裂，导致结晶峰强度减弱。SF-8 明显具有 $SiO_2$ 晶体峰值，分析可知由于水化反应会消耗掉原材料中的活性 $SiO_2$，所以可以通过观察 $SiO_2$ 的峰值来推断 SF 在体系中对水化反应的激发效果，剩余 $SiO_2$ 代表仍有大量 SF 残留在体系中未参与水化反应。

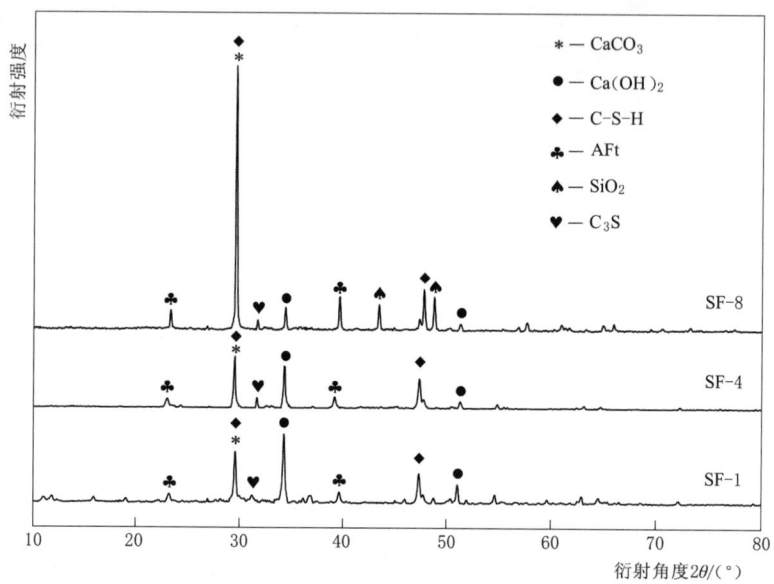

图 3.37 XRD 图谱

图 3.38 SF-1 微观形貌图

图 3.38~图 3.40 显示了 28d 养护龄期的 SF-1、SF-4 和 SF-8 试块的 SEM 扫描电镜图，放大倍数为 $2 \times 10^3$ 倍。由图 3.38~图 3.40 可见，不掺硅灰时，混凝土中存在大量六方片状的 $Ca(OH)_2$ 未被水化，结构疏松。加入硅灰掺量为 6% 时，硅灰促进了水化反应，$Ca(OH)_2$ 被消耗，形成 C-S-H 凝胶填充孔隙，混凝土内部结构更加致密，混凝土表面裂缝被凝胶填充趋于平滑。加入硅灰掺量为 26% 时，剩余大量球状硅灰颗粒未参与水化，混凝土表面不再平滑。

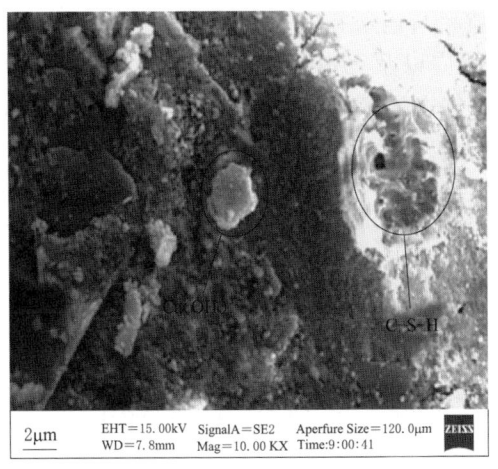

图 3.39　SF-4 微观形貌图　　　　　图 3.40　SF-8 的微观形貌图

## 3.3.2　硅灰掺量对植生混凝土透水性能的影响

### 3.3.2.1　孔隙率

掺入硅灰的植生混凝土孔隙率试验结果见表 3.15。

表 3.15　　　　　　　　掺入硅灰后植生混凝土抗弯强度测试结果

| 编号 | 总孔隙率/% | 连通孔隙率/% | 编号 | 总孔隙率/% | 连通孔隙率/% |
| --- | --- | --- | --- | --- | --- |
| SF-1 | 33.87 | 31.05 | SF-5 | 32.91 | 29.63 |
| SF-2 | 33.60 | 30.78 | SF-6 | 32.71 | 29.13 |
| SF-3 | 33.31 | 30.36 | SF-7 | 32.14 | 27.62 |
| SF-4 | 33.13 | 30.31 | SF-8 | 31.80 | 26.31 |

研究硅灰掺量对植生混凝土总孔隙率及连通孔隙率的影响规律，见图 3.41。

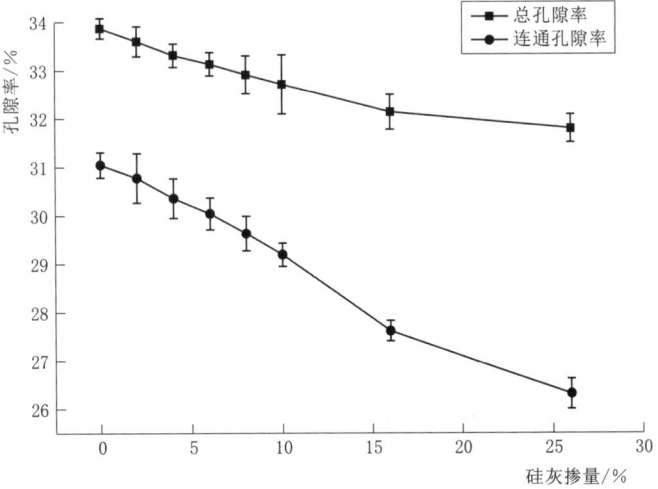

图 3.41　硅灰掺量对植生混凝土孔隙率的影响

随着硅灰掺量的增加,植生混凝土的总孔隙率与连通孔隙率均呈现出不断下降的趋势。这是因为硅灰在水泥浆体中发生了微集料效应以及火山灰反应消耗 $Ca(OH)_2$ 生成 C-S-H 凝胶填充孔隙。高掺量硅灰导致水泥浆体中的 $Ca(OH)_2$ 减少,剩余硅灰不能反应完全,其余部分仍然作为惰性填料填充孔隙,所以孔隙率有所下降。

#### 3.3.2.2 透水系数

掺入硅灰的植生混凝土透水系数试验结果见表 3.16。

表 3.16　　　　　　掺入硅灰后植生混凝土透水系数测试结果

| 编号 | 透水系数/(mm/s) | 编号 | 透水系数/(mm/s) |
|---|---|---|---|
| SF-1 | 17.86 | SF-5 | 16.88 |
| SF-2 | 17.59 | SF-6 | 16.71 |
| SF-3 | 17.33 | SF-7 | 16.39 |
| SF-4 | 17.01 | SF-8 | 16.12 |

研究硅灰掺量对植生混凝土透水系数的影响规律,见图 3.42。

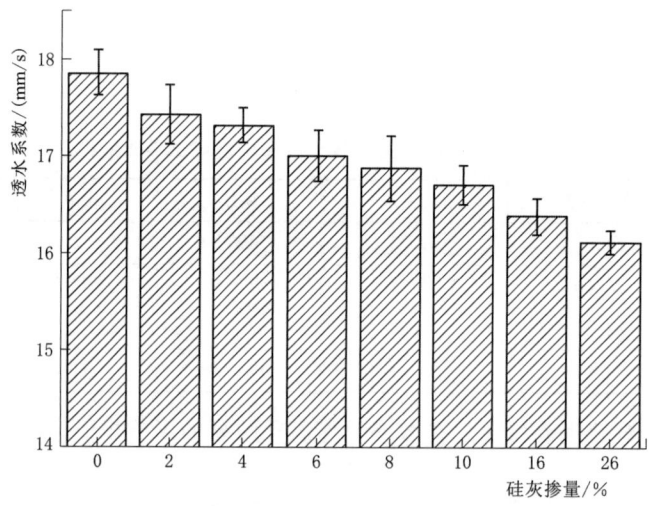

图 3.42　硅灰掺量对植生混凝土透水系数的影响

选用粒级范围为 16.0~31.5mm 的天然粗骨料时,植生混凝土内部各骨料颗粒之间的间隙相对较大,因此,其透水系数如图 4.7 所示维持在 15~19mm/s 之间。同时,从图中可以看出硅灰掺量对植生混凝土透水系数的影响较小,同总孔隙率及连通孔隙率的趋势相同,随着硅灰掺量的增加,植生混凝土的透水系数呈现出不断下降的趋势。

### 3.3.3　硅灰掺量对植生混凝土 pH 值的影响

掺入硅灰的植生混凝土 pH 值试验结果见表 3.17。

研究硅灰掺量对植生混凝土孔隙溶液 pH 值的影响规律,见图 3.43。

从图 3.43 中可以看出无论是不掺、低掺还是高掺量硅灰随着龄期增大,pH 值呈现先上升后下降的趋势。这是因为采用的是天然石灰岩碎石,其主要成分为碳酸钙,数据显

表 3.17　　　　　　　掺入硅灰后植生混凝土孔隙溶液 pH 值测试结果

| 龄期 | 编　号 | | | | | | | |
|---|---|---|---|---|---|---|---|---|
| | SF-1 | SF-2 | SF-3 | SF-4 | SF-5 | SF-6 | SF-7 | SF-8 |
| 7d | 10.81 | 10.64 | 10.59 | 10.55 | 10.43 | 10.32 | 10.31 | 10.15 |
| 14d | 11.01 | 10.99 | 10.97 | 10.96 | 10.89 | 10.83 | 10.75 | 10.45 |
| 21d | 11.42 | 11.42 | 11.40 | 11.38 | 11.21 | 11.09 | 10.98 | 10.49 |
| 28d | 11.26 | 11.23 | 11.20 | 11.17 | 11.06 | 10.94 | 10.85 | 10.73 |
| 56d | 11.15 | 11.13 | 11.11 | 11.09 | 10.86 | 10.62 | 10.51 | 9.90 |

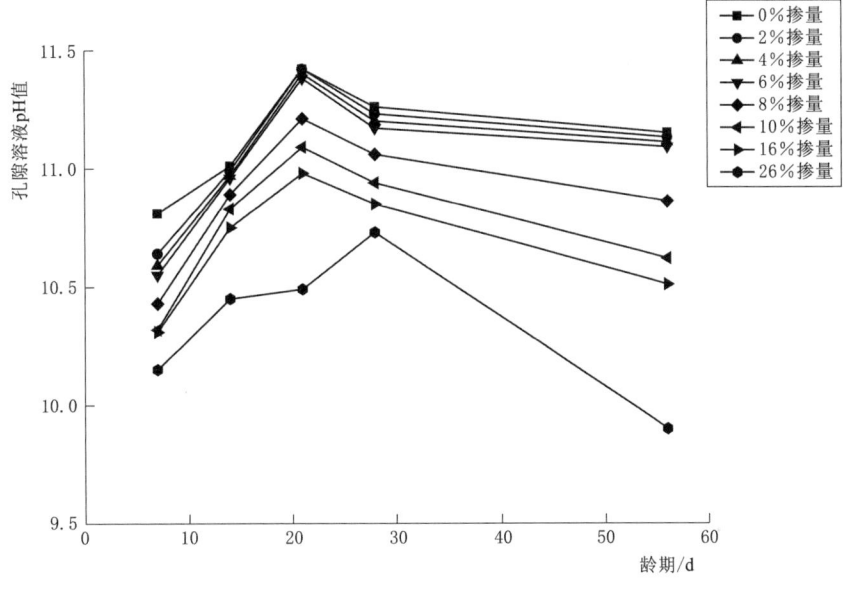

图 3.43　pH 值随龄期的变化规律

示大约每 100g 水中可溶解 $4×10^{-4}$g 碳酸钙[19]。同时，混凝土在其固化养护期间，内部碱性物质持续处于动态平衡状态，既不断析出又有所溶解。混凝土中因高含量的硅酸盐水泥水化作用所产生的 $Ca(OH)_2$ 含量颇高，不仅析出量大，而且其在溶液中的溶解能力较强，也影响了混凝土内部的碱性环境。

同时，从图 3.43 中可以看出，随着硅灰掺量的增加，pH 值不断下降。这是由于硅灰的火山灰反应。参考 Takemoto[22] 对火山灰反应的研究，将硅灰火山灰反应的物理化学过程分成了 5 个阶段。第一阶段：$OH^-$ 被吸附在硅灰的表面，形成富 $SiO_2$ 的保护膜；第二阶段：$SiO_2$ 溶解到孔隙溶液中，溶解速率取决于反应层的扩散过程；第三阶段：水泥水化产生 $Ca(OH)_2$，发生如下反应：

$$3CaO·SiO_2+nH_2O \Longrightarrow xCaO·SiO_2·(n-3+x)H_2O+(3-x)Ca(OH)_2 \quad (3.17)$$
$$2CaO·SiO_2+nH_2O \Longrightarrow xCaO·SiO_2·(n-2+x)H_2O+(2-x)Ca(OH)_2 \quad (3.18)$$

当达到饱和浓度时，$Ca(OH)_2$ 可能在孔隙溶液中结晶，$Ca(OH)_2$ 晶体溶解到孔隙溶液中获得化学平衡；第四阶段：硅灰与 $Ca(OH)_2$ 反应，反应过程如下：

$$SiO_2 + Ca(OH)_2 + H_2O \longrightarrow CaO \cdot SiO_2 \cdot nH_2O \tag{3.19}$$

在第四阶段中，影响孔隙溶液 pH 的 $Ca(OH)_2$ 被 $SiO_2$ 消耗，因此硅灰掺量越高，pH 值越低；第五阶段：当 $Ca(OH)_2$ 含量低于一定水平时，由于环境中 pH 值与 $Ca^{2+}$ 离子浓度降低，火山灰反应对 $Ca(OH)_2$ 的消耗会急剧减少，直到硅灰完全消耗，火山灰反应停止。

### 3.3.4 硅灰掺量对植生混凝土干缩性能的影响

掺入硅灰的植生混凝土干缩试验结果见表 3.18。

表 3.18　　掺入硅灰后植生混凝土干缩值测试结果　　×10⁻⁶

| 龄期 | 编号 | | | | | | | |
|---|---|---|---|---|---|---|---|---|
| | SF-1 | SF-2 | SF-3 | SF-4 | SF-5 | SF-6 | SF-7 | SF-8 |
| 3d | 0.95 | 0.95 | 0.95 | 0.96 | 0.98 | 1.04 | 1.11 | 1.21 |
| 7d | 1.97 | 2.04 | 2.13 | 2.26 | 2.31 | 2.38 | 2.50 | 2.84 |
| 14d | 3.22 | 3.36 | 3.61 | 3.89 | 4.03 | 4.10 | 4.21 | 4.81 |
| 21d | 4.29 | 4.36 | 4.41 | 4.54 | 4.61 | 4.61 | 4.89 | 5.25 |
| 28d | 4.33 | 4.43 | 4.56 | 4.65 | 4.97 | 4.97 | 5.51 | 5.61 |

研究硅灰掺量对植生混凝土干缩值的影响规律，见图 3.44。

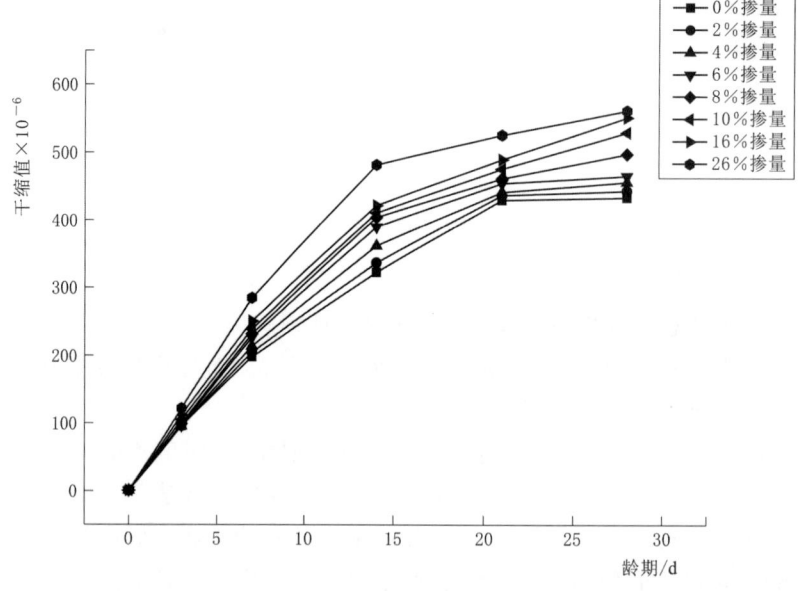

图 3.44　硅灰掺量对植生混凝土干缩的影响

从图 3.44 中可以看出，各个掺量的植生混凝土干缩的发展规律相似，前期干缩率快速上升，再逐渐趋于平缓。这是因为，随着干缩试验时间的推移，混凝土内部水分因水化反应而快速消耗，导致混凝土孔隙内的液面形成弯月面，使得孔压力升高产生负压，进而混凝土在压力下收缩，因此混凝土的干缩率快速增长；到达后期，由于硅灰的掺入，使植生混凝土的孔隙率有所下降，改善了植生混凝土的孔隙结构，水分子液面表面积缩小，蒸发受阻，导致混凝土内部压力下降，从而使干缩速率趋于平稳。

随着硅灰掺量的逐渐增加，干缩率也略有提高，这是因为硅灰具有较大的比表面积，是水泥比表面积的 50 倍。因此硅灰具有强烈的火山灰活性，能够促进混凝土的水化进程，并有助于细化孔隙结构，进而加剧内部水分的蒸发损耗。随着硅灰掺量的增加，尽管其填充性能有助于降低混凝土的总孔隙率，但与此同时形成的凝胶毛细孔数量相应增多，由此产生的毛细孔负压效应增加了混凝土干缩程度[23]。

### 3.3.5 硅灰掺量对植生混凝土抗冻性能的影响

由于植生混凝土作为生态护坡材料经常应用于河流、堤岸等工程中。所以尤其在我国北方冬季的环境下，植生混凝土的抗冻性能则是重中之重。根据水工混凝土冻融循环试验相关规范[2]，质量损失率以及相对动弹模是衡量植生混凝土的抗冻性能的相关指标。

由于各个硅灰掺量的植生混凝土在经历 25 次冻融循环后均出现程度不同的断裂现象，25 次冻融循环后实验结果见表 3.19。

表 3.19　　　　　　　掺入硅灰后抗冻性能测试结果

| 编号 | 质量损失率/% | 相对动弹性模量/% | 编号 | 质量损失率/% | 相对动弹性模量/% |
| --- | --- | --- | --- | --- | --- |
| SF-1 | 0.50 | 58.7 | SF-5 | 0.39 | 67.9 |
| SF-2 | 0.46 | 61.6 | SF-6 | 0.37 | 68.3 |
| SF-3 | 0.43 | 65.1 | SF-7 | 0.36 | 68.5 |
| SF-4 | 0.40 | 67.2 | SF-8 | 0.59 | 57.2 |

研究硅灰掺量对植生混凝土抗冻性能的影响规律，见图 3.45。

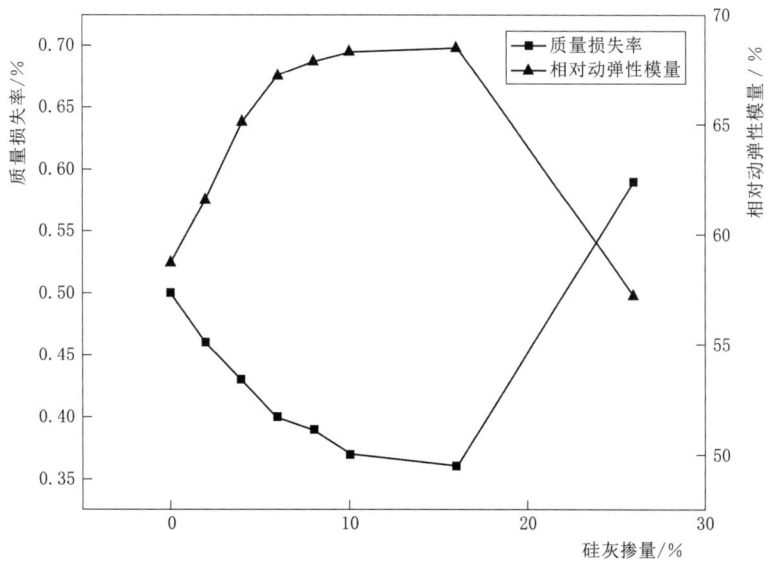

图 3.45　25 次冻融循环后质量损失率与相对动弹性模量

由图 3.45 可知，6%、16%等低掺量硅灰相比不掺硅灰的参照组质量损失率更小，相对动弹模更高。究其原因，硅灰颗粒较小，密度大，能够将微小孔隙填充密实，同时细化其微观结构，并且由水化作用形成的 C-S-H 凝胶增强了混凝土的强度，以及硅灰自身的收缩对混凝土膨胀起到了限制作用，从而提高了抗冻性。而 26%高掺量硅灰因为在冻融循环中无法发挥其活性作用，大量硅灰颗粒未参与水化导致需水量大幅上升，混凝土内部的自由水在冻融循环中反复膨胀产生更多裂缝，最终使得抗冻性能较差[24]。且根据图 3.40 中可以直观地看出 26%掺量硅灰混凝土中有大量球状硅灰颗粒，且表面存在大量裂缝，进一步证实 26%掺量硅灰混凝土抗冻性能较差。

### 3.3.6 硅灰植生混凝土抗压强度与孔隙率的数学模型

前几节详细地分析了硅灰掺量对于植生混凝土抗压强度、劈裂抗拉强度、抗弯强度以及孔隙率的影响。实际上，硅灰掺量对于植生混凝土力学性能的改善作用主要是通过调整混凝土内部结构实现的。因此，阐明植生混凝土的宏观力学性能与其孔隙结构特征之间的内在联系，对于未来优化植生混凝土性能具有重要的理论指导价值。

为深入研究硅灰植生混凝土抗压强度与其孔隙率之间的关系，有必要选择那些在工作性能和其他宏观性能方面保持一致的样本组进行分析。许多研究者已对矿物掺合料混凝土的抗压强度与其孔隙率之间的相互作用进行了探究，类比掺合料混凝土抗压强度与孔隙率之间的关系[25]，对硅灰植生混凝土进行分析。在进行拟合时，借鉴了文献中多种不同的数学模型与公式形式，并比对了它们的相关系数[26-28]，但由于鲜少有大掺量硅灰混凝土的性能研究，因此根据 3.3.1.1 节以及 3.3.2.1 节总结出硅灰植生混凝土总孔隙率与 7d 抗压强度之间的经验公式，如图 3.46 所示。

如图 3.46 所示，为掺入硅灰后植生混凝土的 7d 抗压强度与总孔隙率之间的关系。总

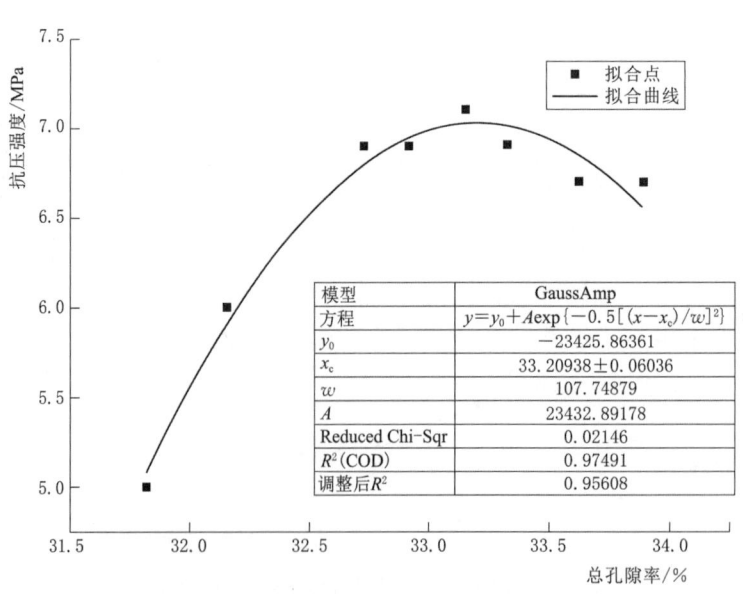

图 3.46 总孔隙率与抗压强度之间的关系

结出公式模型 $f_c=f_0+A\mathrm{e}^{-0.5\left(\frac{x-x_c}{w}\right)^2}$ 与拟合结果最为接近，符合不同硅灰掺量下抗压强度与孔隙率之间的关系。由图 3.46 可知，掺入硅灰后植生混凝土的抗压强度是随着孔隙率的增大呈现出先上升后下降的趋势，借助 Origin 软件对数据进行回归分析后，获得掺加硅灰后的植生混凝土 7d 抗压强度与其总孔隙率之间的关系表达式为：$f_c=-25659+25666\mathrm{e}^{-0.5\left(\frac{x-33.19}{112.49}\right)^2}$，拟合的相关系数 $R^2$ 为 0.95。同时由该式反映出掺入硅灰后能够有效解决植生混凝土强度与孔隙率之间的关系，既能满足了植生混凝土的大孔隙的要求，又提高了植生混凝土的强度。

同样地，在 3.3.2 节中深入讨论了硅灰掺量如何影响植生混凝土的孔隙率及透水系数。本节将进一步致力于构建植生混凝土透水系数的经验模型，以便为植生混凝土的设计提供坚实的理论依据。

植生混凝土透水系数的测定是通过维持固定的水头高度，测量规定时间段内流经植生混凝土的水量，以此计算得出植生混凝土的透水性能指标。实质上，植生混凝土的透水系数本质取决于其内部孔隙结构的特点。在本节针对植生混凝土透水系数的分析中，主要聚焦于植生混凝土总孔隙率与连通孔隙率这两个关键因素，结合文献中孔隙率与连通孔隙率的指数函数关系[29]，分析掺入硅灰后植生混凝土总孔隙率与连通孔隙率之间的关系。

在实际操作层面，获取硅灰植生混凝土的连通孔隙率相较于总孔隙率而言更为复杂困难。因此，基于总孔隙率与连通孔隙率之间的内在联系，直接通过总孔隙率推算出连通孔隙率是一种更为简便快捷的方法。如图 3.47 所示为掺入硅灰后植生混凝土总孔隙与连通孔隙率之间的关系，随着总孔隙率的增长，植生混凝土内部的连通孔隙率也相应提升。经过数据拟合分析发现，掺加硅灰后，植生混凝土的总孔隙率与有效孔隙率之间遵循特定关系：$\phi_{连通}=32.61-2.2\times0.5^{\phi_{总}}$，拟合的相关系数 $R^2$ 为 0.99。

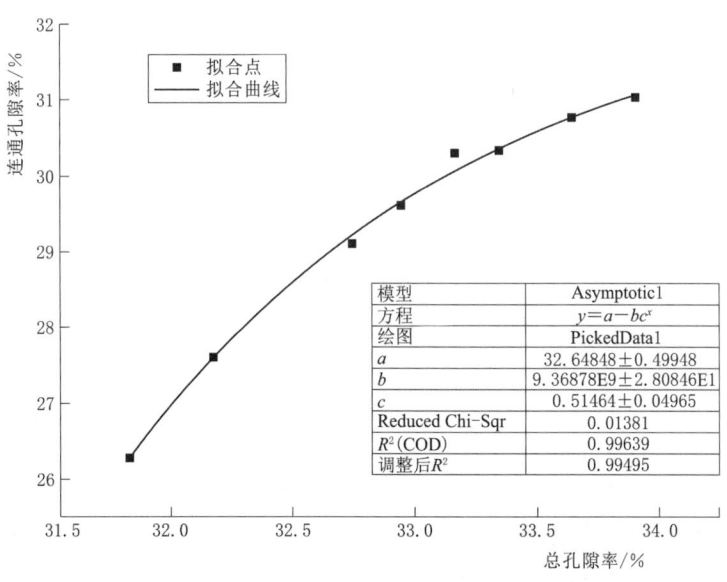

图 3.47 总孔隙率与连通孔隙率之间的关系

在分析植生混凝土透水系数时，应该使用连通孔隙率。连通孔隙率越高，表示材料中的孔隙相互之间存在更多的连通路径，水流更容易通过。因此结合文献[29]中连通孔隙率与透水系数之间的关系，经拟合得出如图3.48所示的规律。

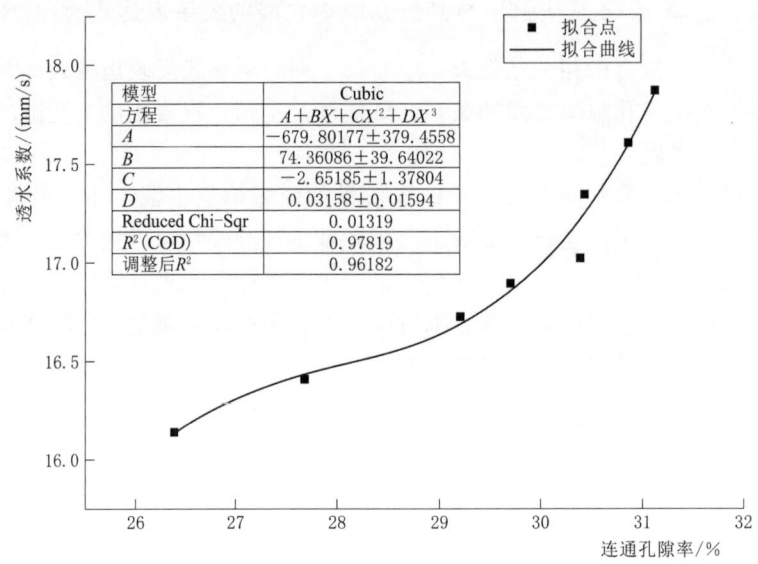

图3.48　连通孔隙率与透水系数之间的关系

如图3.48所示，随着连通孔隙率的增加，植生混凝土透水系数随之增加，且两者之间满足三次函数关系。由拟合结果可知，拟合的相关系数$R^2$为0.97，并得出连通孔隙率与透水系数的经验公式：$\eta = -689.06 + 75.52x - 2.70x^2 + 0.03x^3$。

结合3.2.3.7节普通植生混凝土抗压强度与孔隙率的拟合关系发现，掺入硅灰后由于改变了混凝土内部结构，抗压强度与孔隙率之间的数学关系与普通植生混凝土拟合出的数学模型不一致。进一步地，通过再次拟合得出在掺入硅灰条件下抗压强度与孔隙率所满足的数学模型。

### 3.3.7　基于灰色关联度分析法进行硅灰掺量关联性评价

灰色关联度分析[30]（Grey Relation Analysis，GRA），是一种建立在多变量统计学原理之上的量化方法，它运用空间理论的数学工具，旨在评估和测定基准序列与待分析序列之间的相似程度，并据此得出它们之间的关联度大小。

综合上述试验进行硅灰掺量影响的半定量分析，选取抗压强度作为力学性能代表，总孔隙率作为透水性能代表。以硅灰掺量为母序列，研究影响因素：抗压强度、总孔隙率、pH值、干缩率、冻融循环后质量损失率5项子序列。其中抗压强度、总孔隙率为极大型指标；pH值、干缩率、冻融循环后质量损失率为极小型指标，所以首先采用TOPSIS法[31]（Technique for Order Preference by Similarity to Ideal Solution）对极小型指标进行正向化。正向化后指标见表3.20。

表 3.20　　　　　　　　　　　　　正 向 化 指 标

| 硅灰掺量/% | 抗压强度/MPa | 总孔隙率/% | pH 值 | 干缩率(×10$^{-6}$) | 质量损失率/% |
|---|---|---|---|---|---|
| 0 | 7.20 | 33.87 | 1.25 | 1.28 | 0.09 |
| 2 | 8.10 | 33.60 | 1.23 | 1.18 | 0.13 |
| 4 | 9.60 | 33.31 | 1.21 | 1.05 | 0.16 |
| 6 | 11.80 | 33.13 | 1.19 | 0.96 | 0.19 |
| 8 | 10.30 | 32.91 | 0.96 | 0.64 | 0.20 |
| 10 | 9.80 | 32.71 | 0.72 | 0.64 | 0.22 |
| 16 | 8.20 | 32.14 | 0.61 | 0.10 | 0.23 |
| 26 | 7.9 | 31.80 | 0.00 | 0.00 | 0.00 |

接着用式 (3.20) 对指标数值进行归一化：

$$x_{ij}(k)=\frac{x_{ij}-\min x_{ij}}{\max x_{ij}-\min x_{ij}} \tag{3.20}$$

式中：$x_{ij}$ 为第 $i$ 项子序列 $j$ 项指标的原始数据；$\max x_{ij}$ 为所有子序列中 $j$ 指标的最大值；$\min x_{ij}$ 为所有子序列中 $j$ 指标的最小值；$x_{ij}(k)$ 为归一化后的数据。

归一化后指标数据矩阵 $Z$ 如下：

$$Z=x_{ij}(k)=\begin{bmatrix} 0.00 & 1.00 & 1.00 & 1.00 & 0.39 \\ 0.20 & 0.94 & 0.98 & 0.92 & 0.57 \\ 0.52 & 0.85 & 0.97 & 0.82 & 0.70 \\ 1.00 & 0.84 & 0.95 & 0.75 & 0.83 \\ 0.67 & 0.70 & 0.77 & 0.50 & 0.87 \\ 0.57 & 0.59 & 0.58 & 0.50 & 0.97 \\ 0.22 & 0.28 & 0.49 & 0.08 & 1.00 \\ 0.15 & 0.00 & 0.00 & 0.00 & 0.00 \end{bmatrix} \tag{3.21}$$

利用式 (3.22)，由归一化矩阵 $Z$ 可推导出差异空间变化矩阵 $\Delta_{ij}(k)$：

$$\Delta_{ij}(k)=|1-x_{ij}(k)| \tag{3.22}$$

式中：$x_{ij}(k)$ 为归一化后的数据；$\Delta_{ij}(k)$ 为差异空间变化数据。

$$\Delta_{ij}(k)=\begin{bmatrix} 1.00 & 0.00 & 0.00 & 0.00 & 0.61 \\ 0.80 & 0.06 & 0.02 & 0.08 & 0.43 \\ 0.48 & 0.15 & 0.03 & 0.18 & 0.30 \\ 0.00 & 0.16 & 0.05 & 0.25 & 0.17 \\ 0.33 & 0.30 & 0.23 & 0.50 & 0.13 \\ 0.43 & 0.41 & 0.42 & 0.50 & 0.03 \\ 0.78 & 0.72 & 0.51 & 0.92 & 0.00 \\ 0.85 & 1.00 & 1.00 & 1.00 & 1.00 \end{bmatrix} \tag{3.23}$$

灰色关联系数矩阵 $\xi$ 利用式（3.24）计算：

$$\xi_{ij} = \frac{\delta_{\min} + \rho\delta_{\max}}{\delta_{ij} + \rho\delta_{\max}} \tag{3.24}$$

式中：$\delta_{\min}$ 为差异空间变化矩阵中最小的元素；$\delta_{\max}$ 为差异空间变化矩阵中最大的元素；$\rho$ 为分辨率，一般取 0.5；$\delta_{ij}$ 为差异变化矩阵中对应位置的元素；$\xi_{ij}$ 为灰色关联系数。

得到灰色关联系数矩阵如下：

$$\xi = \begin{bmatrix} 0.33 & 1.00 & 1.00 & 1.00 & 0.45 \\ 0.38 & 0.89 & 0.96 & 0.86 & 0.54 \\ 0.51 & 0.77 & 0.94 & 0.74 & 0.63 \\ 1.00 & 0.76 & 0.91 & 0.67 & 0.75 \\ 0.60 & 0.63 & 0.68 & 0.50 & 0.79 \\ 0.54 & 0.55 & 0.54 & 0.50 & 0.94 \\ 0.39 & 0.41 & 0.50 & 0.35 & 1.00 \\ 0.41 & 0.33 & 0.33 & 0.33 & 0.33 \end{bmatrix} \tag{3.25}$$

按式（3.26）计算得到各样本与最优指标集的灰色关联度，见表3.21。

$$r_i = \frac{1}{n}\sum_{k=1}^{n}\xi_i(k) \tag{3.26}$$

表 3.21　　　　　　　　　总体灰色关联度

| 指标 | 抗压强度 | 总孔隙率 | pH 值 | 干缩率 | 质量损失率 |
|---|---|---|---|---|---|
| 灰色关联度 | 0.52 | 0.67 | 0.73 | 0.62 | 0.68 |

由表 3.21 可知，与硅灰掺量关联度最大的指标为 pH 值，即硅灰掺量的改变对 pH 值产生的影响最大；对总孔隙、干缩率以及抗冻性能中质量损失率的影响程度相近；对混凝土抗压强度产生的影响最小。

### 3.3.8　本节小结

本节集中讨论了以硅灰替代部分水泥后植生混凝土的性能变化，并归纳总结了主要研究成果如下：

（1）在硅灰掺量逐渐增加的过程中，植生混凝土的各项力学性能起初呈现出增强趋势，随后则转为减弱。当硅灰掺量为 6% 时，抗压强度、劈裂抗拉强度、抗弯强度均为最佳。

（2）随着硅灰掺量的不断提升，植生混凝土的孔隙率与透水系数均呈递减趋势。当硅灰掺量为 6% 时，总孔隙率与连通孔隙率分别较空白组下降 2.2%、2.4%，透水系数较空白组下降了 4.8%，可以看出与空白组的透水性能差距不大。6% 掺量在保证了透水性能的同时，提高了植生混凝土的力学性能。且掺入硅灰后，植生混凝土的抗压强度与透水系数均与孔隙率相关，经过拟合后发现，掺入硅灰后的植生混凝土抗压强度与总孔隙率为指数函数关系，关系式为 $f_c = -25659 + 25666e^{-0.5\left[\left(\frac{x-33.19}{112.49}\right)^2\right]}$；总孔隙率与连通孔隙率存在一定的函数关系，关系式为：$\phi_{连通} = 32.61 - 2.2 \times 0.5^{\phi_总}$，透水系数与连通孔隙率为三次函数关系，关系式为 $\eta = -689.06 + 75.52x - 2.70x^2 + 0.03x^3$，通过拟合分析，建立了掺入硅灰后的植生混凝土抗压强度与透水系数之间的数学模型，这对于发现植生混凝土宏观力学性能与其孔隙结构特征之间的内在联系至关重要，进而为今后优化植生混凝土性能提供了有力的理论指导依据。

(3) 硅灰能够显著抑制植生混凝土的碱度，且其掺入量与降碱效果成正比关系。当掺量为6%时，养护至56d的植生混凝土的孔隙溶液的pH值下降至11.09，相较于未掺硅灰的对照样品组，pH值减少了0.5%；进一步地，当硅灰掺量增加为26%时，同样养护至56d的植生混凝土的孔隙溶液pH值则降至9.90，与未掺硅灰的对照样品组相比，降幅达到11.2%。

(4) 在干缩试验中，掺入硅灰后干缩速率加快，干缩周期变短。龄期为28d时，26%硅灰掺量干缩率为 $56.1 \times 10^{-5}$，此时干缩最大，也是导致高掺量硅灰植生混凝土后期强度低的原因之一。

(5) 经过25次冻融循环后，可以看出低掺量硅灰能够提高植生混凝土的抗冻性能；掺量高于16%后，硅灰无法在冻融环境中促进水化，导致抗冻性能下降较为明显。

(6) 基于灰色关联度分析法计算硅灰掺量与各项指标之间的关联度，发现硅灰掺量的改变对pH值产生的影响最大；对总孔隙、干缩率以及抗冻性能中质量损失率的影响程度相近；对混凝土抗压强度产生的影响最小。

## 3.4 植生试验与碳排量计算分析

根据试验成型的植生混凝土的孔隙溶液pH值，分别选用0%（不掺）、6%（低掺量）及26%（高掺量）硅灰实验组进行植生试验。

试验选取耐盐碱性强的高羊茅、紫花苜蓿、碱茅草作为植生试验的植物种类，以确保试验能够顺利开展，并采用上置播种方式进行栽种。自播种起，系统评估植生混凝土中三种植物的萌芽及其后续生长状况，并通过周期性测量植物植株高度、叶片含水率以及根系长度等多个评估指标，以详细描绘和分析植物生长的状态与趋势变化。

为确保植物根系能够有效穿透混凝土层到达下方营养土层，本次植生试验混凝土试件规格为长度15cm、宽度15cm、高度6cm。

### 3.4.1 植生试验

#### 3.4.1.1 种植土参数

在进行植生试验前对相关土壤的营养元素组成成分、含量以及土壤pH值进行专业测定，相关结果见表3.22。从表3.22中数据可以看出，相较于其他三种未经改良的天然土壤，用于本次试验的营养土中所富含的对植物生长至关重要的氮、磷、钾元素含量显著更高；另外，在除了黄壤以外的其他土壤样本中，其 pH 值普遍反映出弱酸性特征，也能够进一步降低植生混凝土内部碱度。

表 3.22　　　　　　　　　　试验所用种植土微量元素的含量

| 序号 | 样品名称 | 检测项目 | | | | | | |
|---|---|---|---|---|---|---|---|---|
| | | 全氮 /(g/kg) | 全磷 /(g/kg) | 全钾 /(g/kg) | 水溶性氮 /(mg/kg) | 有效磷 /(mg/kg) | 速效钾 /(mg/kg) | pH 值 |
| 1 | 营养土 | 5.62 | 1.01 | 18.5 | 363.3 | 11.3 | 143.9 | 5.00 |
| 2 | 红壤 | 0.49 | 0.16 | 19.3 | 27.3 | 8.9 | 58.7 | 4.62 |
| 3 | 黄壤 | 0.64 | 0.27 | 14.4 | 27.2 | 2.6 | 29.2 | 7.29 |
| 4 | 砖红壤 | 0.23 | 0.18 | 22.1 | 6.7 | 5.6 | 85.2 | 5.39 |

### 3.4.1.2　植物种类筛选

高羊茅作为禾本科的一个代表性多年生地被植物种类，其分布地域广泛涵盖了诸如广西、贵州、四川等地，见图 3.49。该物种表现出对寒冷且湿润气候条件的高度适应性，也能适宜气温适宜的环境，在富含有机质且湿度适宜的肥沃土壤中展现出良好的生长性能。高羊茅因其出色的抗碱性被人熟知，能在轻度酸性与盐碱环境中茁壮成长，其理想的环境 pH 值为 4.7～8.6。

紫花苜蓿作为一种著名的多年生草本植物，以其茂密的叶茎和强大的根系著称，其生长对温度条件最为敏感，最适宜紫花苜蓿生长的温度区间为 15～25℃[32-33]，见图 3.50。这种植物因其卓越的生态适应性和农业价值被誉为"牧草之王"，而且紫花苜蓿不仅具备优异的耐寒和耐旱能力，还显示出强大的抗盐碱及逆境生长特性，尽管在极度贫瘠或严重盐碱化的土壤中难以存活，但在大多数土壤环境下均能良好生长[34]。

图 3.49　高羊茅

图 3.50　紫花苜蓿

图 3.51　碱茅草

碱茅草作为一种优秀的耐盐碱草种，兼具耐盐碱、耐旱、耐寒、喜湿及强劲的分蘖能力等多项优势，见图 3.51。在所有栽培牧草中，碱茅草对盐碱环境的耐受力尤为突出，其耐盐能力相当于苜蓿的 3～4 倍。碱茅草不仅能够在盐碱地中茁壮成长，还能够促进土壤改良进程，尤其有助于使 0～100cm 土层快速脱盐并能有效改善表层土壤肥力。最佳环境 pH 值为 7.0～12.8。在园林造景中，碱茅草常被选作适用于潮湿地带和盐碱土壤的保持植被，或是应用于在园林绿地中、普通盐碱地条件下，进行低维护要求的草坪种植。

### 3.4.1.3 试验预处理

在综合比较上置式、中置式和下置式播种方法各自特点的基础上，选取上置式播种方式开展植生试验，见图3.52～图3.54。待混凝土试件成型并经过28d养护后，放置于底层土壤上方。植生混凝土内填充营养土的工序设计两个环节：首先是对植生混凝土内部的孔隙内填充质量适宜的营养土；接着通过与水混合调配植生材料，形成具有良好流动性的土浆；然后将制备好的土浆均匀浇注在植生混凝土的外表面，借由土浆自身的流动性，使其流入并填充混凝土内部孔隙。试验采用的营养土呈弱酸性，可以进一步降低混凝土孔隙内部的pH值。

图3.52 底层铺土　　　　图3.53 上置混凝土　　　　图3.54 与上层覆土

在开展植生试验之前，需将种子储藏在0～10℃的低温环境中进行预冷处理，并在播种前一整天启动催芽程序，即将种子浸泡在清水中；接着按照30～40g/m²的播种密度进行人工播撒。播种完成后，于种子表层覆盖一层厚度为0.5～1cm的松散土壤，并通过喷雾方式适量浇水，以防止土壤水分流失。

### 3.4.1.4 试验结果分析

经历一段时间的管理与观察阶段后，对三种植物的生长发育情况进行对比分析。鉴于紫花苜蓿在实验中显示出较快的发芽生长速率，特别增设了每3d对其植株高度进行一次测量环节。从3.3.2节中可知，制备的硅灰植生混凝土孔隙率大致为30%，加之使用的大粒径骨料导致了混凝土内部平均孔径偏大，因此试块的持水能力较弱。因此，在植物初始生长的前25d内，建议对幼苗每日实施2～3次的浇水措施，以确保植物的前期存活率得到保障。

1. 高羊茅

在本次植生试验期间，高羊茅展现了卓越的生长速度。播种第5天，所有高羊茅种子均已顺利萌发出芽，到第6天，这些幼苗已经长至5～6cm高度。10d后，所有植株高度均达到约10cm。在最初20d内，高羊茅展现出极快的生长态势。然而，需要注意的是高羊茅幼苗虽然生长迅速但质地柔嫩，易于出现倒伏状况。特别是在植株根茎与土壤接触区域受到压力时，可能会引发水分吸收障碍，进而引发生长停滞，最终导致植株枯黄甚至死亡。因此，一旦植株高度超过10cm，应及时对其进行适度修剪，确保高羊茅能保持直立健壮的生长状态。高羊茅7d、15d、30d的长势如图3.55所示。

高羊茅植株高度测量结果见表3.23，结果对比见图3.56。

图 3.55 SF-1、SF-4、SF-8 试块龄期分别为 7d（a、b、c）、
15d（d、e、f）、30d（g、h、i）高羊茅生长情况

表 3.23　　　　　　　　　高羊茅植株高度测量结果　　　　　　　　单位：cm

| 龄　　期 | 编　　号 | | |
|---|---|---|---|
| | SF-1 | SF-4 | SF-8 |
| 3d | 1.8 | 0 | 0 |
| 6d | 5.5 | 5.2 | 5.2 |
| 9d | 13.5 | 10.4 | 10.1 |
| 12d | 14.5 | 12.7 | 12.4 |
| 15d | 20.0 | 18.9 | 19.6 |
| 21d | 23.7 | 23.1 | 26.9 |
| 30d | 36.1 | 37.1 | 38.3 |

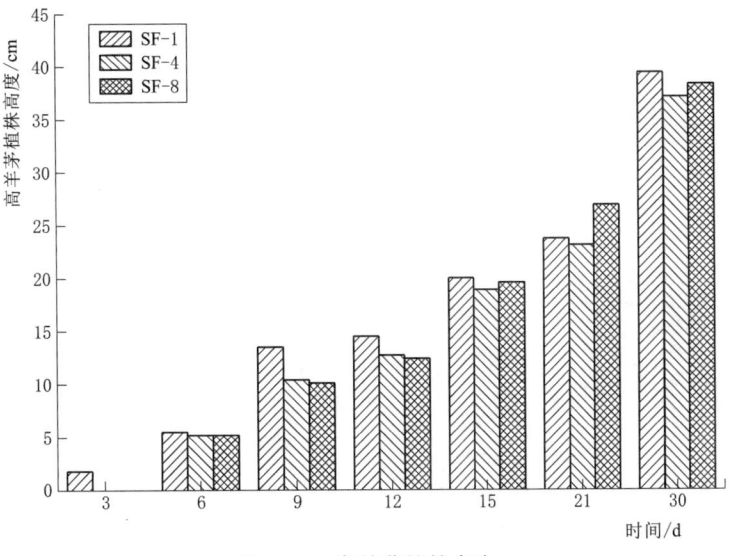

图 3.56 高羊茅植株高度

表 3.24 高羊茅叶片含水率与根系长度测试结果

| 编号 | 叶片含水率/% | 30d 根系长度/cm |
|---|---|---|
| SF-1 | 66.87 | 7.8 |
| SF-4 | 71.02 | 10.6 |
| SF-8 | 81.40 | 17.5 |

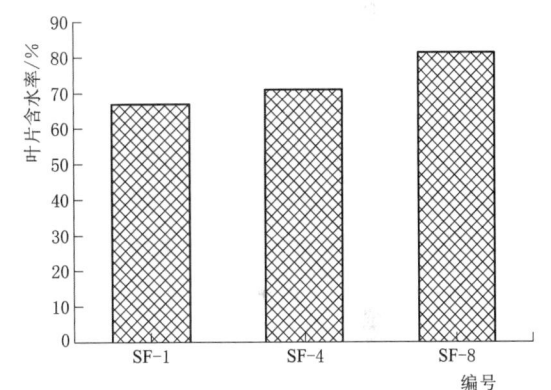

图 3.57 高羊茅叶片含水率

从图 3.57 中可以看出，虽然高羊茅适生环境的 pH 值为 4.7~8.6，但在各个实验组中生长情况依然良好，这也与高羊茅是广西、贵州、四川地区本地植物有关。

叶片相对含水率（LRWC）是评估植物生长状况的关键指标之一，它可在一定程度上体现植物对干旱胁迫的耐受能力和潜在的光合作用受损程度。通过表 3.24 与图 3.57 可以更直观地看出不同实验组对 30d 高羊茅生长的影响。

伴随上部植株健康旺盛的生长态势，高羊茅的根系发展也同样迅速。三组植株经过 30d 自然生长，SF-1 根系长度并未穿过试块，SF-4、SF-8 根系长度基本可以穿过 5cm 厚的植生混凝土试块。高羊茅 30d 根系情况见图 3.58。

从图 3.58 中根部情况可以看出，虽然表面上 SF-1 的高羊茅长势良好，但其根部并未实际穿过植生混凝土，扎根于下方的土壤之中。SF-1 的长势与植株高度依然稳步提升的原因可能在于，前期播种时将调配好的土浆浇注在植生混凝土表面上，利用浆体本身的流动特性，使之自然渗透并填充至混凝土内部孔隙中，从而实现孔隙的密实填充。混凝土孔隙中土浆的营养成分能够满足高羊茅生长的基本需要；每日两次的浇水以及广西本地的空气中的湿度也能够为植物生长补充足够的水分，使高羊茅的根茎无须在混凝土底部的营养土中另外汲取水分。但从图3.58中可以看出，SF-1的叶片含水量已经明显低于另外两组，没有底部营养土的水分供给只能满足植物生长的基本需要，上部叶片没有得到充分的水分开始出现干枯的倾向，从植物生长的长远角度来看，SF-1由于其孔隙间的高pH值导致植物根系无法穿透混凝土层到达底部营养土，从而无法长久生长。

(a) SF-1　　　　　　　(b) SF-4　　　　　　　(c) SF-8

图3.58　试块底部根系长势

2. 紫花苜蓿

在本次试验涉及的三种植物中，紫花苜蓿的发芽最为迅速。播种2d时观察到所有存活的种子均已发芽，3d时所有发芽的种子已发育出新叶，此时幼苗高度大约为2cm，7d时幼苗已发育完全，且叶片生长状况优异。至13d，幼苗的叶片继续保持良好的生长态势，部分个体甚至已经开始生长出第三片叶子。大约18d时，幼苗的主要生长阶段告一段落，相比之下，在幼苗阶段后，紫花苜蓿的生长速度相对放缓。紫花苜蓿7d、15d、30d的长势如图3.59所示。

紫花苜蓿植株高度测量结果见表3.25，结果对比见图3.60。

表3.25　　　　　　　　紫花苜蓿植株高度测量结果　　　　　　　　单位：cm

| 龄期 | 编号 | | |
|---|---|---|---|
| | SF-1 | SF-4 | SF-8 |
| 3d | 1.5 | 1.8 | 4.0 |
| 6d | 1.9 | 2.5 | 4.2 |
| 9d | 3.5 | 4.5 | 6.0 |
| 12d | 7.2 | 7.4 | 8.0 |
| 15d | 8.7 | 9.1 | 9.3 |
| 21d | 11.6 | 11.8 | 11.9 |
| 30d | 14.3 | 14.5 | 15.3 |

从图3.60中可以看出，虽然紫花苜蓿前期迅速发芽，但在中后期纵向生长相对较慢。紫花苜蓿对生长环境较为敏感，温度较低、浇水较少均会导致紫花苜蓿茎叶枯黄甚至植株死亡。

图 3.59 SF-1、SF-4、SF-8 试块龄期分别为 7d（a、b、c）、15d（d、e、f）、30d（g、h、i）紫花苜蓿生长情况

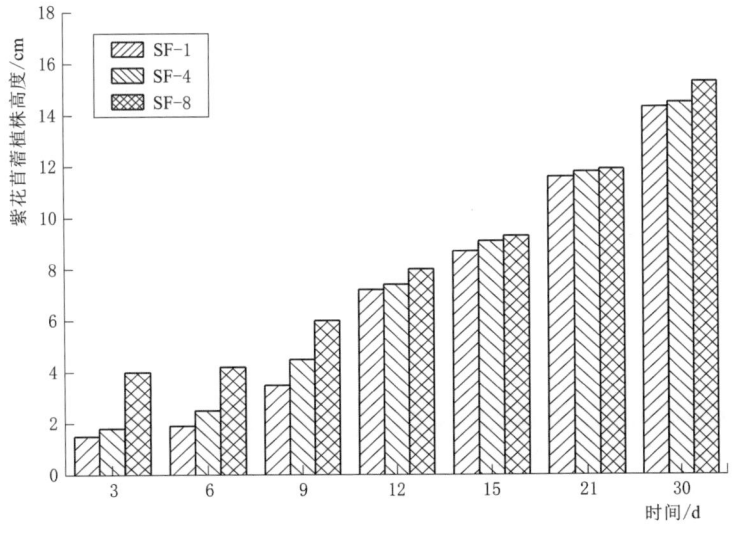

图 3.60 紫花苜蓿植株高度

通过表 3.26 与图 3.61 中的叶片含水率可以更直观地看出不同实验组对 30d 紫花苜蓿生长的影响。

表 3.26　　紫花苜蓿叶片含水率与根系长度测试结果

| 编号 | 叶片含水率/% | 30d 根系长度/cm |
| --- | --- | --- |
| SF-1 | 84.69 | 10.6 |
| SF-4 | 81.88 | 12.3 |
| SF-8 | 82.98 | 14.0 |

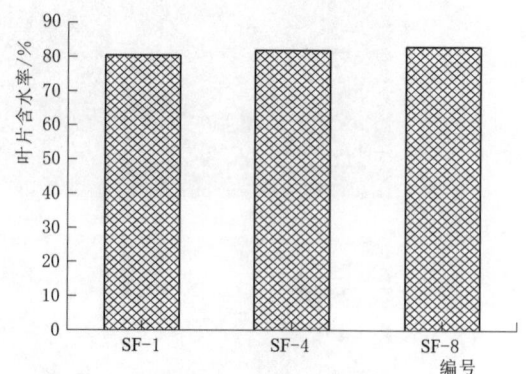

图 3.61　紫花苜蓿叶片含水率

紫花苜蓿在上部植株健康成长的同时，其根系也展现出迅猛的发育态势。经过 30d 自然生长，三组植株的根系均成功穿过了厚度为 5cm 的植生混凝土试块。紫花苜蓿 30d 根系情况见图 3.62。

(a) SF-1　　　　　　　　(b) SF-4　　　　　　　　(c) SF-8

图 3.62　试块底部根系长势

从图 3.62 可以看出，SF-1 的紫花苜蓿根部也能穿透植生混凝土层到达底部营养土层。紫花苜蓿作为三种植物中唯一能够穿过 SF-1 的混凝土层原因可能在于紫花苜蓿作为多年宿根草本植物，根茎本身比另外两种丛生型草本更加发达，生长得更加迅速。从图 3.61 中可以看出，由于 SF-1 中紫花苜蓿的根茎到达底部营养层，叶片可以通过根茎吸收底部土壤的水分，其叶片含水量高于另外两种植物在 SF-1 上的叶片含水量。SF-1 上的紫花苜蓿叶片也没有出现干枯的倾向。

3. 碱茅草

碱茅草在播种后 4d，所有存活的种子完成发芽。在播种后 5d，所有碱茅草种子均已完成萌发。至 7d 时，植株已长至 5~6cm 的高度。至 11d，所有植株的平均高度接近 10cm。碱茅草 7d、15d、30d 的长势如图 3.63 所示。

碱茅草植株高度测量结果见表 3.27，结果对比见图 3.64。

图 3.63 SF-1、SF-4、SF-8 试块龄期分别为 7d（a、b、c）、
15d（d、e、f）、30d（g、h、i）碱茅草生长情况

表 3.27　　　　　　　　　　碱茅草植株高度测量结果　　　　　　　　单位：cm

| 龄　期 | 编　号 | | |
|---|---|---|---|
| | SF-1 | SF-4 | SF-8 |
| 3d | 0 | 1.8 | 1.8 |
| 6d | 4.4 | 5.0 | 5.3 |
| 9d | 7.9 | 8.4 | 9.5 |
| 12d | 14.5 | 11.4 | 12.3 |
| 15d | 19.9 | 14.5 | 13.6 |
| 21d | 24.3 | 21.8 | 20.6 |
| 30d | 32.8 | 32.5 | 31.2 |

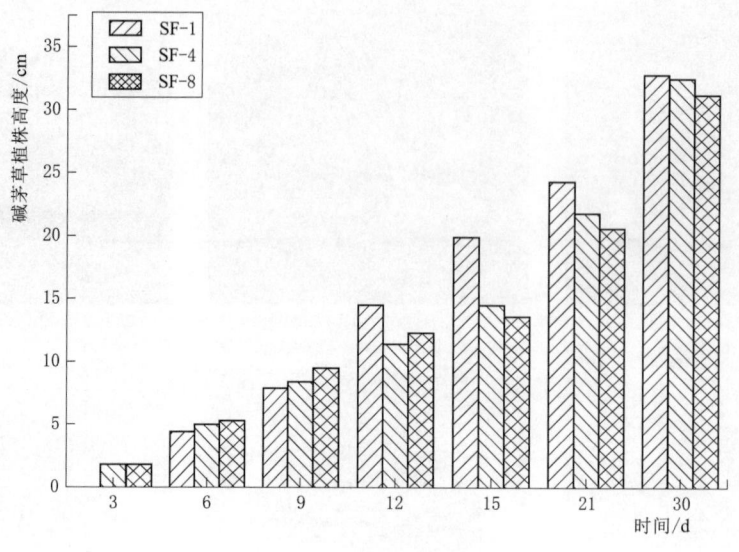

图 3.64 碱茅草植株高度

从图 3.64 中可以看出，由于碱茅草耐碱性的特点，在 SF-1 中 30d 植株高度也能达到 30cm。

通过表 3.28 与图 3.65 中的叶片含水率可以更直观地看出不同实验组对 30d 碱茅草生长的影响。

表 3.28　碱茅草叶片含水率与根系长度测试结果

| 编号 | 叶片含水率/% | 30d 根系长度/cm |
|---|---|---|
| SF-1 | 56.94 | 7.1 |
| SF-4 | 63.21 | 12.1 |
| SF-8 | 66.42 | 13.6 |

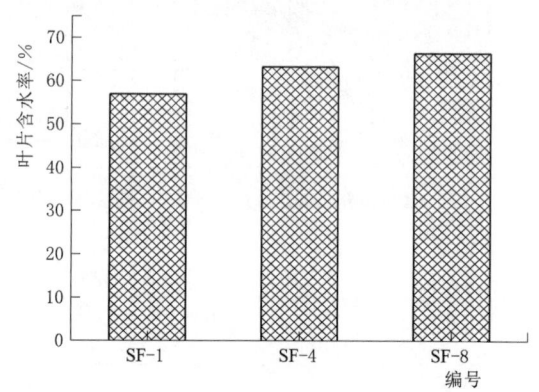

图 3.65　碱茅草叶片含水量

在上部植株持续生长的同时，碱茅草的根系也展现出迅猛的发育态势。试验中三组碱茅草植株经过 30d 自然生长，SF-1 根系长度并未穿过试块，SF-4、SF-8 根系长度基本可以穿过 5cm 厚的植生混凝土试块。碱茅草 30d 根系情况见图 3.66。

与高羊茅生长情况类似，从图 3.66 中根部情况可以看出，虽然表面上 SF-1 上的碱茅草长势良好，但其根部并未实际穿过植生混凝土，扎根于下方的土壤之中。出现该现象的原因不仅仅是由于前期播种时在混凝土孔隙中留有营养土的浆体，以及每日浇水满足的基本生长需要。同时，碱茅草作为三种植物中耐碱性最高的植物，在其植株高

(a) SF-1　　　　　　　　(b) SF-4　　　　　　　　(c) SF-8

图 3.66　试块底部根系长势

度上也得以体现，从 12d 开始 SF-1 的碱茅草植株高度明显高于其他两组。从图 3.66 中可以看出，30d 碱茅草叶片的含水量情况也与高羊茅类似，SF-1 的碱茅草的叶片含水量明显低于另外两组，上部叶片没有得到充分的水分后也开始出现干枯的倾向，同样也不能长久生长。

### 3.4.2　基于灰色关联度分析法进行孔隙率与植生性能关联性分析

综合 3.3.2 节孔隙率试验与 3.4.1 节植生性能试验进行两者的半定量分析。以连通孔隙率为母序列，植株高度、叶片含水率（LRWC）、根系长度 3 项为子序列，且均为极大型指标。正向化后指标见表 3.29。

表 3.29　正 向 化 指 标

| 连通孔隙率/% | 高羊茅植株高度/cm | 高羊茅叶片含水率/% | 高羊茅根系长度/cm | 紫花苜蓿植株高度/cm | 紫花苜蓿叶片含水率/% | 紫花苜蓿根系长度/cm | 碱茅草植株高度/cm | 碱茅草叶片含水率/% | 碱茅草根系长度/cm |
|---|---|---|---|---|---|---|---|---|---|
| 31.05 | 36.1 | 66.87 | 7.8 | 14.3 | 84.69 | 10.6 | 32.8 | 56.94 | 7.1 |
| 30.31 | 37.1 | 71.02 | 10.6 | 14.5 | 81.88 | 12.3 | 32.5 | 63.21 | 12.1 |
| 26.31 | 38.3 | 81.40 | 17.5 | 15.3 | 82.98 | 14.0 | 31.2 | 66.42 | 13.6 |

接着对指标数值进行归一化，归一化后指标数据矩阵 $Z$ 如下：

$$Z=\begin{bmatrix}0.00 & 0.00 & 0.00 & 0.00 & 1.00 & 0.00 & 1.00 & 0.00 & 0.00 \\ 0.45 & 0.71 & 0.29 & 0.20 & 0.00 & 0.50 & 0.19 & 0.34 & 0.23 \\ 1.00 & 1.00 & 1.00 & 1.00 & 0.61 & 1.00 & 0.00 & 1.00 & 1.00\end{bmatrix} \quad (3.27)$$

由归一化矩阵 $Z$ 可推导出差异空间变化矩阵 $\Delta_{ij}(k)$，如下：

$$\Delta_{ij}(k)=\begin{bmatrix}1.00 & 1.00 & 1.00 & 1.00 & 0.00 & 1.00 & 0.00 & 1.00 & 1.00 \\ 0.55 & 0.29 & 0.71 & 0.80 & 1.00 & 0.50 & 0.81 & 0.66 & 0.77 \\ 0.00 & 0.00 & 0.00 & 0.00 & 0.39 & 0.00 & 1.00 & 0.00 & 0.00\end{bmatrix} \quad (3.28)$$

灰色关联系数矩阵 $\xi$ 如下：

$$\xi = \begin{bmatrix} 0.33 & 0.33 & 0.33 & 0.33 & 1.00 & 0.33 & 1.00 & 0.33 & 0.33 \\ 0.48 & 0.63 & 0.41 & 0.38 & 0.33 & 0.50 & 0.38 & 0.43 & 0.39 \\ 1.00 & 1.00 & 1.00 & 1.00 & 0.56 & 1.00 & 0.33 & 1.00 & 1.00 \end{bmatrix} \quad (3.29)$$

计算得到各样本与最优指标集的灰色关联度，见表3.30。

表 3.30　　　　　　　　　总体灰色关联度

| 指标 | 高羊茅植株高度 | 高羊茅叶片含水率 | 高羊茅根系长度 | 紫花苜蓿植株高度 | 紫花苜蓿叶片含水率 | 紫花苜蓿根系长度 | 碱茅草植株高度 | 碱茅草叶片含水率 | 碱茅草根系长度 |
|---|---|---|---|---|---|---|---|---|---|
| 关联度 | 0.60 | 0.65 | 0.58 | 0.57 | 0.63 | 0.61 | 0.57 | 0.59 | 0.57 |

由表3.30可知，硅灰植生混凝土孔隙结构对植物的叶片含水率影响程度最高，含水率的关联度在三种植生性能指标均为最高。直观地反映出混凝土孔隙率是影响植物根系吸水能力的直接原因。

### 3.4.3　基于全生命周期评价法的植生混凝土碳排量计算

全生命周期评价（Life Cycle Assessment，LCA）方法作为一种评估工具，主要应用于评估某个产品或服务的整个生命周期的能源消耗和环境影响。全生命周期是指产品的原材料开采、加工、制造、包装、运输到产品使用和维护过程最终到废弃处理阶段的整个过程[35]。LCA法正是基于此过程，经过确定目的和范围、清单分析、影响评价和结果解释四个步骤对产品的所有碳排放量来进行研究和计算，最终得出产品碳排放量的量化指标。

本节使用全生命周期评价法对掺加硅灰的植生混凝土的生产与植物在其上生长的运行这两个阶段进行计算与分析，所使用数据优先使用国家层次统计数据，即近几年公开发表的相关行业数据，部分数据采用查阅文献[36]与实地调研等方式获取。

#### 3.4.3.1　掺加硅灰的植生混凝土碳排量计算

采用硅灰植生混凝土制备的碳排放量可以分为原材料生产阶段、制备阶段、运输阶段、施工阶段、回收阶段五个部分，1t硅灰植生混凝土全生命周期的碳排放量计算公式见式（3.30）～式（3.34）。

$$C_1 = \sum_i \left( \sum_j a_{ij} K_j \right) m_i \quad (3.30)$$

式中：$C_1$ 为1t硅灰植生混凝土原材料生产阶段的碳排放量；$a_{ij}$ 为第 $i$ 类原材料生产过程中第 $j$ 类能源消耗量；$K_j$ 为第 $j$ 类能源的碳排放量系数，取直接碳排放量系数 $k_j$ 和间接碳排放量系数 $k'_j$ 之和；$m_i$ 为1t硅灰植生混凝土的第 $i$ 类原材料的用量。

$$C_2 = \sum_j (b^y + d_j^y k'_j) s_i m_i \quad (3.31)$$

式中：$C_2$ 为1t硅灰植生混凝土运输阶段的碳排放量；$b^y$ 为采用第 $y$ 类运输方式运输1t硅灰植生混凝土的直接碳排放量；$d_j^y$ 为采用第 $y$ 类运输方式运输1t硅灰植生混凝土的第 $j$ 类单位运输能耗；$k'_j$ 为采用第 $y$ 类运输方式的间接碳排放量系数；$s_i$ 为第 $i$ 类原材料的运输距离。

$$C_3 = \sum_j e_j K_j \tag{3.32}$$

式中：$C_3$ 为1t硅灰植生混凝土制备阶段的碳排放量；$e_j$ 为1t硅灰植生混凝土制备过程中第 $j$ 类能源消耗量。

$$C_4 = \sum_j f_j K_j \tag{3.33}$$

式中：$C_4$ 为1t硅灰植生混凝土投放施工阶段的碳排放量；$f_j$ 为1t硅灰植生混凝土投放施工过程中第 $j$ 类能源消耗量。

$$C_5 = \sum_j g_j K_j \tag{3.34}$$

式中：$C_5$ 为1t硅灰植生混凝土回收阶段的碳排放量；$g_j$ 为1t硅灰植生混凝土回收过程中第 $j$ 类能源消耗量。

主要能源的碳排放量见表3.31；计算得出使用硅灰植生混凝土各阶段的主要碳排放量见表3.32。

表 3.31　　　　　　　　　　主要能源的碳排放量

| 能源种类 | 单位 | 单位碳排放量/kg | 来　源 |
|---|---|---|---|
| 汽油 | kg | 2.031 | IPCC 国家温室气体排放清单 |
| 电能 | kW·h | 1.195 | CNMLCA 中国材料生命周期清单库 |
| 柴油 | kg | 3.178 | IPCC 国家温室气体排放清单 |
| 煤炭 | kg | 2.618 | 《建筑碳排放计算标准》（GB/T 51366—2019） |

表 3.32　　　　　　硅灰植生混凝土的全生命周期各阶段碳排放量

| 全生命周期阶段 | 原材料或机械名称 | 单位主要能源消耗量 | | | 碳排放总量 $C_i$ /kg |
| | | 电能 /(kW·h) | 煤 /kg | 柴油 /L | |
|---|---|---|---|---|---|
| 原材料生产阶段 | 硅灰混凝土/t | 1.17 | 20.67 | 0.72 | 57.80 |
| | 水/t | — | — | — | 0.04 |
| | 减水剂/t | 2.5 | 0.01 | — | 3.01 |
| 运输阶段 | 载货汽车/台班 | — | — | 33.24 | 316.91 |
| 制备阶段 | 搅拌机/台班 | 8.61 | — | — | 10.29 |
| | 压制成型机/台班 | 16.60 | — | — | 19.81 |
| 施工阶段 | 汽车式起重机/台班 | — | — | 38.41 | 122.07 |
| 回收阶段 | 汽车式起重机/台班 | — | — | 38.41 | 122.07 |
| 总　计 | | — | — | — | 652.00 |

注　$C_1$ 计算中的原材料能源消耗量与碳排放总量来源于文献资料[36-37]，且由于硅灰是一种工业固废，其碳排放量可不计，$C_2$ 计算中的运输距离经调研为3km；表中所有机械设备的台班数假定为1台，能耗与碳排放量数据来源于文献资料[36-37]。

最后，基于LCA法计算得出制备1t硅灰植生混凝土的 $CO_2$ 排放量为652kg。

#### 3.4.3.2　绿化系统的固碳量计算

《建筑碳排放计算标准》（GB/T 51366—2019）在绿化措施的固碳效应方面并未给出明

确规定，故此查阅相关文献以确定各类绿化措施及固碳系数[38-39]，见表3.33和表3.34。

表3.33 绿化固碳因子

| 栽植类型 | | 单位固碳量/kg | 覆土深度 | |
|---|---|---|---|---|
| | | | 屋顶、阳台、露台 | 其他 |
| 生态复层 | 大小乔木、灌木、花草密植混种区（乔木间距3.5m以下） | 2 | 1.0m以上 | 1.0m以上 |
| 乔木 | 阔叶大乔木 | 1.5 | | |
| | 阔叶小乔木、针叶乔木、疏叶乔木 | 1 | 0.7m以上 | |
| | 棕榈类 | 0.66 | | |
| 灌木 | 灌木（每平方米至少栽植3株） | 0.5 | 0.4m以上 | 0.5m以上 |
| | 多年生蔓藤 | 0.4 | | |
| | 草花花圃、自然野草地、水生植物、草坪 | 0.3 | 0.1m以上 | 0.3m以上 |
| | 薄层绿化、壁挂式绿化 | 0.3 | 0.1m以上 | 0.3m以上 |

表3.34 不同种植方式单位种植面一年$CO_2$固定量比较表

| 种植方式 | $CO_2$固定量/(kg/m²) |
|---|---|
| 大小乔木密植混种区（平均种植间距）＜3.0m，土壤深度＞0.9m | 22.5 |
| 落叶大乔木（土壤深度＞1.0m） | 20.2 |
| 落叶小乔木、针叶木或疏叶性乔木（土壤深度＞1.0m） | 14.3 |
| 小棕榈类（土壤深度＞1.0m） | 10.25 |
| 密植灌木丛（高约1.3m，土壤深度＞0.5m） | 10.95 |
| 密植灌木丛（高约0.9m，土壤深度＞0.5m） | 8.15 |
| 密植灌木丛（高约0.45m，土壤深度＞0.5m） | 5.13 |
| 多年生蔓藤（以立体攀附面积计算，土壤深度＞0.5m） | 2.58 |
| 高草花花圃或高茎野草地（高约1.0m，土壤深度＞0.3m） | 1.15 |
| 一年生蔓藤、低草花花圃或低茎野草地（高约0.25m，土壤深度＞0.3m） | 0.34 |

《绿建筑评估手册》的讨论区域设定于台湾地区，考虑到该地区的气候特征主要归属于亚热带季风气候与热带季风气候[40]，在运用固碳系数时有必要做出适应当地气候特点的调整，详情见表3.35。

表3.35 修正后绿化固碳因子

| 绿化名称 | 绿化类型 | 绿化类型年$CO_2$固定量/(kg/m²) |
|---|---|---|
| 乔木 | 亚热带阔叶小乔木、针叶乔木、疏叶乔木 | 0.15 |
| 灌木 | 亚热带密植灌木 | 0.075 |
| 草地 | 亚热带草花花圃、自然野草、草坪、水生植物 | 0.05 |
| 藤蔓 | 亚热带多年生藤蔓 | 0.0146 |
| 混种区 | 大小乔木、灌木、花草密植混种区 | 0.0275 |

计算得到硅灰植生混凝土绿化系统的各主要固碳量,见表 3.36。

表 3.36　　　　　　　　硅灰植生混凝土绿化系统的固碳量

| 绿化名称 | 绿化类型 | 固碳因子 | 碳固定量 /(kg/m²) | 碳固定总量 /kg |
|---|---|---|---|---|
| 高羊茅 | 亚热带自然野草地 | 0.05 | 1.15 | 575 |
| 紫花苜蓿 | 亚热带草花花圃 | 0.05 | 0.34 | 170 |
| 碱茅草 | 亚热带自然野草地 | 0.05 | 1.15 | 575 |

注　经调研植生混凝土厚度为 0.1m,即 1t 硅灰植生混凝土共有 10000m²。

最后,经计算得出 1t 的硅灰植生混凝土上种植高羊茅、紫花苜蓿、碱茅草对应的一年固碳量分别为 575kg、170kg、575kg。具体对比见图 3.67。

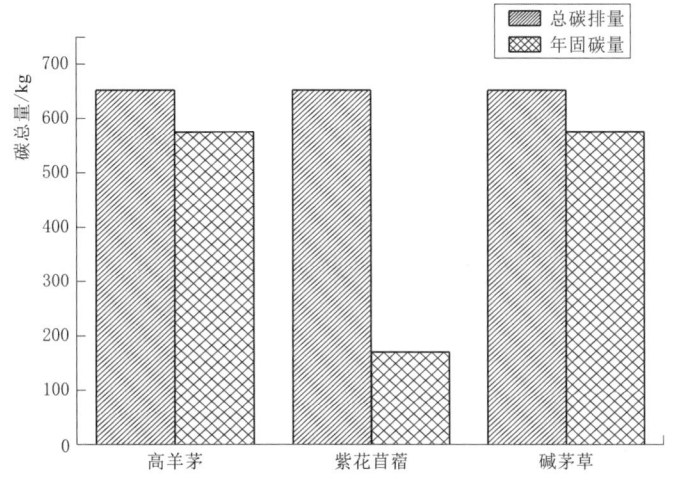

图 3.67　三种植物碳排量对比

基于 LCA 法计算得出制备 1t 硅灰植生混凝土的 $CO_2$ 排放量为 652kg。由图 3.67 可知,高羊茅、紫花苜蓿以及碱茅草一年的固碳量能够抵消碳排放 88.19%、26.07%、88.19%,分别在第二年、第四年、第二年实现碳中和目标。

### 3.4.4　本节小结

本节重点验证了植生混凝土的植生性能并基于全生命周期评价法计算了植生混凝土的碳排量。试验选用高羊茅、紫花苜蓿和碱茅草作为研究对象,并采用上置播种方式进行了植物的对比实验,以下是所得结论:

(1) 鉴于广西地区在实验阶段普遍呈现出温和且湿润的气候特征,寒冷天气并不频繁,因此选择了适宜在肥沃湿润且富含有机质土壤、喜好寒冷潮湿及温暖气候条件的高羊茅,以及生长温度范围在 15~25℃ 的紫花苜蓿,这一温度区间恰好是紫花苜蓿生长的最佳温度窗口。同时,考虑到试验地的气候特点,还引入了耐盐、喜水、耐碱且性能优越适宜生长温度在 10~35℃ 之间的碱茅草。

(2) 在植生试验进程中,高羊茅展现了极高的生长速率,大约 10d,其植株高度即可达到 10cm。不过，在早期阶段，高羊茅的根茎较为娇嫩，易于出现倒伏现象。但随着生长的推进，其根茎逐渐变得强壮且植株整体愈发茁壮。经过 30d 的生长周期，高羊茅的根系长度可达 35cm，成功贯穿硅灰植生混凝土。总体来看，高羊茅展现出极佳的生态适应性。

（3）紫花苜蓿发芽最为迅速，3d 平均高度达到 1.5cm，但紫花苜蓿垂直生长速度相对迟缓，在播种 30d 后，植株高度大致维持在 15cm 左右。尽管如此，紫花苜蓿植株每株通常会分化出 3～5 个侧枝，且每个侧枝末端均长有 3～4 片叶子，展现出了旺盛的生命力和良好的环境适应性，且根部能穿过普通植生混凝土试块。

（4）碱茅草生长 30d 后，碱茅草植株高度在普通植生混凝土中也能够达到 33cm，但植株根部生长缓慢，未能穿过普通植生混凝土试块，综合来说，适生性一般。

（5）硅灰植生混凝土孔隙结构对植生性能指标中的叶片含水率影响程度最高。直观地反映出混凝土孔隙率是影响植物根系吸水能力的直接原因。

（6）基于全生命周期评价法计算植生混凝土的碳排量得出，制备 1t 硅灰植生混凝土的 $CO_2$ 排放量为 652kg，而 1t 硅灰植生混凝土上种植高羊茅、紫花苜蓿、碱茅草对应的一年固碳量分别为 575kg、170kg、575kg，相应能够抵消制备植生混凝土碳排放的 88.19％、26.07％、88.19％。

## 3.5 结 论 与 展 望

### 3.5.1 结论

为了探寻植生混凝土强度高、有一定的孔隙率且降低孔隙溶液的 pH 值的制备方法，采用掺加硅灰部分替代水泥的方法制备了硅灰植生混凝土。对于普通植生混凝土，研究了配合比对其抗压强度、劈裂抗拉强度、抗弯强度、孔隙率等基本性能的影响；孔隙率与抗压强度之间的关系以及力学性能之间的相互关系。对于硅灰植生混凝土，研究了硅灰掺量对硅灰植生混凝土的力学性能、透水性能、pH 值、耐久性能和植生性能的影响，并结合灰色关联度分析（GRA）法评价了硅灰掺量与上述各项指标的关联度。除此之外，还通过全生命周期评估（LCA）法计算了制备硅灰混凝土的碳排放量以及种植草种后植物的年固碳量。最后通过一系列现代分析测试手段如 XRD、SEM 等表征了硅灰植生混凝土的微观结构，探讨性能提升的机理。得到的主要结论如下：

（1）普通植生混凝土的基本性能受到配合比的影响显著。体现在植生混凝土的力学性能包括抗压强度、劈裂抗拉强度、抗弯强度随着水灰比 W/C 与骨胶比 A/C 的增大呈现出先上升后下降的趋势；孔隙率则相反，随着 W/C 与 A/C 的增大呈现出先下降后上升的趋势。综合分析试块的性能后，按照 W/C 为 0.30，A/C 为 5.0 配比制备的试块拥有相对而言较好的综合性能：孔隙率适宜；抗压强度、劈裂抗拉强度、抗弯强度最高；同时孔隙率与抗压强度呈指数函数关系。

（2）硅灰可以有效优化植生混凝土的内部孔隙结构。利用硅灰的微集料效应与火山灰效应能够有效填充植生混凝土内部的无效孔隙，从而使混凝土的孔隙率以及透水系数随着硅灰掺量的增加而下降，随着孔隙结构的改变，对于植生性能指标中叶片含水率的影响程度最大；在一定掺量范围内也能够提高植生混凝土的力学性能，抗压强度、劈裂抗拉强度以及抗弯强度均在硅灰掺量为6%时达到最高，高硅灰掺量的试块可能会由于内部存在大量硅灰仅仅发挥了填充效应并未实际参与水化，未能完全抵消因大幅减少水泥用量所引发的强度衰减问题。同时，在分析硅灰掺量对混凝土力学性能与透水性能的影响规律后建立了硅灰植生混凝土的抗压强度模型与透水系数模型。硅灰植生混凝土的抗压强度与总孔隙率之间呈幂函数关系；透水系数与连通孔隙率之间呈指数函数关系。

（3）硅灰的火山灰效应会加剧植生混凝土的收缩。XRD、SEM等微观表征的分析结果表明掺入硅灰后，消耗了六方片状的$Ca(OH)_2$，形成蜂窝状、网状C-S-H凝胶。发生水化反应的同时消耗了内部的水分，随着硅灰掺量的增加，植生混凝土的干缩值不断提高；同时硅灰自身的收缩对混凝土膨胀起到了限制作用，从而提高了抗冻性，硅灰掺量为16%时，质量损失率达到最低，动弹性模量达到最高，但是高掺量硅灰可能因为在冻融循环中无法发挥其活性作用，导致抗冻性能较差。

（4）硅灰的掺入有效改善了植生混凝土内部孔隙碱环境。随着硅灰掺量的增加，pH值不断下降，通过GRA法计算所得硅灰掺量与混凝土pH值的关联度最大。高羊茅、紫花苜蓿与碱茅草在pH值最低的试块上植株高度、叶片含水率同时达到最高，根系也在pH值最低的试块上最为发达。三种植物均能在植生混凝土上正常存活，紫花苜蓿在普通植生混凝土中适生效果最佳，其根部能够穿过混凝土层到达底部营养土层，且叶片含水率良好；高羊茅在硅灰植生混凝土中适生效果最佳，其植株高度稳定上升且根部能够穿过混凝土层到达底部营养土层。

（5）在硅灰植生混凝土上植草有效控制了硅灰植生混凝土的碳排放量。通过LCA法计算所得的三种植物的年固碳量中，高羊茅与碱茅草作为亚热带自然野草地一年的固碳量能够抵消制备硅灰植生混凝土碳排放量的88.19%；紫花苜蓿作为亚热带草花花圃一年的固碳量能够抵消制备硅灰植生混凝土碳排放量的26.07%。因此，在植生混凝土上进行植草符合目前"碳中和，碳达峰"的"双碳"目标。同样证明了硅灰植生混凝土是一种具有应用前景的低碳、环保的工程建筑材料。

### 3.5.2 展望

针对目前植生混凝土在工程中利用现状，通过试块制备、性能研究、拟合计算等研究手段，成功将硅灰应用在植生混凝土中，在材料的性能提高、低碳环保等方面取得了一些不错的成果，但同时也发现了一些还可以深入研究下去的内容，如下：

（1）在考虑成本和实际效果的基础上，采用单一掺合料硅灰进行调控，但并未尝试进行对多种掺合料复合调控植生混凝土的研究。实际上，硅灰单一调控能够满足基本性能要求，在实际工程领域中的应用还需要更优异的性能，不同掺合料种类对植生混凝土的调控效果的影响值得深入研究。

（2）基于硅灰植生混凝土的基本性能与内部孔隙结构密切相关，本章仅研究了孔隙率这一种孔结构参数与基本性能之间的关系，而事实上，基于硅灰植生混凝土的基本性能变化是在孔隙率、平均孔径、孔径分布等孔结构参数耦合作用下影响的，因此完善植生混凝土基本性能和其他孔结构参数之间的关系，得到更科学、合理的影响机制可以再进行深层次的分析。

（3）使用了全生命周期评估法计算了生产基于硅灰植生混凝土的碳排放量。但全生命周期评估法只是计算碳排放量的一种方法，且目前国内各个行业、技术、设备的碳排放量系数还并不是特别完善，加之除了碳排放量以外还有碳足迹等包含内容更多的评估指标参数，因此全生命周期评估法也存在其局限性。在此基础上，对使用其他方法评估植生混凝土生产与使用时的碳排放或碳足迹进行深入研究，很符合当下"双碳"目标的大背景，且对提高植生混凝土产品附加值有重大意义。

## 参 考 文 献

[1] 再生骨料透水混凝土应用技术规程：CJJ/T 253—2016 [S]. 北京：中国建筑工业出版社，2016.

[2] 水工混凝土试验规程：SL/T 352—2020 [S]. 北京：中国水利水电出版社，2020.

[3] 土壤 pH 的测定：NY/T 1377—2007 [S]. 北京：中国农业出版社，2007.

[4] 透水水泥混凝土路面技术规程：CJJ/T 135—2009 [S]. 北京：中国建筑工业出版社，2021.

[5] Ibrahim A, Mahmoud E, Yamin M, et al. Experimental study on Portland cement pervious concrete mechanical and hydrological properties [J]. Construction and Building Materials, 2014, 50: 524-529.

[6] Tennis P D, Leming M L, Akers D J. Pervious concrete pavements [M]. Portland Cement Association Skokie, IL, 2004.

[7] Crouch L, Sparkman A, Dunn T R, et al. Estimating pervious PCC pavement design inputs with compressive strength and effective void content [J]. Maryland: Silver, 2006.

[8] 王钰杰，阎海峰，沈卫国，等. 透水植生混凝土的研制及工程应用 [J]. 武汉理工大学学报，2018, 40 (7): 35-39.

[9] Group C. American Concrete Institute (ACI) [J]. Concrete in Australia, 2022 (2): 48.

[10] Kevern J T. Pervious concrete [M]. Climate Change, Energy, Sustainability and Pavements. Springer. 2014.

[11] Pereira M, Carbajo J, Godinho L, et al. Acoustic behavior of porous concrete. Characterization by experimental and inversion methods [J]. Materiales de Construcción, 2019, 69 (336): 202.

[12] 刘小康. 植物生长型多孔混凝土的制备、性能与抗冻性研究 [D]. 南京：东南大学，2006.

[13] Abrams D A. Water-cement ratio as a basis of concrete quality [J]. Journal Proceedings, 1927, 23 (2): 452-457.

[14] 贾金青，胡玉龙，王东来，等. 混凝土抗压强度与孔隙率关系的研究 [J]. 混凝土，2015 (10): 56-59, 63.

[15] Bal'shin M Y. Powder Metal Science [J]. Metallurgizdat, Moscow, 1948, 5 (10): 42-46.

[16] Mikhailov E, Vlasenko S, Ryshkevitch T, et al. Soot structure investigation: Adsorbtional properties [J]. Journal of Aerosol Science, 1996, 27: S709-S710.

[17] Brebbia C A. Materials Characterisation Ⅶ [J]. Computational Methods and Experiments, 2009, 64 (13): 853-856.

[18] 李化建，孙恒虎，肖雪军. 生态混凝土研究进展 [J]. 材料导报，2005 (3): 17-20, 24.

[19] 周慧波，牛向楠，李振海. 添加剂对碳酸钙溶解度的影响 [J]. 环境工程，2013, 31 (S1): 419-421.

[20] 杨林德，潘洪科，祝彦知，等. 多因素作用下混凝土抗碳化性能的试验研究 [J]. 建筑材料学报，2008 (3)：345-348.

[21] 宋华，牛荻涛，李春晖. 矿物掺合料混凝土碳化性能试验研究 [J]. 硅酸盐学报，2009，37 (12)：2066-2070.

[22] Takemoto K. Hydration of pozzolanic cements [J]. Proc 7th International Congress on the Chemistry of Cements，1980，56 (6)：1-21.

[23] 孙振华. 高性能混凝土耐久性试验研究 [D]. 郑州：郑州大学，2011.

[24] 全洪珠，王存哲，逄增铭，等. 多孔生态混凝土抗冻耐久性能试验研究 [J]. 混凝土，2017 (11)：191-194.

[25] Li L，Nam J，Hartt W H. Ex situ leaching measurement of concrete alkalinity [J]. Cement and Concrete Research，2005，35 (2)：277-283.

[26] 朱梁. 混凝土孔隙对其宏观力学性能的影响研究 [D]. 大连：大连理工大学，2016.

[27] 齐玮. 泡沫混凝土物理力学性能与孔隙特征的研究 [D]. 沈阳：沈阳建筑大学，2016.

[28] 丁宁. 混凝土孔结构与强度关系模型的综述 [J]. 低温建筑技术，2014，36 (4)：19-21.

[29] 倪凯翔. 透水混凝土基本性能试验研究 [D]. 南京：东南大学，2018.

[30] LIU J，GAO Z M，WANG L. Design scheme evaluation and sensitivity analysis of product based on grey relation [J]. International Conference on Sustainable Energy and Environmental Engineering，2012，291-294：2706-2709.

[31] LI X Z，MING X G，SONG W Y，et al. A fuzzy technique for order preference by similarity to an ideal solution-based quality function deployment for prioritizing technical attributes of new products [J]. Proceedings of the Institution of Mechanical Engineers Part B-Journal of Engineering Manufacture，2016，230 (12)：2249-2263.

[32] 李英主，鄢家俊，周磊昊，等. 多叶型紫花苜蓿研究进展 [J]. 草学，2018 (5)：1-5.

[33] 任鸿远. 紫花苜蓿生长特性与温度关系的研究 [D]. 西安：西北农林科技大学，2007.

[34] 刘玉华. 紫花苜蓿生长发育及产量形成与气象条件关系的研究 [D]. 西安：西北农林科技大学，2006.

[35] 阴世超. 建筑全生命周期碳排放核算分析 [D]. 哈尔滨：哈尔滨工业大学，2012.

[36] 肖建庄，黎鹜，丁陶. 再生混凝土生命周期 $CO_2$ 排放评价 [J]. 东南大学学报（自然科学版），2016，46 (5)：1088-1092.

[37] 高育欣，王军，徐芬莲，等. 预拌混凝土绿色生产碳排放评估 [J]. 混凝土，2011 (1)：110-112.

[38] 彭胜椿. 绿建筑评估指标系统减碳潜力分析——以住宿类绿建筑为例 [J]. 2022.

[39] 黄志锋，丁可，张昌佳. 广东省《建筑碳排放计算导则（试行）》解读 [J]. 住宅产业，2023 (6)：14-17.

[40] 朱凯，张倩倩，武鹏飞，等. 城市绿地碳汇核算方法及其研究进展 [J]. 陕西林业科技，2015 (4)：34-39.

# 第4章 超硫酸盐水泥透水混凝土制备及其植生性能研究

低碳、低碱度是植生混凝土绿色发展的基本要求。因此，研发低碱胶凝材料代替硅酸盐水泥制备透水性植生混凝土，最大限度地降低硅酸盐熟料水泥用量，符合国家"双碳"战略，对促进生态水利发展和无废城市建设具有重要的意义。超硫酸盐水泥中仅含有约5%的硅酸盐水泥，属于水硬性胶凝材料范畴，具有碱度低、耐水等特性，适用于制备植生材料。但是，现有超硫酸盐水泥基透水性植生混凝土，孔隙率为25%～30%，强度尚难以达到C10以上要求。本章针对提升超硫酸盐水泥植生混凝土性能，开展了系统的试验研究和理论分析。

## 4.1 原材料及试验方法

超硫酸盐水泥（SSC）是一种以超细矿渣微粉（GGBFS）为主要原料，石膏作为硫酸盐活化剂，硅酸盐水泥或石灰作为碱性活化剂制备的水泥。相比于普通混凝土，超硫酸盐水泥透水性植生混凝土不含细骨料，其区别于其他混凝土的最主要的结构特点是包裹着水泥浆体的粗骨料间相互黏结，形成均匀连续分布的蜂窝状孔隙结构。因此，水泥种类、骨料类型、粒径以及外加剂性能等的选择尤为重要。

### 4.1.1 原材料

（1）水泥。选用较高强度等级的水泥有利于提高混凝土承受外界载荷的能力，试验选用广西鱼峰水泥厂生产的P·Ⅱ42.5水泥，见图4.1，水泥的主要化学成分见表4.1，基本物理力学性能指标见表4.2。

图4.1 P·Ⅱ42.5水泥

表4.1　　　　P·Ⅱ42.5水泥主要化学成分　　　　单位：wt%

| 水泥品种 | SiO$_2$ | Al$_2$O$_3$ | Fe$_2$O$_3$ | CaO | MgO | TiO$_2$ | SO$_3$ |
|---|---|---|---|---|---|---|---|
| P·Ⅱ42.5 | 20.99 | 6.26 | 5.36 | 64.98 | 1.18 | 0.3 | 0.93 |

表4.2　　　　P·Ⅱ42.5水泥物理力学性能指标

| 水泥品种 | 比表面积/(m$^2$/kg) | 安定性 | 标准稠度用水量/% | 凝结时间/min | | 抗折强度/MPa | | 抗压强度/MPa | |
|---|---|---|---|---|---|---|---|---|---|
| | | | | 初凝 | 终凝 | 3d | 28d | 3d | 28d |
| P·Ⅱ42.5 | 363 | 合格 | 24.34 | 132 | 165 | 6.7 | 9.3 | 30.9 | 57.6 |

（2）矿渣微粉。超硫酸盐水泥一般由75%～85%的矿粉、10%～20%的硫酸盐（二水合石膏、石膏、磷石膏等）和1%～5%的碱性活化剂（水泥熟料、氢氧化钙、石灰等）组成。作为SSC的主要原料，矿粉的细度对材料的性能至关重要。试验采用S95级矿渣微粉（见图4.2），密度为2.94g/cm³，比表面积427m²/kg，7d活性指数77%，28d活性指数103%，粒径分布范围在100～1000nm之间，粒径密集分布区间在150～350nm，本试验所用的矿粉品质检验结果见表4.3。

表4.3　　矿粉品质检验结果

| 密度/(g/cm³) | 流动度比/% | 烧失度/% | 需水量比/% | 7d活性指数/% | 28d活性指数/% | 粒径分布/nm |
| --- | --- | --- | --- | --- | --- | --- |
| 2.94 | 108 | 0.47 | 0.2 | 77 | 103 | 100～1000 |

（3）石膏。试验采用的硬石膏见图4.3，品质检验结果见表4.4。

图4.2　矿粉

图4.3　硬石膏

表4.4　　石膏品质检验结果

| CaO | MgO | SiO₂ | SO₃ | Al₂O₃ | 结晶水 | 吸附水 | 烧失量 |
| --- | --- | --- | --- | --- | --- | --- | --- |
| 39.77 | 0.65 | 0.21 | 56.15 | 0.0035 | 0.3 | 0.13 | 1.75 |

（4）骨料。试验选用的粗骨料为鱼峰水泥厂崖脚石料厂的石灰岩碎石，粒径级配分别为5～10mm、10～20mm、20～30mm，如图4.4所示，骨料基本性能指标见表4.5。

(a)

(b)

(c)

图4.4　石灰岩碎石

（5）外加剂。选用江苏苏博特新材料股份有限公司生产的PCA®-Ⅰ聚羧酸高性能减水剂，该减水剂性能的试验结果见表4.6。激发剂由南京建高新材料科技有限公司提供，其主要功能为促进早期钙矾石和水化硅酸钙形成。

表 4.5　骨料基本性能指标

| 粒径/mm | 针片状含量/% | 吸水率/% | 表观密度/(g/cm³) | 毛体积相对密度/(g/cm³) |
| --- | --- | --- | --- | --- |
| 5～10 | 3.1 | 0.97 | 2.749 | 2.677 |
| 10～20 | 2.8 | 0.36 | 2.781 | 2.754 |
| 20～30 | 0.6 | 0.32 | 2.745 | 2.721 |

表 4.6　减水剂性能的试验结果

| 固含量/% | 减水率/% | 含气量/% | 抗压强度比/% | |
| --- | --- | --- | --- | --- |
| | | | 7d | 28d |
| 18.94 | 26.5 | 3.2 | 155 | 145 |

（6）试验用水。混凝土拌和及养护用水采用南宁市自来水，水泥水化试验用水为工业蒸馏水。

## 4.1.2　材料成型方法

超硫酸盐水泥砂浆的成型参照《预拌砂浆》（GB/T 25181—2019），制备流程见图 4.5。

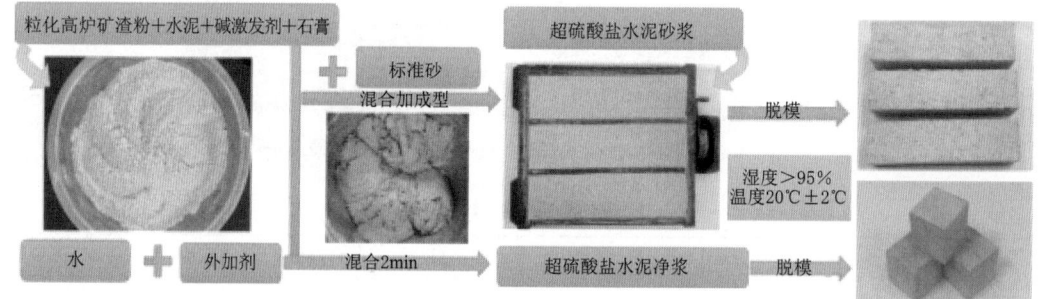

图 4.5　超硫酸盐水泥砂浆的制备流程

透水性植生混凝土的成型方法与普通混凝土有所差异。为制备目标孔隙率 25%～30% 的植生混凝土，通过体积法进行配合比设计，拌和时采用与裹浆法，使得浆体更加均匀地包裹粗骨料表面，成型时拌和物分 3 次装入试模，人工插捣密实后再加压抹平表面，以保证骨料通过水泥浆体紧密黏结、孔隙连通，避免出现沉浆堵塞孔隙的现象。超硫酸盐水泥植生混凝土的制备流程见图 4.6。

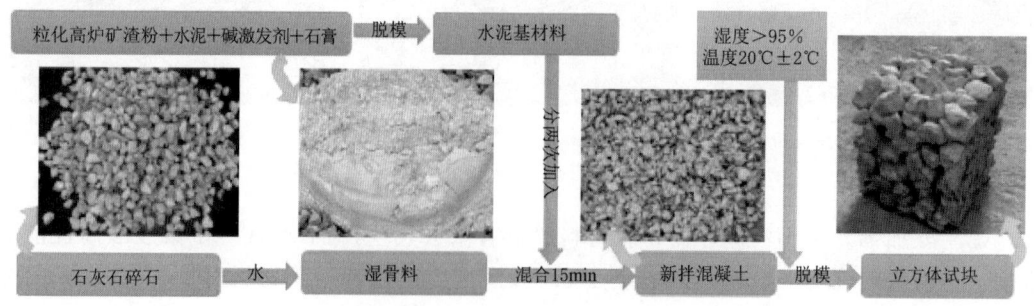

图 4.6　超硫酸盐水泥透水混凝土的制备流程

## 4.1.3 试验仪器设备及测试方法

### 4.1.3.1 仪器设备

超硫酸盐水泥制备试验及微观表征、超硫酸盐水泥透水混凝土制备所用主要仪器设备见表 4.7。

表 4.7　　　　　　　　　　　试验用仪器设备

| 仪器名称 | 型号 | 执行标准厂家 |
|---|---|---|
| 水泥净浆搅拌机 | NJ-160A | 无锡建仪仪器机械有限公司 |
| 水泥砂浆搅拌机 | JJ-5 | 无锡建仪仪器机械有限公司 |
| 微机控制电子万能试验机 | CHT-4106 | 上海新三思计量仪器制造有限公司 |
| 振动台 | 2HDG-80 | 上虞市胜飞试验机械厂 |
| 自动电位滴定仪 | ZD-2 | 上海仪电科学仪器股份有限公司 |
| 动弹仪 | DT-20 | 天津市港源试验仪器厂 |
| 混凝土快速冻融试验机 | KDR-V9 | 北京数智意隆有限公司 |
| 扫描电子显微镜 | VEGA TS5136XM | 捷克 Tescan 公司 |
| X射线衍射仪 | 日本 Rigaku D/max-2200PC | — |
| 全自动比表面及孔隙度分析仪 | ASAP 2460 | — |
| 同步热分析 TG-DSC | 德国 NETZSCH STA 449 F5 | — |

### 4.1.3.2 水泥基本性能测试方法

（1）标准稠度用水量、凝结时间。参照《水泥标准稠度用水量、凝结时间、安定性检验方法》（GB/T 1346—2011）进行超硫酸盐水泥标准稠度用水量和凝结时间的测定。

（2）水泥胶砂力学性能测试方法。采用上海新三思计量仪器制造有限公司生产的 CHT-4106 微电脑控制自动压力试验机进行砂浆抗压强度测试。将配制好的砂浆倒入 40mm×40mm×160mm 的棱柱形养护模中，成型完成后标准养护至 3d、28d 龄期拆模，参照《水泥胶砂强度检验方法（ISO 法）》（GB/T 17671—2021）进行超硫酸盐水泥力学性能试验。

（3）pH 值测试。采取固液萃取的方法测试植生混凝土酸碱度。称取 10g 样品粉末，加入 10 倍蒸馏水中并密封以阻止碳化，每隔 5min 均匀地搅拌一次，2h 后，滤纸过滤，用自动电位滴定仪测定滤液的 pH 值，见图 4.7。

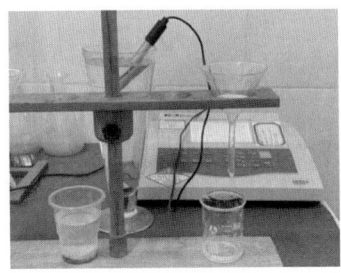
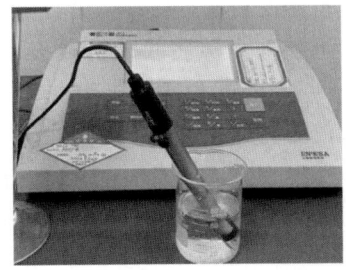

图 4.7　混凝土液相 pH 值试验

(4) 孔隙率测试。采用质量法测试透水性植生混凝土的总孔隙率和连通孔隙率。取出养护至规定龄期的植生混凝土试块，游标卡尺量取试块的长、宽和高，求出混凝土试块体积 $V$；测定混凝土试块养护 24h 后在空气中质量 $W_1$，试块烘干 24h 后空气中质量为 $W_2$。将待测试块用吊绳固定完全浸入水中，24h 后用吊秤测定试块在水中的质量 $W_3$。试件孔隙率具体测试方法如图 4.8 所示。按式（4.1）和式（4.2）计算透水性植生混凝土孔隙率。

图 4.8　孔隙率测试方法

$$P_1 = \left(1 - \frac{W_2 - W_3}{\rho_w V}\right) \times 100\% \tag{4.1}$$

$$P_2 = \left(1 - \frac{W_1 - W_3}{\rho_w V}\right) \times 100\% \tag{4.2}$$

式中：$P_1$ 为总孔隙率，%；$P_2$ 为连通孔隙率，%；$W_1$ 为试块养护 24h 后在空气中的质量，g；$W_2$ 为试块烘干 24h 后在空气中的质量，g；$W_3$ 为浸泡 24h 后试块在水中的质量，g；$\rho_w$ 为水的密度，g/cm³；$V$ 为试块外观体积，cm³。

(5) 抗压强度测试。超硫酸盐水泥透水混凝土试件尺寸为 150mm×150mm×150mm 的标准立方体试件，抗压强度测试参照《普通混凝土力学性能试验方法标准》（GB/T 50081—2002），采用 YE-1000 型液压式压力试验机进行测定。试验加载速度控制在 1000～3000N/S 之间。测试结果按式（4.3）计算。

$$f = \frac{F}{A} \tag{4.3}$$

式中：$f$ 为试件的抗压强度，MPa；$F$ 为破坏时最大载荷，N；$A$ 为试件受压面积，mm²。

(6) 劈裂抗拉强度测试。混凝土劈拉强度性能测试采用 YE-1000 型液压式压力试验机，按照《混凝土物理力学性能试验方法标准》（GB/T 50081—2019）进行试验，采用 150mm×150mm×150mm 透水混凝土立方体试块，每组测试 3 个试块，取平均值。

(7) 软化系数测试。在 105℃±5℃ 下将养护至预定龄期的植生混凝土烘干至恒重后，测试绝干强度，另外 3 个试件浸水 24h 后取出，并用毛巾擦干以测试湿强度，湿强度与绝干强度比值即为软化系数，按式（4.4）计算。

$$K_p = \frac{f_1}{f_2} \tag{4.4}$$

式中：$K_p$ 为软化系数；$f_1$ 为湿强度，N；$f_2$ 为绝干强度，N。

（8）抗冻性能测试。抗冻性能试验按照《普通混凝土长期性能和耐久性能试验方法标准》（GB/T 50082—2009）进行，将养护至规定龄期 28d 的 100mm×100mm×400mm 棱柱形试件取出，分别放入相应溶液中浸泡 4d 后开始冻融试验。

相对动弹模量按式（4.5）计算：

$$E_r = \frac{E_i}{E_0} \times 100\% \qquad (4.5)$$

式中：$E_r$ 为 N 次冻融循环后混凝土试件的相对动弹性模量，%；$E_0$ 为冻融循环开始前混凝土试件的动弹性模量；$E_i$ 为 N 次冻融循环后混凝土试件的动弹性模量。

试件质量损失率按式（4.6）计算：

$$\Delta W_n = \frac{M_0 - M_n}{M_0} \times 100\% \qquad (4.6)$$

式中：$\Delta W_n$ 为 N 次冻融循环后混凝土试样的质量损失率，%；$M_0$ 为冻融循环开始前混凝土试件的质量，g；$M_n$ 为 N 次冻融循环后混凝土试件的质量，g。

（9）微观形貌。采用捷克 Tescan 公司生产的 VEGA TS5136XM 型扫描电子显微镜（SEM）表征超硫酸盐水泥硬化浆体的微观形貌。将养护至规定龄期超硫酸盐水泥浆体试块敲成碎块，丙三醇浸泡以终止水化。进行试验前，取出样品，放入真空干燥箱 60℃烘干至恒重，并对表面进行喷金处理。测试时加载电压设置为 20kV，放大倍数分别为 500 倍和 1000 倍，选取感兴趣区域进行形貌表征和能谱扫描。

（10）物相组成。成型 20mm×20mm×20mm 的立方体超硫酸盐水泥净浆试块，在标准养护条件下养护至规定龄期 3d、28d 后取出，破碎试样放入丙三醇中终止水化。试验前，取出待测试样在 60℃下烘干并研磨成粉末，混合均匀后取出少量分别采用综合热分析（TG-DSC）进行水泥浆体物相组成表征。综合热分析测试采用德国耐驰公司的 STA449F3 型同步热分析仪进行，样品测试氛围为 $N_2$，测试温度范围为 30~600℃，升温速率为 10℃/min，吹扫和保护气体速率为 20mL/min。

（11）氮吸附比表面积分析。采用氮气低温吸附法测定超硫酸盐水泥水化产物的比表面积和孔径分布曲线。将养护至规定龄期 3d，28d 终止水化的块状样品打磨至各边均小于 5mm 以用于孔结构测试。使用美国康塔仪器公司生产的 Autosorb IQ3 比表面分析及孔径综合分析仪进行试验，保温温度 120℃，保温时间 4h。

## 4.2 超硫酸盐水泥性能提升研究

水泥行业是 $CO_2$ 主要排放者，其产生的 $CO_2$ 约占世界 $CO_2$ 排放总量的 13.8%[1]。因此，全面实行水泥行业环保低碳发展，对于我国"双碳"目标的实现和全球气候变暖的缓解具有正向作用[2]。超硫酸盐水泥（SSC）主要由加工的固废和激发剂组成，具有超低碳排放和超低能耗的显著特点，是低碳水泥的典型代表。相比于普通硅酸盐水泥，超硫酸盐水泥水化热低、抗碱集料能力好、后期强度高，同时，超硫酸盐水泥碱度低适合植物生长；但其存在早期强度低的缺陷，这限制了超硫酸盐水泥在植生混凝土中的应用。

综合考虑水泥强度改善与混凝土植生性能，本节选用 S95 型高活性矿渣微粉、石膏、P·Ⅱ水泥和激发剂制备超硫酸盐水泥。通过设计正交试验，研究矿渣微粉、石膏、水泥与激发剂的配比对超硫酸盐水泥胶砂强度的影响，并进行极差、等值线分析与二次优化，从而确定超硫酸盐水泥的最佳配合比；采用 SEM、BET、TG/DBC 等微观测试方法，揭示超硫酸盐水泥材料组成对胶凝体系水化特性的影响规律。

### 4.2.1 配合比对 SSC 透水混凝土力学性能的影响

#### 4.2.1.1 试验配比

超硫酸盐水泥是通过碱性化合物和硫酸盐作为激发剂共同激发矿粉而制备的，主要由矿粉、石膏和碱性激发组分组成。为了充分考虑各因素对超硫酸盐水泥性能的影响，采用正交试验法进行配合比设计。结合试验方案的需要设计四因素三水平正交设计表，实际应用时留有一个空列（即考虑三因素），共 9 组试验配合比方案。具体的试验因素与水平见表 4.8，其中因素 A 为矿粉掺量，因素 B 为激发剂掺量，因素 C 为 P·Ⅱ水泥掺量，石膏掺量按 100%－A%－B%－C% 计算。

表 4.8　正交试验因素与水平

| 水平 | 试验因素 | | |
|---|---|---|---|
| | A/% | B/% | C/% |
| 1 | 65 | 2 | 4 |
| 2 | 75 | 4 | 2 |
| 3 | 85 | 6 | 6 |

#### 4.2.1.2 性能表征

1. 水泥砂浆的基本性能测试

将成型后的水泥胶砂试块标养至 3d、28d 进行力学性能测试，具体成型方法及测试方法步骤见 4.1 节。

2. 超硫酸盐水泥微观测试方法及水化机理研究

超硫酸盐水泥微观测试试验设备及测试方法见 4.1.3.2 节。

为研究超硫酸盐水化机理，基于氮吸附（BET）半定量计算水化硅（铝）酸钙含量[2]，基于 TG/DSC 半定量计算钙矾石含量[3]。水泥浆体中 C-S-H 含量与 BET 比表面积存在良好的线性关系，可根据比表面积准确测得硬化浆体中的 C-S-H 含量。线性关系如下：

$$y = 0.01129x - 0.07157 \tag{4.7}$$

式中：$y$ 为 C-S-H 含量；$x$ 为 BET 比表面积。

钙矾石在 93.7℃下失去 14 个结晶水，利用其失水特点对超硫酸盐水泥中的钙矾石进行半定量表征，公式如下：

$$W_{AFT} = W_{LAFT} \frac{W_{AFT}}{nM_H} \tag{4.8}$$

式中：$W_{AFT}$ 为试样受热分解过程中的失重量；$W_{LAFT}$ 为钙矾石的相对分子质量；$M_H$ 为水的相对分子质量；$n$ 为钙矾石在一定温度下的脱水数量。

3. 超硫酸盐水泥力学性能分形表征

超硫酸盐水泥浆体中分布着许多微孔,为了探究微孔形态,基于分形几何理论对微孔形态进行量化表征,分形维数值能较好地反映超硫酸盐水泥浆体的孔结构和相关理化性质。

多孔材料的结构复杂程度可以通过孔分形维数来表现出来,孔分形维数越大,则材料的孔结构越复杂,孔分形维数越小,则材料的孔结构越简单。水泥配合比不同必然引起水化反应速率与水化产物形态的差异,这将极大地影响硬化水泥砂浆的孔结构,导致超硫酸盐水泥硬化砂浆的总孔隙率、总孔体积和比表面积等参数发生改变,进而影响水泥砂浆强度。

分形维数求解过程:选取放大 1000 倍的超硫酸盐水泥胶砂扫描电镜微观形貌图像,并利用 Matlab 作柱状图,获得水化产物灰值分布区间及体积分布后,转变灰值区间为 (0,1);建立水泥石微观尺度 $r$ 与灰值 $g$ 之间的函数关系 $r=f(g)$,计算 $\lg N(r)$,见式 (4.9), $\lg N(r)$ 与 $\lg r^{-1}$ 线性函数的斜率就是分形维数 $D_H$。[4]

$$\lg N(r) = \lg S(g)/r^2 \qquad (4.9)$$

式中:$S(g)$ 为内柱状图在灰值区间包围的面积。

### 4.2.2 结果分析与讨论

#### 4.2.2.1 正交试验结果分析

超硫酸盐水泥的配合比对其性能起着决定性的作用,对胶砂、混凝土的力学性能有着很大影响,通过测试水泥胶砂的抗压、抗折强度来优化超硫酸盐水泥的配合比是切实可行的。以胶砂 3d、28d 抗压强度为考察指标,通过正交试验,进行极差与方差分析,从而确定超硫酸盐水泥的配合比参数,试验结果见表 4.9。

表 4.9 SSC 胶砂强度正交试验结果汇总

| 序号 | 因素 | | | 抗压强度/MPa | | 抗折强度/MPa | |
|---|---|---|---|---|---|---|---|
| | A | B | C | 3d | 28d | 3d | 28d |
| 1 | 1 | 1 | 1 | 25.2 | 54.4 | 7.9 | 11.2 |
| 2 | 1 | 2 | 2 | 25.7 | 53.2 | 6.8 | 11.3 |
| 3 | 1 | 3 | 3 | 27.3 | 59.1 | 6.7 | 9.9 |
| 4 | 2 | 1 | 2 | 23 | 44.5 | 6.0 | 8.9 |
| 5 | 2 | 2 | 3 | 28.9 | 54.2 | 6.3 | 11.2 |
| 6 | 2 | 3 | 1 | 27.3 | 56.0 | 6.5 | 8.3 |
| 7 | 3 | 1 | 3 | 20.8 | 33.3 | 5.4 | 8.7 |
| 8 | 3 | 2 | 1 | 17.6 | 22.0 | 5.4 | 8.9 |
| 9 | 3 | 3 | 2 | 21.3 | 39.2 | 5.4 | 7.4 |

超硫酸盐水泥胶砂的 3d 抗压强度、抗折强度极差分析见表 4.10 和表 4.11;28d 抗压强度、抗折强度极差分析见表 4.12 和表 4.13。其中因素在各水平下的平均抗压强度表示

为 $K_1$、$K_2$、$K_3$，它们反映了各个因素在不同水平时对抗压强度的作用效果。根据极差 $R$ 反映因素水平变化对抗压强度影响程度，$R$ 值越大表明因素越重要。

根据表 4.10 和表 4.11 可知，各参数对超硫酸盐水泥 3d 抗压强度的影响程度大小为：矿粉掺量＞激发剂掺量＝P·Ⅱ水泥掺量，对超硫酸盐水泥 3d 抗折强度的影响程度大小为：矿粉掺量＞P·Ⅱ水泥掺量＞激发剂掺量。各参数胶砂 3d 抗压强度最优组合为：矿粉掺量 75%，激发剂掺量 6%，P·Ⅱ水泥掺量 6%；胶砂 3d 抗折强度最优组合为：矿粉掺量 65%，激发剂掺量 2%，P·Ⅱ水泥掺量 4%。

表 4.10　　　　　　　　　水泥胶砂 3d 抗压强度极差分析

| 序号 | 因素 | | | 3d 抗压强度/MPa |
| --- | --- | --- | --- | --- |
| | A | B | C | |
| 1 | 1 | 1 | 1 | 25.2 |
| 2 | 1 | 2 | 2 | 25.7 |
| 3 | 1 | 3 | 3 | 27.3 |
| 4 | 2 | 1 | 2 | 23.0 |
| 5 | 2 | 2 | 3 | 28.9 |
| 6 | 2 | 3 | 1 | 27.3 |
| 7 | 3 | 1 | 3 | 20.8 |
| 8 | 3 | 2 | 1 | 17.6 |
| 9 | 3 | 3 | 2 | 21.3 |
| K1 | 78.2 | 69.0 | 70.1 | |
| K2 | 79.2 | 72.1 | 70.0 | |
| K3 | 59.7 | 75.9 | 77.0 | |
| k1 | 26.1 | 23.0 | 23.4 | |
| k2 | 26.4 | 24.0 | 23.3 | |
| k3 | 19.9 | 25.3 | 25.7 | |
| R | 6.5 | 2.3 | 2.3 | |
| 顺序 | A＞B＝C | | | |
| 最佳水平 | $A_2$ | $B_3$ | $C_3$ | |
| 最佳组合 | $A_2B_3C_3$ | | | |

表 4.11　　　　　　　　　水泥胶砂 3d 抗折强度极差分析

| 序号 | 因素 | | | 3d 抗折强度/MPa |
| --- | --- | --- | --- | --- |
| | A | B | C | |
| 1 | 1 | 1 | 1 | 7.9 |
| 2 | 1 | 2 | 2 | 6.8 |
| 3 | 1 | 3 | 3 | 6.7 |
| 4 | 2 | 1 | 2 | 6.0 |

续表

| 序号 | 因素 | | | 3d抗折强度/MPa |
|---|---|---|---|---|
| | A | B | C | |
| 5 | 2 | 2 | 3 | 6.3 |
| 6 | 2 | 3 | 1 | 6.5 |
| 7 | 3 | 1 | 3 | 5.8 |
| 8 | 3 | 2 | 1 | 5.4 |
| 9 | 3 | 3 | 2 | 5.4 |
| K1 | 21.4 | 19.7 | 19.85 | |
| K2 | 18.8 | 18.6 | 18.22 | |
| K3 | 16.7 | 18.6 | 18.805 | |
| k1 | 7.1 | 6.6 | 6.6 | |
| k2 | 6.3 | 6.2 | 6.1 | |
| k3 | 5.6 | 6.2 | 6.3 | |
| R | 1.5 | 0.4 | 0.5 | |
| 顺序 | A>C>B | | | |
| 最佳水平 | $A_1$ | $B_1$ | $C_1$ | |
| 最佳组合 | $A_1B_1C_1$ | | | |

由表4.12和表4.13可知,矿粉掺量对超硫酸盐水泥28d抗压、抗折强度的作用最明显,激发剂掺量次之,P·Ⅱ水泥掺量影响较小,水泥胶砂28d抗压强度最优组合为:$A_1B_3C_3$,即矿粉掺量65%,激发剂掺量6%,P·Ⅱ水泥掺量6%;28d抗折强度最优组合为:$A_1B_2C_3$,即矿粉掺量65%,激发剂掺量4%,P·Ⅱ水泥掺量6%。

表4.12　　　　　　　　水泥胶砂28d抗压强度极差分析

| 序号 | 因素 | | | 28d抗压强度/MPa |
|---|---|---|---|---|
| | A | B | C | |
| 1 | 1 | 1 | 1 | 54.4 |
| 2 | 1 | 2 | 2 | 53.2 |
| 3 | 1 | 3 | 3 | 59.1 |
| 4 | 2 | 1 | 2 | 44.5 |
| 5 | 2 | 2 | 3 | 54.2 |
| 6 | 2 | 3 | 1 | 56.0 |
| 7 | 3 | 1 | 3 | 33.3 |
| 8 | 3 | 2 | 1 | 22.0 |
| 9 | 3 | 3 | 2 | 39.2 |

续表

| 序号 | 因素 | | | 28d抗压强度/MPa |
|---|---|---|---|---|
| | A | B | C | |
| K1 | 166.7 | 132.2 | 132.4 | |
| K2 | 154.7 | 129.4 | 137.0 | |
| K3 | 94.5 | 154.3 | 146.6 | |
| k1 | 55.6 | 44.1 | 44.1 | |
| k2 | 51.6 | 43.1 | 45.7 | |
| k3 | 31.5 | 51.4 | 48.9 | |
| R | 24.1 | 8.3 | 4.8 | |
| 顺序 | A＞B＞C | | | |
| 最佳水平 | $A_1$ | $B_3$ | $C_3$ | |
| 最佳组合 | $A_1B_3C_3$ | | | |

表 4.13　　　　　　　水泥胶砂 28d 抗折强度极差分析

| 序号 | 因素 | | | 28d抗折强度/MPa |
|---|---|---|---|---|
| | A | B | C | |
| 1 | 1 | 1 | 1 | 11.2 |
| 2 | 1 | 2 | 2 | 11.3 |
| 3 | 1 | 3 | 3 | 9.9 |
| 4 | 2 | 1 | 2 | 8.9 |
| 5 | 2 | 2 | 3 | 11.2 |
| 6 | 2 | 3 | 1 | 8.3 |
| 7 | 3 | 1 | 3 | 8.7 |
| 8 | 3 | 2 | 1 | 8.9 |
| 9 | 3 | 3 | 2 | 7.4 |
| K1 | 32.4 | 28.8 | 28.4 | |
| K2 | 28.4 | 31.4 | 27.5 | |
| K3 | 25.0 | 25.6 | 29.8 | |
| k1 | 10.8 | 9.6 | 9.5 | |
| k2 | 9.4 | 10.5 | 9.2 | |
| k3 | 8.3 | 8.5 | 9.9 | |
| R | 2.5 | 2.0 | 0.7 | |
| 顺序 | A＞B＞C | | | |
| 最佳水平 | $A_1$ | $B_2$ | $C_3$ | |
| 最佳组合 | $A_1B_2C_3$ | | | |

图 4.9 显示了矿粉掺量对超硫酸盐水泥胶砂力学性能影响。从图 4.9 可以看出，矿粉是对强度影响程度最大的因素，随着矿粉掺量的增加，超硫酸盐水泥胶砂 3d 抗压强度呈先增加后减少的趋势，在矿粉掺量为 75% 时达到最大值，而超硫酸盐水泥胶砂 28d 抗压、抗折强度则随矿粉掺量的增加而降低。影响超硫酸盐水泥的强度是因素主要是矿粉的稀释效应及火山灰反应，由于矿粉本身不能与水泥发生直接的反应，矿粉的加入，间接减少了胶凝材料用量，使得超硫酸盐水泥砂浆的水灰比增大，水化产物减少、抗压强度降低[5]。

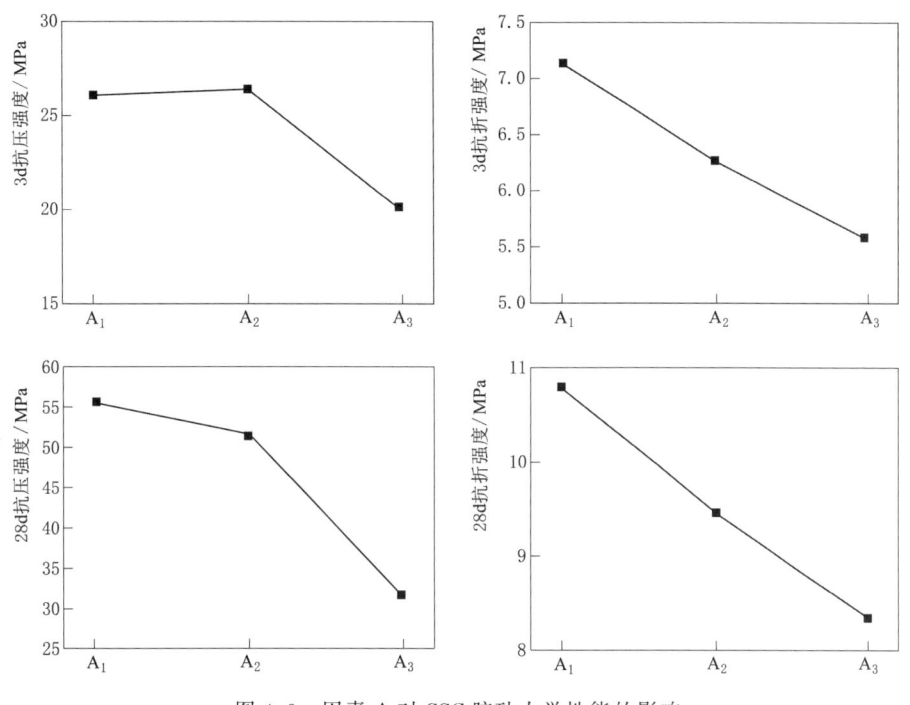

图 4.9 因素 A 对 SSC 胶砂力学性能的影响

激发剂掺量对超硫酸盐水泥胶砂力学性能影响见图 4.10。养护至 3d 龄期时，超硫酸盐水泥胶砂的抗压强度与激发剂掺量成正相关，抗折强度出现先减后增趋势；28d 龄期时，激发剂掺量越大，超硫酸盐水泥胶砂的抗压强度总体呈先降低后增加趋势。

图 4.11 反映了 P·Ⅱ 水泥掺量对超硫酸盐水泥胶砂力学性能影响。由图 4.11 可知，超硫酸盐水泥胶砂 3d、28d 抗压强度随因素水平变化呈现出总体上升趋势，P·Ⅱ 水泥掺量为 6% 时其 28d 抗压强度达到试验范围里最高值。由图 4.9～图 4.11 中各因素的峰值可以看出，超硫酸盐水泥胶砂 28d 抗压强度的最佳因素水平组合为 $A_1B_3C_3$。

鉴于极差分析结果的局限性，为制备满足强度等级 52.5R 的超硫酸盐水泥，以 3d 抗压强度≥27.0MPa、3d 抗折强度≥5.0MPa、28d 抗压强度≥52.5MPa 和 28d 抗折强度≥7.0MPa 为力学性能指标，基于图 4.12～图 4.17 等值线分析结果，提出 SSC 最优配比。

图 4.12 和图 4.13 分别为矿渣微粉和激发剂掺量对超硫酸盐水泥胶砂 3d、28d 力学性能的影响。由图 4.12 可知，矿粉掺量 67%～77%，激发剂掺量 3.5% 以上时，3d 抗压强度最高；随着激发剂掺量的变化，3d 抗折强度在激发剂掺量 2%～3% 效果最好，矿粉掺量则趋于 65% 时最佳。图 4.13 中，矿粉掺量范围在 65%～76%，激发剂掺量范围在

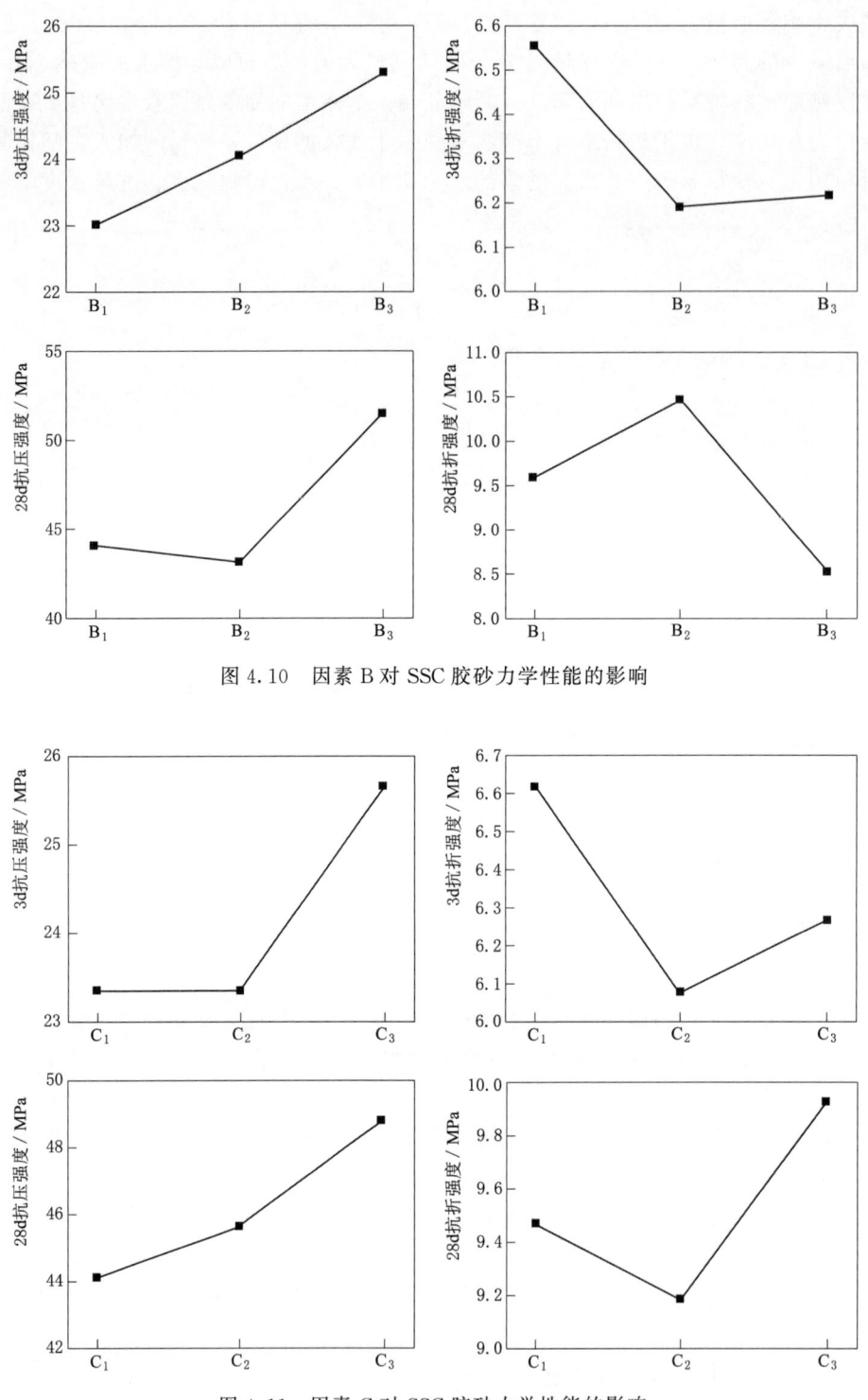

图 4.10 因素 B 对 SSC 胶砂力学性能的影响

图 4.11 因素 C 对 SSC 胶砂力学性能的影响

4%～6%时，满足强度等级，同时，可以看出矿粉掺量对超硫酸盐水泥胶砂强度的影响明显大于激发剂掺量的影响效果。

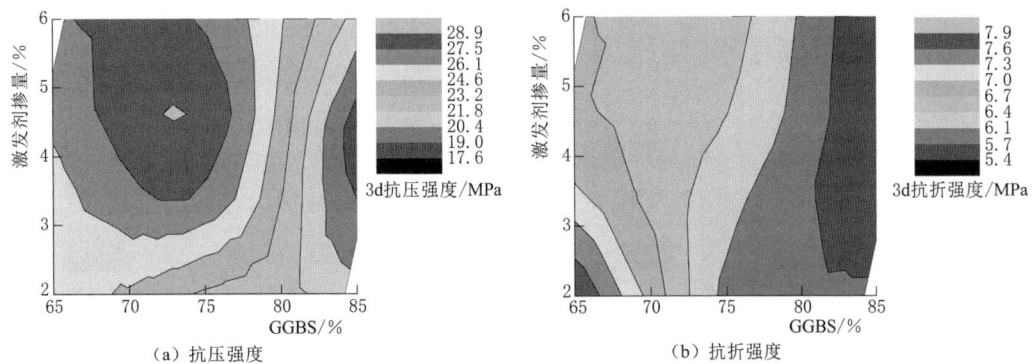

图 4.12　矿渣微粉和激发剂用量对 SSC 胶砂 3d 强度的影响

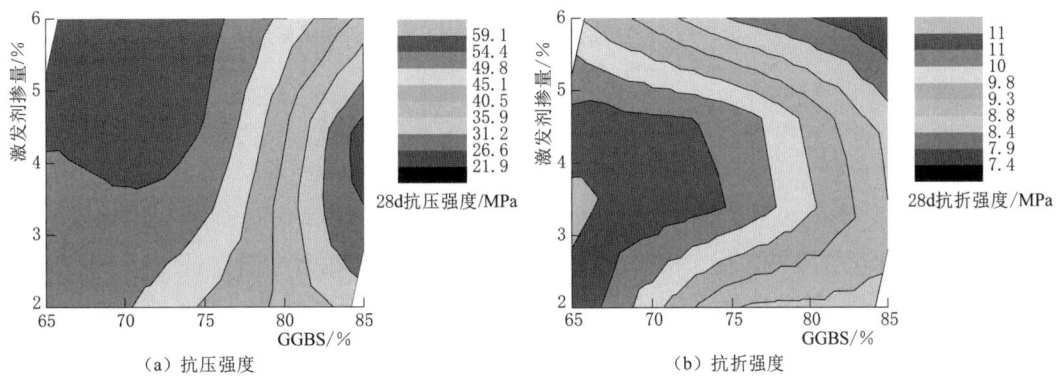

图 4.13　矿渣微粉和激发剂用量对 SSC 胶砂 28d 强度的影响

图 4.14 和图 4.15 分别显示了矿渣微粉和 P·Ⅱ水泥掺量对超硫酸盐水泥胶砂 3d、28d 力学性能的影响。图 4.14（a）可见，矿粉掺量范围在 67%～77%，P·Ⅱ水泥掺量范围在 4% 以上时，3d 抗压强度最优；图 4.14（b）中，随着矿粉掺量的增加，超硫酸盐水泥胶砂抗折强度表现出较明显的下降趋势，而 P·Ⅱ水泥掺量对超硫酸盐水泥胶砂抗折

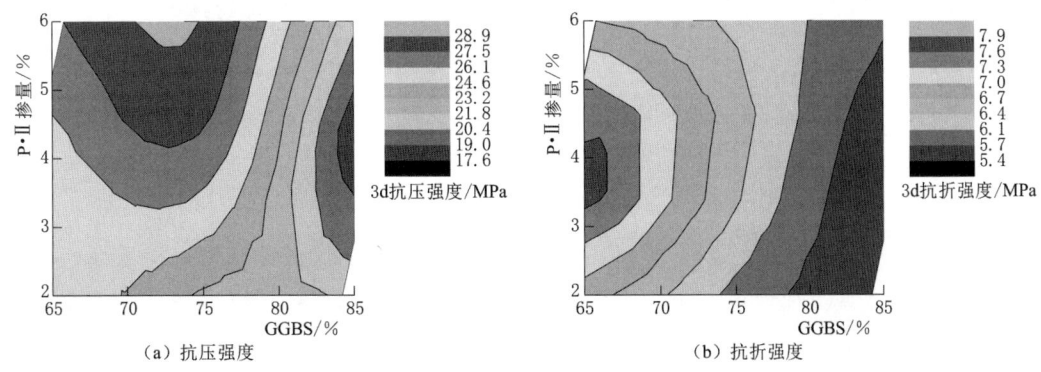

图 4.14　矿渣微粉和 P·Ⅱ水泥用量对 SSC 胶砂 3d 强度的影响

强度的影响则在4%左右达到了最高值之后也开始下降,表明了4%的P·Ⅱ水泥掺量对3d抗折强度的促进效果最明显。图4.15显示出矿粉掺量范围在65%～75%,激发剂掺量范围在4%～6%时,超硫酸盐水泥胶砂28d抗压强度最佳;而试验组中28d抗折强度均满足52.5R的超硫酸盐水泥强度等级要求。

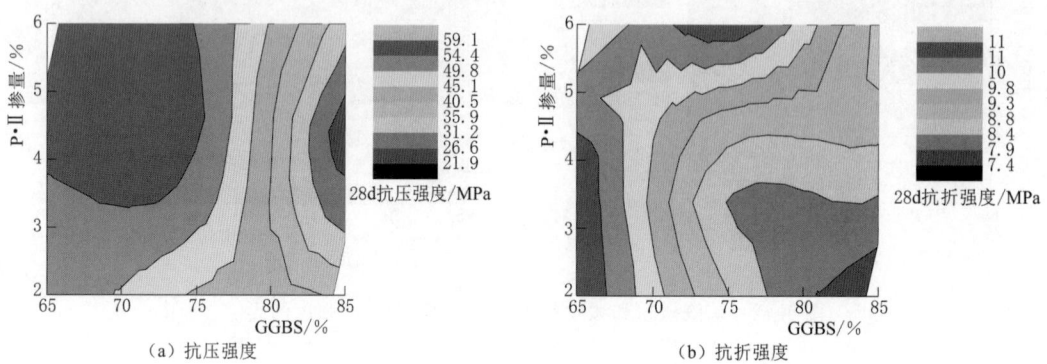

图4.15　矿渣微粉和P·Ⅱ水泥用量对SSC胶砂28d强度的影响

图4.16和图4.17分别反映了激发剂掺量和P·Ⅱ水泥掺量对超硫酸盐水泥胶砂3d、28d力学性能的影响。激发剂掺量3.5%～5.8%,P·Ⅱ水泥掺量大于5.7%时,3d抗压强度最高;激发剂掺量范围在4%～6%,P·Ⅱ水泥掺量范围在4%～6%,28d抗压强度最高,随着激发剂掺量的变化,超硫酸盐水泥砂浆3d抗折强度,在激发剂掺量小于2.5%、P·Ⅱ水泥掺量3.5%～4.4%时最佳,28d抗折强度在激发剂掺量2%～3%效果最好,P·Ⅱ水泥掺量则趋于4%、6%时最佳。两者变化范围都较大,表明两者对超硫酸盐水泥砂浆的影响相对较小,与极差分析的结果一致。

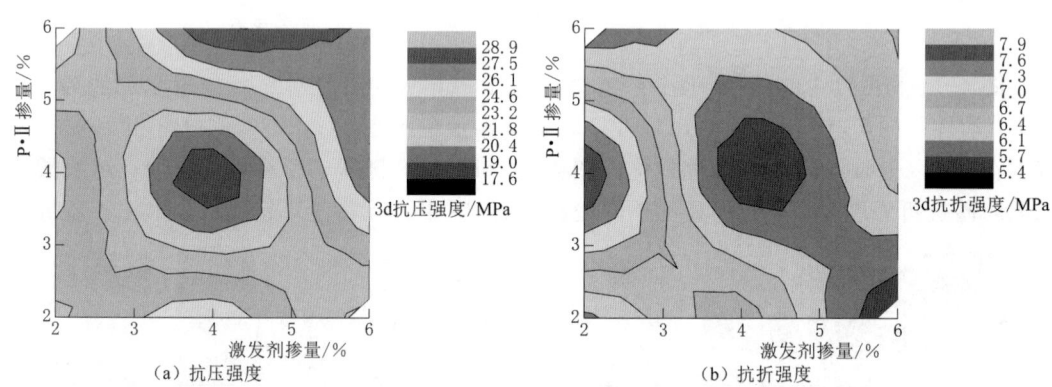

图4.16　激发剂和P·Ⅱ水泥用量对SSC胶砂3d强度的影响

通过极差分析和等值线分析,可以初步确定矿渣微粉的掺量范围65%～75%,激发剂掺量6%,P·Ⅱ水泥掺量6%。为进一步提高SSC力学性能,现以信噪比为参量,对正交试验结果进行归一化处理。按式(4.10)进行信噪比计算。当信噪比较大时SCC性能较优。

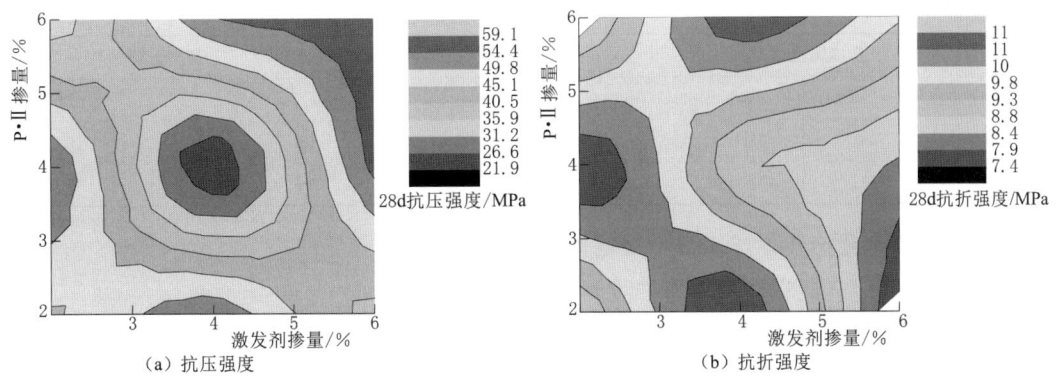

图 4.17　激发剂和 P·Ⅱ 水泥用量对 SSC 胶砂 28d 强度的影响

$$\frac{S}{N}=-10\log\left[\frac{1}{n}\sum_{i=1}^{n}\frac{1}{Y_i^2}\right] \tag{4.10}$$

式中：$S/N$ 为信噪比；$n$ 为试验组数；$Y_i$ 为 SCC 的性能。

表 4.14　　　　　　　　SSC 正交结果归一化处理

| 序号 | 抗压强度/MPa | | 抗折强度/MPa | | 抗压强度信噪比 | | 抗折强度信噪比 | | $\sum S/N$ |
|---|---|---|---|---|---|---|---|---|---|
| | 3d | 28d | 3d | 28d | 3d | 28d | 3d | 28d | |
| 1 | 25.2 | 54.4 | 7.9 | 11.2 | 28.0 | 34.8 | 18.0 | 21.0 | 101.8 |
| 2 | 25.7 | 53.2 | 6.8 | 11.35 | 28.2 | 34.5 | 16.7 | 21.1 | 100.5 |
| 3 | 27.3 | 59.1 | 6.7 | 9.9 | 28.7 | 35.4 | 16.5 | 19.9 | 100.5 |
| 4 | 23.0 | 44.5 | 6.0 | 8.9 | 27.2 | 33.0 | 15.6 | 19.0 | 94.8 |
| 5 | 28.9 | 54.2 | 6.3 | 11.2 | 29.2 | 34.7 | 16.0 | 21.0 | 100.9 |
| 6 | 27.3 | 56.0 | 6.5 | 8.3 | 28.7 | 35.0 | 16.3 | 18.4 | 98.4 |
| 7 | 20.8 | 33.3 | 5.8 | 8.7 | 26.4 | 30.4 | 15.3 | 18.8 | 90.9 |
| 8 | 17.6 | 22.0 | 5.4 | 8.9 | 24.9 | 26.8 | 14.6 | 19.0 | 85.3 |
| 9 | 21.3 | 39.2 | 5.4 | 7.4 | 26.6 | 31.9 | 14.6 | 17.4 | 90.5 |

对信噪比和（$\sum S/N$）进行极差分析，结果如图 4.18 所示。根据图 4.18 分析结果，最优组合为 $A_1B_3C_3$。综合极差分析和等值线分析结果，$A_2B_3C_3$ 组合亦较优。因此，对 $A_1B_3C_3$ 和 $A_2B_3C_3$ 组合的 SSC 力学性能进行预测，计算结果和试验验证结果汇总于表 4.15。由表 4.15 可知，$A_1B_3C_3$ 和 $A_2B_3C_3$ 组合的 SSC 力学性能实测值相近，故将此合成参数（矿渣微粉掺量 75%，激发剂掺量 6%，P·Ⅱ 水泥掺量 6%）定为超硫酸盐水泥最终合成参数。

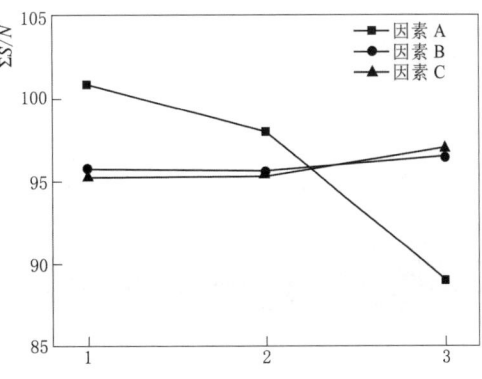

图 4.18　正交试验因素对 $\sum S/N$ 影响的极差图

表 4.15　　　　　　　　　　　　　　SSC 力学性能验证

| 组合 | 计算抗压强度/MPa | | 计算抗折强度/MPa | | 实测抗压强度/MPa | | 实测抗折强度/MPa | |
| --- | --- | --- | --- | --- | --- | --- | --- | --- |
| | 3d | 28d | 3d | 28d | 3d | 28d | 3d | 28d |
| $A_1B_3C_3$ | 28.8 | 63.4 | 7.0 | 10.2 | 27.9 | 59.1 | 6.7 | 10.9 |
| $A_2B_3C_3$ | 29.1 | 59.4 | 6.1 | 8.9 | 29.0 | 59.0 | 6.5 | 9.7 |

#### 4.2.2.2　SSC 水化产物组成对力学性能的影响

1. SSC 水泥水化 SEM 微观形貌分析

利用扫描电镜观察超硫酸盐水泥浆体，可以发现硬化水泥石的组成，包括孔隙、未水化的水泥颗粒以及水化产物，还能观察到水化产物的微观形貌、数量以及分布情况，在此基础上分析判断水化产物的种类，水泥水化程度。选取正交试验养护至 28d 的超硫酸盐水泥硬化浆体试样进行微观图像对比，各试样的 SEM 图像见图 4.19。

图 4.19　超硫酸盐水泥正交试样 28d 微观形貌

由图 4.19 可看出，超硫酸盐水泥中较少存在 $Ca(OH)_2$ 晶体，其水化产物主要为水化硅（铝）酸钙和钙矾石，由于各组水泥组分不同，其水化产物形貌也有所区别。图 4.19（a）显示了由 65% GGBFS、2% 激发剂、4%P·Ⅱ组成的超硫酸盐水泥净浆的微观形貌，可以看出微观结构主要以块状团聚或者片状堆积为主，少量棒状 AFt 以大量网状 C-(A)-S-H 为基体向外延伸；图 4.19（b）显示超硫酸盐水泥（65% GGBFS，2% 激发剂，2%P·Ⅱ）中P·Ⅱ水泥含量较低，钙矾石呈低碱度短棒状与部分絮凝状晶体相交织；图 4.19（c）显示该组超硫酸盐水泥（65%GGBFS，6% 激发剂，6%P·Ⅱ）结构致密，AFt 成簇生长，以针状和片状居多，嵌在结构密实的 C-(A)-S-H 中，使整体结构非常稳定。图 4.19（d）显示了由 75% GGBFS、2% 激发剂、2%P·Ⅱ组成的超硫酸盐水泥，体系中出现蜂窝状结构的 C-(A)-S-H 附着材料表面，使得整体结构较稳定；从图 4.19（e）中能够清晰看到超硫酸盐水泥（75%GGBFS，4% 激发剂，6%P·Ⅱ）的微观结构，白色絮凝状晶体 C-(A)-S-H 和大量针状/棒状 AFt 晶体相互交织在一起，无定向排列，形成致密的网状结构；图 4.19（f）显示了由 75% GGBFS、6% 激发剂、4%P·Ⅱ组成的超硫酸盐水泥，C-S-H 凝胶生成量较多，整体密实度高。图 4.19（g）显示了由 85% GGBFS、2% 激发剂、6%P·Ⅱ组成的超硫酸盐水泥，可见"丝瓜瓤"状分布的 C-(A)-S-H，该凝胶能够胶结未水化水泥及矿渣颗粒，从而形成整体较为致密的结构；图 4.19（h）显示超硫酸盐水泥（85%GGBFS，4% 激发剂，4% P·Ⅱ）体系中分布着大量凝絮状固体，还能观察到部分未水化完全的颗粒；图 4.19（i）显示超硫酸盐水泥（85%GGBFS，6% 激发剂，2% P·Ⅱ）微观图像中随机分布在集料表面上的白色凝絮网状固体是水泥水化反应产生的水化硅酸钙和水化铝酸钙等共同构成的胶凝基质，未见针棒状钙矾石。

超硫酸盐水泥验证组试样 3d 和 28d 水化产物的微观形貌如图 4.20 所示。在水化初期，超硫酸盐水泥水化不完全，可以看到部分未水化的水泥和矿渣微粉颗粒，微观图像中钙矾石仅仅在某些局部找到，说明在 3d 时钙矾石的生成量有限；水化 28d 后，浆体结构更加密实，矿渣微粉在碱激发剂和石膏的双重激发下不断水化，生成越来越多的水化硅（铝）酸钙凝胶，钙矾石则以晶簇的方式发展，被包裹在水化硅酸钙凝胶中，形成良好的密实性和均匀性。

(a) 3d

(b) 28d

图 4.20 超硫酸盐水泥验证组微观形貌

## 2. 水泥的孔结构分析

超硫酸盐水泥硬化浆体具有复杂的孔隙结构,这是因为体系中自由水蒸发形成了部分毛细孔隙,且C-(A)-S-H与其他水化产物之间具有层间孔隙,此外,生产过程中也会引入部分气孔[6]。这些孔的直径差异,对等温线吸附效果产生影响。氮吸附法能够有效分析0~100nm范围内的材料孔结构,这也是选用氮吸附法分析超硫酸盐水泥的微孔结构的主要原因。通过氮吸附法测定的超硫酸盐水泥28d等温吸附-脱附曲线见图4.21。

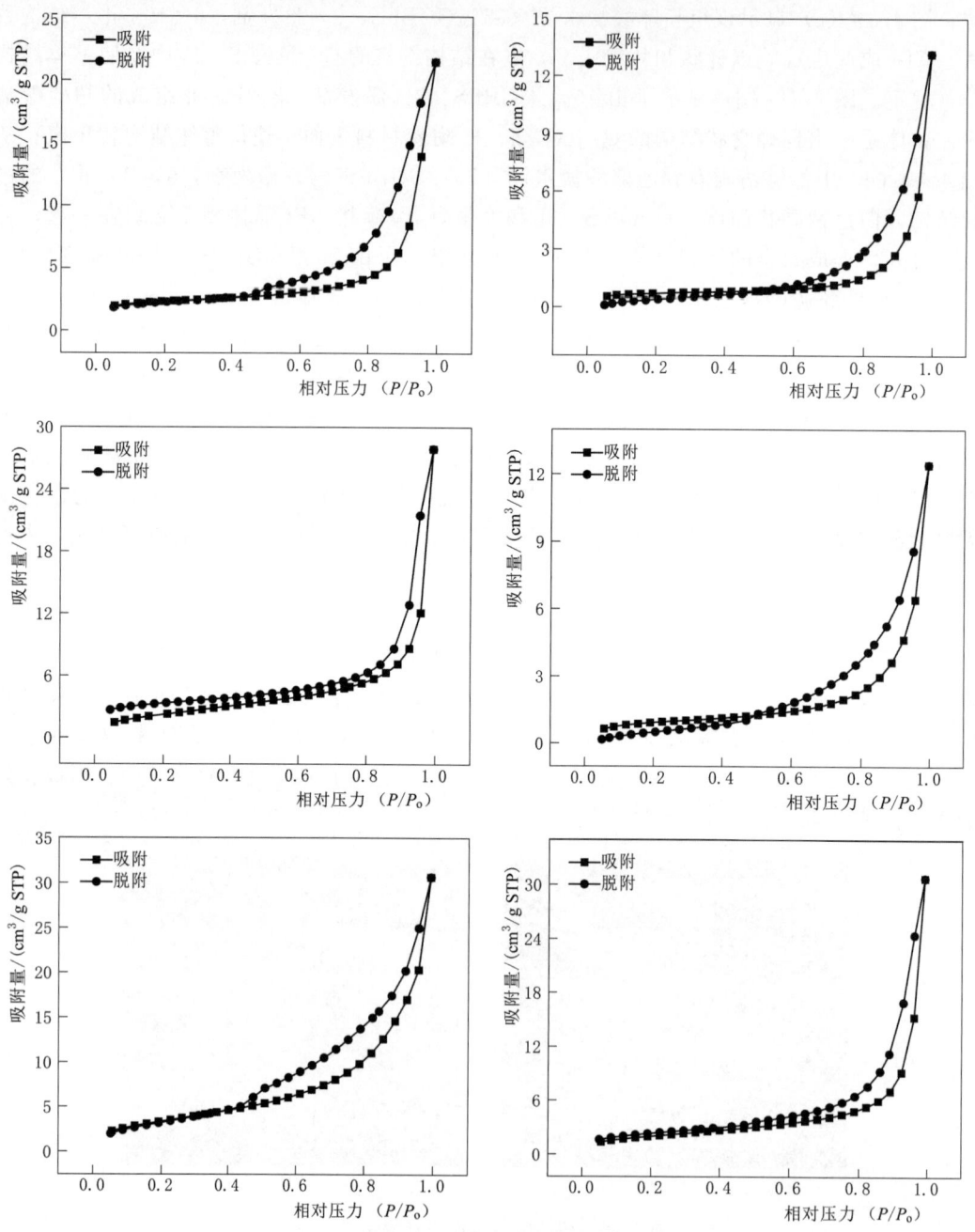

图4.21(一) 超硫酸盐水泥正交组等温吸附-脱附曲线

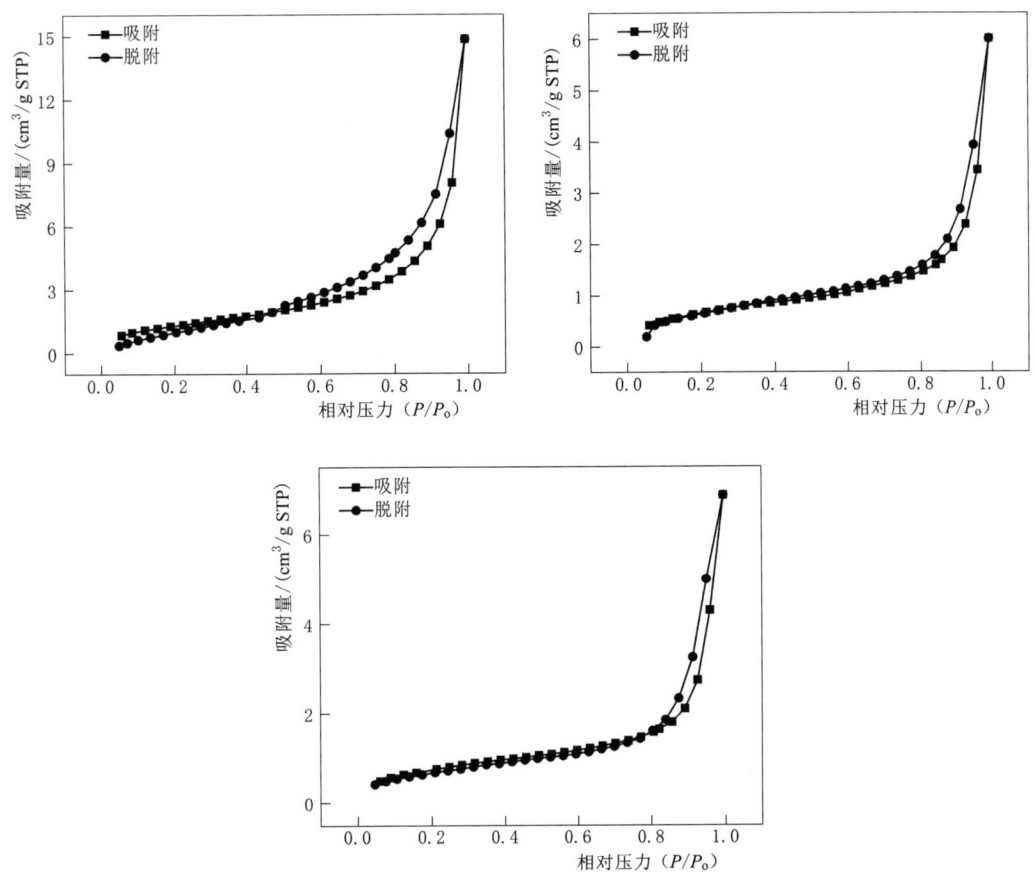

图 4.21（二） 超硫酸盐水泥正交组等温吸附-脱附曲线

由图 4.21 可以看出，前半段平稳上升的等温吸附线，主要为超硫酸盐水泥的微孔吸附，对应单分子层向多分子层过渡阶段；超硫酸盐水泥后半段等温吸附曲线快速上升，出现毛细集聚现象。解吸附阶段，随着相对压力的减小，氮气由毛细孔蒸发而后脱附到微孔中。由凝聚和蒸发时的相对压力的不同形成的回滞环反映了超硫酸盐水泥材料的良好的介孔结构。根据吸附回线的形状，可以认为超硫酸盐水泥内部存在细颈管状毛细孔。从图 4.21 还可得不同配合比组成的超硫酸盐水泥相对应的吸脱附环。可以明显看出，矿渣微粉掺量为 75% 的超硫酸盐水泥组吸附量相对较大，由于微孔的吸附量远大于大孔，这表明矿渣微粉掺量 75% 的超硫酸盐水泥含有更多的微孔结构，C-(A)-S-H 凝胶的生成量多，其早期水化反应快。

根据国外学者 Metha 和 Monteirio 的研究，孔尺寸分布可分为四个范围：小于 4.5nm 的孔隙称为凝胶微孔、大于 4.5nm 且小于 50nm 的孔隙称为间隙孔、大于 50nm 且小于 100nm 的孔隙称为中等毛细管孔、大于 100nm 的孔隙称为粗毛细管孔。在大多数文献中，大于 50nm 的孔通常被视为宏观孔，小于 50nm 的孔则被认为是微观孔。图 4.22 为正交各组超硫酸盐水泥硬化浆体 28d 的孔分布图。

从图 4.22 中可以看出，正交试验组中，除了个别组（8 号）以外，超硫酸盐水泥具

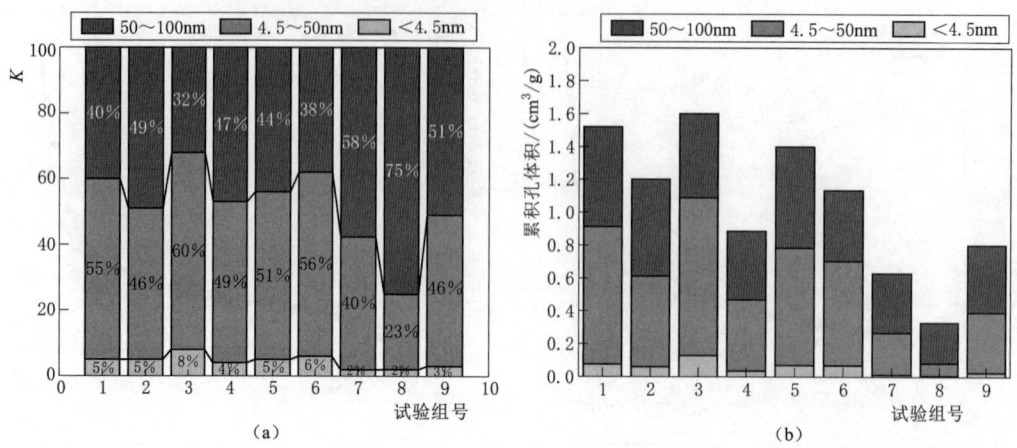

图 4.22 超硫酸盐水泥孔尺寸分布图

有较多的间隙孔和较大比例的微观孔，这对于超硫酸盐水泥后期强度的发展大有裨益；相比之下，3号和6号超硫酸盐水泥硬化浆体的凝胶微孔比例较大，约占介孔的7%，通常来说，水化产生的凝胶体数量增加的同时，凝胶孔的数量也相应会增加，水化产物之间也会有足够数量的交集，这与上述试验组中砂浆强度较高是相对应的。由此可进行推断，凝胶孔的数量也影响着超硫酸盐水泥强度。

通过对图4.22的分析，发现随着无害孔（<50nm）占比的增加，抗压强度增大，超硫酸盐水泥胶砂抗压强度与无害孔的占比之间存在一致性，在一定程度上可以用无害孔占比表征水泥胶砂的抗压强度变化。对9组试样的测试结果进行线性拟合，其相关关系如图4.23所示。超硫酸盐水泥砂浆抗压强度 $y$ 与无害孔占比 $x$ 的函数关系为 $y=0.91996x-2.54669$，相关系数为0.99165，表明无害孔占比在一定条件下可以较好地预测超硫酸盐水泥砂浆的抗压强度。

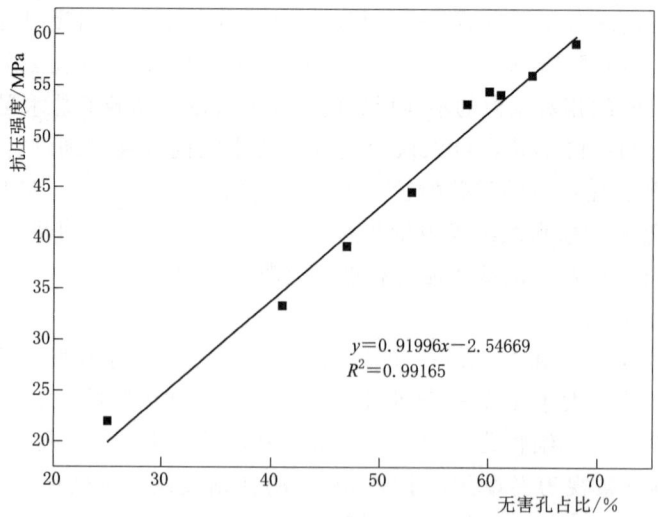

图 4.23 超硫酸盐水泥抗压强度与无害孔相关性

由此可知：超硫酸盐水泥强度能否迅速发展某种程度上是由硬化浆体中孔隙率大小和硬化浆体的密实程度决定的。

3. 水泥的水化产物组成与微观分形

水泥基材料水化初期的强度发展主要取决于其主要物相的水化速率。对 BET 及 TG/DSC 测试结果进行半定量分析计算［见式（4.7）、式（4.8）］，可以确定水化产物中各晶相物质及无定形物质的含量，超硫酸盐水泥的 28d 水化产物半定量分析结果见表 4.16。

表 4.16　　　　　　　　　　超硫酸盐水泥水化产物组成

| 编　号 | AFt/% | C-S-H/% | 水化产物/% |
|---|---|---|---|
| 1 | 11.1 | 22.0 | 33.1 |
| 2 | 18.5 | 19.5 | 38.0 |
| 3 | 42.2 | 28.3 | 70.5 |
| 4 | 24.7 | 12.3 | 37.0 |
| 5 | 26.1 | 42.0 | 68.1 |
| 6 | 32.2 | 25.3 | 57.5 |
| 7 | 13.2 | 16.8 | 30.0 |
| 8 | 21.9 | 8.5 | 30.4 |
| 9 | 21.8 | 9.7 | 31.5 |

根据表 4.16 分析可知，超硫酸盐水泥浆体中水化产物含量大小依次为：3 号＞5 号＞6 号＞2 号＞4 号＞1 号＞9 号＞8 号＞7 号。其中，正交试验第 3 组水化产物含量最高，钙矾石含量 42.2%，C-S-H 含量 28.3%，对应图 4.19（c）中呈簇状分布的针棒状及凝絮状晶体，其结构密实，因此表现出的宏观性能也更好。

超硫酸盐水泥水化产物组成对 28d 强度影响等值线如图 4.24 所示，可以看出，随着体系中钙矾石和 C-S-H 含量的增加，超硫酸盐水泥 28d 抗压强度随之增强，当钙矾石含量在 22%～40%、C-S-H 含量＞25% 时，超硫酸盐水泥的抗压强度达到强度等级

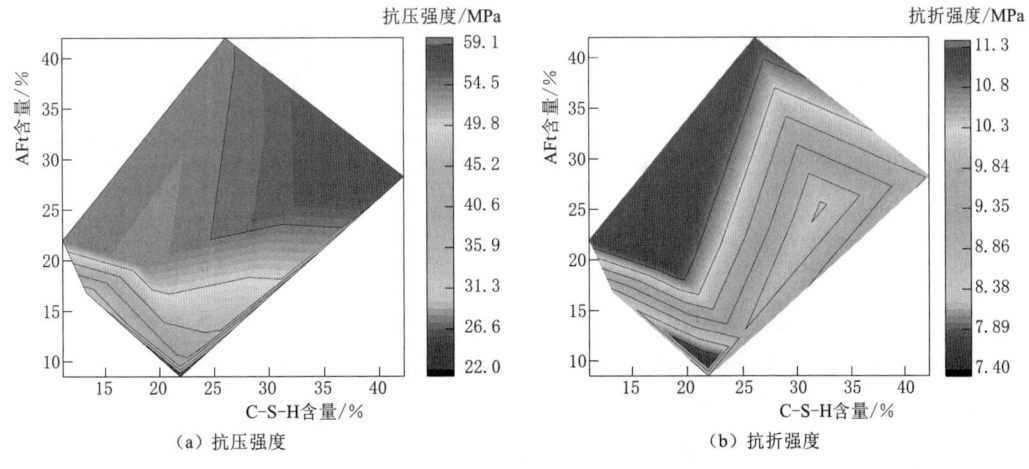

(a) 抗压强度　　　　　　　　　　(b) 抗折强度

图 4.24　超硫酸盐水化产物组成对 28d 强度影响的等值线图

52.5R；超硫酸盐水泥 28d 抗折强度随钙矾石含量的升高而增加，而 C-S-H 含量变化对其影响不大。当钙矾石含量大于 18% 时，超硫酸盐水泥的 28d 抗折强度达到 10MPa 以上。相比 C-S-H 的含量，钙矾石含量多少对超硫酸盐水泥 28d 强度的影响更显著。

由此可以推断，由矿渣微粉活化分解反应产生的 C-S-H 和钙矾石，填充到超硫酸盐水泥体系的孔隙中，极大提升了水泥体系的致密度，水化产物 C-S-H 和钙矾石的形成量对超硫酸盐水泥强度发展起到了至关重要的作用。

为获得超硫酸盐水泥微观结构特性与宏观性能之间的相关性，引入分形维数用于描述超硫酸盐水泥的结构特性。利用放大 1000 倍的超硫酸盐水泥胶砂 SEM 图（见图 4.25），建立微观尺度 $r$ 与水泥水化产物灰度值的关系。

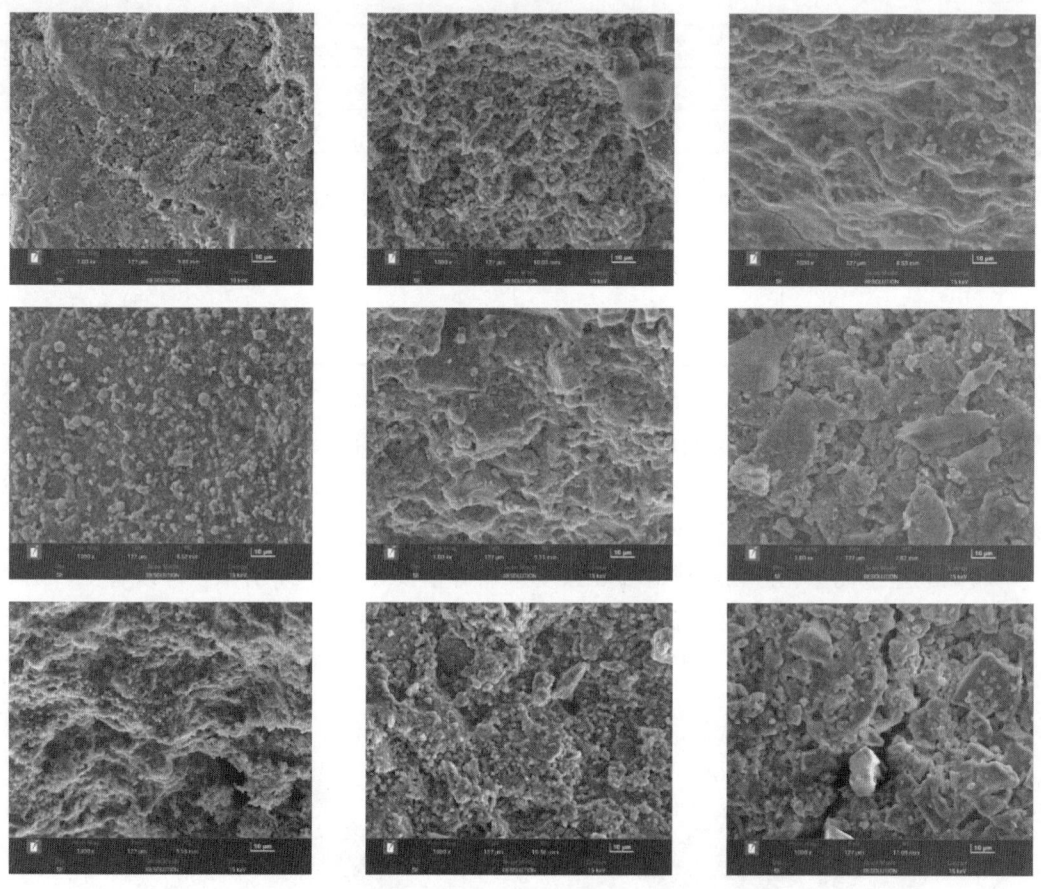

图 4.25　超硫酸盐水泥胶砂 SEM 图

图 4.26 和图 4.27 分别显示了超硫酸盐水泥典型分形维数图和各组超硫酸盐水泥微观分形维数对比图。以正交试验第 3 组和正交试验第 8 组的超硫酸盐水泥胶砂作为分形对象，可以得到 $\lg N(r)$ 与 $\lg r^{-1}$ 的线性关系，相关系数 0.999。研究发现，各组超硫酸盐水泥的分形维数相对大小与宏观性能有一定的对应性，超硫酸盐水泥胶砂的分形维数越大，说明水泥水化速度快，水化产物生成得多，超硫酸盐水泥硬化浆体的结构复杂，因此具有更好的力学性能。这一结果与上文实测超硫酸盐水泥 28d 强度数据以及 SEM 图像相

符,因此,分形维数也是表征水泥胶砂的力学性能的方式之一[4]。

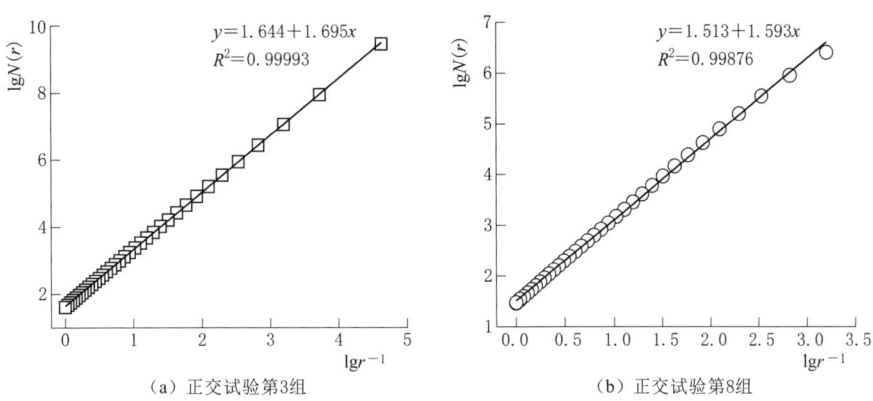

(a) 正交试验第3组　　　　(b) 正交试验第8组

图 4.26　超硫酸盐水泥典型的分维图

#### 4.2.2.3　SSC 的水化机理

图 4.28 为超硫酸盐水泥水化过程示意图。由图 4.28 可见,在水化进程中,超硫酸盐水泥中水泥熟料和石膏充当硫酸盐激发剂,其中,水泥熟料中游离 $CaSO_4$ 和 $CaO$ 加快了矿渣微粉中的 $Ca^{2+}$ 和 $[AlO_2]^-$ 的析出速度,石膏为水泥浆体系提供的 $Ca^{2+}$、$SO_4^{2-}$ 离子迅速使之反应生成钙矾石;体系中 $Ca^{2+}$、$Si^{2+}$、$K^+$、$Al^{3+}$、$Mg^{2+}$、$Na^+$、$S^{2-}$ 等离子则由矿渣微粉提供。在水泥熟料和石膏的共同激发下,超硫酸盐水泥体系发生水化反应,生成的水化产物主要为钙矾石和水化硅(铝)酸钙凝胶。

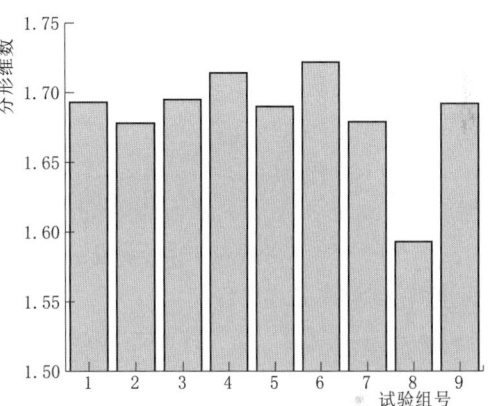

图 4.27　超硫酸盐水泥微观分形维数对比图

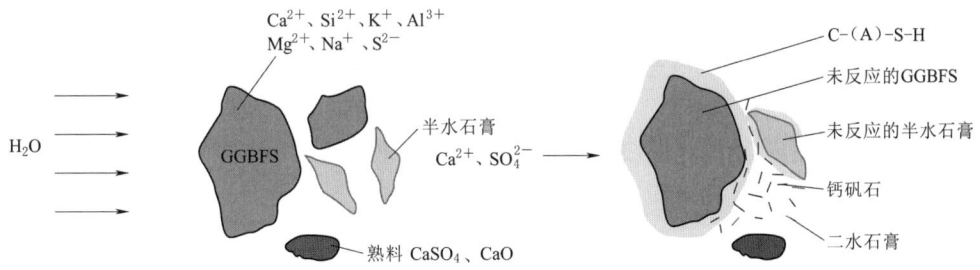

图 4.28　超硫酸盐水泥水化过程示意图

在水化初期,超硫酸盐水泥中首先会有少量的 C-S-H 与 C-(A)-S-H 生成,由于体系中石膏提供的 $Ca^{2+}$、$SO_4^{2-}$ 离子有效激发了矿渣微粉的活性,其产生大量钙矾石填充到超硫酸盐水泥的孔隙中,这使试样的致密度和宏观性能得到提升。然而随着反应的继续进行,产生钙矾石的速度变慢,并且 C-(A)-S-H 开始大量生成,参与反应的矿渣微粉被 C-(A)-S-H 包覆，使超硫酸盐水泥硬化浆体中存在一些没有来得及反应的矿渣微粉。石膏也出现了类似的现象。不同龄期的超硫酸盐水泥在水化产物中存在较多二水石膏（见图 4.28），石膏表面生长的钙矾石晶簇以及被水化产物包覆的半水石膏都可以在硬化浆体的断面形貌中观察到，这一发现与水泥水化过程分析一致。水化产生的针状钙矾石相互交错接触形成骨架，C-(A)-S-H 填充粘接在骨架间，使微观结构逐渐密实，超硫酸盐水泥的强度逐渐提高。

综合上述分析可以看出，超硫酸盐水泥水化过程实质上就是在碱和硫酸盐共同激发效果下，矿粉逐渐被分解，离子间发生化学反应产生骨架结构［钙矾石、C-(A)-S-H 和二水石膏］，未完全水化的部分矿粉填充到孔隙中并相互结合组成硬化浆体。

### 4.2.3 本节小结

本节基于正交试验结果，通过极差和等值线分析，揭示了三种因素对超硫酸盐水泥力学性能的影响规律，优化了超硫酸盐水泥的组分，并采用微观测试方法分析了超硫酸盐水泥 SEM 微观形貌、分形维数及孔结构，小结如下：

（1）影响超硫酸盐水泥胶砂强度的主要因素是矿渣微粉和激发剂。胶砂 3d 和 28d 抗压强度随激发剂掺量增加而提高；激发剂对胶砂 3d 抗折强度的影响较小，随激发剂掺量增加胶砂 28d 抗折强度先增加后降低。

（2）由 75% 矿渣微粉、6% 激发剂、6%P·Ⅱ水泥和 13% 的硬石膏组成的超硫酸盐水泥强度等级达到 52.5R 级。

（3）钙矾石和 C-S-H 是超硫酸盐水泥的主要水化产物，胶砂 28d 抗压强度随水化产物总量及钙矾石含量增加而增大，28d 抗折强度则随水化产物总量及 C-S-H 含量增加而提高。

（4）超硫酸盐水泥胶砂 28d 抗压强度与水泥石无害孔的孔隙率呈线性关系，且随水化产物总量与水化体系微观分形维数存在一定的相关性

## 4.3 超硫酸盐水泥透水混凝土制备及性能研究

本节基于超硫酸盐水泥为胶凝材料制备透水混凝土。通过正交试验对超硫酸盐水泥透水混凝土进行了配合比优化，研究水胶比、浆体体积率、骨料粒径综合作用下对超硫酸盐水泥透水混凝土力学性能、孔隙率、耐水性等基本性能影响。综合考虑各方面因素，确定最优配合比，为河岸护坡超硫酸盐水泥透水混凝土的推广应用积累理论基础和实践经验。

采用正交设计，研究水胶比、浆体体积率、骨料粒径对超硫酸盐水泥透水混凝土浆体流变性、液相 pH 值和力学性能、耐久性能的影响，并通过数据分析和单因素优化，得到超硫酸盐水泥透水混凝土最优配合比。

超硫酸盐水泥透水混凝土配合比正交试验的因素水平见表 4.17，其中因素 A 为水胶比，因素 B 为浆体体积率，因素 C 为骨料粒径。

表 4.17　　　　　　　　　　　　正交试验的因素水平

| 水平 | 试验因素 | | | |
|---|---|---|---|---|
| | A | B/% | C/mm | 空列 |
| 1 | 0.40 | 14 | 5～10 | |
| 2 | 0.30 | 16 | 10～20 | |
| 3 | 0.35 | 18 | 20～30 | |

### 4.3.1 配合比对 SSC 透水混凝土力学性能的影响

图 4.29 显示了超硫酸盐水泥透水混凝土养护至各龄期的抗压强度。

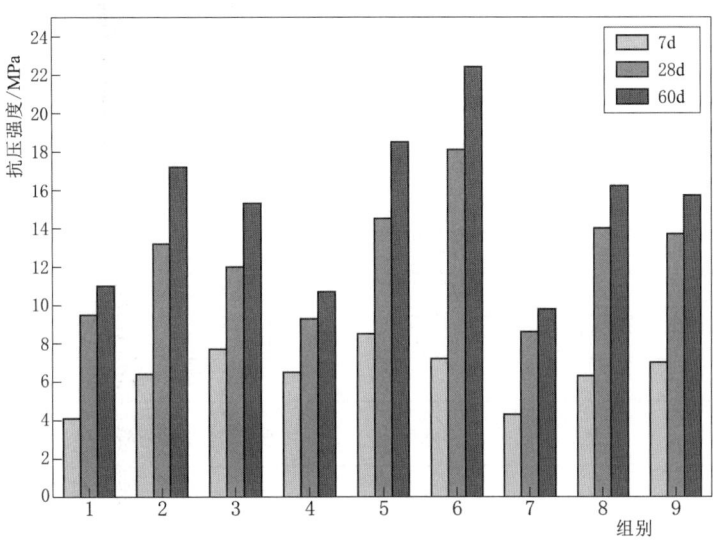

图 4.29　超硫酸盐水泥透水混凝土各龄期的抗压强度

由图 4.29 可以看出，在养护初期，各组超硫酸盐水泥透水混凝土的强度普遍较低，7d 抗压强度在 6～7MPa；随着龄期的增加，超硫酸盐水泥透水混凝土的强度增长迅速，养护至 28d 时，超硫酸盐水泥透水混凝土抗压强度最高可达 18.1MPa，较 7d 抗压强度增加了约 1.2 倍；龄期到达 60d 时，超硫酸盐水泥透水混凝土的强度持续增长，较 28d 抗压强度增加约 24%，总体增长速度趋于缓慢。

超硫酸盐水泥透水混凝土 28d、60d 抗压强度测试结果见表 4.18 和表 4.20，超硫酸盐水泥透水混凝土 28d、60d 抗压强度极差方差分析结果分别见表 4.18～表 4.21。

表 4.18　　　　　　超硫酸盐水泥透水混凝土 28d 抗压强度极差分析

| 组别 | 因素 | | | 28d 抗压强度/MPa |
|---|---|---|---|---|
| | A | B | C | |
| 1 | 1 | 1 | 1 | 9.5 |
| 2 | 1 | 2 | 2 | 13.2 |
| 3 | 1 | 3 | 3 | 12 |

续表

| 组别 | 因素 | | | 28d抗压强度/MPa |
|---|---|---|---|---|
| | A | B | C | |
| 4 | 2 | 1 | 2 | 9.3 |
| 5 | 2 | 2 | 3 | 14.5 |
| 6 | 2 | 3 | 1 | 18.1 |
| 7 | 3 | 1 | 3 | 8.6 |
| 8 | 3 | 2 | 1 | 14 |
| 9 | 3 | 3 | 2 | 13.7 |
| K1 | 34.7 | 27.4 | 41.6 | |
| K2 | 41.9 | 41.7 | 36.2 | |
| K3 | 36.3 | 43.8 | 35.1 | |
| k1 | 11.6 | 9.1 | 13.9 | |
| k2 | 14.0 | 13.9 | 12.1 | |
| k3 | 12.1 | 14.6 | 11.7 | |
| R | 2.4 | 5.5 | 2.2 | |
| 顺序 | B>A>C | | | |
| 最佳水平 | $A_2$ | $B_3$ | $C_1$ | |
| 最佳组合 | $A_2B_3C_1$ | | | |

表4.19　超硫酸盐水泥透水混凝土28d抗压强度方差分析

| 方差来源 | 平方和 | 自由度 | $F$值 | 临界值 | 显著 |
|---|---|---|---|---|---|
| A | 9.53 | 2 | 2.700 | 9.000 | |
| B | 53.10 | 2 | 15.046 | 9.000 | * |
| C | 8.07 | 2 | 2.286 | 9.000 | |
| 误差 | 3.53 | 2 | | | |

表4.20　SSC透水混凝土60d抗压强度极差分析

| 组别 | 因素 | | | 60d抗压强度/MPa |
|---|---|---|---|---|
| | A | B | C | |
| 1 | 1 | 1 | 1 | 11.0 |
| 2 | 1 | 2 | 2 | 17.2 |
| 3 | 1 | 3 | 3 | 15.3 |
| 4 | 2 | 1 | 2 | 10.7 |
| 5 | 2 | 2 | 3 | 18.5 |
| 6 | 2 | 3 | 1 | 22.4 |
| 7 | 3 | 1 | 3 | 9.8 |
| 8 | 3 | 2 | 1 | 16.2 |

续表

| 组别 | 因素 | | | 60d抗压强度/MPa |
|---|---|---|---|---|
| | A | B | C | |
| 9 | 3 | 3 | 2 | 15.7 |
| K1 | 43.5 | 31.5 | 49.6 | |
| K2 | 51.6 | 51.9 | 43.6 | |
| K3 | 41.7 | 53.4 | 43.6 | |
| k1 | 14.5 | 10.5 | 16.5 | |
| k2 | 17.2 | 17.3 | 14.5 | |
| k3 | 13.9 | 17.8 | 14.5 | |
| R | 3.3 | 7.3 | 2.0 | |
| 顺序 | B>A>C | | | |
| 最佳水平 | $A_2$ | $B_3$ | $C_1$ | |
| 最佳组合 | $A_2B_3C_1$ | | | |

表4.21　　　　　　SSC透水混凝土60d抗压强度方差分析

| 方差来源 | 平方和 | 自由度 | F值 | 临界值 | 显著 |
|---|---|---|---|---|---|
| A | 18.54 | 2 | 2.126 | 9.000 | |
| B | 99.78 | 2 | 11.443 | 9.000 | * |
| C | 8.00 | 2 | 0.917 | 9.000 | |
| 误差 | 8.72 | 2 | | | |

根据表4.18和表4.19的计算结果,得出各参数对超硫酸盐水泥透水混凝土28d抗压强度的影响程度由大到小分别为:浆体体积率,骨料粒径,水胶比,最佳水平为水胶比0.3,浆体体积率18%,骨料粒径5~10mm;浆体体积率$F$为15.046,显著大于其他因素的$F$,并且大于临界值,对超硫酸盐水泥透水混凝土28d抗压强度影响显著。

根据表4.20和表4.21的计算结果,得出各因素对超硫酸盐水泥透水混凝土60d抗压强度的影响程度大小为:浆体体积率>骨料粒径>水胶比,最佳水平为水胶比0.3,浆体体积率18%,骨料粒径5~10mm;浆体体积率$F$为11.443,显著大于其他因素的$F$,并且大于临界值,对超硫酸盐水泥透水混凝土60d抗压强度影响最大。

正交试验因素对超硫酸盐水泥透水混凝土力学性能影响的极差分析结果见图4.30~图4.32。图4.30反映了水胶比对超硫酸盐水泥透水混凝土28d、60d力学性能影响。从图中可以看出,超硫酸盐水泥透水混凝土28d、60d抗压强度随着水胶比的增加逐渐下降,在水胶比0.3时强度达到最大值,相较于水胶比0.4和0.35,超硫酸盐水泥28d抗压强度分别提高了20.7%、15.4%,60d抗压强度各自增加了18.6%、23.7%。规定相同胶凝材料用量时,水的用量极大影响着水胶比大小,而超硫酸盐水泥透水混凝土凝结硬化的过程,其本质上就是水泥与水发生水化反应。超硫酸盐水泥硬化浆体的强度通常由晶体、凝胶体、水化的颗粒供给,游离水和气孔会削弱其强度,因此,降低水胶比能够减少游离水,从而提高超硫酸盐水泥透水混凝土强度。

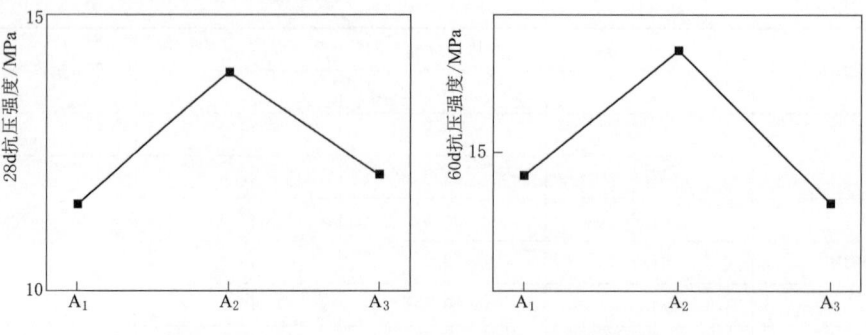

图 4.30　因素 A 对 SSC 透水混凝土力学性能的影响

图 4.31 为浆体率对超硫酸盐水泥透水混凝土 28d、60d 力学性能影响。可以看出，超硫酸盐水泥透水混凝土的 28d、60d 抗压强度随浆体率的增加而增长，其中浆体率为 18% 时强度达到最大，相较于浆体率 14% 和 16%，28d 抗压强度分别提高了 59.8%、5.0%，60d 抗压强度分别提高了 69.5%、2.9%。这是由于浆体率的增加一方面增强了骨料的包裹性，另一方面还能起到增加骨料间的受力面积的作用，从而提高超硫酸盐水泥透水混凝土的强度。

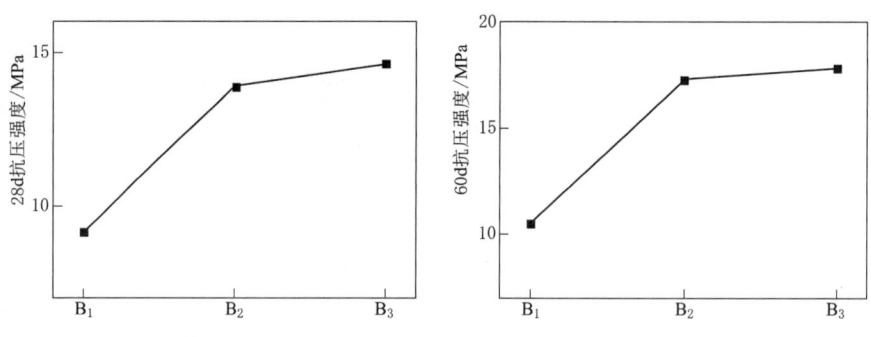

图 4.31　因素 B 对 SSC 透水混凝土力学性能的影响

图 4.32 显示了骨料粒径对超硫酸盐水泥胶砂力学性能影响。随着骨料粒径的增加，透水混凝土的力学性能降低，其中 20～30mm 骨料粒径的抗压强度最小，粒径为 5～10mm 和 10～20mm 时 28d 抗压强度提高了 18.5%、3.1%，粒径为 5～10mm 时透水混凝土 60d 抗压强度提高了 13.7%，这是由于透水混凝土内部骨料间相互搭接，骨料与水泥浆体的黏结面积一般随骨料粒径的增大呈减小趋势，导致骨料界面过渡区结构性能降低。而且振捣可以使粗骨料的均衡性得到提高，同时降低其四周的有害气孔且起到薄化水膜层的作用[7]。因此，随着骨料粒径的降低，超硫酸盐水泥透水混凝土的力学性能得到一定的提高。

透水混凝土的总孔隙率＝连通孔隙率＋封闭孔隙率＋半封闭孔隙率，对透水混凝土孔隙率的描述中连通孔隙率大小对植物扎根生长的影响最显著。试验可知，超硫酸盐水泥透水混凝土实测总孔隙率都大于 20%，且各组试块的实测连通孔隙率占到了总孔隙率的 90% 以上，说明各组配合比试验下的超硫酸盐水泥透水混凝土的孔隙以连通孔隙为主。

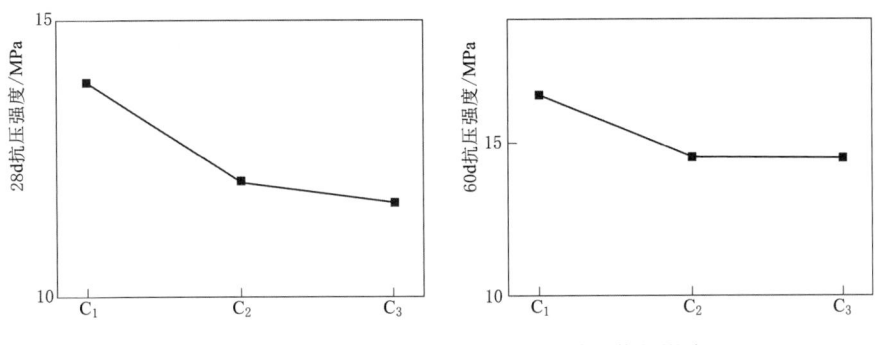

图 4.32　因素 C 对 SSC 透水混凝土力学性能的影响

图 4.33 反映了超硫酸盐透水混凝土总孔隙率对抗压强度的影响。由图 4.33 可知，相同水灰比下，超硫酸盐水泥透水混凝土 28d 和 60d 抗压强度与总孔隙率之间呈现出近似线性关系。因此，对植生用透水混凝土，孔隙率高达 25%～30%，为满足植生强度要求，需配制高强度浆体，精准控制浆/骨体积比。

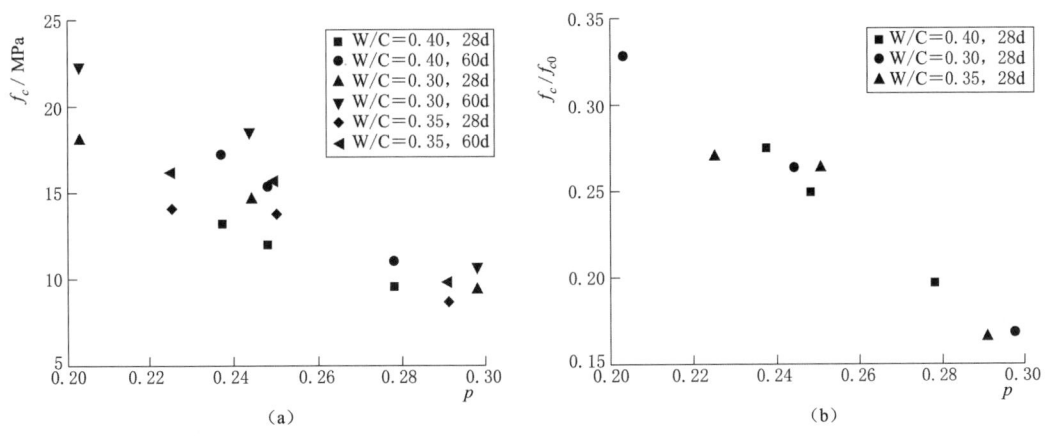

图 4.33　超硫酸盐透水混凝土总孔隙率对抗压强度的影响

## 4.3.2　SSC 透水混凝土的耐水性与抗冻性

透水混凝土长期暴露于流水环境中时，水分在混凝土的孔隙中循环进出，容易导致水泥水化产物不断析出，材料的孔隙率和孔径持续增大，导致混凝土基体被逐渐受到腐蚀和破坏。因此，超硫酸盐水泥透水混凝土的制备不仅要考虑相关力学性能，耐水性能的考察也具有重要意义。

软化系数是评价透水混凝土耐水性能的重要技术参数之一，耐水性材料的软化系数一般应大于 0.85。图 4.34 显示了正交试验各组耐水强度，从图中可以看出，浸水 28d 后各组超硫酸盐水泥透水混凝土的强度均有所下降，相比较而言，水胶比为 0.40 的试验组平均强度下降幅度较明显，第 3 组下降幅度最高可达 17%；水胶比为 0.35 的试验组浸水前后强度差值较小且较为稳定。

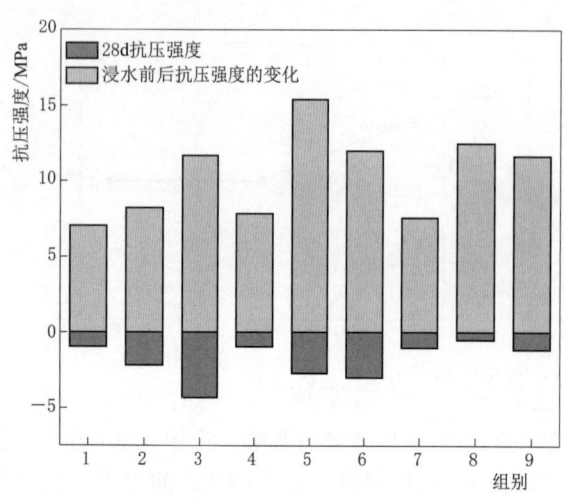

图 4.34 SSC 透水混凝土耐水强度

超硫酸盐水泥透水混凝土软化系数的极差分析见表 4.22。结果表明,各因素对超硫酸盐水泥透水混凝土耐水性能的影响程度由大到小分别为:水胶比,浆体体积率,骨料粒径,优水平为水胶比 0.35,浆体体积率 14%,骨料粒径 5~10mm。根据因素指标分析法,可求出各因素水平下的超硫酸盐水泥透水混凝土软化系数平均值,见图 4.35。随着水胶比的增加,超硫酸盐水泥透水混凝土软化系数总体呈先增后减趋势,水胶比为 0.35 的软化系数最大,相较于水胶比 0.40 和 0.30 分别提高了 15% 和 8.2%;而软化系数随浆体率和骨料粒径增加而降低。

表 4.22 超硫酸盐水泥透水混凝土软化系数极差分析

| 组别 | 因素 | | | 软化系数 |
|---|---|---|---|---|
| | A | B | C | |
| 1 | 1 | 1 | 1 | 0.88 |
| 2 | 1 | 2 | 2 | 0.79 |
| 3 | 1 | 3 | 3 | 0.73 |
| 4 | 2 | 1 | 2 | 0.89 |
| 5 | 2 | 2 | 3 | 0.85 |
| 6 | 2 | 3 | 1 | 0.80 |
| 7 | 3 | 1 | 3 | 0.88 |
| 8 | 3 | 2 | 1 | 0.96 |
| 9 | 3 | 3 | 2 | 0.91 |
| K1 | 2.4 | 2.6 | 2.6 | |
| K2 | 2.5 | 2.6 | 2.5 | |
| K3 | 2.8 | 2.4 | 2.5 | |
| k1 | 0.80 | 0.88 | 0.88 | |
| k2 | 0.85 | 0.86 | 0.86 | |
| k3 | 0.92 | 0.81 | 0.82 | |
| R | 0.12 | 0.07 | 0.06 | |
| 顺序 | A>B>C | | | |
| 最佳水平 | $A_3$ | $B_1$ | $C_1$ | |
| 最佳组合 | $A_3B_1C_1$ | | | |

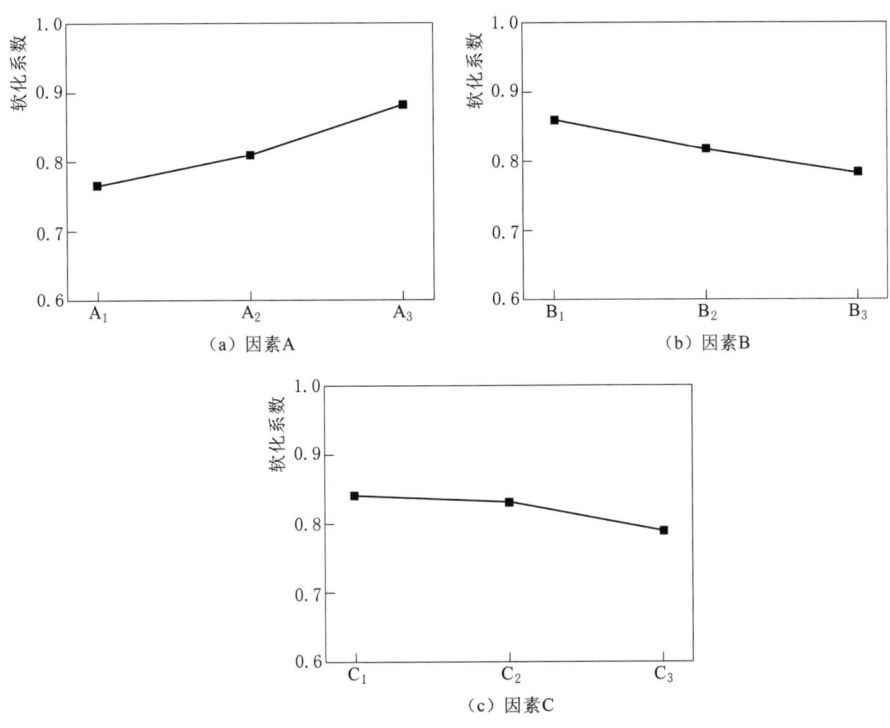

图 4.35　各因素对 SSC 透水混凝土软化系数的影响

抗冻性能是反映混凝土耐久性的重要指标之一。由图 4.36 可知，超硫酸盐水泥透水混凝土在经历了 25 次冻融循环后，其质量损失率都小于 5%，相对动弹模量均大于 60%，满足《植生混凝土》（JC/T 2557—2020）对工程性能的要求。第 6 组抗冻性能最好，其质量损失率为 0.5%、相对动弹模量为 92.9%，然而，随着冻融循环次数的增加，各组超硫酸盐水泥透水混凝土的质量损失率逐渐上升，经过 50 次冻融循环后，各组混凝土被破坏。总体而言，超硫酸盐水泥透水混凝土的抗冻性能较差。

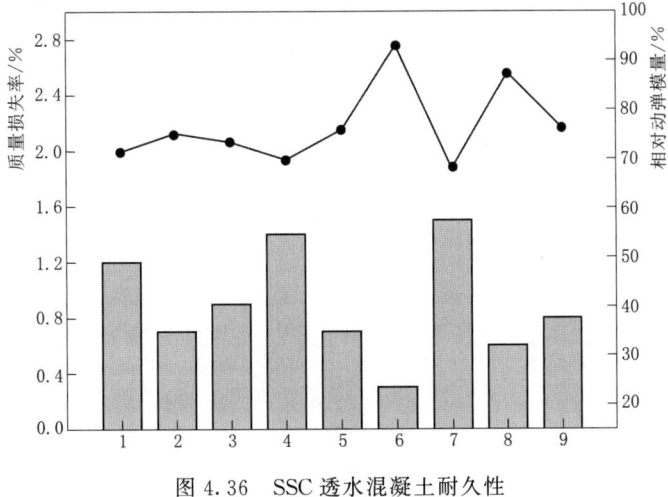

图 4.36　SSC 透水混凝土耐久性

表 4.23 和表 4.24 分别显示了超硫酸盐水泥透水混凝土在经历了 25 次冻融循环后产生的质量损失比例和相对动弹模量的极差分析。各因素影响程度大小为：浆体体积率＞骨料粒径＞水胶比，优水平为水胶比 0.3，浆体体积率 16％，骨料粒径 5～10mm。各因素对超硫酸盐水泥透水混凝土抗冻性能的影响如图 4.37～图 4.39 所示。

表 4.23　超硫酸盐水泥透水混凝土 25 次冻融循环后质量损失率极差分析

| 组别 | 因素 A | 因素 B | 因素 C | 质量损失率 |
|---|---|---|---|---|
| 1 | 1 | 1 | 1 | 2.3 |
| 2 | 1 | 2 | 2 | 1.2 |
| 3 | 1 | 3 | 3 | 1.8 |
| 4 | 2 | 1 | 2 | 2.9 |
| 5 | 2 | 2 | 3 | 0.9 |
| 6 | 2 | 3 | 1 | 0.5 |
| 7 | 3 | 1 | 3 | 3.0 |
| 8 | 3 | 2 | 1 | 1.0 |
| 9 | 3 | 3 | 2 | 1.3 |
| K1 | 5.3 | 8.2 | 3.8 | |
| K2 | 4.3 | 3.1 | 5.4 | |
| K3 | 5.3 | 3.6 | 5.7 | |
| k1 | 1.8 | 2.7 | 1.3 | |
| k2 | 1.4 | 1.0 | 1.8 | |
| k3 | 1.8 | 1.2 | 1.9 | |
| R | 0.3 | 1.7 | 0.6 | |
| 顺序 | B＞C＞A | | | |
| 最佳水平 | $A_2$ | $B_2$ | $C_1$ | |
| 最佳组合 | $A_2B_2C_1$ | | | |

表 4.24　超硫酸盐水泥透水混凝土 25 次冻融循环后相对动弹模量极差分析

| 组别 | 因素 A | 因素 B | 因素 C | 相对动弹模量 |
|---|---|---|---|---|
| 1 | 1 | 1 | 1 | 71.6 |
| 2 | 1 | 2 | 2 | 74 |
| 3 | 1 | 3 | 3 | 73.9 |
| 4 | 2 | 1 | 2 | 70 |
| 5 | 2 | 2 | 3 | 84.1 |
| 6 | 2 | 3 | 1 | 92.9 |
| 7 | 3 | 1 | 3 | 68.3 |

续表

| 组别 | 因素 | | | 相对动弹模量 |
|---|---|---|---|---|
| | A | B | C | |
| 8 | 3 | 2 | 1 | 87.2 |
| 9 | 3 | 3 | 2 | 78.7 |
| K1 | 219.5 | 209.9 | 251.7 | |
| K2 | 247.0 | 245.3 | 222.7 | |
| K3 | 234.2 | 245.5 | 226.3 | |
| k1 | 73.2 | 70.0 | 83.9 | |
| k2 | 82.3 | 81.8 | 74.2 | |
| k3 | 78.1 | 81.8 | 75.4 | |
| R | 9.2 | 11.9 | 9.7 | |
| 顺序 | B>A>C | | | |
| 最佳水平 | $A_2$ | $B_3$ | $C_1$ | |
| 最佳组合 | $A_2B_3C_1$ | | | |

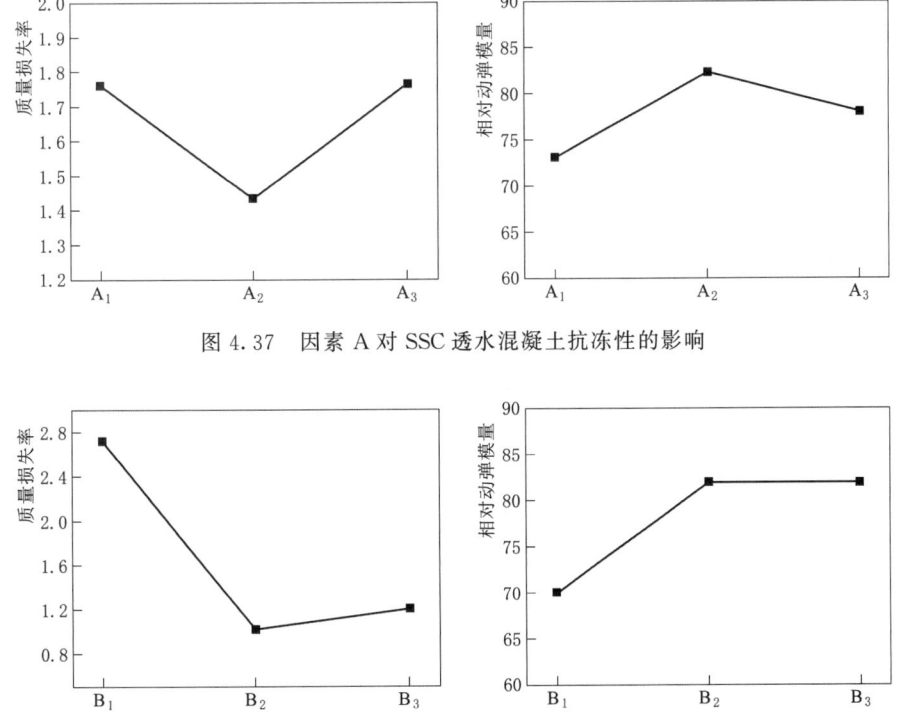

图 4.37 因素 A 对 SSC 透水混凝土抗冻性的影响

图 4.38 因素 B 对 SSC 透水混凝土抗冻性的影响

随着浆体体积率增大,混凝土的质量损失率降低,相对动弹模量增大,超硫酸盐水泥浆体能够减小骨料表面的不规则结构,对棱角和凹坑起到一定程度的填补作用,让混凝土骨料交界面结构更加密实,抑制了透水混凝土内部空隙结构的发育和形成;水胶比越大,

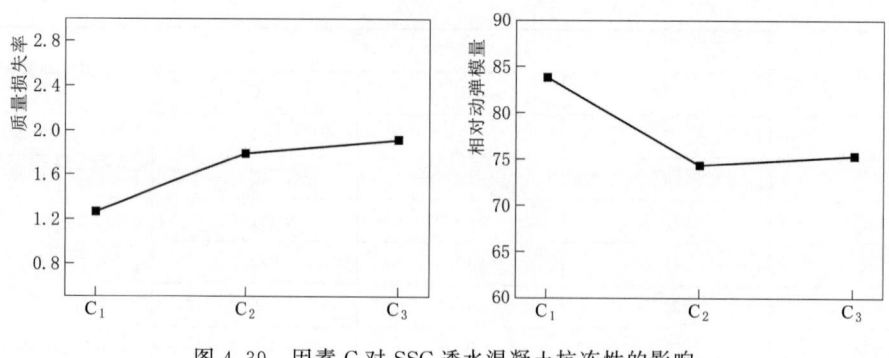

图 4.39　因素 C 对 SSC 透水混凝土抗冻性的影响

则混凝土中可冻水的含量越多,混凝土冷冻的速度越快,抵抗冻融的能力越弱,因此超硫酸盐水泥透水混凝土的质量损失率随水胶比的降低而增加,相对动弹模量随之降低;而当骨料吸水饱和时,冻结会在骨料孔隙和浆骨界面上产生静压,当超过一定强度时就会产生冻害,骨料粒径越大,受冻后越容易破坏。

### 4.3.3　透水混凝土最优配合比的确定

根据以上分析,得到水胶比、浆体体积率、骨料粒径三个因素影响超硫酸盐水泥植生混凝土性能的主次顺序与最优方案。使用综合平衡法分析得出综合最优试验方案。

(1) 水胶比。通过水胶比对超硫酸盐水泥植生混凝土各项性能影响的极差分析,其对力学性能的影响最大,对其他指标影响较小。超硫酸盐水泥植生混凝土 28d、60d 抗压强度在水胶比为 0.30 时最佳,而水胶比的三个水平对孔隙率、耐久性的影响较小,水胶比选取为 0.40、0.35 两个水平时,软化系数相差不大。因此,水胶比选取 0.30。

(2) 浆体体积率。通过浆体体积率对超硫酸盐水泥植生混凝土各项性能影响的极差分析,其对混凝土抗压强度和耐久性影响最大,对孔隙率的影响次之,对其他指标影响较小。当浆体体积率为 18% 时,超硫酸盐水泥植生混凝土的 28d、60d 抗压强度及耐久性取得最优值;当浆体体积率为 14% 时,超硫酸盐水泥植生混凝土的孔隙率达到最优值。浆体体积率对软化系数的影响最小,且其 3 个水平下,软化系数相近。考虑到植生混凝土的工程性能要求,浆体体积率宜选取 18%。

(3) 骨料粒径。通过骨料粒径对超硫酸盐水泥植生混凝土各项性能影响的极差分析,其对孔隙率的影响最大。骨料粒径 20~30mm 时,超硫酸盐水泥植生混凝土的总孔隙率最高可达 29.8%,连通孔隙率最高可达 27.4%。骨料粒径对耐水性能的影响较小,当骨料粒径为 5~10mm、10~20mm 时,对超硫酸盐水泥植生混凝土软化系数的影响相似;植生混凝土力学性能和耐久性与骨料粒径的增长成反比。综合考虑其植生性能,骨料粒径选取 20~30mm。

综合上述分析,当水胶比为 0.30、浆体体积率为 18%、骨料粒径为 20~30mm,即 $A_2B_3C_3$ 时,超硫酸盐水泥植生混凝土的各项指标力均会有一定提升且满足植生混凝土的物理力学性能要求。按该配合比制备的超硫酸盐水泥植生混凝土 28d 抗压强度为 17.9MPa,60d 抗压强度为 21.8MPa,酸碱度为 8.91,连通孔隙率为 27%,软化系数为

0.93，25 次冻融循环后质量损失率 0.4%。

### 4.3.4 本节小结

本节开展了超硫酸盐水泥透水混凝土的制备优化研究，并且进行了各项基本性能研究。通过正交试验设计和结果分析，优化得到超硫酸盐水泥透水混凝土的最终配合比。根据试验分析，得到以下结果：

（1）超硫酸盐水泥透水混凝土的孔隙内环境碱度低，pH 值为 8～9，满足植生混凝土酸碱度标准（pH<9.5）。

（2）根据正交试验极差方差分析，超硫酸盐水泥透水混凝土的力学性能受浆体体积率的影响较大，各因素对超硫酸盐水泥透水混凝土 28d、60d 抗压强度影响程度为：浆体体积率＞骨料粒径＞水胶比；影响超硫酸盐水泥透水混凝土孔隙率大小的因素为：浆体体积率＞骨料粒径＞水胶比；对耐久性影响为：浆体体积率＞骨料粒径＞水胶比；影响软化系数大小的因素主次为：水胶比，浆体体积率，骨料粒径。

（3）透水混凝土 28d 和 60d 抗压强度与总孔隙率近似呈线性关系，水胶比 0.3、浆体体积率 18%、骨料粒径 20～30mm 的配合比下其强度、孔隙、抗冻等综合性能较优，能够满足实际工程条件。

## 4.4 超硫酸盐水泥透水混凝土植生性能研究

植生混凝土涉及材料学、植物学等多方面学科，对植生混凝土的评价不能仅仅局限于对混凝土本身的物理力学性能的研究，更要关注混凝土中植物的生长状况以及混凝土孔隙内填充基质的选择，透水混凝土的植物适生性研究决定了植生混凝土是能否应用于实际工程。

本节提出的超硫酸盐水泥透水混凝土，相比于普通硅酸盐水泥透水混凝土（pH 值为 12～13），其不仅具有一定的力学强度，且内部碱环境 pH 值更低（pH 值<10），理论上更适于植物生长。

为了验证此观点，本节以紫花苜蓿、高羊茅、马尼拉、碱茅草为目标植物，通过对比超硫酸盐水泥透水混凝土和普通硅酸盐水泥透水混凝土的植生效果，论证超硫酸盐水泥透水混凝土的工程应用优势。

### 4.4.1 试验内容

对照植生要求设计植生混凝土配合比，研究超硫酸盐水泥与普通硅酸盐水泥浆体对透水混凝土植生性能的影响。目标植物选择紫花苜蓿、高羊茅、马尼拉、碱茅草等耐碱植物，采用上置式的种植方式于植生混凝土上覆盖 3～5cm 种植基质并播种，观察目标植物的生长发育状况。

### 4.4.2 试验配比

#### 4.4.2.1 植生混凝土配合比

植生混凝土主要由胶凝材料、骨料、水及外加剂组成。为了充分揭示水泥浆体对混凝土的植生性能影响，采用对照试验法设计植生混凝土配合比。试验方案见表 4.25。

表 4.25　　　　　　　　　　植生试验混凝土配合比方案

| 序号 | 水泥类型 | W/C | 浆体体积率 | 骨料粒径/mm | 种植方式 | 植物 |
| --- | --- | --- | --- | --- | --- | --- |
| 1 | P·O | 0.30 | 6 | 20～30 | 单一/草籽撒播 | 紫花苜蓿 |
| 2 | | | | 20～30 | 单一/草籽撒播 | 高羊毛 |
| 3 | | | | 20～30 | 单一/草籽撒播 | 马尼拉 |
| 4 | | | | 20～30 | 单一/草籽撒播 | 碱茅草 |
| 5 | SSC | 0.30 | 6 | 20～30 | 单一/草籽撒播 | 紫花苜蓿 |
| 6 | | | | 20～30 | 单一/草籽撒播 | 高羊毛 |
| 7 | | | | 20～30 | 单一/草籽撒播 | 马尼拉 |
| 8 | | | | 20～30 | 单一/草籽撒播 | 碱茅草 |

#### 4.4.2.2　植生试验植物种类选择

广西壮族自治区地属亚热带季风气候区，植生试验植物物种选择应充分考虑植物对气候的要求，做到因地制宜。其次，不同植物对生长环境酸碱度要求不同，植生试验植物物种选择还需要考虑目标植物的耐碱、抗逆性以及其生长年限、景观效果。综合上述原则，本试验选择紫花苜蓿、高羊毛、马尼拉、碱茅草为目标植物（见图 4.40），其植物特性见表 4.26。

(a) 紫花苜蓿

(b) 高羊茅

(c) 马尼拉

(d) 碱茅草

图 4.40　目标植物草籽

表4.26　　　　　　　　　　　目 标 植 物 特 征

| 植物名称 | 冷暖型 | 植株高度/cm | 根系情况 | 生长周期/d | 生命周期 | pH值 |
|---|---|---|---|---|---|---|
| 紫花苜蓿 | 冷季型 | 30～100 | 发达 | 25～30 | 多年生 | 6～8 |
| 高羊茅 | 冷季型 | 50～70 | 发达 | 7～10 | 多年生 | 4.7～9 |
| 马尼拉 | 暖季型 | 12～20 | 发达 | 10～20 | 多年生 | 5.5～7 |
| 碱茅草 | 冷季型 | 20～40 | 发达 | 7～10 | 多年生 | 8～10 |

#### 4.4.2.3 植生基质配合比

虽然植生混凝土体系中的多孔基体为植物提供了生存的场所，但其并不能供给植物生长所需的养分，因此在植生混凝土孔隙中填充种植基质以满足目标植物生长需要是十分必要的。本试验中，植生基质层由50%泥炭土与50%营养土组成（见图4.41），表4.27显示了试验所用泥炭土和营养土的微量元素含量。

(a) 泥炭土　　　　　　　　(b) 营养土

图4.41　植生基质

表4.27　　　　　　　　　植生基质的微量元素含量

| 植生基质 | 全氮/(g/kg) | 全磷/(g/kg) | 全钾/(g/kg) | 水溶性氮/(mg/kg) | 有效磷/(mg/kg) | 速效钾/(mg/kg) | pH值 |
|---|---|---|---|---|---|---|---|
| 营养土 | 5.62 | 1.01 | 18.5 | 363.3 | 11.3 | 143.9 | 5.00 |
| 泥炭土 | 6.99 | 0.29 | 1.7 | 437.2 | 163.0 | 463.1 | 4.40 |

### 4.4.3　植生试验

透水混凝土植生试验截面设计见图4.42，试验步骤如图4.43所示。

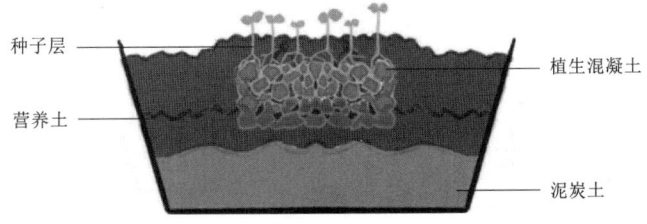

图4.42　植生试验截面设计示意图

图 4.43 植生混凝土植生试验步骤

首先，根据表 4.25 中的配合比制备试验所需的 150mm×150mm×150mm 的植生混凝土试块，养护至 28d 龄期后对半切割；其次，准备若干白色塑料种植框，在种植框内依次铺设一层泥炭土（厚约 3cm）、一层营养土（厚约 3cm），将植生混凝土置于营养土上；然后，按照泥炭土：营养土＝1：1 的比例搅拌均匀，加入适量水后继续搅拌 30s 配置混凝土孔隙填充基质，采用灌浆法将填充基质至植生混凝土的孔隙中；填充完毕后，在植生混凝土表面铺设厚度约 2.5cm 的营养土做播种层，播撒草籽后覆盖一层薄土，适量浇水等待种子发芽。

### 4.4.4 植生性能表征

植生试验在标准条件下养护至 28d 的普通硅酸盐水泥植生混凝土试块/超硫酸盐水泥植生混凝土试块上进行，试验环境选择采光、通气性良好的试验台，每两天浇水一次，每次浇水量相同，确保植物生长的必要条件。

(1) 出芽率。用计数法测定并记录草种种植 0～30d 的出苗数情况，并以 30d 的出芽数计算出芽率，见式（4.11）：

$$G=\frac{N_G}{N_D}\times 100\% \tag{4.11}$$

式中：$G$ 为出芽率，%；$N_G$ 为出芽的种子数，颗；$N_D$ 为检测的种子总数，颗。

(2) 植物覆盖率。植物覆盖率采用 15cm×15cm 规格纸覆盖没有出苗长草的面积与总面积的比值反映，见式（4.12）：

$$C=1-\frac{S_{未}}{S_{全}} \tag{4.12}$$

式中：$C$ 为目标植物的植被覆盖率，%；$S_{未}$ 为规格纸覆盖范围内未长草的面积，$m^2$；$S_{全}$ 为规格纸覆盖范围内种植区域的总面积，$m^2$。

（3）植株高度。在植物出苗时和到达规定的种植日期后，用直尺测量植株的长度（见图 4.44），测量范围为从土壤表面到植物最上面展开叶子的基部叶枕处，测量准确度精确到 1mm，以此研究植物在混凝土上层的生长速度及暴露在室外环境中情况。

 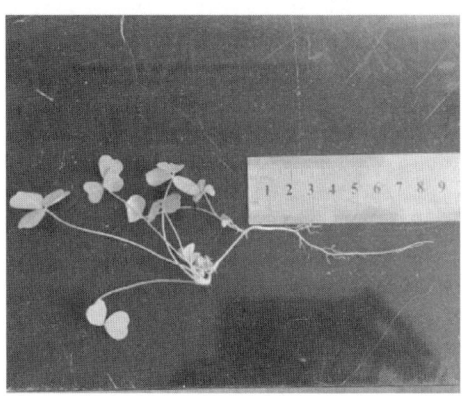

图 4.44　植株高度及植株根系发达程度测量方法

（4）植株根系发达程度。植物达到规定种植时间后，用直尺测量植物根系的长度，测量准确度精确到 1mm，观察植物根系在植生混凝土表面以及孔隙中的盘扎情况，以判断植株根系的发达程度及受外界环境影响情况。

（5）植物叶片相对含水量。取下少量目标植物的叶片，迅速称取叶片鲜重 $M_f$ 后，将其在蒸馏水中浸泡 24h，使叶片完全吸饱水分，随后取出擦干净表面的水分，称取饱和水重 $M_t$，再将这些叶片在 70℃下烘 12h 至恒重，称其干重 $M_d$。叶片相对含水率 $LRWC$ 计算见式（4.13）：

$$LRWC = \frac{M_f - M_d}{M_t - M_d} \times 100\% \qquad (4.13)$$

式中：$LRWC$ 为叶片相对含水率，%；$M_f$ 为植物叶片鲜重，mg；$M_d$ 为物叶片干重，mg；$M_t$ 为植物叶片饱和水重，mg。

### 4.4.5　结果与讨论

#### 4.4.5.1　浆体对出芽率与植被覆盖率的影响

本试验以播种当日为种植试验的第一天，记录各组植物的出苗时间。图 4.45 显示了不同浆体基质下植物的出芽时间，由于各组植物播种时间相同，试验环境下，其接受的温度、光照、水分差异较小，因此，同一种植物种子，其在不同植生混凝土浆体基质中出芽时间没有明显差别。紫花苜蓿、高羊茅、马尼拉、碱茅草在超硫铝酸盐水泥植生混凝土中的出苗

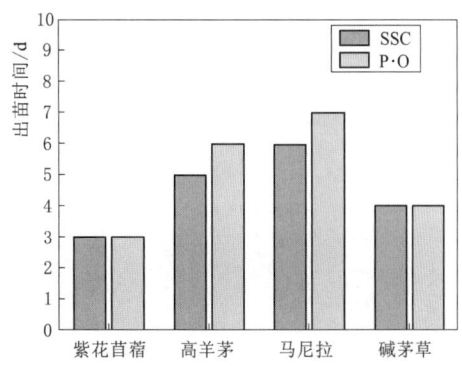

图 4.45　浆体对植物出芽时间的影响

时间依次为 3d、5d、6d、4d，30d 出芽率分别为 96.2%、95.4%、88.8%、92.6%。

植物的覆盖率大小受植物发芽率、成活率影响，反映了植物的成坪能力。图 4.46 显示了播种 28d 时紫花苜蓿、高羊茅、马尼拉、碱茅草在超硫酸盐水泥植生混凝土和普通硅

(a) 紫花苜蓿 SSC      (b) 紫花苜蓿 P·O

(c) 高羊茅 SSC      (d) 高羊茅 P·O

(e) 马尼拉 SSC      (f) 马尼拉 P·O

图 4.46（一） 浆体对植被覆盖率的影响

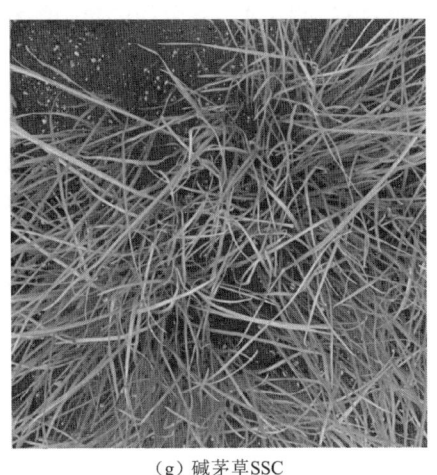 

(g) 碱茅草SSC　　　　　　　　　　(h) 碱茅草P·O

图 4.46（二）　浆体对植被覆盖率的影响

酸盐水泥植生混凝土中的生长情况。在植物生长期内，紫花苜蓿、高羊茅、马尼拉、碱茅草的发芽出苗率均高于85%，相较于普通硅酸盐水泥植生混凝土，以超硫酸盐水泥植生混凝土为基质的植物生长覆盖率更好，28d时其植物覆盖率依次为99%、95%、90%、92%。由此可见，超硫酸盐水泥植生混凝土更适合植物生长。

#### 4.4.5.2　水泥浆体对植株高度的影响

四种植物40d的生长状况见图4.47～图4.50。可以看出，超硫酸盐水泥植生混凝土比普通硅酸盐水泥植生混凝土基质上植物生长趋势好。

(a) SSC　　　　　　　　　　　(b) P·O

图 4.47　紫花苜蓿植株生长情况

图 4.51 显示了浆体对植株高度的影响。由图 4.51 可知，四种植物的生长高度在发芽初期增长速度较快，而后期生长速度则逐渐减慢。这是由于草籽播种后，天气高温晴好阳光充足，为了保证植物能够正常发芽出苗，需要浇更多的水，以保持植生混凝土基质土壤环境湿润，使得植株能够迅速生长；而随着植物出苗率的增长，频繁浇水对植物根系呼吸有负面影响，因此降低浇水频率，出现了植物高度增长缓慢的现象。

在养护管理期内，相比普通硅酸盐水泥植生混凝土，超硫酸盐水泥植生混凝土基质中

图 4.48 高羊茅植株生长情况

图 4.49 马尼拉植株生长情况

图 4.50 碱茅草植株生长情况

的植物生长高度更高,也更加茂盛,这主要得益于植生混凝土基质的低碱度孔隙内环境。植物生长初期株高层次不齐,主要是由植生混凝土内部孔隙环境不均匀性引起的,孔隙填充效果好的区域植物生长速度往往较快。

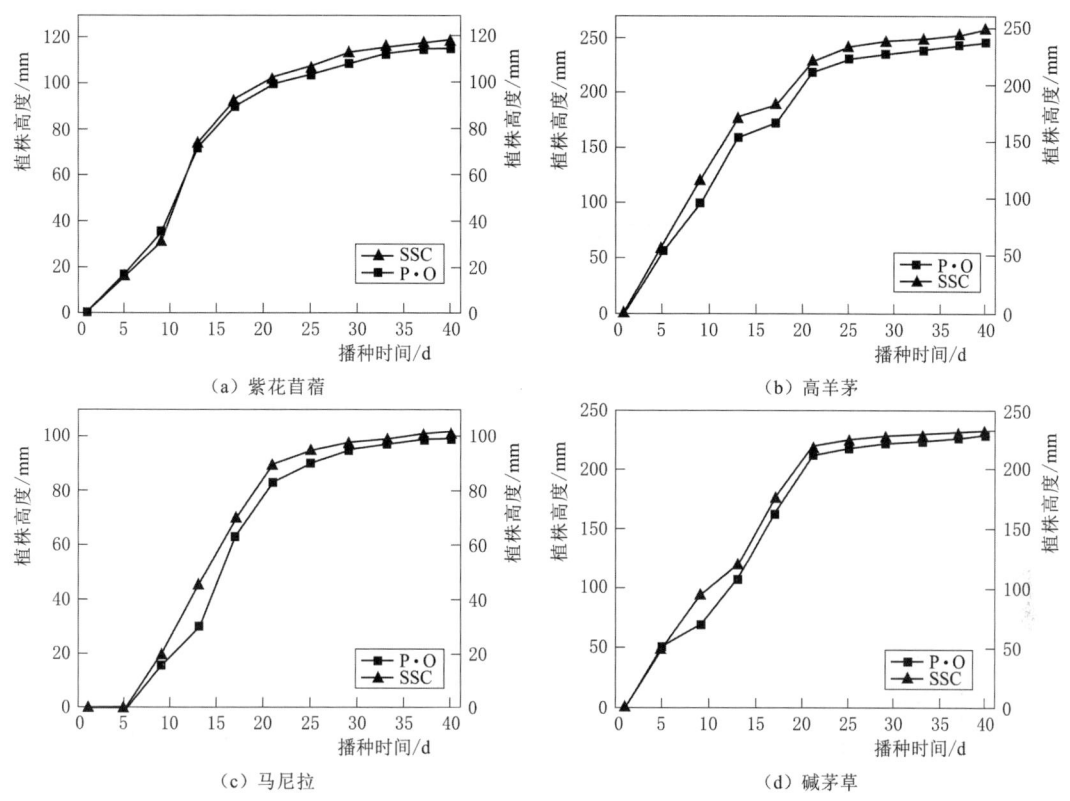

图 4.51 浆体对植株高度的影响

### 4.4.5.3 水泥浆体对植株根系发达程度的影响

植生混凝土孔隙植株根系穿透植生混凝土进入土层，是植物长期保持生长良好的关键所在。图 4.52 为植物根系的生长情况。

通过观察植物根系的生长情况发现，在超硫酸盐水泥植生混凝土基质中，播种 40d 时，四种植物的根系均比较发达，与混凝土相容性好，能够牢牢生长在植生混凝土的孔隙中，对植生混凝土体系起到一定的加筋作用。其中，紫花苜蓿根系长度最长，能够穿透植生混凝土汲取基质营养层养分，约为 81mm；碱茅草根系长度次之，约为 60mm，高羊茅根系长度约为 49mm，马尼拉根系长度最短，约为 42mm。

图 4.53 显示了普通硅酸盐水泥植生混凝土和超硫酸盐水泥植生混凝土中植株根系长度。相比较而言，超硫酸盐水泥植生混凝土中各目标植物的根系更发达，紫花苜蓿的平均根长相比普通硅酸盐水泥植生混凝土中增长约 9%，高羊毛的平均根长增长了 6%，马尼拉的平均根长约为普通硅酸盐水泥植生混凝土中生长根长的 1.07 倍，碱茅草的平均根长增长约 5%。由于普通硅酸盐水泥植生混凝土孔隙内环境碱度高，对植生基质中的微生物分解植被凋落物有不良影响，促使有机质腐殖化，而表现出负相关；同时，还会致使磷酸盐因为被钙离子固定而有效性降低，不利于植物的生长。因此，相较于普通硅酸盐水泥植生混凝土，低碱度的超硫酸盐水泥植生混凝土中植物的根系发达程度更高。

图 4.52 植物根系生长情况

### 4.4.5.4 水泥浆体对植物叶片相对含水量的影响

叶片相对含水率 LRWC 可以用来描述表植物叶片的生理性状、活性，它对叶片光合作用有很大影响，体现了植物叶片的光合速率、蒸腾速率和气孔导度等指标。图 4.54 反映了紫花苜蓿、高羊茅、马尼拉和碱茅草在不同混凝土基质上的叶片相对含水率。

当播种 40d 时，紫花苜蓿、高羊茅、马尼拉和碱茅草在普通硅酸盐水泥植生混凝土基质中的叶片相对含水率 LRWC 分别为 0.85、0.67、0.92、0.57，在超硫酸盐水泥植生混凝基质中的叶片相对含水率 LRWC 分别为 0.86、0.87、0.93、0.74。可以看出，四种植物的抗旱性都较为良好，其中，马尼拉的相对叶片含水率较高，这表明在非生物逆境条件下，马尼拉的抗失水能力更强。

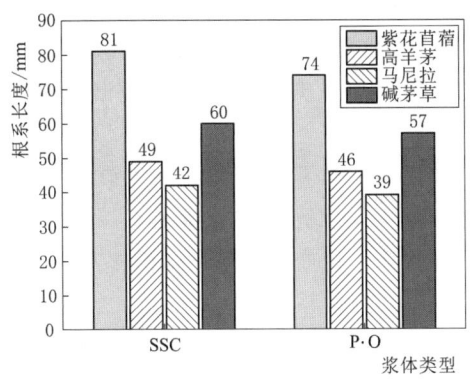

图 4.53 浆体对植株根系长度的影响

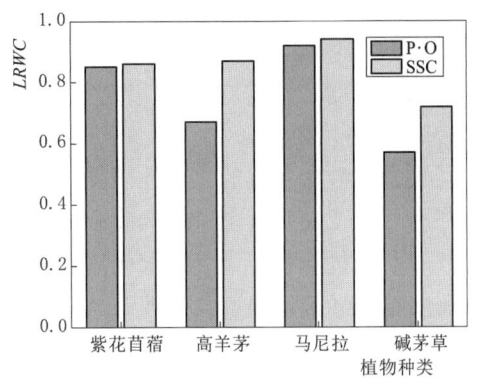

图 4.54 植物叶片相对含水率

与普通硅酸盐水泥植生混凝土相比，四种植物在超硫酸盐水泥植生混凝土基质上中的叶片相对含水率分别增加了 1.1%、29%、2.1%、30%，这是由于在碱性环境中，植物会优先运输内部水分至植株顶部，以稳定植株内部酸碱度，保证植物正常的生理功能。其中，高羊毛和碱茅草在两种基质中叶片相对含水率差别较大，说明这两种植物更适合 pH 值 8~9 的低碱度环境中生长。

### 4.4.6 本节小结

本节开展了超硫酸盐水泥混凝土植生性能试验，选取紫花苜蓿、高羊茅、马尼拉、碱茅草为目标植物，以普通硅酸盐水泥植生混凝土为对照组，通过观察目标植物在不同混凝土中的生长发育状况，分析超硫酸盐水泥植生混凝土植生性能的优势，得到以下结果：

（1）紫花苜蓿、高羊茅、马尼拉、碱茅草能够适应广西地方气候，长势优良，3~7d 能够出芽并且成坪观赏性好，其根系均穿透植生混凝土孔隙到达下层土壤营养区。

（2）对比四种目标植物，紫花苜蓿和高羊茅的 30d 出芽率分别达到 96.2%、95.4%，生长周期内植被覆盖率达 95% 以上，植株生长迅速 25d 可达到预期高度，是生态护坡工程中先锋植物。

（3）超硫酸盐水泥植生混凝土孔隙内环境碱度低，适合植物生长，目标植物在超硫酸盐水泥植生混凝土中的生长趋势普遍优于普通硅酸盐水泥植生混凝土。

## 4.5 结论与展望

### 4.5.1 结论

针对植生混凝土低碳、低碱和强度要求，优化超硫酸盐水泥组分，提升了超硫酸盐水泥力学性能，分析了超硫酸盐水泥的水化产物组成；研发了超硫酸盐水泥透水混凝土，评价了其物理、力学性能和抗冻融耐久性；研究了超硫酸盐水泥透水混凝土的植生性能。主要结论如下：

（1）矿渣微粉和激发剂含量是影响超硫酸盐水泥胶砂强度的主要因素，矿渣微粉的适宜含量为70%～75%，胶砂3d和28d抗压强度随激发剂掺量增加而提高，激发剂对胶砂3d抗折强度的影响较小，随激发剂掺量增加胶砂28d抗折强度先增加后降低。综合考虑早期和后期强度，确定52.5R级超硫酸盐水泥的配比为：矿渣微粉75%，激发剂6%，P·Ⅱ水泥6%，硬石膏13%。

（2）超硫酸盐水泥的力学性能受控于水化产物组成、含量及水泥石无害孔的孔隙率：水化产物总量及钙矾石含量多的胶砂28d抗压强度最大，水化产物总量及C-S-H含量多的胶砂28d抗折强度最大；水化体系微观分形维数随水化产物总量增加而提高；超硫酸盐水泥胶砂28d抗压强度与水泥石无害孔的孔隙率呈线性关系。

（3）超硫酸盐水泥透水混凝土28d和60d抗压强度与总孔隙率呈现近似线性关系，降低水胶比是提升透水性植生混凝土强度的重要途径。采用水胶比0.30和粗骨料20～30mm制备的超硫酸盐水泥植生混凝土，当浆体体积率为18%时，连通孔隙率达到27%，植生混凝土的28d抗压强度大于15MPa，60d抗压强度大于20MPa，pH值8.91，软化系数0.93，25次冻融循环后质量损失率0.4%。

（4）超硫酸盐水泥植生混凝土的植生性能优于普通硅酸盐水泥植生混凝土。根据广西地方气候环境特征，广西本地紫花苜蓿、高羊茅、碱茅草、马尼拉草籽，均能于种植后3～7d在超硫酸盐透水混凝土中出芽，且根系可穿过混凝土孔隙到达下层土壤营养区，其中紫花苜蓿和高羊茅生长周期内植被覆盖率超95%，植株25d可达到预期生长高度，可作为生态护坡护岸的先锋植物品种。

### 4.5.2 展望

虽然研发高强度等级超硫酸盐水泥，制备了性能满足工程要求的超硫酸盐水泥植生混凝土，并优选了先锋植物，但尚需在以下几方面开展深入研究：

（1）系统研究粉煤灰、沸石粉、磷渣粉等矿物外掺料对超硫酸盐水泥水化硬化、水化产物组成及微观结构的影响，建立超硫酸盐水泥构性关系，为扩大超硫酸盐应用领域提供支撑。

（2）研究各类外加剂与超硫酸盐水泥相互作用过程及其机理，针对工程应用要求，对减水剂分子结构进行优化设计，提高减水剂与超硫酸盐水泥组分及水化产物之间的适应性。

（3）以水泥化学和断裂力学为指导，建立强度-孔隙率关系模型，对透水、植生混凝土力学性能进行模拟计算及预测，为配合比设计提供理论指导，为工程应用及低碳制备提供计算依据。

# 参 考 文 献

[1] 聂松，周健，徐名凤，等．低碳胶凝材料的研究进展［J］．材料导报，2024，38（2）：60-68．
[2] 陈晨，蒋亚清，潘云峰，等．BET/XRD半定量测试水化硅酸钙含量研究［J］．新型建筑材料，2017，44（3）：124-126．
[3] 颜哩哩，周文，尤迁，等．基于DSC-TG的钙矾石半定量分析方法［J］．新型建筑材料，2015，

42（2）：41-43.

［4］ 徐亮，蒋亚清，王玉，等. 掺减水型减缩剂水泥胶砂力学性能分形表征［J］. 粉煤灰综合利用，2018（2）：17-20.

［5］ 范昭昂，李秋义，郭远新，等. 矿粉与粉煤灰对高贝利特硫铝酸盐水泥水化和强度的影响［J］. 混凝土，2023（2）：105-108，113.

［6］ 王荣杰. 纳米 C-S-H-PCE 对水泥-矿物掺合料浆体水化及耐久性的影响［D］. 扬州：扬州大学，2024.

［7］ 王宁，安巧霞，管裕，等. 粉煤灰、炉渣对混凝土抗压强度和吸水率的影响［J］. 塔里木大学学报，2022，34（2）：43-48.

# 第5章 偏高岭土改性植生混凝土制备与性能研究

植生混凝土凭借其良好的透水性能与多孔结构，能够有效降低噪声污染、美化环境、调节城市气候等，是复合生态发展需求的新型绿色材料，应用前景广阔。但植生混凝土有大孔隙率、低碱度、较高的强度与耐久性、经济性等诸多要求，目前虽有一些研究可改善部分性能，然而限于国内开展相关研究时间尚短，仍难以兼顾各项要求，这严重制约了植生混凝土的大规模应用。

基于此，本章依托红花二线船闸的生态护坡工程实践，探索使用偏高岭土作为矿物掺合料改善植生混凝土性能的方法，研究了偏高岭土对植生混凝土浆体流动性、孔隙率、碱度、强度、耐久性等性能的影响规律和机理。以简单工艺，相对较低的成本，实现了植生混凝土孔隙率、碱度、强度等性能的均衡提升，为植生混凝土性能提升提供新的思路和方法，为其大规模应用奠定基础。

## 5.1 原材料及试验方法

植生混凝土多用作停车场路面、河流护岸及道路边坡材料，除了要具备一定承载、耐久性外，还需有足够的孔隙率使空气与水分通过，同时碱度不能过高，以满足植物生长的需求。在确定水泥、骨料、偏高岭土等基本原材料基础上，主要关注以下技术性质和测试方法：对于胶凝材料，测试凝结时间及浆体流动度；对于植生混凝土，测试孔隙率、pH值、抗压强度、抗折强度、劈裂抗拉强度及抗冻性能；微观上进行 SEM、EDS 及 XRD 试验；对于植物，测量植株高度及叶片含水量等。

### 5.1.1 原材料

#### 5.1.1.1 水泥

本章所制植生混凝土是不含细集料的植生混凝土。植生混凝土胶凝材料用量较普通混凝土少，骨料与胶凝材料界面结合情况与胶凝材料性能对植生混凝土性能有关键影响。而普通硅酸盐水泥是胶凝材料的主要成分，明确其化学成分及技术指标，是植生混凝土性能研究的前提。本章研究采用海螺牌 P·O 42.5 普通硅酸盐水泥，其物理性能指标见表5.1，化学成分见表5.2。

表5.1 普通硅酸盐水泥物理性能

| 细度<br>(45μm) | 密度<br>/(g/cm³) | 需水量比<br>/% | 凝结时间/min | | 抗压强度/MPa | | 抗折强度/MPa | |
|---|---|---|---|---|---|---|---|---|
| | | | 初凝 | 终凝 | 3d | 28d | 3d | 28d |
| 7.6 | 2.9 | 99 | 185 | 240 | 24.4 | 49.0 | 5.6 | 8.4 |

| 表 5.2 | | 普通硅酸盐水泥的化学成分组成 | | | | %|
|---|---|---|---|---|---|---|
| CaO | $SiO_2$ | $Al_2O_3$ | $Fe_2O_3$ | MgO | $SO_3$ | IL |
| 66.28 | 20.32 | 2.67 | 4.13 | 2.46 | 1.88 | 4.03 |

#### 5.1.1.2 骨料

植生混凝土的骨架结构由粗骨料组成，骨料粒径、堆积密度与孔隙率等技术指标都会对植生混凝土强度与孔隙造成影响。骨料粒径过小可能会降低植生混凝土孔隙率，而骨料粒径过大可能对植生混凝土强度有不良影响。因此在植生混凝土配合比设计中，骨料性能是一项重要因素。本章研究依据《普通混凝土用砂、石质量及检验方法标准》（JGJ 52—2019）相关规定，所用天然骨料相关性能指标见表 5.3。

| 表 5.3 | 骨料基本性能 | | |
|---|---|---|---|
| 粒径/mm | 堆积密度/(kg/m³) | 表观密度/(kg/m³) | 空隙率/% |
| 10~30 | 1520 | 2710 | 44 |

#### 5.1.1.3 偏高岭土

应用偏高岭土的高性能混凝土等研究经验表明，偏高岭土可对混凝土的力学性能等有较大改善。在设计配制植生混凝土时掺入偏高岭土，其中的活性氧化物能参与二次水化反应，既可能增强混凝土的力学性能，提高耐久性，而且通过消耗 $Ca(OH)_2$，从而降低植生混凝土环境的 pH 值，使其环境满足植物生长需求。偏高岭土中活性成分较高，且其成本低于硅灰，有望以较硅灰更好的经济性实现较好的降碱等性能提升。偏高岭土选择需综合性能与经济性。从成本上来说，细度越高的偏高岭土价格越高。从效果上来说，细度越高的偏高岭土反应越快越充分，但同时会使需水量与水化热明显增大，严重影响混凝土的工作性能。所以综合经济与使用性能两个方面，本章选择锦源环保 jyll-pglt 型号 1250 目偏高岭土进行改性研究，其化学成分见表 5.4。

| 表 5.4 | | | 偏高岭土化学成分 | | | | | | % |
|---|---|---|---|---|---|---|---|---|---|
| $SiO_2$ | $Al_2O_3$ | $Fe_2O_3$ | CaO | $TiO_2$ | MgO | $SO_3$ | $Na_2O$ | $P_2O_5$ | $K_2O$ |
| 44.21 | 40.02 | 1.24 | 8.91 | 0.774 | 3.98 | 0.329 | 0.114 | 0.114 | 0.103 |

#### 5.1.1.4 种植土

试验所用种植土为南宁星座农业科技有限公司产有机营养土，主要成分为珍珠岩、秸秆纤维、烟粉与统糠等。有机营养土中氮、磷、钾含量见表 5.5。

| 表 5.5 | 种植土养分含量 | | %|
|---|---|---|---|
| 总养分 | 氮（N） | 五氧化二磷（$P_2O_5$） | 氧化钾（$K_2O$） |
| 3.67 | 1.218 | 1.53 | 0.92 |

### 5.1.2 试验方法

#### 5.1.2.1 胶凝材料性能

1. 凝结时间

本章凝结时间的测试参考《水泥标准稠度用水量、凝结时间、安定性检验方法》(GB/T 1346—2011)。具体步骤如下：

(1) 在试验前需要先对仪器进行调零校准，在测试针刚刚接触玻璃板时，显示度数应该为零。

(2) 按照配合比要求与规范进行拌和，拌和完成后将浆体填入模具中并修整平整（见图 5.1），之后放入恒温养护箱中。记录拌和开始的时间作为凝结时间的起始时间。

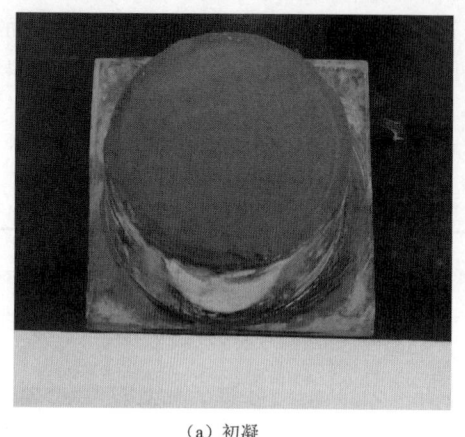 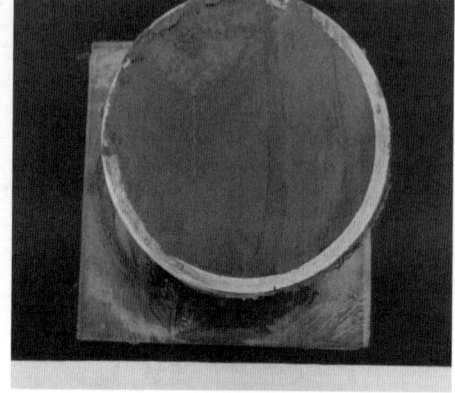

(a) 初凝　　　　　　　　　　　　　(b) 终凝

图 5.1　凝结时间试验

(3) 起始时间后 30min 时进行第一次初凝时间的测定。具体步骤如下：将试模取出放到测试仪器上，缓慢降低试针直到其与试模表面接触。之后先拧紧螺丝，接着在 2s 之后松开螺丝，让试针通过自重垂直沉入试模。观察试针停止下沉时的读数（若持续下沉则取释放试针 20s 后的读数）。时间接近初凝时间时缩短测试间隔（5min 或更短），当读数为 4mm±1mm 时，则表示水泥达到了初凝状态。由起始时间至初凝状态的时间为水泥的初凝时间，用 min 来表示。

(4) 终凝时间的测试需要对仪器进行改装，在试针上加装一个环形附件。完成初凝时间测定后，缓慢将试模连同浆体从玻璃板取下，注意不能破坏浆体状态，之后将试模翻转 180°放置于玻璃板上，放入恒温养护箱中继续养护。每隔 15min（或更短时间）进行一次终凝时间测定，让试针通过自重落在试模上，当环形附件不能在试体上留下环形痕迹时，表示水泥达到了终凝状态。由起始时间至终凝状态的时间为水泥的终凝时间，用 min 来表示。

2. 胶结浆体流动度

参照《水泥胶砂流动度测定方法》(GB/T 2419—2005) 进行浆体流动性能测试。具体步骤如下：

(1) 为了避免仪器吸水对试验结果造成影响，在试验前需要先用水将仪器润湿，使试模与插捣工具在试验时不会影响浆体。

(2) 按照试验配合比设计与要求拌和胶凝材料，之后先将浆体装入模具到模具高度的 2/3，使用工具反复均匀插捣 20 次，再将浆体填满模具并保证浆体溢出模具，使用工具反复插捣 10 次。

(3) 用铲子将模具表面修平整，同时将模具外侧多余浆体去除，接着将模具垂直向上缓慢提起。

(4) 浆体坍落扩散后，使用游标卡尺测量浆体底面的直径，共取 4 个方向，计算其平均值，单位为 mm。该测量值即为胶凝材料浆体的流动度。

#### 5.1.2.2 植物生长相关的评价指标

**1. 孔隙率**

由于植生混凝土发展较晚，且定义也并不明确，目前还没有针对植生混凝土有效孔隙率的标准测试方法，本章参照文献 [1]，结合称重法原理和排水法原理测量混凝土有效孔隙率。具体步骤如下：

(1) 按照配合比设计要求，每一组制备 3 个 150mm×150mm×150mm 的立方体植生混凝土试件，置于养护室中养护。

(2) 在 28d 龄期时，将试块从养护室中取出放入烘干箱中，以 120℃烘干 12h 后，称量其干燥质量 $M_1$。

(3) 将试件浸泡在水中至吸水饱和，称量试件在水中的质量 $M_2$。

(4) 在试件表面喷涂防水的凡士林，之后将试件置入装水的刻度桶中，观察水位上升的体积 $V$，即为试件的外观体积。

(5) 通过测量的试件的烘干质量、水中质量及试件外观体积，结合公式计算混凝土的有效孔隙率，计算公式如下：

$$A = 1 - [(M_1 - M_2)/(\rho_w V)]100\% \tag{5.1}$$

式中：$A$ 为植生混凝土孔隙率，%；$M_1$ 为试件烘干后的质量，g；$M_2$ 为试件在水中的质量，g；$\rho_w$ 为水的密度；$V$ 为试件的外观体积。

**2. 孔隙溶液 pH 值**

本章采用研磨法对植生混凝土内部 pH 值进行测定。按照配合比设计配置胶凝材料，试验器材见图 5.2。

 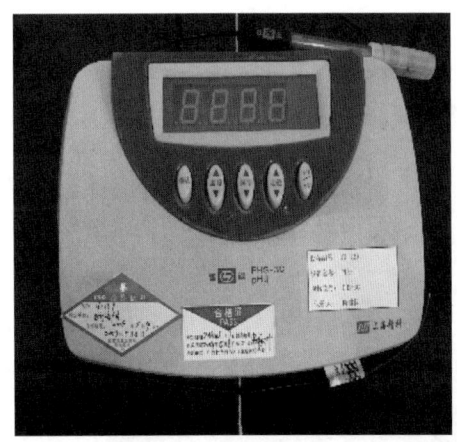

(a) pH 缓冲剂　　　　　　　　(b) pH 计

图 5.2　pH 测试仪器

具体步骤如下：

(1) 成形胶凝材料试块，于养护室分别养护至3d、7d、14d、21d、28d、60d、90d龄期，进行pH测试。

(2) 将达到龄期的胶凝材料试块破碎，取其中100g置于无水乙醇中浸泡，终止其中水化反应。

(3) 取出无水乙醇中的胶凝材料碎块，采用研钵持续研磨至360目（约40μm）的粉末，称量10g粉末。

(4) 将10g胶凝材料粉末浸泡在100g蒸馏水中，反复摇匀，浸泡3h后，使用pHS-3C型精密pH计测量pH值，在测试前使用缓冲剂对仪器进行校准，取三次测量的平均值为pH测试结果。

3. 植株高度

植物在特定时间的生长高度是评价植物生长情况的一项重要指标，具体的测试方法如下：

当植物出芽时和达到指定的种植时间后，用精确度为1mm的尺子测量植物植株的长度，自土壤表面测量至最上部展开叶子的基部叶枕处，以了解植物在混凝土表面的生长速度及受外界环境影响情况。

### 5.1.2.3 植生混凝土力学性能与耐久性能

1. 抗压强度

本章植生混凝土抗压强度测试参考《水工混凝土试验规程》（SL 352—2020）。按照规范规定，试验试件全部采用尺寸150mm×150mm×150mm的标准试件，标准抗压强度试验所用压力试验机为上海新三思计量仪器制造有限公司生产的万能液压试验机，试验仪器见图5.3。具体步骤如下：

(1) 按照配比设计要求，成型植生混凝土立方体试块，每组3块，并置于标准养护室养护至相应龄期。

(2) 在相应龄期时，将试块取出，放置在试验机下层的中心，在试验前需要保证上下压板对齐。

(3) 控制试验机，以0.2MPa/s左右的荷载匀速加压，试件破坏时机器应自动停止，若仍在加压则需手动停止。

(4) 抗压强度测试值应当取3个试块的测试平均值。当有一个测值与中间值之差超过中间值的15%时，取中间值作为试验结果。当两个测值与中间值之差均超过中间值的15%时，该组试验结果无效。抗压强度的测试公式如下：

$$f_{cc} = \frac{F}{A} \quad (5.2)$$

式中：$f_{cc}$为抗压强度，MPa；$F$为破坏荷载，N；$A$为承压面积，$mm^2$。

图5.3 万能试验机

2. 劈裂抗拉强度

劈裂抗拉强度测试试验参考《水工混凝土试验规程》(SL 352—2020) 进行，试验试件全部采用尺寸 150mm×150mm×150mm 的标准试件，采用上海新三思计量仪器制造有限公司生产的万能液压试验机，试验仪器见图 5.3。具体步骤如下：

(1) 按照配合比设计要求成型植生混凝土试块，并放置于标准养护间内养护至相应龄期。

(2) 到达相应龄期时，将试块取出，侧面朝上居中放入试验机中，并将垫条放置于试块两个面的中心处，见图 5.4。放置垫条时，过试件成型时的两个侧面中心划出相平行的定位线，垫条应与定位线重合，劈裂抗拉试验实际操作见图 5.5。

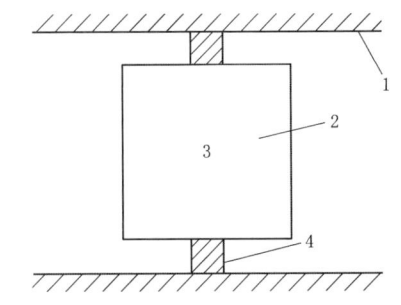

图 5.4 劈裂抗拉试验受力示意图
1—压板；2—试件；3—试件成型时底面；4—垫条

图 5.5 劈裂抗拉试验

(3) 由于植生混凝土劈裂抗拉强度较小，需控制试验机以 0.1MPa/s 的速度匀速加速，直至试件破坏。

(4) 劈裂抗拉强度测试值应当取 3 个试块的测试平均值。劈裂抗拉强度计算公式如下：

$$f_{ts} = 1000 \frac{2F}{\pi A} \tag{5.3}$$

式中：$f_{ts}$ 为劈裂抗拉强度，MPa；$F$ 为破坏荷载，kN；$A$ 为承压面积，$mm^2$。

3. 抗折强度

抗折强度试验采用上海新三思计量仪器制造有限公司生产的万能液压试验机，试验试件全部采用尺寸 100mm×100mm×400mm 的标准试件，并参考《水工混凝土试验规程》(SL 352—2020) 进行。具体步骤如下：

(1) 按照配合比设计要求，成型植生混凝土试块，每组 3 块，并放置于标准养护箱养护至相应龄期。

(2) 将三分点加荷装置安装到试验机上，三分点加荷装置的中轴线应与试验机荷载轴线对齐，调整下方支座的间距，距离偏差应小于 1mm。

(3) 将试块放置在三分点加荷装置中，让试块侧面朝上，上方支座与下方支座应该与定位线重合，三分点加荷装置示意图见图 5.6，实际操作见图 5.7。

(4) 由于植生混凝土劈裂抗拉强度较小，以 0.2MPa/s 的速度匀速加压，直到试件破坏。

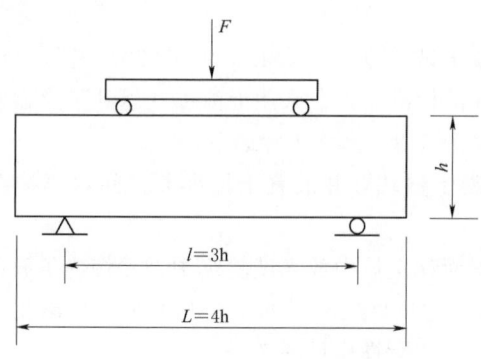

图 5.6  三分点加荷装置示意图　　　　图 5.7  抗折强度试验

（5）抗折强度测试值应当取 3 个试块的测试平均值。抗折强度按以下公式进行计算：

$$f_f = 1000 \frac{Fl}{bh^2} \tag{5.4}$$

式中：$f_f$ 为抗弯强度，MPa；$F$ 为破坏荷载，kN；$l$ 为支座间距，即跨度，mm；$b$ 为试件截面宽度，mm；$h$ 为试件截面高度，mm。

**4. 抗冻性能**

试验使用天津英贝儿测控设备有限责任公司生产的冻融循环机，如图 5.8 所示，并参考《水工混凝土试验规程》（SL 352—2020）进行，具体步骤如下：

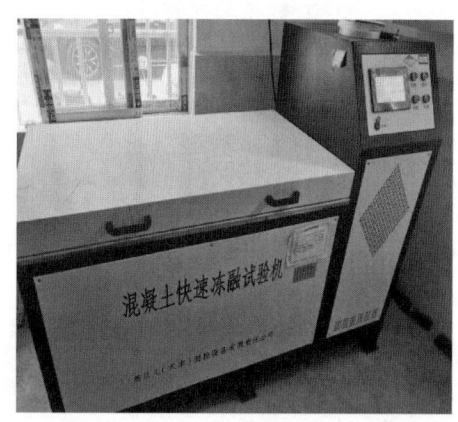

（a）冻融试验机　　　　　　　　　　（b）动弹仪

图 5.8  抗冻性能测试仪器

（1）成型尺寸 100mm×100mm×400mm 的试块，成型 48h 后拆模。

（2）试块达到 27d 时，将试块取出，置于在 20℃±2℃的水中 24h，使其吸水饱和。

（3）24h 后将试块取出，使用纸巾将试件表面水分吸干，以饱和面干状态称取试件质量 $G_0$，并测定试件初始自振频率 $f_0$。

（4）将试块装入试件盒中，之后灌满自来水，水面应完全浸没试块。然后将试件盒放入冻融循环机，开机进行试验。

（5）冻融循环过程中，每 25 次循环时取出试块，称重并测定自振频率，测定完毕后将试件重新装入试件盒,注入自来水,置入冻融试验机,继续试验。

(6) 当试块的相对动弹性模量≤60%或质量损失率≥5%时,立即停止该试块冻融循环试验。

(7) 单个试件的相对动弹性模计算公式如下:

$$P_n = \frac{f_n^2}{f_0^2} \times 100\% \tag{5.5}$$

式中:$P_n$ 为 $n$ 次冻融循环后试件相对动弹性模量;$f_0$ 为冻融循环前的试件自振频率,Hz;$f_n$ 为 $n$ 次冻融循环后的试件自振频率,Hz。

(8) 单个试件的质量损失率按计算公式如下:

$$W_n = \frac{G_0 - G_n}{G_0} \times 100\% \tag{5.6}$$

式中:$W_n$ 为 $n$ 次冻融循环后试件质量损失率;$G_0$ 为冻融循环前的试件质量,g;$G_n$ 为 $n$ 次冻融循环后的试件质量,g。

#### 5.1.2.4 微观测试

1. 扫描电子显微镜试验

选用的仪器为日本日立 Regulus8100 超高分辨场发射扫描电子显微镜(Scanning Electron Microscope,SEM),按照试验操作规程进行 SEM 微观试验,以观察植生混凝土的微观形貌:

(1) 将植生混凝土试样在标准养护条件下保养 28d。

(2) 取样进行干燥处理,用乙醇浸泡停止水化。

(3) 浸泡 24h 后取出,将已终止水化试样破碎,取其中心部位的一小方块断面在真空干燥箱里烘干至恒重。

(4) 对方块打磨,打磨过程中应保证试件观察面的平面度,以备进行扫描电镜试验。

(5) 在 15000 倍与 50000 倍的放大倍数下获得植生混凝土典型区域的 SEM 图片。

2. 能量色散 X 射线谱试验

能量色散 X 射线谱(Energy Dispersive Spectroscopy,EDS)结合扫描电子显微镜的使用,在观察混凝土样品的微观形貌后,于样品的特定区域,对材料元素种类与含量进行点分析。依据植生混凝土相关研究[2-3],确定主要观测元素有 O、Na、Mg、Al、Si、S、Ca、Fe。

3. X 射线衍射试验

选用的仪器为德国 Bruker D2 Phaser X 射线衍射仪(X - ray Polycrystalline Diffractometer,XRD),按照试验操作规程进行微观试验,以对植生混凝土物相成分进行分析:

(1) 将植生混凝土试样在标准养护条件下保养 28d。

(2) 取样进行干燥处理,用乙醇浸泡停止水化。

(3) 浸泡 24h 后取出,在真空干燥箱里烘干至恒重。

(4) 将已烘干试样破碎,采用研钵持续研磨至 360 目(约 40μm)的粉末,手摸无颗粒感。

(5) 使用 X 射线衍射仪进行测试。

## 5.2 普通植生混凝土配合比设计及性能研究

在对植生混凝土进行改性研究前,需先对普通硅酸盐水泥植生混凝土进行研究,为后续研究打下基础。本节将依据植生混凝土目标性能的要求,结合原材料特性,对普通硅酸盐水泥植生混凝土进行配合比设计,并研究不同配合比下,普通硅酸盐水泥植生混凝土各项性能的变化规律,优选基础配合比,为进一步改善植生混凝土性能奠定基础。

### 5.2.1 设计指标

植生混凝土凭借其良好的透水性能与多孔结构,能够有效降低噪声污染、美化环境、调节城市气候等,是复合生态发展需求的新型绿色材料。这就需要植生混凝土有适宜的低碱性环境与较大的有效孔隙率,满足植物生长条件,同时也要满足正常使用所需的强度、耐久性等。因此,在植生混凝土配合比设计中需充分考虑这些技术指标,尤其是孔隙率和孔隙碱度。

(1)有效孔隙率。为了满足植物生长的需求,植生混凝土的有效孔隙率最小不能低于23%。从植物生长的角度考虑,有效孔隙率越大,植物根系发展就有更充足的空间。但孔隙率过大可能会影响植生混凝土宏观结构,从而对其力学性能有不利影响。因此有效孔隙率应在满足强度的前提下尽量提高。

(2)孔隙碱度。碱度是影响植物生长的关键因素,而混凝土中含有大量的$Ca(OH)_2$导致pH值大于12,该强碱性环境下植物难以生长存活。为了使植生混凝土环境适宜植物生长,需要对其进行改性降碱,使植生混凝土与种植土结合后pH值能满足植物生长的需求。

(3)强度与耐久性。与普通混凝土类似,强度与耐久性也是植生混凝土性能评价的重要技术指标。植生混凝土通常应用于生态护坡、停车场地面与环境绿化等工程中,需要满足足够的强度与耐久性。由于植生混凝土耐久性较差,相关研究较少,本节研究重点关注其强度。

### 5.2.2 配合比计算

植生混凝土配合比设计及相关技术指标检测方法还没有形成统一标准。本节结合参考文献与广西植生混凝土实践经验[4-6],采用体积法进行植生混凝土配合比计算。该方法先依据原材料性能进行试拌,通过对孔隙率的要求,确定骨料用量,即:

$$V_a + V_j + V_g = V \tag{5.7}$$

式中:$V_a$、$V_j$、$V_g$、$V$ 分别为孔隙体积、胶凝材料体积、粗骨料体积和混凝土总体积。

具体计算步骤如下:

(1)单位体积粗集料用量按式(5.8)计算:

$$W_g = \alpha \rho_g V_g \tag{5.8}$$

式中:$W_g$ 为粗集料的用量,kg;$\rho_g$ 为粗集料的紧密堆积密度,$kg/m^3$;$\alpha$ 为粗集料修正系数,取0.98。

(2) 胶凝材料用量按式（5.9）计算：

$$W_c = R_{g/c} W_g \tag{5.9}$$

式中：$W_c$ 为水泥用量，kg；$R_{g/c}$ 为骨灰比。

(3) 用水量按照式（5.10）计算：

$$W_w = W_c R_{w/c} \tag{5.10}$$

式中：$W_w$ 为单位体积混凝土用水量，kg；$W_c$ 为水泥用量，kg；$R_{w/c}$ 为水灰比。

### 5.2.3 方案设计

结合参考文献与广西植生混凝土实践经验，发现在配合比设计中，水灰比与骨灰比是关键指标。本节通过试验研究普通硅酸盐水泥植生混凝土碱度、孔隙率、强度同水灰比、骨灰比的关系，并研究不同配合比下，普通硅酸盐水泥植生混凝土各项性能的变化规律，优选基础配合比，为进一步改善植生混凝土性能奠定基础。初选水灰比为 0.27、0.29、0.31 和 0.33；骨灰比为 4、5、6、7，具体配合比见表 5.6。

表 5.6　　　　　　　　　　植生混凝土配合比设计

| 水灰比 | 骨灰比 | 骨料/(kg/m³) | 水泥/(kg/m³) | 水/(kg/m³) |
|---|---|---|---|---|
| 0.27 | 4 | 1279 | 320 | 86 |
| 0.29 | 4 | 1274 | 318 | 92 |
| 0.31 | 4 | 1270 | 317 | 98 |
| 0.33 | 4 | 1265 | 316 | 104 |
| 0.27 | 5 | 1345 | 269 | 73 |
| 0.29 | 5 | 1339 | 268 | 78 |
| 0.31 | 5 | 1335 | 267 | 83 |
| 0.33 | 5 | 1330 | 266 | 88 |
| 0.27 | 6 | 1392 | 232 | 63 |
| 0.29 | 6 | 1386 | 231 | 67 |
| 0.31 | 6 | 1380 | 230 | 71 |
| 0.33 | 6 | 1374 | 229 | 76 |
| 0.27 | 7 | 1421 | 203 | 55 |
| 0.29 | 7 | 1421 | 203 | 58 |
| 0.31 | 7 | 1414 | 202 | 63 |
| 0.33 | 7 | 1414 | 202 | 67 |

### 5.2.4 搅拌与成型工艺

为了使胶凝材料可以充分均匀包裹骨料，使用强制式单卧轴混凝土搅拌机，通过预裹浆方法拌和混凝土。具体操作步骤如下：

(1) 骨料与胶凝材料全部投入搅拌机，40%的水投入搅拌机，启动搅拌机搅拌 30s。
(2) 将剩余 60%的水投入搅拌机，启动搅拌机搅拌 120s。

(3) 将搅拌完毕的植生混凝土拌和物置于湿润的铁板上，进行装模，如图 5.9 所示。

由于植生混凝土材料胶凝材料用量较少，为使胶凝材料能有效包裹骨料，本次试验将植生混凝土分 3 次投入模具，具体操作如下：

(1) 将植生混凝土拌和物投入模具，使拌和物高度达模具高度的 1/3，插捣 15 次左右。

(2) 插捣均匀后，再投入植生混凝土拌和物，使拌和物高度达模具高度 2/3，插捣 15 次左右。

(3) 最后投入植生混凝土拌和物装满模具，并通过工具人工加压，并使其试件表面平整，如图 5.10 所示。

图 5.9　植生混凝土拌和物　　　　图 5.10　成型后的植生混凝土试块

### 5.2.5　普通植生混凝土技术性质

#### 5.2.5.1　pH 值

自然界中植物生长的土壤环境 pH 值在 3.5～9.5 之间。混凝土 pH 值基本在 12 左右，虽然土壤的成分可以一定程度上中和混凝土的碱性，但是总体碱性偏高，影响微生物的存活和植物的生长，对生态效应极其不利，所以降低 pH 值对于植生混凝土的应用十分关键。而要降低混凝土的 pH 值，首先要对现有的混凝土材料 pH 值进行测试。

由图 5.11 可见，在胶凝材料为普通硅酸盐水泥且不添加其他胶凝材料的情况下，不同水灰比与骨灰比情况下植生混凝土的 pH 值基本稳定，数值在 11.8～12.0 之间浮动。由此可见，要通过优化设计配合比来降低植生混凝土的 pH 值是无法实现的。

#### 5.2.5.2　孔隙率

为了满足植物生长的需求，植生混凝土的有效孔隙率最小不能低于 23%。从植物生长的角度考虑，有效孔隙率越大，植物根系发展就有更充足的空间。但孔隙率过大可能会影响植生混凝土宏观结构，从而对其力学性能有不利影响。因此有效孔隙率应在满足强度的前提下尽量提高。图 5.12 所示为普通硅酸盐水泥植生混凝土孔隙率测试结果与其规律。

由图 5.12 可见，在骨灰比一定时，随着水灰比的增大，植生混凝土的孔隙率先减小后增大。以骨灰比 5 时为例，孔隙从水灰比 0.27 时的 31.57% 下降到水灰比 0.31 时的

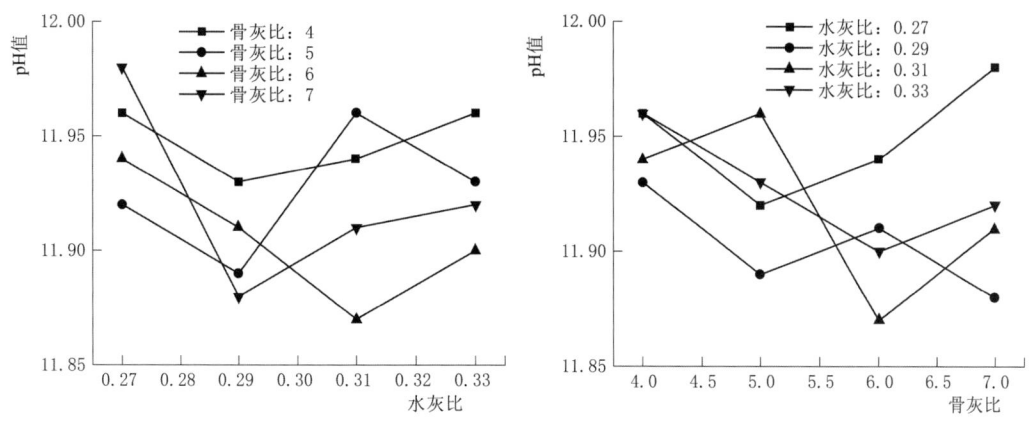

图 5.11　普通硅酸盐水泥植生混凝土 28d pH 值

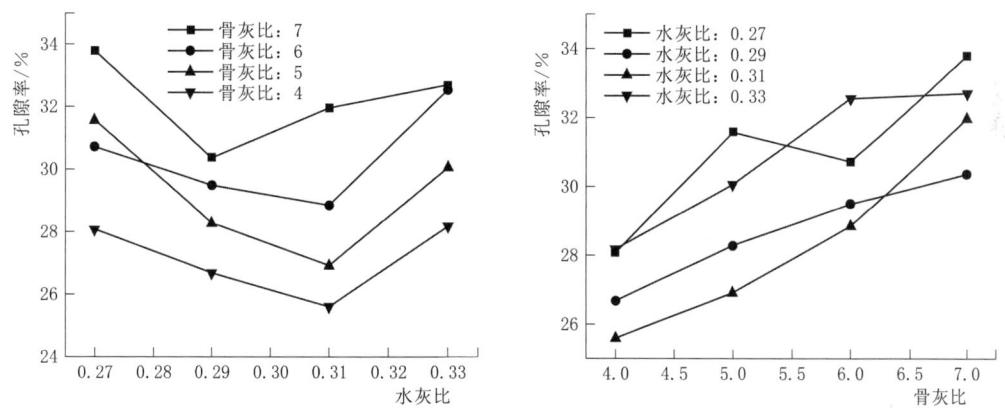

图 5.12　普通硅酸盐水泥植生混凝土孔隙率

26.92%，在水灰比 0.33 时又回升到 30.06%。究其原因，水灰比增大后，水泥浆体的流动性变大，混凝土工作性能得到改善，拌和更加均匀，使浆体能够有效包裹骨料，整体结构更紧凑，导致植生混凝土孔隙率减小。而水灰比过大则会导致浆体流动性太高，水泥浆体沉降于植生混凝土底部，导致骨料分布松散且不均匀，使植生混凝土孔隙率增大。

在水灰比相同时，骨灰比越大，孔隙率就越大。究其原因，植生混凝土骨料粒径大，胶凝材料比例小且无砂，在骨料级配一定时，胶凝材料的比例就决定了外部宏观孔隙的大小，所以骨灰比越大植生混凝土的孔隙率越大。

#### 5.2.5.3　强度

1. 抗压强度

抗压强度是植生混凝土主要力学性能之一。图 5.13 为不同配合比下普通硅酸盐水泥植生混凝土抗压强度测试结果与其变化规律。由图 5.13（a）与图 5.13（b）可以看出，在骨灰比一定的情况下，随着水灰比的增大，普通硅酸盐水泥植生混凝土抗压强度呈现出先增大后减小的趋势。以骨灰比为 5 时的 28d 抗压强度为例，28d 抗压强度在水灰比 0.27 时为 5.63MPa，在水灰比为 0.31 时提高到 7.2MPa，在水灰比为 0.33 时下降到 7.01。究其原因，可能是当水灰比较小时浆体流动性较低，胶凝材料无法有效包裹骨料，影响骨料与胶凝材料的结合，导致植生混凝土抗压强度下降。而水灰比过大时，浆体流动性过高，导致其大部分沉积在底部，使得植生混凝土整体结构分布不均匀，对植生混凝土强度造成不良影响。

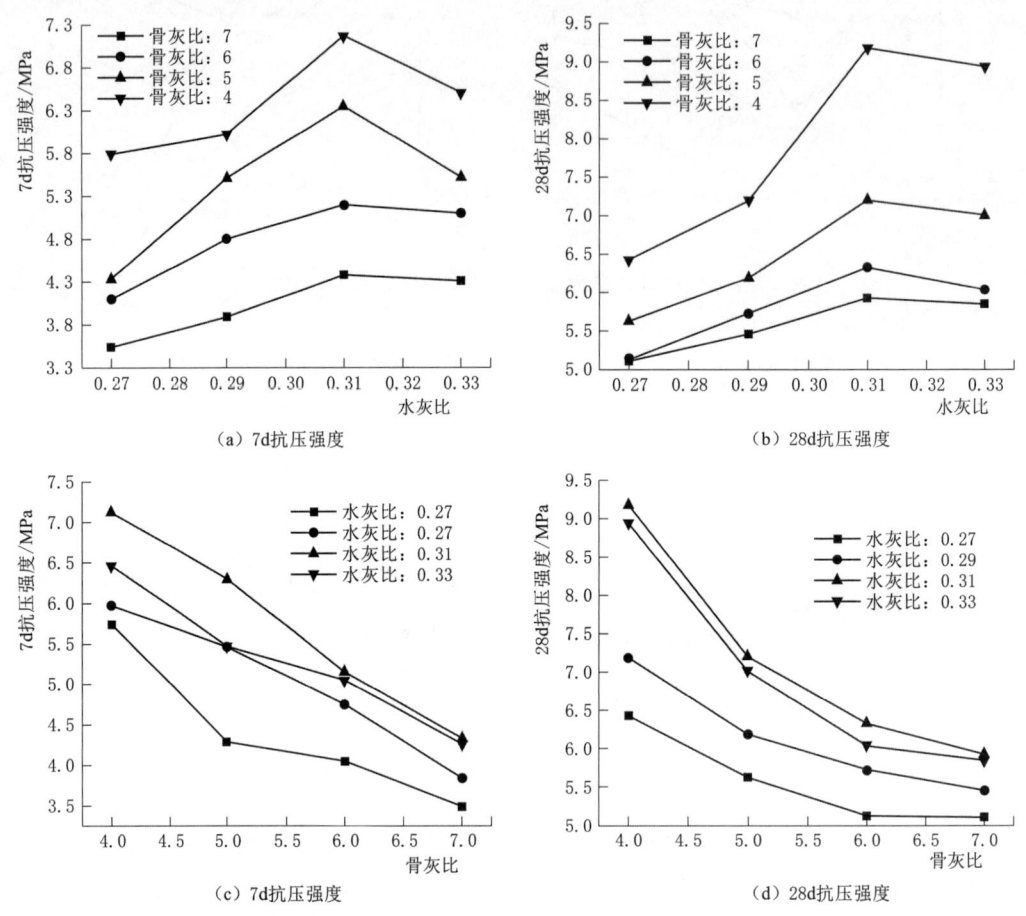

图 5.13　普通硅酸盐水泥植生混凝土抗压强度

由图 5.13 (c) 与图 5.13 (d) 可见，在水灰比相同情况下，随着骨灰比增大，普通硅酸盐水泥植生混凝土抗压强度逐渐变小。究其原因，植生混凝土骨料间靠胶凝材料结合，而骨灰比增大导致胶凝材料用量越少，植生混凝土中胶凝材料无法有效包裹骨料形成有效结构，导致植生混凝土抗压强度下降。

2. 劈裂抗拉强度

由于植生混凝土多应用于路肩隔板、河道护岸、建筑屋顶、停车场等绿色建设项目当中，需要种植植物并让根系在其中发展，这种情况下植生混凝土抗拉强度就是影响其在工程应用中的重要因素。图 5.14 所示为普通硅酸盐水泥植生混凝土劈裂抗拉强度测试结果与其变化规律。

如图 5.14 所示，在骨灰比一定时，随着水灰比逐渐增大，植生混凝土 28d 劈裂抗拉

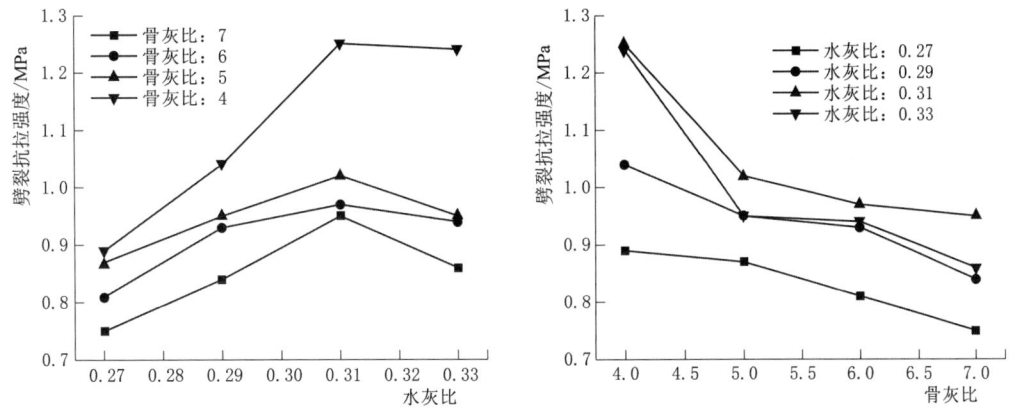

图 5.14 普通硅酸盐水泥植生混凝土劈裂抗拉强度

强度先增大后减小。以骨灰比 5 为例,劈裂抗拉强度在水灰比为 0.27 达 0.87MPa,水灰比为 0.31 时提升到最大值 1.02MPa,水灰比 0.33 时回落到 0.95MPa。而在水灰比一定时,随着骨灰比增大,植生混凝土 28d 劈裂抗拉强度呈现出不断减小的趋势。以水灰比 0.29 为例,劈裂抗拉强度在骨灰比为 4.0 时为 1.04MPa,到骨灰比为 7.0 时一直下降至 0.84MPa。可以发现,劈裂抗拉强度随水灰比与骨灰比变化的规律与抗压强度相似,两者相互印证,可能是由于相同的内在机理导致。

3. 抗折强度

普通硅酸盐水泥植生混凝土抗折强度测试结果见图 5.15。由图 5.15 可知,随着水灰比增大,普通硅酸盐水泥植生混凝土 28d 抗折强度先增大后减小,与抗压强度和劈裂抗拉强度所呈现出的规律相似。以骨灰比为 5.0 为例,植生混凝土 28d 抗折强度在水灰比 0.27 时为 1.81MPa,在水灰比 0.31 时达到峰值 2.14MPa,在水灰比 0.33 时回落到 1.91MPa。而水灰比一定时,随着骨灰比增大,普通硅酸盐水泥植生混凝土 28d 抗折强度持续减小。以水灰比 0.29 为例,植生混凝土 28d 抗折强度在骨灰比 4.0 时达到 2.12MPa,到骨灰比为 7.0 时一直下降至 1.81MPa。

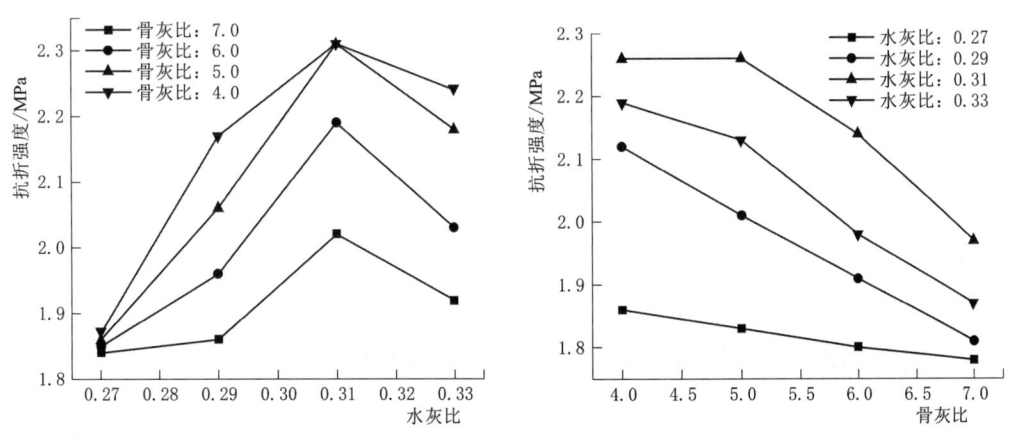

图 5.15 普通硅酸盐水泥植生混凝土抗折强度

可以发现，劈裂抗压强度的变化规律与抗压强度相似，而两者变化的内因应该都是由于水灰比对水泥浆体性能的影响，而抗折强度的变化也与两者相似，进一步验证了该规律。

### 5.2.6 孔隙率与抗压强度的关系

为了满足植物生长的需求，植生混凝土的有效孔隙率最小不能低于23%。从植物生长的角度考虑，有效孔隙率越大，植物根系发展就有更充足的空间。但孔隙率过大可能会影响植生混凝土宏观结构，从而对其力学性能有不利影响。因此有效孔隙率应在满足强度的前提下尽量提高。而本节尝试通过一些经验公式的拟合，描述植生混凝土孔隙率与抗压强度之间关系的发展。

孔隙率与抗压强度拟合结果如图5.16所示，可以看出，随着植生混凝土孔隙率增大，其抗压强度随之减小。通过Origin进行数据拟合，线性函数的关系式为：$f_{cc}=15.25-0.31A$，用线性函数拟合的$R^2$只有0.81。植生混凝土抗压强度和孔隙率的对数函数关系式为：$f_{cc}=8.60-1.39\ln(A-22.01)$，$R^2$高达0.97，式中，$A$为孔隙率（%）；$f_{cc}$为抗压强度（MPa）。

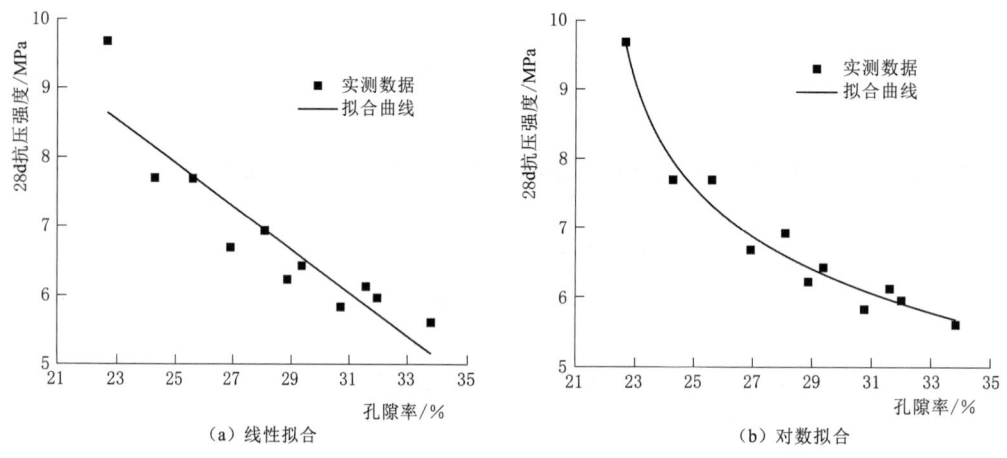

图5.16 普通硅酸盐水泥植生混凝土孔隙率与抗压强度的关系

可以发现对数关系描述孔隙率与强度的关系更加合理。在孔隙率小于27%时，强度随孔隙率变化幅度大，孔隙率大于27%时，强度随孔隙率变化幅度小且强度始终处于较低水平。这是由于在大孔隙率的情况下植生混凝土强度已经接近强度的下限，所以孔隙率增大时强度变化较小。在实际工程应用中进行配合比设计时，需要从目标孔隙率与强度两方面考虑，在满足孔隙率要求的前提下，尽量选择孔隙率偏小，强度较大的配合比，以本节为例，孔隙率在23%~27%较合适。

### 5.2.7 抗压强度与劈裂抗拉强度及抗折强度的关系

劈裂抗拉强度是评价植生混凝土性能的重要指标，如果能建立起劈裂抗拉强度与抗压强度的关系，得到强度之间的规律，为之后偏高岭土改性植生混凝土的研究打下基础。植生混凝土劈裂抗拉强度与抗压强度的关系如图 5.17 所示。

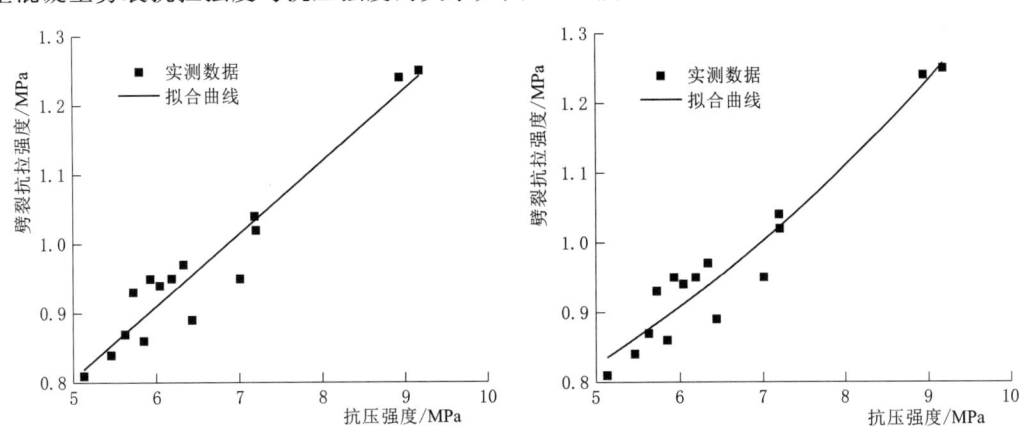

图 5.17　普通硅酸盐水泥植生混凝土劈裂抗拉强度与抗压强度的关系

从图 5.17 中可以看出，植生混凝土的劈裂抗拉强度是随着抗压强度增大而随之增大，通过 Origin 进行数据拟合并进行对比，发现线性关系和指数关系都能较好地描述抗压强度和劈裂抗拉强度的关系。但是线性拟合的 $R^2$ 为 0.91，而指数拟合的 $R^2$ 为 0.95，指数函数关系能更好地描述两者之间的关系。植生混凝土劈裂抗拉强度和抗压强度的线性函数关系式为：$f_{ts}=0.28+0.10f_{cc}$，指数函数关系式为：$f_{ts}=e^{(-0.62+0.08f_{cc})}$，式中 $f_{cc}$ 为抗压强度（MPa），$f_{ts}$ 为劈裂抗拉强度（MPa）。

可以看出，抗压强度与劈裂抗拉强度基本呈线性函数关系，虽然指数函数误差更小，但指数函数的斜率变化也很小。所以在配合比设计和应用中，只要保证了抗压强度的水平，劈裂抗拉强度基本能符合水平，甚至能通过抗压强度去推算劈裂抗拉强度的大概值。

抗折强度是评价植生混凝土性能的重要指标，如果能建立起抗折强度与抗压强度的关系，那么就能在不测试抗折强度的情况下，通过抗压强度推导抗折强度的水平，节省测试的时间与成本。植生混凝土抗折强度与抗压强度的关系如图 5.18 所示。

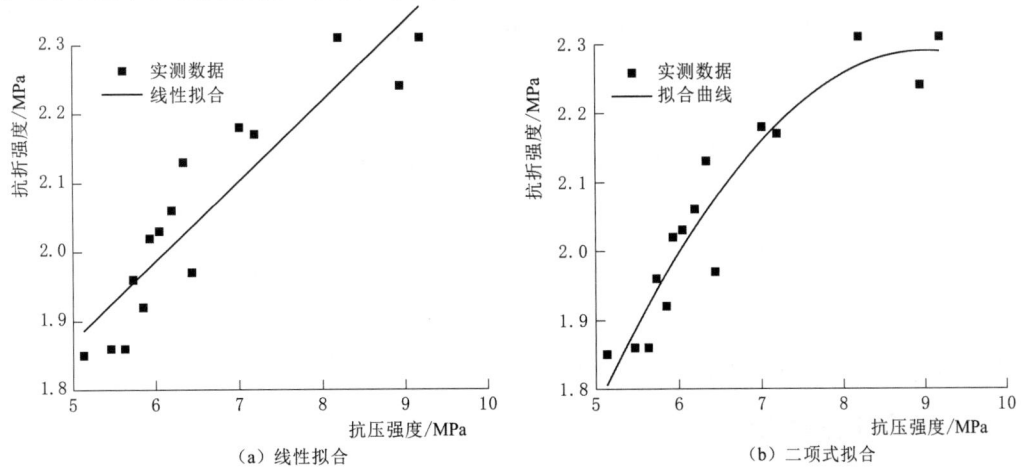

图 5.18　普通硅酸盐水泥植生混凝土抗折强度与抗压强度的关系

从图 5.18 中可以看出，植生混凝土抗折强度是随着抗压强度增大而随之增大，通过 Origin 进行数据拟合并进行对比，发现线性关系和二项式关系都能较好地描述抗压强度和抗折强度的关系。但是线性拟合的 $R^2$ 为 0.87，而多项式拟合的 $R^2$ 为 0.93，虽然二项式关系的 $R^2$ 更接近 1 但与线性关系相差并不大，而线性关系更适合应用在工程实践中。植生混凝土劈裂抗拉强度和抗压强度的多项式关系式为：$f_f = -0.37 + 0.58 f_{cc} - 0.03 f_{cc}^2$，线性关系式为：$f_f = 0.12 f_{cc} + 1.24$，式中 $f_{cc}$ 为抗压强度（MPa），$f_f$ 为抗折强度（MPa）。

### 5.2.8 本节小结

本节针对不同配合比普通硅酸盐水泥植生混凝土性能进行试验，主要研究水灰比与骨灰比对混凝土碱度、孔隙率、抗压强度、劈裂抗拉强度与抗折强度的影响，并讨论了各性能之间的关系。主要结论如下：

（1）在胶凝材料为普通硅酸盐水泥且不添加其他胶凝材料的情况下，不同水灰比与骨灰比情况下植生混凝土的 pH 值基本稳定，数值在 11.8～12.0 之间浮动。由此可见，要通过优化设计配合比来降低植生混凝土的 pH 值是无法实现的。

（2）水灰比固定时，骨灰比越大植生混凝土孔隙率越大。而骨灰比固定时，随着水灰比增大，植生混凝土孔隙率先减小后增大，在水灰比 0.29 时达到峰值。

（3）水灰比固定时，骨灰比越大普通硅酸盐水泥植生混凝土的抗压强度、劈裂抗拉强度与抗折强度越小。而骨灰比固定时，随着水灰比增大，植生混凝土的抗压强度、劈裂抗拉强度与抗折强度先增大后减小，在水灰比 0.31 时达到峰值。

（4）植生混凝土抗压强度随着孔隙率增大而减小，两者符合对数函数的关系；劈裂抗拉强度及抗折强度两者与抗压强度的关系相似，均呈线性关系，抗压强度越大劈裂抗拉强度与抗折强度也越大。

（5）在进行植生混凝土配合比设计时，应先确定目标孔隙率，再通过调节水灰比与骨灰比，将目标性能控制在合理范围。建议植生混凝土水灰比宜在 0.29～0.31 之间，骨灰比宜在 4～5 之间。

（6）综合孔隙率与强度，结合矿物掺合料对用水量的增加，选取水灰比 0.31、骨灰比 4 的配合比进行偏高岭土改性植生混凝土性能研究。

## 5.3 偏高岭土改性植生混凝土性能研究

普通硅酸盐水泥植生混凝土碱度过高，且孔隙率高的情况下强度较小，难以满足应用需求。掺入偏高岭土作为矿物掺合料可能全面改善植生混凝土的碱度与孔隙率，同时保持甚至提高强度等性能，且较硅灰经济性更好。本节通过制备不同偏高岭土掺量的偏高岭土改性植生混凝土，对植生混凝土的技术性质进行研究，得到各项性能的发展规律。

### 5.3.1 配合比方案设计

本节采用偏高岭土作为胶凝材料等质量替代部分水泥的方法，研究偏高岭土对植生混凝土的基本性能影响。试验设定水灰比为0.31，骨灰比为4，水泥使用普通硅酸盐水泥。矿物掺和料能改善植生混凝土性能，主要是因为其中活性氧化物能与植生混凝土中的 $Ca(OH)_2$ 反应，消耗 $Ca(OH)_2$ 的同时生成C-S-H凝胶。而矿物掺合料中硅灰效果最好，可能是因为其活性氧化物的含量最高，$SiO_2$ 含量超过了90%；而粉煤灰含量在50%左右，与偏高岭土相近，但偏高岭土40%的 $Al_2O_3$ 含量高于粉煤灰。偏高岭土中 $SiO_2$ 含量低于硅灰，但其中含有丰富 $Al_2O_3$，所以偏高岭土掺量相较于硅灰掺量应更大。而普通混凝土中偏高岭土掺量一般不超过20%，但植生混凝土属于无砂混凝土，偏高岭土掺量应高于20%。结合矿物掺合料的区别与偏高岭土在混凝土中应用的经验[7-9]，结合前文对植生混凝土的研究，本次试验偏高岭土掺入量设为0%、13%、20%、26%与31%（该比例表示偏高岭土占胶凝材料的质量比），试验配合比见表5.7。

表5.7 配合比设计方案

| 编号 | 水灰比 | 骨灰比 | 骨料/(kg/m³) | 水/(kg/m³) | 水泥/(kg/m³) | 偏高岭土/(kg/m³) |
|---|---|---|---|---|---|---|
| MK0 | 0.31 | 4 | 1270 | 98 | 317 | 0 |
| MK13 | 0.31 | 4 | 1270 | 98 | 276 | 41 |
| MK20 | 0.31 | 4 | 1270 | 98 | 254 | 63 |
| MK26 | 0.31 | 4 | 1270 | 98 | 235 | 82 |
| MK31 | 0.31 | 4 | 1270 | 98 | 219 | 98 |

### 5.3.2 偏高岭土对浆体流动性的影响

植生混凝土的原材料中不含细骨料，胶凝材料的用量也小于普通混凝土。若浆体的流动性太高，那么会导致其由于重力作用沉积在混凝土的底部，无法均匀地包裹骨料，这种沉浆现象（见图5.19）会极大地影响混凝土的强度水平与孔隙率。图5.20为不同流动度下的拌和物状态。浆体的流动性太差会导致结块，影响拌和的过程，无法有效成型。

图5.19 沉浆现象

(a) 流动度过高　　　　　　　　　　　　(b) 流动度较好

图 5.20　拌和物状态

由图 5.21 可以看出，随着偏高岭土掺量的不断增加，浆体流动度不断减小，在掺量为 20% 时流动度为 171mm，在掺量为 31% 时，浆体流动度低于 150mm。这可能是因为偏高岭土比表面积较大，其单位需水量更高。所以随着偏高岭土掺量增加，浆体流动度持续降低。

### 5.3.3　偏高岭土对植生混凝土 pH 值的影响

图 5.22 展示了植生混凝土 pH 值随偏高岭土掺量的变化规律，可见随着偏高岭土掺量的增加，植生混凝土的 pH 值持续降低。而在同一掺量情况下，随着龄期增长，偏高岭土改性植生混凝土 pH 值逐渐降低，龄期越大，偏高岭土对 pH 值的降低就越明显。以 31% 偏高岭土掺量为例，7d 龄期时植生混凝土 pH 值为 11.65，相较普通植生混凝土的 11.96 下降并不明显；28d 龄期时植生混凝土 pH 值为 10.72，相较普通植生混凝土的 11.94 下降了 11.3%，较为明显；90d 龄期时植生混凝土 pH 值为 10.01，相较普通只剩混凝土的 11.93 下降了 15.4%。

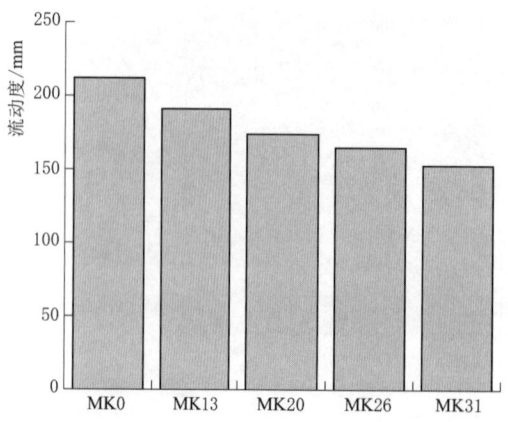

图 5.21　掺偏高岭土水泥浆体流动度

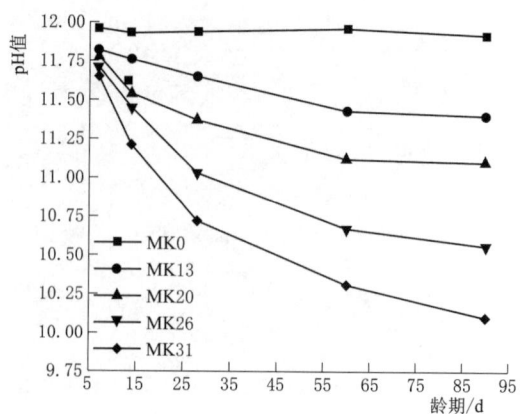

图 5.22　偏高岭土改性植生混凝土 pH 值

究其原因，可能是偏高岭土中富含大量的活性氧化物 $SiO_2$、$Al_2O_3$ 等，本试验选用的偏高岭土的 $SiO_2$ 和 $Al_2O_3$ 含量超过 80%，两者可以和水泥水化产物 $Ca(OH)_2$ 反应生成 C-S-H 等凝胶，能够有效降低胶凝材料中的 $Ca(OH)_2$ 含量，使植生混凝土 pH 值降低。已有研究表明，粉煤灰对 $Ca(OH)_2$ 的消耗效果相对一般，而硅灰对 $Ca(OH)_2$ 的消耗效果很好。硅灰效果最好可能是因为其活性氧化物的含量最高，超过了 90%；而粉煤灰 $SiO_2$ 含量在 50% 左右，与偏高岭土相近，但偏高岭土 40% 的 $Al_2O_3$ 含量高于粉煤灰的 26%，消耗更多的 $Ca(OH)_2$。

### 5.3.4 偏高岭土对植生混凝土孔隙率的影响

由抗压强度与劈裂抗拉强度试验可知，偏高岭土的掺量合适时能较大幅度提高植生混凝土的强度，但普通植生混凝土存在大量宏观的大孔隙，强度与孔隙率呈负相关，关键是增加强度的同时能否保持孔隙率能符合植物生长的要求。因此，需要进一步研究偏高岭土对孔隙率的影响。

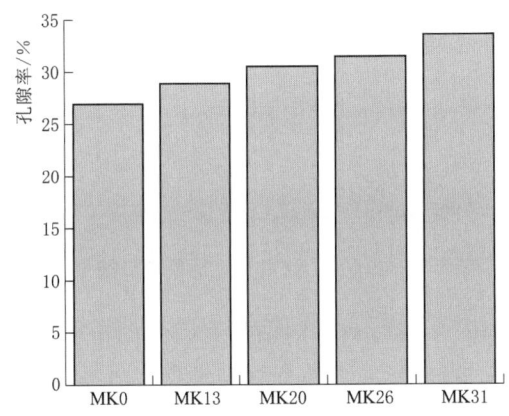

图 5.23 偏高岭土改性植生混凝土孔隙率

图 5.23 展示了孔隙率随偏高岭土掺量增加的变化规律，植生混凝土的孔隙率呈现出先上升再趋于平缓的趋势。15% 偏高岭土掺量较未加掺合料的混凝土总孔隙率上升了 2.15%。31% 偏高岭土掺量较未加掺合料的混凝土总孔隙率上升了 6.62%。

可以发现偏高岭土的掺入量越多，植生混凝土的孔隙率越大，这可能是因为在同等重量下，与水反应形成浆体后，偏高岭土的体积小于水泥。虽然从微观上偏高岭土与水化产物发生反应消耗 $Ca(OH)_2$ 生成 C-S-H 凝胶填充了微观孔隙，但是从宏观上，偏高岭土的掺入导致浆体流动度下降，胶凝材料无法均匀有效地包裹骨料，使宏观孔隙增大，所以孔隙率才会随着偏高岭土掺量增大而增大。

### 5.3.5 偏高岭土对植生混凝土强度的影响

#### 5.3.5.1 抗压强度

强度是混凝土的基本力学性能，提高强度是其工程应用的基本前提。偏高岭土改性植生混凝土抗压强度如图 5.24 所示。由图 5.24 可见，随着偏高岭土掺量增加，植生混凝土抗压强度呈现出先增大后减小的趋势。偏高岭土掺量 13% 的植生混凝土 7d 抗压强度为 7.79MPa，较未掺入偏高岭土的植生混凝土提高 7.8%，28d 抗压强度为 9.98MPa，较未掺入偏高岭土的植生混凝土提高 10.8%。偏高岭土掺量为 20% 时对植生混凝土强度的提高最好，7d 抗压强度为 8.37MPa，较普通植生混凝土提升 14.6%，28d 抗压强度为 10.42MPa，较普通植生混凝土提升 11.3%，60d 抗压强度为 11.22MPa，较普通植生混凝土提升 10.3%。可见偏高岭土对强度的提升在早期更为明显，结合流动度和凝结时间来看,这可能是因为偏高岭土中的活性成分在早期反应迅速,二次水化改善水泥的微观结构,从而提升植生混凝土的强度。

#### 5.3.5.2 劈裂抗拉强度

偏高岭土改性植生混凝土劈裂抗拉强度试验结果如图 5.25 所示。由图 5.25 可见,植生混凝土劈裂抗拉强度的变化与抗压强度相似,随着偏高岭土掺量的增加,劈裂抗拉强度呈现出先增大后减小的趋势。偏高岭土掺量为 13% 时,植生混凝土劈裂抗拉强度为 1.17MPa,较普通植生混凝土提高 10.4%,在掺量为 20% 时劈裂抗拉强度达到峰值 1.34MPa,比普通植生混凝土提高 14.5%。

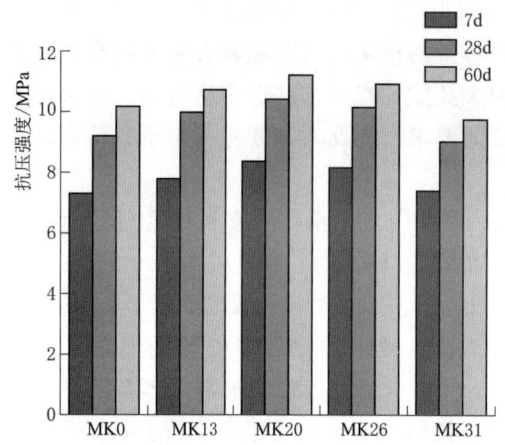

图 5.24 偏高岭土改性植生混凝土抗压强度　　图 5.25 偏高岭土改性植生混凝土劈裂抗拉强度

劈裂抗拉强度的变化趋势基本与抗压强度相符,峰值也在偏高岭土掺量为 20% 时。可见,抗压强度与劈裂抗拉强度变化趋势一致,相互验证了结果的准确性。这可能是因为,偏高岭土掺量较小时,偏高岭土中的活性成分二次水化,改善了水泥的微观结构,从而提升植生混凝土的强度。而偏高岭土掺量过大会增加胶凝材料的需水量和稠度,降低混凝土的工作性能,使其胶凝材料包裹均匀性较小掺量时有所下降,使得孔隙增大,导致其强度降低。

#### 5.3.5.3 抗折强度

偏高岭土改性植生混凝土抗折强度试验结果如图 5.26 所示。由图 5.26 可见,植生混凝土抗折强度变化规律与抗压强度和劈裂抗拉强度相似,随着偏高岭土的掺量的增加呈现出先增大后减小的趋势。偏高岭土掺量 13% 时,抗折强度为 2.25MPa 较未掺入偏高岭土的植生混凝土提高 5.6%,偏高岭土掺量 20% 时达到峰值 2.34MPa,比未掺入偏高岭土的植生混凝土提高 9.9%。

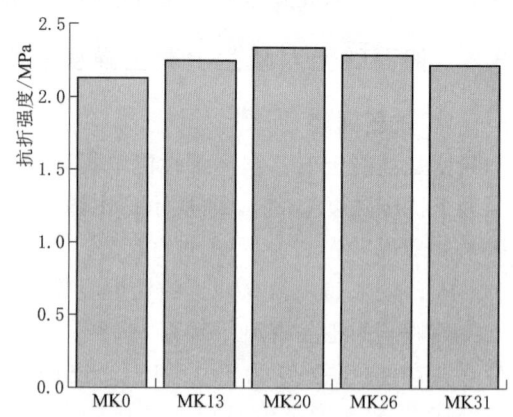

图 5.26 偏高岭土改性植生混凝土抗折强度

究其原因，可能是偏高岭土掺入后胶凝材料中不同水化产物的含量发生了变化，从而使得胶凝材料更加致密，同骨料结合更好，改善了植生混凝土强度。图 5.27 为混凝土对折破坏后断面，观察不同偏高岭土掺量的混凝土的破坏断面，可以发现 MK20 断面的浆体分布更加均匀，且浆体与骨料的界面过渡区域有所优化，黏结效果较好，这就使混凝土的抗折强度提高。但偏高岭土掺量过高会导致流动度下降，影响拌和以及浆体与骨料的界面结合，导致浆体分布不均，使得混凝土的抗折强度下降。

(a) MK0 断面　　　　　　(b) MK20 断面

图 5.27　混凝土对折破坏后断面

### 5.3.6　孔隙率与强度之间的关系

综合强度与孔隙率的研究结果，可以发现，在掺量在 20% 以内时，强度提高的同时孔隙率也略有增大，可实现强度、孔隙率同步增大。随着偏高岭土掺量的增加，孔隙率增大，但强度先增大后减小，这与普通混凝土孔隙率越大强度越小的一般规律不相符，见图 5.28。可能是因为植生混凝土的孔隙率主要受到宏观大孔隙的影响，掺入偏高岭土导致胶凝材料稠度增加，混凝土的工作性能变差，使胶凝材料包裹均匀性有所下降，无法填充混凝土的一些孔隙，导致孔隙率增大。但偏高岭土掺量较小时，孔隙率的变化较小，同时偏高岭土中的活性成分二次水化，改善了水泥的微观结构，从而提升其强度。而偏高岭土掺量较大时，孔隙率变化较大，对植生混凝土宏观结构有不良影响，导致其强度减小。

### 5.3.7　偏高岭土改性植生混凝土应力应变关系研究

混凝土的应力应变关系是描述材料力学性能的一项重要特征，也是评价混凝土强度的

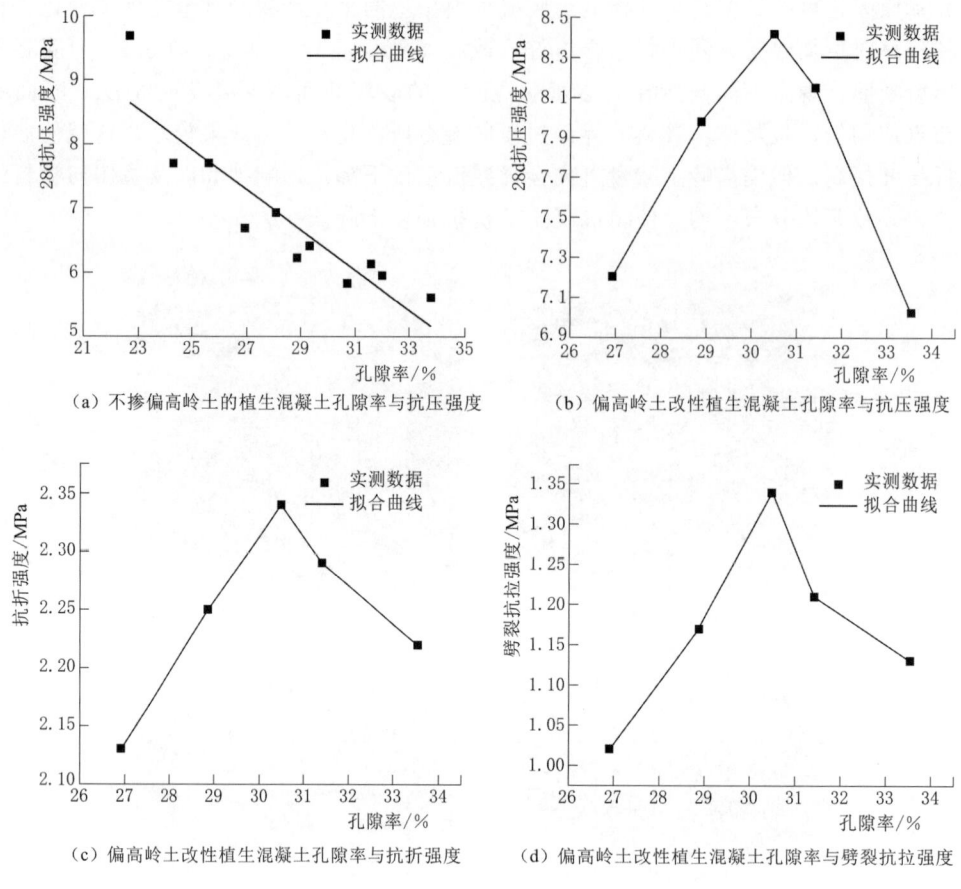

图 5.28　偏高岭土改性植生混凝土孔隙率与强度的关系

重要指标之一。对比不同偏高岭土掺量下植生混凝土的应力应变曲线，并得到其变化的规律，可以更好地分析偏高岭土对植生混凝土强度的影响，并为实际应用提供参考。

植生混凝土的应力应变曲线与普通混凝土有很大不同，如图 5.29 所示。普通混凝土的应力应变曲线通常可以分为四个阶段：线弹阶段、非线弹阶段、应变硬化阶段和破坏阶段。普通混凝土结构紧密，强度相对植生混凝土高，在加载前期应力增长很快，而应变增长较慢。植生混凝土与普通混凝土不同，由于其多孔结构，在加载前期应力变化小，应变变化大。且植生混凝土应力应变曲线相较于普通混凝土，整体有更多波动，可见其稳定性比普通混凝土较差。而且对比 MK0 与 MK20 两个组别的应力应变曲线可见，MK20 的曲线整体更加平滑，MK0 的曲线有多个突然变化的区域；MK20 曲线前期在应变持续增长的阶段应力基本不增长，可见其塑性相较于其他组更好。这说明 MK0 的整体结构不够均匀和稳定，而 MK20 相较于 MK0 而言整体更加稳定。

图 5.30 为 MK20 组偏高岭土改性植生混凝土的应力应变曲线拟合情况。由图 5.30 可见，可以大致将曲线分为三个阶段。在承载前期应变变化明显，但应力没有明显增长且有所波动，此为第一阶段，称其为初始阶段。之后随荷载增加，应力随应变沿某一曲线增长，并逐渐达到峰值，此为第二阶段，称其为应力发展阶段。在荷载继续增

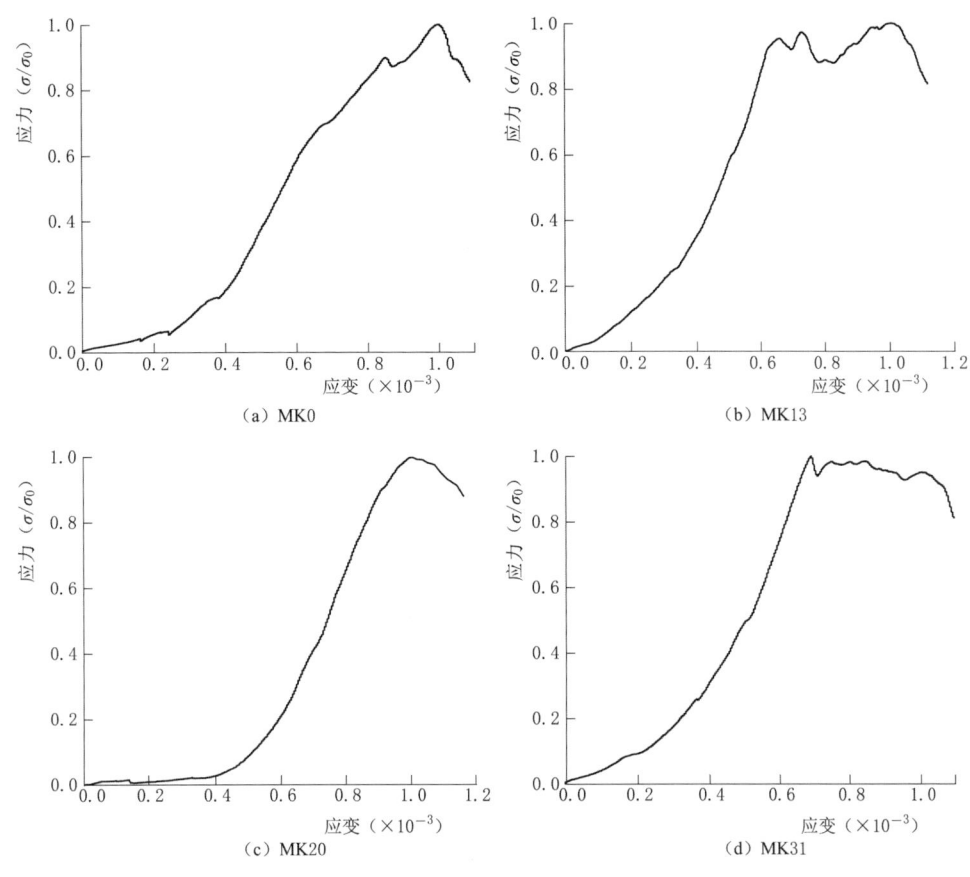

图 5.29 应力应变曲线

加,应力突破峰值后,植生混凝土基本失效,应力应变无明显规律,此为第三阶段,称其为破坏阶段。

通过对比观察发现初始阶段植生混凝土应力应变曲线的变化很不稳定,而破坏阶段也难以统一规律,但裂缝发展阶段与其他阶段相比有一定规律,可以试图通过数据拟合总结出一定规律,为之后植生混凝土的力学性能研究提供参考。经过分析整理得到偏高岭土改性植生混凝土应力应变曲线,如图 5.30 所示,公式如下:

$$y = 1.13 - 8.04x^2 + 14.82x \quad (5.11)$$

该式 $R^2$ 可达 0.99,同时二次多项式的结构也相对简单,可以较好地描述偏高岭土改性植生混凝土在裂缝发展阶段的应力应变曲线变化。

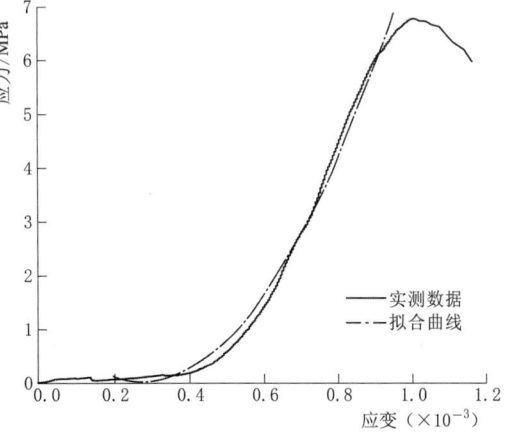

图 5.30 应力应变拟合曲线

## 5.3.8 偏高岭土对植生混凝土抗冻性能的影响

由于植生混凝土作为生态护坡材料经常应用于河流、堤岸等工程中，在实际应用推广中需要考虑到在寒冷环境中的应用，所以植生混凝土的抗冻性能是一个重要指标。质量损失率以及相对动弹模是衡量植生混凝土的抗冻性能的相关指标，具体测试数值见表 5.8。

表 5.8　　　　　　　　　　抗 冻 性 能 测 试 结 果

| 编号 | 25次冻融循环 | | 50次冻融循环 | |
| --- | --- | --- | --- | --- |
| | 质量损失率/% | 相对动弹模/% | 质量损失率/% | 相对动弹模/% |
| MK0 | 0.38 | 81.2 | 破坏 | |
| MK13 | 0.34 | 84.6 | 1.91 | 61.4 |
| MK20 | 0.36 | 82.5 | 1.59 | 71.2 |
| MK26 | 0.26 | 90.3 | 0.86 | 78.8 |
| MK31 | 0.29 | 87.7 | 破坏 | |

在25次冻融循环次数下，不同试件的质量损失率差距并不明显，总体来看，偏高岭土掺量的增加使试件的质量损失率减小。随着冻融试验的持续进行，各组试件的质量损失率差距明显增大，50次冻融循环时，普通组与31%偏高岭土掺量组均破坏。总体来看，低掺量的情况下，偏高岭土能一定程度上改善植生混凝土的抗冻性能，但高掺量对抗冻性能有不良影响。原因可能是，偏高岭土主要成分可与混凝土中 $Ca(OH)_2$ 发生火山灰反应，生成偏铝酸钙及水化 C-H-S 凝胶，使混凝土在细观层次上形成密实填充体系，即从化学方面提高了混凝土的抗冻性能。但是偏高岭土掺量越高，植生混凝土孔隙率越大，而较大的孔隙结构对植生混凝土的耐久性能是不利的，所以偏高岭土的掺量过高使得其抗冻性能较差。

## 5.3.9 偏高岭土对混凝土微观结构的影响

### 5.3.9.1 SEM扫描电镜试验

前文已经得到了偏高岭土对植生混凝土性能影响的规律，并提出了相关设想，但其中微观机理还需进一步通过试验验证。本节对不同偏高岭土掺量的植生混凝土试样进行扫描电镜试验，获得混凝土SEM图像。对其微观结构进行观察分析，总结偏高岭土对植生混凝土性能影响的微观机理。

图 5.31 为 7d 龄期时不同偏高岭土掺量植生混凝土的 SEM 图像。由图 5.31（a）可见，不掺偏高岭土的普通硅酸盐水泥组整体结构松散，其中纵横交错分布着许多裂缝。将图 5.31（c）与图 5.31（a）对比，可见偏高岭土掺量为 20% 时微观结构裂缝更少，且有更丰富的片状与棒状结构相交错，整体更加致密。观察图 5.31（e），可见偏高岭土掺量为 31% 时，微观形貌中块状结构更少，柱状结构水化产物更加丰富，同时交错成网，使整体结构更加致密。而对比图 5.31（b）、图 5.31（d）与图 5.31（f）可见，随着偏高岭土掺量增加，胶凝材料中水化产物 C-S-H 凝胶含量显著增加，$Ca(OH)_2$ 晶体明显减少，整体致密度得到提高。

图 5.31 7d 龄期 SEM 图像

图 5.32 为 28d 龄期时不同偏高岭土掺量植生混凝土的 SEM 图像。对比图 5.32（c）、图 5.32（e）与图 5.32（a），可见偏高岭土的掺入提高了水化产物丰富度，偏高岭土掺量为 31% 更为明显。而对比图 5.32（d）与图 5.32（b），可见相较于不掺偏高岭土的普通硅酸盐水泥植生混凝土，掺入偏高岭土使得观测到的 $Ca(OH)_2$ 明显减少，而 C-S-H 凝

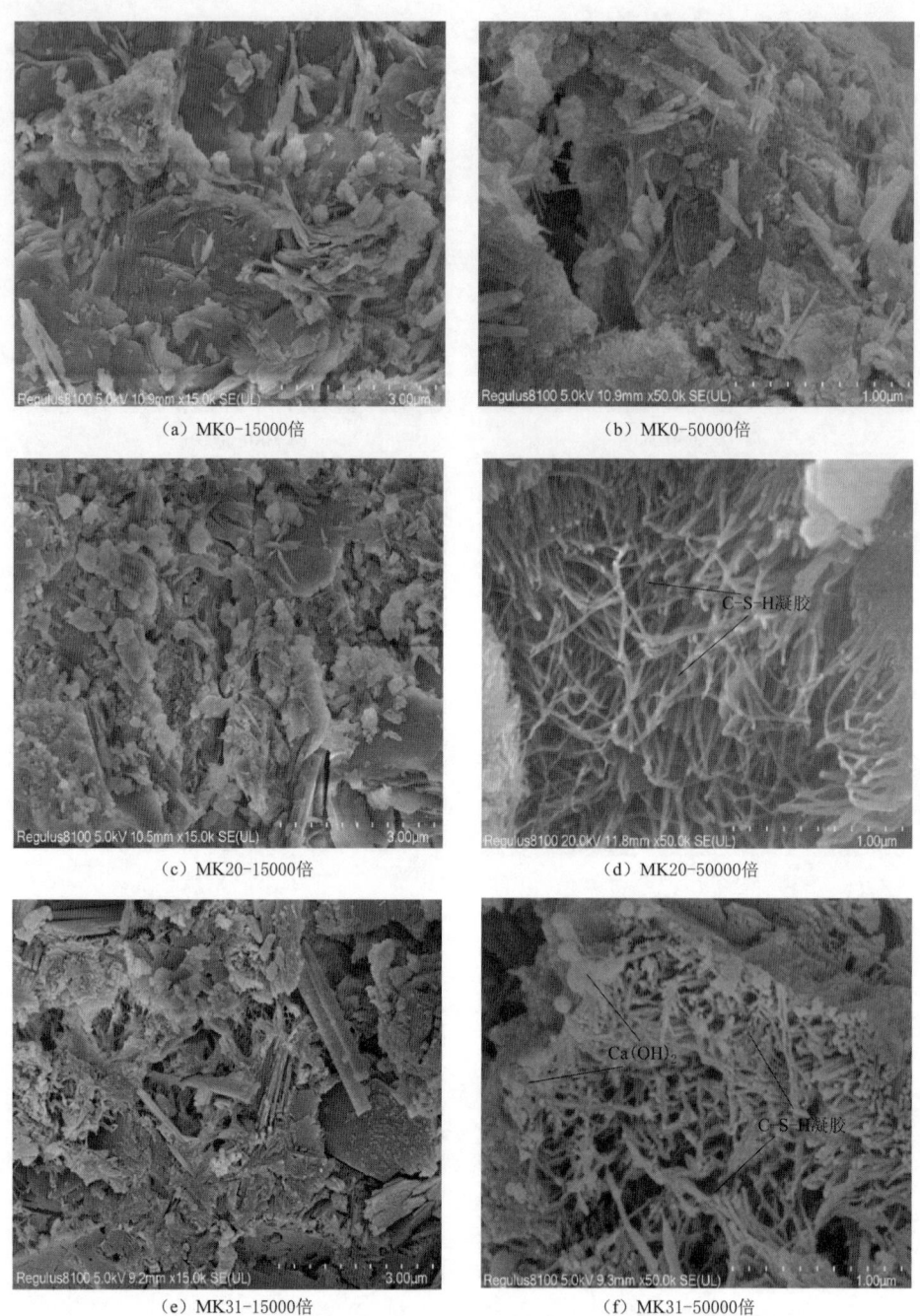

图 5.32 28d 龄期 SEM 图像

胶明显增多。

通过观察分析微观形貌,可进一步分析偏高岭土使植生混凝土碱度降低与强度提升的原因。总的来说,偏高岭土中含有的大量活性氧化物与 $Ca(OH)_2$ 进行反应,消耗大量 $Ca(OH)_2$ 并生成 C-S-H 凝胶,同时偏高岭土代替部分水泥,胶凝材料中生成的

$Ca(OH)_2$ 也随之减少,而 $Ca(OH)_2$ 大量减少就导致植生混凝土碱度下降。在发生反应的过程中,生成的 C-S-H 凝胶可以优化植生混凝土微观结构,使胶凝材料整体更加致密,与骨料结合更紧密,从而提高植生混凝土的强度。

#### 5.3.9.2 EDS 元素分析试验

对微观形貌的观察让我们对水化产物有了一定认识,但其中具体水化产物的种类和丰富度还需要定量分析。在 SEM 图像中典型位置进行扫描,对水化产物的种类与含量进行定量分析。主要观测元素有 O、Na、Mg、Al、Si、S、Ca、Fe。重点关注微区域内水化产物 C-S-H 凝胶中的原子 Ca/Si 比值。以研究不同掺量偏高岭土对水泥产物组成变化的影响以及与 Ca/Si 比值的关系。能谱点扫位置见图 5.33。测试结果见表 5.9。

表 5.9　　　　　　　　28d 水化产物的化学组成与钙硅比

| 编号 | 原子质量分数/% | | | | | | | | |
|---|---|---|---|---|---|---|---|---|---|
| | O | Na | Mg | Al | Si | S | Ca | Fe | Ca/Si |
| 7d-MK0 | 79.01 | 0.28 | 0.22 | 3.07 | 3.63 | 0.60 | 12.75 | 0.43 | 3.51 |
| 28d-MK0 | 55.73 | 0.00 | 0.27 | 2.79 | 9.20 | 0.95 | 29.03 | 2.03 | 3.15 |
| 7d-MK20 | 54.82 | 0.00 | 0.57 | 3.57 | 10.85 | 0.47 | 28.99 | 0.73 | 2.67 |
| 28d-MK20 | 57.48 | 0.00 | 0.00 | 2.87 | 11.23 | 0.56 | 23.37 | 0.93 | 2.08 |
| 7d-MK31 | 59.36 | 0.00 | 0.00 | 9.34 | 8.73 | 0.29 | 20.27 | 0.27 | 2.32 |
| 28d-MK31 | 54.59 | 0.00 | 0.52 | 4.24 | 9.77 | 0.96 | 19.09 | 1.10 | 1.95 |

EDS 试验扫描的位置为形貌观察可能为 C-S-H 的位置,而 C-S-H 凝胶的钙硅比一般为 0.6~2.0,所得钙硅比基本大于 2 可能是由于其他水化产物的干扰,所扫描位置并不完全为 C-S-H 凝胶。由表 5.9 可见,相同龄期情况下,偏高岭土的掺入使钙硅比逐渐变小,偏高岭土掺量为 31% 时 28d 龄期的 EDS 点扫所得钙硅比为 1.95,在 C-S-H 凝胶标准钙硅比范围内。这可能是因为偏高岭土中的活性氧化物与 $Ca(OH)_2$ 反应,生成更多 C-S-H 凝胶,使其含量大幅增加,从而导致钙硅比接近 C-S-H 凝胶的一般值。偏高岭土中的活性氧化物一般为 $SiO_2$,未反应完全的 $SiO_2$ 也可能是钙硅比下降的一个因素。

#### 5.3.9.3 XRD 物相分析试验

通过 X 射线衍射试验对物相组成和结晶度进行测试,定量分析微观成分的变化,进一步验证前文的设想。对 28d 龄期的偏高岭土掺量为 0%、2%、31% 的植生混凝土进行 X 射线衍射试验,拟合整理后图谱如图 5.34 所示。可见相较于 MK0,MK31 的 $Ca(OH)_2$ 特征峰明显降低,由此可见偏高岭土掺入可通过减少胶凝材料中的 $Ca(OH)_2$ 含量,生成更多的胶凝材料,从而减小混凝土的碱度的同时保持其强度;$SiO_2$ 的特征峰明显增高,可能是因为偏高岭土中的 $SiO_2$ 未充分反应,随着偏高岭土掺量提高,$SiO_2$ 的量也随之提高。

### 5.3.10 本节小结

本节研究了不同偏高岭土掺量对植生混凝土各项性能的影响,偏高岭土掺量分别为胶

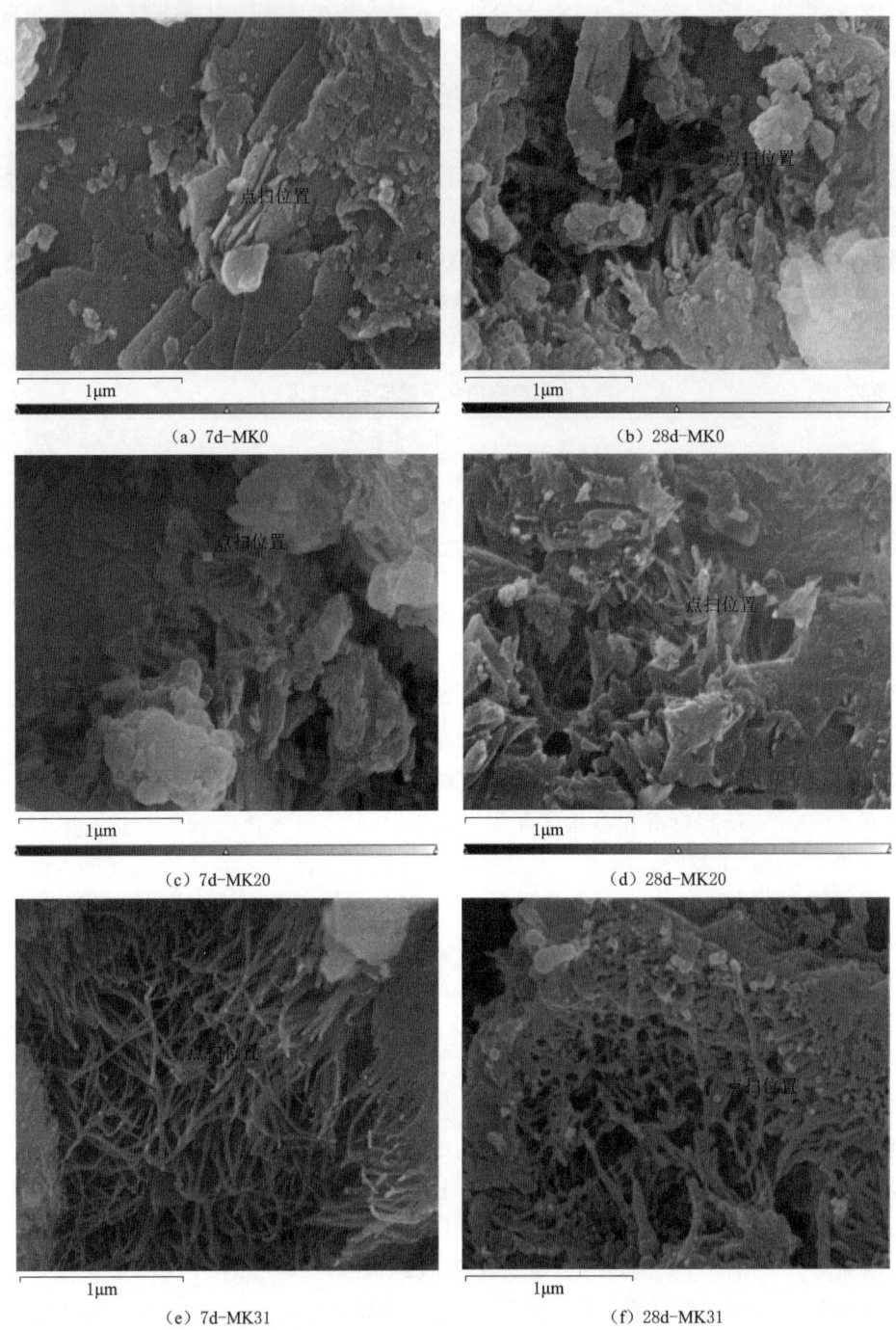

图 5.33 典型 SEM 图像及能谱点扫示意图

凝材料用量的 13%、20%、26%、31%，主要研究的技术指标包括胶结浆体流动度、pH 值、孔隙率、抗压强度、劈裂抗拉强度、抗折强度及抗冻性能，并进行了微观层面的观察与分析，得到以下结论：

(1) 在 0.31 水灰比情况下，偏高岭土的掺入会使浆体流动性能降低，浆体流动度随着掺量的增加而不断减小，当偏高岭土掺量占胶凝材料用量 20% 时，浆体流动度为 174mm，当偏高岭土掺量占胶凝材料用量 31% 时，浆体流动度低于 150mm。因此，使用偏高岭土作为矿物掺和料制备植生混凝土时，可以适当添加减水剂或增大水灰比来调节浆体流动度在合理范围内。

(2) 偏高岭土能有效降低植生混凝土碱度，随着偏高岭土掺量的增加，植生混

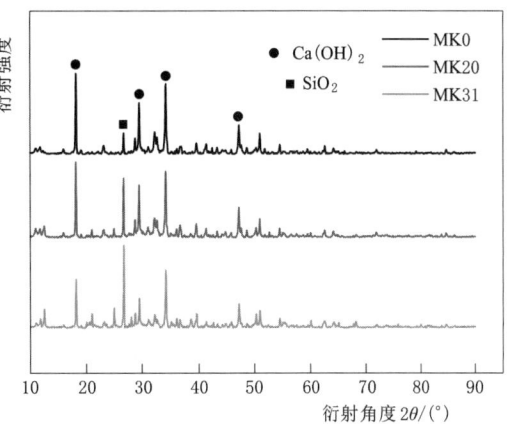

图 5.34 胶凝材料 XRD 测试拟合图谱

凝土 pH 值逐渐降低。在掺量一定时，pH 值随时间逐渐降低，在 60d 龄期时趋于平稳。偏高岭土掺量 31% 时碱度降低最明显；偏高岭土掺量 26% 时的 pH 值增幅较普通组下降，且强度有所提高。

(3) 在同一水灰比下，随着偏高岭土掺量的增加，植生混凝土孔隙率略有增加，由于透水性能与孔隙率具有较好的相关性，所以偏高岭土的掺入一定程度上能提高透水性能。

(4) 偏高岭土的掺入能够有效增强植生混凝土的抗压强度，当偏高岭土掺量占胶凝材料的 20% 时，偏高岭土改性植生混凝土抗压强度最高，7d 抗压强度为 8.37MPa，28d 抗压强度为 10.42MPa，60d 抗压强度高达 11.22MPa，偏高岭土掺量为 31% 时较峰值有所下降，但较不掺偏高岭土情况下更高。

(5) 从微观上看偏高岭土的掺入改变了不同水化产物的丰富度，$Ca(OH)_2$ 含量降低，更多胶凝产物的生成，使得微观结构更加致密，增加强度的同时降低了 pH 值。但偏高岭土掺量过高则会降低工作性能，从而影响混凝土的整体结构，导致强度较低。偏高岭土对植生混凝土性能的改善主要来自其含有的活性氧化物 $SiO_2$、$Al_2O_3$，而结合文献与试验猜测活性氧化物含量或是影响矿物掺合料效果的重要因素。

(6) 低掺量的偏高岭土能一定程度上提高植生混凝土的抗冻性能；而高掺量的偏高岭土会导致孔隙率增大，改变孔隙结构，导致抗冻性能差。掺量 15% 左右时，偏高岭土改性植生混凝土抗冻性能较好。

(7) 综合各项性能考虑，在水灰比为 0.31 且骨灰比为 4 的情况下，偏高岭土掺量在 26% 较为合适。此掺量下 28d 抗压强度可达 10.15MPa，孔隙率可达 31.41%，60d 孔溶液 pH 可达 10.56。

## 5.4 偏高岭土改性植生混凝土植生性能研究

经过研究发现掺入偏高岭土可以有效降低植生混凝土的碱度，并且得到了较为合适的偏高岭土掺量与植生混凝土配合比，但是偏高岭土改性植生混凝土是否适宜植物生长还需进一步验证。所以本节选取三种植物，设计植物种植方案，通过植物生长的情况评价其水平。

## 5.4.1 方案设计

根据偏高岭土植生混凝土的试验结果,选择掺量26%的偏高岭土植生混凝土与不掺偏高岭土的普通混凝土进行植生试验。以播种当日为节点,记录偏高岭土改性植生混凝土与普通植生混凝土中植物的发芽和生长情况,测定植株高度、根系长度等,对比分析植物的生长状态和趋势。

广西地处低纬度,北回归线横贯中部,气候温暖,雨水丰沛,光照充足,年平均气温21.4℃,冬季平均气温略偏低,春、夏、秋季气温偏高。而偏高岭土改性植生混凝土整体环境碱度虽有所降低,但整体依然呈碱性。结合广西当地环境与植生混凝土性能,选择高羊茅、紫花苜蓿与狗牙根三种亚热带地区耐碱性植物进行种植,植物种子见图5.35。

(a) 狗牙根

(b) 紫花苜蓿

(c) 高羊茅

图5.35 种植用植物种子

高羊茅为禾本科羊茅属的草本植物,是广西本土物种。植株茎干为圆形,植株粗壮,簇生,叶片扁平坚硬。高羊茅适宜在温暖潮湿的地区生长,也可适应较为寒冷环境。高羊茅适用于运动场、园林绿化等多种场景。

紫花苜蓿为豆科苜蓿属的草本植物,植株茎干直立发达,有多个旁支,叶片尖锐似有裂痕,根系发展快速。紫花苜蓿适宜在温暖且半湿润地区生长,抗寒性与耐碱性较好。紫花苜蓿一般作药用,或用于园林美化。

狗牙根为禾本科狗牙根属的草本植物,植株直立,茎干整体偏细却坚韧,部分植株易倒伏。中国黄河流域以南均有狗牙根种植,狗牙根适宜在温暖潮湿地区生长,在轻度碱地上生长较快,但耐碱性较为一般。

## 5.4.2 植生混凝土布置与播种

试验采取上置式进行植生试验,分别使用不掺偏高岭土的植生混凝土与偏高岭土26%掺量的植生混凝土进行试验,如图5.36所示,具体操作步骤如下:

(1) 在播种前24h,将种子置于10℃环境中保持冷藏,并用清水浸泡,以达到催芽的目的。

(2) 将不掺偏高岭土的植生混凝土与偏高岭土26%掺量的植生混凝土试块并排放置在基底土壤上。

(3) 使用清水与种植土进行拌和,形成黏稠状的土浆,将土浆灌注进植生混凝土空隙。

(4) 在浇筑完毕的植生混凝土表面覆盖 1~2cm 的营养土。

(5) 播种，种子用量为 $30g/m^2$。

(6) 播种完毕后，在种子表面覆盖 0.5~1cm 的营养土。

(a) 上置混凝土

(b) 覆土

图 5.36　植生混凝土布置与播种

### 5.4.3　生长情况

由于所选植物都适宜在偏潮湿环境中生长，在植物生长期间每日对植株浇水并观察。根据植物生长习性，在前 7d 内植物生长迅速，每 3d 记录植株生长高度情况，在 7d 后植物生长速度减缓，逐渐延长记录植株生长高度的周期。试验期间，持续对比三种植物在普通植生混凝土与偏高岭土改性植生混凝土的植株高度。在植物生长情况稳定后，取出植生混凝土试块，观察对比植物在不同植生混凝土中根系发展的情况。

#### 5.4.3.1　高羊茅

图 5.37 为高羊茅 7d、14d、30d 的生长情况，图 5.38 为高羊茅植株高度测量结果。由图 5.38 可见，在播种后 7d 高羊茅植株高度就超过了 10cm，在播种 20d 后生长情况趋于稳定，高度在 30cm 左右。高羊茅出芽率很高，且相较于紫花苜蓿与狗牙根，高羊茅早期生长最为迅速。对比普通植生混凝土与偏高岭土改性植生混凝土上的植株高度，可见偏高岭土改性植生混凝土上的植株高度略高于普通植生混凝土，高羊茅在偏高岭土改性植生混凝土上生长情况更好。

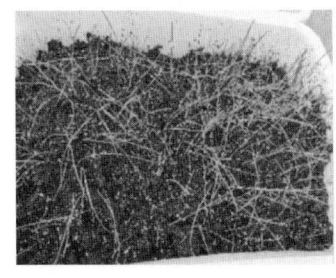
(a) 7d长势

(b) 14d长势

(c) 30d长势

图 5.37　高羊茅生长情况

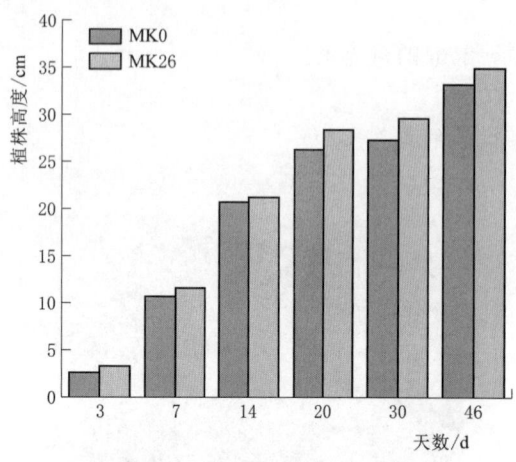

图5.38 高羊茅植株高度

图5.39为高羊茅根系发展情况。由图5.39可见,高羊茅植株茎干健康,同时其根系发展情况良好。对比图5.39(a)与图5.39(b),可见偏高岭土改性植生混凝土上植物根系基本穿透混凝土试块,且根系发展的范围更大,相较于普通植生混凝土更好。

图5.40为不同植生混凝土上的高羊茅对比图,对比46d时普通植生混凝土与偏高岭土改性植生混凝土上的高羊茅植株茎干与根系,可见偏高岭土改性植生混凝土上高羊茅生长情况明显优于普通植生混凝土上的植株。

(a) MK0

(b) MK26

图5.39 高羊茅根系发展情况

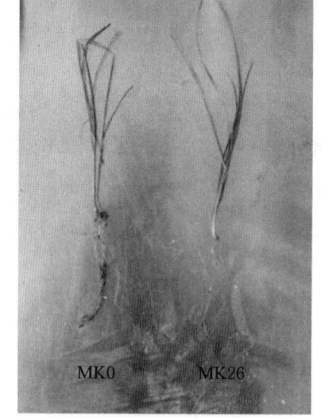

图5.40 高羊茅植株对比

### 5.4.3.2 紫花苜蓿

图5.41为紫花苜蓿7d、14d、30d的长势,图5.42为紫花苜蓿植株高度测量结果。由图5.42可见,在播种后20d紫花苜蓿高度才达到9cm,在播种30d后生长情况趋于稳定,高度在12cm左右。紫花苜蓿发芽很早,出芽率较高,但相较于高羊茅,紫花苜蓿早期生长较为缓慢,但每个植株有多个旁支,整体生长茂盛。对比普通植生混凝土与偏高岭土改性植生混凝土上的植株高度,可见偏高岭土改性植生混凝土上的植株高度略高于普通植生混凝土,紫花苜蓿在偏高岭土改性植生混凝土上生长情况更好,且偏高岭土改性植生混凝土上的出芽率略高于普通植生混凝土。虽然紫花苜蓿前期迅速发芽,但在中后期纵向生长相对较慢,并且紫花苜蓿对生长环境较为敏感,温度较低、浇水较少都会导致紫花苜蓿茎叶枯黄甚至植株死亡。

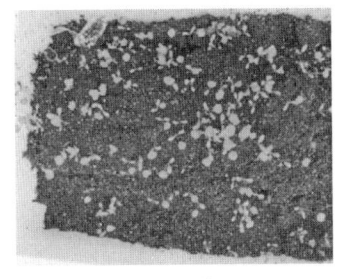  

(a) 7d长势　　　　　　　(b) 14d长势　　　　　　　(c) 30d长势

图 5.41　紫花苜蓿生长情况

图 5.43 为紫花苜蓿根系发展情况。由图 5.43 可见，紫花苜蓿植株茎干生长茂盛，同时其根系发展情况良好。对比图 5.39（a）与图 5.39（b），可见偏高岭土改性植生混凝土上植物根系基本穿透混凝土试块，且根系发展的范围更大，相较于普通植生混凝土更好。

对比 28d 时不同区域的紫花苜蓿植株的根系，可以发现偏高岭土改性植生混凝土上的植株高度更好、根系更长，且同一植株有着更多的旁支，其生长情况明显优于普通植生混凝土的植株。

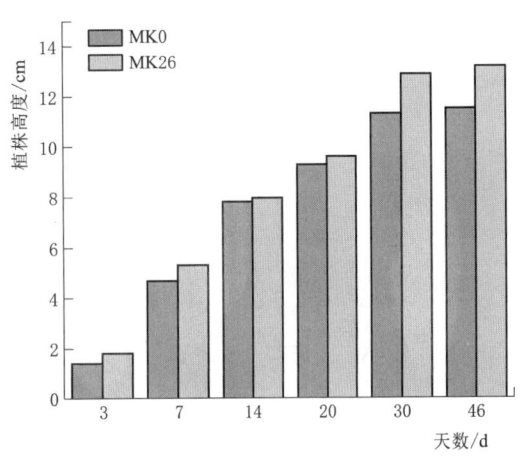

图 5.42　紫花苜蓿植株高度

(a) MK0　　　　　　　　(b) MK25

图 5.43　紫花苜蓿根系发展情况　　　　　　图 5.44　紫花苜蓿植株对比

### 5.4.3.3　狗牙根

狗牙根植株生长情况见图 5.45。从图 5.45 中可以看出，由于狗牙根的特点，其相较

(a) 7d长势

(b) 14d长势

(c) 30d长势

图 5.45　狗牙根生长情况

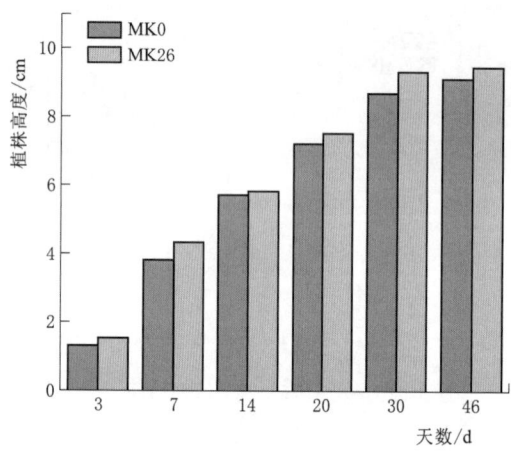

图 5.46　狗牙根植株高度

于高羊茅和紫花苜蓿发芽率低，植物生长的速度和最后高度也较小，生长情况明显相对不好。图 5.46 为狗牙根植株高度测量结果。由图 5.46 可见，在播种 30d 后狗牙根高度才达到 9cm。对比普通植生混凝土与偏高岭土改性植生混凝土上的植物生长情况，可见偏高岭土改性植生混凝土上的植株高度略高于普通植生混凝土，出芽率也高于普通植生混凝土，可见狗牙根在偏高岭土改性植生混凝土上生长情况更好。

图 5.47 为狗牙根 46d 根系情况。由图 5.47 可见，普通植生混凝土试块上狗牙根植株难以生长，根系的发展也较差，根系长度并未穿过试块，而偏高岭土改性植生混凝土上的狗牙根生长相对正常，根系发展较好。

(a) MK0

(b) MK26

图 5.47　狗牙根根系发展情况

### 5.4.4 本节小结

根据偏高岭土植生混凝土的试验结果，选择掺量 26% 的偏高岭土植生混凝土与不掺偏高岭土的普通混凝土进行植生试验。选用高羊茅、紫花苜蓿与狗牙根，以播种当日为节点，记录偏高岭土改性植生混凝土与普通植生混凝土中植物的发芽和生长情况，测定植株高度、根系长度等，对比分析植物的生长状态和趋势。试验过程及结论如下所示：

（1）广西地处低纬度，北回归线横贯中部，气候温暖，雨水丰沛，光照充足，年平均气温 21.4℃，冬季平均气温略偏低，春、夏、秋季气温偏高。在该环境下，种植于偏高岭土改性植生混凝土上的高羊茅与紫花苜蓿发芽率更高，生长情况相对普通植生混凝土更好。可见偏高岭土改性植生混凝土能为植物生长提供合适环境。

（2）高羊茅出芽率很高，且相较于紫花苜蓿与狗牙根，高羊茅早期生长最为迅速。高羊茅植株茎干健康，同时其根系发展情况良好，植物根系基本穿透混凝土试块，且根系发展的范围大。且高羊茅为广西本土物种，为解决本地草种入侵提供了参考。

（3）紫花苜蓿发芽很早，出芽率较高，但相较于高羊茅，紫花苜蓿早期生长较为缓慢。并且紫花苜蓿对生长环境较为敏感，温度较低、浇水较少都会导致紫花苜蓿茎叶枯黄甚至植株死亡。总体来说，紫花苜蓿生长情况良好，但对环境有一定要求，需谨慎应用到实际工程中。

（4）由于狗牙根的特点，其相较于高羊茅和紫花苜蓿发芽率低，植物生长的速度和最后高度也较小，植物根系也无法有效穿透植生混凝土，生长情况明显不好。狗牙根不适合用于植生混凝土中。

## 5.5 结论与展望

### 5.5.1 结论

近年来，生态环境保护受到党和国家的高度重视，河流护岸、道路护坡及城市绿化建设等绿色建设项目越来越多。植生混凝土凭借其良好的透水性能与多孔结构，能够有效降低噪声污染、美化环境、调节城市气候等，是符合生态发展需求的新型绿色材料。但国内开展植生混凝土研究的时间并不长，技术水平还不成熟，仍然存在一些问题。包括降碱处理可能对植生混凝土强度有不良影响，孔隙率与强度呈负相关性的矛盾关系，有的改性方法操作烦琐或成本过高导致无法应用到实际工程。本章依托红花二线船闸的生态护坡工程实践，选择偏高岭土作为矿物掺合料改善植生混凝土性能。先对普通硅酸盐水泥植生混凝土的性能进行研究，得到各项性能的发展规律。在此基础上，分析不同掺量下植生混凝土的净浆流动度、抗压强度、劈裂抗拉强度、抗折强度、pH 值与孔隙率的变化规律，再结合微观试验，研究偏高岭土对植生混凝土性能的影响机理。之后以偏高岭土改性植生混凝土进行植生试验，检验其在实际工程中应用的可行性。其目的是降低碱度及提高孔隙率，使其环境适宜植物生长，同时保持其工作性能、强度与耐久性能，满足工程应用需求。现得出以下结论：

（1）在胶凝材料不变时，植生混凝土的各项性能之间存在密切的关系。植生混凝土抗压强度随着孔隙率增大而减小，两者符合对数函数的关系；劈裂抗拉强度与抗压强度呈线性关系，抗压强度越大劈裂抗拉强度越大；抗折强度与抗压强度为多项式函数关系，抗压强度越大抗折强度越大。

（2）植生混凝土制备的关键是水灰比和骨灰比。水灰比过高易导致沉降现象，影响植生混凝土整体结构，水灰比过低则严重影响植生混凝土工作性能。在进行植生混凝土配合比设计时，应在确定目标孔隙率后，通过调节水灰比与骨灰比，将孔隙率、强度等性能控制在合理范围。建议植生混凝土水灰比宜在 0.29~0.31 之间，骨灰比宜在 4~5 之间。

（3）试验发现，在低水灰比下，偏高岭土会降低浆体流动性能，浆体流动度随着掺量的增加而不断减小，当偏高岭土掺量为水泥用量的 25% 时，浆体流动度也只有 174mm。因此，在使用偏高岭土作为矿物掺和料制备植生混凝土时，可以考虑相对提高水灰比或使用减水剂，用以调控浆体流动度。

（4）随着偏高岭土掺量的增加，植生混凝土的 pH 值持续降低。而在同一掺量情况下，随着龄期增长，偏高岭土改性植生混凝土 pH 值逐渐降低，在 60d 后趋于平稳。31% 掺量时碱度降低最明显；26% 掺量时的 pH 值增幅较普通组下降，且强度有所提高。

（5）综合强度与孔隙率的研究结果，可以发现，在掺量在 20% 以内时，强度提高的同时孔隙率也略有增大，可实现强度、孔隙率同步增大。随着偏高岭土掺量的增加，孔隙率增大，但强度先增大后减小，一定程度上改善了孔隙率与强度的矛盾关系。

（6）从微观上看偏高岭土的掺入改变了不同水化产物的丰富度，$Ca(OH)_2$ 含量降低，更多胶凝产物的生成，使得微观结构更加致密，增加强度的同时降低了 pH 值。但偏高岭土掺量过高则会降低工作性能，从而影响混凝土的整体结构，导致强度较低。偏高岭土对植生混凝土性能的改善主要来其含有的活性氧化物 $SiO_2$、$Al_2O_3$，而结合文献与试验猜测活性氧化物含量或是影响矿物掺合料效果的重要因素。

（7）广西地处低纬度，北回归线横贯中部，气候温暖，雨水丰沛，光照充足，年平均气温 21.4℃，冬季平均气温略偏低，春、夏、秋季气温偏高。在该环境下，种植于偏高岭土改性植生混凝土上的高羊茅与紫花苜蓿发芽率更高，生长情况相对普通植生混凝土更好。可见偏高岭土改性植生混凝土能为植物生长提供合适环境。

（8）高羊茅出芽率很高，且相较于紫花苜蓿与狗牙根，高羊茅早期生长最为迅速。同时其根系发展情况良好，植物根系基本穿透混凝土试块，且根系发展的范围大。且高羊茅为广西本土物种，为解决本地草种入侵提供了参考。紫花苜蓿发芽很早，出芽率较高，但相较于高羊茅，紫花苜蓿早期生长较为缓慢。并且紫花苜蓿对生长环境较为敏感，温度较低、浇水较少都会导致紫花苜蓿茎叶枯黄甚至植株死亡。紫花苜蓿对环境有一定要求，需谨慎应用到实际工程中。狗牙根相较于高羊茅和紫花苜蓿发芽率低，植物根系也无法有效穿透植生混凝土，生长情况明显不好。狗牙根不适合用于植生混凝土中。

## 5.5.2 展望

由于行业内关于植生混凝土相关研究时间不长，还有许多方面的研究需要完善。限于水平，加之环境和时间的限制，本章研究内容并不全面，仍存在许多问题亟待解决。

（1）植生混凝土配合比设计及相关技术指标的检测还没有形成统一标准，如植生混凝土碱度与耐久性能等的测试。

（2）植生混凝土用于生态护坡等工程，需要长期服役，这就对其耐久性提出了要求。而植生混凝土耐久性较差，对其耐久性的评估与提高还有待研究。

（3）试验对植物生长的观察只持续了一个季度，后续植物是否能在植生混凝土上长时间生长还有待研究。

（4）目前还缺少一种能兼顾经济性、效果全面提升并操作简单便于现场实施的新方法，仍有待新技术突破。

# 参 考 文 献

[1] 黄芳. DBJ/T 13－393—2021《植生混凝土应用技术标准》标准解读 [J]. 福建建材，2022（11）：57－9.

[2] 安生霞，刘成奎，李万琴，等. 不同矿物掺合料透水混凝土体系的硬化性能及微观结构 [J]. 新型建筑材料，2021，48（1）：24－29.

[3] 石丽云. 矿物掺合料对透水混凝土硬化性能及微观结构的影响 [J]. 福建建材，2023（6）：9－12.

[4] 陈建国，周靖靖，顾业莲，等. 改性水泥土力学性能及植生性能试验 [J]. 新型建筑材料，2022，49（6）：12－16，22.

[5] 陈建国，李若愚，佘晓彬，等. 苯丙乳液改性再生骨料植生混凝土植生试验及应用研究 [J]. 新型建筑材料，2021，48（6）：40－45.

[6] 黄卓杰，陈建国，陈德伟，等. 改性再生大骨料混凝土耐久性能研究 [J]. 混凝土与水泥制品，2021（7）：93－97.

[7] 纪龙平. 偏高岭土再生骨料透水混凝土性能研究与工程应用 [J]. 江西建材，2023（12）：28－30，33.

[8] 冯崖竹. 复掺超细粉煤灰和偏高岭土对透水混凝土性能影响的试验研究 [J]. 水利科学与寒区工程，2023，6（12）：31－33.

[9] 赵燕茹，张丽媛，王磊，等. 偏高岭土混凝土碳化及其力学性能 [J]. 混凝土，2023（4）：51－54，68.

# 第6章 碱激发粉煤灰植生混凝土的制备及性能研究

植生混凝土因其多孔结构，常用于湖泊、河流、水利枢纽等工程的边坡护岸及城市道路绿化或海绵城市的建设。而碱激发胶凝材料作为一种绿色环保、减排材料，具有早高强、耐久性好等特点，两者的结合更有利于植生混凝土在建筑工程、生态保护中的推广应用。所以研究碱激发粉煤灰胶凝材料对植生混凝土的推广应用具有重要意义和指导作用。

本章首先根据强度、孔隙率等性能，优选出碱激发粉煤灰植生混凝土中不沉浆、强度高、孔隙率好的水灰比（W/C）、骨灰比（G/C），并优选出适合粉煤灰掺量的碱激发剂最佳掺量；再将碱激发粉煤灰应用于植生混凝土中，开展植生混凝土强度、透水性能、孔隙率、抗冻、微观、植生等试验，研究碱激发粉煤灰对植生混凝土物理、力学、抗冻、微观、植生等性能的影响。

## 6.1 试验原材料及试验方法

### 6.1.1 原材料

本章采用的原材料有水泥、骨料、水、粉煤灰、NaOH、减水剂。

#### 6.1.1.1 水泥

水泥采用的是广西南宁华润有限公司生产的 P·O 42.5 水泥。水泥的化学、物理性能指标分别见表6.1、表6.2。

表6.1 水泥化学成分

| 主要化学成分 | $SO_3$ | MgO | $Fe_2O_3$ | 碱含量 | CaO | $SiO_2$ | $Al_2O_3$ |
|---|---|---|---|---|---|---|---|
| 质量百分比/% | 1.88 | 2.46 | 3.71 | 0.39 | 55.47 | 27.14 | 6.68 |

表6.2 水泥物理性能指标

| 细度/% | 烧失量/% | 标准稠度用水量/% | 凝结时间/min | | 28d抗压强度/MPa | 28d抗折强度/MPa |
|---|---|---|---|---|---|---|
| | | | 初凝 | 终凝 | | |
| 2.2 | 4.0 | 26.0 | 159.0 | 222.0 | 52.4 | 8.8 |

#### 6.1.1.2 粗骨料

粗骨料采用粒径20~30mm的石灰岩碎石，具体指标见表6.3。

表 6.3　　　　　　　　　　　碎石物理性能指标

| 表观密度/(kg/m³) | 堆积密度/(kg/m³) | 最大粒径/mm | 空隙率/% |
|---|---|---|---|
| 2690 | 1530 | 30 | 44 |

#### 6.1.1.3　碱激发剂

该试验采用的碱激发剂是四川省成都市金山生产的NaOH固体颗粒，见图6.1，主要化学成分见表6.4。

表 6.4　　　　　　　　　　　NaOH化学成分

| 组分 | NaOH | $Na_2CO_3$ | Ca | K | 硅酸盐 |
|---|---|---|---|---|---|
| 质量百分比/% | 96.0 | 1.5 | 0.01 | 0.05 | 0.01 |

#### 6.1.1.4　粉煤灰

采用河南省郑州市铂润耐火材料有限公司生产的Ⅰ级粉煤灰，见图6.2，具体物理性能指标、化学成分见表6.5和表6.6。

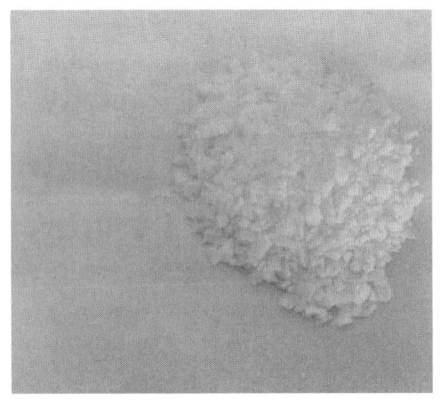

图 6.1　固体NaOH　　　　　图 6.2　粉煤灰示意图

表 6.5　　　　　　　　　　　粉煤灰物理性能指标

| 密度/(g/cm³) | 细度/% | 烧失量/% | 含水量/% |
|---|---|---|---|
| 2.6 | 16 | 2.8 | 0.8 |

表 6.6　　　　　　　　　　　粉煤灰化学成分

| 组分 | CaO | $SO_3$ | $Al_2O_3$ | $SiO_2$ |
|---|---|---|---|---|
| 质量百分比/% | 0.8 | 2.1 | 24.2 | 45.1 |

#### 6.1.1.5　种植土及种子

本章中植生试验采用的是史丹利有机营养土，该土壤中有机质不小于60%，N+$P_2O_5$+$K_2O$≥0.5%，主要成分为进口有机泥炭、熟成椰糠、珍珠岩，pH值为5~7。植物种子选取的是高羊茅、马尼拉，如图6.3所示。

#### 6.1.1.6　拌和水

拌和水取自当地自来水，符合混凝土拌和的要求。

(a) 高羊茅　　　　　　　　　　　(b) 马尼拉

图 6.3　植物种子

## 6.1.2　配合比设计

本章先设计 4 种水灰比（0.27、0.29、0.31、0.33）和 4 种骨灰比（4、5、6、7），制备出 16 组不同水灰比、骨灰比搭配的 150mm×150mm×150mm 植生混凝土试块，通过测定这 16 组试块的孔隙率、力学性能及 pH 值等性能，选取出一组不沉浆、强度高、孔隙率好的配合比，试块的配合比见表 6.7。

表 6.7　　　　　　　　　　水灰比、骨灰比优选配合比设计

| 编号 | 水灰比 | 骨灰比 | 骨料粒径/mm | 骨料/(kg/m³) | 水泥/(kg/m³) | 水/(kg/m³) |
|---|---|---|---|---|---|---|
| A1 | 0.27 | 4 | 20～30 | 1778 | 445 | 120 |
| A2 | 0.27 | 5 | 20～30 | 1778 | 356 | 96 |
| A3 | 0.27 | 6 | 20～30 | 1778 | 296 | 80 |
| A4 | 0.27 | 7 | 20～30 | 1778 | 254 | 69 |
| B1 | 0.29 | 4 | 20～30 | 1778 | 445 | 129 |
| B2 | 0.29 | 5 | 20～30 | 1778 | 356 | 103 |
| B3 | 0.29 | 6 | 20～30 | 1778 | 296 | 86 |
| B4 | 0.29 | 7 | 20～30 | 1778 | 254 | 74 |
| C1 | 0.31 | 4 | 20～30 | 1778 | 445 | 138 |
| C2 | 0.31 | 5 | 20～30 | 1778 | 356 | 110 |
| C3 | 0.31 | 6 | 20～30 | 1778 | 296 | 92 |
| C4 | 0.31 | 7 | 20～30 | 1778 | 254 | 79 |
| D1 | 0.33 | 4 | 20～30 | 1778 | 445 | 147 |
| D2 | 0.33 | 5 | 20～30 | 1778 | 356 | 117 |
| D3 | 0.33 | 6 | 20～30 | 1778 | 296 | 98 |
| D4 | 0.33 | 7 | 20～30 | 1778 | 254 | 84 |

然后在上述最优水灰比、骨灰比基础上，采取粉煤灰内掺30%的掺量，设定NaOH掺量为粉煤灰掺量的0%、2%、4%、6%、8%五个掺量（外掺），测定7d、28d的抗压强度与pH值，优选出不沉浆、强度高适合粉煤灰掺量的最佳碱激发剂掺量，配合比见表6.8。

表6.8　　　　　　　　　　　NaOH最佳掺量配合比设计

| 编号 | 水泥/(kg/m³) | 粉煤灰/(kg/m³) | 粗骨料/(kg/m³) | NaOH/(kg/m³) | 水/(kg/m³) | 减水剂/(kg/m³) |
|---|---|---|---|---|---|---|
| N0 | 311.1 | 133.3 | 1778 | 0 | 129 | 0.4 |
| N2 | 311.1 | 133.3 | 1778 | 2.7 | 129 | 0.4 |
| N4 | 311.1 | 133.3 | 1778 | 5.3 | 129 | 0.4 |
| N6 | 311.1 | 133.3 | 1778 | 8.0 | 129 | 0.4 |
| N8 | 311.1 | 133.3 | 1778 | 10.7 | 129 | 0.4 |

以NaOH的掺量为定量，再以粉煤灰掺量为变量，测试不同粉煤灰掺量的组别中试块的孔隙率、力学性能、pH值等性能；试块的配合比见表6.9。

表6.9　　　　　　　　　　　粉煤灰掺量组配合比设计

| 编号 | 水泥/(kg/m³) | 粉煤灰/(kg/m³) | 粗骨料/(kg/m³) | NaOH/(kg/m³) | 水/(kg/m³) | 减水剂/(kg/m³) |
|---|---|---|---|---|---|---|
| F0 | 445 | 0 | 1778 | 0 | 129 | 0 |
| F7 | 414 | 31 | 1778 | 0.6 | 129 | 0.1 |
| F17 | 369 | 76 | 1778 | 1.5 | 129 | 0.2 |
| F27 | 325 | 120 | 1778 | 2.4 | 129 | 0.4 |
| F37 | 280 | 165 | 1778 | 3.3 | 129 | 0.5 |
| F47 | 236 | 209 | 1778 | 4.2 | 129 | 0.6 |

### 6.1.3　试件制备与养护

试件的制备关键在于搅拌时间与插捣时间，植生混凝土对浆体的和易性有一定的要求，要求浆体能够均匀包裹在骨料的表面，而且在装模成型阶段不能出现水泥浆体下沉的现象，否则会导致沉浆，会影响植生混凝土的孔隙状况，从而进一步影响孔隙率、抗压强度、透水性能等性能。因此合理地控制搅拌时间、装模插捣时间及次数，对植生混凝土的性能有着重要影响。本研究采用人工搅拌方法，试件制备流程如图6.4所示，具体步骤如下：

（1）将称量好的骨料均匀放在地面上，将水泥、粉煤灰等胶凝材料均匀铺在骨料的表面，人工搅拌3min。

（2）将称量好的NaOH固体放入所需拌和用水中，搅拌均匀直至固体NaOH溶解于水中，将1/2 NaOH溶液倒入水泥、骨料混合料中搅拌5min。

（3）再将减水剂、剩下的1/2 NaOH溶液倒入拌和物中，人工搅拌3min。

（4）搅拌均匀后进行装模工作，分两次装模均插捣，两次分别均匀从外向内螺旋式均

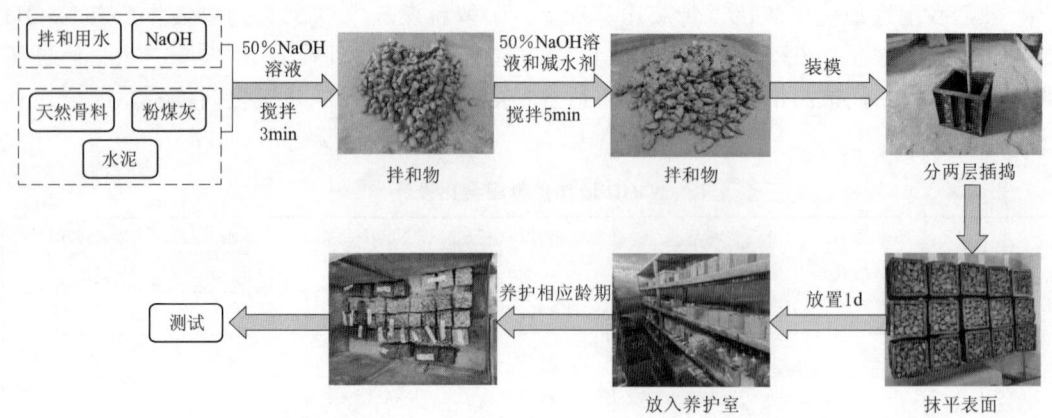

图 6.4 植生混凝土制备流程

匀插捣 10～15 次，最后压实抹平放置 24h 后脱模，并养护至相应龄期。

### 6.1.4 试验方法

#### 6.1.4.1 物理性能

(1) 凝结时间。普通硅酸盐水泥浆体、碱激发胶凝材料浆体配合比与对应组别的植生混凝土配合比一致。胶凝材料浆体凝结时间试验参照《水泥标准稠度用水量、凝结时间、安定性检验方法》(GB/T 1346—2001) 进行测试。

(2) 表观密度。对不同配合比的植生混凝土进行拌制时，参照《水工混凝土试验规程》(SL/T 352—2020) 对硬化植生混凝土进行表观密度测试。将硬化植生混凝土试块自然晾干后至质量稳定，称取试块质量，硬化植生混凝土的表观密度计算公式如下：

$$\gamma_d = \frac{m_d}{V} \tag{6.1}$$

式中：$\gamma_d$ 为植生混凝土容重，$kg/m^3$；$m_d$ 为试块干燥条件下质量，$kg$；$V$ 为植生混凝土体积，$m^3$。

(3) 孔隙率。植生混凝土的孔隙率大小决定植生混凝土力学性能及微生物、植物的生长状况，是评价植生混凝土关键性能的重要指标之一。当孔隙率越大时，力学性能更低，但更加有利于微生物、植物的生长；当孔隙率越小时，虽然会增大植生混凝土的抗压强度但不利于微生物、植物的生长。经研究发现，植生混凝土的孔隙率在 25%～35% 最好，在此范围内能保持较好的力学性能，也能使微生物、植物根系在孔隙中存活。具体测试如图 6.5 所示，具体步骤如下：

1) 成型 150mm 立方体试块，1d 后拆模并进行养护相应龄期。

2) 28d 后取出试块，擦干试块表面，称取在空气中的质量 $W_1$；再将试块放于水中浸泡 24h，并在水中称重得质量 $W_2$；最后烘干 24h 后，再称取质量 $W_3$。

3) 植生混凝土的总、连通孔隙率具体计算公式如下：

$$P_1 = \left(1 - \frac{W_3 - W_2}{\rho_w V}\right) \times 100\% \tag{6.2}$$

(a) 水中称重　　　　　　　　(b) 干燥箱

图 6.5　孔隙率测试

$$P_2 = \left(1 - \frac{W_1 - W_2}{\rho_w V}\right) \times 100\% \tag{6.3}$$

式中：$P_1$、$P_2$ 为总孔隙率、连通孔隙率，%；$W_1$ 为试块擦干表面水分后在空气中的质量，g；$W_2$ 为试块浸泡 24h 后水中称重的质量，g；$W_3$ 为试块烘干 24h 后的质量，g；$\rho_w$ 为水的密度，g/cm³；V 为试块外观体积，cm³。

（4）吸水率。该试验参考《水工混凝土试验规程》（SL/T 352—2020）对植生混凝土试块进行吸水率测试。试验步骤如下：

1）拌好混凝土后，装入 150mm 的立方体 3 个模具中，1d 后拆模将试件养护相应龄期。

2）再将养护好的试块放入水中浸泡至少 48h，取出后擦干试块表面残余水，并立即称取试块质量，继续浸泡 24h 后，重复上述操作，直到连续两次称取的质量变化小于 0.2%，停止浸泡。记录最后一次试块质量（$m_s$，精确到 1g，下同）。

3）再将试块置于温度为（105±5）℃烘箱中烘 48h，冷却至室温后称取数块质量。继续烘干 24h，按前述方法再称重，直到连续两次称取的质量变化小于 0.2%，停止烘干。记录最后一次试块质量 $m_d$。

植生混凝土的吸水率按式（6.4）计算：

$$A_w = \frac{m_s - m_d}{m_d} \times 100\% \tag{6.4}$$

式中：$A_w$ 为混凝土的吸水率，%。

最后取 3 个试块的吸水率取平均值。

（5）透砂率。植生混凝土的透砂率试验参考《植生混凝土》（JC/T 2557—2020）进行试验，称取 100g 的标准砂均匀撒在 150mm 立方体试块上表面，放在振动台上振动 3min，停止后将盘中剩余的砂称重，计算盘中剩余砂质量占总质量（100g）的百分率，试验装置如图 6.6 所示。

（6）pH 值。本试验采用净浆试块固液萃取法测量 pH 值[1]。制作 3 个一组的 40mm×40mm×40mm 的立方体试块，到达相应养护龄期时，将净浆试块破碎研磨成粉

图 6.6　透砂率试验装置图

末并通过 60 目的筛子。然后称取 10g 的粉末放入 100g 的纯净水中，搅拌均匀静置 24h 后对溶液进行过滤，通过 pH 计测量过滤后的溶液来确定植生混凝土的碱度，具体流程如图 6.7 所示。

（7）植物叶片含水量。取下植物保持较好的叶片，称取叶片鲜重 $W_f$；再将叶片放于水中浸泡约 1h，浸泡后用吸水纸吸干叶片表面的水分，不断重复上述操作，直至叶片质量不再增加，达到吸水饱和状态，此时质量为 $W_t$；最后将叶片放入 105℃ 烘箱中烘干 15min，称此时干重 $W_d$，植物叶片含水量计算公式如下：

$$LRWC = \frac{W_f - W_d}{W_t - W_d} \times 100\% \tag{6.5}$$

（8）图像处理分析。将植生混凝土从上至下均匀切割成 4 片，采用图像处理方法对植生混凝土截面的孔隙进行二值化操作，后对二值化图用 Image-Pro Plus 计算每个面的孔隙率，具体步骤如图 6.8 所示。

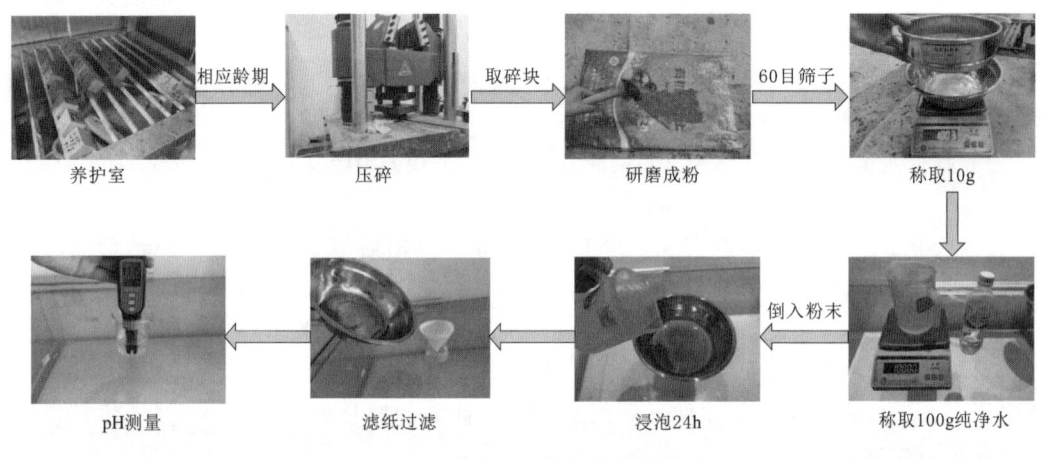

图 6.7　孔隙 pH 值测试流程图

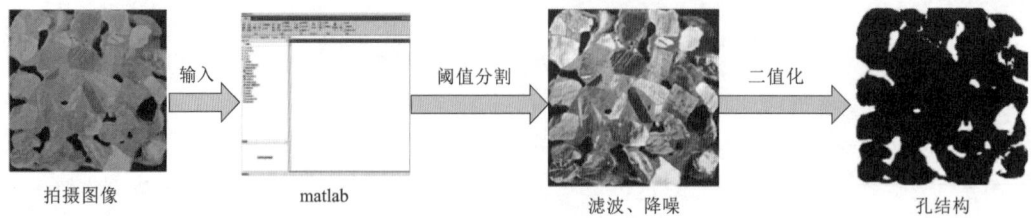

图 6.8　切片图像处理示意图

### 6.1.4.2　力学性能

（1）抗压强度。本试验参考《水工混凝土试验规程》（SL/T 352—2020）对边长 150mm 的立方体进行抗压试验，加载速度控制在 0.1~0.3MPa/s。

(2) 劈裂抗拉强度。本试验植生混凝土的劈裂抗拉参考《水工混凝土试验规程》(SL/T 352—2020)对边长 150mm 的立方体进行劈裂抗拉试验,其劈裂夹具采用截面 5mm×5mm、长约 200mm 的平直钢制方垫条,加载速度控制在 1.8~3.6MPa/min。

(3) 抗弯强度。本试验植生混凝土的抗弯强度试验参考《水工混凝土试验规程》(SL/T 352—2020)对 100mm×100mm×400mm 的棱柱体试件进行抗弯试验,加载速度控制为 0.7MPa/min。

#### 6.1.4.3 耐久性能

(1) 渗透系数。植生混凝土的透水性能采用降头法测量,如图 6.9 所示。透水系数试验前,将 150mm×150mm×150mm 的植生混凝土试块泡在水中 24h 后取出,然后在其侧面用保鲜膜覆盖,确保水不会从侧面流出,然后将试块放入试验装置中。根据植生混凝土的厚度,在试验装置套筒外做两个标记。上标记位于试块上表面 100mm 处,下标记位于试块上表面处。测量时,记录管道内水流通过上标线到达下标线的时间,然后按式(6.6)计算透水系数:

$$K = \frac{h_u - h_l}{t} \tag{6.6}$$

式中:$K$ 为植生混凝土的渗透率,mm/s;$h_u$ 为上标高,mm,取 100mm;$h_l$ 为下标高,mm,取 0mm;$t$ 为水位从上标高到下标高的时间,s。

(2) 抗冻性能。植生混凝土抗冻性试验方法参考《水工混凝土试验规程》(SL/T 352—2020)中 5.24 节,将 100mm×100mm×400mm 的试块养护第 24 天时拿出泡入常温水中,第 28 天时取出擦干称重并测定初始自振频率,后放入仪器内,每过 25 次冻融循环后取出擦干称重并测定初始自振频率,计算相对动弹性模量、质量损失率,直至试块相对动弹性模量≤60%、质量损失率≥5%或试块破碎为止,试验装置如图 6.10 所示。

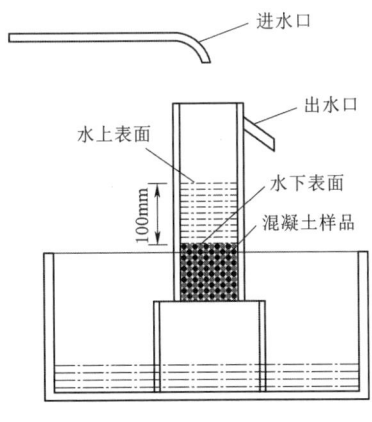

图 6.9 渗透系数测量图

图 6.10 冻融循环机

#### 6.1.4.4 物相及微观形貌

取不同掺量粉煤灰制备的碱激发植生混凝土养护至 56d,在进行抗压试验后,取不同部位的浆体碎块放于无水乙醇中浸泡 3d,终止浆体的水化反应,再取出碎块放置于 60℃干燥箱中干燥 48h,将碎块研磨成粉末,并通过 0.08mm 方孔筛的粉末封存于密封袋中以防止被碳化,再采用 Rigaku Smart Lab SE 仪器型号的 X 射线衍射仪分析物相组成。

SEM 测试主要用于分析碱激发粉煤灰的微观形貌,采用上述 XRD 试验中干燥后的碎块,并使用 Quorum SC7620 溅射镀膜仪喷金 45s,喷金为 10mA;随后使用 Hitachi Regulus 8100 扫描电子显微镜拍摄样品形貌、能谱测试。

## 6.2 碱激发粉煤灰植生混凝土配合比优选

### 6.2.1 引言

植生混凝土作为一种新型的绿色环保建筑材料,除了要有一定的抗压强度,满足工程实际应用的同时,还需要满足合适孔隙率的条件,适合微生物以及植物的根系生长,所以在制备植生混凝土试块的时候,上述两个因素都要兼顾。与传统混凝土不同,植生混凝土的内部充满了连通的孔隙,这些连通的孔隙不但影响透水性,更影响植物、微生物的存活率。然而,过大的孔隙率并不利于植生混凝土力学性能的提高以及实际工程的应用,所以植生混凝土的孔隙率宜为 $25\%\sim35\%$。

同时,水灰比是评价植生混凝土性能的一个重要参数,水灰比对植生混凝土的强度、孔隙率及渗透系数等基本性能都有着较为明显的影响。所以对于植生混凝土的制备,为了使植生混凝土满足目标性能,选择合适的水灰比是很重要的。假设水灰比过大,就会出现因为浆体的流动度过大而导致试块沉浆的现象。相反,假设水灰比过小,就会出现浆体太过黏稠,从而导致骨料不能被浆体均匀包裹,影响植生混凝土的各项性能。经研究发现,植生混凝土的水灰比控制在 $0.26\sim0.33$ 之间效果最佳。骨灰比对于植生混凝土而言,也是一项重要的参数,骨灰比对植生混凝土的孔隙率、抗压强度及透水系数都有着举足轻重的影响,因此选择合适的骨灰比对植生混凝土的制备,并使之满足目标性能也很重要。如果骨灰比过大,则会导致胶凝材料相对减少,则浆体就不能很好地包裹在骨料的表面;反之如果骨灰比减小,胶凝材料相对变多,会改善混凝土的黏结性,但有可能会导致沉浆现象,从而影响植生混凝土的性能。经研究发现,植生混凝土的骨灰比控制在 $4\sim8$ 之间效果最佳。

所以本节根据上述最佳的水灰比、骨灰比范围,主要研究 0.27、0.29、0.31、0.33 四个水灰比和 4、5、6、7 四个骨灰比对植生混凝土孔隙率、力学性能、孔隙 pH 值等性能的影响,从而挑选出碱激发粉煤灰植生混凝土的最优水灰比、骨灰比。

### 6.2.2 水灰比对净浆凝结时间的影响

如图 6.11 所示,随着水灰比的增大,普通硅酸盐水泥制备的水泥净浆凝结时间都随之增大。水灰比从 0.27 增长到 0.33 时,普通硅酸盐水泥制备的水泥净浆初凝时间从最初的 188min 增长到 308min,终凝时间从 230min 增长到 356min,终凝时间的凝结时间普遍比初凝时间大。分析原因主要与普通硅酸盐水泥净浆凝结机理有关,当水灰比较小时,水泥颗粒间的间距较小,形成了一定的骨架结构,容易导致水泥净浆的凝结时间减小。当水灰比增大时,水泥净浆凝结时需要更多的水化产物填充水泥颗粒间的孔隙,其次也要考虑到水泥水化产物产生的速率与数量，都会大大延长水泥净浆的凝结时间。当水化产物逐渐凝聚成网状结构时，水泥浆体的塑形逐渐降低，开始硬化[2]。

### 6.2.3 水灰比对植生混凝土性能的影响

#### 6.2.3.1 净浆凝结时间、表观密度

如图 6.12 所示，随着水灰比的增大，硬化植生混凝土的表观密度增大，但变大的范围较不明显。当水灰比从 0.27 增长到 0.33 时，不同骨灰比的硬化植生混凝土的表观密度从最初的 2054kg/m³、1968kg/m³、1938kg/m³、1915kg/m³ 增大到 2170kg/m³、2087kg/m³、2034kg/m³、1984kg/m³。

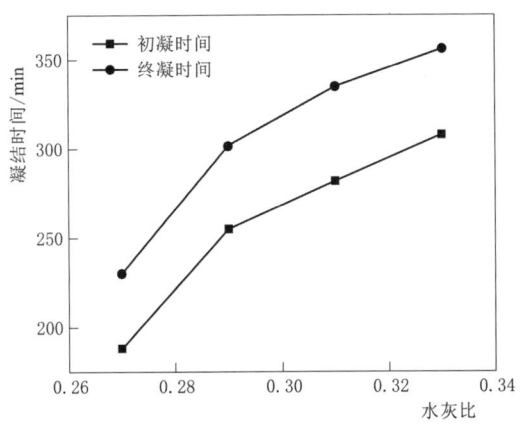

图 6.11　水灰比对水泥净浆
凝结时间的影响

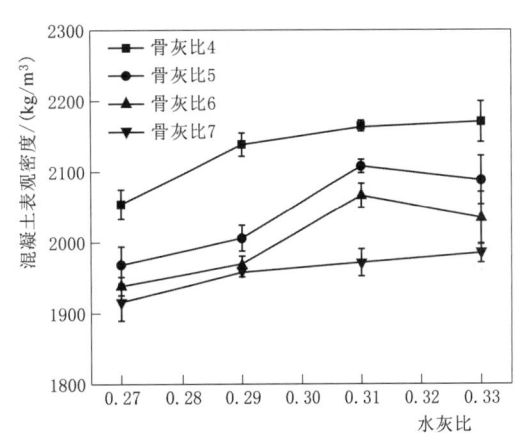

图 6.12　水灰比对硬化植生混凝土
表观密度的影响

随着水灰比的增大，即用水量也随之变大，拌和物浆体的流动性更加适合，可以更好地均匀包裹在天然骨料的表面，在植生混凝土硬化后，由于浆体可以均匀包裹在天然骨料表面，或会沉降到混凝土的中下层，会导致植生混凝土试块总体比较密实，植生混凝土硬化后的密度逐渐增大。

#### 6.2.3.2 孔隙率

如图 6.13 所示，随着水灰比的增大，植生混凝土总孔隙率、连通孔隙率均逐渐减小；当水灰比为 0.27 时，不同骨灰比的植生混凝土总孔隙率分别为 26.85%、29.93%、30.8%、32.2%，不同骨灰比的植生混凝土连通孔隙率分别为 19.16%、17.45%、16.40%、16.15%；而当水灰比为 0.33 时，不同骨灰比的植生混凝土总孔隙率分别为 18.93%、20.90%、22.75%、28.73%，不同骨灰比的植生混凝土连通孔隙率分别为 25.80%、26.90%、25.40%、20.45%。可以清晰地看出，不管骨灰比多少，植生混凝土的总、连通孔隙率均随水灰比的增大而减小。

分析其原因，主要是由于水灰比较小时，水泥浆体的凝结时间较短，凝结硬化较快，水泥浆体的流动性也较差，骨料与骨料之间连接的部分不能均匀连接，导致缝隙变大，结构整体松散，所以孔隙率大。而随着水灰比的增大，水泥浆体和易性变好，水泥浆体的凝结时间也增大，混凝土拌和物的和易性变好，且距离硬化还有一定的时间，水泥浆体可以

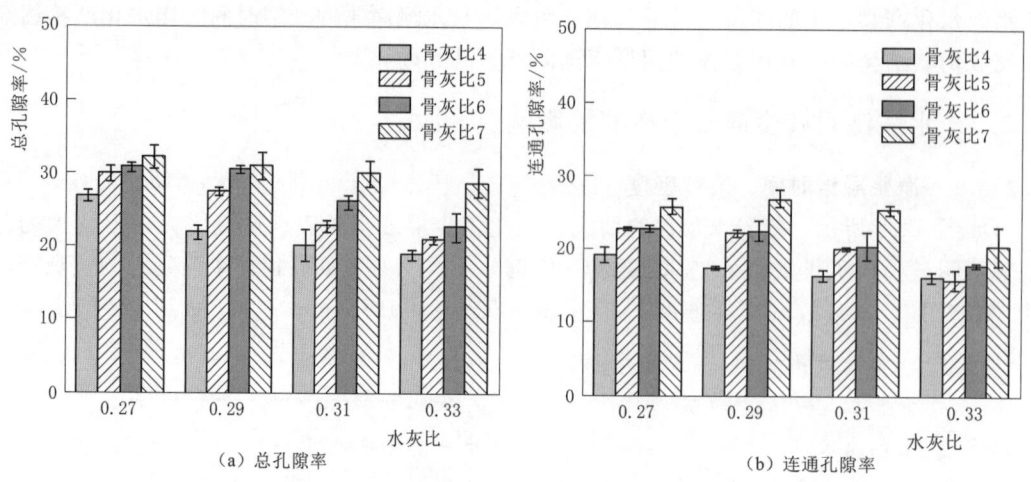

图 6.13 水灰比对植生混凝土孔隙率的影响

均匀地包裹在骨料之上,可以优化骨料与骨料之间的距离,从而使植生混凝土的总、连通孔隙率均减小。尤其表 6.7 中的编号 C1、C2、D1、D2、D3、D4 组制备的试件,由于浆体过多,流动性过大,在硬化成型过程中逐渐向下沉降,导致试块中下底部较为堵塞,出现沉浆现象,如图 6.14 所示,更导致植生混凝土的孔隙率降低。

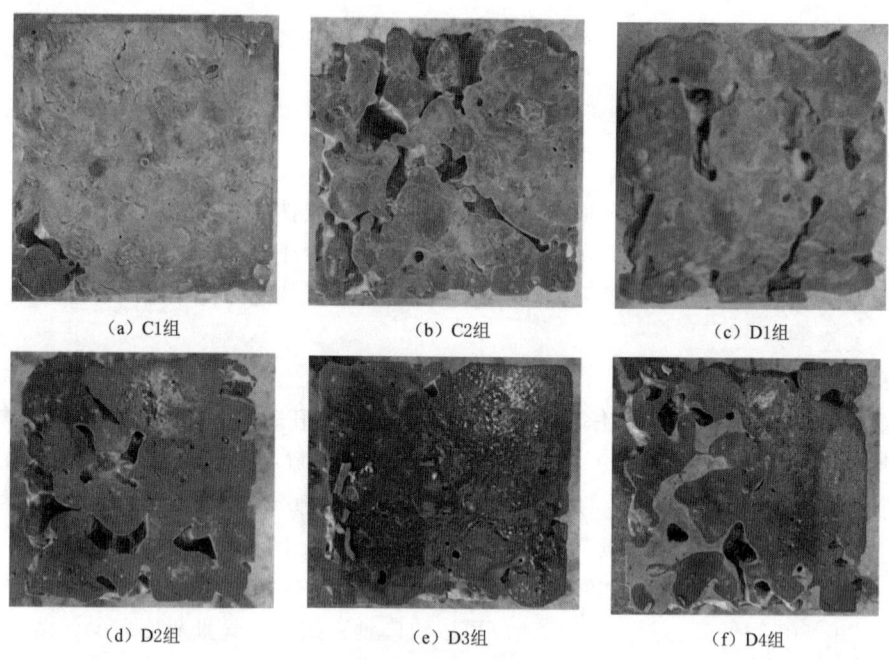

图 6.14 沉浆组试块底部示意图

### 6.2.3.3 吸水率

如图 6.15 所示,随着水灰比的增大,植生混凝土的吸水率逐渐增大。当水灰比为 0.27 时,四个骨灰比的植生混凝土的吸水率分别为 4.27%、3.80%、3.40%、2.75%;

当水灰比为 0.33 时，四个骨灰比的植生混凝土的吸水率为 5.10%、4.67%、4.20%、3.83%，相比较于最初水灰比 0.27 时，分别上升了 19.43%、22.89%、23.53%、39.27%。

随着水灰比的增大，吸水率逐渐上升的原因，主要是由于水灰比的增大，水泥胶凝材料水化越来越完全，水化越完全胶凝材料内部细小孔径增多，所以蓄水能力上升。同时吸水率越大越能支持植生混凝土后期自身的一个水化进程，继续有利于植生混凝土强度的提升；另外植生混凝土吸水率越大，更加有利于植生混凝土孔隙中微生物、植物根部的生长；但由于慢性冻融循环，不利于植生混凝土抗冻性能的提升。

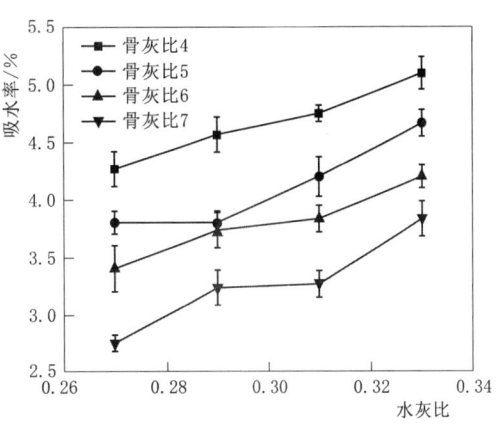

图 6.15　水灰比对植生混凝土吸水率的影响

#### 6.2.3.4　透水性能

如图 6.16 所示，随着水灰比的增大，植生混凝土的透水系数、透砂率逐渐下降。水灰比为 0.27 时，四个骨灰比的植生混凝土的透水系数分别为 22.75mm/s、27.81mm/s、35.78mm/s、38.59mm/s；而透砂率分别为 62.27%、62.50%、66.45%、70.75%。当水灰比为 0.33 时，四个骨灰比的植生混凝土的透水系数为 8.15mm/s、10.12mm/s、12.84mm/s、12.97mm/s；透砂率分别为 45.90%、46.80%、47.80%、49.40%。结合图 6.13 可知，水灰比的增大导致孔隙率的下降，自然会增加水流通过孔隙的时间增长，导致透水系数增大，且砂粒穿透孔隙效果自然也会下降。由图 6.14 可知，沉浆组中下底部孔隙堵塞情况较为严重，更加导致透水系数、透砂率下降。

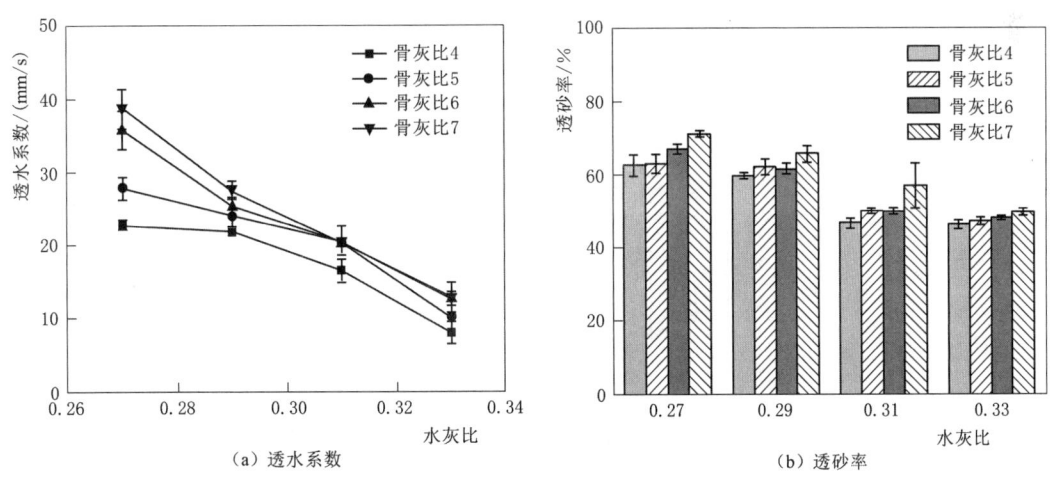

图 6.16　水灰比对植生混凝土性能的影响

#### 6.2.3.5　强度

从图 6.17、图 6.18 可以看出，植生混凝土的 7d、28d 抗压强度随水灰比的增大呈现总体增大的趋势，而 28d 劈拉、抗弯强度随水灰比增大，逐渐先升高再降低的趋势，在水灰比为 0.31 时，植生混凝土的 28d 劈拉、抗弯强度最大。

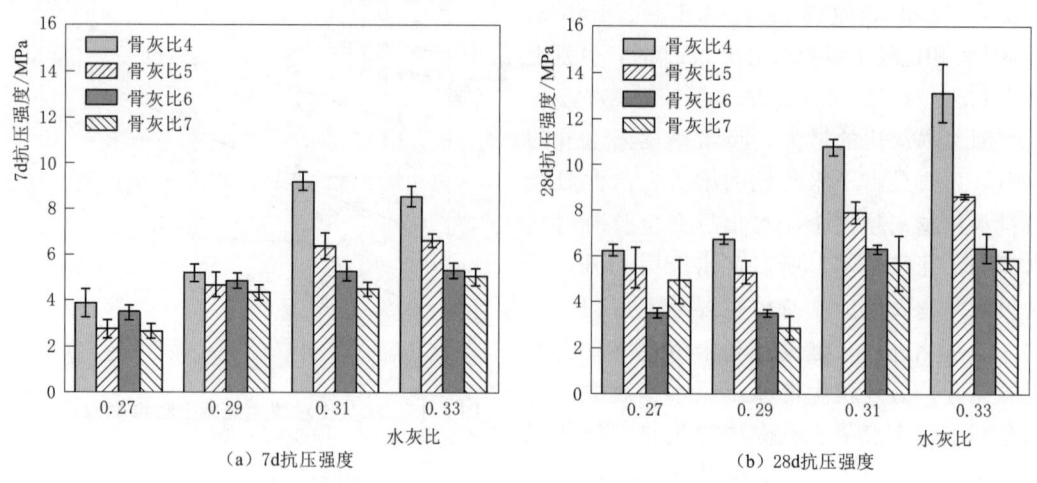

图 6.17　水灰比对植生混凝土抗压强度的影响

由图 6.17 可知，同一水灰比时，骨灰比 4 的植生混凝土的 7d、28d 抗压强度普遍最高；水灰比 0.27、骨灰比 4 的 7d 抗压强度为 3.85MPa；水灰比 0.33、骨灰比 4 的 7d 抗压强度为 8.51MPa；相比较提升了 121.04%，可以看出水灰比对植生混凝土早期强度影响较大。同理，植生混凝土在骨灰比为 4 时，植生混凝土 28d 抗压强度在水灰比为 0.27、0.33 时分别为 6.23MPa、13.18MPa，相比较提高了 111.56%。分析其原因主要由于植生混凝土水灰比增大，水泥浆体流动性较好，可以更好地包裹在粗骨料表面，优化试块整体的结构，且水灰比较大时，水泥胶凝材料水化更加完全，生成更多的水化硅酸钙等物质，更加有益于强度的提高。虽然在图 6.14 中的组别试块出现沉浆和水泥浆体包裹骨料不均匀现象，水灰比越大，沉浆越严重，试块的下半部分就越密实，同时受压面是侧面，使密实部分破坏的力较大，导致破坏荷载力仍随着水灰比继续增大。

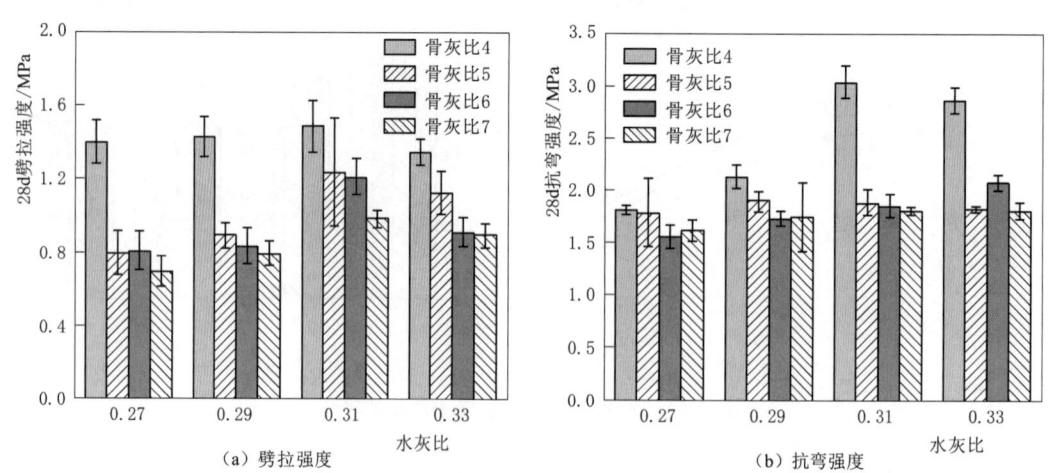

图 6.18　水灰比对植生混凝土 28d 强度的影响

由图 6.18 可知,当骨灰比为 4 时,植生混凝土的 28d 劈拉、抗弯强度均是最大。所以在此条件下,植生混凝土在水灰比 0.27 时 28d 劈拉、抗弯强度达到 1.39MPa、1.81MPa;在水灰比 0.31 时 28d 劈拉、抗弯强度达到 1.48MPa、3.03MPa,相比较提升了 6.48%、67.40%。分析其随着水灰比增大而先增大的原因,主要和上述抗压强度分析原因一致;而后出现减小的趋势,是由于劈拉和抗弯实验中,由于受力方法位置的不同,且如图 6.14 可见 0.33 水灰比的所有试块均在中下部出现沉浆现象,所以水灰比 0.33 组的试块内部水泥浆体包裹不均匀,导致强度下降。

#### 6.2.3.6 pH 值

从图 6.19 可知,植生混凝土的孔隙 pH 值随水灰比的增大变化不明显,且 7d 孔隙 pH 值普遍大于 28d 孔隙 pH 值。7d 孔隙 pH 值从最开始的 12.18 增长到 12.27,而 28d 孔隙 pH 值从最开始的 12.11 增长到 12.13。分析植生混凝土孔隙 pH 值随水灰比增大变化不明显的主要原因,主要是由于水灰比差别不大,水泥胶凝材料水化程度基本相似,水泥水化生成含量相近的氢氧化钙,所以不同龄期的植生混凝土孔隙 pH 值均随水灰比增大变化不明。但随着龄期的增大,碱性物质可能由于碳化等原因消耗,导致了孔隙 pH 值的下降。

### 6.2.4 骨灰比对植生混凝土性能的影响

#### 6.2.4.1 表观密度

如图 6.20 所示,硬化植生混凝土表观密度随骨灰比增大而减小。骨灰比为 4 时,不同水灰比的硬化植生混凝土的表观密度分别为 2054.03kg/m³、2138.30kg/m³、2162.95kg/m³、2170.35kg/m³。骨灰比为 7 时,不同水灰比的硬化植生混凝土的表观密度分别为 1915.95kg/m³、1957.85kg/m³、1971.63kg/m³、1984.9kg/m³。

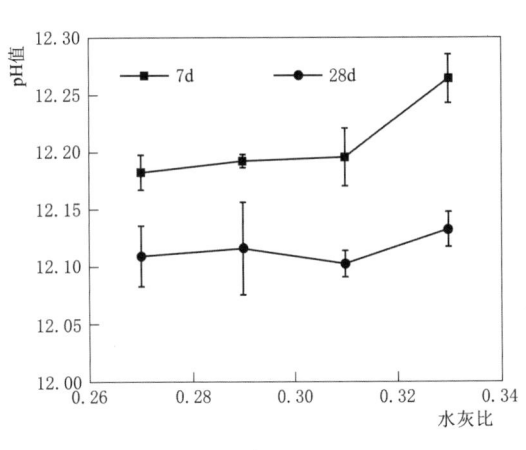

图 6.19 水灰比对植生混凝土孔隙 pH 值的影响

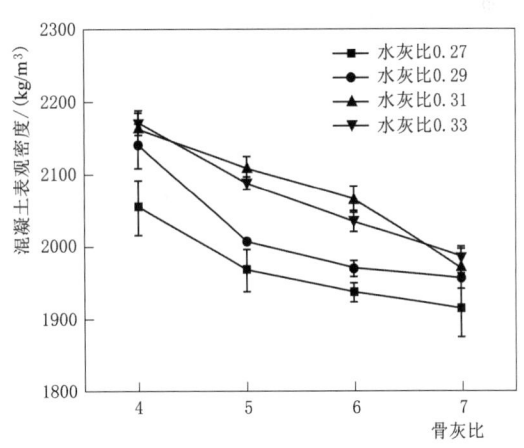

图 6.20 骨灰比对硬化植生混凝土表观密度的影响

随着骨灰比的增大,水泥胶凝材料的用量相对减小,从而间接减小了用水量,从而导致水泥浆体用量减小,包裹在骨料表面的胶凝材料减少,导致硬化后植生混凝土试块整体较为疏松,最终导致植生混凝土硬化试块的表观密度减小。

#### 6.2.4.2 孔隙率

如图 6.21 所示,骨灰比增大,混凝土的孔隙率也均增大。骨灰比最小时,水灰比从小到大时的总孔隙率分别为 26.85%、22.00%、20.20%、18.93%,其连通孔隙率分别为 19.17%、17.45%、16.40%、16.15%。当骨灰比为 7 时,四个水灰比的植生混凝土总孔隙率分别为 32.20%、31.00%、30.03%、28.73%,其连通孔隙率分别为 25.80%、26.90%、25.40%、20.45%。

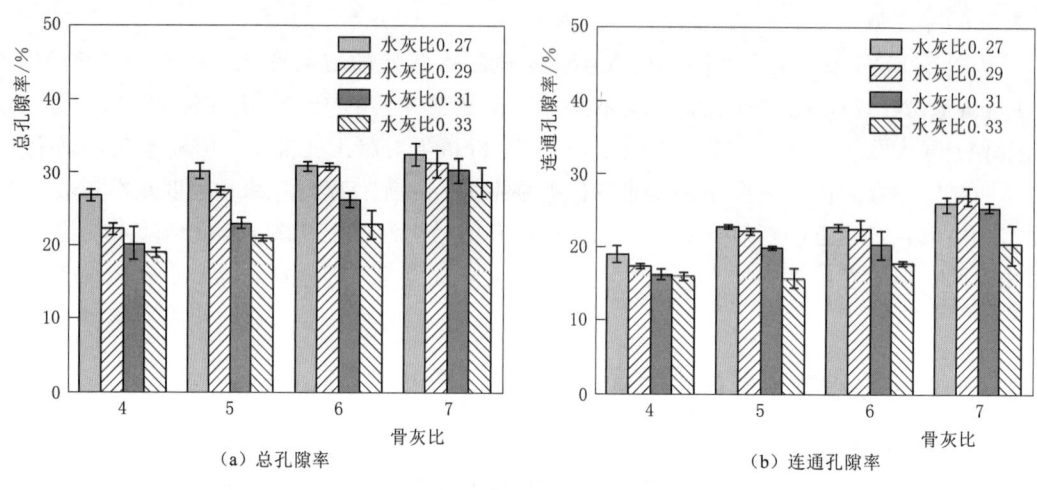

图 6.21 骨灰比对植生混凝土孔隙率的影响

分析孔隙率随骨灰比增大而增大的原因,主要是由于骨灰比增大,水泥含量相对减小,导致附着在骨料表面的浆体减少,导致骨料与骨料之间接触黏结点变少,从而使骨料与骨料之间的距离增大;在同一水灰比条件下,骨灰比越大,其胶凝材料越少,试块发生沉浆现象可能性越小,骨料表面包裹得自然也越均匀,孔隙率状况会更好。

#### 6.2.4.3 吸水率

从图 6.22 可知,骨灰比增大,吸水率也提高。骨灰比最小时,水灰比从小到大的吸水率分别为 4.27%、4.57%、4.75%、5.10%;当骨灰比为 7 时,四个水灰比植生混凝土的吸水率分别为 2.75%、3.23%、3.27%、3.83%。

分析出现此现象规律的主要原因是由于骨灰比的增大,水泥胶凝材料的用量相对减小,从而硬化后的水泥浆体内部生成的微小孔隙数量减小,导致植生混凝土的吸水性能降低。

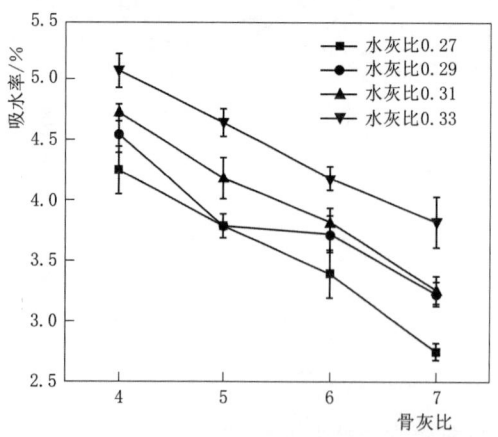

图 6.22 骨灰比对植生混凝土吸水率的影响

#### 6.2.4.4 透水性能

从图 6.23 可知,骨灰比增大,透水系数、透砂率也增大。在骨灰比为 4 时,四个水灰比植生混凝土的透水系数分别为

22.75mm/s、21.81mm/s、16.48mm/s、8.15mm/s；透砂率分别为 62.27%、59.30%、46.43%、45.90%。在骨灰比为 7 时，四个水灰比植生混凝土的透水系数分别为 38.59mm/s、27.52mm/s、20.27mm/s、12.93mm/s；透砂率分别为 70.75%、65.45%、56.55%、49.40%。

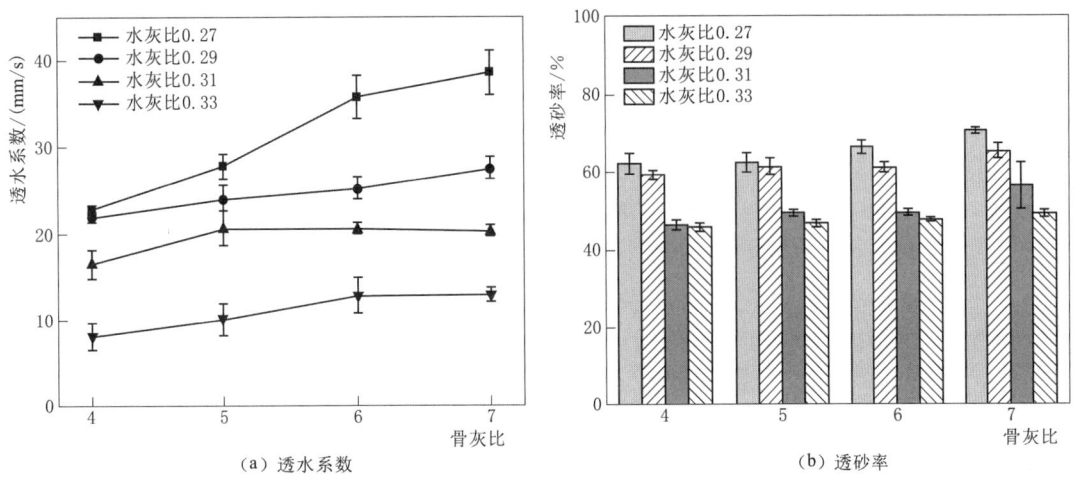

图 6.23 骨灰比对植生混凝土性能的影响

此规律的主要原因需要结合图 6.21 孔隙率的规律分析，随着骨灰比增大，植生混凝土的孔隙率增大，水流穿透孔隙时间减小，所以透水系数变大；而随着孔隙率的增大，可以看出植生混凝土孔隙率孔隙状况良好，砂粒穿透情况也随之变好，所以使透砂率也增大。

#### 6.2.4.5 强度

由图 6.24 可以看出，骨灰比增大，7d、28d 抗压强度均逐渐降低。当骨灰比为 4 时，水灰比从小到大的 7d 抗压强度分别为 3.85MPa、5.16MPa、9.19MPa、8.51MPa，其 28d 抗压强度分别为 6.23MPa、6.75MPa、10.76MPa、13.18MPa。当骨灰比为 7 时，水

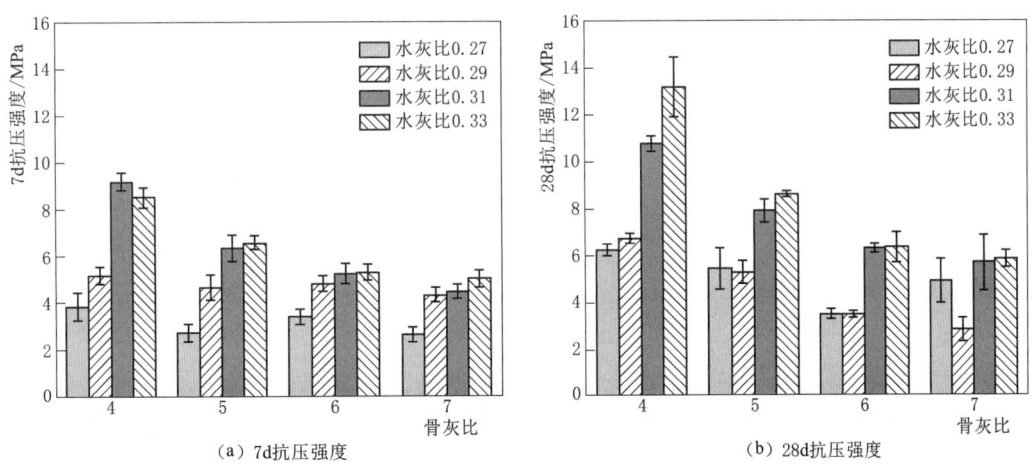

图 6.24 骨灰比对植生混凝土抗压强度的影响

灰比从小到大的 7d 抗压强度分别为 2.62MPa、4.31MPa、4.46MPa、5.01MPa，其 28d 抗压强度分别为 4.91MPa、2.83MPa、5.69MPa、5.85MPa。

出现此现象规律的主要原因是由于骨灰比的增大，导致水泥胶凝材料的用量相对减小，包裹在粗骨料表面的水泥浆体量也随之减小，骨料与骨料之间通过水泥浆体黏结的接触点面积也随之减少，导致黏结不够密实；同时，水泥胶凝材料量的减少，在后期养护阶段的水泥内部水化过程中，生成的水化硅酸钙、钙矾石等有利于强度提升的物质也减少，所以导致了强度的降低。

由图 6.25 可知，植生混凝土的 28d 劈拉、抗弯强度均随骨灰比的增大而减小。当骨灰比为 4 时，四个水灰比的植生混凝土 28d 劈拉强度分别为 1.40MPa、1.43MPa、1.48MPa、1.35MPa，其 28d 抗弯强度分别为 1.81MPa、2.13MPa、3.03MPa、2.87MPa。当骨灰比为 7 时，四个水灰比的植生混凝土 28d 劈拉强度分别为 0.69MPa、0.79MPa、0.98MPa、0.90MPa，其 28d 抗弯强度分别为 1.62MPa、1.75MPa、1.80MPa、1.80MPa。可知同一骨灰比下，不同水灰比的植生混凝土 28d 劈拉、抗弯强度变化基本不大。出现上述下降的趋势原因基本和出现抗压强度现象规律的原因一致相似。

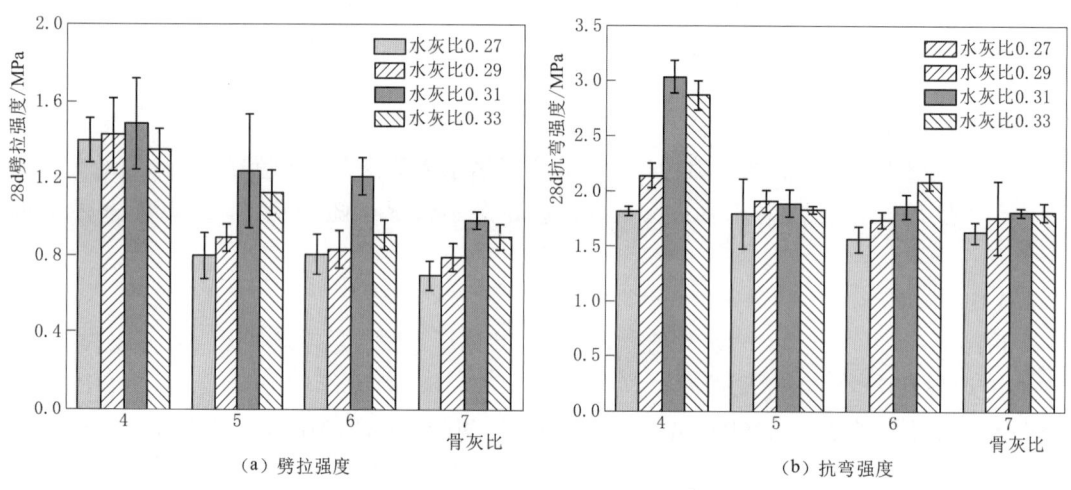

图 6.25 骨灰比对植生混凝土 28d 强度的影响

## 6.2.5 各性能指标之间的关系

### 6.2.5.1 孔隙率与抗压强度的关系

本试验使用的是普通硅酸盐水泥配制的石灰岩碎石植生混凝土，研究孔隙率、抗压强度之间的拟合关系，采用的是 4（水灰比）×4（骨灰比）=16 组 7d、28d 抗压强度与每一组对应的总孔隙率之间的关系，试验结果如图 6.26 所示。

从图 6.26 可以看出，植生混凝土的孔隙率越大，其抗压强度就越小，但这两者之间并不是呈现线性的趋势，呈现一种较为复杂的指数关系，通过 origin 进行数据拟合，7d、28d 植生混凝土拟合结果的 $R^2$ 分别达到 0.75、0.82 左右，拟合程度相对较高，说明植生混凝土总孔隙率与抗压强度的关系总体符合这个关系式。

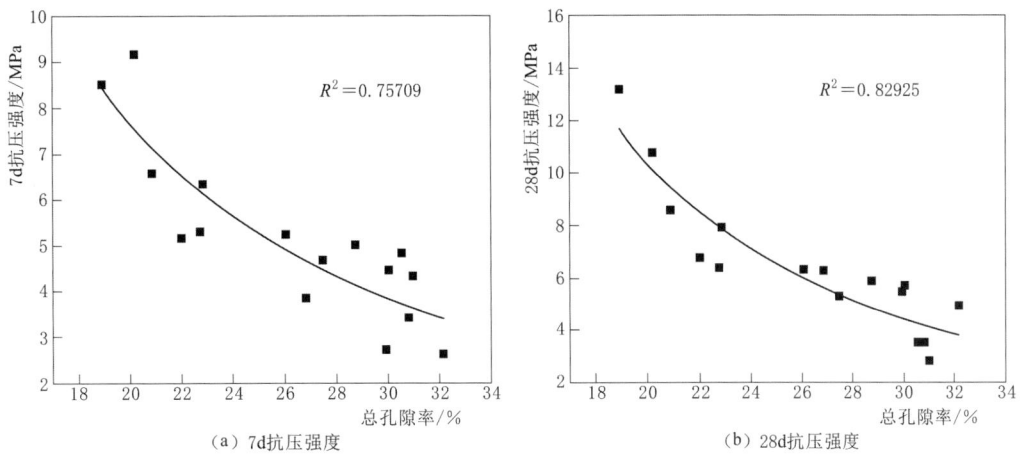

图 6.26 植生混凝土总孔隙率与抗压强度拟合关系

## 6.2.5.2 水灰比、骨灰比与总、连通孔隙率的关系

由 6.2.3.2 节、6.2.4.2 节可以得知，水灰比、骨灰比对植生混凝土的总孔隙率、连通孔隙率都有一定的影响，植生混凝土总、连通孔隙率会随着水灰比、骨灰比变化而变化，特别是受骨灰比的影响较大。由上述章节可知，植生混凝土的总、连通孔隙率随水灰比增大而减小，随骨灰比的增大而增大。孔隙率的增大会很有利于混凝土表面植物的生长，也有利于水质环境的净化，并有利于微生物的生长，从而维护生态的多样性。因此研究水灰比、骨灰比与植生混凝土总、连通孔隙率之间的关系很有必要，找出最佳配合比更加重要。关于水灰比、骨灰比与植生混凝土总、连通孔隙率之间的关系如图 6.27 所示。

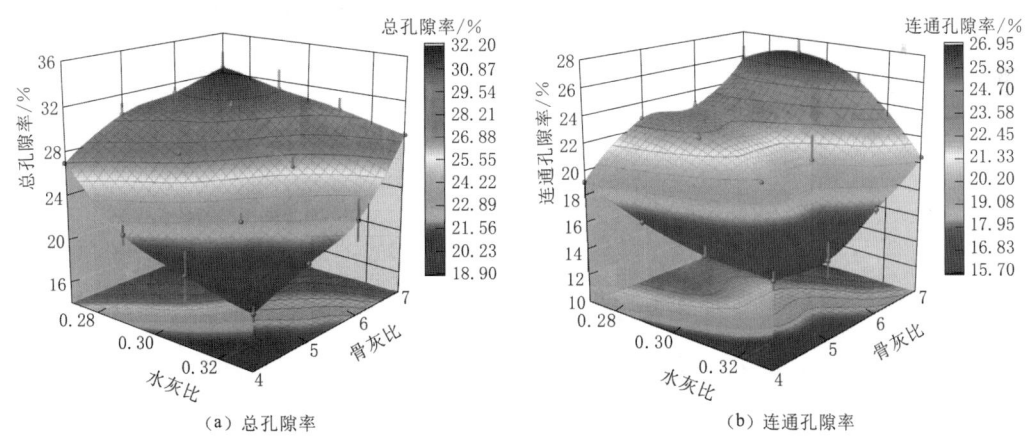

图 6.27 植生混凝土水灰比、骨灰比与孔隙率拟合

从图 6.27 可以看出，骨灰比越大水灰比越小，植生混凝土的总、连通孔隙率越大。当骨灰比为 4 时，水灰比在 0.27～0.30 之间较为合适，此区间内的总孔隙率为 21%～27%，连通孔隙率为 18%～20%；当骨灰比为 5 时，水灰比在 0.27～0.31 之间较为合适，此区间内的总孔隙率为 21%～30%，连通孔隙率为 21%～23%；当骨灰比为 6 时，水灰比在 0.27～0.33 之间较为合适，此区间内的总孔隙率为 22%～31%，连通孔隙率为

18%～23%；而当骨灰比为7时，水灰比在0.27～0.33之间均很合适，总孔隙率均达到29%以上，连通孔隙率在21%～26%之间。上述孔隙率符合植物生长的要求，可以满足植物根系在植生混凝土孔隙间的生长。

#### 6.2.5.3 水灰比、骨灰比与抗压强度的关系

由6.2.3.5节、6.2.4.5节可知，水灰比、骨灰比对植生混凝土抗压强度影响较大，植生混凝土抗压强度随水灰比的增大而增大，随骨灰比的增大而减小。由于植生混凝土常常应用于边坡护岸等实际工程应用中，对植生混凝土抗压强度的要求较高，所以需要选择合适的水灰比、骨灰比制备植生混凝土，达到相应强度，以满足工程的需求。

由图6.28可知，当水灰比越大骨灰比越小时，植生混凝土的抗压强度越大。考虑到C1、C2、D1、D2、D3、D4组出现沉浆现象，说明植生混凝土内部水泥浆体包裹的不均匀性，且中下部孔隙均被堵塞，不利于微生物、植物的种植及生长，所以C1、C2、D1、D2、D3、D4组不考虑作为最佳配合比。从剩下的组别中挑选，发现水灰比0.29、骨灰比4组的28d抗压强度最大，达到6.75MPa，其总孔隙率达到22%，也基本达到植物生长的孔隙要求，所以选择水灰比0.29、骨灰比4作为最佳配合比。

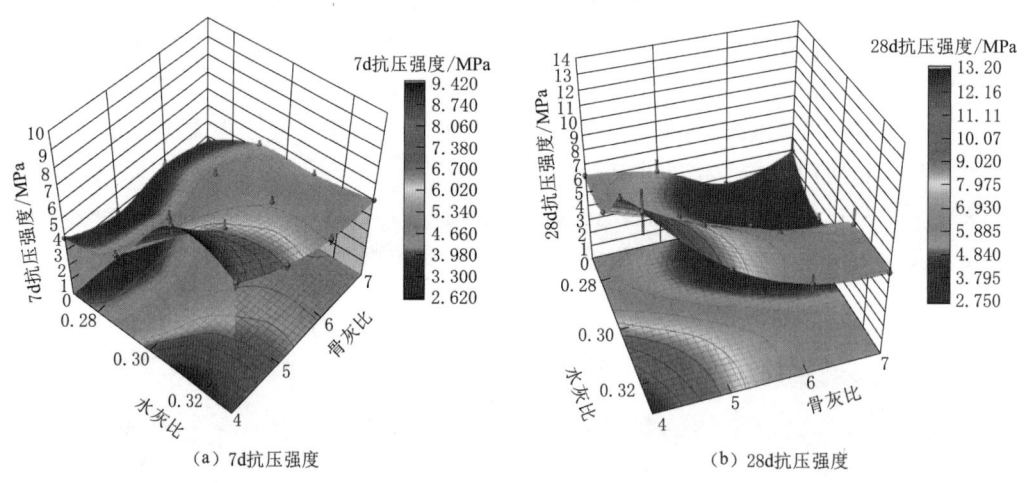

图6.28 植生混凝土水灰比、骨灰比与抗压强度拟合

### 6.2.6 图像处理法孔隙分布特征分析

选取水灰比0.29，骨灰比分别为4、5、6、7的150mm立方体植生混凝土试块，将试块从上到下均匀切割成四片各50mm厚的切片，从混凝土顶面到底面四个面编号分别为1、2、3、4，用matlab将不同截面进行二值化，并利用Image-Pro Plus软件进行每个截面的面孔隙率计算，分别如图6.29、图6.30所示。

由图6.30可以看出，不同截面的面孔隙率均随骨灰比的增大而增大，与图6.21中总孔隙率变化规律基本一致。主要由于骨灰比增大，胶凝材料的用量就逐渐减少，附着骨料表面浆体含量就越少，骨料与骨料之间的黏结点距离增大，导致孔隙率增大；而在0.29水灰比下，水泥浆体流动性较好，整体包裹骨料较为均匀，所以四个截面的均匀性较好，变化规律与图6.21中基本一致，每一个截面上的面孔隙率随骨灰比增大而增大，而同一

骨灰比上的不同截面孔隙率数值变化不大，有效说明水泥浆体在混凝土内部包裹骨料较为均匀。

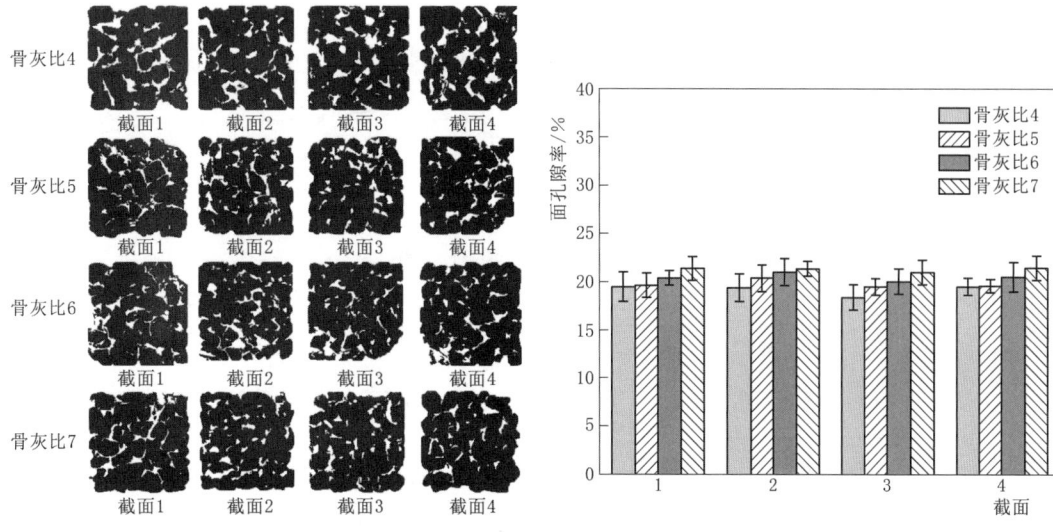

图 6.29　普通植生混凝土切片二值化图　　图 6.30　不同骨灰比上不同截面的面孔隙率

### 6.2.7　碱激发剂最佳掺量

本小节在设定粉煤灰内掺 30% 的前提下，设定 NaOH 掺量是粉煤灰掺量的 0%、2%、4%、6%、8%，研究 NaOH 掺量对粉煤灰植生混凝土抗压强度及孔隙 pH 值的影响。

#### 6.2.7.1　碱激发剂掺量对植生混凝土抗压强度的影响

由图 6.31 可知，随着 NaOH 掺量的增大，7d、28d 抗压强度均先升高后降低；NaOH 掺量为 2% 时，7d、28d 抗压强度最大达 10.10MPa、10.77MPa。分析其变化规律，主要是由于随着 NaOH 掺量的增加，NaOH 的浓度增加，而一定浓度的 NaOH 可以消灭粉煤灰表面的 $SiO_2$ 和 $Al_2O_3$，从而可以生成 C(N)-A-S-H 凝胶和更多的 C-S-H 凝胶[3]，另外，粉煤灰的玻璃相在高 pH 值下溶解得更快，以及需要一定量的钠来平衡铝四面体[4-6]，提高了植生混凝土的抗压强度。而在 2% 的 NaOH 掺量后，植生混凝土抗压强度的下降是由于过量的氢氧化物离子会引起膨胀，并且由于较高浓度的碱活化剂溶液的黏性，限制了二氧化硅和氧化铝的浸出，以及过量的钠与大气中的 $CO_2$ 反应生成碳酸钠[5-9]，硅酸盐的缩聚也会减少[10]，从而导致植生混凝土抗压强度的降低。

结果还表明，碱活化粉煤灰植生混凝土的 7d 抗压强度比 28d 低，这是一种正常现象。强度的发展主要源于粉煤灰的火山灰效应。养护时间越久，火山灰效应水化反应越完全，所以碱活化粉煤灰植生混凝土早期强度还是相对比较低的，在 28d 后该混凝土的抗压强度会继续上升，足以达到普通工程的应用。

#### 6.2.7.2　碱激发剂掺量对植生混凝土孔隙 pH 值的影响

首先，在加入粉煤灰后制备的植生混凝土的孔隙碱度会随时间的增长而降低[11]。由

图 6.32 可以看出，植生混凝土孔隙碱度随 NaOH 掺量的增加而呈现降低的趋势，且 28d 的孔隙碱度明显小于 7d 的孔隙碱度。

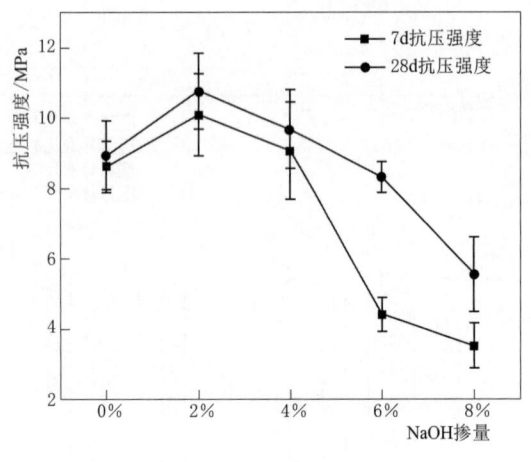

图 6.31　NaOH 掺量对植生混凝土抗压强度的影响 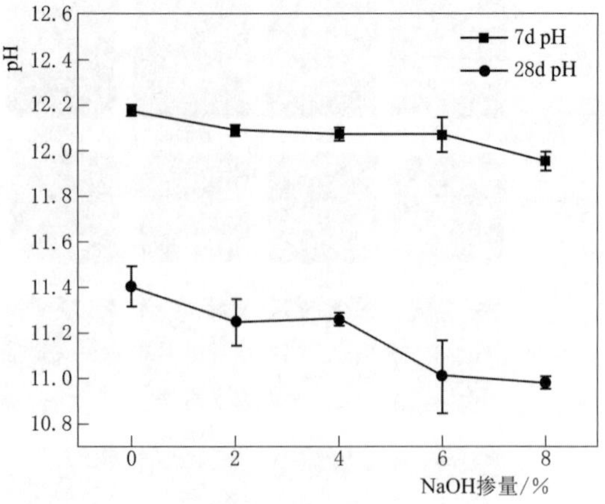　　图 6.32　碱激发剂掺量对植生混凝土孔隙 pH 的影响

出现此现象规律的主要原因是随着 NaOH 的浓度提高，越来越加速剧烈溶解粉煤灰表面，一方面加速粉煤灰火山灰反应吸收 $Ca(OH)_2$ 晶体生成水化硅酸钙凝胶，降低 Ca/Si 和 pH 值，而低 Ca/Si 可以提高水化硅酸钙凝胶碱保留能力，低 Ca/Si 比的 C-S-H 凝胶会导致生成 Si-OH 基团，该基团会中和碱金属。另外在反应过程中，形成了钠基、钙基或钾基的硅酸铝地聚物，这些地聚物消耗了大部分的 $OH^-$ 离子，降低了 pH 值。且随着养护龄期的增长，上述的反应不断进行，孔隙的碱度下降更加明显。

综上所述，主要考虑植生混凝土的工程应用需求强度，并由于孔隙碱度相差不是特别明显，选取 2% 掺量的 NaOH 作为最佳碱激发掺量。在以下章节中，采用 NaOH 掺量是粉煤灰掺量的 2% 制备粉煤灰植生混凝土，研究粉煤灰对碱激发植生混凝土各项性能的影响。

### 6.2.8　本节小结

本节主要讨论了碱激发粉煤灰植生混凝土的水灰比和骨灰比的优选，通过研究水灰比、骨灰比对植生混凝土孔隙率、抗压强度、透水性能、pH 值等性能的影响，建立水灰比、骨灰比、孔隙率、抗压强度之间的关联性，探究出不沉浆、强度高、孔隙率好的碱激发粉煤灰植生混凝土最优水灰比、骨灰比，具体结论如下：

（1）植生混凝土的水灰比与水泥净浆凝结时间成正比关系，硬化混凝土的表观密度、吸水率与水灰比成正比关系，与骨灰比成反比关系。

（2）植生混凝土抗压强度、透水系数等性能，受水灰比、骨灰比影响较大；当水灰比增大时，植生混凝土的强度性能、pH 值等性能增大，而透水系数、透砂率、孔隙率等性能呈现下降的趋势；当骨灰比增大时，植生混凝土的强度性能下降，而透水系数、透砂率、孔隙率等性能呈现增大的趋势。

（3）水灰比、骨灰比、孔隙率、抗压强度之间的关系密切。孔隙率与水灰比成反比，与骨灰比成正比；抗压强度与水灰比成正比，与骨灰比成反比关系；孔隙率与抗压强度成反比关系。当水灰比过大时，会造成试块出现沉浆现象，不利于植生混凝土的强度发展和透水性能，不予作为优选。最终得碱激发粉煤灰最优水灰比 0.29、骨灰比 4。

（4）相同截面的面孔隙率随骨灰比的增大而增大，与上述总、连通孔隙率规律基本一致，同一骨灰比试块内部不同截面孔隙率基本一致，有效说明水灰比 0.29 条件下混凝土内部水泥浆体包裹均匀。

（5）粉煤灰掺量为 30% 的植生混凝土 7d、28d 抗压强度随着 NaOH 掺量的增大呈现先增大后减小的趋势，在 2% NaOH 掺量时，7d、28d 抗压强度最大达 10.10MPa、10.77MPa，且 pH 值随 NaOH 掺量的增大而逐渐降低但不明显，最后优选适合粉煤灰掺量的最佳 NaOH 掺量为 2%。

## 6.3 碱激发粉煤灰植生混凝土的性能研究

### 6.3.1 引言

目前国内外主要采用水泥基胶凝材料制备植生混凝土，硬化后存在强度偏低等问题，而之前的一些学者[12]研究了其他胶凝材料代替普通硅酸盐水泥对其性能的影响。最常见的普通硅酸盐水泥的替代品有粉煤灰、煤底灰、稻壳灰等火山灰材料，因为粉煤灰物美价廉、高产等特点，所以粉煤灰是水泥的良好替代品。另外，粉煤灰除了可以减少 15%~35% 的水泥用量之外，还比传统混凝土具有更好的长期强度与耐久性，但是粉煤灰掺入到混凝土中，混凝土的早期强度会降低，只有在 28d 后，才会显著地改善混凝土强度，并且混凝土的力学性能、耐磨性、抗冻性在 91~365d 得到了明显改善。为了改善粉煤灰早期强度低的问题，往往采用化学活化中碱活化的方式，而碱激发水泥-粉煤灰胶凝材料具有成本低、早高强、水化热低、耐腐蚀、耐高温、抗冻融等优点，也有部分研究将碱激发材料应用于植生混凝土中，证明其合理性。所以研究碱激发水泥-粉煤灰胶凝材料对植生混凝土各项性能的影响具有重要意义。

水泥-粉煤灰胶凝材料在碱性激发剂的作用下，可以生成具有黏结性较好的材料，且生产耗能较少，是一种具有广阔应用前景的绿色胶凝材料。但由于碱激发胶凝材料应用于植生混凝土的领域研究较少，需要加以研究碱激发胶凝材料对植生混凝土孔隙 pH 值、透水性能、孔隙率、抗压强度等力学性能及微观性能的研究。本节从碱激发剂最佳掺量、粉煤灰掺量方面，研究对植生混凝土各项基本物理性能、力学性能、抗冻性能、微观性能等的影响。

### 6.3.2 粉煤灰掺量对胶凝材料凝结时间的影响

从图 6.33 可以看出，水泥-粉煤灰胶凝材料的初凝、终凝结时间随着粉煤灰掺量的增大而增大。粉煤灰掺量为 7% 时，初凝、终凝时间分别为 194min、269min；当粉煤灰的取代率达到 47% 时，初凝、终凝时间分别为 325min、381min；同比增大了 67.53%、

41.64%。主要是因为粉煤灰的吸水性较差,掺入粉煤灰后导致集体中的自由水含量增大,另外粉煤灰参与水化反应的速率较慢,会影响碱激发水泥-粉煤灰胶凝材料的反应聚合过程[13],所以导致粉煤灰掺量越大,凝结时间越长。

### 6.3.3 粉煤灰掺量对植生混凝土性能的影响

#### 6.3.3.1 表观密度

由图6.34可知,随着粉煤灰掺量的增大,硬化植生混凝土的表观密度均减小。未掺粉煤灰时,硬化混凝土表观密度为1875.25kg/m³;粉煤灰掺量47%时,硬化植生混凝土表观密度为1866.80kg/m³。从图6.34可以看出,硬化植生混凝土的表观密度基本不变,粉煤灰掺量对其基本无影响。主要是由于粉煤灰的表观密度约等于普通硅酸盐水泥的2/3,同质量的粉煤灰取代水泥后,水泥含量相对降低,碱激发胶凝材料浆料会变多,体积相对变大,所以导致了硬化植生混凝土表观密度降低[14]。

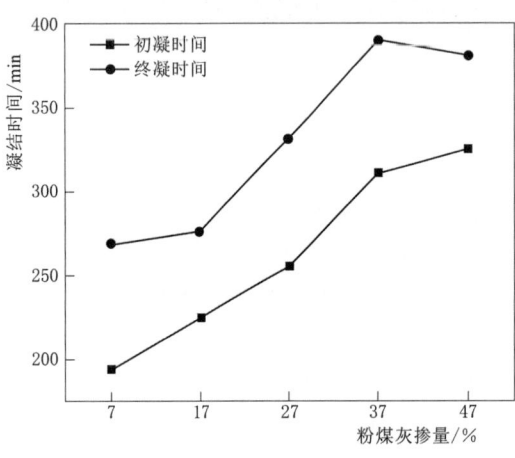

图6.33 粉煤灰掺量对水泥-粉煤灰胶凝材料凝结时间的影响

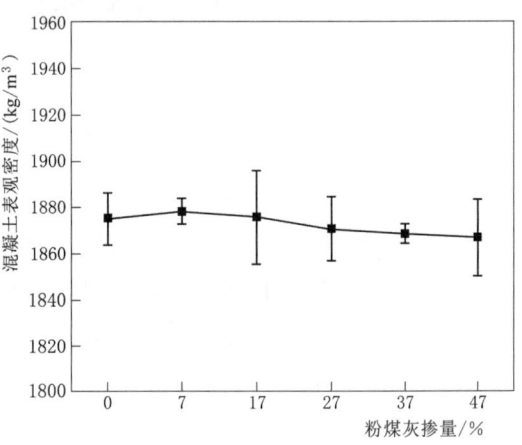

图6.34 粉煤灰掺量对硬化植生混凝土表观密度影响

#### 6.3.3.2 总孔隙率、连通孔隙率

孔隙率是植生混凝土的一个重要性能指标,在很大程度上影响植生混凝土的力学性能、渗透性及微生物、植物的生长状况。粉煤灰掺量对植生混凝土总孔隙率、连通孔隙率的影响见图6.35。由图6.35可知,总孔隙率、连通孔隙率均随粉煤灰掺量的增加而降低,在粉煤灰掺量为27%后,总孔隙率、连通孔隙率反而增大。当粉煤灰掺量为0%时,总孔隙率、连通孔隙率分别为30.96%、22.53%。在粉煤灰掺量为27%时,植生混凝土总孔隙率、连通孔隙率分别为17.95%、14.70%。此后粉煤灰掺量47%时,总、连通孔隙率分别为20.20%、15.80%。

开始孔隙率下降,可归因于与普通硅酸盐水泥相比较,碱激发粉煤灰的细度增加,且随着粉煤灰掺量的升高,NaOH的浓度也随之升高,拌和物中的钠离子、氢氧根离子含量大幅度提升,pH值增大[15],而FA可以包容更大含量的离子,浆体对骨料的附着力大大提升,可以更好地使浆体均匀地包裹在粗骨料上,从而填充孔隙,使植生混凝土的孔隙率下降。但当粉煤灰掺量大于一定值时,由于碱激发粉煤灰-水泥胶凝材料浆体变多,厚度增加,浆体的流动性偏大,导致浆体下沉,浆体不能均匀包裹在粗骨料表面,导致上部结构孔隙结构疏松,下部密度相较于上半部分较大,所以当粉煤灰掺量较大时,呈现孔隙率逐渐增大的现象。

#### 6.3.3.3 吸水率

吸水率关系到植生混凝土对水的吸收能力和穿透能力,良好的蓄水能力有利于缓解旱涝,有利于植物在混凝土内部的生长。从图6.36中可以看出,混凝土中FA含量增大,吸水率会先降低后提高,从最开始的4.57%降低到最小的1.9%后增长到2.63%。

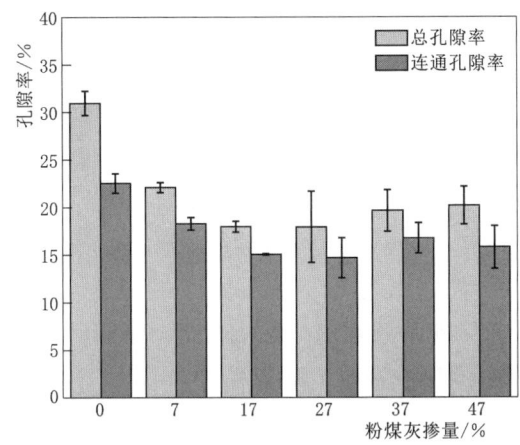
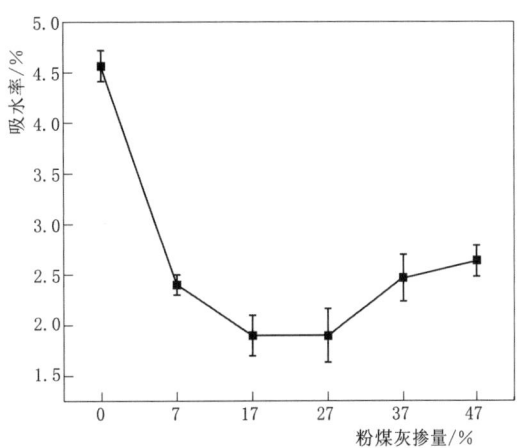

图6.35 粉煤灰掺量对植生混凝土孔隙率影响　　图6.36 粉煤灰对植生混凝土吸水率的影响

一开始下降主要是由于碱激发粉煤灰-水泥胶凝材料在内部分布包裹较为均匀,并且由于水化反应、火山灰反应、二次水化,可以生成更多的水化产物,不断密实填充孔隙,会改变植生混凝土内部微小孔结构,使植生混凝土内部的平均微小孔径与孔数减少,导致水分通道减少。由于水化产物的不断填充效应,大大增大了混凝土的密实性,降低了吸水率[16],所以导致吸水率下降;后由于浆体过多后,发生沉浆现象,混凝土底部紧密、上部疏松,导致混凝土内部微小孔隙逐渐增多,其吸水率又逐渐上升。

#### 6.3.3.4 透水性能

透水系数、透砂率是表征植生混凝土渗透性与有效性的重要参数,关系到植生混凝土的穿透能力,良好的透水能力有利于缓解旱涝和植物在混凝土内部的生长,透砂率决定孔隙的大小,决定植物根部生长孔隙的孔径大小。从图6.37中可以看出,一开始随着粉煤灰掺量的增大,孔隙率下降,透水系数、透砂率也随之下降,当粉煤灰掺量达到27%时,植生混凝土的透水系数、透砂率最小,分别为10.52mm/s、49.10%;之后随着粉煤灰掺量的增加,透水系数与透砂率呈现增大的趋势。

植生混凝土的透水系数、透砂率规律需要结合图6.35中孔隙率的规律分析,主要是由于粉煤灰掺入后,增加了浆体含量,使浆体体积增加,从而增加了骨料与浆体之间接合面面积和厚度,导致孔隙率下降,从而渗透性、透砂率也随着下降。当粉煤灰掺量大于27%时,胶凝材料浆体逐渐向下沉降,中下部相比较于上部的密度较高,上部的孔隙数量

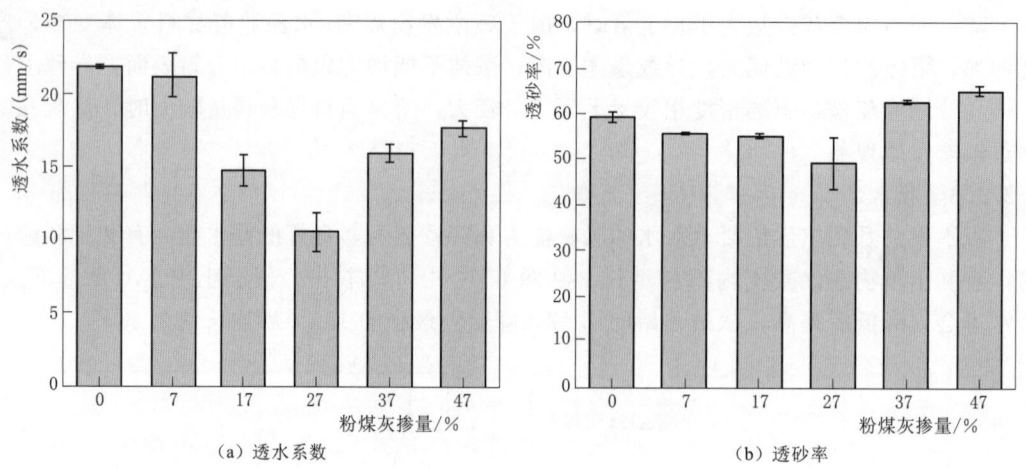

图 6.37　粉煤灰对植生混凝土性能的影响

逐渐增加且结构较为疏散，导致渗透性、透砂率也随之增加。

#### 6.3.3.5　强度

碱激发粉煤灰植生混凝土力学性能试验结果如图 6.38 所示，粉煤灰（Fly Ash，FA）掺量变大，抗压强度先提升后降低。FA27％时，7d 抗压强度最大达 16.97MPa；FA17％时，28d、90d 抗压强度最大，分别达 19.15MPa、21.19MPa；相对于 FA0％的 7d、28d 抗压强度 5.16MPa、6.75MPa，分别提高了 229.88％、183.71％，并且发现其后期强度会继续增长。碱激发粉煤灰植生混凝土的 28d 劈裂抗拉强度及 28d 抗弯强度均随粉煤灰的增大呈现先增大后减小的趋势；在 FA17％时达到最大，分别为 1.73MPa、2.89MPa。

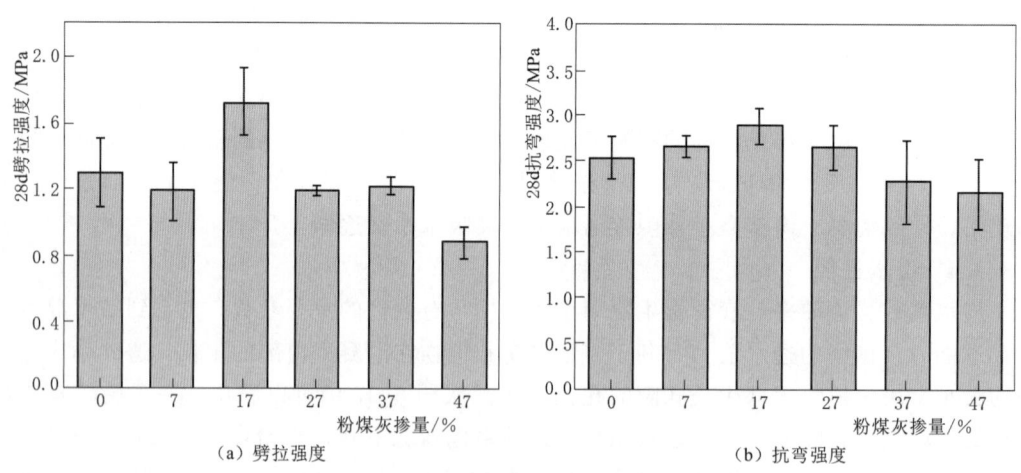

图 6.38　碱激发粉煤灰掺量对植生混凝土强度的影响

一开始碱激发粉煤灰植生混凝土抗压强度出现增长的现象，主要是由于粉煤灰体系获得了高碱性环境，活化剂可以使粉煤灰中的 $SiO_2$、$Al_2O_3$ 玻璃状表面分解成活性基团，有利于火山灰反应的进行，而粉煤灰的火山灰反应作用导致混合物中 C(N)-A-S-H 凝胶、C-S-H 凝胶和钙矾石的增加[17]。随着粉煤灰掺量的增加，NaOH 溶液的浓度更大，更多的粉煤灰被活化，可以更加明显促进火山灰反应，极大地提高植生混凝土的抗压强度。而 FA 含量过多，水泥含量越少，生成的氢氧化钙含量越低，所以生成的 C-S-H 凝胶、C(N)-A-S-H 凝胶含量减小，从而导致强度的减小。同时，活化高掺量的粉煤灰的 NaOH 浓度也越来越大，过量的 OH⁻ 会导致膨胀，强碱环境也会影响地聚合过程，限制二氧化硅和氧化铝的浸出，阻碍 C(N)-A-S-H 凝胶产生[6,9,18]，而且高掺量的粉煤灰植生混凝土底部出现沉浆现象，下部较密上部疏松，浆体包裹不均匀，所以植生混凝土的抗压强度会下降。随着养护时间增长，水化反应、粉煤灰的火山灰效应及二次水化反应更加完全，所以 28d、90d 的抗压强度比 7d 抗压强度高。

另外，7d 与 28d、90d 抗压强度最大时的粉煤灰掺量不一致，可能是由于 7d 早期 27% 掺量的粉煤灰大于 17% 掺量，同时 27% 粉煤灰掺量的 NaOH 浓度相对比较高，早期活化的粉煤灰较多且活化程度剧烈，早期的火山灰反应相对更加迅速极大提高了其强度。但随着养护时间的增长，在后期内部可能发生上述高碱度环境下膨胀及限制二氧化硅和氧化铝的浸出，阻碍 C(N)-A-S-H 凝胶产生或高碱度容易开裂现象，而 17% 粉煤灰掺量的 NaOH 浓度相比较 27% 粉煤灰掺量的 NaOH 浓度较小较合适，极少出现上述不良现象或者此现象较为不明显，28d、60d、90d 抗压强度的增幅较大。27% 掺量时 NaOH 浓度过大，导致其 28d、60d、90d 抗压强度增幅不明显。FA 增多，水泥减少，生成的氢氧化钙减少，从而产生的水化硅酸钙凝胶、C(N)-A-S-H 凝胶较少，所以出现 17% 粉煤灰掺量的 28d、90d 抗压强度大于 27% 粉煤灰掺量的 28d 抗压强度的现象。

### 6.3.3.6 pH 值

由图 6.39 可知，植生混凝土的 7d、28d、90d 孔隙 pH 值随着粉煤灰掺量的增大呈现减小的趋势。当粉煤灰掺量为 0 时，7d、28d、90d 孔隙 pH 值分别为 12.19、12.11、12.10。当粉煤灰掺量为 47% 时，7d、28d、90d 孔隙 pH 值分别为 12.06、11.59、11.36。相比较 7d 孔隙 pH 值下降不多，28d、90d 的孔隙 pH 值下降明显。

以上现象主要是由于随着粉煤灰掺量的增高，水泥组分相对较少，生成的氢氧化钙量变低。而 FA 含量和 NaOH 浓度的增高，粉煤灰的活性激发越来越剧烈，粉煤灰中玻璃态氧化物与氢氧化钙发生二次反应生成水化硅酸钙，也会减少氢氧化钙含量，降低钙硅比。同时，低钙硅比可以提升水化硅酸钙对碱性物质的吸收保留能力，低钙硅比的水化硅酸钙会生成 Si-OH 基团，该基团会中和碱金属。而且随着粉煤灰掺量的增加，钠基、钙基或钾基的硅酸铝地聚物也增多，消耗的 OH⁻ 也更多，所以植生混凝土的 pH 值总体呈下降趋势。随着养护时间的增加，反应更加完全，导致 28d、90d 植生混凝土的孔隙 pH 值比 7d 的低。

对于 7d 孔隙 pH 值，粉煤灰掺量为

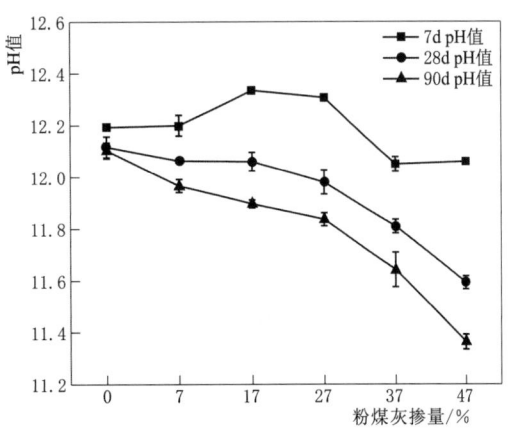

图 6.39 粉煤灰掺量对植生混凝土孔隙 pH 值的影响

17%时，pH值略微有所上升，可能是由于NaOH浓度和水泥产生的$Ca(OH)_2$量的影响大于碱激发粉煤灰消耗的$OH^-$量的影响，所以导致7d孔隙pH值略微有点上升。粉煤灰掺量为27%、37%、47%时，水泥组分减少较多，生成的$Ca(OH)_2$量减少和较高NaOH浓度活化更多的粉煤灰消耗更多的$OH^-$量大于NaOH浓度和水泥产生的$Ca(OH)_2$量的影响，所以pH值继续下降。

#### 6.3.3.7 抗冻性能

（1）质量损失率。由图6.40可知，随着FA掺量增大，碱激发植生混凝土的质量损失率也提升，但均小于5%，满足CJJ/T 135—2009规范要求。冻融循环25次后试块基本全部破碎。此现象主要是由于碱激发粉煤灰水化过程中，自由水主要起反应介质的作用，传输碱分从而激活粉煤灰，在水化前期粉煤灰表面的硅铝单体释放和离子集团的生成，自由水并不会参与反应，因而自由水只能以游离形式存在于浆体微小孔隙中，并且粉煤灰掺量越大，硬化浆体内部的微小孔隙越多，在冻融循环的作用下，水分结冰产生的膨胀力致使硬化碱激发胶凝材料逐渐破坏，所以导致质量损失率逐渐增大。

（2）相对动弹性模量。从图6.41得，相对动弹性模量随着粉煤灰的增大而减小。主要还是由于粉煤灰取代水泥后，粉煤灰的物理性质导致混凝土内部的孔隙变多，还未水化完全生成足够物质填充孔隙，并且粉煤灰越多其内部孔隙越多，在冻融循环过程中，对混凝土内部伤害越不利。

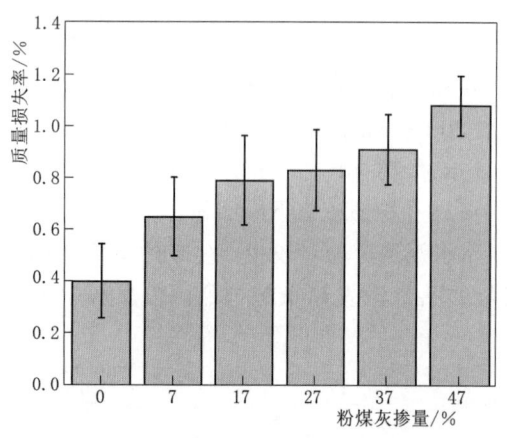

图6.40 碱激发植生混凝土25次冻融循环后质量损失率

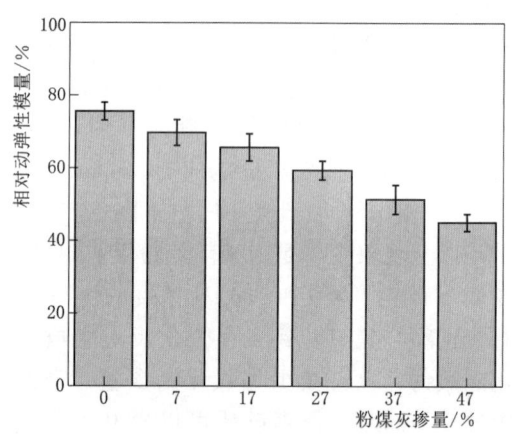

图6.41 碱激发植生混凝土25次冻融循环后动弹性模量

#### 6.3.3.8 孔隙率与抗压强度关系

由图6.42可知，在碱激发粉煤灰胶凝材料体系下，不同粉煤灰掺量的植生混凝土总孔隙率与7d、28d抗压强度拟合曲线关系较好，拟合结果的$R^2$分别达到0.7039、0.93723，抗压强度随着孔隙率增大而减小，其变化规律与图6.26中变化规律相似，说明碱激发胶凝材料体系下，植生混凝土的孔隙率与抗压强度的关系也符合此规律，并无明显不同。

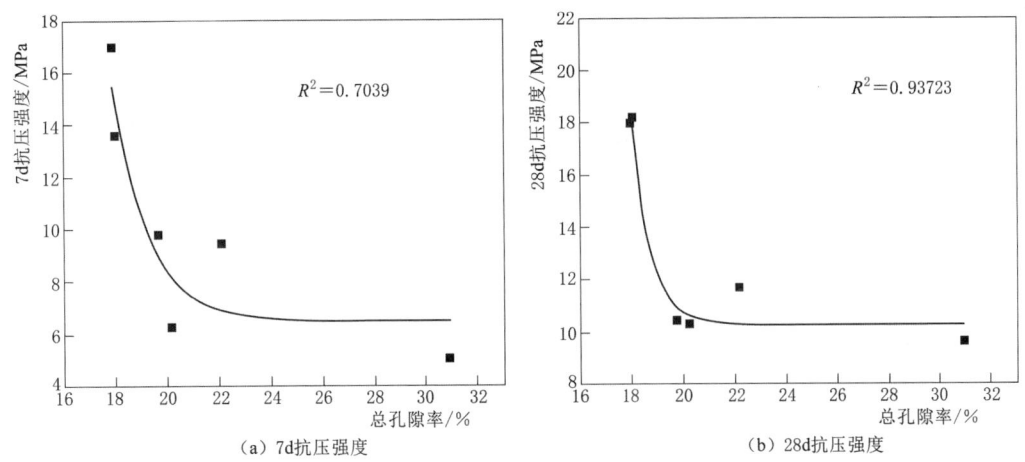

(a) 7d抗压强度　　　　　　　　　　　(b) 28d抗压强度

图 6.42　孔隙率与抗压强度拟合曲线

### 6.3.4　碱激发粉煤灰微观性能的研究

#### 6.3.4.1　SEM－EDS

从 SEM－EDS 图中可以看出，粉煤灰表面被 NaOH 溶解并形成新的物质。可以看出，随着粉煤灰含量的增加，NaOH 的浓度也随之增加，样品表面更致密，水化产物更多。

从图 6.43 中可以看出，FA7％样品中粉煤灰颗粒表面溶解不明显，粉煤灰颗粒表面呈光滑的海绵状物质，似为 C(N)－A－S－H 凝胶[19-20]，并发现在 3、5 点的 Si/Al＝1.83、1.26，而 Sadat 等[22] 研究得：硅铝比 Si/Al≈1，活化反应持续发生；Si/Al＝2~3，活化反应刚好，可以很好提高强度；Si/Al＞3，发生"过聚合反应"，对强度不利。由此可见，与 FA27％和 FA47％相比，FA7％的低浓度 NaOH 不能很好地溶解粉煤灰表面，产生的凝胶物质也不多，因此该条件下混凝土的抗压强度较低。此外，从图 6.43（a3）中可以看出，在粉煤灰掺量较低时，$Ca(OH)_2$ 仍然较多。

从图 6.44 中可以看出，在 FA27％试样中，从（a3）、（b1）和（b2）图中可以看出，产生了大量针状絮状的 C(N)-(A)-S-H 凝胶和 AFt，均匀地分布在各处，有效地填充了孔隙和裂缝，提高了试样的强度。而从（a1）和（b1）可以看出，溶解反应中仍有大量粉煤灰颗粒，粉煤灰表面开始溶解，表面形成孔洞。（b2）显示，粉煤灰颗粒表面形成大量硅酸铝凝胶体，第 6 点的 Si/Al 为 1.57，地聚合反应继续进行，有利于强度的不断提高。与图 6.43 中 FA7％相比，粉煤灰表面溶解度更大，生成物质更多，还能有效填充毛细孔和裂缝，因此该掺合料下的混凝土强度比 FA7％有所提高。

从图 6.45 中可以看出，在 FA47％样品中，虽然从（a3）可以看出，由于 NaOH 碱浓度过高，粉煤灰表面溶解较充分，内外物质可以充分交换反应。从（a1）、（a2）、（b2）中可以看出裂纹和孔洞较多。粉煤灰表面的 Si/Al 值为 1~2，说明反应还将继续，但（b2）中的 10 点 Si/Al 值为 3.39，已经发生了聚合反应，不利于强度的发展，而（b1）中的 8 点

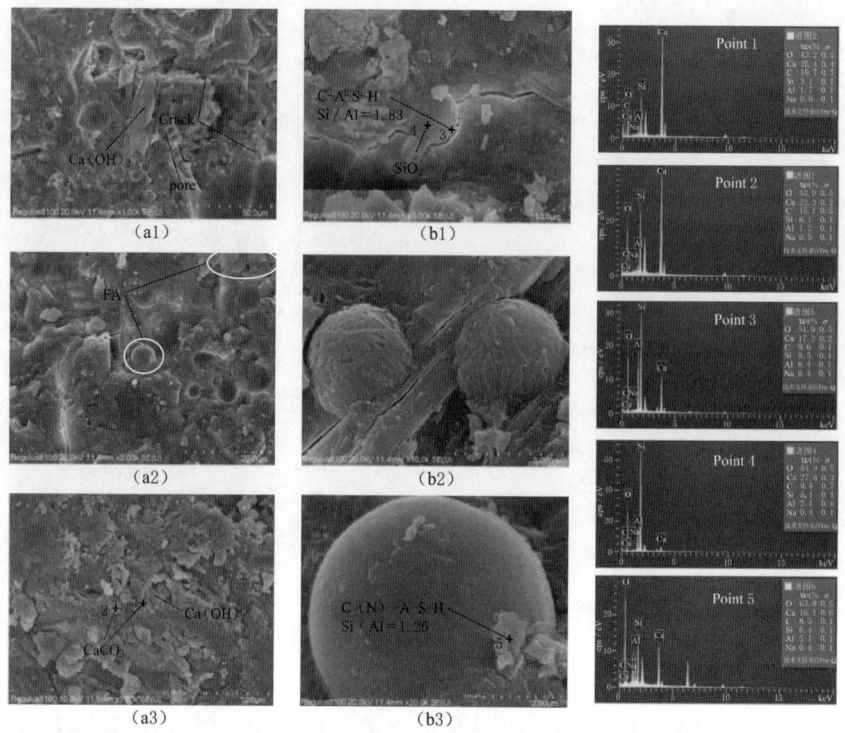

图 6.43　FA7%时的碱激发粉煤灰胶凝材料 SEM 图

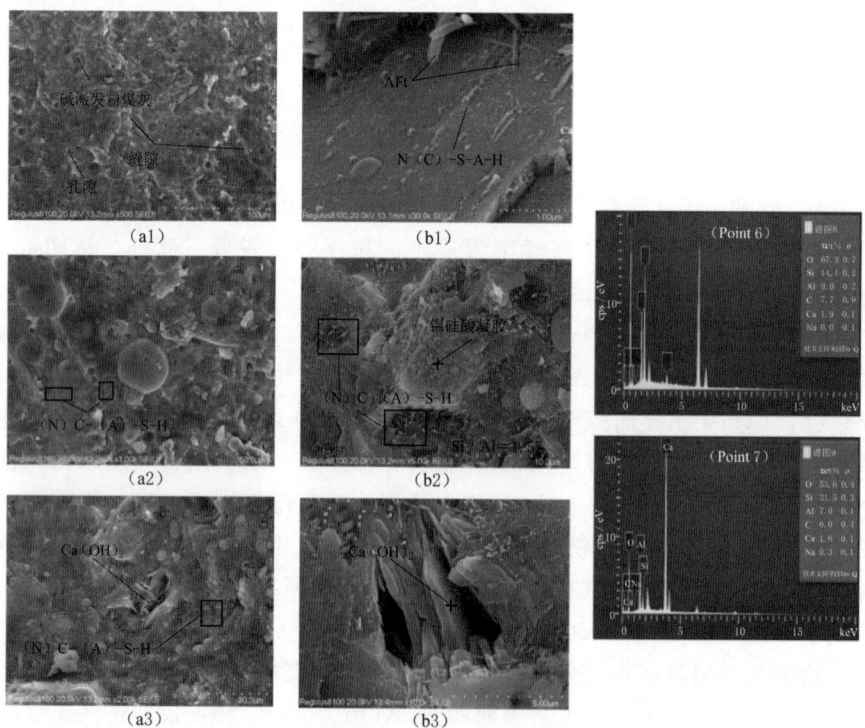

图 6.44　FA27%碱激发粉煤灰胶凝材料 SEM 图

通过 EDS 图可以猜测是 Ca(OH)$_2$，这就是碱浓度过高造成的现象。因此，合适的 NaOH 浓度有助于强度发展，并且具有稳定性。主要是由于粉煤灰替代了近一半的水泥，FA47% 图中裂缝和孔洞过多，导致该条件下的混凝土强度再次下降。

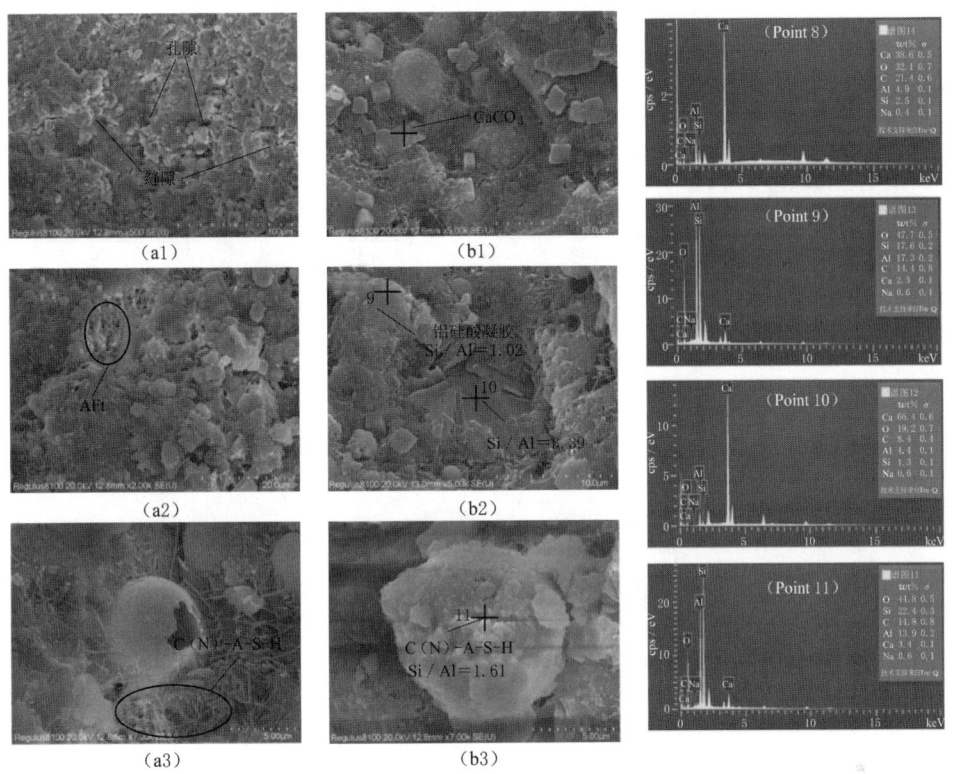

图 6.45　FA47% 碱激发粉煤灰胶凝材料 SEM 图

综上所述，由于粉煤灰掺量和 NaOH 浓度不同，生成的 C(N)-(A)-S-H 凝胶密集程度不同，产生的裂缝和孔洞数量也不相同，而且通过不同粉煤灰掺量中的 Si/Al，发现微观现象的变化规律和混凝土强度变化规律基本一致。

### 6.3.4.2　XRD

从图 6.46 中可以看出，在碱激发粉煤灰水泥胶凝材料体系中，含有大量的莫来石（Mullite）、石英（Quartz）等结晶矿物相衍射峰，石英（$2\theta = 21.08°、39.64°、47.36°、51.30°、60.16°、62.76°$）等矿物相的衍射高度均随粉煤灰掺量的增大呈现降低的趋势。

可以看出粉煤灰中在碱液作用下，表面不断溶解，内部物质析出反应，其中不定型晶体相在后期 56d 消耗较多，但仍有剩余，与 SEM 图中粉煤灰未完全消耗一致。莫来石（$2\theta = 19.10°、26.86°、31.18°、32.36°、34.30°、36.18°、39.64°、41.36°、60.16°、64.56°$）总体随着粉煤灰的增大呈现先增大后减小的趋势，而莫来石具有增强混凝土强度的效果，发现基本符合混凝土强度先增大后减小的变化规律。并发现图中有沸石（Zeolite）的衍射峰，说明在碱激发过程中生成了少量的沸石，有利于强度的提高。

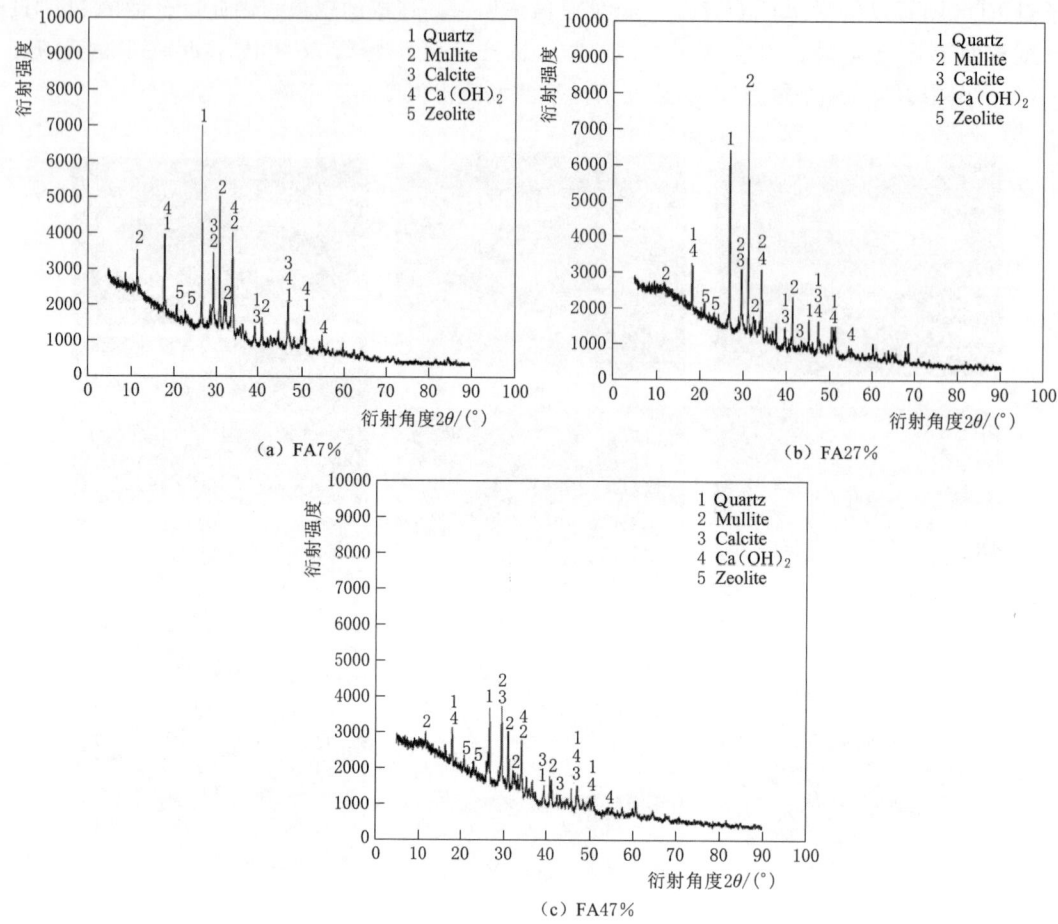

图 6.46　不同掺量粉煤灰-水泥胶凝材料 XRD 图

可以看出，FA 含量越高，氢氧化钙衍射峰高度降低，分析原因：FA 增多，水泥减少，生成氢氧化钙减少；二次水化也会与一定比例的氢氧化钙反应，降低其含量。Calcite（方解石）的衍射峰趋势与 $Ca(OH)_2$ 的基本相似，主要是由于方解石的主要成分是由氢氧化钙和二氧化碳反应生成的，所以出现此现象。

### 6.3.5　本节小结

本节主要通过粉煤灰植生混凝土的抗压强度及孔隙 pH 值性能，优选出适合粉煤灰掺量的碱激发剂 NaOH 掺量。再在此最佳 NaOH 掺量条件下，用不同掺量的粉煤灰制备植生混凝土，探究碱激发粉煤灰掺量对植生混凝土表观密度、孔隙率、吸水率、透水系数、透砂率、力学性能、孔隙 pH 值、抗冻性能的影响，具体结论如下：

（1）随着粉煤灰掺量的增大，碱激发胶凝材料浆体凝结时间逐渐升高；植生混凝土拌和物及硬化混凝土表观密度均逐渐降低，但硬化后的植生混凝土表观密度下降趋势不明显。吸水率、透水系数、透砂率、总孔隙率和连通孔隙率均随粉煤灰的增大出现先降低后增大的趋势。

（2）粉煤灰掺量提高，抗压强度、劈拉强度、抗弯强度均先升高后降低。当FA27%时，7d抗压强度最高达16.97MPa；FA17%时，28d、90d抗压强度最高达18.15MPa、21.19MPa。

（3）随着粉煤灰掺量的增大，碱激发粉煤灰植生混凝土的质量损失率逐渐降低，但均保持在5%以内；相对动弹性模量逐渐减小。主要由于粉煤灰掺量的增大，水化还未完全，混凝土内部的微小孔隙随之增多，从而导致冻融循环过程中混凝土的损伤也逐渐增大，但符合工程应用标准。

（4）通过SEM、EDS发现，粉煤灰中Si-O和Al-O键被溶解后，重组合成$SiO_4$、$AlO_4$正四面体网状结构，生成了水化硅（铝）酸钙凝胶，并且存在不同的Si/Al聚合度产物，这些物质会促进强度更高，并伴有$Ca(OH)_2$等产物的产生，但粉煤灰不宜过多，碱浓度也不宜过大，不然会导致孔洞、裂缝过多从而影响力学性能的发展。XRD结果显示碱激发粉煤灰反应中石英相未完全反映完，衍射峰高度呈现一直降低的趋势；莫来石相衍射峰高度变化规律与碱激发植生混凝土抗压强度变化规律相似；反应过程中生成的$Ca(OH)_2$、$CaCO_3$相等物质随着粉煤灰掺量的增大而减小，并生成少量的沸石。

## 6.4 碱激发粉煤灰植生混凝土的植生性能

### 6.4.1 引言

基于植生混凝土往往应用于河流湖泊护岸、城市绿化等工程中，在满足上述章节中所需的力学性能、透水性、孔隙率等性能之外，也要求适合植物在植生混凝土上的生长，以达到美化城市环境、维护河流生态环境的目的。根据上述章节的研究结果显示，碱激发粉煤灰植生混凝土的孔隙率满足植物生长要求，相比较于普通硅酸盐水泥制备的植生混凝土孔隙pH值，碱激发粉煤灰制备的植生混凝土孔隙pH值有所下降，结合碱激发胶凝材料的减碳排、绿色环保等优点，研究植物在碱激发粉煤灰植生混凝土上的生长状况有重要意义。鉴于植生混凝土内需要填充有机土壤等适合植物生长的物质，可以促进孔隙内的pH值环境更加适合植物生长，比植物种植更有益于植生混凝土的结构稳定性，适合边坡的护岸结构形式，对推广碱激发胶凝材料植生混凝土的应用更具有实际性作用。

本节主要研究不同粉煤灰掺量（0%、7%、27%、47%）对150mm立方体试块上种植两种植物（高羊茅、马尼拉）效果的影响，通过植株高度、叶片含水率等指标，优选出适合在碱激发粉煤灰植生混凝土上生长的植物。其次，考虑27%粉煤灰掺量时的植生混凝土抗压强度早期、后期强度都更好，孔隙率状况适合植物的生长，对0%、27%粉煤灰掺量的150mm立方体试块标养14d后，在70%湿度、20℃、20%$CO_2$浓度的条件下碳化14d，再进行两种植物的种植，研究碳化对植生混凝土植物种植效果的影响。最后对150mm×150mm×50mm尺寸的FA0%、FA27%植生混凝土进行上述条件碳化，研究试块厚度对两种植物生长的影响。

### 6.4.2 种植方法

本试验采取上置式种植方式进行试验。将不同尺寸的植生混凝土置于3cm厚的营养土上,将营养土加入水拌制成土浆,浇灌于植生混凝土孔隙内部,再在植生混凝土表面覆盖 2cm±0.5cm 厚的营养土,再将草种按 30~40g/m² 的量进行人工撒种,在草种上覆盖 1cm±0.5cm 厚疏松的营养土,覆土后喷雾洒水,避免土壤流失。试验前将植物种子泡水 24h,提高种子的活性,提高出芽率。

### 6.4.3 粉煤灰掺量对植生混凝土植生性能的影响

#### 6.4.3.1 天气温度

此次种植试验主要在 2023 年 6 月 2 日开始种植,每隔 5d 测量一次植株高度,并在试验期间每天早晚对植物进行浇水,记录每天温度天气情况,天气温度变化如图 6.47 所示。

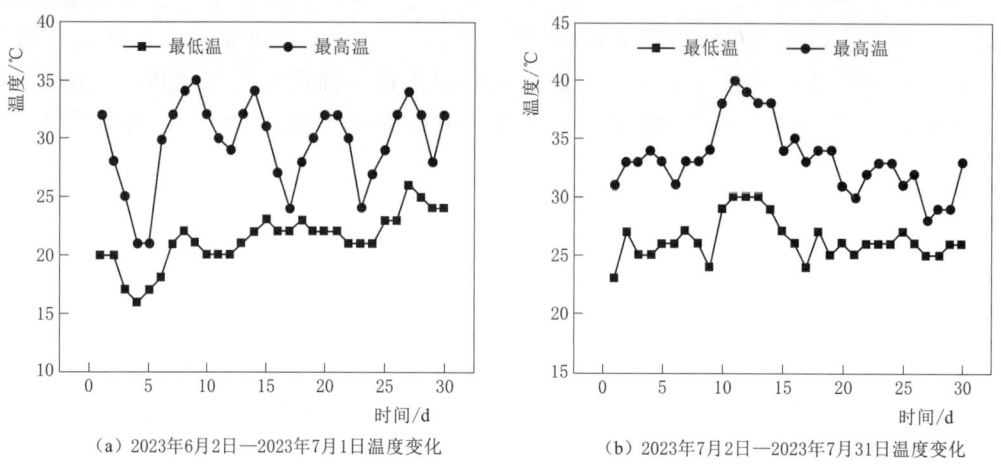

(a) 2023年6月2日—2023年7月1日温度变化　　(b) 2023年7月2日—2023年7月31日温度变化

图 6.47　温度变化图

#### 6.4.3.2 高羊茅

1. 植株高度

由图 6.48 得知,高羊茅播种后 3d,所有粉煤灰掺量的植生混凝土上植株全部发芽;8d 后,FA0%、FA7%、FA27%、FA47% 的碱激发粉煤灰植生混凝土上植株高度分别达到 8.7cm、8.6cm、8.5cm、9.3cm;28d 后,四种掺量的混凝土上植株高度分别为 15.4cm、16.1cm、13.6cm、15.1cm;在 43d 时,四种掺量的混凝土上植株生长高度最好最高,分别达到 19.8cm、20.0cm、17.0cm、17.0cm。可以看出四种粉煤灰掺量制备的植生混凝土上高羊茅植株的生长覆盖率都较好,景观效果较为良好。

四种粉煤灰掺量的植生混凝土上高羊茅植株高度均随着时间的增加而增大,并在 43d 时达到最大,之后降低;并发现 FA0%、FA7% 的植株高度均大于 FA27%、FA47%,且 FA27% 的高羊茅生长高度最低,分析主要原因可能是由于 FA0%、FA7% 的植生混凝土孔隙率大于 FA27%、FA47% 的植生混凝土孔隙率,FA27% 植生混凝土的孔隙率最低。孔隙越大,高羊茅根部生长空间更大,会更有利于水分和养分的吸收,促进高羊茅的生长,反观高羊茅的生长可能由于生长时间不久,土壤基质的原因,受孔隙 pH 值影响较小。

在生长过程中,发现前 28d 高羊茅生长速度非常快,但整体的植株显得比较纤细脆弱,等到 28d 后,植株生长较为粗壮,植株高度过高,发生倒伏现象。在 43d 前后,由于白

图 6.48（一） 高羊茅生长景观图

(e) 播种后48d　　　　　　　　　(f) 播种后53d

图 6.48（二）　高羊茅生长景观图

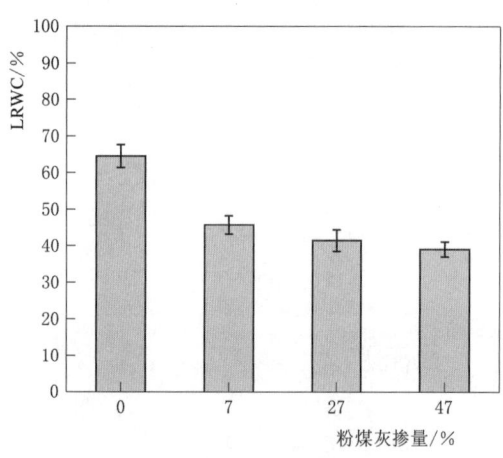

图 6.49　高羊茅43d时叶片含水率

天气温均达到30℃以上，并在43d时温度高达40℃，并由于48d前后时期阴雨天气较多酷热，高羊茅开始枯黄、死亡。

**2. LRWC**

由图 6.49 可以看出，当达到 43d 时，高羊茅的叶片含水率差别比较明显，根部的生长受植生混凝土的孔隙率影响，会大大影响植物对营养水分的吸收。由于不同粉煤灰掺量的植生混凝土孔隙率是随着粉煤灰掺量的增大而降低的，所以导致43d时的高羊茅根部对营养水分的吸收不一致，导致叶片含水率随着粉煤灰掺量的增大呈现一路降低的趋势。

### 6.4.3.3　马尼拉

**1. 植株高度**

马尼拉播种后第3天发芽，见图 6.50，播种后第8天四个粉煤灰掺量的植生混凝土上植株高度分别均达到 9.0cm 以上，最高达到 11.0cm。28d 后植株由于生长到 18cm 左右，植株由于过高开始出现部分倾倒现象，但马尼拉植株高度还是随着生长的时间增长而更高，并在43d时达到最高，0%、7%、27%、47%粉煤灰掺量的植生混凝土上植株高度

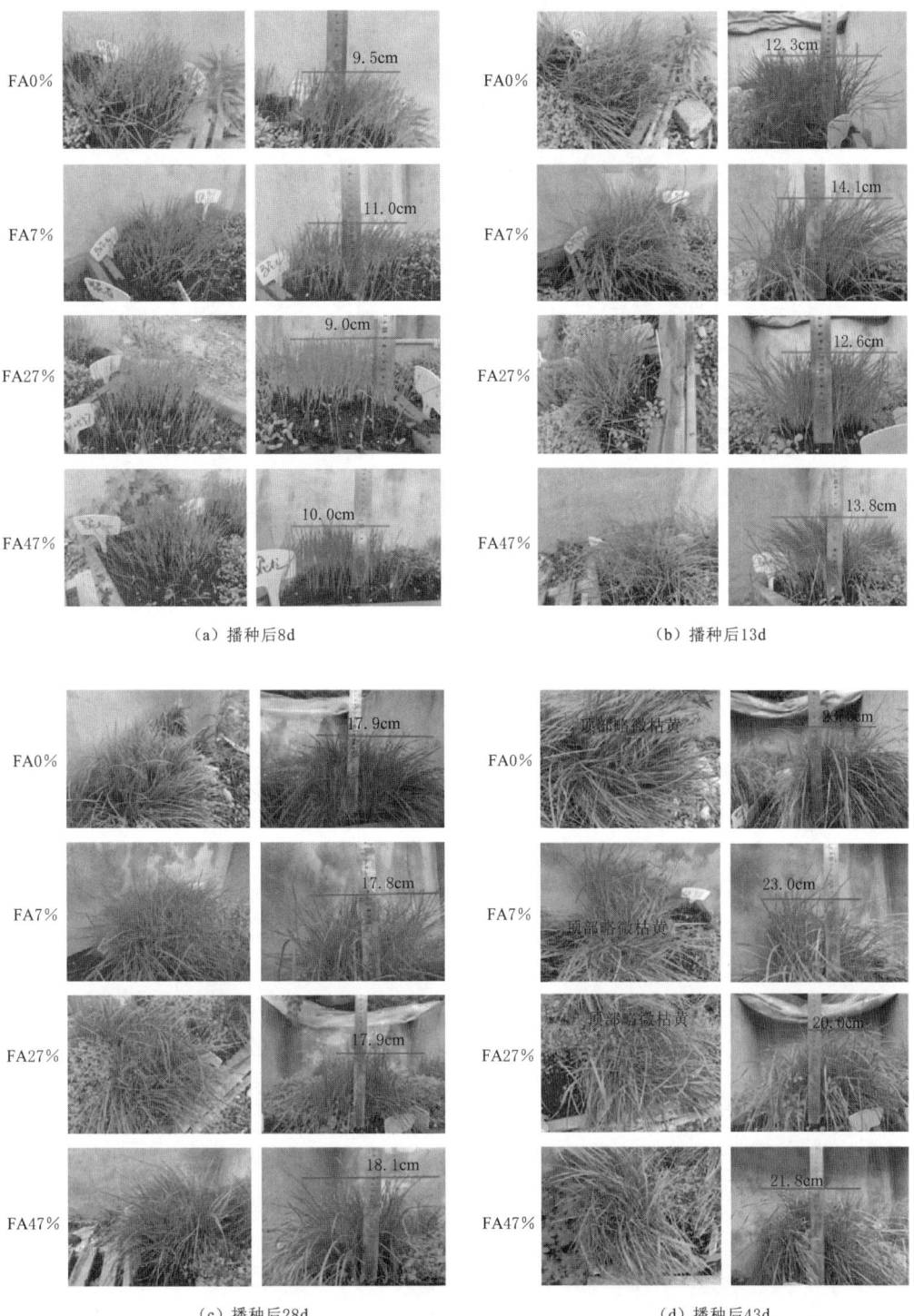

图 6.50（一） 马尼拉生长景观图

(e) 播种后48d          (f) 播种后53d

图 6.50（二） 马尼拉生长景观图

分别为 23.0cm、23.0cm、20.0cm、21.8cm。此后可能由于当地气候炎热多雨等原因，马尼拉开始枯萎。

发现各时间段测量的植株高度，27%粉煤灰掺量的种植高度始终最小，可能由于此掺量条件下的植生混凝土孔隙率最小，植物的根部生长受影响。而 0%、7%粉煤灰掺量的植株生长高度也较大，对比上述孔隙率及孔隙 pH 值结果，可以发现虽然该植生混凝土的碱度过高，超出马尼拉最佳生长环境，但由于配合比设计、孔隙率及强度更为合适，满足植物的生长。

### 2. LRWC

从图 6.51 可以看出，在植株高度最高的 43d 时，四个粉煤灰掺量的 LRWC 分别 64.35%、63.64%、47.18%、42.39%。可以看出随着粉煤灰掺量的增大，植物的 LRWC 呈现下降的趋势，而 0%、7%两个粉煤灰掺量的植物 LRWC 基本相同，符合上述植株高度生长情况基本一致的分析，主要由于 0%、7%两个粉煤灰掺量的植生混凝土孔隙率更加符合植物的生长环境要求，而粉煤灰用量的增多，会导致混凝土中孔隙的狭窄，延缓根系的生长，降低了

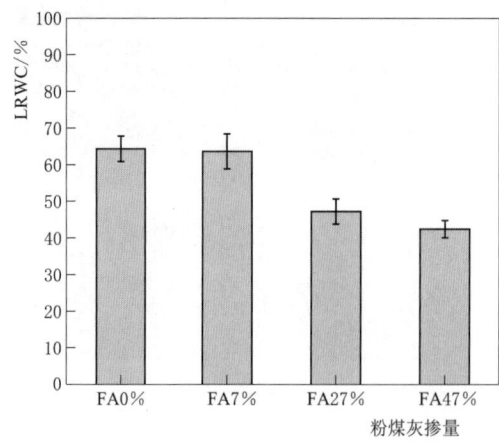

图 6.51 马尼拉 43d 时叶片含水率

水分和养分的利用率，导致了叶片含水量的降低[22-23]。所以孔隙的大小对植物的 LRWC 有着重要影响。

### 6.4.4 碳化对植生混凝土植生性能的影响

#### 6.4.4.1 天气气温

此次种植试验主要在 2023 年 10 月 6 日开始种植，每隔 4d 或 5d 测量一次植株高度，并在试验期间每天对植物进行一次浇水，记录每天温度天气情况，天气温度变化如图 6.52 所示。

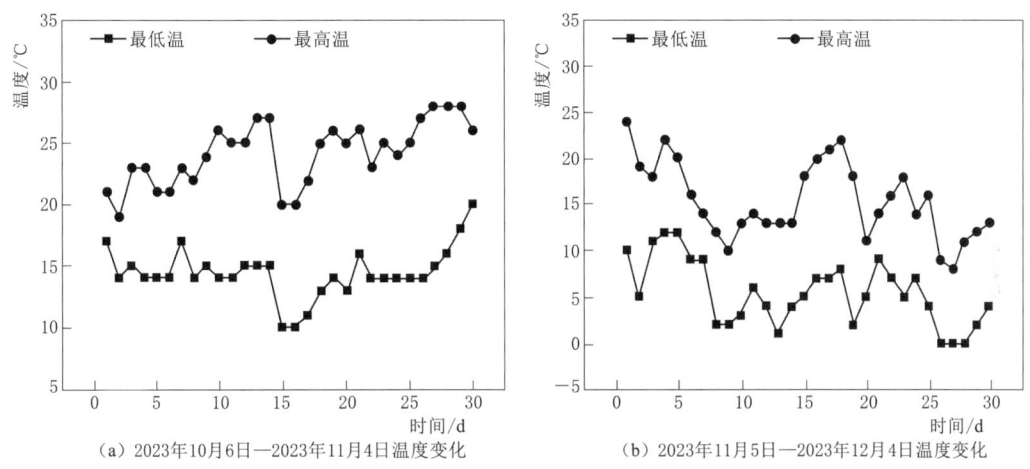

图 6.52 温度变化图

#### 6.4.4.2 碳化对植生混凝土力学性能、孔隙 pH 值的影响

由于 FA27%植生混凝土在早期和后期的力学强度均能满足工程需求，并由 6.4.3 节可以看出，FA27%植生混凝土上植物生长状况良好。所以对 FA0%、FA27%植生混凝土试块进行标养 14d＋碳化养护 14d（70%湿度、20℃、20% $CO_2$ 浓度）方式，达到 28d 后，对植生混凝土的 28d 抗压强度及 28d 孔隙 pH 值进行试验，如图 6.53 所示。

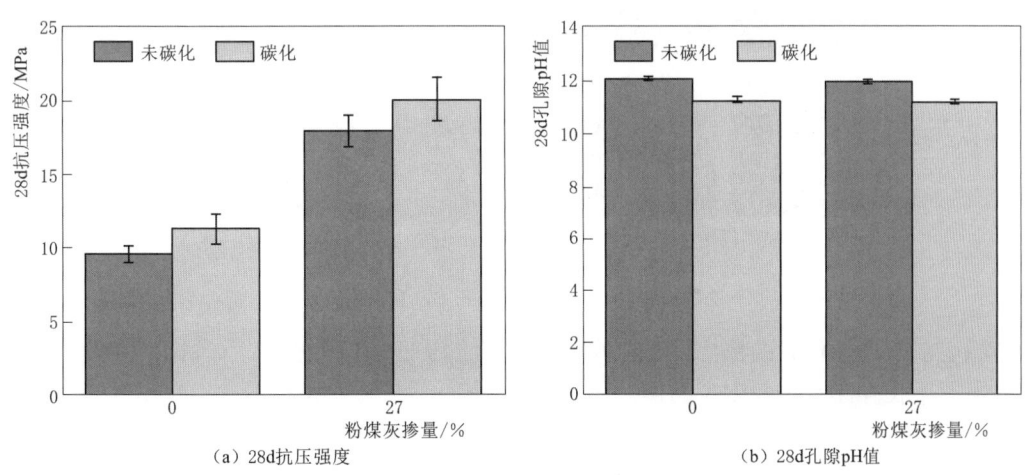

图 6.53 碳化对碱激发植生混凝土性能的影响

从图 6.53 中可以看出，碱激发植生混凝土的 28d 抗压强度在同一掺量前提下均上升，28d 孔隙 pH 值有所下降。主要是由于碳化时的 $CO_2$ 与混凝土内部的 $Ca(OH)_2$ 反应，消耗了一部分的 $Ca(OH)_2$，所以降低了 pH 值，并生成 $CaCO_3$，增强了混凝土内部的紧密程度，增强了强度。

#### 6.4.4.3 高羊茅

1. 植株高度

此次种植，高羊茅播种后 3d 发芽，见图 6.54。在播种后 7d，高羊茅迅速生长，碳化 FA0%、碳化 FA27% 植生混凝土上植株高度分别高达 7.5cm、7.5cm；在播种后 30d 分别高达 17.0cm、15.5cm；在播种后 60d 高羊茅分别高达 24.5cm、23.0cm；在播种后 90d 高羊茅分别高达 15.0cm、17.0cm。较上次 6 月种植的效果，该时间季节气候相对适合于植物的生长，植物的生长高度可观；可能由于碳化后的碱度下降，有益于植物的后期生长，从而可以坚持生长 3 个月及以上，60d 时均达到 20cm 以上；60d 后可能由于室内种植、季节或混凝土原因，植物逐渐枯黄但未完全死亡，并从图中可以看出，植物的生长情况总体较好，植株高度及密集度满足工程需求。

图 6.54　高羊茅生长景观图

综上，发现碳化后的植生混凝土降低了混凝土内部的部分碱度，有利于植物的生长景观效果、生长存活时间及生长高度。

2. LRWC

从图 6.55 可以看出，碳化后 FA0%、FA27% 的 150mm 立方体植生混凝土上种植的高羊茅在 90d 时的叶片含水率分别为 25.9%、21.2%。可以看出 90d 的高羊茅由于植株在混凝土内部孔隙生长空间有限，且植株已经部分枯黄，植物对营养的吸收较差，导致整体的叶片含水量较低。发现 FA0% 上植物的叶片含水率略大于 FA27%，从而证明植生混凝土孔隙率对植物生长的重要影响。

#### 6.4.4.4 马尼拉

1. 植株高度

此次种植，马尼拉也是在播种后 3d 开始发芽。从图 6.56 可以看出，在播种后 7d，马尼拉迅速生长，碳化 FA0%、碳化 FA27% 植生混凝土上植株高度分别高达 6.5cm、7.5cm；在播种后 30d 后植株高度分别高达 19.0cm、17.5cm；在播种后 60d 后植株高度分别高达 23.0cm、23.0cm；在播种后 90d 后植株高度分别高达 16.0cm、18.0cm。

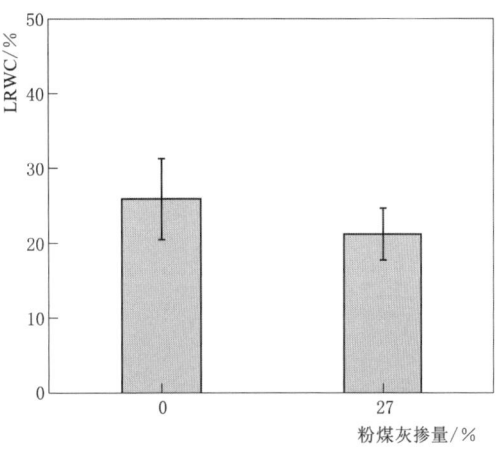

图 6.55 高羊茅 90d 叶片含水率

图 6.56 马尼拉生长景观图

10 月后的生长季节气候较 6 月也更适合马尼拉的生长，在 14d 左右由于植株过高，开始出现倒伏现象，在 60d 时生长高度均达到 23.0cm，之后虽然由于季节、室内环境或混凝土因素导致植株逐渐出现枯黄,但生长高度均达到16.0cm以上。并和高羊茅一致,由于碳化后植生混凝土的碱度下降,也更加有益于马尼拉的生长,综合生长季节气候、碱度下降等因素,发现马尼拉的生长景观、存活时间、密集度也较好,适合工程应用。

综上,植生混凝土的碳化有利于马尼拉的生长景观效果、生长存活时间及生长高度。

2. LRWC

从图6.57可以看出,碳化后FA0%、FA27%的150mm立方体植生混凝土上种植的马尼拉在90d时的叶片含水率分别为21.6%、16.5%。可以看出90d的马尼拉和高羊茅一样,由于植株在混凝土内部孔隙生长空间有限,且植株已经部分枯黄,植物对营养的吸收较差,导致整体的叶片含水率较低。并且发现FA0%上植物的叶片含水率略大于FA27%,从而证明植生混凝土孔隙率对植物生长的重要影响。

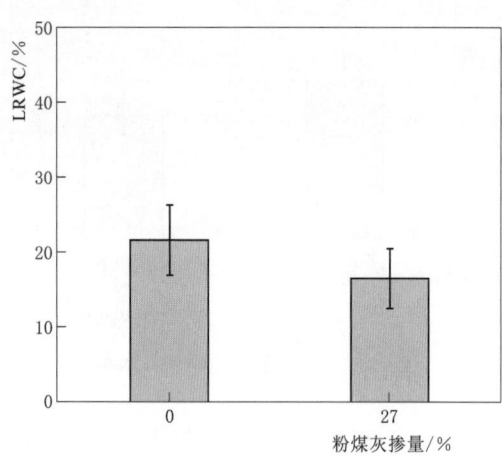

图6.57 马尼拉90d叶片含水率

## 6.4.5 植生混凝土厚度对植生性能的影响

### 6.4.5.1 天气气温

种植时间、天气气温、种植条件等与6.4.4.1节相同。

### 6.4.5.2 高羊茅

1. 植株高度

此次种植播种后3d高羊茅发芽,见图6.58。高羊茅在前7d迅速生长。在播种后7d,FA0%、FA27%植生混凝土上的高羊茅高度达到7.5cm、8.5cm;在播种后30d,高羊茅的生长高度分别为17.0cm、15.0cm;在播种后60d,高羊茅的生长高度分别达到20.0cm、20.0cm;在播种后90d,高羊茅的生长高度分别达到20.0cm、19.0cm。发现FA0%中的植株高度基本比FA27%中的高,可能是由于孔隙率的原因。

发现两种粉煤灰掺量植生混凝土切片上的高羊茅生长景观效果较好,生长较为密集,整体植物呈现绿色状态,更加茂盛。主要是由于混凝土的厚度较薄,植物根部较为容易穿透孔隙生长进土壤中,所以植物的生长较好,而且高羊茅90d时的生长状况良好,未发现明显枯黄现象,较之6.4.4.3节中90d的高羊茅,薄植生混凝土种植植物效果更好。

2. LRWC

从图6.59可知,FA0%、FA27%植生混凝土薄片上种植的高羊茅叶片含水率分别为51.9%、40.0%。可以发现薄片上的高羊茅叶片含水率明显大于6.4.4.3节中的高羊茅叶片含水率,主要还是由于薄片上生长的高羊茅植株根部可以穿透孔隙生长到下层土壤中,可以更好吸收营养水分。并且FA0%上的高羊茅叶片含水率大于FA27%上的高羊茅叶片

图 6.58 高羊茅生长景观图

含水率,主要还是由于孔隙率的原因,孔隙率越大,孔隙越多,穿透孔隙的根部就越多,高羊茅的生长情况更好。

### 6.4.5.3 马尼拉

**1. 植株高度**

在播种后 3d 马尼拉开始发芽,从图 6.60 可以看出,马尼拉在前 7d 迅速生长。在播种后 7d,FA0%、FA27%植生混凝土薄片上的马尼拉高度分别达到 8.5cm、7.5cm;在播种后 30d,马尼拉的生长高度分别为 17.0cm、15.5cm;在播种后 60d,马尼拉的生长高度均达到 19.0cm、16.0cm;在播种后 90d,马尼拉的生长高

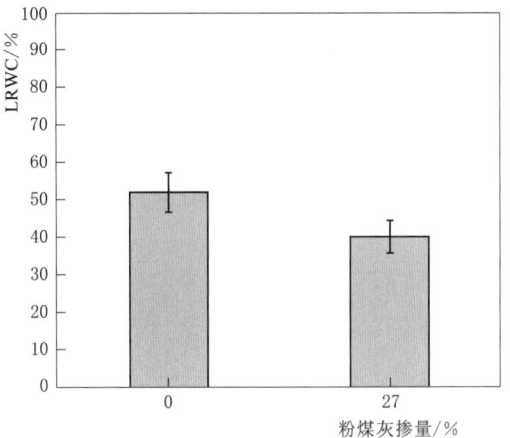

图 6.59 高羊茅 90d 叶片含水率

度均达到 16.0cm、15.0cm。发现 FA0%上生长的植株高度均大于 FA27%上生长的植株高度,主要还是由于孔隙率的原因,孔隙率越大,植物根部穿透孔隙就越多,更有利于植物的生长及存活。

发现两种粉煤灰掺量植生混凝土上的马尼拉生长景观效果较好,生长较为密集,整体植物呈现绿色状态。并且较之 6.4.4.4 节中的马尼拉,薄片上种植的马尼拉在 90d 时并未出现明显枯黄。主要是由于混凝土的厚度较薄,植物根部较为容易穿透孔隙生长进土壤

图 6.60 马尼拉生长景观图

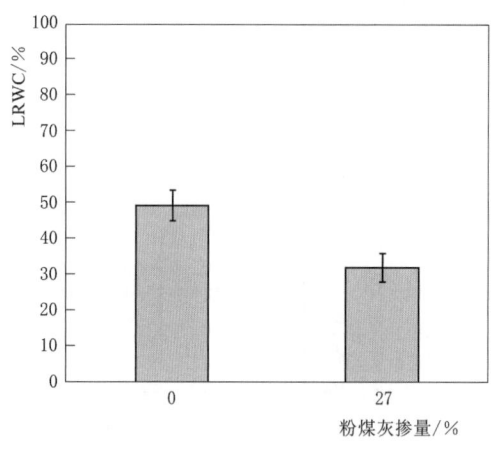

图 6.61 马尼拉 90d 叶片含水率

中，对营养水分的吸收更好，所以整体效果呈现十分茂盛的状态。所以薄片种植更有利于植物的生长，更加适合植生混凝土在工程领域中的应用。

2. LRWC

从图 6.61 可知，FA0%、FA27%植生混凝土薄片上种植的马尼拉叶片含水率分别为 49.7%、32.3%。也发现薄片上的马尼拉叶片含水率明显大于 6.4.4.4 节中的马尼拉叶片含水率，主要还是由于薄片上生长的马尼拉植株根部可以穿透孔隙生长到下层土壤中，可以更好吸收营养水分。并且 FA0%上的马尼拉叶片含水率大于 FA27%上的高羊茅叶片含水率，主要也是由于孔隙率的原因。

### 6.4.6 本节小结

本节主要研究不同掺量粉煤灰（FA0%、FA7%、FA27%、FA47%）对其制备的 150mm 立方体植生混凝土上种植高羊茅、马尼拉两种植物的影响，通过植株的高度及叶片含水量性能指标评价植物的生长状况。之后在上述四个掺量中挑选 FA0%、FA27%的 150mm 立方体植生混凝土进行碳化，研究碳化对上述两种植物的影响。最后对150mm×150mm×50mm尺寸的FA0%、FA27%植生混凝土进行上述条件碳化，研究试块厚度对两种植物生长的影响。具体结论如下：

（1）高羊茅、马尼拉植株高度随着粉煤灰掺量的增大呈现先降低后增大的趋势，43d时生长最茂密，FA7%上高羊茅、马尼拉最高分别高达20.0cm、23.0cm；之后植株开始枯黄死亡。高羊茅、马尼拉43d时的叶片含水量随着粉煤灰掺量增大一直减小，并发现高羊茅、马尼拉不适合于南京在此时气候种植。

（2）碳化后的植生混凝土上高羊茅、马尼拉60d时最高分别高达24.5cm、23.0cm，此后植株开始部分枯黄，至90d时高羊茅、马尼拉部分枯萎，叶片含水量均较低，但上述两种植株可以生长至90d以上。发现碳化有利于高羊茅、马尼拉的生长。

（3）150mm×150mm×50mm尺寸的FA0%、FA27%植生混凝土上高羊茅、马尼拉60d时最高分别高达20.0cm、19.0cm，此后植株高度变化不大，且至90d时高羊茅、马尼拉生长基本未枯黄，叶片含水量均大于150mm厚混凝土上植株的叶片含水量；证明较薄的植生混凝土更有利于植物的生长。

## 6.5 结论与展望

### 6.5.1 结论

本章主要以"碱激发粉煤灰植生混凝土"为主题，基于植生混凝土在城市建设、生态保护等领域应用价值的出发点，研究碱激发粉煤灰对植生混凝土基本物理性能、力学性能、微观性能、抗冻性能、植生性能的影响，验证碱激发胶凝材料在植生混凝土应用中的可行性，对植生混凝土的推广应用具有重要意义。得到的结论主要如下：

（1）随着水灰比增大，净浆凝结时间、植生混凝土的表观密度、吸水率、强度、孔隙pH值均逐渐增大，孔隙率、透水系数、透砂率等性能逐渐减小；相较于水灰比，骨灰比的增大，减少了胶凝材料的含量，对植生混凝土的性能影响更明显；随着骨灰比的增大，植生混凝土的表观密度、吸水率、强度、pH值均减小，孔隙率、透水系数、透砂率等性能增大。

（2）对水灰比、骨灰比、孔隙率、抗压强度之间的关系进行拟合，发现孔隙率与抗压强度成反比关系；孔隙率与水灰比成反比关系，与骨灰比成正比关系；抗压强度与水灰比成正比，与骨灰比成反比。最后基于植生混凝土不沉浆、强度高、孔隙率好的条件，得出水灰比0.29、骨灰比4作为碱激发粉煤灰植生混凝土的最优水灰比和骨灰比，根据试件的强度，优选出碱激发剂最佳掺量是粉煤灰掺量的2%。

（3）在碱激发条件下，研究粉煤灰掺量对植生混凝土各项性能的影响，发现随着粉煤灰掺量的增大，碱激发植生混凝土的表观密度减小，而吸水率、孔隙率、透水系数、透砂率均减小后增大，力学性能先增大后减小，28d、90d抗压强度最大达到18.15MPa、21.19MPa，满足工程建设需求。

（4）随着粉煤灰掺量的增大，碱激发植生混凝土的质量损失率逐渐增大，相对动弹性模量逐渐减小；并通过 SEM、EDS、XRD 可以看出，粉煤灰表面溶解充分，生成较多的 AFt、C(N)-A-S-H 凝胶等水化产物，并由莫来石的变化规律可以看出，在 FA7%、FA27%情况下，水化产物有效填充了孔洞、裂缝，提升了强度；而 FA47%中，由于水泥成分过少，裂缝、孔洞较多，莫来石等水化产物较少，填充不明显，所以强度提升不明显。

(5) 在 FA0%、FA7%、FA27%、FA47%四个掺量 150mm 立方体试件上种植高羊茅、马尼拉，发现两种植物的生长高度均随粉煤灰增大而先减小后增大，推测可能受孔隙率影响较大；43d 时，高羊茅、马尼拉生长状况最佳，生长高度在 FA7%上最高，分别达 20cm、23cm，其 43d 时的叶片含水量均随粉煤灰掺量增大而减小，与生长高度规律相似；后在碳化 FA0%、FA27%两种掺量 150mm 立方体、150mm×150mm×50mm 试件上开展种植实验，发现碳化后高羊茅、马尼拉均可生长至 90d 以上，所以碳化有利于植物的生长；但在 150mm 厚度的混凝土上高羊茅、马尼拉生长 60d 时生长最高最好，高度分别可达 24.5cm、23.0cm，之后开始枯黄，但至 90d 时仍未死亡，而 90d 时的 LRWC 由于逐渐枯萎而较低；50mm 厚度混凝土上的高羊茅、马尼拉生长至 90d 时未枯黄，其生长状态、生长指标更好，发现较薄混凝土更有利于植物生长。

### 6.5.2 展望

本章基于植生混凝土在城市建设、生态保护、河流护坡等领域中的应用背景，针对普通植生混凝土强度低等缺点，采用碱激发胶凝材料进一步提升植生混凝土的性能，并对碱激发粉煤灰植生混凝土的基本物理性能、力学性能、抗冻性能、微观性能、植生性能展开研究，得到了一些结论，但在试验过程中发现本章的研究内容仍存在不足，需要未来从以下几个方面进行更深一步的研究：

(1) 碱激发胶凝材料应用在植生混凝土中，混凝土内部的 pH 值还是较高，需要进一步探究抑碱措施，后续猜想进一步探索酸激发的影响。

(2) 本章植生混凝土中的一些试验数据存在一定的离散型，需要大量的重复性试验，猜测这与植生混凝土的成型方式有关，需要进一步去优化成型方式。

(3) 需要详细分析碱激发胶凝材料在植生混凝土应用中的劣化机理及耐久性。

## 参 考 文 献

[1] 高婷. 生态多孔混凝土降碱技术研究 [D]. 长沙：中南林业科技大学，2017.

[2] 匡丽群. 水灰比对水泥净浆凝结时间的影响 [J]. 中文科技期刊数据库（文摘版）工程技术，2017：291.

[3] Kim H H, Park C G. Plant growth and water purification of porous vegetation concrete formed of blast furnace slag, natural jute fiber and styrene butadiene latex [J]. Sustainability, 2016, 8 (4): 386.

[4] Holland B, Alapati P, Kurtis K E, et al. Effect of different concrete materials on the corrosion of the embedded reinforcing steel [J]. Corrosion of Steel in Concrete Structures, 2023: 199-218.

[5] Rattanasak U, Chindaprasirt P. Influence of NaOH solution on the synthesis of fly ash geopolymer [J]. Minerals Engineering, 2009, 22 (12): 1073-1078.

[6] Hardjito D, Cheak C C, Ing C H L. Strength and setting times of low calcium fly ash – based geopolymer mortar [J]. Modern Applied Science, 2008, 2 (4): 3 – 11.

[7] Kazemian A, Vayghan A G, Rajabipour F. Quantitative assessment of parameters that affect strength development in alkali activated fly ash binders [J]. Construction and Building Materials, 2015, 93: 869 – 876.

[8] Oyebisi S, Ede A, Olutoge F, et al. Influence of alkali concentrations on the mechanical properties of geopolymer concrete [J]. Technology, 2018, 9 (8): 725 – 733.

[9] Ruengsillapanun K, Udtaranakron T, Pulngern T, et al. Mechanical properties, shrinkage, and heat evolution of alkali activated fly ash concrete [J]. Construction and Building Materials, 2021, 299: 123954.

[10] Williamson T, Juenger M C G. The role of activating solution concentration on alkali – silica reaction in alkali – activated fly ash concrete [J]. Cement and Concrete Research, 2016, 83: 124 – 130.

[11] Ojha A, Aggarwal P. Fly ash based geopolymer concrete: a comprehensive review [J]. Silicon, 2022, 14 (6): 2453 – 2472.

[12] Dueramae S, Tangchirapat W, Chindaprasirt P, et al. Autogenous and drying shrinkages of mortars and pore structure of pastes made with activated binder of calcium carbide residue and fly ash [J]. Construction and Building Materials, 2020, 230: 116962.

[13] Bakharev T. Effect of limestone powder and fly ash on the pH evolution coefficient of concrete in a sulfate – freeze – thaw environment [J]. Special Publication – royal Society of Chemistry, 2004, 292: 249 – 262.

[14] 王青, 高舒畅, 高嘉呈, 等. 掺陶砂超高性能轻质混凝土的性能及其影响因素 [J]. 硅酸盐通报, 2023, 42: 1996 – 2006, 2026.

[15] 邢智岩, 阎蕊珍, 张泽平, 等. 粉煤灰取代不同集料对再生混凝土路面砖性能影响的试验研究 [J]. 混凝土, 2020: 156 – 160.

[16] Zeng H, Li Y, Zhang J, et al. Effect of curing regime and type of activator on properties of alkali – activated fly ash [J]. Special Publication – royal Society of Chemistry, 2022, 16: 1889 – 1903.

[17] 郭志坚, 李文凯. 碱激发矿渣/粉煤灰复合混凝土性能研究 [J]. 中外公路, 2022, 42: 216 – 220.

[18] Hefni Y, Abd E Zaher Y, Wahab M A. Influence of activation of fly ash on the mechanical properties of concrete [J]. Construction and Building Materials, 2018, 172: 728 – 734.

[19] Chithambaram S J, Kumar S, Prasad M M, et al. Effect of parameters on the compressive strength of fly ash based geopolymer concrete [J]. Structural Concrete, 2018, 19 (4): 1202 – 1209.

[20] Mejia J M, Rodriguez E, Mejia De Gutierrez R, et al. Preparation and characterization of a hybrid alkaline binder based on a fly ash with no commercial value [J]. Journal of Cleaner Production, 2015, 104: 346 – 352.

[21] García – Lodeiro I, Fernández – Jiménez A, Palomo A. Variation in hybrid cements over time. Alkaline activation of fly ash – portland cement blends [J]. Cement and Concrete Research, 2013, 52: 112 – 122.

[22] Sadat M R, Bringuier S, Muralidharan K, et al. An atomistic characterization of the interplay between composition, structure and mechanical properties of amorphous geopolymer binders [J]. Journal of Non – Crystalline Solids, 2016, 434: 53 – 61.

[23] Jia Q M, Xu Y Y, Ali S, et al. Strategies of supplemental irrigation and modified planting densities to improve the root growth and lodging resistance of maize (Zea mays L.) under the ridge – furrow rainfall harvesting system [J]. Field Crops Research, 2018, 224: 48 – 59.

# 第7章 聚合物改性水泥基植生混凝土力学性能研究

植生混凝土是一种结合了植物生长和混凝土技术的创新复合材料,它将混凝土作为基础材料,并通过在混凝土中引入植物、土壤和其他植被组件,实现了植物生长和混凝土结构的相互融合。

## 7.1 原材料及试验方法

### 7.1.1 原材料

#### 7.1.1.1 水泥

试验使用的水泥为广西华润牌 P·O 42.5 普通硅酸盐水泥。水泥的化学成分、物理力学性能指标分别见表 7.1、表 7.2。

表 7.1　　　　　水泥的化学组成　　　　　%（质量百分比）

| CaO | $Al_2O_3$ | $SO_3$ | $SiO_2$ | $Fe_2O_3$ | MgO | 其他 |
|---|---|---|---|---|---|---|
| 65.52 | 4.49 | 0.94 | 22.36 | 4.13 | 1.47 | 1.09 |

表 7.2　　　　　水泥的物理力学性能

| 比表面积 /($m^2$/kg) | 标准稠度需水量 /% | 凝结时间/min | | 抗压强度/MPa | | 抗折强度/MPa | |
|---|---|---|---|---|---|---|---|
| | | 初凝 | 终凝 | 3d | 28d | 3d | 28d |
| 331 | 25 | 185 | 240 | 25.9 | 54.0 | 5.7 | 8.6 |

#### 7.1.1.2 聚合物

本节选用课题组自主研发的渗透型聚氨酯[1],该浆液属水溶性高分子材料,以改性聚氨酯为主剂,其基本性质与普通聚氨酯浆液体类似,分为 A 料与 B 料,掺合质量比为 1∶1。有机聚合物乳液作为胶凝材料的一部分等体积取代水泥。渗透型聚氨酯浆液组分 A 料、B 料的性能指标分别见表 7.3 和表 7.4。

表 7.3　　　　渗透型聚氨酯浆液组分 A 料的性能指标

| 项目 | 指标 | 项目 | 指标 |
|---|---|---|---|
| 浆液黏度 23℃±2℃/(mPa·s) | ≤50 | 扯断伸长率/% | ≥80 |
| 浆液密度/(g/$cm^3$) | 1.0~1.2 | 胶凝时间/min | ≤30 |
| 固结体拉伸强度/MPa | ≥1.8 | | |

表 7.4　　　　　　　　　　渗透型高聚物浆液组分 B 料的性能指标

| 项　目 | 指标 | 项　目 | 指标 |
|---|---|---|---|
| 浆液黏度 23℃±2℃/(mPa·s) | ≤50 | 抗压破坏强度（压缩50%时）/MPa | ≥20 |
| 浆液密度/(g/cm³) | 1.0～1.2 | 胶凝时间/min | ≤60 |
| 潮湿面粘接强度/MPa | ≥2 | | |

#### 7.1.1.3　试验用水

试验拌和及养护所使用的水为广西南宁的自来水。

#### 7.1.1.4　粗骨料

本节所选用的粗骨料为石灰石，粒径为 10～30mm。粗骨料物理性能指标见表 7.5。

表 7.5　　　　　　　　　　粗骨料物理性能指标

| 粒径/mm | 表观密度/(kg/m³) | 紧密堆积密度/(kg/m³) | 紧密堆积空隙率/% | 吸水率/% | 压碎指标 |
|---|---|---|---|---|---|
| 10～30 | 2710 | 1553 | 39.0 | 0.36 | 11.0 |
| 20～30 | 2650 | 1435 | 41.4 | 0.34 | 11.0 |
| 15～20 | 2660 | 1537 | 38.6 | 0.41 | 11.0 |
| 10～15 | 2720 | 1601 | 34.3 | 0.55 | 11.0 |

### 7.1.2　试验方法

#### 7.1.2.1　净浆流动度测试

净浆流动度测试参考《混凝土外加剂匀质性试验方法》(GB/T 8077—2012)[2] 进行。在进行测试之前，首先需要用湿润毛巾擦拭所要用的仪器，确保试模内壁和捣棒处于表面吸水饱和状态。然后用湿毛巾覆盖仪器，开始制备浆体。制备完浆体后，进行装模操作。装模时，将浆体分两次装入试模，第一次装模时将浆体装至试模的 2/3 处，然后用捣棒由边缘向中间均匀捣压 15 次；第二次装模时确保浆体超出截锥圆模约 20mm，并用捣棒由边缘向中间均匀捣压 10 次。装模完成后，去除多余的浆体，取下试模，然后以近水平的角度从中间向边缘分两次抹去高出截锥圆模的浆体。最后，轻轻提起截锥圆模，并用卡尺测量浆体底部互相垂直的两个方向直径，计算平均值并取整数，计算结果即为浆体的净浆流动度。

#### 7.1.2.2　力学强度测试

本次抗折抗压强度试验采用上海新三思计量仪器制造有限公司生产的 CHT-4106 微电脑控制自动压力试验机进行力学强度测试，参照《水泥胶砂强度检验方法（ISO法）》(GB/T 17671—2021)[3] 进行水泥净浆试块抗折抗压强度的测试。

(1) 抗折强度测试。将试体一个侧面放在试验机支撑圆柱上，试体长轴垂直于支撑圆柱，如图 7.1 所示，通过加荷圆柱以 50N/s±10N/s 的速率均匀地将荷载垂直地加在棱柱体相对侧面上，直至折断。抗折强度按式（7.1）进行计算：

$$R_f = \frac{1.5 F_f L}{b^3} \tag{7.1}$$

式中：$R_f$ 为抗折强度，MPa；$F_f$ 为折断时施加于棱柱体中部的荷载，N；$L$ 为圆柱支撑之间的距离，mm；$b$ 为正方形棱柱体截面的边长，mm。

（2）抗压强度测试。抗折强度试验完成后，取出两个半截试体，进行抗压强度试验。抗压强度试验通过规定的仪器，在半截棱柱体的侧面上进行，半截棱柱体中心与压力机压板受压中心差应在 ±0.5mm 内，棱柱体露在压板外的部分约有 10mm，如图 7.2 所示。在整个加荷过程中以 2400N/s±200N/s 的速率均匀地加荷直至破坏。抗压强度按式（7.2）进行计算，受压面积计为 1600mm²：

$$R_c = \frac{F_c}{A} \tag{7.2}$$

式中：$R_c$ 为抗压强度，MPa；$F_c$ 为破坏时的最大荷载，N；$A$ 为受压面积，mm²。

图 7.1 水泥净浆抗折试验

图 7.2 水泥净浆抗压试验

#### 7.1.2.3 微观表征分析

使用无水乙醇分别将混凝土试块保存，通过 SEM（扫描电镜）、XRD（X 射线衍射）测试手段表征聚合物（渗透型水性聚氨酯）对混凝土结构的影响。

（1）SEM 微观试验。按照试验操作规程进行 SEM 微观试验，通过观察不同聚合物掺量下水泥浆体的微观组织结构，分析微观结构与宏观性能之间的关系，本节所用的仪器型号为德国 ZEISS GeminiSEM 300 扫描电子显微镜，试验操作如下：

取微量水泥净浆试块样品，直接黏附于导电胶上，随后利用 Quorum SC7620 溅射镀膜仪进行喷金处理，喷金时长设定为 45s，喷金电流保持 10mA。喷金完成后，采用 ZEISS GeminiSEM 300 扫描电子显微镜对样品进行形貌观察和能谱 mapping 等测试。在形貌拍摄过程中，加速电压设置为 3kV；而在进行能谱 mapping 拍摄时，加速电压则提升至 15kV，并选用 SE2 二次电子探测器进行探测。

（2）XRD 微观分析。X 射线衍射分析试验采用日本理学 Rigaku X 射线粉末衍射仪 ULTIMA IV 进行。试验衍射仪工作参数设置扫描范围（$2\theta$）为 5°～85°，扫描速率为 2°/min。将样品研磨成 0.1g 以上的粉末，样品粉末需要粒度均匀，手摸无颗粒感，面粉质感，过 200 目筛子后真空包装备用。

#### 7.1.2.4 孔隙率测试

目前植生混凝土孔隙率测试方法并无固定规定，故本次测试方法采用的是操作简便的排水法[4]，试验装置如图7.3所示。植生混凝土中存在着不连通的孔隙，这些孔隙空间会阻碍水与营养物质的流动，总孔隙率是指植生混凝土中所有的孔隙空间占据的比例，包括连通孔隙和不连通孔隙。有效孔隙率则是指植生混凝土中与水和气体等介质有直接联系的连通孔隙的比例，更多地反映了植生混凝土中液体和气体的渗透性和传输性能。

植生混凝土的总孔隙率和连通孔隙率分别按式（7.3）和式（7.4）以3个试件的平均值进行计算：

$$P_1 = \left(1 - \frac{W_2 - W_3}{\rho_w V}\right) \times 100\% \quad (7.3)$$

$$P_2 = \left(1 - \frac{W_1 - W_3}{\rho_w V}\right) \times 100\% \quad (7.4)$$

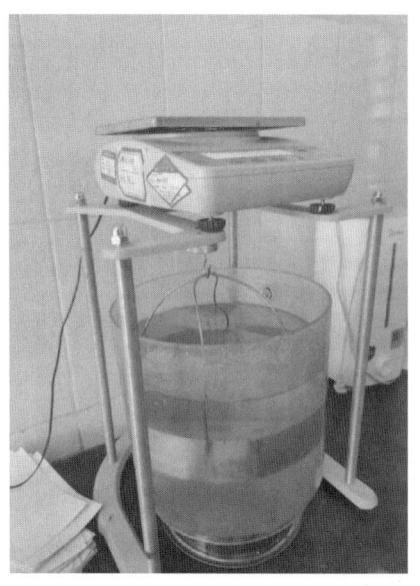

图7.3 排水法测定孔隙率装置

式中：$P_1$为总孔隙率；$P_2$为连通孔隙率；$W_1$为试块养护24h后在空气中的质量，g；$W_2$为试块烘干24h在空气中的质量，g；$W_3$为浸泡24h后试块在水中的质量，g；$\rho_w$为水的密度，g/cm$^3$；$V$为试块的外观体积，cm$^3$。

### 7.1.2.5 孔隙溶液pH值测试

常用的pH值测试方法包括碱度析出法与固液萃取法等[5]，此处参考吴光军等[5]所提供的碱度析出法，如图7.4所示。首先，制备尺寸为150mm×150mm×150mm的植生混凝土并将其养护至7d和28d龄期。接着，首先测定所用水的pH值，然后，将植生混凝土试块浸入含6kg水的容器中，进行24h的浸泡。

随后，使用pH计测量容器中浸泡水的pH值，如图7.5所示。重复此过程直至连续两次测量的浸泡水pH值保持稳定，停止测量。稳定时的pH值即为植生混凝土孔隙溶液的pH值。

图7.4 碱度析出法浸泡

图7.5 pHS-3C型精密pH计

#### 7.1.2.6 抗压强度测试

本节植生混凝土抗压强度测试参考《水工混凝土试验规程》(SL/T 352—2020)[6]，试验装置选用的是上海新三思计量仪器制造有限公司生产的万能液压试验机，如图7.6所示。试验具体步骤如下：

图7.6 植生混凝土抗压强度测试

(1) 按7.3.2节的流程制备和养护植生混凝土试件，每组3个。

(2) 将试块置于下压板的中心，并保证上下压板的平行。

(3) 以0.1~0.3MPa/s的速度连续匀速地加压直至试件破坏。

(4) 抗压强度按式(7.5)以3个试件的平均值进行计算：

$$f_{cc} = \frac{P}{A} \quad (7.5)$$

式中：$f_{cc}$ 为抗压强度，MPa；$P$ 为破坏荷载，N；$A$ 为承压面积，$mm^2$。

#### 7.1.2.7 劈裂抗拉强度测试

进行植生混凝土劈裂抗拉强度性能测试时，采用上海新三思计量仪器制造有限公司生产的万能液压试验机，如图7.7所示。按照《水工混凝土试验规程》(SL/T 352—2020)[6]的要求进行测定，成型步骤与抗压强度试验相同。在试件成型后，过试件的两个侧面中心划出相平行的定位线。在试验机的上下压板与试件之间加入垫条，确保垫条与定位线重合，如图7.8所示。

图7.7 植生混凝土劈裂抗拉强度测试

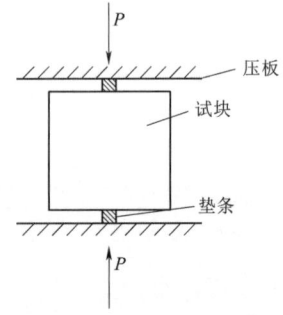

图7.8 混凝土劈裂示意图

设置试验机的加载速度为1.8~3.6MPa/min。启动试验机，在上压板与试件接近时，调整球座以确保试件受压均匀。连续而均匀地加载试件直至破坏，记录破坏荷载。

混凝土劈裂抗拉强度 $f_{ts}$ 按照式(7.6)计算：

$$f_{ts} = \frac{2P}{\pi A} \times 1000 \quad (7.6)$$

式中：$f_{ts}$ 为抗压强度，MPa；$P$ 为破坏荷载，N；$A$ 为试件劈裂面面积，$mm^2$。

#### 7.1.2.8 微观分析

同 7.1.2.3 节选用德国 ZEISS GeminiSEM 300 扫描电子显微镜表征聚合物基植生混凝土的骨料与胶凝材料黏结处的微观形貌,探究掺入聚合物的水泥浆体与骨料黏结能力,分析聚合物对植生混凝土力学强度的影响。

#### 7.1.2.9 抗老化性能测试

抗老化性能测试试验使用由上海今友试验设备有限公司生产的氙灯老化试验箱(见图7.9),并参考《塑料氙灯光源曝露试验方法》(GB 9344—1988)[7]进行。将养护到 28d 龄期的植生混凝土放入氙灯老化试验箱中,黑板温度为 65℃,以 12h 为一个循环,其中光照 11h,降雨 1h,测试 2 周以后植生混凝土试块的抗压强度与劈裂抗拉强度并与老化前的强度进行对比。

 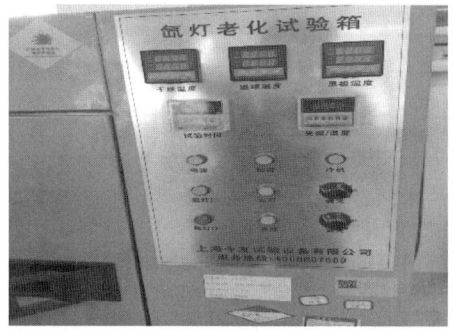

图 7.9　氙灯老化试验箱

## 7.2　聚合物改性水泥浆体性能研究

### 7.2.1　配合比设计

根据已有文献[8-10]研究,聚合物的添加对水泥浆体流动度有着不可忽视的影响。本节采用相对较大的水灰比间隔,以质量法进行植生混凝土水泥浆体的配合比设计计算[11],质量法的优点是计算操作简便,可以根据经验图表进行配合比设计,便于现场的施工,本节水泥浆体配合比设计见表 7.6。

表 7.6　聚合物改性水泥浆配合比设计表

| 编号 | 聚合物掺量/% | 水灰比 | 材料用量/(kg/m³) | | |
| --- | --- | --- | --- | --- | --- |
| | | | 水泥 | 水 | 聚合物 |
| J1 | 0 | 0.25 | 1953 | 488 | 0 |
| J2 | 0 | 0.30 | 1953 | 586 | 0 |
| J3 | 0 | 0.35 | 1953 | 684 | 0 |
| J4 | 0 | 0.40 | 1953 | 781 | 0 |
| J5 | 2 | 0.25 | 1953 | 488 | 39 |

续表

| 编号 | 聚合物掺量/% | 水灰比 | 材料用量/(kg/m³) | | |
|---|---|---|---|---|---|
| | | | 水泥 | 水 | 聚合物 |
| J6 | 2 | 0.30 | 1953 | 586 | 39 |
| J7 | 2 | 0.35 | 1953 | 684 | 39 |
| J8 | 2 | 0.40 | 1953 | 781 | 39 |
| J9 | 4 | 0.25 | 1953 | 488 | 78 |
| J10 | 4 | 0.30 | 1953 | 586 | 78 |
| J11 | 4 | 0.35 | 1953 | 684 | 78 |
| J12 | 4 | 0.40 | 1953 | 781 | 78 |
| J13 | 6 | 0.25 | 1953 | 488 | 117 |
| J14 | 6 | 0.30 | 1953 | 586 | 117 |
| J15 | 6 | 0.35 | 1953 | 684 | 117 |
| J16 | 6 | 0.40 | 1953 | 781 | 117 |

### 7.2.2 结果与讨论

#### 7.2.2.1 净浆流动度

净浆流动度测试有助于优化混凝土的施工流动性。制备植生混凝土需要把净浆流动度控制在一个较小的范围，合适的净浆流动度确保在浇灌过程中均匀包裹骨料表面，而不堵塞植生混凝土底部，保证植生混凝土能有足够的连通孔隙使植物根系穿透。通过净浆流动度试验来确定聚合物掺量与水灰比的取值范围，进一步探究聚合物掺量与水灰比两大因素的最佳比例。聚合物改性水泥净浆流动度如图7.10所示。

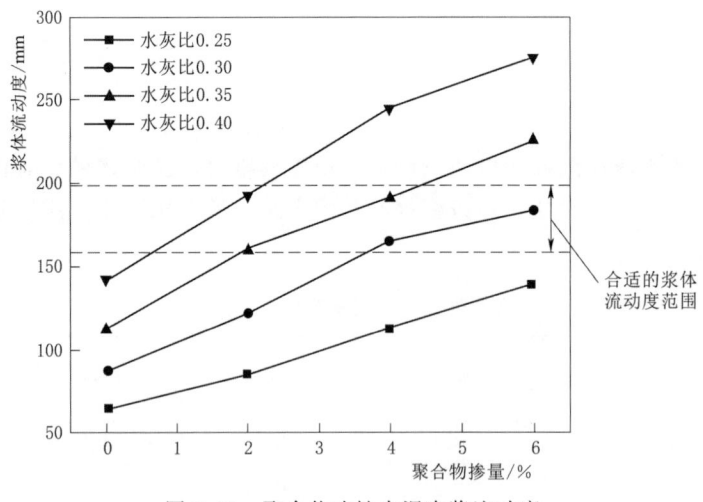

图7.10 聚合物改性水泥净浆流动度

从图7.10可以看出随着水灰比的增加，聚合物改性水泥净浆流动度呈现整体上升的趋势。随着聚合物的增加，与普通水泥浆相比，添加了少量渗透型聚氨酯的水泥浆体流动性更大。随着渗透型聚氨酯掺量的增加，对于浆体流动性，水泥浆体流动度逐渐增大，但水泥浆体凝结时间大大缩短。因此，在聚合物与水泥浆体混合后需要尽快振捣，以免过分影响流动性。根据已有文献的研究[12-13]，浆体流动度最好控制在160~200mm之间。

根据图中流动度的变化规律，分析流动度增加的原因可能是：①聚氨酯树脂可以增加水泥的分散性，使其更容易在水中分散均匀，同时提高了水泥对固体表面的润湿能力，有助于水泥颗粒更好地与其他材料混合，从而提高了水泥的流动性；②聚氨酯的添加可以减少水泥颗粒之间的摩擦阻力，使其更容易流动。这种减少摩擦阻力的效果会随着聚氨酯掺量的增加而增强，从而提高了水泥的流动性。

#### 7.2.2.2 抗折强度

测试净浆试块抗折强度的目的在于评估浆体在用作胶凝材料时的强度和耐久性。抗折强度测试可以用于评估水泥的质量，以确定其在特定条件下承受外部压力和应力的能力[14]。植生混凝土破坏大多为受拉破坏[13]，故净浆试块的抗折强度能够直观地反映植生混凝土的力学强度。如图7.11所示，随着水灰比的增大，7d和28d的净浆试块抗折强度都呈现一直减小的趋势。而以不同聚合物掺量为变量，随聚合物掺量的增加，7d与28d的抗折强度先增加后减少，其中当7d龄期时，由于设置的水灰比较小，水灰比为0.25的抗折强度最大值可达8.08MPa，水灰比为0.30的抗折强度最大值为6.77MPa，水灰比为0.35的抗折强度最大值为6.53MPa，水灰比为0.40时抗折强度最大值为6.63MPa。而当28d龄期时，水灰比为0.25时的抗折强度最大值可达9.22MPa，水灰比为0.30时的抗折强度最大值为8.02MPa，水灰比为0.35时的抗折强度最大值为6.83MPa，水灰比为0.40时抗折强度最大值为6.55MPa。

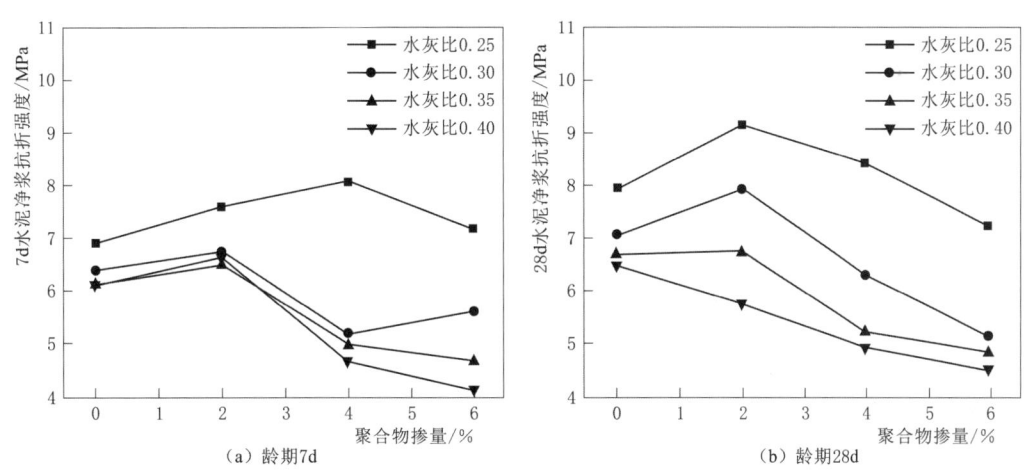

图7.11 聚合物掺量对水泥净浆试块抗折强度的影响

水灰比增加意味着水泥中水的含量增加，过多的水分会导致水泥颗粒之间的结合减弱，使混凝土浆料变得更加流动，容易产生空隙和孔隙，稀释水泥中的水化产物，减少了水化产物之间的结合力，减缓水泥的水化速率，从而降低了混凝土的强度。当聚合物掺量较少时，抗折强度的上升可能与以下因素有关：首先，水性聚氨酯在水泥水化产物之间发生聚合反应[15]，这一反应增加了水泥内部水化结晶产物之间的接触点。其次，试件内部各种粒子之间的黏结力得到了增强。此外，固化过程中形成的聚合物膜也会增强水泥浆体试块的抗折性能，从而提高水泥净浆试件的抗折强度。而当聚氨酯掺量变大，由于A、B组分反应可能不充分，或者称量误差稍过量的异氰酸酯与水反应生成少量的$CO_2$气体，聚合物掺量增加导致这一原因产生的气泡增加，掺入6%的聚合物就可以在试块的表面明显地看见有较大的表面孔，使抗折强度降低。适量地掺入渗透型聚氨酯可以提高水泥的抗折强度，但是过量掺入聚氨酯仍会对水泥的抗折强度产生不利影响。

#### 7.2.2.3 抗压强度

聚合物掺量对水泥净浆试块抗压强度的影响如图7.12所示。可以看出，与7.1.2.6节抗压强度讨论的结果相同，水灰比越高，水泥净浆试块抗压强度就越低。而无论龄期是7d还是28d，掺入聚合物的水泥浆体试块的抗压强度比同等条件下不掺入聚合物的试块要低，并且随着聚合物掺量的增加，水泥浆体抗压强度持续下降，下降的幅度也十分明显，当聚合物掺量从0%到2%时下降幅度最高，当龄期为7d时下降幅度范围为20.8%～37.1%，而龄期为28d时下降幅度范围为24.3%～40.3%。这说明聚氨酯的掺入对水泥的抗压强度影响巨大，掺入较少的聚氨酯也会使对水泥的抗压强度大幅下降。

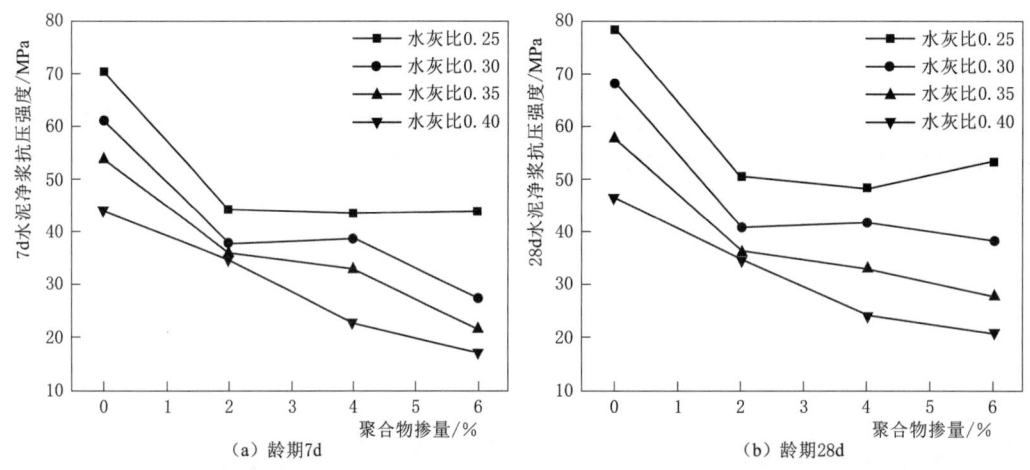

图7.12 聚合物掺量对水泥净浆试块抗压强度的影响

产生这种现象原因可能是：①聚氨酯树脂与水泥颗粒之间的界面结合可能不如水泥颗粒之间的结合强度高。这会导致在加载时，界面处出现剪切应力集中，从而降低了整体抗压强度。②聚氨酯在固化过程中可能发生体积变化，这种变化可能导致内部应力集中，从而降低水泥混凝土的整体强度。③在水性聚氨酯的合成过程中，部分异氰酸酯未能完全反应，它们与水接触后会生成大量气泡[16]。这些气泡在水泥试块内部形成大量孔洞。特别是当聚氨酯掺量达到6%时，试块硬化后能够明显看到较大的孔洞存在，这些孔洞会导致试块的抗压强度显著降低。因此，水泥掺入聚氨酯后抗压强度下降可能是由于界面结合不牢固、聚氨酯固化过程中的体积变化以及与水发生化学反应产生气泡等因素综合作用所导致的。

#### 7.2.2.4 SEM 分析

通过 SEM 分析，可以详细观察和分析植生混凝土的微观结构、孔隙特征、材料相互作用以及表面形貌，揭示植生混凝土的微观结构，包括水泥基质、骨料颗粒、植物根系等的分布、形态和连接方式，有助于理解材料内部组成和结构特征。选取养护至 28d 的聚合物改性水泥净浆与普通硅酸盐水泥净浆试样进行微观图像对比，试样的 SEM 图像见图 7.13、图 7.14、图 7.15。

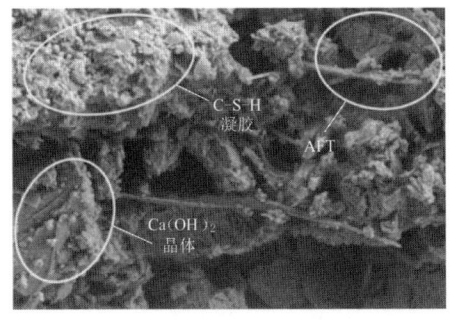 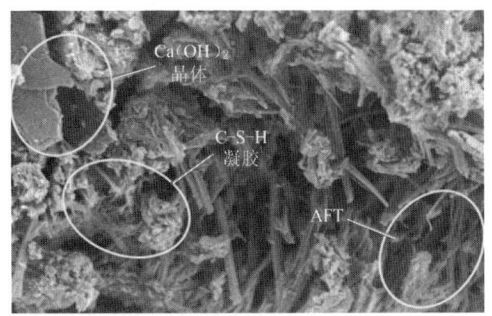

图 7.13　普通硅酸盐水泥的 SEM 图　　　　图 7.14　聚合物改性水泥的 SEM 图

（a）普通硅酸盐水泥　　　　　　　　（b）聚合物改性水泥

图 7.15　放大倍率的水泥净浆的 SEM 图对比

图 7.13 和图 7.14 展示了普通水泥浆与聚合物改性水泥浆的 SEM 图，从中可清晰观察到水泥水化产物，包括针棒状的钙矾石（AFT）、团絮状的水化硅酸钙（C-S-H 凝胶）以及六方片状的 $Ca(OH)_2$ 晶体。普通硅酸盐水泥内部孔较大，水化产物丰富但结构疏松，裂缝明显。而聚氨酯的加入显著改善了水泥结构，裂缝变窄，体系内水化产物减少，结构变得更为致密，如图 7.15 所示。这一现象可能由两方面原因造成：一方面，聚氨酯的加入降低了水泥的正常水化速率[17]，减少了水化产物的生成；另一方面，聚氨酯填充了水泥浆体内部的缝隙[16]，并与水泥水化产物形成了紧密胶结的连续网状结构，从而提高了聚氨酯改性水泥浆的内部结构致密性。

#### 7.2.2.5 XRD 分析

通过对普通硅酸盐水泥净浆和聚合物改性水泥净浆进行 XRD 分析，观察水化峰的形成、增强或减弱，可以确认在水泥的水化过程中渗透型聚氨酯的参与情况和对水化产物的影响。水泥净浆 XRD 测试结果如图 7.16 所示。

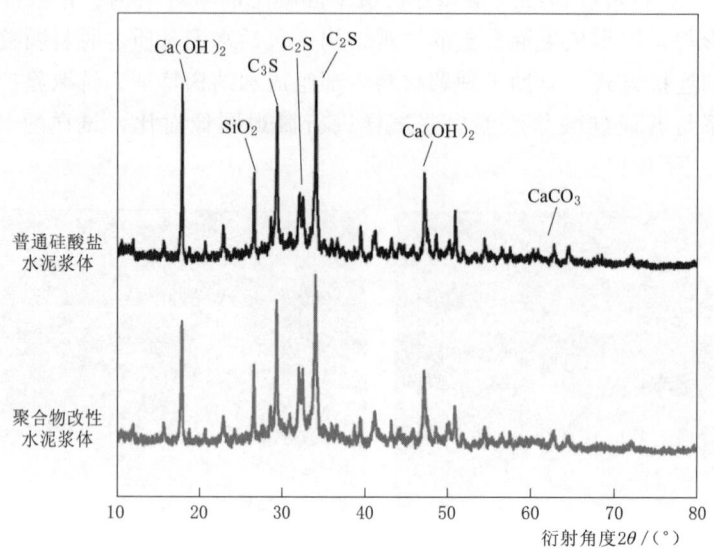

图 7.16 水泥净浆 XRD 分析图

分析图 7.16 可得,聚合物改性水泥与普通水泥浆在顶部呈现出相似的峰形,这表示两者的基本组成成分具有一致性,聚合物改性水泥水化并未产生新的物质,聚合物与水泥之间并未发生化学反应。然而相较于普通水泥净浆,聚合物改性水泥的 $Ca(OH)_2$ 峰的强度显著减弱,这说明 $Ca(OH)_2$ 的生成过程受到了一定程度的抑制,聚合物的加入对水泥的水化过程起到了延缓作用。

深入剖析这一现象的原因,可能是由于聚氨酯中的有机组分对水泥颗粒产生了包裹效应。这种包裹作用使水泥颗粒难以与水充分接触,从而影响了水泥水化反应的顺利进行。

### 7.2.3 本节小结

本节首先对影响聚合物改性水泥宏观物理力学的因素进行分析,从微观的角度研究聚合物对水泥浆体结构与组成成分的影响,其分析得出的结果如下:

(1) 加入适量聚合物可以有效提升浆体的流动度,也会影响浆体的凝结时间。浆体流动度受水灰比的较大影响,水灰比的增加使浆体中水分含量上升,随着水分的增多,水泥颗粒能够更均匀地分散在水中,进而增强浆体的流动性能。

(2) 水灰比的提升会导致聚合物改性水泥浆体的力学强度下降,而聚合物掺量的增加使试块的抗折强度呈现出先增强后减弱的趋势。同时随着聚合物掺量的增加,抗压强度则持续呈现下降趋势,综合浆体流动度的变化以及植生混凝土成型的需求,发现当聚合物掺量为 2% 且水灰比为 0.35 时,水泥试块的性能表现最佳。

(3) 聚氨酯颗粒能够均匀地分布在水泥基体中,填补水泥颗粒间的空隙,使微观结构有所改善,聚氨酯的分子结构与水泥中的硅酸盐成分并不具备产生化学反应的条件,故与普通硅酸盐水泥无新的化学反应。

## 7.3 聚合物改性水泥基植生混凝土性能研究

### 7.3.1 配合比设计

与传统混凝土不同，植生混凝土的配合比设计中存在着植物生长的 pH 环境与混凝土高碱性的矛盾，还要同时寻求高孔隙率与足够力学性能的矛盾[6-7]。本节以胶骨比与骨料粒径为变量，观察在聚合物作用下植生混凝土各项性能的表现。本节植生混凝土的配合比设计见表 7.7。

**表 7.7　　　　　聚合物改性水泥基植生混凝土配合比设计表**

| 编号 | 胶骨比 | 骨料粒径/mm | 材料用量/(kg/m³) | | | |
|---|---|---|---|---|---|---|
| | | | 骨料 | 水泥 | 水 | 聚合物 |
| VP-1 | 0.14 | 10~30 | 1553 | 217 | 76 | 4 |
| VP-2 | 0.14 | 20~30 | 1435 | 201 | 70 | 4 |
| VP-3 | 0.14 | 15~20 | 1537 | 215 | 75 | 4 |
| VP-4 | 0.14 | 10~15 | 1601 | 224 | 78 | 4 |
| VP-5 | 0.17 | 10~30 | 1553 | 264 | 92 | 5 |
| VP-6 | 0.17 | 20~30 | 1435 | 244 | 85 | 5 |
| VP-7 | 0.17 | 15~20 | 1537 | 261 | 91 | 5 |
| VP-8 | 0.17 | 10~15 | 1601 | 272 | 95 | 5 |
| VP-9 | 0.20 | 10~30 | 1553 | 311 | 109 | 6 |
| VP-10 | 0.20 | 20~30 | 1435 | 287 | 100 | 6 |
| VP-11 | 0.20 | 15~20 | 1537 | 307 | 107 | 6 |
| VP-12 | 0.20 | 10~15 | 1601 | 320 | 112 | 6 |

### 7.3.2 制备工艺流程

植生混凝土的制备流程为：材料准备、配料混合、搅拌材料、浇筑混凝土、压实与振捣、养护。与普通混凝土相比，在许多细节之处稍有不同。

在搅拌材料过程中，普通混凝土通常采用一次性给料法，即将水泥、水、石子、砂等原材料一次性投入搅拌机进行搅拌。然而植生混凝土是一种无砂多空的混凝土，采用一次性给料法易产生"滚珠"现象，导致骨料表面的浆体覆盖不均匀甚至会使浆体结块，如图 7.17 所示。如果结块的浆体不及时清理，会损害搅拌设备。目前植生混凝土搅拌通常采用预裹浆法，先放入所有粗骨料以及部分水和胶凝材料，使骨料表面先包裹上一层水泥浆体，搅拌一段时间后再加入剩余的水和胶凝材料进行搅拌。使用预裹浆法能避免使用一次性给料法所带来的"滚珠"以及结块，是目前已经成熟和得到认可的方法，成型效果如图 7.18 所示。

图 7.17　一次裹浆法搅拌效果　　　　图 7.18　预裹浆法搅拌效果

在搅拌完材料的振捣环节，采用的方法是人工振捣而非机械振捣，机械振捣的频率和力度较大且难以把控，如此大的震动会使包裹于骨料表面的浆体脱落，而植生混凝土主要靠胶凝浆体紧密黏结骨料，胶凝材料掉落则力学强度自然减小。其次脱落的浆体受重力影响沉积于试模底部，堵塞了植生混凝土的连通孔隙，根系不能穿透底部，且难以从底部透水，如图 7.19 所示。本次试验成型尺寸为 150mm 的正方体植生混凝土试块，成型植生混凝土 2d 后拆模，放入标准养护间养护至指定龄期方可进行各项测试。制备流程如图 7.20 所示。

 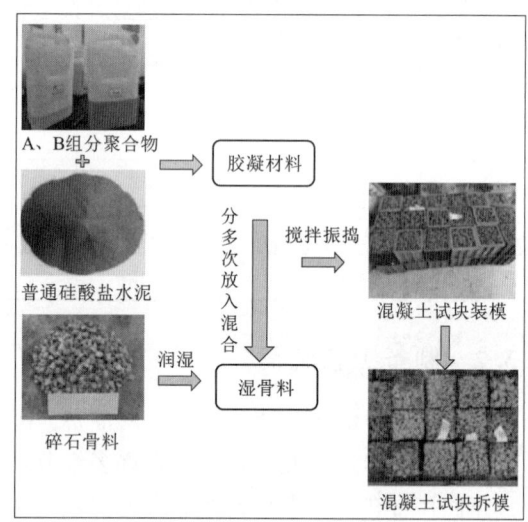

图 7.19　浆体沉积封底的植生混凝土　　　　图 7.20　聚合物改性水泥基植生混凝土制备流程图

### 7.3.3　结果与讨论

#### 7.3.3.1　孔隙率

植生混凝土的孔隙率对其性能和应用具有综合性的重要意义。这一指标直接影响结构性能、生态环境和工程可行性[18-19]。植生混凝土孔隙率应有一个合适的范围，在范围内的孔隙率才能在满足工程强度的同时，使混凝土具有足够的空隙供植物的根系穿透达到混凝土下方的土壤营养层。根据已有的文献[20-22]与前期预试验得出的经验可知，植生混凝土的有效孔隙率最好在30%以上。本节对聚合物改性水泥基植生混凝土的总孔隙率与有效孔隙率进行了测试，聚合物改性水泥基植生混凝土的孔隙率随骨料尺寸与胶骨比变化的测量结果如图7.21所示。

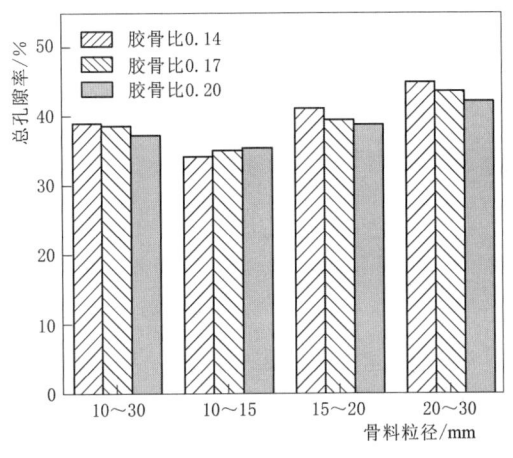

图7.21 植生混凝土总孔隙率

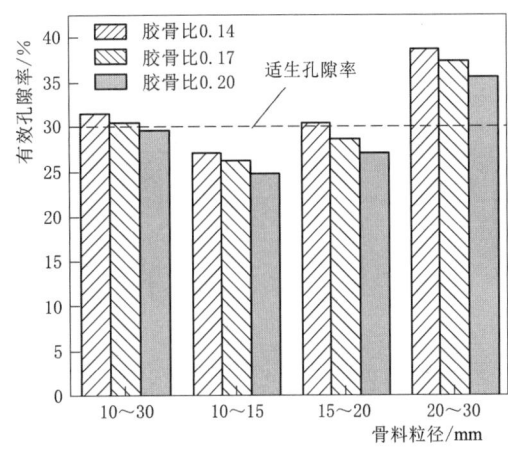

图7.22 植生混凝土有效孔隙率

对比图7.21与图7.22，聚合物改性水泥基植生混凝土的总孔隙率比有效孔隙率高出18.1%~29.1%，这说明植生混凝土中不连通的孔隙占比不容忽视，需要考虑孔隙不连通是否对植物扎根植生混凝土有影响。从图7.21中可以看出胶骨比与骨料尺寸是影响植生混凝土孔隙率比较重要的因素。有效孔隙率在设定的适合植物生长的孔隙率之上的有6组，随着胶骨比的增大，植生混凝土的孔隙率呈现减小的趋势，这是由于胶凝材料的增加，水泥凝胶的充填作用增强，填充了原本存在的孔隙，从而导致孔隙率减小。而随着骨料尺寸的增大，植生混凝土的孔隙率反而随之增大。相比单一级配（20~30mm），连续级配（10~30mm）的孔隙率更小，这是因为大骨料颗粒会在植生混凝土中形成更大的空隙，而有较小的骨料反而能填充骨料间的空隙。

#### 7.3.3.2 孔隙溶液pH值

测定pH值是评估植生混凝土的酸碱性以及土壤环境的重要步骤，因为土壤或混凝土的pH值直接影响其中微生物、植物根系的生长，以及土壤中营养物质的有效性和溶解性[23]。通过测定pH值，可以了解土壤或混凝土的酸碱性是否适宜于植物生长，以及可能存在的土壤改良或调节措施，从而提高植物的生长效果和土壤的生态环境质量。

测定所用的自来水的pH值为7.28，属于中性水。由图7.23与图7.24可以看出，各组聚合物改性水泥基植生混凝土孔隙溶液pH值为9~11，相比普通硅酸盐水泥植生混凝土有较大程度的下降。究其原因可能是，由于水泥颗粒被聚合物包裹从而减少了水泥与水的接触，使水泥水化延缓，并且生成的聚合物网膜包裹骨料从而进一步阻止了水泥水化，减少了$Ca(OH)_2$的生成，使孔隙溶液pH值降低。而胶骨比与骨料粒径对聚合物改性水泥基植生混凝土孔隙溶液pH值有较大的影响。无论龄期是7d还是28d，随着骨料粒径的增加，聚合物改性水泥基植生混凝土的孔隙溶液 pH 值呈现下降的趋势。这可能是因为骨料粒径增大反而使包裹在骨料上胶凝材料的表面积减少，聚合物能够更好地包裹胶凝材料，阻止了水泥水化[24]，从而使孔隙溶液 pH 值降低。随着胶骨比的增加，包裹了胶凝材料的骨料之间的间隙被填充，水与水泥胶凝材料的接触机会减少，导致了聚合物改性水泥基植生混凝土的孔隙溶液 pH 值下降。

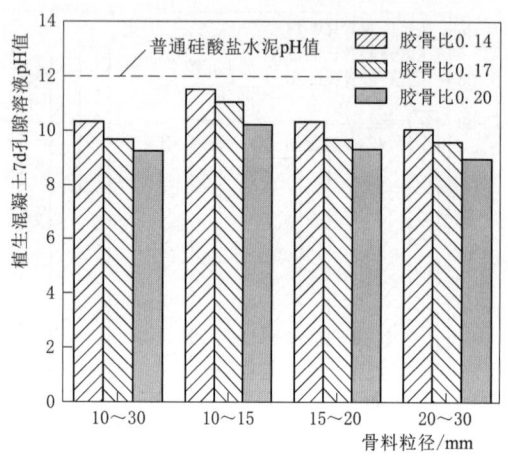

图 7.23　聚合物改性水泥基植生混凝土的 7d 孔隙溶液 pH 值

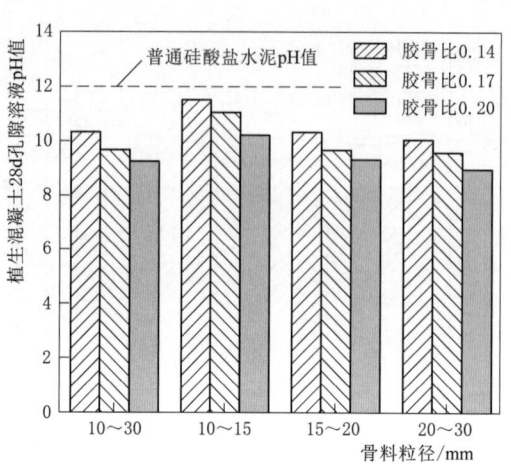

图 7.24　聚合物改性水泥基植生混凝土的 28d 孔隙溶液 pH 值

#### 7.3.3.3　聚合物改性水泥基植生混凝土抗压强度

植生混凝土需要足够的抗压强度支撑植物的生长，还需要承受各种如行人、车辆、土体滑动等外部压力。本次试验通过进行植生混凝土抗压强度测试来进一步确定骨料尺寸与胶骨比的取值范围。抗压强度测试结果见图 7.25、图 7.26。

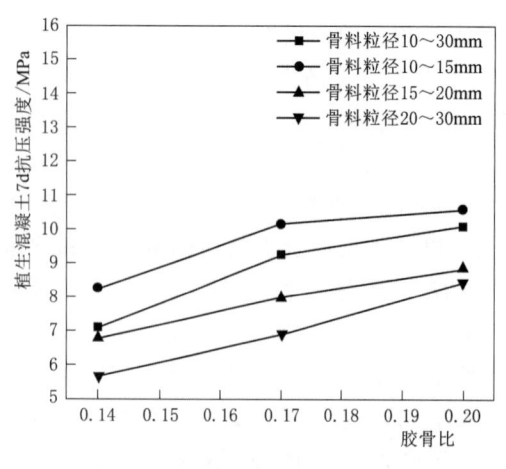

图 7.25　植生混凝土 7d 抗压强度

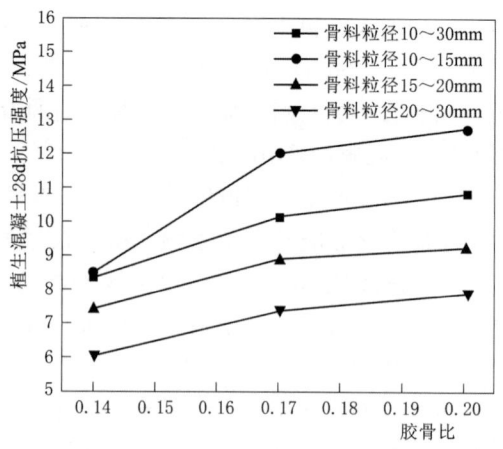

图 7.26　植生混凝土 28d 抗压强度

从图 7.25 与图 7.26 中可以看出，聚合物改性水泥基植生混凝土在骨料粒径为 10～15mm 时，7d 和 28d 龄期植生混凝土的抗压强度达到最大值，其中 7d 抗压强度的最大值为10.58MPa，28d抗压强度的最大值为12.80MPa；在骨料粒径为15～20mm时，7d抗压强度的最大值为8.83MPa，28d抗压强度的最大值为9.23MPa；在骨料粒径为20～30mm时，7d抗压强度的最大值为7.92MPa，28d抗压强度的最大值为8.42MPa；在骨料粒径为10～30mm时，7d抗压强度的最大值为10.14MPa，28d抗压强度的最大值为10.91MPa；当龄期从7d到28d，植生混凝土抗压强度增长范围为4.5%～22.0%，即聚合物改性水泥基植生混凝土在7d龄期时便完成了大部分的强度增长。

随着骨料粒径的增大，聚合物改性水泥基植生混凝土7d和28d抗压强度都呈下降趋势。而随着胶骨比的增大，聚合物改性水泥基植生混凝土7d和28d的抗压强度都逐渐上升。原因可能是，植生混凝土结构在受到外力载荷作用破坏时，破坏面往往发生在胶凝体与骨料的黏结界面。所以当胶骨比过小时，植生混凝土没有足够的水泥浆体将骨料包裹，骨料之间的界面黏结力就会大幅下降，最终导致抗压强度降低。

#### 7.3.3.4 聚合物改性水泥基植生混凝土劈裂抗拉强度

劈裂抗拉强度测试是测量混凝土试样在受拉力作用下的抗裂能力，衡量了混凝土内部的抗张力能力。植生混凝土需要具备一定的拉伸强度，以防止在外部应力作用下出现过大的裂缝，影响结构稳定性。

如图7.27与图7.28所示，聚合物改性水泥基植生混凝土在骨料粒径为10～15mm时，7d和28d龄期植生混凝土的劈裂抗拉强度达到最大值，其中7d劈裂抗拉强度的最大值为1.23MPa，28d劈裂抗拉强度的最大值为1.83MPa；在粒径为15～20mm时，7d劈裂抗拉强度的最大值为0.97MPa，28d劈裂抗拉强度的最大值为1.27MPa；在粒径为20～30mm时，7d劈裂抗拉强度的最大值为0.77MPa，28d劈裂抗拉强度的最大值为0.97MPa；在粒径为10～30mm时，7d劈裂抗拉强度的最大值为1.45MPa，28d劈裂抗拉强度的最大值为1.85MPa；聚合物改性水泥基植生混凝土劈裂抗拉强度的规律基本与抗压强度相同，不同的是当骨料粒径为连续级配（10～30mm）时的劈裂抗拉强度要高于强度最高的单一级配（10～15mm），这可能是由于胶凝材料相对较多时，胶凝材料并不能充分包裹在骨料表面，从而使劈裂抗拉强度有所下降。通常情况下，混凝土的抗压强度

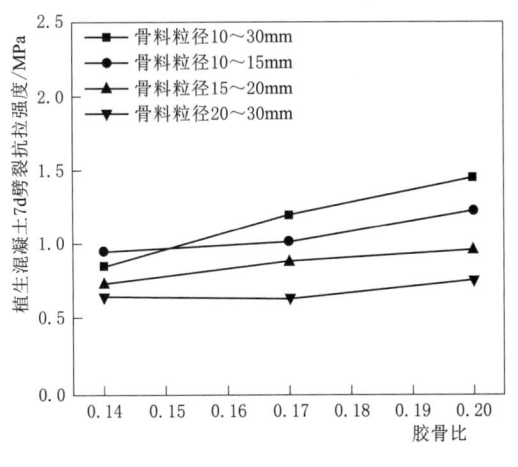

图7.27 植生混凝土7d劈裂抗拉强度

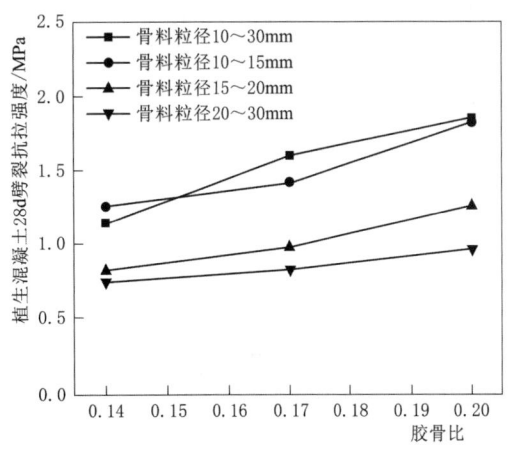

图7.28 植生混凝土28d劈裂抗拉强度

与劈裂抗拉强度之间可能存在一定程度的相关性，随着混凝土抗压强度的提高，其劈裂抗拉强度往往也会相应增强。通过图7.29可知，植生混凝土的劈裂抗拉强度与抗压强度呈一定正相关的关系。

#### 7.3.3.5 聚合物改性水泥基植生混凝土微观分析

在植生混凝土中骨料主要靠胶凝材料黏结在一起，骨料与胶凝材料黏结处的强度会影响混凝土的抗剥落性能，如果黏结处的强度不足，容易导致混凝土表面的骨料脱落，破坏植生混凝土的结构。选取养护至28d的聚合物改性水泥基植生混凝土

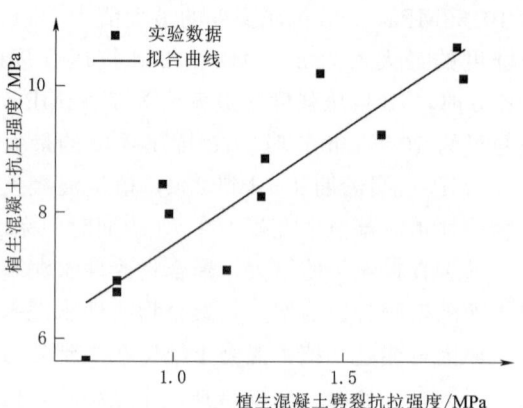

图7.29 植生混凝土抗压强度与劈裂抗拉强度的拟合曲线

与普通硅酸盐水泥植生混凝土试样进行微观图像对比，试样的SEM图像见图7.30和图7.31。从图7.30可以看出，普通硅酸盐水泥与骨料之间的连接相对松散，存在着明显的空隙。这种结构特点使混凝土在受力时容易产生应力集中，从而加速了混凝土的破坏过程。然而，当掺入适量的聚氨酯后，混凝土的内部结构发生了显著的变化，如图7.31所示。掺入聚氨酯后的水泥浆体中形成了大量的体型结构。这些体型结构不仅填充了水泥水化物以及再生骨料内部的孔隙，使混凝土内部结构更加致密，而且还增强了骨料与胶凝材料之间的黏结力。这种紧密的结构使混凝土在受到外力作用时能够更好地分散和传递应力，从而提高混凝土的强度和耐久性。

图7.30 普通硅酸盐水泥植生混凝土骨料与胶凝材料黏结处SEM图

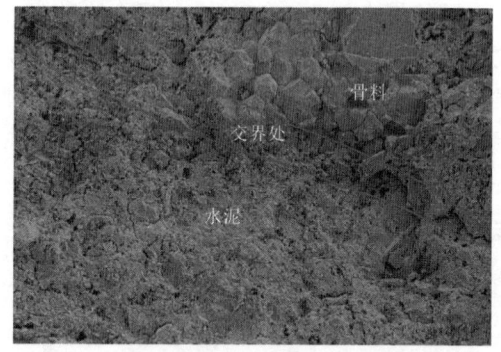

图7.31 聚合物改性水泥基植生混凝土骨料与胶凝材料黏结处SEM图

聚氨酯在混凝土中起到了"桥梁"的作用，将骨料和胶凝材料紧密地连接在一起。这种连接不仅增强了混凝土的力学性能，还有可能提高抗渗性、抗冻性等耐久性能。因此，在植生混凝土的设计和施工中，可以考虑掺入适量的聚氨酯以改善混凝土的性能和延长其使用寿命。

#### 7.3.3.6 聚合物改性水泥基植生混凝土抗老化性能

由于添加了有机聚合物的混凝土在太阳紫外线和雨水等自然因素的作用下会发生老化，

表现为混凝土强度和性能的降低。老化是高分子材料的通病,高分子材料的老化研究包括自然环境老化和室内模拟老化两种。室内模拟老化可以加快试验进程,有效缩短试验周期。

本次老化试验组别分为掺入聚合物的聚合物改性水泥基植生混凝土 $A_1$ 与没有掺入聚合物的普通硅酸盐水泥植生混凝土 $A_2$,每组各 3 个样品,抗老化力学试验结果见表 7.8。

表 7.8　　　　　　　　　　　植生混凝土抗老化实验结果

| 试 验 参 数 | $A_1$ | $A_2$ | 试 验 参 数 | $A_1$ | $A_2$ |
| --- | --- | --- | --- | --- | --- |
| 老化前抗压强度/MPa | 9.18 | 7.62 | 老化后劈裂抗拉强度/MPa | 1.10 | 1.19 |
| 老化前劈裂抗拉强度/MPa | 1.21 | 1.12 | 抗压强度老化变化率/% | −3.4 | +4.1 |
| 老化后抗压强度/MPa | 8.87 | 7.93 | 劈裂抗拉强度老化变化率/% | −9.1 | +6.3 |

由表 7.8 所示,氙灯老化并没有使普通硅酸盐植生混凝土的力学强度降低,相比老化前反而上升 4.1%,可能是因为不掺聚合物的普通硅酸盐植生混凝土在模拟太阳辐射和雨水的作用下继续水化,导致力学强度提升。

而掺入了 2% 聚合物的聚合物改性水泥基植生混凝土经过 2 周的氙灯老化以后,相比老化前抗压强度减少 3.4%,劈裂抗拉强度减少 9.1%,并没有大幅下降,即老化的程度并不明显,其可能的原因是:①掺入的聚合物含量相比水泥胶凝材料的含量过少,植生混凝土的力学强度主要还是由水泥胶凝材料支撑,在聚合物含量较少的情况下,水泥胶凝材料的水化过程及其产物的强度特性仍然是决定混凝土整体强度的主要因素;②混凝土在配制的过程中,聚合物与水泥浆体的相容性较好,它能够均匀地分散到植生混凝土中,并与之形成一个整体,水泥的浆体结构很好地保护了聚合物,避免了内部聚合物老化,进而避免了植生混凝土的力学强度下降。

### 7.3.4　本节小结

本节探究了不同骨料粒径、胶骨比下对聚合物改性水泥基植生混凝土孔隙率、孔隙溶液 pH 值、宏观力学强度的影响,在微观层次与抗老化性能方面研究聚合物对植生混凝土的影响。植生混凝土需要有足够的力学强度的同时尽可能地满足植物生长的环境需求,孔隙溶液 pH 值越贴近植物需求的范围与孔隙率越高,植物就越容易在植生混凝土上生长与存活。本节所得出的试验规律总结如下:

(1) 植生混凝土的孔隙率与孔隙溶液 pH 值受骨料粒径、胶骨比影响较大,骨料粒径较小的植生混凝土的孔隙率并不能达到适生孔隙率。掺入聚合物有助于降低植生混凝土的孔隙溶液 pH 值,整体 pH 值范围为 9~11。

(2) 植生混凝土的力学强度随胶骨比的增大而增大,而随着骨料粒径的增大而减小。掺入了聚合物的植生混凝土抗压强度在胶骨比为 0.2,骨料粒径为 10~15mm 时能达到 12MPa,而能满足植生混凝土有 30% 以上的适生孔隙率与尽可能低的 pH 值的胶骨比与骨料粒径为 0.17、10~30mm,抗压强度能达到 10.14MPa,劈裂抗拉强度能达到 1.61MPa,有效孔隙率为 30.5%,pH 值为 9.28。

(3) 掺入适量聚合物有助于改善植生混凝土中水泥浆体与骨料的黏结情况,形成更加紧密和均匀的结构。而由于聚合物掺入量较小,对植生混凝土的抗老化性能影响微弱。

## 7.4 植生混凝土细观力学研究

鉴于植生混凝土独特的随机多孔复杂结构，其配合比设计过程涉及了众多实验参数的设定导致试验组数增多以及试验周期增长，而且成型混凝土的过程不仅消耗了大量的试验材料、时间与人力资源，更对实验条件的精细调控提出了严苛要求。因此，对植生混凝土进行数值模拟意义重大。数值模拟的优势在于，能够实时调整各类参数，且能直观观察植生混凝土内部结构的动态变化，探究不同参数下模型变化的规律。建立可用的数值模型不仅大幅提高了研究效率，节省了研究资源，还有助于更深入地理解植生混凝土的性能与结构特征，为下一步优化设计也提供了有力支持。

数值模拟中多相细观模型考虑了混凝土内部的非均质性和各项不同的力学参数，对混凝土失效破坏的分析具有能观察内部破坏、省时省力的优点。由于二维混凝土细观模型的建模、边界条件设置及计算过程相对三维而言比较简单，前期的数值模拟多停留在二维层面，但实际工程中二维的模型不足以进行合理地分析，使用三维细观模型对混凝土失效破坏进行模拟具有重大的价值与意义。

因为植生混凝土的形状并不是规则的立方体，而是由于其自身的非连续性、骨料相互接触的特性产生的复杂多孔结构，主要承担外部拉应力的是胶凝材料，使建立植生混凝土细观模型变得较为困难。在考虑混凝土介质非连续性的情况下，需要特别注意骨料的接触方式以及胶凝材料的连接方式，因为它们对整体混凝土的受力情况有着极其重要的影响。

本节考虑了植生混凝土结构上的特点，使用 Python 对 Abaqus 进行二次开发，建立了三维的、由不规则多面体骨料组成的、骨料相互接触的、胶凝材料相互黏结的有限元数值模型并进行了数值模拟，论证了此模型的有效性。

### 7.4.1 Abaqus 与 Python 语言二次开发

三维多孔混凝土细观模型前处理需要有一定的 Python 语言编程能力，并熟练运用 Abaqus 软件，了解 Abaqus 软件二次开发的知识，掌握 Python 编程相关的开发工具。

Abaqus 是由达索系统（Dassault Systèmes）开发的强大有限元分析软件。Abaqus 提供了强大的有限元分析功能，可用于模拟结构、零件和系统在不同载荷和条件下的行为。它可以处理线性和非线性分析、热分析、动力学、疲劳和断裂等多种物理现象，被广泛用于工程、材料科学和物理学等领域的复杂结构和材料的数值模拟和分析。

Python 是一种通用的编程语言，强调代码的可读性，允许开发者用少量代码表达想法，没有过多复杂的语法和较少限制，让开发者能够专注解决问题而非纠结于语言本身。Python 的优点主要包括：

（1）易于学习。Python 有简洁易懂的语法，并且具有丰富的标准库，这使它成为初学者的理想选择。

（2）广泛的应用领域。Python 可以用于 Web 开发、数据分析、人工智能、科学计算、网络编程、自动化运维等多个领域。例如，Python 在科学计算方面拥有 NumPy、SciPy、Pandas 等强大的库，而在人工智能领域，TensorFlow、PyTorch 等深度学习框架也是基于 Python 开发的。

（3）跨平台性。Python 可以在多种操作系统上运行，包括 Windows、Linux、macOS 等，这使 Python 具有很好的可移植性。

（4）强大的社区支持。Python 拥有庞大的开发者社区，提供了丰富的第三方库和工具，这些库和工具可以帮助开发者快速构建各种应用。

（5）动态类型。Python 是一种动态类型语言，这意味着你不需要在声明变量时指定其类型。Python 会在运行时自动确定变量的类型。

（6）解释型语言。Python 是一种解释型语言，这意味着 Python 代码在执行时是逐行解释和运行的，不需要像编译型语言那样先编译成二进制代码再执行。

（7）面向对象。Python 支持面向对象编程，包括类、对象、继承、封装等概念，这使代码更加模块化和易于维护。

（8）免费和开源。Python 是免费的，并且其源代码是开放的，这意味着任何人都可以查看、修改和使用 Python 的代码。

通过对 Abaqus 的二次开发，可以结合 Python 来实现更灵活、定制化的分析和处理。

Abaqus 提供了一个基于 Python 的脚本接口，允许用户使用 Python 脚本直接与 Abaqus 进行交互。这使用户能够通过脚本来控制 Abaqus 的各个方面，包括模型建立、加载、求解、结果提取等。使用 Python 脚本可以自动化一系列复杂的操作，提高工作效率。还提供了 Python API（应用程序接口），允许用户通过 Python 编写插件、脚本或工具，以扩展 Abaqus 的功能。使用 Python API 可以定制新的功能，例如自定义材料模型、加载条件、边界条件等。利用 Python 脚本，可以轻松实现参数化研究。通过循环和参数变化，可以自动运行一系列 Abaqus 分析，以研究参数对模型行为的影响。这有助于进行灵敏性分析、优化研究等。在数据后处理方面，使用 Python 可以更方便地对 Abaqus 的结果进行后处理。通过脚本，可以提取、处理和可视化模拟结果，包括生成图表、动画等。这有助于更深入地理解分析结果。Python 的丰富生态系统可以轻松集成其他科学计算、数据处理、机器学习等库，以增强 Abaqus 的分析和处理能力。

总体而言，Abaqus 与 Python 的二次开发提供了更大的灵活性和可扩展性，允许用户更好地定制分析流程、处理复杂问题，并实现更高效的工程仿真。本节将运用 Python 语言对 Abaqus 有限元分析软件进行二次开发，创建不规则的三维多面体骨料，建立植生混凝土多孔结构模型。利用 Abaqus 有限元软件强大的处理功能，对植生混凝土模型进行网格划分及加载求解。

## 7.4.2 三维细观植生混凝土模型建立

### 7.4.2.1 三维凸多面体骨料模型生成

在 Abaqus 中生成三维凸多面体骨料模型，主要涉及几何建模和随机性的处理，需要随机生成骨料顶点，按照预设好的骨料粒径生成三维凸多面体骨料，设定好骨料中心坐标将骨料投放到指定位置，形成三维凸多面体骨料的漂浮模型。Python 编写三维凸多面体骨料模型代码生成流程如图 7.32 所示。

本节采用基于球体生成空间多面体的方法，设 $D$ 为骨料粒径，令 $R=0.5D$，在 $xyz$

空间坐标系中内，以 $R$ 为半径，原点为圆心，生成半径为 $R$ 的球体。根据蒙特卡洛原理模拟真实混凝土中的骨料，凸多面体骨料 $Q_n$（$n$ 表示生成的第 $n$ 个骨料模型）的各顶点坐标数据随机生成且在凸多面体骨料 $Q_n$ 外接的球形骨料的球面上，随机凸多面体骨料 $Q_n$ 的各顶点坐标 $(x_n, y_n, z_n)$ 表示为

$$z_n = r\cos\alpha \tag{7.7}$$

$$x_n = r\sin\alpha\cos\beta \tag{7.8}$$

$$y_n = r\sin\alpha\sin\beta \tag{7.9}$$

式中：$\alpha$、$\beta$ 为随机生成的角度，取值范围为 $0°\sim360°$。

点与点之间有许多种连线方式，判断所需要的连线与平面需要进行多面体的凸性判定：由随意 3 个骨料顶点 $(x_1, y_1, z_1)$、$(x_2, y_2, z_2)$、$(x_3, y_3, z_3)$ 组成的平面 abc，定义该面的外法相方向向量为 $N(e, f, g)$，遍历所有多面体顶点，定义该点指向与平面 abc 任意点的连接方向向量为 $V$，如果 $N \cdot V$ 的向量点积小于 0，表明两个向量的夹角大于 $90°$，遍历顶点后，如果有值小于 0，表明有顶点在面外，该面不符合凸性条件，舍去该面，继续下一个判断。其中 $N$ 顶点确定的公式为

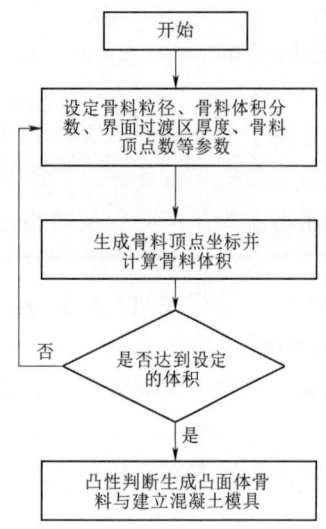

图 7.32 Python 编写三维凸多面体骨料模型代码生成流程图

$$e = (y_2 - y_1) \times (z_3 - z_1) - (y_3 - y_1) \times (z_2 - z_1) \tag{7.10}$$

$$f = (z_2 - z_1) \times (x_3 - x_1) - (z_3 - z_1) \times (x_2 - x_1) \tag{7.11}$$

$$g = (x_2 - x_1) \times (y_3 - y_1) - (x_3 - x_1) \times (y_2 - y_1) \tag{7.12}$$

使用 Python 语言与 Abaqus 的联动语句 WirePolyLine（连线）与 getFeatureEdges（成面）编写脚本，将生成的骨料顶点连成线，线连成面，所得到的骨料模型形貌如图 7.33 所示。

本模型使用富勒（Fuller）级配公式确定骨料级配，富勒级配是一种分析颗粒尺寸分布的方法，通过级配曲线展示颗粒尺寸的分布情况，较适合三维空间模型理论，计算量大，对计算机的性能要求较高，Fuller 级配公式为

$$P(D < d_i) = 0.5\sqrt{\frac{d_i}{D_{\max}}} \tag{7.13}$$

式中：$P$ 为骨料体积积累分布函数；$d_i$ 为当前骨料平均粒径；$D$ 为骨料平均粒径；$D_{\max}$ 为骨料最大粒径。

将获取的粒径范围内骨料占总体积的百分比代入确定各粒径范围内骨料数目 $G_n$，其计算公式为

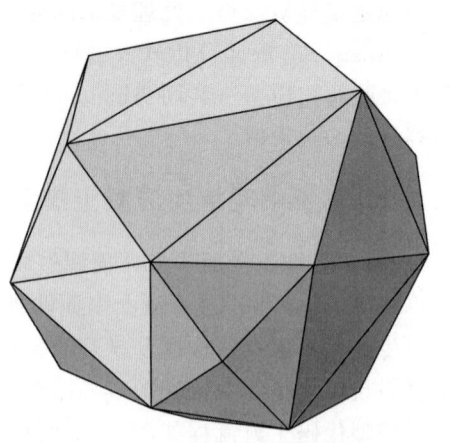

图 7.33 生成的三维多边形骨料

$$G_n = [V \cdot P(D_i < D_0)] / \left(\frac{\pi D_i^3}{6}\right) \tag{7.14}$$

式中：$D_i$ 为粒径范围的骨料代表粒径；$V$ 为骨料总体积。

设定一个长方体边界为投放骨料的区域，边界长方体左下角点和右上角点的坐标分别为 $(X_L, Y_L, Z_L)$ 和 $(X_U, Y_U, Z_U)$，随机生成空间随机投放点 $(x_m, y_m, z_m)$，需要确保骨料不超过投放边界，骨料与边界相离的判断方程为

$$Z_L + r_0 < z_m < Z_U - r_0 \tag{7.15}$$

$$X_L + r_0 < x_m < X_U - r_0 \tag{7.16}$$

$$Y_L + r_0 < y_m < Y_U - r_0 \tag{7.17}$$

由于采用基于球体生成空间多面体的方法，骨料相离判定使用球形的接触判定是最简单和方便的，球形接触判定操作如下：

新投放一个凸多面体骨料后，若其对应空间随机投放点与之前投放的每一个空间随机投放点之间的距离大于这两个骨料的外接球半径之和，则这两个骨料为骨料相离；若其对应空间随机投放点与之前投放的每一个空间随机投放点之间的距离小于这两个骨料的外接球半径之和，则这两个骨料为相互侵入接触，需要放弃该次随机投放，重新生成新的随机投放坐标点，直至满足骨料相离为止。此时，装配后的随机凸多面体骨料 $Q_n$ 的各顶点坐标 $(x_n, y_n, z_n)$ 表示为

$$z_n = z_m + r\cos\alpha \tag{7.18}$$

$$x_n = x_m + r\sin\alpha\cos\beta \tag{7.19}$$

$$y_n = y_m + r\sin\alpha\sin\beta \tag{7.20}$$

根据所述骨料的顶点坐标计算当前已生成骨料的总体积，随机多面体骨料模型的体积可通过 Abaqus 脚本内置方法 getvolume() 直接获得，每生成一个骨料颗粒，将其体积计入该粒径范围内的体积，在当前已生成骨料的总体积满足骨料体积分数时，停止投放骨料，生成的骨料漂浮模型如图 7.34 所示。

#### 7.4.2.2 骨料外力压实模型

植生混凝土的骨料受到重力作用紧密地堆叠在一起，后受混凝土模具的限制形成正方体形状。故生成了零散的三维凸多面体骨料模型后，模拟现实重力压实骨料的过程，即可还原植生混凝土骨料的分布。

建立两个尺寸大小不一的长方体部件，较小的长方体尺寸为 150mm×150mm×300mm，较大的部件尺寸为 160mm×160mm×300mm，通过布尔切割模块得到中空的长方体模具模型，如图 7.35 所示。建立与长方体挡板内径相同的挡板用于位移加载压缩，装配时将混凝土模具部件位移至能包围骨料的位置，与漂浮骨料和挡板模型装配后的骨料外力压实模型如图 7.36 所示。

对挡板施加位移荷载，对骨料施加重力并为混凝土模具施加约束，为骨料与模板设定好材料属性与边界条件，建立 Job 进行作业。作业后经过压实的骨料模型如图 7.37 所示。

图 7.34　三维凸多面体骨料的漂浮模型

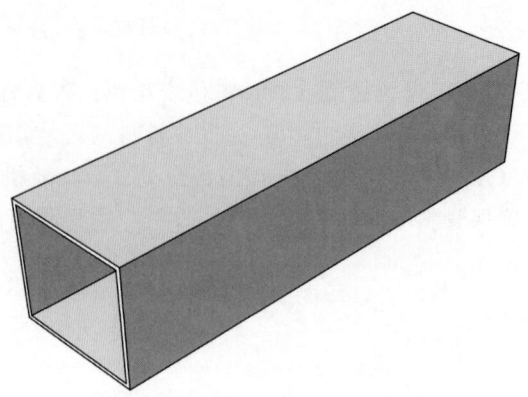

图 7.35　中空的长方体挡板模型

图 7.36　骨料外力压实模型与剖面

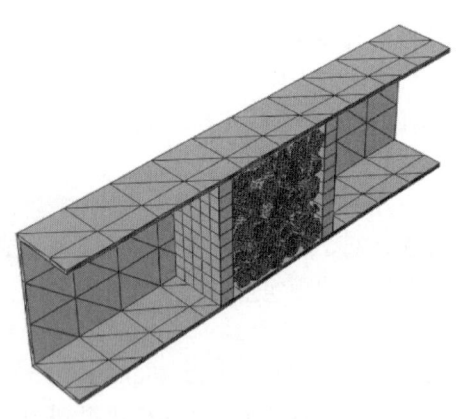

图 7.37　作业的各部件位置（剖面）以及骨料堆积情况

### 7.4.2.3　骨料重构与胶凝材料生成

本节所设定的胶凝材料是均匀等厚度地包裹着骨料，故生成胶凝材料的思路为在堆积后的骨料位置再生成比原本更大一圈的骨料，用膨胀后的骨料切割原骨料即可得到胶凝材料，采用 Abaqus 中装配（Assembly）模块的切割（Cut）操作完成，根据已有文献[25]

以及实际胶凝材料厚度，设定胶凝材料厚度为 2，其中膨胀骨料 $P_n$ 的顶点（$j_n$，$k_n$，$l_n$）的坐标表示为

$$l_n = z_m + (r+2)\cos\alpha \tag{7.21}$$

$$j_n = x_m + (r+2)\sin\alpha\cos\beta \tag{7.22}$$

$$k_n = y_m + (r+2)\sin\alpha\sin\beta \tag{7.23}$$

重生成骨料的操作为在作业生成的 Odb 文件中提取位移后各个骨料的顶点坐标，导出到 txt 文本后使用 Excel 提取，再如 7.4.2.1 节的方法利用 Python 语言进行重生成骨料。在所生成的堆积骨料部件与胶凝材料部件如图 7.38、图 7.39 所示。

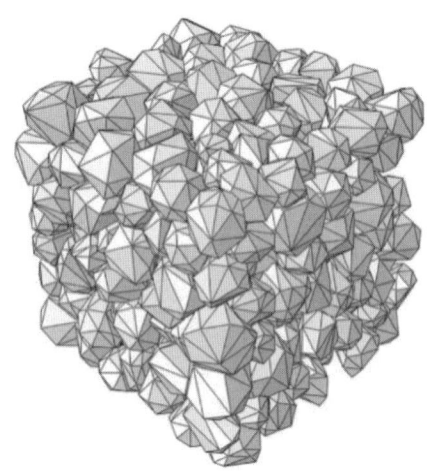

图 7.38　骨料重构的混凝土模型　　图 7.39　创建的胶凝材料集剖面

## 7.4.3　三维细观植生混凝土模型数值模拟

### 7.4.3.1　材料属性赋予

为了表征植生混凝土的力学响应，采用混凝土塑性损伤模型（CDP）描述水泥浆体的本构关系。CDP 是一种基于塑性力学和损伤力学的连续性模型，能够研究材料内部微观缺陷的产生和发展所引起的宏观力学效应。该模型通过引入损伤因子来反映混凝土刚度随塑性变形的发展而不断减小的特性，能够模拟混凝土拉伸开裂和压缩破碎两种破坏情况，如图 7.40 和图 7.41 所示。

本模型的基本假定：①假定混凝土是连续介质，这意味着混凝土在受到外力作用时，其内部的应力和应变分布是连续的，没有出现明显的间断或跳跃；②假定混凝土材料的损伤是各向同性的，即损伤在混凝土内部是均匀分布的，没有特定的方向性，这种假设简化了损伤的描述和计算过程；③假定混凝土的主要破坏机制是拉伸开裂和压缩破碎。在拉伸荷载下，混凝土会出现裂缝并逐渐扩展；在压缩荷载下，混凝土会先硬化后软化，最终发生压碎破坏。

使用混凝土塑性损伤模型结合水泥浆体试验测试数据，对三维模型中的胶凝材料进行

材料赋予，而在现实的植生混凝土力学试验中，若是石料作为植生混凝土的骨料，则在受压过程中往往是胶凝材料先破坏，故对三维模型中的骨料可以赋予塑性的特性，两种材料的属性如图7.42与图7.43所示。

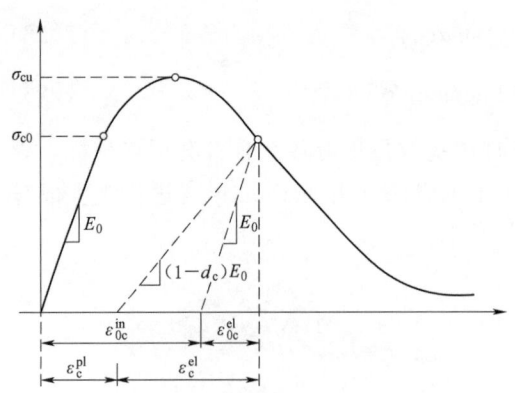

图7.40 CDP压缩应力应变曲线

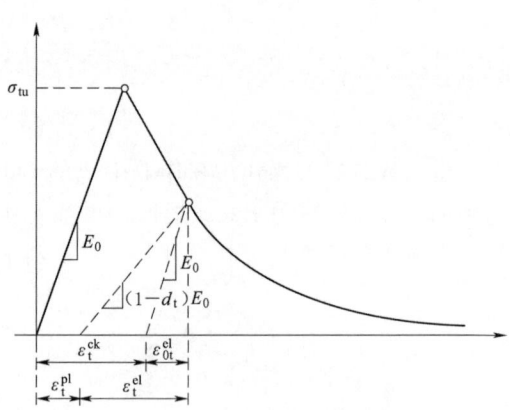

图7.41 CDP拉压拉应力应变曲线

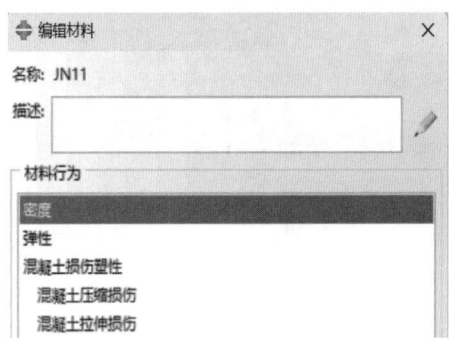

图7.42 胶凝材料属性

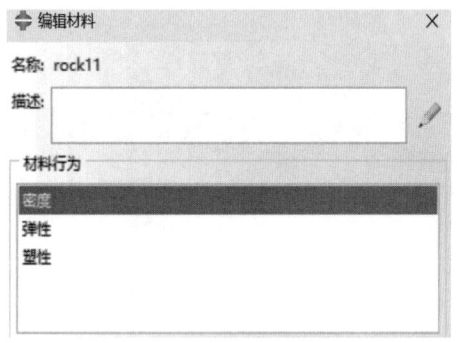

图7.43 骨料材料属性

骨料部件设置弹性与塑性属性，质量密度为 $1.8e^{-9}$，弹性模量为1850，泊松比为0.18。胶凝材料部件设置混凝土塑性损伤属性，质量密度为 $3.31e^{-9}$，弹性模量为30000，泊松比为0.21，膨胀角为35°，偏心率为0.1，黏性参数为0，最大受压屈服应力为54MPa，最大受拉应力为8.6MPa。

#### 7.4.3.2 装配、划分网格与加载

为模拟受压状态下植生混凝土的受力状况，建立了尺寸为150mm×150mm×20mm的上下长方体压板，为底板部件设置弹性属性。建立接触属性，设置法向行为与切向行为，法向行为主要描述接触面在法线方向上的相互作用，而切向行为描述接触面在切线方向上的相互作用。

由于不规则三维骨料部件与胶凝材料部件的网格较难划分，极其容易出现网格报错，故对骨料与胶凝材料部件进行独立网格转化。基体所划分的网格形状与大小都直接控制着变为独立网格后植生混凝土网格的形态。构建覆盖整个植生混凝土三维多相细观模型的基体（如图7.44所示，边长为150mm的正方体每条边都划分了100个小正方体网格），将

基体进行网格划分,使用 Abaqus 中与 Python 联用的 element 函数,遍历基体部件所有网格,计算网格中心坐标,然后判断这个中心坐标是否在混凝土部件内部,把不在内部的单元设为集并删除,最终得到的三维不规则骨料混凝土细观模型如图 7.45 所示。

设定动态显式分析步,为上下底板部件设置刚体约束,并在载荷模块中为上底板施加位移荷载,为下底板施加固定端约束。植生混凝土受压模型如图 7.46 所示。

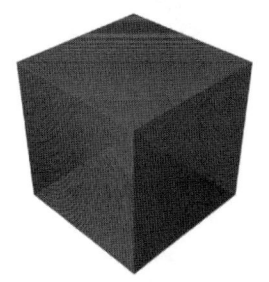  

图 7.44 划分独立网格的基体　　图 7.45 植生混凝土独立网格模型　　图 7.46 植生混凝土单轴受压模型

由于植生混凝土的骨料相接触,胶凝材料相连接的特点,普通的模型可能并不能反映其结构特点,本模型针对植生混凝土难以建模的痛点,通过软件的工况数据处理,建立了符合实际情况,接触合理的三维受压模型,建模的思维导图如图 7.47 所示。

图 7.47 整体建模思维导图

### 7.4.3.3　工况设计与模型验证

本节应用前面小节生成的植生混凝土细观模型进行单轴条件下静态力学特性破坏形态的模拟,以检验混凝土细观模型的合理性、可靠性、有效性,对植生混凝土的骨料粒径与孔隙率进行研究,共建立了 6 个不同骨料粒径与孔隙率的模型 EC-1、EC-2、EC-3、EC-4、EC-5、EC-6,如图 7.48 所示。在 Job 模块中提交作业,作业完成后在得到的 Odb 文件中导出数据,经整理后 EC-1~EC-6 在单轴压缩数值模拟中抗压强度-应变曲线如图 7.49 所示,不同骨料粒径和孔隙率生态混凝土的峰值应力和峰值应变关系见表 7.9。

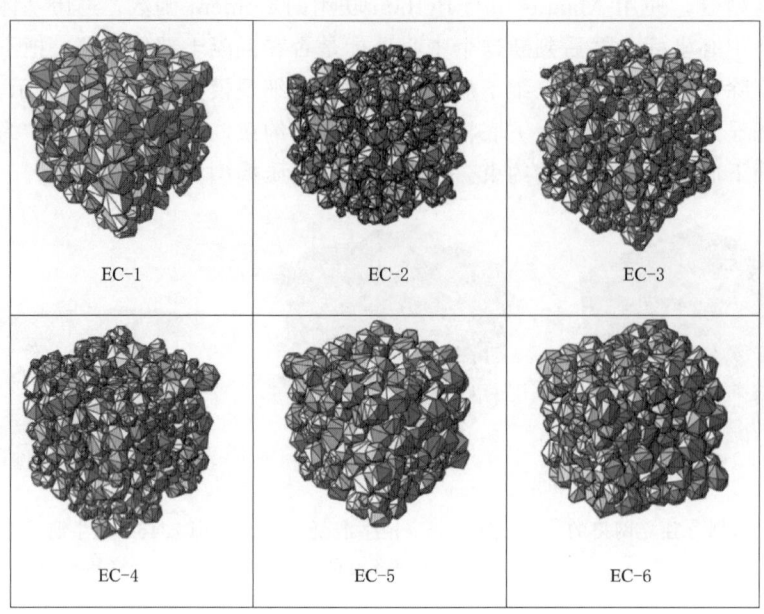

图 7.48　不同骨料粒径和孔隙率的植生混凝土有限元模型

表 7.9　　　　　　　　　植生混凝土有限元模型的关键参数

| 编号 | 骨料粒径/mm | 孔隙率/% | 编号 | 骨料粒径/mm | 孔隙率/% |
|---|---|---|---|---|---|
| EC-1 | 20~30 | 35.41 | EC-4 | 10~30 | 32.86 |
| EC-2 | 10~15 | 27.97 | EC-5 | 20~30 | 45.10 |
| EC-3 | 15~20 | 30.31 | EC-6 | 20~30 | 40.21 |

如图 7.49 所示，植生混凝土的应力-应变曲线在起始阶段的应力与应变之间呈线性关系，有着较为明显的弹性阶段，此时混凝土内部的微观结构尚未发生明显变化，能够对应力变化做出及时且线性的响应。随着应变的进一步增大，植生混凝土逐渐进入破坏阶段，而植生混凝土的应力-应变曲线并不一定出现明显的屈服阶段，这可能是由于不规则的骨料形状导致胶凝材料黏结受力面积并不一定稳固，这使不同的植生混凝土模型有着不一样的屈服阶段。在峰值后的阶段，植生混凝土的应力随应变的增大而减小，混凝土内部的破坏已经扩展至整个结构，导致其承载能力急剧下降。此时，即使应变继续增大，应力也无法再维持之前的水平，混凝土逐渐失去承载能力，最终发生破坏。

植生混凝土因其骨料在重力作用下随机堆积，导致了骨料之间黏结位置的随机性。这种随机分布使植生混凝土在受力时并未实现均匀的应力传递，进而其抗压强度与应变之间的曲线关系并非固定比例，如图 7.50 所示。实质上，在实际实验中，即使试块参数相同，其抗压强度-应变曲线也会呈现显著差异。这种差异很可能是由于植生混凝土的多孔特性与骨料分布的随机性所致，这些因素共同导致植生混凝土的力学强度-应变曲线不够稳定，因此难以准确预测其达到峰值应力的时刻以及断裂的具体位置。峰值应力与孔隙率的关系如图 7.51 所示。

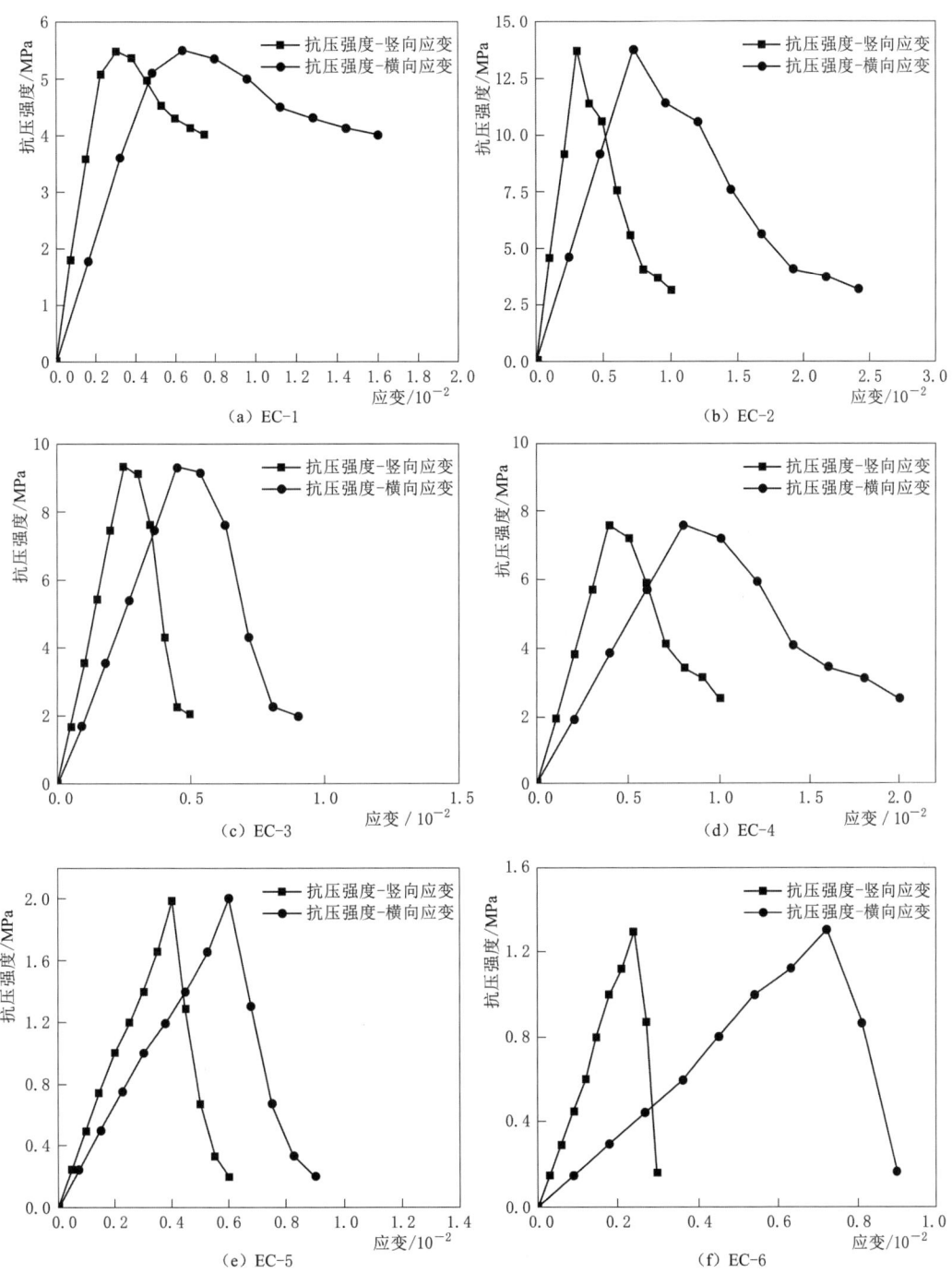

图 7.49 不同模型的抗压强度-应变关系

而以有限元软件分析模拟的峰值应力对比（见表 7.10），其中误差最小的模型为 EC-3，误差比例为 4.9%，而误差最大的模型为 EC-1，误差比例为 25.2%。独立网格设置导致胶凝材料厚度是一致的，但大粒径骨料的植生混凝土模型骨料半径大，导致胶凝材料

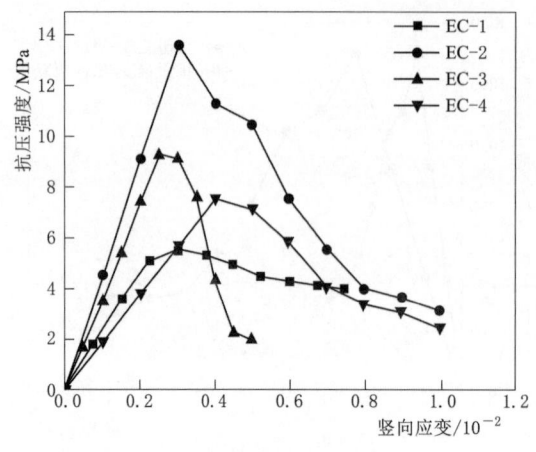
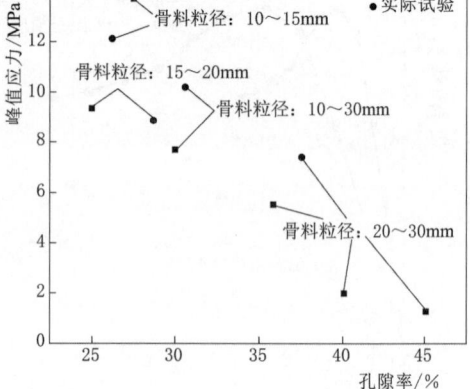

图 7.50　不同模型的抗压强度-应变关系　　　　图 7.51　峰值应力与孔隙率的关系

与骨料的比例失衡。大粒径骨料上生成的胶凝材料比小粒径骨料上生成的胶凝材料薄,导致模拟的结果下降,误差增大。

**表 7.10　　　　　不同骨料粒径模型的实际试验与模拟结果对比**

| 编号 | 实际峰值应力/MPa | 模拟峰值应力/MPa | 差值比例/% |
|---|---|---|---|
| EC-1 | 7.39 | 5.53 | 25.2 |
| EC-2 | 12.10 | 13.71 | 13.3 |
| EC-3 | 8.91 | 9.35 | 4.9 |
| EC-4 | 10.21 | 7.69 | 24.7 |

#### 7.4.3.4　结果分析与讨论

在 Steps 模块的场输出请求与历程输出请求中,对植生混凝土模型进行受压受拉损伤分析,可以深入地理解、分析其破坏机理和性能特点。弹性阶段结束时植生混凝土模型开始破坏,植生混凝土三维不规则多相细观模型的受压和受拉损伤云图如图 7.52 所示。

从图 7.52 中可以看出,植生混凝土的破坏主要发生在骨料之间的界面以及水泥浆体的薄弱区域,即骨料之间的胶凝材料黏结处。植生混凝土中的骨料以胶凝材料为桥梁,是植生混凝土受力时易开裂的薄弱区域,这是由于胶凝材料有着较低的抗拉强度。而在受拉状态下,胶凝材料黏结处的受力面积最小,胶凝材料更容易出现开裂和断裂。

通过受压损伤云图与受拉损伤云图的对比,发现胶凝材料的破坏多为受拉破坏。通过分析在应力达到峰值时不同骨料粒径的横向位移云图(见图 7.53)可知,植生混凝土的横向应变恒大于竖向应变,植生混凝土受到单轴竖向压力,混凝土两侧向与竖直方向垂直的方向伸长,外部胶凝材料部件发生明显的位移和变形,最大的横向位移可以观察到在混凝土两侧的中间,随后向顶底两侧递减。而骨料粒径与应力达到峰值时的竖向、横向位移并没有特别明显的关系,这是因为骨料的随机生成与堆放创造了随机的植生混凝土结构,随机的骨料黏结并不能稳定地使混凝土有着固定的变形。

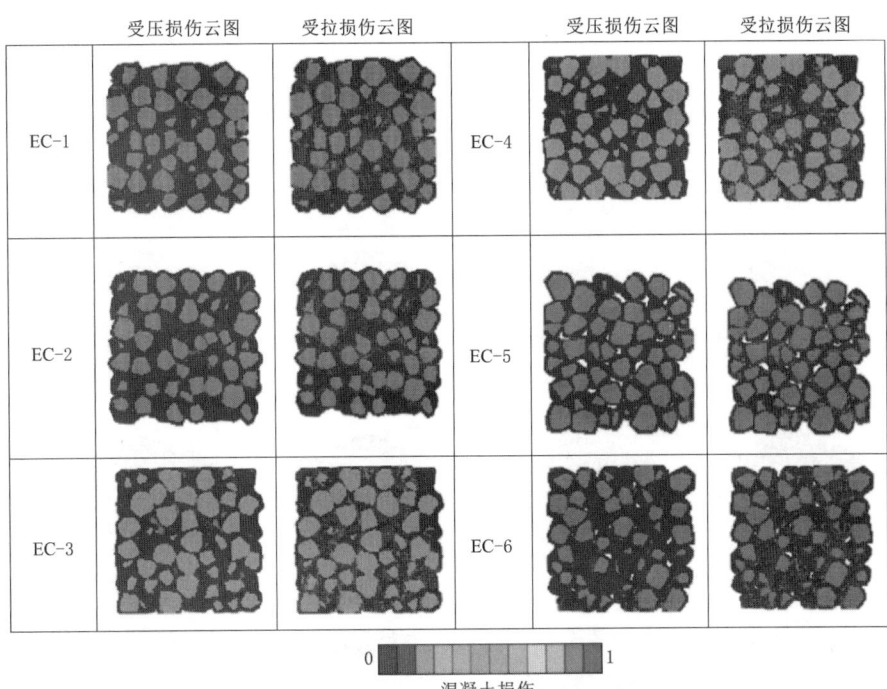

图 7.52 不同植生混凝土试件开始破坏时的剖面损伤云图

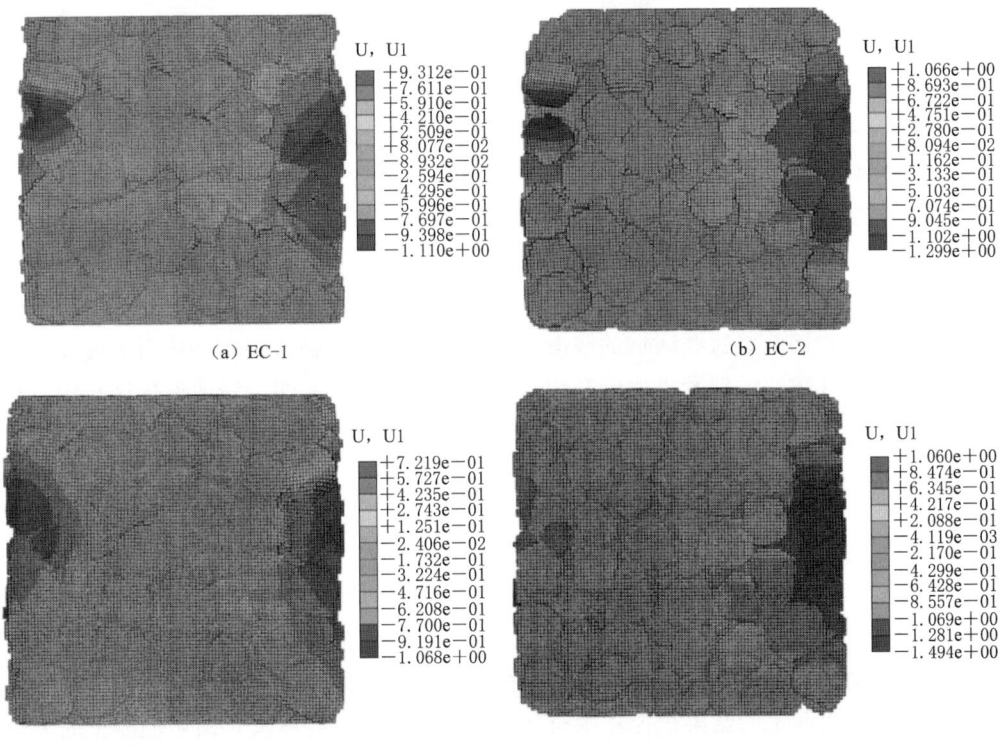

图 7.53 不同植生混凝土试件横向位移云图

在同样的位移荷载下，对比不同孔隙率植生混凝土数值模型的破坏过程，如图 7.54 所示，可以观察到孔隙率高的 EC-5 与 EC-6 受拉破坏速度明显大于孔洞含量较低的 EC-1。这主要源于不同孔隙率对植生混凝土内部结构和性能的影响。

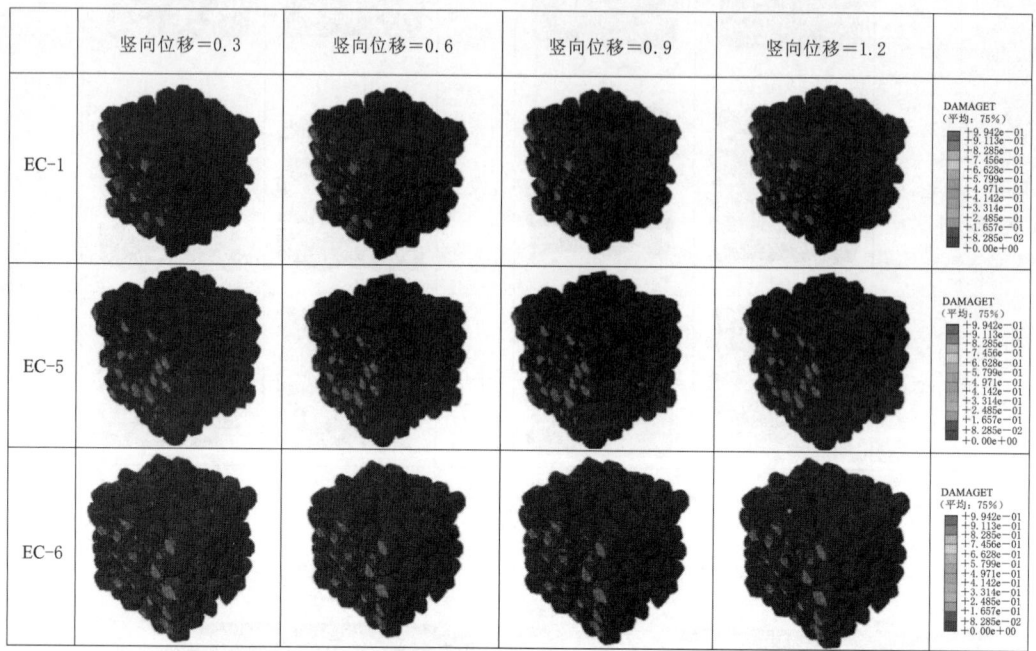

图 7.54  不同孔隙率植生混凝土数值模型的破坏过程

首先对于孔隙率较小的 EC-1，其内部骨料之间的胶凝材料分布更为紧密，形成了较强的黏结力。这种紧密的结构使混凝土在受到外力作用时，能够更好地分散和传递应力，从而延缓受拉破坏的发生。相比之下，孔隙率较高的 EC-5 和 EC-6，其内部存在更多的孔洞和缝隙，这些孔洞削弱了骨料之间的黏结力，使混凝土更容易破坏。

而高孔隙率的植生混凝土在受力时，孔洞周围的胶凝材料更容易受到应力集中的影响。当受到拉力作用时，这些区域的胶凝材料更容易发生开裂和破坏，从而加速混凝土的整体破坏。而低孔隙率的混凝土由于其内部结构的紧密性，能够更好地抵抗这种应力集中的影响，表现出更好的抗拉性能。

### 7.4.4  本节小结

本节主要通过 Abaqus 与 Python 语言二次开发的方法，根据已有文献建立三维不规则凸多面体骨料模型，较为创新地使用软件将多个骨料压实于模具并模型重构，骨料膨胀后采用布尔分割生成胶凝材料，得到了较为贴合现实情况的植生混凝土三维数值模型，分析了不同骨料粒径与孔隙率下细观模拟结果的改变，主要结论如下：

（1）仿真结果与试验结果规律相吻合，孔隙率与骨料粒径越大，植生混凝土的力学强度就越小。侧向应变值明显大于轴向应变值，说明植生混凝土在单轴压缩荷载作用下向外侧扩张。模拟与现实峰值应力误差不超过 30%，可从一定程度上预测植生混凝土的抗压强度范围。

(2) 根据植生混凝土的细观变形过程可以看出,植生混凝土在单轴压缩条件下,骨料黏结点的滑动破坏导致骨料崩塌是生态混凝土的主要破坏模式。植生混凝土抗压破坏主要是先从孔隙处的较薄弱的界面开始破坏,之后开始扩展延伸,最终导致试块出现失稳。植生混凝土破坏形式为受拉破坏,单轴受压条件下横向应变恒大于竖向应变,横向应变最高处应在受压侧面的中心位置。

## 7.5　聚合物改性水泥基植生混凝土植物种植试验

通过前面小节对聚合物改性水泥基植生混凝土的性能研究可知,以17%的胶骨比、10~30mm的骨料粒径制作的聚合物改性水泥基植生混凝土的力学性能达标,孔隙率与孔隙溶液pH值达到植物生长所需的要求,但其植生性能还未得到试验证实。观察评估植物的生长情况是评价植生混凝土植生性能的关键。植物的生长速度、覆盖面积、健康状况及多样性等指标能够反映植生混凝土提供的pH值环境、生长空间及结构设计合理性。

植生混凝土与植物是相互影响、相互制约的关系,种植植物后植生混凝土的各项性能都可能产生变化。植物根系扩张产生的应力有可能会破坏植生混凝土的物理结构,而植物带来的水分也可能会对混凝土造成侵蚀,导致力学强度的下降。

为了验证上面提出的问题与观点,本节选取多种试验植物种植在聚合物改性水泥基植生混凝土,通过记录植物不同生长周期的植物长势,测试植生后植生混凝土的力学强度,研究聚合物改性水泥基植生混凝土的植物相容性。本节最终目的是研究一套切实可行的陡边坡防护用植生水泥土应用技术方案,通过对前几节的研究内容和结论进行整合,基本可以确定陡边坡防护用植生水泥土应用技术方案中的材料配方及用量。本节还根据陡边坡的特点和工程的实际需要提出了一种分层复合植生结构,并根据前三节所得的研究结果提出了以该分层复合植生结构为基础的陡边坡植生水泥土技术的具体方案。

### 7.5.1　试验方案

#### 7.5.1.1　试验内容

为满足植物根系能够更好地穿透混凝土,本植生试验所使用的混凝土试块的尺寸为15cm(长)×15cm(宽)×6cm(高)。

以植物种类为变量,根据不同地区的植物特性选取紫花苜蓿、狗牙根、百喜草、碱茅草为试验植物物种,采用高度为16cm的长方形塑料花盆进行盆栽植生试验,土壤选择营养土与红壤,采用上置式的种植方式,于植生混凝土上覆盖3~5cm种植基质并播种,通过观察目标植物的生长发育状况,挑选出适合种植在聚合物改性水泥基植生混凝土的植物土壤组合。

#### 7.5.1.2　试验配比

(1) 植生试验植物物种选择。广西壮族自治区属亚热带季风气候区,气候温暖,雨水充沛，光照充足。植生试验植物物种选择应充分考虑植物对气候的要求，做到因地制宜。其次，不同植物对生长环境酸碱度要求不同，植生试验植物物种选择还需要考虑目标植物的耐碱、抗逆性以及其生长年限、景观效果。综合上述原则，本试验选择紫花苜蓿、碱茅草、狗牙根和百喜草，四种植物的生长特性见表7.11。

表 7.11  试验植物生长特性概况

| 名称 | 适宜季型 | 适宜pH值 | 株高/cm | 根系长度/cm | 适宜含水量/% |
|---|---|---|---|---|---|
| 百喜草 | 暖季（6~45℃） | 5.4~8.9 | 约80 | >100 | 50以上 |
| 狗牙根 | 暖季（20~35℃） | 5.0~8.0 | 10~30 | 10左右 | 23左右 |
| 碱茅草 | 暖季（20~30℃） | 5.0~10.0 | 70~160 | 可达100 | 25以上 |
| 紫花苜蓿 | 暖季（5~35℃） | 6.5~9.0 | 20~80 | 30~60 | 40~80 |

（2）植生土壤。土壤是植物生长的必要条件，土壤提供了植物生存所需的营养物质，包括氮、磷、钾等，维持着适宜的水分含量。本试验中，植生基质层由红壤（见图7.55）与营养土组成（见图7.56），微量元素含量见表7.12。

图 7.55  红壤样品

图 7.56  艺高园艺牌通用营养土

表 7.12  试验所用营养土与红壤的微量元素含量

| 序号 | 土壤种类 | 检测项目 | | | | | | |
|---|---|---|---|---|---|---|---|---|
| | | 全氮/(g/kg) | 全磷/(g/kg) | 全钾/(g/kg) | 水溶性氮/(mg/kg) | 有效磷/(mg/kg) | 速效钾/(mg/kg) | pH值 |
| 1 | 营养土 | 5.62 | 1.01 | 18.5 | 363.3 | 11.3 | 143.9 | 5.00 |
| 2 | 红壤土 | 0.49 | 0.16 | 19.3 | 27.3 | 8.9 | 58.7 | 4.62 |

（3）配合比设计。探究不同植物在不同土壤上的长势，以挑选出最适合在植生混凝土上生长的植物品种与适生土壤的组合，试验方案见表7.13。

表 7.13  植物土壤种植组合

| 序号 | 红壤/% | 营养土/% | 植物种类 | 序号 | 红壤/% | 营养土/% | 植物种类 |
|---|---|---|---|---|---|---|---|
| ZW-1 | 100 | 0 | 紫花苜蓿 | ZW-4 | 100 | 0 | 碱茅草 |
| ZW-2 | 50 | 50 | 紫花苜蓿 | ZW-5 | 50 | 50 | 碱茅草 |
| ZW-3 | 0 | 100 | 紫花苜蓿 | ZW-6 | 0 | 100 | 碱茅草 |

续表

| 序号 | 红壤/% | 营养土/% | 植物种类 | 序号 | 红壤/% | 营养土/% | 植物种类 |
|---|---|---|---|---|---|---|---|
| ZW-7 | 100 | 0 | 百喜草 | ZW-10 | 100 | 0 | 狗牙根 |
| ZW-8 | 50 | 50 | 百喜草 | ZW-11 | 50 | 50 | 狗牙根 |
| ZW-9 | 0 | 100 | 百喜草 | ZW-12 | 0 | 100 | 狗牙根 |

### 7.5.2 植生试验

#### 7.5.2.1 试验方法

(1) 植株覆盖率。拍摄裁剪后植物的俯视图，将照片划分为 1.5cm×1.5cm 的方格统计未长草的面积，与总面积的比值即为植物的覆盖率，见式 (7.24)。

$$C = 1 - \frac{S_{未}}{S_{全}} \tag{7.24}$$

式中：$C$ 为植物的覆盖率，%；$S_{未}$ 为未长草的面积，$m^2$；$S_{全}$ 为种植区域的总面积，$m^2$。

(2) 根系长度。当植物达到 42d 后，取出覆盖在土壤下方的植生混凝土，然后用清水冲洗混凝土清除其表面残留的土壤，测量。断开混凝土取出带有根系的植物，此次操作尽量保持植物根系的完整性，最后用精确度为 1mm 的尺子测量植物根系的长度。

(3) 植株高度。以 7d 为周期，当植物出芽时和达到指定的种植时间后，用精确度为 1mm 的尺子测量植物植株的长度，自土壤表面测量至最上部展开叶子的基部叶枕处，以了解植物在混凝土表面的整体生长情况及受外界环境影响情况。

(4) 叶片相对含水量。植物叶片中的相对含水量是评价植物生长好坏的一项重要指标，具体的测试方法：首先将植物的叶片摘下，第一时间记录叶片的鲜重，然后将叶片在蒸馏水中浸泡大约 1h，浸泡结束以后将叶片用吸水纸吸干叶片表面的水分，重复上述的操作步骤直到叶片的质量不再增加，最后将叶片放入 100℃ 的烘箱烘烤 15min，称出此时叶片的干重，植物叶片含水量计算公式如下[26]：

$$LRWC = \frac{M_f - M_d}{M_t - M_d} \times 100\% \tag{7.25}$$

式中：$LRWC$ 为叶片相对含水量，%；$M_f$ 为植物叶片鲜重，mg；$M_d$ 为植物叶片干重，mg；$M_t$ 为植物叶片饱和水重，mg。

#### 7.5.2.2 试验结果及讨论

**1. 植株覆盖率**

紫花苜蓿、碱茅草、狗牙根以及百喜草在 14d、28d、42d 三个植物生长周期中的生长覆盖状况见图 7.57～图 7.60。植株生长覆盖率统计如图 7.61 所示。经过人工统计，四种植物中碱茅草发芽较早，其植株覆盖表现最好，最高能达到 98%，紫花苜蓿、百喜草次之，最高能达到 92% 与 85%。而狗牙根最高只有 45%。可能是由于狗牙根对广西南宁气候的不适应或与土壤的不适配发芽缓慢，出芽率也不高，生长得比较稀疏。而相较于单一的红壤与全营养土，以混合土为基质的植物生长覆盖率更好，可能是因为红壤与营养土都有植物需要的特定微量元素，混合后的基质更适合植物生长。

图 7.57 紫花苜蓿植株生长覆盖情况

图 7.58 碱茅草植株生长覆盖情况

图 7.59 狗牙根植株生长覆盖情况

图 7.60 百喜草植株生长覆盖情况

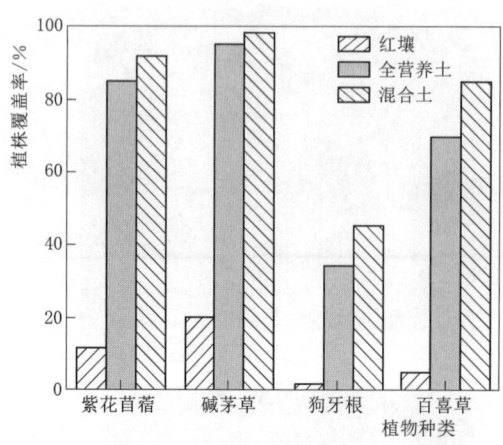

图 7.61 植株生长覆盖率统计

2. 根系长度

植株根系能否穿透植生混凝土进入下方的营养土壤区域，是界定植物是否适应土壤与植生混凝土环境的关键。图 7.62 与图 7.63 为植物根系长度的测量，而图 7.64 显示了根系长度数据统计。

通过测量植物根系的平均长度发现，在聚合物改性水泥基植生混凝土上播种 42d 后的紫花苜蓿、碱茅草、百喜草的根系均比较发达，能够穿透植生混凝土的孔隙汲取基质营养层养分。其中，在四种植物中碱茅草根系发育最为突出，平均根系长度最高为 202mm，最长根系长度能达到 240mm，根系能够稳固地缠绕在植生混凝土中，连带土壤形成一个整体，有较强的抗拔能力；百喜草次之，平均根系长度最高为 107mm，最长根系长度能达到 124mm；紫花苜蓿平均根系长度最高为 70mm，最长根系长度能达到 98mm，狗牙根平均根系长度最小，最高为 21mm，最长根系长度能达到 30mm。

(a) 紫花苜蓿  (b) 碱茅草

(c) 狗牙根  (d) 百喜草

图 7.62　测量穿透混凝土根系长度

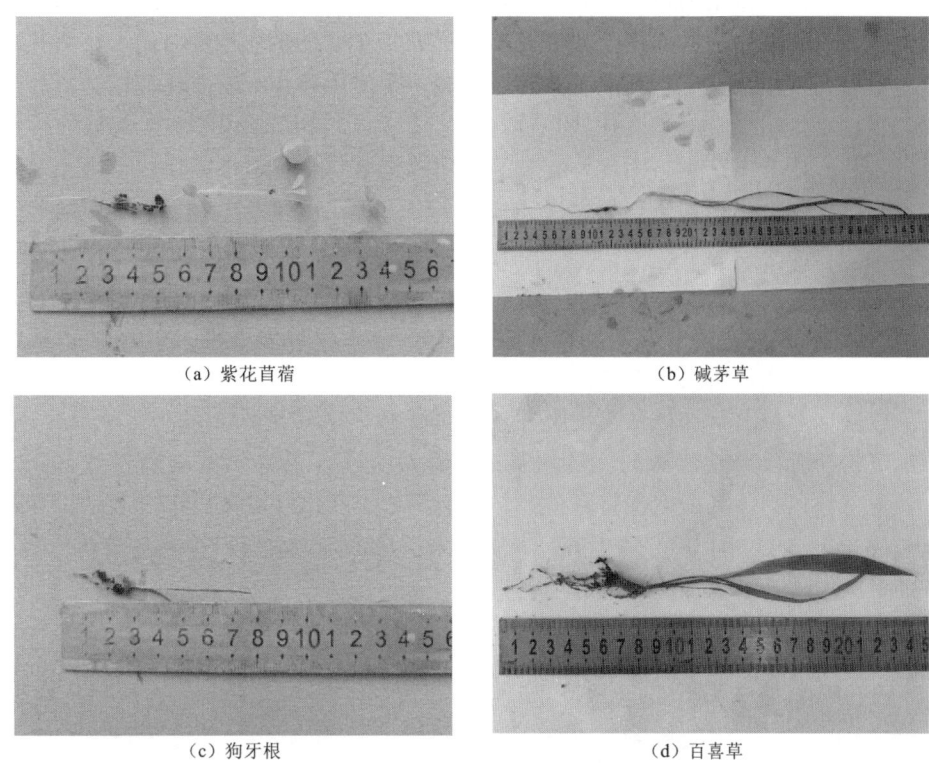

图 7.63 根系长度测量

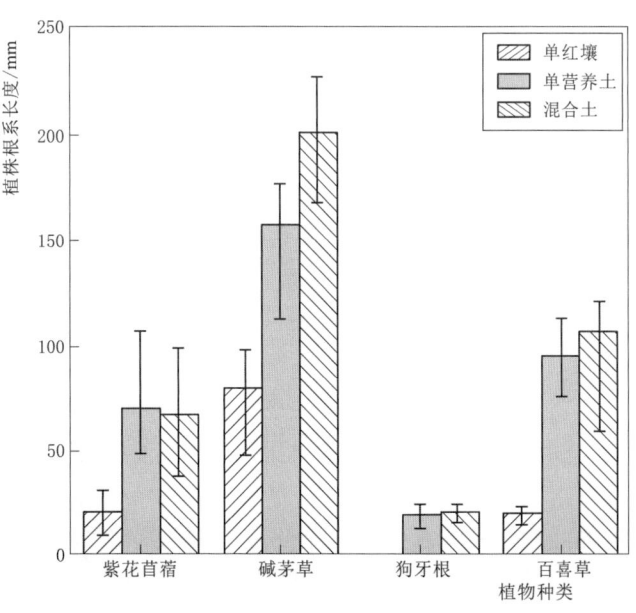

图 7.64 种植 42d 后各植物在不同土壤的平均根系长度

通过比较不同种植土的根系生长，单红壤并不能使植物很好地生长在植生混凝土上。而混合土在促进根系生长的作用上比全营养土优异，在根系平均长度对比上，紫花苜蓿使用混合土基质与使用全营养土基质基本持平，碱茅草使用混合土基质比使用全营养土要高27.8%，百喜草使用混合土基质比使用全营养土要高11.4%，而狗牙根由于根系生长过慢或受阻，并不能看出区别。因此，相较于使用单红壤与全营养土，使用混合土基质种植在植生混凝土上的植物根系更容易发展。

3. 植株高度

植株高度测量操作如图7.65所示。图7.66统计了四种植物在不同种植土中各生长期的植株高度。在图7.66中可以看出紫花苜蓿与碱茅草发芽最为迅速，在7d之前就已经开始生长，而百喜草表现次之，在7d后才开始发芽。狗牙根最为不适应广西的土壤与气候，发芽最为缓慢。紫花苜蓿在植株高度上并不占据优势，最高植株高度为150mm。碱茅草在发芽出苗初期阶段，其植株高度的增长速度尤为显著，最高植株高度达到了420mm，相较于其他三种植物，其高度优势超过一倍。而狗牙根在单红壤基质中无法生长发芽，在营养土与混合土基质中能够正常生长，最高植株高度为160mm。百喜草长势较为稳定，在42d的最高植株高度为201mm。

（a）紫花苜蓿　　　　（b）碱茅草　　　　（c）狗牙根　　　　（d）百喜草

图7.65　植株高度测量

4. 叶片相对含水率

叶片相对含水率（LRWC）是一个用于衡量植物组织实际含水率与其水分饱和状态时的含水率之间的比例的重要指标。它反映了植物水合张力的状态，并在一定程度上揭示了植物的抗旱性能力。图7.67反映了紫花苜蓿、碱茅草、狗牙根和百喜草在不同土壤基质上的叶片相对含水率。

当播种42d时，紫花苜蓿、碱茅草、狗牙根和百喜草在红壤中的叶片相对含水率分别为0.86、0.87、0.63、0.74，在全营养土基质中的叶片相对含水率分别为0.78、0.65、0.52、0.69，而在混合土基质中的叶片相对含水率分别为0.80、0.67、0.56、0.62。一般来说，大多数植物的叶片饱和含水率通常是叶片干重的50%~75%，即叶片相对含水率一般为0.5~0.75。可以看出，四种植物的抗旱性都较为良好，播种42d时正处于植物生长旺盛的阶段，叶片含水率可能会更高。其中，紫花苜蓿的相对叶片含水率在四种植物最高，抗干旱能力最强。而红壤相较于其他两种土壤，生长于其上的四种植物的叶片相对

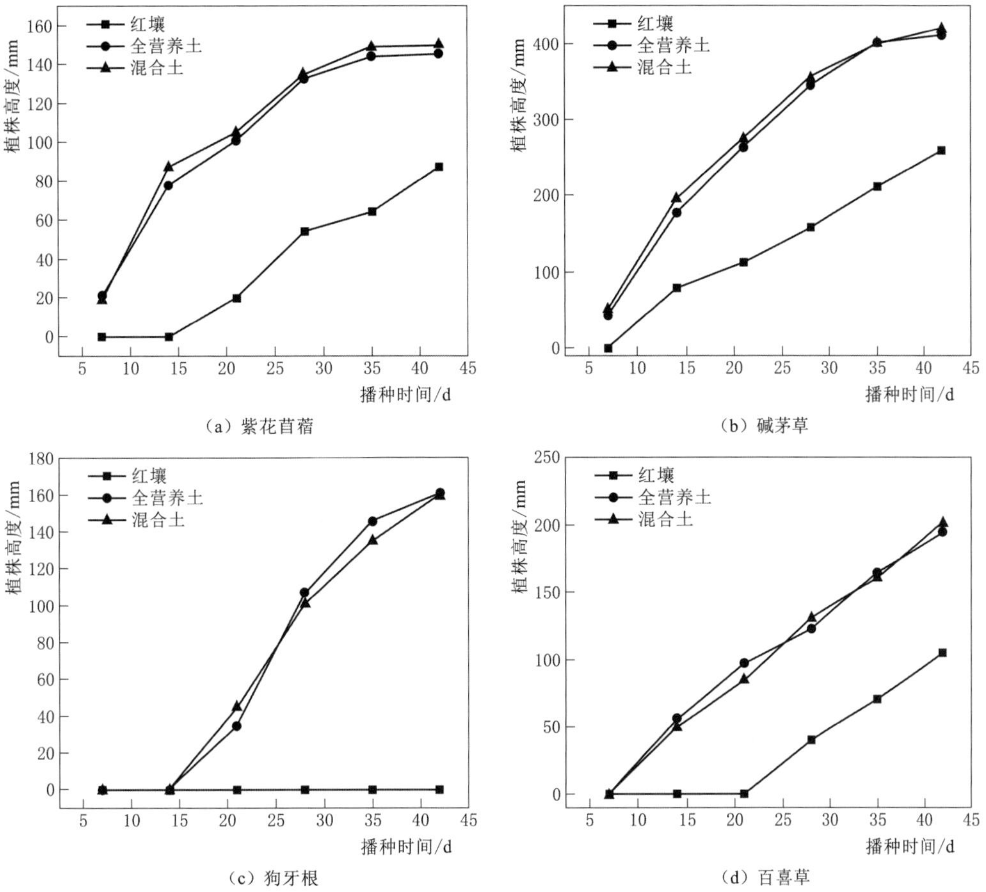

## 7.5 聚合物改性水泥基植生混凝土植物种植试验

图 7.66 四种植物在不同土壤的植株高度

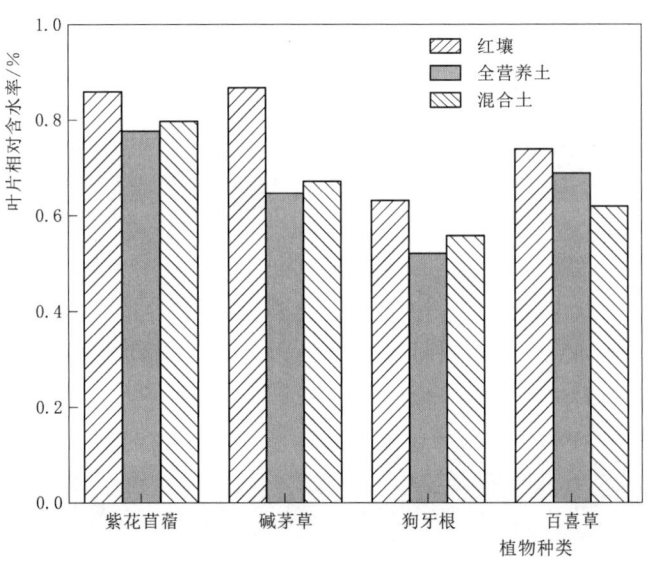

图 7.67 植物相对含水率

含水率明显要高，可能是因为生长在红壤的植物出芽较慢，新芽的叶片相对含水量通常会比生长更久的叶片高。

### 7.5.3 种植植物对植生混凝土力学强度的影响

植生混凝土作为一种结合了植物与混凝土的复合材料，力学强度不仅受到混凝土本身的性质影响，还受到植物的生长情况和土壤、微生物等外部因素与混凝土的相互作用的影响，涉及生物、物理和化学等多个学科领域。

综合多方面因素来看，混合土作为植物生长基质相对单红壤与全营养土的植生效果要更为良好。由于碱茅草相比其他三种试验植物长势最为茂盛，且根系长度高，更容易穿透植生混凝土的孔隙，更适合种在植生混凝土上。

图7.68　植生后的植生混凝土试块

本次试验将碱茅草搭配混合土基质种植在 150mm×150mm×150mm 的植生混凝土上，经过28d的种植，得到植生后的植生混凝土试块，如图7.68所示。测试植生后的植生混凝土抗压强度与劈裂抗拉强度如图7.69所示，在植生混凝土上种植植物对植生混凝土力学强度影响的试验结果见表7.14。

相比植生前聚合物改性水泥基植生混凝土的抗压强度与劈裂抗拉强度，植生后抗压强度与劈裂抗拉强度分别下降了37.4%与35.9%，即种植植物大幅降低了植生混凝土的力学强度。

图7.69　去除植物后的植生混凝土力学试验

表 7.14　　　　　　　　　植生后植生混凝土力学强度试验结果

| 植 生 前 | | 植生后（28d） | |
| --- | --- | --- | --- |
| 抗压强度/MPa | 劈裂抗拉强度/MPa | 抗压强度/MPa | 劈裂抗拉强度/MPa |
| 10.91 | 1.56 | 6.83 | 1.0 |

本节研究种植的植物都是草本植物，植物根系强度并不高，对植生混凝土内部结构外力施加的约束较弱。而在植物生长阶段，根系在摄取环境中的水分和养分的同时也释放出无机离子、分泌质子及大量有机物。低分子物质在分泌物中种类较多，包括有机酸、氨基酸、酚类物质以及低分子量的糖等，其中酸性物质极易导致植生混凝土水化产物的变化。红壤与营养土都是酸性土壤，它对混凝土的侵蚀会导致混凝土结构的衰退。

当酸性物质（如硫酸、盐酸等）与混凝土接触时，会与混凝土中的水化产物，特别是钙离子，发生化学反应。这些反应通常会导致生成可溶性的盐类，如硫酸钙，从而释放氢离子。这些溶解的物质不仅会导致混凝土中的钙离子流失，进一步破坏混凝土的结构，还可能加速混凝土的劣化过程。根系分泌物可能在一定程度上侵蚀了混凝土，土壤中的酸性物质会渗入混凝土中，导致混凝土发生腐蚀。因此，在设计和使用植生混凝土时，可能需要额外考虑其抗酸侵蚀性能，并采取相应的防护措施，以确保植生混凝土结构的稳定性和耐久性。

### 7.5.4　本节小结

本节开展了聚合物改性水泥基植生混凝土的植生性能实验与植生后的力学试验，选取紫花苜蓿、碱茅草、狗牙根、百喜草为目标植物，以单一红壤、全营养土以及混合土为种植基质，通过观察目标植物在不同土壤中的生长发育状况，挑选出适合种植在聚合物改性水泥基植生混凝土的植物土壤组合，得到以下结果：

（1）采用上置式的种植方式，紫花苜蓿、碱茅草、百喜草能够适应广西地方气候，长势优良，3～7d 能够出芽并且成坪观赏性好，其根系均能穿透高度为 6cm 的植生混凝土到达下层土壤营养区，而狗牙根并不适应广西土壤与气候，出芽缓慢，长势一般。

（2）对比所选用的三种种植土壤，混合土基质上种植的植物的各项生长指标都大优于单独的红壤，小优于全营养土，无论是营养性还是经济性上都是三种土壤中最好的选择。

（3）对比四种目标植物，碱茅草的生长周期内植被覆盖率达 98%，植株生长迅速，根系茂盛且为四种植物中最长，是生态护坡工程中的先锋植物，但在无外力干涉下仍不能穿透高度为 15cm 的植生混凝土。

（4）种植植物对植生混凝土的抗压强度与劈裂抗拉强度有着较大的影响，酸性土壤与植物根系分泌的酸性物质会侵蚀混凝土，使植生混凝土的力学强度下降。

## 7.6　结 论 与 展 望

### 7.6.1　结论

本章通过在水泥浆体中掺加聚合物，制备了一种适合用于植生混凝土的聚合物改性水泥浆体，通过孔隙率测试、pH 值测试、室内抗压抗劈裂、老化试验和 SEM、XRD 等测试手段，研究了聚合物改性植生混凝土的性能；基于 Python 语言和 Abaqus 二次开发，建立了聚合物改性植生混凝土的三维数值模型，通过一系列数值模拟分析了其力学损伤机理；最后通过植生试验与植生后力学性能测试，研究了不同植物土壤组合种植与聚合物改性植生混凝土的植物相容性，主要研究成果如下：

（1）聚合物掺量与水灰比对水泥净浆的净浆流动性和力学强度影响较大，且聚合物的掺入可有效提升水泥净浆的净浆流动度，水泥净浆试块 7d 和 28d 抗折强度小幅上升，最高可达 14.3%。而 7d 和 28d 抗压强度下降幅度较大，最高可达 40.3%，综合考虑净浆流动度和力学强度，确定水泥浆体的配比中水灰比取 0.35，聚合物掺量取 2%。

（2）胶骨比和骨料粒径对植生混凝土的孔隙率影响较大，掺入聚合物有助于降低植生混凝土的孔隙溶液 pH 值。植生混凝土的力学强度随胶骨比的增大而增大，而随着骨料粒径的增大而减小。结合植物对植生混凝土孔隙率、孔隙溶液 pH 值的需求以及力学强度变化的规律分析，确定采用胶骨比为 0.17 和 10～30mm 粗骨料制备聚合物改性水泥基植生混凝土，有效孔隙率达到 30.5%，植生混凝土的 28d 抗压强度大于 10MPa，pH 值为 9.28。

（3）通过 SEM 微观试验分析，聚氨酯的添加有助于填充水泥、水泥与骨料之间的间隙，改善植生混凝土的微观结构。且通过 XRD 分析可知聚氨酯并不与水泥发生反应，而会抑制水泥水化的速率。

（4）通过建立三维不规则骨料植生混凝土模型进行有限元分析，聚合物改性植生混凝土在单轴受压条件下整体的横向位移大于竖向位移，破坏形式表现为受拉破坏，最先出现的破坏点在骨料之间的黏结处，三维植生混凝土数值模型的模拟结果与实际结果相比误差不超过 30%。

（5）通过氙灯老化试验可知，掺入了少量聚合物的植生混凝土受紫外线老化影响较小，其抗压强度与抗折强度与老化前相比并无明显下降，而对比未掺聚合物的普通硅酸盐植生混凝土略有升高。

（6）在挑选的四种试验植物中，狗牙根并不适宜广西南宁的土壤与气候，而紫花苜蓿与本土植物百喜草虽然能种植在聚合物基植生混凝土上，但由于根系生长较慢，在实际工程应用中并没有很好的效果。碱茅草通过植株覆盖率、根系长度、植株高度、相对叶片含水率等多个指标判定其具有很好的适生性。在选用的三种土壤中，单一的红壤并不适合生长植物，混合土与纯营养土效果基本相同，综合经济效益考虑混合土优于纯营养土。

（7）在植生混凝土上种植植物会使植生混凝土的力学强度降低，抗压强度与劈裂抗拉强度下降的比例分别为 37.4% 与 35.9%，设计使用植生混凝土需要考虑这部分影响。

## 7.6.2 展望

植生混凝土拥有不错的透水能力、合适的植生能力与巨大的环保潜力，在河流与公路边坡护岸的应用技术已然相当成熟，在建筑领域又能带来最直观的视觉冲击。但较为不足的力学强度始终限制着植生混凝土的应用发展，对未来研究的思考如下：

（1）植生混凝土缺乏统一规范指导，这进一步阻碍了植生混凝土的研究与应用，应着力推进植生混凝土国家或地方标准的编写与发布。

（2）植生混凝土目前在水平方向应用较多，如生态护坡、路面铺装等注重生态保护和美化环境的项目中具有广泛的应用前景，但由于植生混凝土技术尚未成体系，在竖直立体方面如建筑围墙建设等提及较少，合理利用空间资源可能是植生混凝土发展的契机之一。

（3）目前植生混凝土偏向种植草本植物，而草本植物需要的孔隙率对植生混凝土力学强度影响较大。藻类、苔藓类植物相比草本植物不需要过多的孔隙空间生长，这也为处理强度与孔隙率的矛盾提供了新的方向。

# 参 考 文 献

[1] 郭成超，王磊，王超杰，等. 一种用于土体防渗加固的渗透胶结型聚氨酯注浆材料［P］. 中国专利：CN111808255A，2020.10.23.

[2] 国家质量监督检验检疫总局，国家标准化管理委员会. 混凝土外加剂匀质性试验方法：GB/T 8077—2012［S］. 2012.

[3] 国家市场监督管理总局，国家标准化管理委员会. 水泥胶砂强度检验方法（ISO法）：GB/T 17671—2021［S］. 2021.

[4] 吴光军，李海峰，李伟. 生态植生型多孔混凝土主要性能测试方法综述［J］. 人民珠江，2022，43（z1）：55.

[5] FAN J C, HUANG C L, YANG C H, et al. Effect evaluation of shotcrete vegetation mulching technique applied to steep concrete-face slopes on a highway of Taiwan［J］. Paddy and Water Environment，2013，11：145-159.

[6] 中华人民共和国水利部. 水工混凝土试验规程：SL/T 352—2020［S］. 北京：中国水利水电出版社，2020.

[7] 塑料氙灯光源曝露试验方法：GB 9344—1988［S］. 1988.

[8] 陈建国，李若愚，佘晓彬，等. 聚合物对再生骨料植生混凝土抗压强度及pH值的影响研究［J］. 混凝土，2022（2）：46-50，59.

[9] 向君正，宋慧，冷梦辉，等. 透水混凝土冻融剥蚀成因分析［J］. 硅酸盐通报，2021，40（7）.

[10] 高建明，吉伯海，吴春笃，等. 植生型多孔混凝土性能的试验［J］. 江苏大学学报：自然科学版，2005，26（4）：345-349.

[11] 王桂玲，王龙志，张海霞. 植生混凝土的含义，技术指标及研究重点［J］. 混凝土，2013（1）：105-109.

[12] 李林，陈建国，蒋涛，等. 低碱再生骨料植生混凝土力学性能及pH值研究［J］. 新型建筑材料，2020，47（4）：13-17.

[13] 蒋涛，陈建国，李林，等. 植生混凝土制备及性能研究进展［J］. 新型建筑材料，2019，46（3）.

[14] 何威，许吉航，焦志男. 少层石墨烯对水泥净浆流动性能及力学性能的影响［J］. 复合材料学报，2022，39（11）：5637-5649.

[15] 吴若冰. 改性聚氨酯水泥复合材料的制备及性能研究［D］. 西安：西安建筑科技大学，2020.

[16] 姜凯涵，杨雪，彭飞，等. 聚氨酯水泥加固混凝土机理研究综述［J］. 水利科技与经济，2022，28（9）.

[17] 李秋义. 聚氨酯改性水泥基材料研究进展［J］. 聚氨酯工业，2024，39（1）：13-17.

[18] LI W, ZHANG Q, LI L, et al. Investigation on water and fertilizer retention properties of hydrated sulphoaluminate cement pastes modified by bentonite for porous ecological concrete［J］. Case Stud-

ies in Construction Materials,2023,18:e01967.

[19] Jia K,Zhonghe S,Xu G,et al. Effect of Vibration Procedure on Particle Distribution of Cement Paste [J]. Materials (Basel,Switzerland),2023,16 (7).

[20] 王书文,林燕清,冯兴国,等. 外加剂掺量对生态植生混凝土有效孔隙率的影响 [J]. 中国水运,2021,21 (9):150-151.

[21] 谢非,孙林,熊朝正,等. 不同孔隙率生态混凝土水质净化及室外植生试验研究 [J]. New Building Materials,2022 (2).

[22] 柳培兵. 植生混凝土生态护坡对雨水径流的净化效果研究 [D]. 重庆:重庆交通大学,2023.

[23] 郭春铭,刘卫军,樊小林. 碱性长效缓释氮肥对蕉园土壤 pH 和香蕉氮肥利用效率的影响 [J]. 植物营养与肥料学报,2017,23 (1):128-136.

[24] 雷庆关,张城,潘崇根,等. 水泥基复合胶凝材料改性聚合物修补砂浆的试验研究 [J]. 安徽建筑大学学报,2023,31 (3):8-15.

[25] Haiyan M,Zhangyu W,Jinhua Z,et al. Uniaxial compressive properties of ecological concrete:Experimental and three-dimensional (3D) mesoscopic investigation [J]. Construction and Building Materials,2021,278.

[26] Gong C,Zhou X,Ji L,et al. Effects of limestone powders on pore structure and physiological characteristics of planting concrete with sulfoaluminate cement [J]. Construction and Building Materials,2018 (162):314-320.

# 第8章 陡边坡防护用植生水泥土应用技术研究

土质边坡常常会因暴雨、地震等自然因素发生边坡失稳，给人民生命财产安全带来巨大威胁，而陡边坡防护用植生水泥土应用技术就是通过在各种人为制造、毁坏的硬质边坡上喷播一层植生水泥土，使硬质边坡表面达到"类土质"边坡的效果，从而实现生态复绿和保护岩面的目的。植生水泥土作为一种护坡用植生基材，在具有一定强度的同时还需兼具植生功能。

低碱度硫铝酸盐水泥（L-SAC）主要成分为无水硫铝酸钙、石膏等，其水化后生成的水化产物pH值一般不会超过10.5，部分耐高碱植物，如高羊茅、紫花苜蓿等可直接在该生境中生长，若能通过L-SAC配制植生水泥土，并对植生水泥土内环境pH值进行调控，这将大大减小植生水泥土中水泥掺入比例的限制，增大水泥掺入比例，提高植生水泥土物理力学性能。

## 8.1 试验原材料及试验方法

### 8.1.1 原材料

#### 8.1.1.1 低碱度硫铝酸盐水泥

水泥作为一种胶凝材料，在水泥土中主要有两种作用：第一种是使土壤间的分散颗粒相互胶结，增加其整体性；第二种是填充土壤颗粒间存在的缝隙，增强水泥土的密实度。此外，水泥水化生成的水泥石在水泥土中还可以起到类似骨架结构的功能。

L-SAC的主要矿物成分为无水硫铝酸钙，与普通硅酸盐水泥不同，其水化后的主要水化产物为钙矾石（AFt），pH值一般在10.5以下，能够较好地控制水泥土内环境pH值。本次试验采用强度等级为42.5的云燕牌L-SAC，其化学成分和技术指标见表8.1和表8.2，满足《硫铝酸盐水泥》（GB 20472—2006）等相关规范及标准的有关规定。

表8.1　　　　　　　　　　L-SAC的化学成分　　　　　　　　　　%

| 水泥品种 | CaO | $SiO_2$ | $Al_2O_3$ | $Fe_2O_3$ | MgO | L.O.I | $SO_3$ |
|---|---|---|---|---|---|---|---|
| L-SAC 42.5 | 47.9 | 5.78 | 23.10 | 1.56 | 1.74 | — | 17.30 |

表8.2　　　　　　　　　　L-SAC物理性能

| 水泥品种 | 比表面积/(m²/kg) | 密度/(g/cm³) | 标稠用水量/% | 凝结时间/min | | 抗压强度/MPa | | 抗折强度/MPa | |
|---|---|---|---|---|---|---|---|---|---|
| | | | | 初凝 | 终凝 | 1d | 7d | 1d | 7d |
| L-SAC 42.5 | 436 | 2.79 | 32 | 20 | 210 | 39.7 | 47.1 | 6.7 | 7.5 |

#### 8.1.1.2 天然土壤

土壤是本次试验的主要原材料,是水泥土及植生水泥土的主体,其成分较为复杂,一般由氧化硅、氧化铝和各种有机物混合组成,在干燥后会具有一定的强度,其强度主要来源于土壤颗粒间的黏结力。试验中所用的土壤取自广西壮族自治区百色水库灌区工程工地,如图8.1所示。

(a)

(b)

图8.1 百色水库灌区工程工地取土现场

试验土壤属于黄壤,在广西分布较为普遍,淋溶性强,含水率约为23.12%,经检测该土壤液塑限、颗粒粒径范围见表8.3、表8.4。直接获得的土壤并不能直接在试验中使用,还需经过风干、粉碎、筛分等程序处理使其粒径小于5mm后才能使用,如图8.2所示。经处理后,试验所用土壤粒径均小于5mm,符合《水泥土配合比设计规程》(JGJ/T 233—2011)的要求。

表8.3 天然土壤液塑限

| 土壤种类 | 比重 /(g/cm³) | 塑限 /% | 液限/% | | 塑限指数/% | |
| --- | --- | --- | --- | --- | --- | --- |
| | | | $w_{10}$ | $w_{17}$ | $I_{p10}$ | $I_{p17}$ |
| 天然土壤 | 2.74 | 22.9 | 38.8 | 46.2 | 15.9 | 23.3 |

表8.4 天然土壤颗粒粒径分析

| 颗粒名称 | 碎石 | 砾粒 | 砂粒 | 粉粒 | 黏粒 |
| --- | --- | --- | --- | --- | --- |
| 粒径/mm | >60 | 60~2 | 2~0.075 | 0.075~0.005 | ≤0.005 |
| 比例/% | 0 | 1.1 | 3.3 | 35 | 60.6 |

#### 8.1.1.3 营养土

试验采用的营养土购自南宁桂裕鑫农业科技有限公司,如图8.3所示。其有机质和腐殖酸总含量大于55%,水浸后pH值稳定在5.5~6.5范围内,总孔隙率为70%~80%,具有生根壮苗、抑菌抗病、增收提质的作用,营养土中所含养分元素见表8.5。

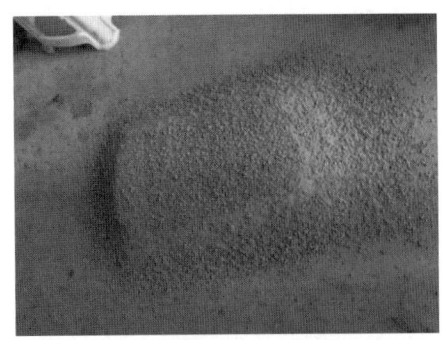

(a) 5mm筛　　　　　　　　　(b) 筛分后的土样

图 8.2　土壤颗粒筛分加工

(a)　　　　　　　　　　　　(b)

图 8.3　试验用营养土

表 8.5　营养土养分含量

| 养分 | 全氮（N） | 磷酐（$P_2O_5$） | 氧化钾（$K_2O$） |
|---|---|---|---|
| 含量/% | 0.68 | 0.27 | 0.36 |

#### 8.1.1.4　植物种子

本章试验分别挑选高羊茅、紫花苜蓿、马尼拉、宽叶雀稗、多花木兰、狗牙根、百喜草、碱茅草八种植物作为试验的种植植物，这八种植物将在本章的8.3.1小节中详细介绍。

#### 8.1.1.5　植生板

试验中采用尺寸为 850mm×550mm×50mm 的长方形无盖塑料框作为种植载体即植生板，如图8.4所示。

#### 8.1.1.6　改性剂

（1）生态改良剂。试验采用的生态改良剂如图8.5所示，其主要成分为泥炭土、羧甲基

图 8.4　植生板

纤维素、琼脂粉、吲哚乙酸及有益微生物菌群等，水溶液 pH 值约为 2.42，能有效改善基材理化性质、调节基材生物特性、固持基材养分水平，是植生水泥土护坡工程中常用的一种改性剂。

(a)             (b)

图 8.5   生态改良剂

(2) CHF 土壤固化剂。试验选用柳州东风恒基化工科技材料有限公司研发生产的新型 CHF 高分子复合离子 CHF 土壤固化剂（见图 8.6），经稀释至试验浓度后 pH 值约为 2.39，该产品主要是由强氧化剂、离子型高分子活化剂、分散剂、固化催化剂等有机组合组成的复合制剂，具有增强土壤强度、改变土壤膨胀吸水、增强土壤水稳性等作用。

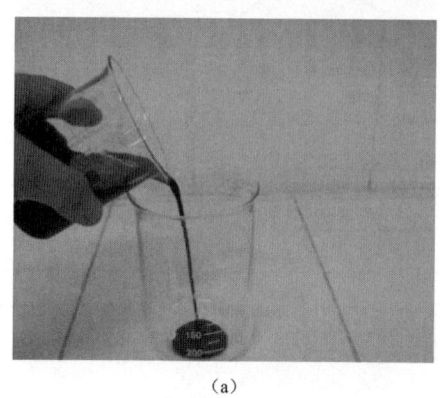 

(a)             (b)

图 8.6   CHF 土壤固化剂

(3) 一水柠檬酸。试验采用的一水柠檬酸如图 8.7 所示，其外观为白色结晶状颗粒，似白糖，稀释至试验浓度后 pH 值约为 2.21，具体性质见表 8.6。与一水柠檬酸相比，一水柠檬酸比无水柠檬酸多含了一个结晶水，在溶于水后，两者则完全相同，在农业工程中有将一水柠檬酸溶液用于改善碱性土壤的用法。

(4) 硼酸。试验选用的硼酸如图 8.8 所示，其表面呈白色粉末状结晶体，化学式为 $H_3BO_3$，稀释至试验浓度后，pH 值约为 5.64，与一水柠檬酸类似，其也常被用于盐碱土壤的土质改善中。

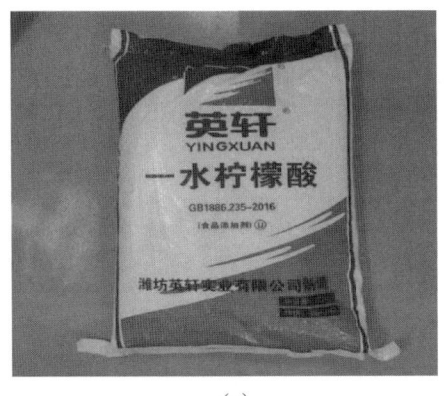

(a) (b)

图 8.7 一水柠檬酸

表 8.6 一水柠檬酸性能指标

| 含量/% | 硫酸灰分/% | 氯化物/% | 硫酸盐/% | 草酸盐/% | 钙盐/% | 总砷/(mg/kg) | 铅/(mg/kg) |
|---|---|---|---|---|---|---|---|
| 99.5～100.5 | ≤0.05 | ≤0.005 | ≤0.015 | ≤0.01 | ≤0.02 | ≤1.0 | ≤0.5 |
| 99.9 | 0.02 | <0.005 | <0.015 | <0.01 | <0.02 | <0.2 | 0.039 |

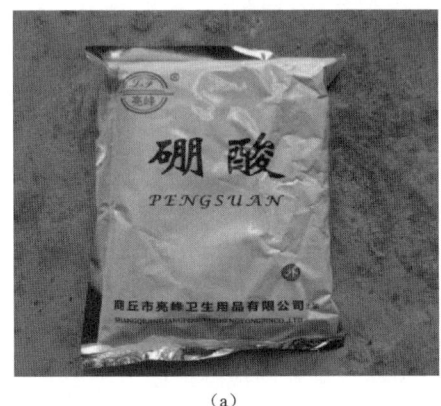
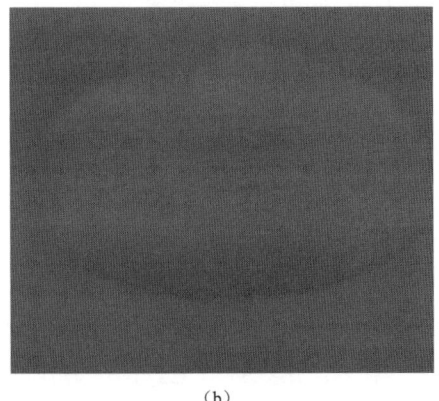

(a) (b)

图 8.8 硼酸

## 8.1.2 试验方法

### 8.1.2.1 抗压强度试验

对于水泥制品来说，抗压强度是一项常见的测试指标，陡边坡植生水泥土作为一种表面防护层，并不要求其具有极高的抗压强度，但仍需满足日常生活中可能存在的人类或动物穿行所造成的偶然荷载，因此仍有必要测试其抗压强度。

试验中测定水泥土抗压强度的仪器为上海新三思计量仪器制造有限公司生产的万能液压试验机，如图 8.9 (a) 所示，图 8.4 (b) 为水泥土试块受压时的状况，试验时严格按照《水泥土配合比设计规程》(JGJ/T 233—2011) 操作，具体操作步骤如下：

(a)万能液压试验机

(b)试块受压

图8.9　抗压强度试验

（1）将不同配比方案中的陡边坡植生水泥土制作成尺寸为70.7mm×70.7mm×70.7mm的正方形试块。

（2）将成型好的陡边坡植生水泥土试块放入标准养护间进行养护。

（3）将养护至要求龄期的陡边坡植生水泥土试块取出，把试块放入万能液压试验机中的压板上，并调整好位置。

（4）调整万能液压试验机参数，将加压模式调整为位移控制，速度为1.77mm/min，调整完毕后开始加压试验。

（5）待试验结束后记录数据，收集20g试块碎屑留作pH测量试样备用，抗压强度取3个试件的平均值，其中抗压强度按式（8.1）计算：

$$f_{cc} = \frac{P}{A} \tag{8.1}$$

式中：$f_{cc}$ 为抗压强度，MPa；$P$ 为破坏荷载，N；$A$ 为承压面积，mm²。

#### 8.1.2.2　抗剪强度试验

边坡灾害大都是因边坡失稳造成的，而土壤的剪切应力与边坡失稳之间有着巨大关联，水泥土若要应用在边坡上，其抗剪强度是一项非常重要的检测指标。在土工试验方法中，土壤的抗剪强度可由直剪试验进行测定，通过该试验可以得到不同荷载下植生水泥土的剪切状态，并获得抗剪强度与垂直压力关系曲线方程，见式（8.2）。

$$y = \tan(\phi x) + C \tag{8.2}$$

式中：$C$ 为黏聚力，其实际意义是零荷载下水泥土的剪应力值；$\phi$ 为内摩擦角，其实际意义是水泥土在荷载变化时剪切应力的变化幅度。

通过水泥土的黏聚力和内摩擦角即可对水泥土的抗剪强度作出判定。

直接剪切试验所使用的仪器为南京土壤仪器厂有限公司制造的ZJ型应变控制式直减仪（四联剪），如图8.6（a）所示，图8.10（b）为直接剪切试验后试验的状态，试验时严格按照《土工试验方法标准》（GB/T 50123—2019）操作，具体操作步骤如下：

（1）利用环刀将陡边坡植生水泥土制成直径为61.8mm、高为20mm的圆柱形试样，每组检测试样制作4块。

(a) ZJ型应变控制式直减仪

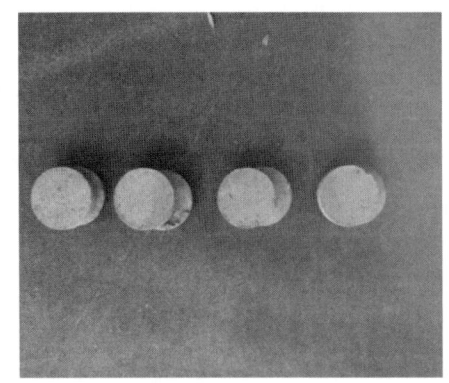
(b) 试样剪切后形态

图 8.10　直剪试验

（2）将成型好的陡边坡植生水泥土圆柱试样放入标准养护室进行养护。

（3）将养护至要求龄期的陡边坡植生水泥土圆柱试样取出，把一组 4 块试样依次放入直剪仪中，将螺栓拧紧后放下负重砝码。

（4）调整仪器参数，将直剪仪剪切速率调整为 0.8mm/min 后开始直剪试验。

（5）待剪切完成后记录数据，对其进行一定的处理即可得到 $\phi$ 值与 $C$ 值。

#### 8.1.2.3　抗冲刷性能试验

保护岩质边坡表面，恢复人造边坡生态环境是植生水泥土最重要的功能，若植生水泥土本身的抗冲刷性能较差，无法抵抗自然界降雨侵蚀，不仅会使边坡表面裸露，其自身基质流失严重，还会使硬质边坡上的植物失去生长环境，从而导致护坡失败。因此，植生水泥土自身的抗冲刷性能对于护坡工程的长期有效性至关重要。

抗冲刷性能试验所使用的仪器为自研的多坡度模拟雨水冲刷装置，见图 8.11（a）。通过调节坡度，该装置可以模拟多种坡度中不同降雨强度下的冲刷效果，从而达到测试各配比的陡边坡植生水泥土的抗冲刷效果，见图 8.11（b）。具体试验操作步骤如下：

(a) 多坡度模拟雨水冲刷装置

(b) 试块冲刷

图 8.11　冲刷试验

(1) 将不同配比方案的陡边坡植生水泥土制作成尺寸为 70.7mm×70.7mm×70.7mm 的正方形试块，每组检测试块成型 3 块。

(2) 将成型好的陡边坡植生水泥土试块放入标准养护间进行养护。

(3) 将养护至要求龄期的陡边坡植生水泥土试块取出，在 110℃下烘干至恒重后再把试块放入自研多坡度雨水冲刷装置中，并调整位置。

(4) 调整自研多坡度雨水冲刷装置的参数，将角度设置为 45°，喷头出水量设置为 0.16L/s，随即开始进行冲刷，冲刷时间为 20min。

(5) 将冲刷好的试块放入烘箱在 110℃下烘干至恒重。

(6) 对所得数据进行处理，各试块的抗冲刷系数 $S$ 按式（8.3）计算：

$$S = \left(1 - \frac{m_2}{m_1}\right) \times 100 \tag{8.3}$$

式中：$S$ 为冲刷系数；$m_1$ 为试块冲刷前烘干质量；$m_2$ 为试块冲刷后烘干质量。

$S$ 越大则表明冲刷后水泥土质量流失越多，其抗冲刷性能越差。

#### 8.1.2.4 内环境 pH 值试验

大部分植物对生长环境都具有一定的要求，而土壤内环境 pH 值就是其中一项较为重要的指标，它直接影响了植物的外观形貌、营养物质的吸收及生长发育等环节[1]，决定了植生水泥土植生性能的好坏。因此，有必要通过试验探究水泥掺加比例对水泥土内环境 pH 值的变化规律。

pH 值测量时采用型号为 PHS-3C 的 pH 计，如图 8.12 所示。该仪器可测量的范围为 0~14，测量误差在±0.01，测量时严格按照《土工试验方法标准》（GB/T 50123—2019）和 pH 计说明书操作，具体操作步骤如下：

(1) 按使用说明书对 pH 计进行校准。

(2) 称量抗压强度试验中留存的试样 10g、蒸馏水 50g。

(3) 将土屑和水搅拌至均匀倒入试管，静置 10min。

(4) 将 pH 计的复合电极棒用蒸馏水清洗后插入试管中测试。

(5) 待 pH 计读数稳定后记录数据，随后再次使用蒸馏水清洗复合电极棒。

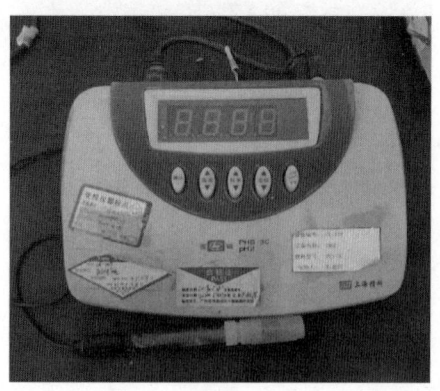
(a) pH计

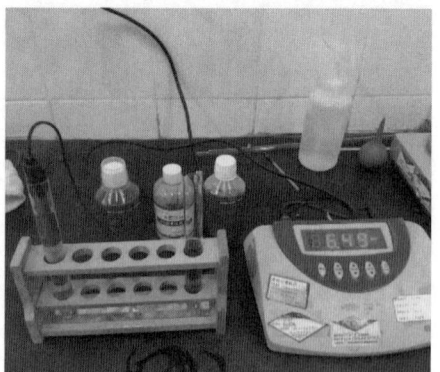
(b) pH计滴定校准

图 8.12　内环境 pH 值试验

#### 8.1.2.5 微观分析

本次 SEM 图像拍摄所用的仪器为 Hitachi Su1510 型号的扫描电子显微镜,如图 8.13 所示,具体操作步骤如下:

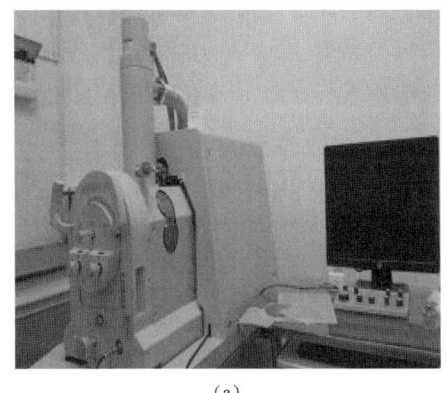

(a)                               (b)

图 8.13 扫描电子显微镜

(1) 打开 SEM 电源和主控电脑,并打开相关软件,使 SEM 处于稳定运行状态。
(2) 点击 VENT,释放样品室内的气压,并将固定好的样品放入样品室。
(3) 将样品操作台的 $X$、$Y$、$Z$ 坐标全部调节到 0,点击 EVAC 将样品室抽至真空。
(4) 调节 $X$、$Y$ 使样品图像至中间位置,并将电镜调节到最佳位置。
(5) 在 SCAN1 模式下对样品图像进行居中、对焦、消像散操作,并在 SCAN2 模式下对图像拍照位置进行选择,随后在 SCAN4 模式下对其进行拍照扫描。
(6) 拍照完毕后,若需要更换样品再次进行拍摄则需从(2)步骤重新开始,若无其他样品,则可退出软件,并依次关闭电脑及扫描电镜。

## 8.2 L-SAC 掺入比例对土壤物理力学性能的影响

### 8.2.1 物理力学性能试验设计

#### 8.2.1.1 试验方案设计

本节试验目的是探究 L-SAC 掺入比例对水泥土抗压强度、抗剪强度、抗冲刷性能以及 pH 值的影响,因此试验计划从 2% L-SAC 掺入比例为起点配制水泥土,并以 2% 为梯度配制 10 组不同 L-SAC 掺入比例的水泥土,并增设一组不添加水泥的天然土壤空白对照组。每组配比下的水泥土及空白对照试样组各制作 24 块 70.7mm×70.7mm×70.7mm 的立方体试样和 16 块直径为 61.8mm、高为 20mm 的环刀试样,分别对其编号为 C-0、C-2、C-4、C-6、C-8、C-10、C-12、C-14、C-16、C-18、C-20,编号中的 C 表示 L-SAC,编号中的数字表示水泥土中 L-SAC 掺加的比例,将制作好的试样标记后放入标准养护室内进行养护,在试样达到规定龄期后,分别测试其抗压强度、抗剪强度、抗冲刷性能、内环境 pH 值。

#### 8.2.1.2 试验配合比设计

在进行水泥土配合比设计时应参考《水泥土配合比设计规程》(JGJ/T 233—2011)，首先应对试验用土壤的天然含水率和密度进行测定，并将试验用土壤风干后再进行一次含水率的测定，其次确定好水泥土中水泥的掺加比例后再确定水泥浆水灰比，最后计算出各项材料的具体用量并进行试配。由于本次试验中探究的是L-SAC的掺入比例对水泥土物理力学性能的影响，其他量须保持恒定，因此每组水泥土的含水率应该保持一致，为了与由普通硅酸盐水泥配制的水泥土的物理力学性能进行横向对比，参考许文年等[2]的水泥土抗压强度试验，本试验将水泥土的含水率设置为30%，具体试验配合比设计见表8.7。

表8.7　水泥土设计配合比

| 编号 | 水泥比例/% | 土壤比例/% | 水泥浆水灰比/% | 水比例/% |
| --- | --- | --- | --- | --- |
| C-0 | 0 | 100 | — | 30 |
| C-2 | 2 | 98 | 15 | 30 |
| C-4 | 4 | 96 | 7.5 | 30 |
| C-6 | 6 | 94 | 5 | 30 |
| C-8 | 8 | 92 | 3.75 | 30 |
| C-10 | 10 | 90 | 3 | 30 |
| C-12 | 12 | 88 | 2.5 | 30 |
| C-14 | 14 | 86 | 2.14 | 30 |
| C-16 | 16 | 84 | 1.88 | 30 |
| C-18 | 18 | 82 | 1.67 | 30 |
| C-20 | 20 | 80 | 1.5 | 30 |

#### 8.2.1.3 试块制作及养护

(1) 搅拌工艺。相较于土壤，L-SAC在水泥土中比例较少，若将试验材料一次性加入搅拌机内进行搅拌，水泥与土壤会严重搅拌不均，因此，需先将称量好的土壤和水泥倒入水泥砂浆搅拌机中干搅至均匀，搅拌时间可视一次加入的材料质量决定，但最低干搅时间不得低于3min。当土壤、水泥搅拌均匀后再加入设计质量的清水继续搅拌，搅拌时间须在10～20min。水泥土干搅与湿搅的两种状态如图8.14所示。

(a) 干搅

(b) 湿搅

图8.14　水泥土搅拌

(2) 成型工艺。将搅拌均匀的水泥土分 3 次倒入预先涂抹过矿物油的试块模具中,每倒完一次水泥土后需先沿螺旋方向向中心将其击实,通过质量控制试块均匀性,直到试块成型后再用刮刀将试块表面刮平。

(3) 拆模及养护工艺。将成型好的试块放置在 20℃±5℃环境中并覆盖一层薄膜,试件静置 48h 后即可拆模进行养护,养护时直接将试件放入标准养护室进行养护,养护温度为 20℃±2℃,相对湿度为 95% 以上。

## 8.2.2 试验结果及分析

### 8.2.2.1 抗压强度

由图 8.15 可知,随着 L-SAC 掺入比例的增加,水泥土抗压强度也会相应增长,但其增长规律与 L-SAC 掺入比例存在着明显的割裂现象。当 L-SAC 掺加比例低于 18% 时,水泥土抗压强度的增长幅度较小,且在增长过程中存在着一定的波动性,可能原因是 L-SAC 的掺入量较少,L-SAC 的水化产物不能将土壤颗粒间的缝隙完全填满,此时,水泥土抗压强度的主要来源仍是土壤颗粒间的黏结力。因此,L-SAC 水泥土抗压强度和 L-SAC 掺入比例关联性较弱。

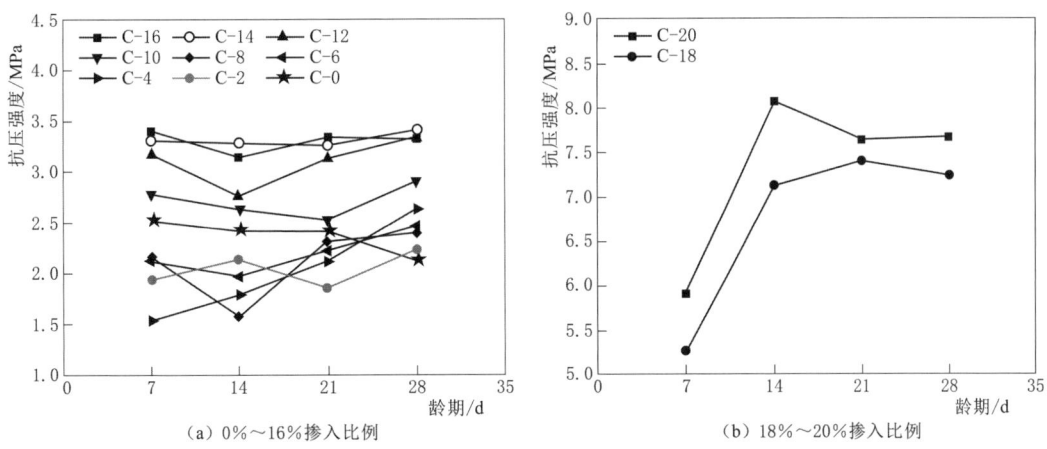

图 8.15 不同掺入比例 L-SAC 水泥土抗压强度-龄期曲线

图 8.15 (a) 中,虽然 C-0 组天然土壤 28d 龄期抗压强度符合上述抗压强度增长规律,但其 21d 龄期前的抗压强度最高可达 2.52MPa,处于 C-8 与 C-10 两组水泥土抗压强度之间,推测可能是 L-SAC 水化时发生的体积膨胀破坏了土壤本身的内在结构,而此时水泥土抗压强度的主要来源仍来自土壤本身的黏结力,这就导致了添加 L-SAC 的土壤抗压强度出现了下降。

由图 8.15 (b) 可知,当水泥掺加比例高于 18% 时,在前 14d 龄期内,水泥土的抗压强度先呈上升趋势,在第 14 天后逐渐趋于稳定,从该现象中可以推测当 L-SAC 高于 18%,此时土壤颗粒间的空隙填充度已经处于一个较高水平,水泥土抗压强度将由土壤颗粒间的黏结力和 L-SAC 水化产物产生的胶结力共同产生,因此水泥土的抗压强度可以得到较大幅度的提升。

#### 8.2.2.2 抗剪强度

(1) 黏聚力。由图 8.16 可知，与抗压强度类似，水泥土黏聚力增长规律与 L-SAC 掺入比例之间也存在明显的割裂现象，当 L-SAC 掺加比例在 18% 以下时，水泥土黏聚力的提升幅度较小，波动性大，推测发生该现象的原因与抗压强度一致，均是由 L-SAC 水化产物对土壤孔隙的填充度较低所致。当 L-SAC 掺加比例在 18% 以上时，水泥土黏聚力提升幅度较大，规律性好，21d 龄期后的水泥土黏聚力出现倒缩现象，推测当 L-SAC 掺入比例为 18% 时，土壤颗粒间的大部分孔隙被 L-SAC 水化产物填充，水泥土内部生成了一个 L-SAC 水化产物骨架，此时水泥土黏聚力与 L-SAC 的强度关联性大，因此水泥土的黏聚力得到了较大幅度的提升，随着 L-SAC 强度的倒缩，水泥土的黏聚力也随之下降。

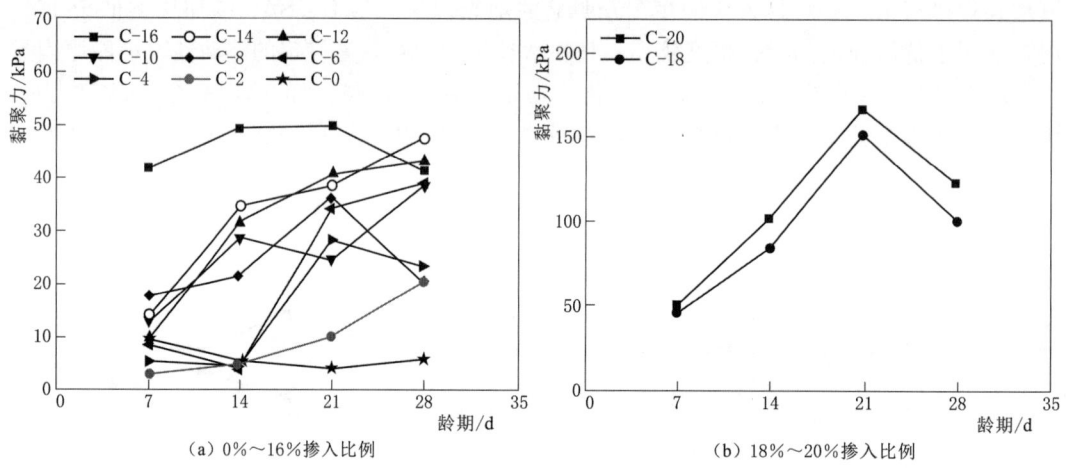

图 8.16 不同掺入比例 L-SAC 水泥土黏聚力-龄期曲线

(2) 内摩擦角。由图 8.17 可知，随着 L-SAC 掺加比例的提升，水泥土内摩擦角也会提升，两者相关性强，当 L-SAC 掺加比例在 18% 以下时，水泥土内摩擦角在 21d 龄期后均有明显倒缩，推测此时 L-SAC 水化产物所产生的胶结力对水泥土内摩擦角贡献较大，因此当 L-SAC 发生强度倒缩时，水泥土的内摩擦角也随之发生倒缩。当水泥掺加比例在 18% 以上时，水泥土内摩擦角 21d 龄期后会有明显上升，推测此时土壤内的孔隙已被 L-SAC 水化产物填满，而 L-SAC 在水化时会发生一定的体积膨胀，由于环刀体积的限制，两者共同导致了水泥土密实度的提高。因此，在 L-SAC 强度开始发生倒缩后，水泥土的内摩擦角不仅未发生倒缩，反而有了一定的增强。

#### 8.2.2.3 抗冲刷性能试验

由图 8.18 可知，在土壤中加入 L-SAC 能明显降低土壤的冲刷系数，提高其抗冲刷性能，随着龄期的增加，水泥土冲刷系数随之减小，并在 14d 龄期后基本达到稳定状态，推测可能是 L-SAC 水化产物的胶结力将水泥土表面之间松散的土壤颗粒胶结成了一个整体，L-SAC 掺入比例越高，该胶结力和表面被胶结的土壤颗粒越多，继而使水泥土的抗冲刷性能提升越大。

当 L-SAC 掺入比例超过 12% 后，水泥土冲刷系数基本达到最小值 2，继续提高

L-SAC掺入比例，水泥土冲刷系数几乎不变，此时，水泥土试块大部分表面松散的土壤颗粒基本都已经被L-SAC水化产物所固定，水泥土抗冲刷性能已经达到一个较为稳定的峰值。

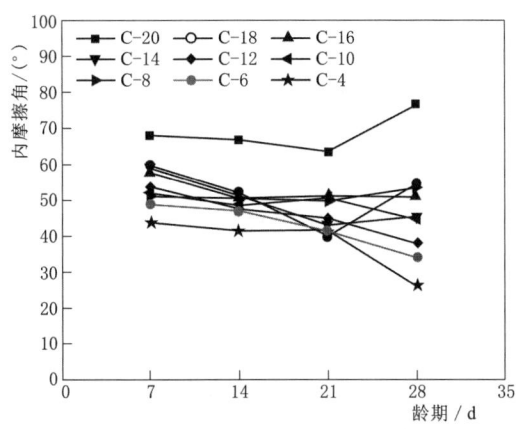

图8.17　不同掺入比例L-SAC水泥土内摩擦角-龄期曲线

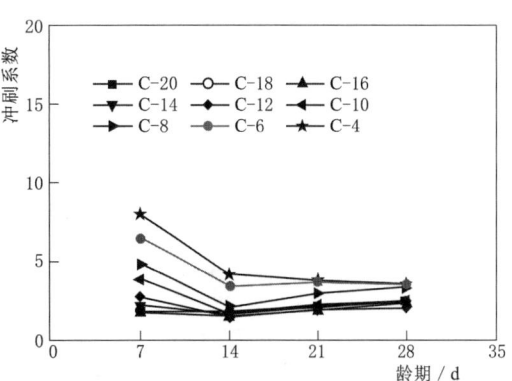

图8.18　不同掺入比例L-SAC水泥土冲刷系数-龄期曲线

#### 8.2.2.4　内环境pH值试验

由图8.19（a）可知，在土壤中掺入少量的L-SAC，水泥土内环境pH值会有较大跃升，考虑到L-SAC水化产物多为化学性质稳定的矿物及盐类成分，可以推断L-SAC水化生成的氢氧根离子并未与土壤中的物质发生中和反应或发生的中和反应极为缓慢，不会大幅改变土壤的成分组成。

由图8.19（b）可知，当L-SAC掺入比例超过6%后，水泥土内环境pH值达到峰值10.5，与L-SAC本身pH值相同，随着龄期的增长，多组水泥土的pH值均有明显下落，可能是空气中的二氧化碳（$CO_2$）对L-SAC水化产物有一定的碳化作用，消耗了水泥土中部分的氢氧根离子。

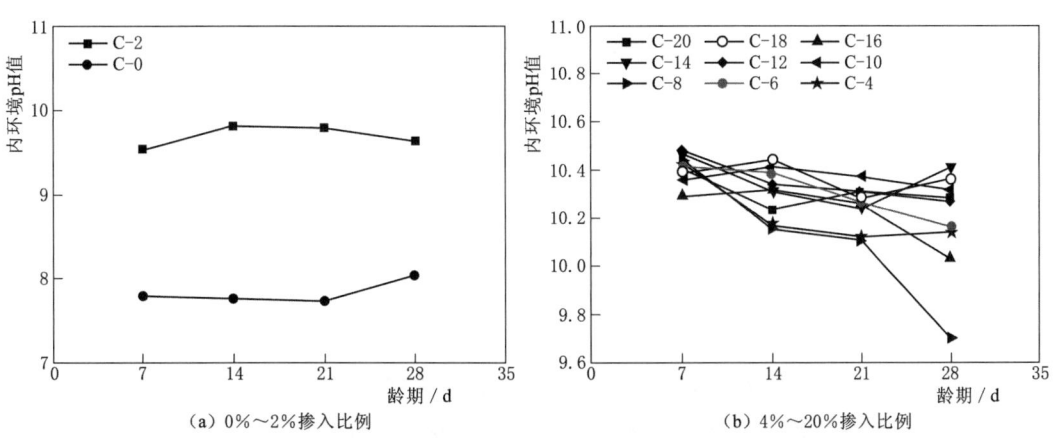

图8.19　不同掺入比例L-SAC水泥土内环境pH值-龄期曲线

#### 8.2.2.5　L-SAC水泥土微观形貌分析

L-SAC水泥土与普通土壤的性质有着巨大差别，在宏观上表现为抗压强度、抗剪强度、抗冲刷性能等物理力学性能间的差异，由此可以对其规律进行总结，如需对其差异产生的机理进一步探究，则还需通过微观层面的一些手段进行观察与分析。

扫描电子显微镜（SEM）可以对物质的微观形貌进行观察，通过对其微观形貌的分析可以清楚地了解一些物质在宏观层次的表现原因。因此，本节使用SEM分别对天然土壤和L-SAC掺入比例为8%、18%的水泥土进行了微观层次的形貌观察。

图8.20为SEM拍摄的天然土壤和8%、20%L-SAC掺入比例的水泥土微观形貌图，将3种样品的表面放大500倍后，可以清楚地观察到天然土壤的表面凹凸不平，沟壑纵横，四周的散落颗粒分布较多，相较于其他两种水泥土，其结构更为松散。

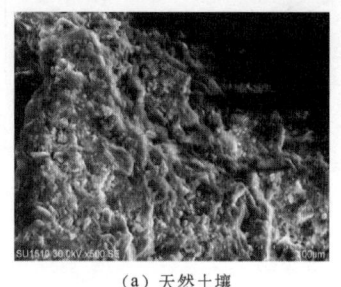
(a) 天然土壤
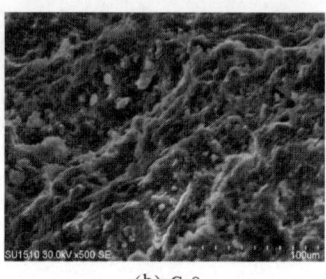
(b) C-8
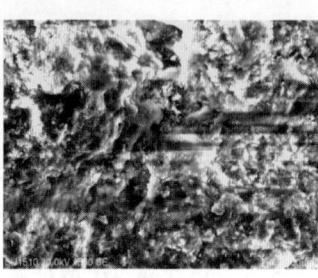
(c) C-20

图8.20　三种土壤的SEM图像

8%L-SAC掺入比例的水泥土表面虽然同样存在着孔隙与沟壑，但相对天然土壤，其数量更少，沟壑更浅，在其表面可以观察到部分棒状钙矾石及凝胶的存在；20%L-SAC掺入比例的水泥土表面基本没有出现明显的沟壑，相较于天然土壤和8%L-SAC掺入比例的水泥土，其表面的钙矾石和凝胶更为密集，在两者的共同作用下，20%L-SAC掺入比例的水泥土表面平整度高，完整性好，这也与抗冲刷试验中的试验结果保持了一致。

图8.20（b）、（c）中钙矾石和胶体数量差异的主要原因就是土壤中L-SAC的掺入比例的不同，这种现象很好地解释了L-SAC在强化水泥土抗压、抗剪性能时所出现的强度提升割裂性，为此前结果与分析中的填充与胶结的理论提供了有力依据，也对L-SAC水泥土抗冲刷性能提升的理论分析进行了补充。

### 8.2.3　本节小结

本节主要研究了在随着龄期增长的情况下不同L-SAC掺入比例对水泥土抗压强度、抗剪强度、抗冲刷性能、pH值的影响及规律，通过SEM对水泥土的微观形态和物相组成开展了进一步分析，并得出以下结论：

（1）随着L-SAC掺入比例的增加，水泥土抗压强度呈上升趋势，当L-SAC掺入比例在18%以下时，水泥土的抗压强度提升效果不明显，只有L-SAC掺入比例在18%以上时，才能显著提高水泥土的抗压强度，从水泥土抗压强度角度来说，在配制水泥土时，L-SAC掺入比例应取可选范围内的最大值，即20%。

（2）与抗压强度相似，水泥土黏聚力与 L-SAC 掺入比例成正比，即 L-SAC 掺入比例越大，水泥土黏聚力越大，且同样只有 L-SAC 掺入比例在 18% 以上时，水泥土的黏聚力才能得到明显提升，但其会受到 L-SAC 强度倒缩的影响，L-SAC 掺入比例在 16% 以上时，第 21 天龄期后水泥土黏聚力会产生倒缩现象，从水泥土黏聚力的角度来说，在配制水泥土时，L-SAC 掺入比例也应取可选范围内的最大值 20%。

（3）随着 L-SAC 掺入比例的增加，水泥土内摩擦角也会增加，当 L-SAC 掺入比例在 18% 以下时，21d 龄期后，水泥土内摩擦角会随 L-SAC 的强度倒缩而发生内摩擦角的倒缩，当 L-SAC 掺入比例在 18% 以上时，21d 龄期后，水泥土内摩擦角则会出现小幅度上升，从水泥土内摩擦角的角度来说，与以上两条结论相似，在配制水泥土时，L-SAC 掺入比例应为 20%。

（4）水泥土抗冲刷性能与 L-SAC 的掺入比例成正比，在土壤中添加 2% L-SAC 就能大幅度提升其抗冲刷性能，当 L-SAC 掺入比例达到 12% 时，水泥土的抗冲刷性能基本接近峰值，从水泥土抗冲刷性能的角度来说，在配制水泥土时，L-SAC 掺入比例应取 12%。

（5）当 L-SAC 掺入比例在 6% 以内时，水泥土内环境 pH 值与 L-SAC 掺入比例成正比，当 L-SAC 掺入比例在 6% 以上时，水泥土内环境 pH 值已经达到峰值，随着 L-SAC 掺入比例的提升，水泥土内环境 pH 值保持不变，从水泥土 pH 值的角度来说，在配制水泥土时，L-SAC 掺入比例也应取可选范围内的最小值 2%。

## 8.3　L-SAC 水泥土植生性能研究

一般来说，大部分植物在碱性的土壤中都会受到严重的生长抑制作用，虽然 L-SAC 水泥土的碱性低于普通硅酸盐所配制的水泥土，但植物能否在 L-SAC 配制的水泥土中生长尚未可知，若植物能够适应该生境并在其中良好生长，则无需对 L-SAC 水泥土生境进行改造，便可实现 L-SAC 植生水泥土技术。因此，本节挑选 8 种高耐碱植物进行种植试验，通过种植结果探究由 L-SAC 配制的水泥土的植生性能。

### 8.3.1　植生试验设计

#### 8.3.1.1　试验方案设计

由 8.1.5 节可知，由 L-SAC 配制的水泥土的内环境 pH 值虽然低于普通硅酸盐水泥配制的水泥土，但对于大部分植物而言，其仍然处于一个较高水平，因此，需挑选高耐碱类的植物作为植生试验中的种植植物。

试验计划挑选 8 种高耐碱类植物分别在天然土壤生境和 L-SAC 配置的植生水泥土生境下同时进行种植，通过观察对比 8 种植物在两种生境下的生长状况，由此对水泥土的实际植生性能作出评价。若所挑选的植物能够较好地在水泥土生境中生长，则将该种植物作为陡边坡防护用植生水泥土应用技术中的先锋植物。

#### 8.3.1.2　试验配合比设计

（1）确定 L-SAC 掺入比例。由目前研究内容可知，在普通硅酸盐水泥配制的水泥土种植试验中，建议水泥掺入比例都不超过 8%，由 8.2 节研究内容可知，当 L-SAC 掺入比例为8%时,水泥土抗压强度、抗剪性能、抗冲刷性能都处于较高水平,因此本节种植试验中将植生水泥土中L-SAC的掺入比例设置为8%。

(2) 确定含水率。在进行植生试验前需要先成型种植板作为植生试验中植物的种植载体,为了保证水泥土颗粒能够均匀密实地分散和填充在种植板内,水泥土在加入清水后必须具有足够的流动度,物理力学性能试验中试块成型所用含水率无法满足该要求,因此,需要对水泥土搅拌用水量进行一定调整,试验中含水率公式采用土工标准进行测算,见式(8.4)。

$$w = \left(\frac{m_0}{m_d} - 1\right) \times 100 \quad (8.4)$$

式中:$w$ 为含水率;$m_0$ 为含水土壤重量;$m_d$ 为干燥土壤重量。

其中水泥土搅拌用水量计算可按以下步骤计算:

1) 由土工含水率试验可测得天然土壤原材料含水率 $w_0$,并根据式(8.4)可测得土壤中的水分质量,计算如下:

$$\begin{cases} m_d + m_{w1} = m_0 \\ \left(\dfrac{m_0}{m_d} - 1\right) \times 100 = w_0 \end{cases} \quad (8.5)$$

式中:$m_d$ 为干燥土壤质量;$m_{w1}$ 为土壤在天然含水率时水分质量;$w_0$ 为土壤天然含水率;$m_0$ 为含水土壤总质量。

2) 水泥土达到规定含水率时土壤中水分质量可按式(8.6)计算:

$$\begin{cases} m_d + m_{w2} = m_0 \\ \left(\dfrac{m_0}{m_d} - 1\right) \times 100 = w_0 \end{cases} \quad (8.6)$$

式中:$w_0$ 为规定土壤含水率;$m_0$ 为含水土壤总质量;$m_d$ 为干燥土壤质量;$m_{w2}$ 为土壤在天然含水率时水分质量。

3) 水泥土达到规定含水率所用搅拌用水量计算公式如下:

$$m_w = m_{w2} - m_{w1} \quad (8.7)$$

式中:$m_w$ 为水泥土搅拌用水质量;$m_{w1}$ 为土壤自身天然含水率下所含水分质量;$m_{w2}$ 为土壤达到规定含水率时所含水分质量。

经检测,天然土壤原材料的液限 $w_{10}$ 为38.8%、$w_{17}$ 为46.2%,以下沉深度为10mm时的液限含水率 $w_{10}$ 为起点,以5%含水率为梯度逐步提高水泥土搅拌用水量,通过多次试验发现含水率为60%时,8%水泥掺入比例的水泥土最终可达到较为合适的流动状态。土壤在液限含水率及60%含水率下的搅拌状态如图8.21所示。

(3) 确定配合比。试验共设置了两种生境下的植生试验,分别为天然土壤生境、植生水泥土生境,以水泥土总质量为基准,按比例对土壤、水泥、清水进行称重,具体配比见表8.8。

表8.8 试验设计配合比

| 生境 | 土壤比例/% | 水泥比例/% | 含水率/% |
|---|---|---|---|
| 天然土壤 | 100 | 0 | 60 |
| 植生水泥土 | 92 | 8 | 60 |

(a) 液限含水率　　　　　　　　　　(b) 60%含水率

图 8.21　不同含水率水泥土搅拌状态

#### 8.3.1.3　植生板制作

土壤颗粒在未充分吸收水分至浆状时会呈现黏稠的块状，此时水泥颗粒将无法均匀分散在土壤之中，而是会集中分布在土壤中的某个区域，使水泥土不同区域的理化性质差异巨大，继而造成试验失败，因此需要对植生水泥土的搅拌工艺进行一定的优化。植生板在浇筑完成后还需对其进行相应的处理以便于种子的播种与后期的植物观测数据的统计。

(1) 搅拌工艺。工程领域中在处理不同粉质材料搅拌时，常见做法是将不同粉质材料搅拌至均匀后再加入清水进行二次搅拌，但在8%L-SAC掺入比例的水泥土中，由于土壤质量远超水泥，采用此方法搅拌后水泥颗粒仍然存在局部搅拌不均匀的情况，因此还需对该方法进行优化。通过改进粉质材料的放料工艺后，水泥土组分的均匀性得到了明显提升，操作方法是先将所有的水泥与同质量的土壤进行干搅混合，再将该混合物与同质量的土壤进行混合，以此类推，直到所有粉质原材料全部加入搅拌均匀后再加入清水二次搅拌，按照该方法搅拌出的水泥土的pH值波动较之前明显减小。

(2) 成型工艺。水泥土在按照设计配合比及优化后的搅拌工艺搅拌成型后仍具有一定的塑性，为了防止水泥土基材在浇筑植生板后留有较大孔隙，还需对其进行压实抹平处理。在成型好的植生板中以6cm为间距划分正方形网格，并在网格中心预留种植孔，这样不仅可以有效避免植物间的生长竞争，也有利于后期对植物长势观测数据的统计，如图8.22所示。

### 8.3.2　植物筛选

不同植物对生态系统的恢复作用、土壤导水率及土壤的加固效果各不相同，广西属亚热带、热带季风气候区，常年气候较为温暖、降雨充沛、旱涝突出，植物生长又与地区气候有着密不可分的关系，因此，本试验所选植物必须充分结合广西特有气候条件和水泥土的理化性质。综合相关文献[3-13]，本次植生试验共挑选8种植物，这8种植物分别为高羊茅、紫花苜蓿、马尼拉、宽叶雀稗、多花木兰、狗牙根、碱茅草、百喜草，其中狗牙根分为去壳与不去壳两种种子形态，各植物种子如图8.23所示。

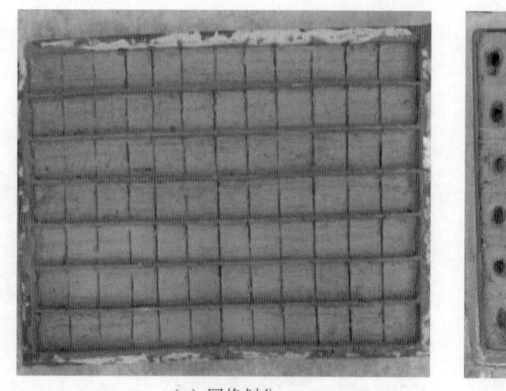

(a) 网格划分　　　　　　　　(b) 预留种植孔

图 8.22　种植板成型

(a) 高羊茅

(b) 紫花苜蓿

(c) 马尼拉

(d) 宽叶雀稗

(e) 多花木兰

(f) 带壳狗牙根

图 8.23（一）　植物种子

(g) 去壳狗牙根

(h) 百喜草

(i) 碱茅草

图 8.23（二） 植物种子

（1）高羊茅。高羊茅属禾本科多年生草本植物，冷季型草，冬季长青，大多分布在我国广西、贵州等地，喜温暖、寒冷潮湿，生命力旺盛，可在恶劣环境中生存，其根系发达，能较好保持水土，在土壤碱度过高时也能生长良好。

（2）紫花苜蓿。紫花苜蓿属豆科多年生草本植物，有着"牧草之王"的美誉，生长寿命可达 20～30 年，喜温暖，耐干旱，环境适应性、抗逆性较好，在大部分土壤中都可以正常生长，其根系可深入土层并形成根瘤，有着改善土壤、固氮的作用。

（3）马尼拉。马尼拉属禾本科多年生草本植物，暖季型草，又称台北草、菲律宾草等，在我国广西、海南、台湾等地均有分布，其养护简单、便捷，分蘖能力强，观赏价值高，同时也具有耐瘠薄、耐旱、耐高温、耐寒的优点，被广泛用于固土护坡。

（4）宽叶雀稗。宽叶雀稗属禾本科多年生草本植物，原产于巴西、阿根廷等热带、亚热带地区，喜高温、多雨，种子易获得，在干旱贫瘠的土壤中能够正常生长，其根系发达、生长迅速、覆盖面积大，目前，在广西种植面积已超四千多亩。

（5）多花木兰。多花木兰属木兰科落叶乔木，多分布于我国陕西省内，是一种水土保持树种，其枝叶茂密，覆盖面积大，叶片营养物质丰富，不仅可以保持水土，还可作为动物饲料使用。

（6）狗牙根。狗牙根属禾本科低矮草本植物，常分布于气候温暖地区，其根系发达且数量较多，易向四周延伸，覆盖性好，有一定的耐盐碱、耐淹、耐旱能力，目前，在大量固土护堤等生态工程中都得到了广泛应用。

（7）百喜草。百喜草属禾本科多年生草本植物，暖季节性草，具有耐阴、耐旱、耐贫瘠，生长竞争力强等优点，对生境要求不高，在干旱的沙质土壤中也能生存，多被用于各种交通项目中绿化工程，如公路、机场等场所。

（8）碱茅草。碱茅草属禾本科多年生丛生型植物，在我国多个省份均有分布，其最大特点就是耐盐碱能力强，pH 值在 9.2～9.8 内均可种植。

### 8.3.3 植物播种

（1）播种时间。每种植物都有自身的最佳播种时间，如高羊茅适宜在 9 月中下旬或 3 月中旬播种，马尼拉在夏秋季播种效果较好，以 4 月、9 月最佳，多花木兰最佳种植温度需在 18℃以上，紫花苜蓿和狗牙根在冬季以外的时间播种均长势良好。为使所选的 8 种植物能在合适的时间及较为统一的外部环境中生长，本试验将植物种植时间选择在 9 月，此时，试验地点温度均在 23℃之上，气候较为温暖，适宜植物播种。

图 8.24 种植构造图

（2）播种方法。人工播种植物种子时一般采用覆土播种法，即先在土壤表面播撒一层种子，再覆盖一层 1～2cm 厚的土壤，如图 8.24 所示，期间需要保持土壤处于湿润状态。本试验在植物播种时的方法与其类似，先将称量好的种子放置在种植板预留的种植孔中，再在种植孔中及种植板表面覆盖一层 2cm 厚的营养土，随后浇水湿润。种植板中预留的种植孔可以使植物种子处在浇筑基质环境中，避免种子扎根于后续所覆盖的营养土中造成实验误差。

（3）养护管理。自然界中的植物在发芽后，其根部可深入土层汲取水分、养分，因此无须进行特别的养护管理即可生长，图 8.25 为各植物种植图。本试验中，因植物处在种植板中，其内部水分、养分无法得到补充，因此，在播种后需要进行一定的养护工作，在播种工作完成后，每天需补充一次水分，每块植生板一次需补充约 500mL 清水，每周需施肥一次补充养分。

### 8.3.4 植物长势观察与分析

植物株高是描述植物生长状况的一项重要依据，本试验以 C-0 生境下的植物株高曲线为标准曲线，通过比较不同生境下同种植物株高曲线与标准曲线的高差判定各生境对植物的影响。当植物的株高曲线在标准曲线之上，说明该种生境能够促进植物生长，相反若植物的株高曲线在标准曲线之下则表明该生境会抑制植物生长。

在工程中，边坡生态防护工程施工结束后仍需对边坡进行两个月的养护，通过浇水、施肥等手段提高植物的早期成活率。因此，本试验中养护、观察的时间设置为两个月，从植物播种的第一天为起点开始计算，每隔 7d 进行一次植物株高统计，统计时先对每株植物株高一一进行统计，如图 8.26 所示。随后将数据中的最大值和最小值去除，剩余数据的平均值既为植物株高代表值。

(a) 高羊茅、紫花苜蓿

(b) 碱茅草、马尼拉

(c) 百喜草、宽叶雀稗

(d) 多花木兰、带壳狗牙根

(e) 去壳狗牙根、紫花苜蓿

图 8.25 植物种植图

（1）高羊茅。由图 8.27 可知，在试验前 49d 内，天然土壤生境与植生水泥土生境下的高羊茅株高上升趋势基本相同，但与标准曲线相比，C-8 生境下的高羊茅株高稍低，这表明高羊茅能够较好地适应 C-8 生境，同时也反映出在 C-8 生境中，高羊茅的发芽、生长会受到轻微的抑制作用。试验 49d 后，标准曲线持续下降，而 C-8 生境下的高羊茅株高则呈先下降后上升的趋势，最终超过了标准曲线，从实际观测中可以发现，当高羊茅株高达到 260mm 时便开始发生倒伏，这使高羊茅整体株高开始下降，而 C-8 生境下的高羊茅生长受到了轻微抑制，虽然此时株高并未达到 260mm，但其茎

图 8.26 植物株高测量

秆更细，因此在株高为 240mm 时便开始倒伏，随着其茎秆的发育，在第 56 天后 C-8 生境下的高羊茅开始出现株高上升现象，这也有力地证实了该观点。

（2）紫花苜蓿。由图 8.28 可知，紫花苜蓿在植生水泥土生境下播种后 7d 内的长势逊于天然土壤生境中的长势，但随后在第二周迅速反超，并在试验结束前始终保持着株高优势，这说明紫花苜蓿在植生水泥土生境中的在种子萌发阶段虽然受到了轻微的抑制作用，但在其生长阶段中却有积极的促进作用。试验的第 42 天，天然土壤生境下的紫花苜蓿开始出现倒伏，其株高曲线下降趋势明显，而植生水泥土生境下的紫花苜蓿则在一周后才开始出现倒伏，且倒伏程度小，由此可见相较于天然土壤生境，紫花苜蓿更适合在植生水泥土生境下生存。

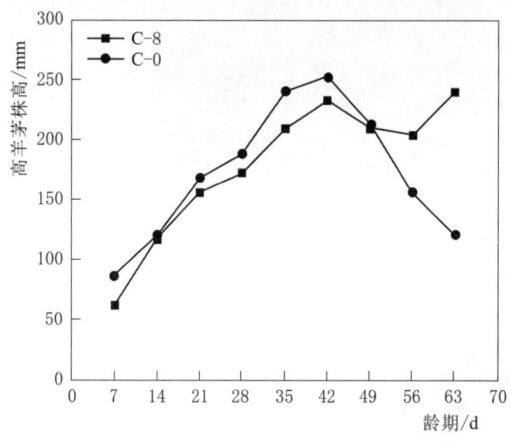

图 8.27　高羊茅株高-龄期曲线

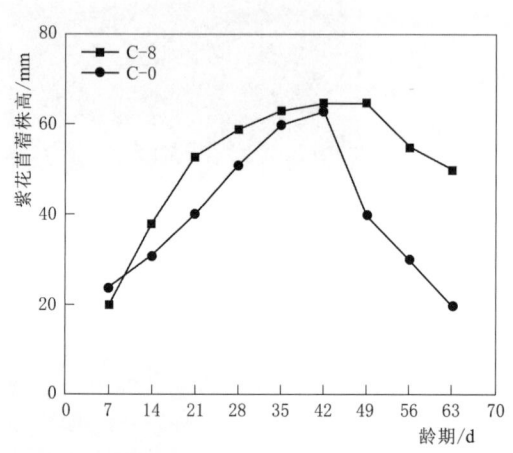

图 8.28　紫花苜蓿株高-龄期曲线

（3）马尼拉。由图 8.29 可知，在试验的前 42d 内，两种生境下的马尼拉株高均呈上升趋势，且增长幅度基本保持一致，但相较于 C-0 生境，C-8 生境下的马尼拉明显长势更好，生长曲线也较为平稳。在试验进行到第 42 天后，两种生境下的马尼拉株高曲线均因倒伏而出现了下降段，由于马尼拉分蘖能力极强，而分蘖行为又增强了马尼拉的抗倒伏能力，因此 49d 后马尼拉又恢复了长势并在试验观测结束前持续保持着上升趋势。

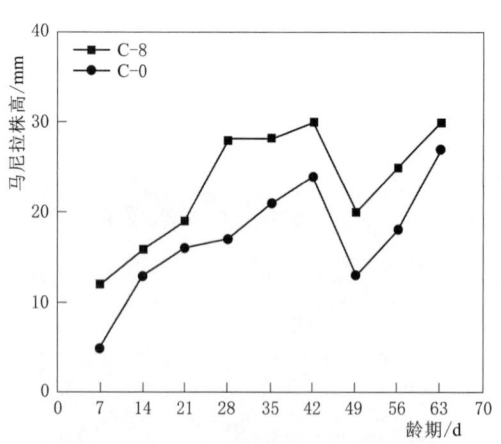

图 8.29　马尼拉株高-龄期曲线

（4）宽叶雀稗。由图 8.30 可知，在种植试验开始的 28d 内，宽叶雀稗在天然土壤生境和植生水泥土生境下的长势几乎相同，试验第 28 天后，天然土壤生境下的宽叶雀稗株高开始优于植生水泥土生境，并于试验第 56 天达到最大值 160mm，随后开始倒伏，植生水泥土生境中的宽叶雀稗则在第 42 天后其株高曲线有轻微下降趋势。这些现象很好地说明了植生水泥土生境对宽叶雀稗的发芽和初期生长阶段没有任何抑制作用,但在生长中后期会有轻微的抑制作用。随着宽叶雀稗的持续生长,这种抑制作用将会慢慢减轻,因此,在试验56d后植生水泥土生境下的宽叶雀稗株高曲线开始出现上升趋势。

(5) 多花木兰。由图8.31可知,多花木兰在天然土壤和植生水泥土两种生境下的发芽都较为缓慢,都在试验第35天后才开始发芽,且发芽后的两周内两者长势基本相同,这表明多花木兰在初期对植生水泥土生境还是由比较好的适应性。从观测的第49天开始,植生水泥土生境下的部分多花木兰开始出现死苗现象,由此导致其株高曲线出现下降段,但在第56天后幼苗死亡情况消失,此时,其株高曲线走势又开始恢复上升,而天然土壤生境下的多花木兰在前期观测时未出现幼苗死亡的情况,但在第56天后幼苗陆续开始死亡,并于第63天后全部死亡,此时株高曲线归零,推测可能是种植多花木兰的装有天然土壤的植生板处于比较阴凉的地方,而每天的浇水养护致使装有天然土壤的植生板内有了较为严重的积水,而多花木兰怕渍水,从而导致了天然土壤生境下的多花木兰全部死亡。

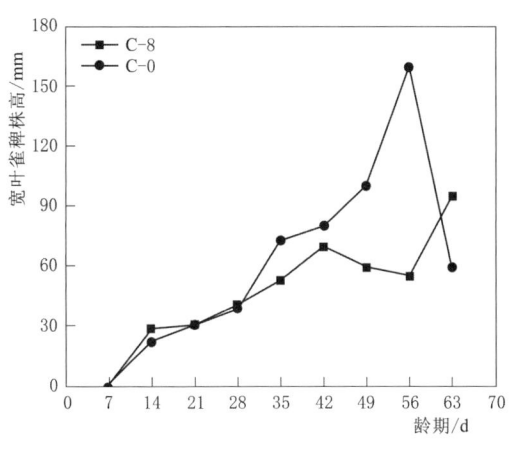 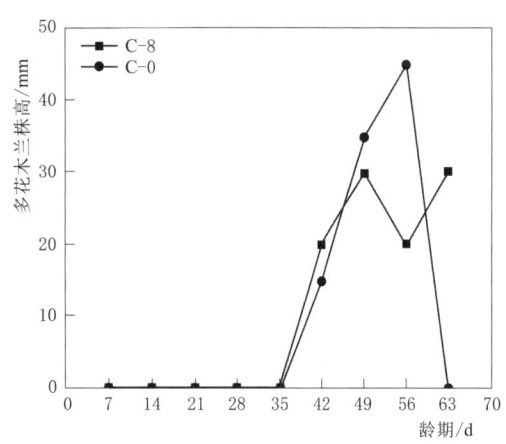

图8.30 宽叶雀稗株高-龄期曲线　　图8.31 多花木兰株高-龄期曲线

(6) 狗牙根。

1) 带壳狗牙根种子。由图8.32可知,带壳狗牙根的发芽时间较晚,天然土壤生境下的带壳狗牙根在种植后的42d后才开始逐渐发芽,而在植生水泥土生境下的带壳狗牙根则在种植后的第35天才开始发芽,通常情况下狗牙根在经过浸泡或去壳的方式能够加快种子的发芽,因此,从这种现象可以推断植生水泥土中带壳狗牙根种子的外壳受到了一定腐蚀,从而加速了带壳狗牙根种子的发芽。两种生境下的带壳狗牙根在发芽后均保持着较好的生长趋势,在第56天后两种生境下的带壳狗牙根株高均开始保持稳定,但植生水泥土生境下的带壳狗牙根长势明显优于天然土壤生境下的带壳狗牙根,且将天然土壤生境下后延一周的带壳狗牙根株高仍然低于植生水泥土生境下的带壳狗牙根株高,因此可以表明植生水泥土对带壳狗牙根的生长阶段也具有促进作用。

2) 去壳狗牙根种子。由图8.33可知,两种生境下的去壳狗牙根种子在播种后的一个礼拜内全都开始发芽,其株高曲线基本相同,由此可见,对狗牙根种子的外壳进行处理确实能够加快种子的发芽时间。在试验刚开始的 14d 内,天然土壤环境下去壳狗牙根的株高高于植生水泥土生境下去壳狗牙根的株高,而在试验第 14 天后,两种生境下的去壳狗牙根生长趋势基本保持一致,期间两种生境下的狗牙根株高互有高低,考虑到带壳狗牙根和去壳狗牙根种子的差异,推测可能是去壳狗牙根由于进行了去壳处理,在种植初期种子在植生水泥土中受到了轻微的腐蚀作用,即使在能够促进自身生长的植生水泥土生境中,在生长中期,其株高和天然土壤生境下的去壳狗牙根株高仍然相同而未能超越。

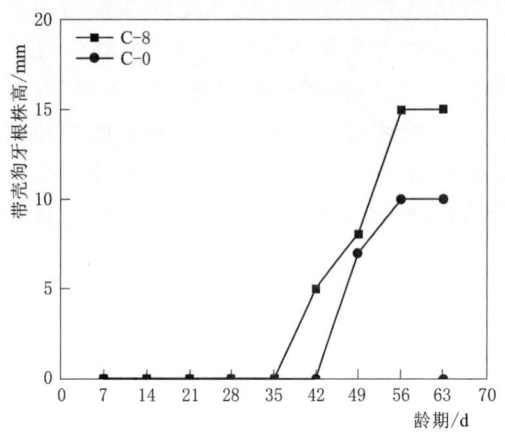

图 8.32 带壳狗牙根株高-龄期曲线　　　图 8.33 去壳狗牙根株高-龄期曲线

由两种不同狗牙根的生长现象及分析可以发现,带壳狗牙根更适合在植生水泥土中种植,而去壳狗牙根则更适合在天然土壤中种植。

(7) 其他。在整个种植试验的观测阶段中,百喜草和碱茅草两种植物在天然土壤生境和植生水泥土生境下均未发芽,考虑到试验时的温度、气候等各个因素满足了两种植物的生长需求,因此推测可能是种植方式出现失误,或植物种子已经失活,导致两种植物的种植失败,因此,暂不考虑将这两种植物作为植生水泥土中的先锋植物使用。

### 8.3.5 本节小结

本节在天然土壤和 8%L-SAC 掺入比例的水泥土中种植 8 种高耐碱植物,通过观察 8 种植物在两种生境下的生长状况,对 8%L-SAC 掺入比例的水泥土植生性能有了一定的评估,同时也对这 8 种植物在该生境下的适应性有了清晰直观的了解与认识。经过对以上研究的总结可以得出以下结论:

(1) 所选的 8 种植物,除了百喜草和碱茅草两种植物较为特殊,在所有生境下均未生长,其他 6 种植物都能发芽生长,部分植物如紫花苜蓿等在水泥土生境下生长状况甚至优于其在天然土壤下的长势,由此可见 8%L-SAC 掺入比例的水泥土具有较好的植生性能,可以用作配制 L-SAC 植生水泥土。

(2) 通过比较 6 种存活植物在两种生境下的长势,综合考虑植生水泥土在植物发芽和生长阶段的作用,高羊茅、紫花苜蓿、马尼拉、宽叶雀稗、多花木兰、狗牙根都对植生水泥土有良好的适应性,都能作为 8%L-SAC 掺入比例的植生水泥土的先锋植物使用。

## 8.4 L-SAC植生水泥土改性研究

在普通硅酸盐水泥配制的植生水泥土配方中除了水泥、土壤等原材料以外，还有对水泥土进行改性使其具备植生性能的改性剂，由第2、3章研究内容可知，8%L-SAC掺入比例的植生水泥土已经具有较为良好的物理力学性能和植生性能，但仍有进一步提升的必要，因此本节尝试将几种常见用于改善碱性土壤的物质掺入由L-SAC配制的植生水泥土中，并对掺后的植生水泥土的物理力学性能、植生性能进行测试。

### 8.4.1 L-SAC植生水泥土改性试验设计

#### 8.4.1.1 试验方案设计

8%L-SAC掺入比例的植生水泥土已经初步具备植生能力，但与目前较为成熟的普通硅酸盐水泥配制的植生水泥土体系相比仍有较大提升空间。

普通硅酸盐水泥配制的植生水泥土往往需要掺加改性剂才能实现植生效果，其中应用最为广泛的是由三峡大学许文年团队研发的润智生态改良剂。试验计划在L-SAC配制的植生水泥土中掺入润智生态改良剂、一水柠檬酸、CHF土壤固化剂、硼酸四种改性剂，一方面验证润智生态改良剂对8%L-SAC掺入比例的植生水泥土的实际改善效果，另一方面探究改善土壤性质及调整盐碱土壤的添加剂对8%L-SAC掺入比例的植生水泥土的作用，以物理力学性能和植生性能作为评价指标，为8%L-SAC掺入比例的植生水泥土寻找更为合适的生境提升改性剂。待试块及植生板制作好后，分别对其编号，为C-8、R-8、G-8、N-8、P-8，编号中的C表示L-SAC，R代表润智生态改良剂，G代表CHF土壤固化剂，N代表一水柠檬酸，P代表硼酸，编号中的数字则表示水泥土中L-SAC掺入的比例。

#### 8.4.1.2 试验配合比设计

（1）改性剂掺入比例设计。试验中润智生态改良剂、CHF土壤固化剂的掺入比例均参照工程中的实际配比用量，其中润智生态改良剂与水泥的掺入比例质量比为1∶1，CHF土壤固化剂掺入比例为基材质量的0.02%；在设计一水柠檬酸、硼酸的掺入比例时，综合考虑石佳奇等[14]、李晓等[15]的研究成果，将一水柠檬酸、硼酸的掺入比例均设计为植生水泥土总质量的2.24%。

（2）其他。L-SAC植生水泥土改性试验包含物理力学性能试验和种植试验，其中水泥、土壤的掺入比例在两种试验下均为8%和92%，而物理力学性能试验中试块制作时的含水率设置为30%，种植试验中植生板制作时的含水率设置为60%。具体试验配比见表8.9。

表8.9　　试验设计配合比

| 编号 | 添加剂 | 土壤比例/% | 水泥比例/% | 添加剂掺入比例/% | 含水率/% ||
|---|---|---|---|---|---|---|
| | | | | | 物理力学性能试验 | 种植试验 |
| C-8 | — | 92 | 8 | — | 30 | 60 |
| R-8 | 润智生态改良剂 | 92 | 8 | 8 | 30 | 60 |

续表

| 编号 | 添加剂 | 土壤比例/% | 水泥比例/% | 添加剂掺入比例/% | 含水率/% | |
|---|---|---|---|---|---|---|
| | | | | | 物理力学性能试验 | 种植试验 |
| N-8 | 一水柠檬酸 | 92 | 8 | 2.24 | 30 | 60 |
| G-8 | CHF土壤固化剂 | 92 | 8 | 0.02 | 30 | 60 |
| P-8 | 硼酸 | 92 | 8 | 2.24 | 30 | 60 |

## 8.4.2 物理力学性能变化及分析

### 8.4.2.1 抗压强度

由图8.34可知，润智生态改良剂、CHF土壤固化剂、硼酸均能大幅提高植生水泥土的早期抗压强度，并在第14天龄期后分别达到最大值9.97MPa、9.17MPa和11.85MPa，在第14天龄期后会发生严重的强度倒缩现象，最终第28d龄期抗压强度仅提升为标准值的1.06倍、1.23倍和1.32倍，L-SAC植生水泥土28d抗压强度提升幅度按大小依次排序为硼酸、CHF土壤固化剂、润智生态改良剂。

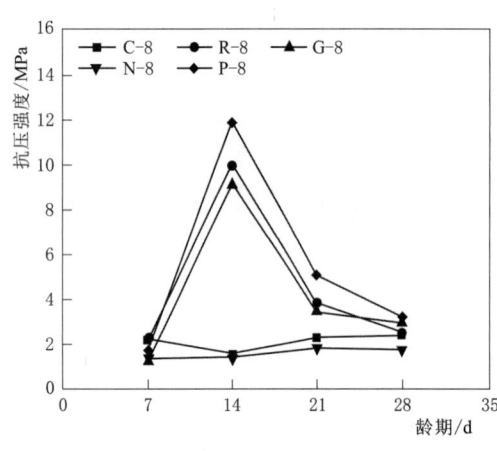

图8.34 4种改性L-SAC植生水泥土抗压强度-龄期曲线

硼酸和CHF土壤固化剂和润智生态改良剂均呈酸性，在掺入后必定会与L-SAC植生水泥土中的碱性成分发生中和反应，因此掺入硼酸和CHF土壤固化剂的L-SAC植生水泥土的抗压强度的上升原因可能是中和反应中生成的复杂盐类成分也具有一定的胶结作用，并且这些盐类物质的体积要大于L-SAC单纯水化所生成的物质体积，致使L-SAC植生水泥土的密实度得到提升。

从图8.34中还能看出一水柠檬酸会使植生水泥土抗压强度小幅下降，其28d抗压强度约为标准值的0.73倍，强度在28d龄期内基本保持稳定。在制作L-SAC植生水泥土试块时，掺加硼酸和一水柠檬酸的L-SAC植生水泥土试块均发生了体积膨胀现象，其中掺入一水柠檬酸的L-SAC植生水泥土膨胀最为严重，并伴有未知气体产生，因此掺入一水柠檬酸可能会使L-SAC植生水泥土内部产生较多孔洞结构，由此降低了L-SAC植生水泥土的抗压强度。

### 8.4.2.2 抗剪强度

1. 黏聚力

由图8.35可知，在L-SAC植生水泥土中添加润智生态改良剂会使植生水泥土的7d黏聚力值下降至标准值的0.45倍，但随着龄期的增长，其黏聚力值也会逐渐上升，最终其28d黏聚力值与标准值持平，因此可以判定润智生态改良剂会影响L-SAC配制的植生水泥土早期的黏聚力，但不会改变其终值。

在 L-SAC 植生水泥土中添加 CHF 土壤固化剂能够明显提高植生水泥土的早期黏聚力值，且随着龄期的变化，黏聚力值基本保持稳定，第 28 天其黏聚力值为 27.85kPa，是标准值的 1.38 倍。由于 CHF 土壤固化剂本身就是用于土壤的强化，因此即使其会中和一部分 L-SAC 水化产物，降低水泥土中 L-SAC 的强度，但在综合作用下，土壤黏聚力仍然有小幅度的提升。

随着一水柠檬酸的掺加，在 0～14d 龄期内，植生水泥土的黏聚力值有所提升，但在 14d 龄期后，黏聚力值开始下降，最

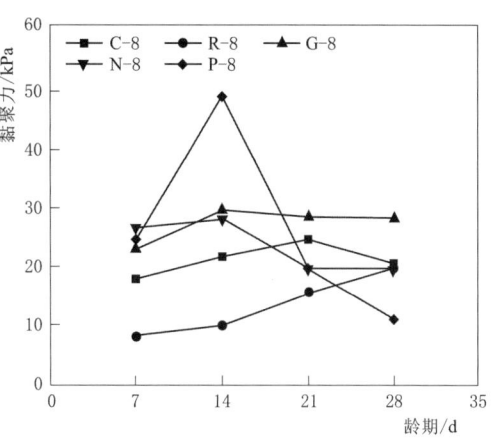

图 8.35　4 种改性 L-SAC 植生水泥土黏聚力-龄期曲线

终其 28d 黏聚力值与标准值降为同等水平。推测在 0～14d 龄期内，由于 L-SAC 强度的持续提升和掺入一水柠檬酸的 L-SAC 植生水泥土在环刀体积内发生的膨胀共同导致了其黏聚力的上升，14d 后，随着 L-SAC 的强度逐渐开始发生倒缩，直剪试验中其内部的 L-SAC 水泥石率先断裂，继而引发了 L-SAC 植生水泥土结构整体上的崩溃，自此 L-SAC 植生水泥土的黏聚力开始下降，最终降至标准值。

硼酸对 14d 内植生水泥土黏聚力的提升作用较为明显，其第 14 天龄期黏聚力最高可达 48.11kPa，但在 14d 龄期后会产生倒缩，并在第 28 天龄期时，其黏聚力最终与标准值持平。考虑到硼酸与一水柠檬酸均会导致植生水泥土产生体积膨胀，可以推测在 14d 龄期内，硼酸对 L-SAC 植生水泥土黏聚力的增强与一水柠檬酸对 L-SAC 植生水泥土黏聚力增强的机制基本相同，由于硼酸的酸性较低，对 L-SAC 的水化过程影响较小，因此其在前期对 L-SAC 植生水泥土黏聚力的提升效果明显，这也与现实表现相符，当 L-SAC 强度倒缩，由于加入硼酸的 L-SAC 植生水泥土膨胀程度低于加入一水柠檬酸的 L-SAC 植生水泥土，其黏聚力最终降至标准值之下。

2. 内摩擦角

由图 8.36 可知，润智生态改良剂、CHF 土壤固化剂、一水柠檬酸均会使植生水泥土的内摩擦角降低，且随着龄期的增长，内摩擦角将持续下降，掺加 3 种添加剂的植生水泥土 28d 内摩擦角将最终降至 39.2°、38.3°、37.7°，远低于标准值 53.4°，即随着水泥土荷载变化时其剪切应力的变化幅度小于标准值，由此可以推测润智生态

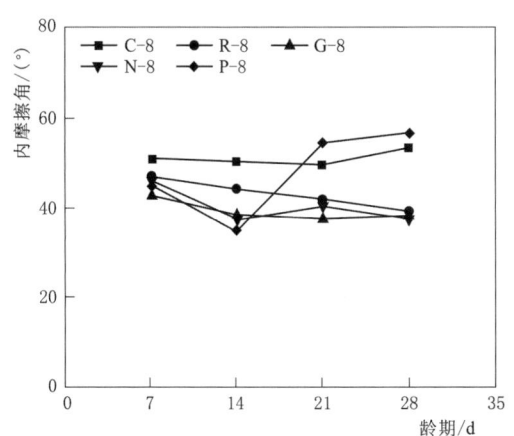

图 8.36　4 种改性 L-SAC 植生水泥土内摩擦角-龄期曲线

改良剂、CHF土壤固化剂、一水柠檬酸的掺入使L-SAC水化过程中生成的水泥石及胶结性物质整体性有一定的损害，从而降低了土壤颗粒间的摩擦力，继而引发了L-SAC植生水泥土内摩擦角的下降。

随着硼酸的加入，植生水泥土14d内的摩擦角会出现一定程度的下降，其7d的内摩擦角为44.9°，是标准值的0.88倍，随着龄期的增长，其内摩擦角会出现先下降后上升的趋势，其28d内摩擦角最终可达56.6°，是标准值的1.06倍。由于硼酸也呈酸性，可大致推定其在14d龄期内内摩擦角曲线下降原因与润智生态改良剂、CHF土壤固化剂、一水柠檬酸使L-SAC植生水泥土内摩擦角下降机理类似，由于掺入硼酸会使L-SAC植生水泥土体积发生微膨胀，14d龄期后，由于L-SAC强度倒缩，在直剪试验负载时将对掺入了硼酸的L-SAC植生水泥土试样进行一定程度的压缩，从而增大了其自身密实度，继而增大了土壤颗粒间的摩擦力，使L-SAC植生水泥土内摩擦角上升。

#### 8.4.2.3 抗冲刷性能

由图8.37可知，润智生态改良剂能显著提升植生水泥土的14d后抗冲刷性能，并在28d时L-SAC植生水泥土抗冲刷性能达到峰值，此时植生水泥土的冲刷系数降至0.91，是标准值的0.27倍，由此可见即使润智生态改良剂呈酸性，会与L-SAC水化产物发生中和反应，但其反应产物仍有一定的胶结性，并加强了L-SAC植生水泥土试块表面的土壤颗粒固定，从而使其抗冲刷性能得到了强化。

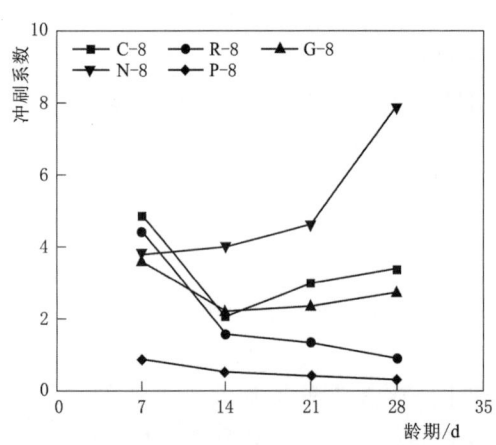

图8.37 4种改性L-SAC植生水泥土冲刷系数-龄期曲线

在L-SAC植生水泥土中掺加CHF土壤固化剂对其抗冲刷性能提升效果较为一般，其冲刷系数最低值为2.7，出现在28d龄期，仅为标准值的0.81倍，这很好地表明了即使CHF土壤固化剂呈酸性，在消耗了部分L-SAC水化产物后仍能对L-SAC植生水泥土抗冲刷性能进行一定的提升，即其所消耗的L-SAC水化产物所对抗冲刷性能的贡献低于剩余CHF土壤固化剂对抗冲刷性能的贡献。

随着一水柠檬酸的掺入，植生水泥土的7d龄期的抗冲刷性能会有所上升，但随着龄期的增加，植生水泥土的冲刷系数明显上升，最终其28d冲刷系数增至7.9，其抗冲刷性能大幅度降低。由于在掺入一水柠檬酸后L-SAC植生水泥土试块表面会形成较多的孔洞，从而增大了冲刷面积和水流的冲击力，其抗冲刷性能的下降并不奇怪，然而其在7d龄期的抗冲刷性能却有所上升，推测可能是冲刷面上聚集了较多由中和反应所生成的盐类物质，在对试块进行烘干处理时，有部分盐类物质发生了熔融，在其表面形成了一层薄膜，从而保护了试块表面。

在4种改性剂中只有硼酸能够使植生水泥土的抗冲刷性能从早期就能得到大幅度提升，第7天龄期时，其冲刷系数就能保持在0.88，约为标准值的0.18倍，随着龄期的增加,冲刷系数稳定下降,在第 28 天龄期时,植生水泥土最终降至 0.34,极大地提升了植生水泥土的抗冲刷性能。从 pH 值方面来说,硼酸溶液的 pH 值为 5.64,其与 L-SAC 中和反应较为缓慢,对 L-SAC 碱性水化产物的消耗较少;试块在制作时,掺有硼酸的 L-SAC 植生水泥土试块有微膨胀的现象发生,在模具的约束下,极易形成较为光滑的试块表面,这进一步强化了试块的抗冲刷性能,因此,在这两者共同作用下,掺有硼酸的 L-SAC 植生水泥土的抗冲刷性能得到极大提升。

#### 8.4.2.4 内环境 pH 值

由图 8.38 可知,润智生态改良剂、一水柠檬酸、硼酸均能有效降低植生水泥土的 pH 值,其中掺加一水柠檬酸、硼酸的植生水泥土内环境 pH 值在 7d 龄期后分别能够从标准值 10.4 降至 9.4 和 8.7,随后保持稳定状态,28d 后两者内环境 pH 值分别为 9.13 和 8.64。而掺加润智生态改良剂则可使植生水泥土的 7d 内环境 pH 值降至 7.97,约为标准值的 76%,但随着龄期的增长,植生水泥土的内环境 pH 值会出现小幅上升,并在第 14 天达到稳定值,在观测的第 28 天龄期,内环境 pH 值最终为 8.68,与掺加硼酸的降碱效果类似。以上三者对 pH 值的调控几乎都与酸碱中和反应相关,但润智生态改良剂中含有的菌体能持续分泌酸性物质以稳定植生水泥土 pH 值,因此其效果最好。

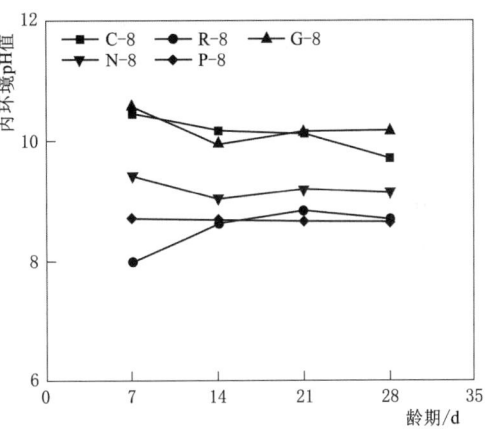

图 8.38 4 种改性 L-SAC 植生水泥土
内环境 pH 值-龄期曲线

掺加 CHF 土壤固化剂的 L-SAC 植生水泥土 pH 值几乎没有任何变化,推测可能是 CHF 土壤固化剂在加入后就快速地对土壤进行了作用,只有部分与 L-SAC 进行了中和反应,因此,其对 L-SAC 植生水泥土的 pH 值几乎没有影响。

#### 8.4.2.5 微观分析

为了进一步研究润智生态改良剂、CHF 土壤固化剂、一水柠檬酸、硼酸对 L-SAC 植生水泥土的改性机理,通过 SEM 对各组改性 L-SAC 植生水泥土的微观形貌进行观察与分析。

图 8.39 分别是天然土壤、L-SAC 植生水泥土及 4 种改性后 L-SAC 植生水泥土的 SEM 图片,通过对各组植生水泥土微观表面间的差异进行比对分析,可以明确各改性剂在 L-SAC 植生水泥土所起的作用。

由图 8.39(c)可知,掺有润智生态改良剂的 L-SAC 植生水泥土表面光滑、平整,在放大 500 倍后,表面仍能观察到完整结构的存在,这与其在抗压、抗冲刷性能中的良好表现相一致,由于润智生态改良剂主要是通过微生物菌落对水泥土生境进行改善,因此基本可以断定该结构是样本中的微生物菌落经干燥后形成的。

由图 8.39(d)可知,掺有 CHF 土壤固化剂的 L-SAC 植生水泥土表面褶皱、沟壑

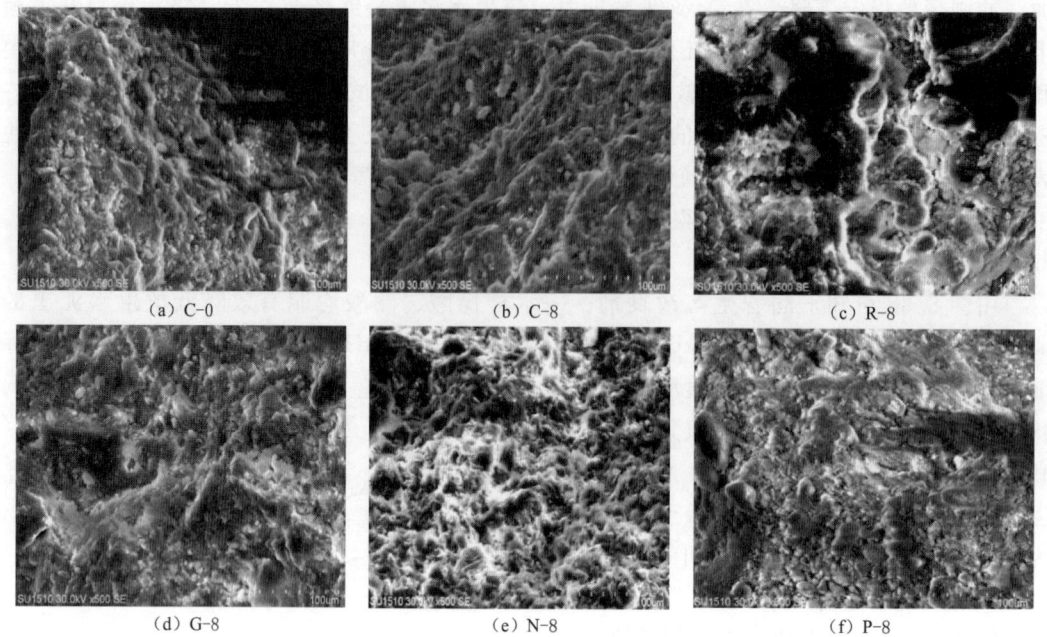

图 8.39 6 种水泥土 SEM 图片

较少，存在一定的散落颗粒分布，相对 C-0、C-8 其土体更为致密，结合 CHF 土壤固化剂固化原理，可以认为 CHF 土壤固化剂先对天然土壤进行了一次强化，使其颗粒分布更加均匀，随后 L-SAC 又再次对土壤进行了二次强化，但在第一次 CHF 土壤固化剂强化阶段时并未对试块进行压实处理，因此最终其物理力学性能并未得到大幅度提升。

由图 8.39（e）可知，柠檬酸会使 L-SAC 植生水泥土内部生成孔隙结构，在试块成型过程中经柠檬酸改性的 L-SAC 植生水泥土试块确实也出现了膨胀现象，因此可以认为柠檬酸对 L-SAC 植生水泥土有一定的引气作用，这必然会导致 L-SAC 植生水泥土物理力学性能下降，试验结果也证明了这一结论。

由图 8.39（f）可知，在 6 组土壤中，经硼酸改性的 L-SAC 植生水泥土表面最为密实、平整，并附着了一层紧致、光滑的橄榄球状颗粒，这在 C-0、C-8 两组土壤中均未出现，推测可能是硼酸与 L-SAC 发生了一系列的化学反应后生成的盐类物质，从已知的试验结果可以看出，这种物质能够大幅增强 L-SAC 植生水泥土的物理力学性能，在单纯考虑物理力学性能的情况下，硼酸最适合作为 L-SAC 植生水泥土的改性剂使用。

## 8.4.3 植生性能变化及分析

### 8.4.3.1 高羊茅

由图 8.40 可知，R-8、N-8、G-8 生境下的高羊茅同龄期株高均低于标准值，N-8 和 R-8 生境下 63d 龄期的高羊茅株高相较标准值 240mm 分别下降了的 21% 和 25%，这表明一水柠檬酸、润智生态改良剂会对高羊茅的发芽和生长阶段产生轻微的抑制作用。

G-8 生境下 63d 龄期的高羊茅株高相较标准值下降了 71%，这表明 CHF 土壤固化剂严重影响了高羊茅的生长，因此，当选用高羊茅作为陡边坡防护用植生水泥土应用技术中的先锋植物时，必要时可以添加一水柠檬酸和润智生态改良剂改善生境，但不推荐添加 CHF 土壤固化剂。

#### 8.4.3.2 紫花苜蓿

如图 8.41 所示，R-8、N-8、G-8 生境下的紫花苜蓿同龄期株高都低于标准值株高，其中 G-8 生境下的紫花苜蓿生长受抑的效果最为明显，其 63d 龄期下的株高仅为 10mm，为同龄期下标准值的 20%，这表明 CHF 土壤固化剂对紫花苜蓿的生长抑制作用较大；R-8 生境下的紫花苜蓿的生长虽然同样受到了抑制，但 63d 龄期下的株高约为 41mm，是同龄期下标准值的 82%，下降幅度在可接受范围内；N-8 生境下的紫花苜蓿虽然生长初期受到了一定的抑制作用，但其 63d 龄期下的株高与标准值几乎相同，因此，当采用紫花苜蓿作为陡边坡防护用植生水泥土应用技术中的先锋植物时，可以考虑将一水柠檬酸、润智生态添加剂作为生境改善添加剂使用，但不可使用 CHF 土壤固化剂。

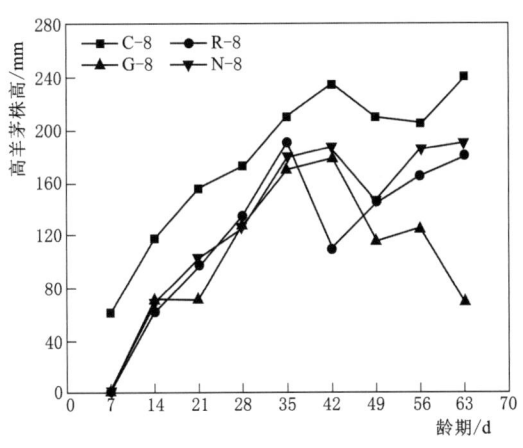

图 8.40　高羊茅株高-龄期曲线

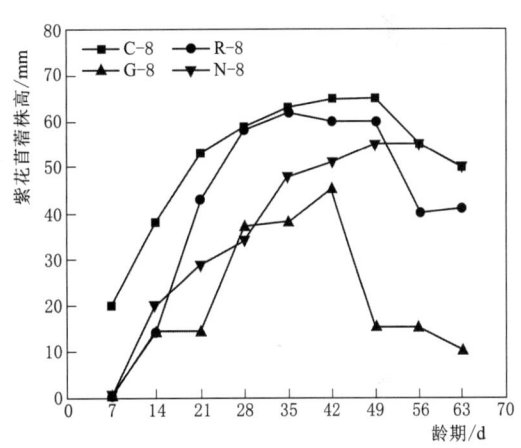

图 8.41　紫花苜蓿株高-龄期曲线

#### 8.4.3.3　马尼拉

由图 8.42 可知，R-8、N-8、G-8 生境下马尼拉种子的发芽均受到了严重抑制，C-8 生境下的马尼拉种子在种植后的 7d 内基本已经全部发芽，而其他生境下的马尼拉种子在第 35 天后才逐渐开始发芽，由于其发芽时间相差较大，同龄期下的株高对比已经不能正确反映其生长状况，但通过对发芽后龄期的株高对比仍然可以看出 3 种添加剂对马尼拉发芽后的生长状态的影响。

从图 8.43 中可以看出，润智生态改良剂、一水柠檬酸、CHF 土壤固化剂对发芽后的马尼拉仍然存在一定的生长抑制作用，发芽后 28d 的株高分别为 15mm、15mm、10mm，是 C-8 生境下马尼拉发芽后 28d 株高的 53%、53% 和 36%。因此，当选用马尼拉作为陡边坡植生水泥土的先锋植物时，在不考虑发芽时间的情况下可以考虑添加润智生态改良剂和一水柠檬酸，但不推荐使用 CHF 土壤固化剂。

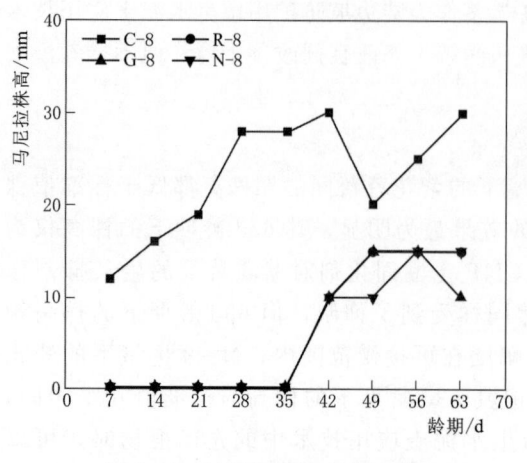

图 8.42　马尼拉株高-龄期曲线

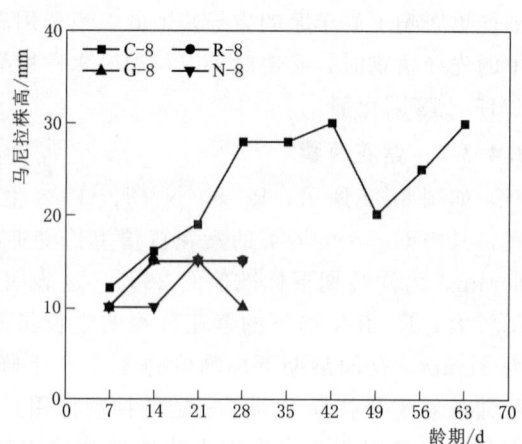

图 8.43　马尼拉发芽后株高-龄期曲线

#### 8.4.3.4　宽叶雀稗

由图 8.44 可知，润智生态改良剂、一水柠檬酸、CHF 土壤固化剂对宽叶雀稗的影响与马尼拉类似，对种子的发芽存在严重的抑制作用，R-8、N-8、G-8 生境下的宽叶雀稗种子在播种后的 35d 后才陆续开始发芽，与 C-8 相比发芽时间最少相差 28d。从图 8.45 中可以看出三种添加剂对发芽后宽叶雀稗的生长仍然存在抑制作用，N-8 和 G-8 生境下宽叶雀稗发芽后的最终长势分别为 C-8 下宽叶雀稗的 19% 和 61%，且其两种生境下的株高长势呈下降趋势，但 R-8 生境下的宽叶雀稗株高却呈上升趋势，且其发芽后 21d 的株高是 C-8 生境下宽叶雀稗 21d 株高的 61%。

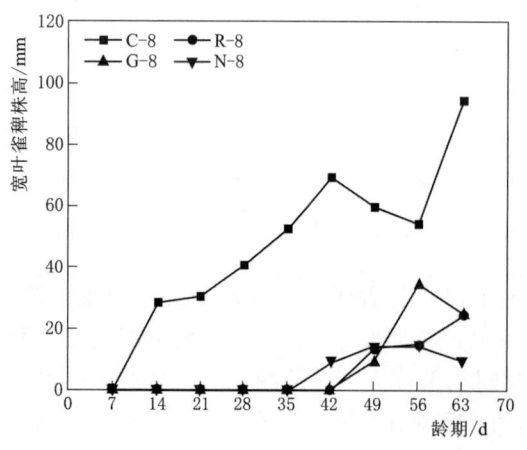

图 8.44　宽叶雀稗株高-龄期曲线

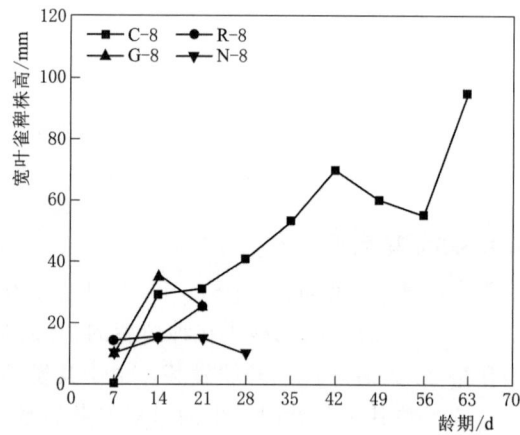

图 8.45　宽叶雀稗发芽后株高-龄期曲线

因此，若选用宽叶雀稗作为陡边坡防护用植生水泥土应用技术中的先锋植物时，在不考虑发芽时间的情况下可以考虑添加润智生态添加剂，但不推荐添加一水柠檬酸和 CHF 土壤固化剂。

#### 8.4.3.5　多花木兰

由图 8.46 可知，在试验过程中掺加 CHF 土壤固化剂的植生水泥土中的多花木兰均未发芽，因此图中没有 G-8 曲线，这也说明了 CHF 土壤固化剂对多花木兰种子的发芽具有严重的致命性；由图 8.46 可知，R-8 生境下同龄期多花木兰的株高均低于标准值，其 63d 龄期下的多花木兰株高仅为 5mm，是标准值的 17%；N-8 生境下的多花木兰种子在第 42 天开始发芽，但在随后的两周内全部死亡，说明一水柠檬酸对多花木兰幼苗的生长存在严重的危害。因此，若选用多花木兰作为陡边坡防护用植生水泥土应用技术的先锋植物时，润智生态改良剂、CHF 土壤固化剂和一水柠檬酸均不适宜作为生境改善添加剂。

#### 8.4.3.6 狗牙根

1. 带壳狗牙根种子

由图 8.47 可知，R-8、N-8 生境下的带壳狗牙根种子发芽时间早于 C-8 生境下的带壳狗牙根种子 28d，即润智生态改良剂和一水柠檬酸能够有效降低带壳狗牙根种子的发芽时间，但 R-8 生境下带壳狗牙根幼苗在第 35 天后全部死亡，这表明润智生态改良剂对带壳狗牙根幼苗的生长具有严重的危害性，而 N-8 生境下的带壳狗牙根幼苗并未在生长全过程中保持上升趋势。

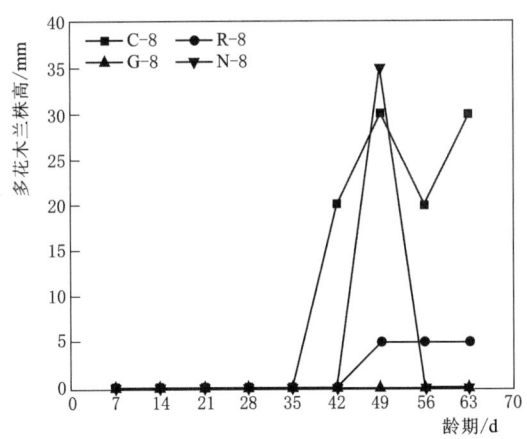

图 8.46 多花木兰株高-龄期曲线

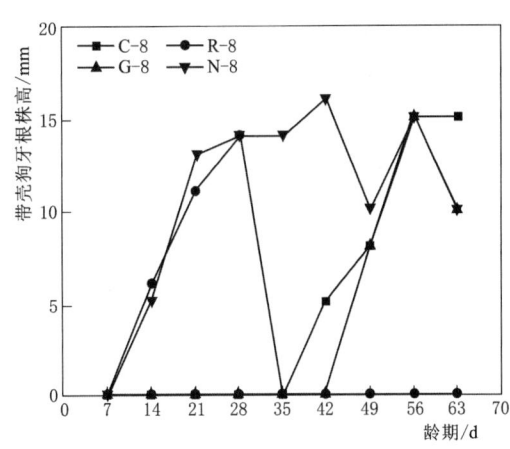

图 8.47 带壳狗牙根种子株高-龄期曲线

从图 8.48 中可以看出，其发芽后 28d 株高为 14mm，是 C-8 生境下带壳狗牙根同龄期下的 93%；G-8 生境中的带壳狗牙种子与 C-8 生境下的带壳狗牙根种子发芽时间相差不大，且生长趋势类似，虽然在第 56 天后株高有所降，当其 63d 株高仍是标准值 15mm 的 67%。

2. 去壳狗牙根种子

由图 8.49 可知，C-8 生境下去壳狗牙根种子在种植后的一周内就已经开始发芽，其发芽时间早于带壳狗牙根种子 28d，这表明狗牙根种子的外壳对其发芽时间存在一定的延迟作用；N-8、R-8 生境下的去壳狗牙根种子的发芽时间与 C-8 生境下的发芽时间相差不大，且生长趋势也较为接近，在试验的第 63 天，N-8、R-8 生境下去壳狗牙根的株高已达 15mm，相较于标准值提高了近 50%；G-8 生境下去壳狗牙根种子在种植的第 21 天后才开始逐渐发芽，其株高最高值和第 63 天株高相较于标准值分别提升了 18% 和 100%。

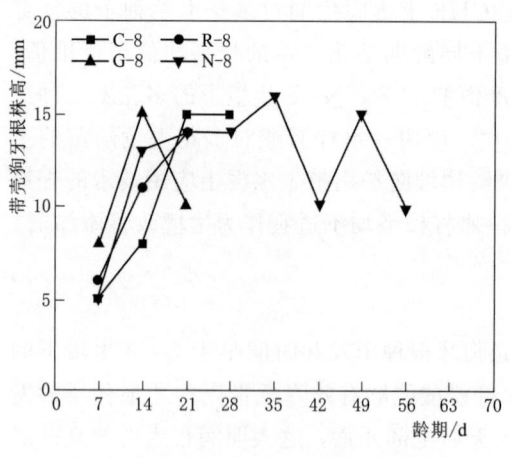

图 8.48　带壳狗牙根发芽后株高-龄期曲线　　图 8.49　去壳狗牙根株高-龄期曲线

当选用狗牙根作为陡边坡防护用植生水泥土应用技术中的先锋植物时，应尽量采用去壳狗牙根种子，此时润智生态改良剂、一水柠檬酸、CHF 土壤固化剂均可作为生境改善添加剂使用，当使用带壳狗牙根种子时，不宜使用润智生态改良剂，可适当添加一水柠檬酸和润智生态改良剂。

#### 8.4.3.7　其他

考虑到在 8.3 节种植试验 C-0、C-8 两种生境下，百喜草和碱茅草两种植物都没有发芽，而在此次生境改善的种植试验中，百喜草和碱茅草两种植物的种子在添加各添加剂后仍然没有发芽，因此，无法推断润智生态改良剂、一水柠檬酸、CHF 土壤固化剂对这两种植物的实际影响。

### 8.4.4　本节小结

本节通过将规定掺入比例的润智生态改良剂、一水柠檬酸、CHF 土壤固化剂、硼酸分别加入 8%L-SAC 掺入比例的植生水泥土中，对其物理力学性能和植生性能进行测定，并与普通 L-SAC 植生水泥土物理力学性能和植生性能进行比对，从而探究 4 种物质对 L-SAC 植生水泥土的改性作用与影响，经总结可以得出以下规律：

（1）规定掺入比例下的润智生态改良剂能够提升 L-SAC 植生水泥土的抗压强度、抗冲刷性能，并改善其内环境 pH 值，但会使其抗剪强度中的黏聚力和内摩擦角有一定程度的下降。从种植试验结果可知，该生境对去壳狗牙根、高羊茅、紫花苜蓿均存在轻微的生长抑制作用，对马尼拉、宽叶雀稗、多花木兰、带壳狗牙根则有着严重的生长抑制作用。

（2）规定掺入比例下的 CHF 土壤固化剂能够提升 L-SAC 植生水泥土的抗压强度、抗冲刷性能，并使抗剪强度中的黏聚力上升，内摩擦角下降，但对其内环境 pH 值基本没有改善作用。从种植试验结果可知，只有去壳狗牙根能够在该生境下良好生长，其他 6 种植物该生境中生长均会受到严重抑制。

（3）规定掺入比例下的一水柠檬酸对 L-SAC 植生水泥土的抗压强度、抗剪强度、抗冲刷性能均有一定程度的削弱，但能够改善 L-SAC 植生水泥土内环境 pH 值。从种植试验结果可知，该生境对带壳狗牙根的生长有一定的促进作用，对高羊茅、紫花苜蓿、去壳狗牙根的生长则有轻微的抑制作用，对马尼拉、宽叶雀稗、多花木兰的生长则有着严重的生长抑制作用。

（4）规定掺入比例下的硼酸能提升 L-SAC 植生水泥土的抗压强度、抗冲刷性能，并使抗剪强度中的 28d 黏聚力降至标准值的 0.55 倍，28d 内摩擦角升至标准值 1.06 倍，且对 L-SAC 植生水泥土内环境 pH 值有一定的改善作用。从种植试验结果可知，在该生境下所有植物均无法生长。

## 8.5 应用技术方案研究与编制

本节最终目的是研究一套切实可行的陡边坡防护用植生水泥土应用技术方案，通过对前几节的研究内容和结论进行整合，基本可以确定陡边坡防护用植生水泥土应用技术方案中的材料配方及用量，本节根据陡边坡的特点和工程的实际需要提出了一种分层复合植生结构，并根据前 4 节所得的研究结果提出了以该分层复合植生结构为基础的陡边坡植生水泥土技术的具体方案。

### 8.5.1 分层复合植生结构

通过分层处理能够在保留植生水泥土植生功能的同时有效提高植生水泥土的抗侵蚀能力。本节所提出的分层植生结构如图 8.50 所示。通过水泥掺入比例的差异将整体植生结构分为 3 层，从上到下分别为表面防护层、种子放置层以及植生基质层，其中表面防护层中分布有贯穿该层的种植孔。

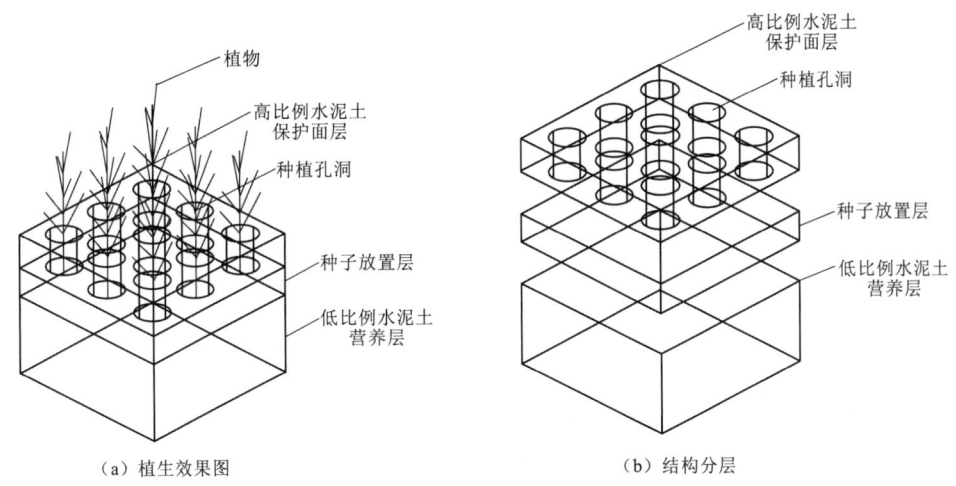

图 8.50 分层复合植生结构

表面防护层是分层复合植生结构的第一层，该层主要由较高比例的水泥与土壤混合而成，具有较好的抗侵蚀能力，可以在种植植物生长茂盛之前保护坡面，防止坡面上的植生基质因降雨而造成流失，贯穿该层的植生孔既可以保证植物在生长时不会因为表面过于坚硬而无法生长，同时还能通过设置种植孔的数量控制种植密度，以达到加固植生基质和边坡结构的作用[16]；种子放置层是分层复合植生结构的第二层，该层在植生基质层的基础上加入植物种子混合而成，在分层处理后，可以较好地控制种子的种植深度，提高植物的发芽率；植生基质层是分层复合植生结构的最底层，该层主要由低掺入比例的 L-SAC 与土壤混合而成，其主要功能是为植物提供生长所需的各种营养物质及适宜的环境，在加入 L-SAC 后，该层可以较好地与各种材质的坡面相黏结，以达到覆盖、保护坡面的目的。

随着本地植物的逐渐入侵，部分先锋植物将逐渐被替代，残余的先锋植物种类将和侵入的本地物种一起形成稳定的边坡生态体系，最终实现更为适合的本地植被护坡方式[17]。

### 8.5.2 陡边坡防护用植生水泥土应用技术方案

由 8.2 节研究内容可知，随着 L-SAC 掺入比例的增加，水泥土的物理力学性能会逐渐得到提升；由 8.3 节研究内容可知，不同植物对 L-SAC 配制的植生水泥土的适应性各不相同；由 8.4 节研究内容可知，润智生态改良剂、一水柠檬酸、CHF 土壤固化剂、硼酸对 L-SAC 植生水泥土的物理力学性能和所选 6 种植物的生长均存在着一定的影响。

我国由于幅员辽阔，地理跨度较大，各个地方的岩土特点差异巨大，因此，陡边坡防护用植生水泥土应用技术方案也应该遵从以上所得规律，随着环境的变化灵活地对组分进行改变，只有这样才能更好地适应不同的边坡，从而达到较好的护坡效果。

#### 8.5.2.1 陡边坡植生水泥土基础应用技术方案

由 8.3 节研究内容可知，当植生水泥土中的 L-SAC 掺加比例为 8% 时，种植试验中所挑选的高羊茅、紫花苜蓿、马尼拉、宽叶雀稗、多花木兰、狗牙根均可在该基质中正常生长，且传统植生水泥土护坡技术中的水泥掺加比例也多为 8%，因此，复合植生结构中的植生基质层和种子放置层中的 L-SAC 掺加比例适宜设置为 8%，且上述 6 种植物均可作为先锋植物进行种植。

表 8.10　基础应用技术方案

| 结构层 | 水泥比例/% | 土壤比例/% |
|---|---|---|
| 表面防护层 | 12 | 88 |
| 种子放置层 | 8 | 92 |
| 植生基质层 | 8 | 92 |

由 8.2 节研究内容可知，在综合考虑经济性的情况下，当植生水泥土基质中的 L-SAC 掺加比例为 18% 时，L-SAC 植生水泥土的抗压强度和抗剪强度均能得到显著提升，当植生水泥土基质中的 L-SAC 掺加比例为 12% 时，L-SAC 植生水泥土抗冲刷性能能够得到明显提升。为了避免分层复合结构发生层间分离的现象，结构中每两层之间的 L-SAC 掺加比例不宜相差过大，当植生水泥土中的 L-SAC 掺加比例为 12% 时，L-SAC 植生水泥土的抗压强度和抗剪强度也处于一个较为良好的水平，因此，分层复合结构中表面防护层的水泥比例适宜设置为 12%。陡边坡植生水泥土基础应用技术方案具体见表 8.10。

#### 8.5.2.2 特殊陡边坡防护用植生水泥土应用技术方案

由 8.4 节研究内容可知，L-SAC 植生水泥土中掺入不同的改性剂会对植生水泥土的物理力学性能和植生性能产生一定的影响，因此，在保证 L-SAC 植生水泥土植生性能的情况下，基于陡边坡植生水泥土基础应用技术方案，可适当掺入改性剂使植生水泥土能较好适应不同气候和地质状况，综合表 8.10 可得以下 3 种特殊陡边坡防护用植生水泥土应用技术方案。

（1）内掺润智生态改良剂。在 L-SAC 植生水泥土基质中加入润智生态改良剂，能够有效提高基质抗压强度，增强基质抗冲刷性能，降低基质 pH 值，但会使基质的抗剪强度有所减弱。因此，在一些坡度相对较低，对植生水泥土抗剪强度要求不高，对抗压强度、抗冲刷性能要求相对较高的工程环境中，可以适当地添加一些润智生态改良剂，改变其物理力学性能，提高植生水泥土的工程环境适应性。具体应用技术方案见表 8.11，其中先锋植物可以选择高羊茅和紫花苜蓿。

表 8.11　　　　　　　　　　内掺润智生态改良剂应用技术方案

| 结构层 | 水泥比例/% | 土壤比例/% | 润智生态改良剂/% |
|---|---|---|---|
| 表面防护层 | 12 | 88 | 8 |
| 种子放置层 | 8 | 92 | 8 |
| 植生基质层 | 8 | 92 | 8 |

（2）内掺一水柠檬酸。在 L-SAC 植生水泥土中掺入规定用量的一水柠檬酸溶液能够大幅降低其内环境 pH 值，但会降低其抗压强度，并使其黏聚力出现前期略有提升而后期降低至标准值的现象，对其内摩擦角也有降低的作用。因此，对植生水泥土 pH 值有一定的要求但对其抗压强度、抗剪强度要求不高，对植生水泥土抗冲刷性能几乎没有要求的工程环境中可以加入规定掺入比例的一水柠檬酸溶液。具体应用技术方案见表 8.12，其中先锋植物可以选择高羊茅和紫花苜蓿。

表 8.12　　　　　　　　　　内掺一水柠檬酸应用技术方案

| 结构层 | 水泥比例/% | 土壤比例/% | 一水柠檬酸/% |
|---|---|---|---|
| 表面防护层 | 12 | 88 | 2.24 |
| 种子放置层 | 8 | 92 | 2.24 |
| 植生基质层 | 8 | 92 | 2.24 |

（3）内掺 CHF 土壤固化剂。规定掺入比例下的 CHF 土壤固化剂会提升 L-SAC 植生水泥土的抗压强度和抗冲刷性能，增大其在开始剪切变形所需的应力值，但会减弱水泥土发生剪切后的持续应力值变化，基本不会改变植生水泥土的 pH 值。因此，在对植生水泥土抗剪强度和内环境 pH 值要求不高的工程环境中可以考虑加入适量 CHF 土壤固化剂。具体应用技术方案见表 8.13，其中先锋植物可以选择高羊茅、紫花苜蓿、马尼拉。

表 8.13　　　　　　　　　　内掺 CHF 土壤固化剂应用技术方案

| 结构层 | 水泥比例/% | 土壤比例/% | 一水柠檬酸/% |
|---|---|---|---|
| 表面防护层 | 12 | 88 | 2.24 |
| 种子放置层 | 8 | 92 | 2.24 |
| 植生基质层 | 8 | 92 | 2.24 |

### 8.5.3 施工方案编制

本节研究的陡边坡防护用植生水泥土应用技术与传统植生水泥土护坡技术并没有本质上的差异，只是在现有技术的一种升级与改进。因此，在施工工序及方案上与传统植生水泥土护坡施工方案基本相同，以下为陡边坡植生水泥土简要施工方案：

（1）边坡环境勘察及方案选定。对施工现场进行实地勘察，对施工边坡的土壤、岩石的物理力学性能参数进行测定。结合当地气候，对施工边坡工作环境要求作出评估，由此选定适合该边坡的最佳陡边坡防护用植生水泥土应用技术方案。同时，根据现场环境确定最佳现场取土点，并对现场取土点土壤的物理参数进行测定。

（2）坡面修整与锚固。对施工边坡的坡面进行一定程度的修整，去除边坡表面存在的杂物，如松动的岩石、垃圾等。待边坡上的杂物清除完毕后，借助挖机等工程设备对边坡进行规则修整，使坡面尽量保持平整、一致。待其修整完毕后，可根据边坡实际情况对边坡进行锚杆固定，一方面对边坡进行加固提升其边坡稳定性，另一方面为接下来的挂网工序提供固定着力点。

（3）挂网与基质喷播。边坡修整与锚固程序结束后即可对边坡进行挂网操作，采用注塑或镀锌的铁丝网沿施工坡面从上到下进行铺设，可使网格在边坡顶部预留一段长度以便对网格进行固定，在铺设时利用边坡锚杆进行辅助固定，增大植生水泥土与边坡间的摩擦力，防止植生水泥土在喷射后出现大面积掉落。挂网程序结束后即可按照所选的陡边坡防护用植生水泥土应用技术方案现场配制植生水泥土，待搅拌均匀后开始喷射。喷射时按照植生基质层、种子放置层的顺序依次进行。在喷射完毕后，先在边坡表面覆盖一层挡板才能继续喷射表面防护层，挡板尺寸由植生孔的大小决定，待表面防护层喷射完毕后再将挡板去除。

（4）灌溉系统安装。三层植生基质全部喷播完毕后，需进行滴灌系统安装，以便更好地对边坡上生长出的植物进行后期的水分与养分的补充。

（5）管理与养护。所有施工工序完成后还需对施工结束的边坡进行养护操作。在先锋植物发芽之前，每天都需对其边坡进行浇水养护，保证土壤保持湿润状态。在浇水养护时，水量不应过大，若边坡处于高温多雨地带，则还需加盖遮阳网，防止基质干裂或降雨过大导致基质冲刷流失。

## 8.6 结论与展望

### 8.6.1 结论

采用 L-SAC 配制水泥土，在 0%～20% L-SAC 掺入比例范围内设置了 10 组不同的试验组和一组空白对照组，通过试验探究了 L-SAC 掺入比例对土壤抗压强度、抗剪强度、pH 值以及抗冲刷性能的影响规律，研究了优选的 8 种植物在 L-SAC 掺入比例为 8% 时所配制的植生水泥土中和正常土壤中的生长状况，挑选出了适宜在 L-SAC 掺入比例为 8% 时所配制的植生水泥土中生长的先锋植物，并以既有植生水泥土的物理力学性能和植生性能为标准，进一步探讨了润智生态改良剂、CHF 土壤固化剂、一水柠檬酸、硼

［2］ 许文年，夏振尧，周宜红，等. 植被混凝土无侧限抗压强度试验研究［J］. 水利水电技术，2007（4）：51-54.

［3］ 王丽楠. 盐碱及重金属胁迫下三种草坪草的形态和生理适应性研究［D］. 扬州：扬州大学，2018.

［4］ 范可章，朱茂英，陈灵，等. 酸、碱、盐胁迫下4种紫花苜蓿几项生理指标变化的比较研究［J］. 广西植物，2012，32（4）：516-521.

［5］ 毛伶俐，章光，焦文宇，等. 马尼拉草根系力学特性初步分析［J］. 科协论坛（下半月），2007（7）：36-37.

［6］ 赖志强. 热带亚热带优良牧草宽叶雀稗的研究［J］. 中国草地，1989（1）：60-63.

［7］ 许阳. 五种先锋物种对不同水泥含量的植被混凝土的生态学响应［D］. 宜昌：三峡大学，2012.

［8］ 李晓东，李可，翁殊斐. 多孔混凝土植被砖植生试验与降碱、降盐研究［J］. 新型建筑材料，2017，44（1）：49-51，56.

［9］ 陈亿军，孙可明，赵颖. 生态护坡条件下坡角对边坡产流产沙规律影响的试验研究［J］. 水资源与水工程学报，2010，21（4）：55-59.

［10］ 苗济文，何尚仁，王平武. 碱茅草在宁夏的适应性及耐盐碱性研究［J］. 中国草地，1993（3）：32-35.

［11］ MA SHUAI，QIAO YONG PENG，WANG LIANG JIE，et al. Terrain gradient variations in ecosystem services of different vegetation types in mountainous regions：Vegetation resource conservation and sustainable development［J］. Forest Ecology and Management，2021，482.

［12］ LUO WUZHANG，LI JINHUI，SONG LEI，et al. Effects of vegetation on the hydraulic properties of soil covers：Four-years field experiments in Southern China［J］. Rhizosphere，2020，16.

［13］ ESMAIILI M，ABDI E，NIEBER J L，et al. How roots of Picea abies and Fraxinus excelsior plantations contribute to soil strength and slope stability：evidence from a study case in the Hyrcanian Forest，Iran［J］. Soil Research，2020.

［14］ 石佳奇，祝欣，王磊，等. 中和药剂对工业场地碱污染土壤修复效果及环境影响的研究［C］//中国环境科学学会（Chinese Society for Environmental Sciences）：中国环境科学学会，2018：6.

［15］ 李晓，赵静文. 利用SAP颗粒对植生泡沫混凝土28d龄期内碱度的调控研究［J］. 混凝土，2020（6）：160-162.

［16］ TAN XIANGQIAN，HUANG YONGWEN，XIONG DANWEI，et al. The effect of Elymus nutans sowing density on soil reinforcement and slope stabilization properties of vegetation-concrete structures［J］. Scientific Reports，2020，10（1）.

［17］ RUI XU，XUNCHANG LI，WEI YANG，et al. Use of local plants for ecological restoration and slope stability：a possible application in Yan'an，Loess Plateau，China［J］. Geomatics，Natural Hazards and Risk，2019，10（1）.

酸对植生水泥土的生境改善作用。主要结论如下：

（1）在物理力学性能方面，随着 L-SAC 掺入比例的增加，L-SAC 水泥土的抗压强度、抗剪强度、抗冲刷性能均会得到不同幅度的提升。在 L-SAC 掺入比例超过 2% 以后，其 pH 值最多只能降至 10.5，此时，制约水泥土植生性能的主要影响因素将由水泥土内环境 pH 值转化为水泥土自身性能的其他指标，如密实度、硬度等。

（2）在植生性能方面，由天然土壤和 8% L-SAC 掺入比例的植生水泥土两种生境下种植试验结果可以发现，部分植物如紫花苜蓿、马尼拉、带壳狗牙根在 8% L-SAC 掺入比例的植生水泥土中的长势优于天然土壤生境，而高羊茅、宽叶雀稗在两种环境下的长势也基本持平。由此可见，8% L-SAC 掺入比例的植生水泥土具有良好的植生性能，对耐碱植物也有较好的适应性，可以用于陡边坡防护用植生水泥土应用技术中植物生长环境的营造，植生复合结构中的植生基质层。

（3）在生境改善方面，由种植试验结果可知，在植生水泥土中添加试验用量下的硼酸后，8 种植物均无法生长。润智生态改良剂能够提高植生水泥土的抗压强度、抗冲刷性能，降低植生水泥土的内环境 pH 值，但会让黏聚力和内摩擦角下降，使抗剪强度有所下降；一水柠檬酸能让植生水泥土内环境 pH 值明显下降，改善生境，但会使其抗压强度、抗剪强度、抗冲刷性能均有不同程度的减弱；CHF 土壤固化剂可使植生水泥土抗压强度、黏聚力有所提升，与此同时，会使其内摩擦角下降，且对其 pH 值没有明显改变。

### 8.6.2 展望

陡边坡防护用植生水泥土应用技术中包含了岩土工程、土壤学、植物学等多种学科知识的交叉，本节更多的是从材料及其用量方面对陡边坡防护用植生水泥土应用技术展开了研究，还有很多方面没有涉及，因此，关于陡边坡防护用植生水泥土应用技术的后续研究有以下几点展望：

（1）在实际环境之中，陡边坡防护用植生水泥土不仅需要面对雨水的冲刷，还会受到冻融循环作用，尤其是在寒冷及沿海地区，冻融循环侵蚀作用尤为严重，因此，L-SAC 植生水泥土的抗冻性能还有待深入研究。

（2）种植试验中仅挑选了 8 种植物进行种植，且都是高耐碱类植物，植物体系构成较为单一，今后可尝试进行更加丰富的植物体系的种植试验。

（3）在 L-SAC 植生水泥土的改性试验中，除润智生态改良剂以外，其他 3 种改性剂均为纯净物，物质及功能较为简单，在后续的研究中可采用多种物质混合物进行改性试验。

（4）目前，植生水泥土在陡边坡中进行植被护坡的案例较少，行业缺乏一套完整的陡边坡防护用植生水泥土应用技术安全评价体系与方法，很多人对该项技术的安全性仍持有一定的怀疑，如何对其在工程应用的安全性作出评估也是一项重要的研究内容。

参 考 文 献

[1] 唐琨，朱伟文，周文新，等. 土壤 pH 对植物生长发育影响的研究进展 [J]. 作物研究，2013，27（2）：207-212.